·大地测量与地球动力学丛书·

形变地球大地测量学

章传银　著

本书获得以下项目资助：
1. 国家自然科学基金面上项目"中国区域大地水准面变化建模与分析的研究"（42074020）
2. 崂山实验室科技创新项目"海洋时空基准综合监测技术"（LSKJ202205105）
3. 国家自然科学基金面上项目"GNSS和重力数据协同的地下水均衡形变分离及建模研究"（42474012）

科学出版社

北　京

内 容 简 介

形变地球大地测量学，是以形变着的地球本体及地固空间为观测和研究对象的现代大地测量学，也是精准度量地球和监测全球变化的一门计量科学。本书概括总结大地测量学、地球形变力学与自转动力学理论基础，结合自主研发的地球潮汐负荷效应与形变监测计算系统 ETideLoad4.5，重点介绍大地测量形变效应理论、算法与地球形变监测方法，进而依据大地测量学原则与计量学精密可测性要求，完善基于力学平衡形状的地固参考系定位定向、形变地球大地测量基准一体化及其实现方法，探讨运用大地测量学及形变动力学原理，约束多源异质数据深度融合，控制多种异构技术协同的一般原则与技术措施。

本书可作为大地测量学、地震学、测绘工程、固体地球物理专业研究生的教学参考书，也可作为大地测量与测绘工程、地震与地球物理、地球动力学与地质环境灾害等领域科研工作者的参考书。

图书在版编目（CIP）数据

形变地球大地测量学 / 章传银著. -- 北京：科学出版社, 2025.4. -- （大地测量与地球动力学丛书）. -- ISBN 978-7-03-081797-6

I. P22

中国国家版本馆 CIP 数据核字第 202520LQ05 号

责任编辑：杜 权 刘 畅 / 责任校对：高 嵘
责任印制：徐晓晨 / 封面设计：苏 波

科学出版社 出版
北京东黄城根北街 16 号
邮政编码：100717
http://www.sciencep.com

北京中科印刷有限公司印刷
科学出版社发行　各地新华书店经销

*

开本：787×1092　1/16
2025 年 4 月第 一 版　印张：20 3/4
2025 年 4 月第一次印刷　字数：535 000
定价：298.00 元
（如有印装质量问题，我社负责调换）

"大地测量与地球动力学丛书"编委会

顾　　问：陈俊勇　陈运泰　李德仁　朱日祥　刘经南
　　　　　魏子卿　杨元喜　龚健雅　李建成　陈　军
　　　　　李清泉　童小华

主　　编：孙和平

副 主 编：袁运斌

编　　委（以姓氏汉语拼音为序）：
　　　　　鲍李峰　边少锋　高金耀　胡祥云　黄丁发
　　　　　江利明　金双根　冷　伟　李　斐　李博峰
　　　　　李星星　李振洪　刘焱雄　楼益栋　罗志才
　　　　　单新建　申文斌　沈云中　孙付平　孙和平
　　　　　王泽民　吴书清　肖　云　许才军　闫昊明
　　　　　袁运斌　曾祥方　张传定　章传银　张慧君
　　　　　郑　伟　周坚鑫　祝意青

秘　　书：杜　权　宋　敏

"大地测量与地球动力学丛书"序

大地测量学是测量和描绘地球形状及其重力场并监测其变化的一门学科，属于地球科学的一个重要分支。它为人类活动提供地球空间信息，为国家经济建设、国防安全、资源开发、环境保护、减灾防灾等领域提供重要的基础信息和技术支撑，为地球科学和空间科学的研究提供基准信息和技术支撑。

大地测量学的发展历史悠久，早在公元前3000年，古埃及人就开始了大地测量的实践，用于解决尼罗河泛滥后的土地划分问题。随着人类对地球认识的不断深入，大地测量学也不断发展，从最初的平面测量，到后来的弧度测量、天文测量、重力测量、水准测量等，逐渐揭示了地球的形状、大小、重力场等基本特征。17世纪以后，随着牛顿万有引力定律的提出，大地测量学进入了一个新的阶段，开始开展以地球为对象的物理研究，包括探索地球的内部结构、密度分布、自转运动等。20世纪以来，随着空间技术、计算机技术和信息技术的飞跃发展，大地测量学又迎来了一个革命性的变化，出现了卫星大地测量、甚长基线干涉测量、电磁波测距、卫星导航定位等新技术，形成了现代大地测量学，使得大地测量的精度、效率、范围得到了前所未有的提高，同时也为地球动力学、行星学、大气学、海洋学、板块运动学和冰川学等提供了基准信息。现代大地测量学与地球科学和空间科学的多个分支相互交叉，已成为推动地球科学、空间科学和军事科学发展的前沿科学之一。

我国的大地测量学及应用有着辉煌的历史和成就。1956年我国成立了国家测绘总局，颁布了大地测量法式和相应的细则规范。20世纪70~90年代开始建立国家重力网，2000年完成了国家似大地水准面的计算，并建立了2000国家大地坐标系（CGCS2000）及其坐标基准框架，为国家经济建设和大型工程建设提供了空间基准。2019年以来，我国大地测量工作者面向国家经济发展和国防建设发展需求，顺利完成了多项有影响力的重大工程和研究工作：北斗卫星导航系统于2021年7月31日正式向全球用户提供定位、导航、定时（PNT）服务和国际搜救服务；历尽艰辛，综合运用多种大地测量技术，于2020年12月完成了2020珠峰高程测量；突破系列卫星平台和载荷关键技术，于2021年成功发射了我国第一组低-低跟踪重力测量卫星；于2023年3月成功发射了我国第一组低-低伴飞海洋测高卫星；初步实现了我国海底大地测量基准试验网建设，研制了成套海底信标装备，突破了海洋大地测量基准建设系列关键技术。

为了更好地推动我国大地测量学科的发展，中国科学院于1989年11月成立了动力大地测量学重点实验室，是中国科学院从事现代大地测量学、地球物理学和地球动力学交叉前沿学科研究的实验室。实验室面向国家重大战略需求，瞄准国际大地测量与地球动力学学科前沿，以地球系统动力过程为主线，利用现代大地测量技术和数值模拟方法，开展地球动力学过程的数值模拟研究，揭示地球各圈层相互作用的动力学机制；同时，发展大地测量新方法和新技术，解决国家航空航天、军事测绘、资源能源勘探开发、地质灾害监测及应急响应等方面战略需求中的重大科学问题和关键技术问题。2011 年，依托中国科学院测量与地球物理研究所（现中国科学院精密测量科学与技术创新研究院），科学技术部成立了大地测量与地球动力学国家重点实验室，标志着我国大地测量学科的研究水平和国际影响力达到了一个新的高度。围绕我国航空航天、军事国防等国民经济建设和社会发展的重大需求，大地测量与地球动力学学科领域的专家学者对重大科学和技术问题开展综合研究，取得了一系列成果。这些最新的研究成果为"大地测量与地球动力学丛书"的出版奠定了坚实的基础。

  本套丛书由大地测量与地球动力学国家重点实验室组织撰写，丛书编委覆盖国内大地测量与地球动力学领域 20 余家研究单位的 30 余位资深专家及中青年科技骨干人才，能够切实反映我国大地测量和地球动力学的前沿研究成果。丛书分为重力场探测理论方法与应用，形变与地壳监测、动力学及应用，GNSS 与 InSAR 多源探测理论、方法应用，基准与海洋、极地、月球大地测量学 4 个板块；既有理论的深入探讨，又有实践的生动展示，既有国际的视野，又有国内的特色，既有基础的研究，又有应用的案例，力求做到全面、权威、前沿和实用。本套丛书面向国家重大战略需求，可以为深空、深地、深海、深测等领域的发展应用提供重要的指导作用，为国家安全、社会可持续发展和地球科学研究做出基础性、战略性、前瞻性的重大贡献，在推动学科交叉与融合、拓展学科应用领域、加速新兴分支学科发展等方面具有重要意义。

  本套丛书的出版，既是为了满足广大大地测量与地球动力学工作者和相关领域的科研人员、教师、学生的学习和研究需求，也是为了展示大地测量与地球动力学的学科成果，激发读者的思考和创新。特别感谢大地测量与地球动力学国家重点实验室对本套丛书的编写和出版的大力支持和帮助，同时，也感谢所有参与本套丛书编写的作者，为本套丛书的出版提供了坚实的学术基础。由于时间仓促，编写和校对过程中难免会有一些疏漏，敬请读者批评指正，我们将不胜感激。希望本套丛书的出版，能够为我国大地测量与地球动力学的学科发展和应用贡献一份力量！

中国科学院院士

2024 年 1 月

前言

大地测量学以人类赖以生存发展的地球环境为观测和研究对象，是精准度量地球与监测全球变化的一门计量科学。大地测量学起源于人类对地球环境的观察和认识，发展于人类对地球系统规律的利用和探索，随着人类对改善自身生存生活环境的持续追求而不断进步。现代大地测量精准记录了全球变化过程、地球环境演化、灾害灾变过程及其他各种动力学效应，有力促进了地球科学、全球变化、地球环境灾害和海陆气相互作用领域的许多重要科学发现。

2003年7月，国际大地测量协会启动全球大地测量观测系统项目，旨在协调全球范围内各种类型大地测量技术、多源多代观测与数据产品以及处理和分析中心，形成时空协调一致、要素解析相容的全球大地测量观测系统，作为研究地球动力系统、地球各圈层及其相互作用的度量规范与计量标准，在此基础上全面推进大地测量学、地球物理与地球环境动力学的深度融合，发展科学先进的复杂地球系统及其时空演变模型，提升人类认知和预测地球系统演变的本领，造福人类社会。已有大地测量学教材或专著，大都以阐述几何、物理或空间大地测量学的概念、理论、技术与方法为核心，却很少围绕研究对象自然客观性、观测要素精密可测性、几何物理时空统一性和要素之间解析相容性这些自然而严谨的大地测量学科特色，系统展示和剖析现代大地测量学的无穷魅力和无尽潜力。

本书以形变地球及地固空间为观测和研究对象，依据大地测量学原理、计量学精密可测性要求与地球形变动力学规律，通过简化技术细节，结合启发式语言，系统介绍形变地球大地测量学理论基础、原则要求、技术方法与应用潜能，完善与发展大地测量学理念，支撑地球观测系统的复杂多源异质数据深度融合与空天地海多种异构观测技术协同，促进大数据时代地球系统观测与全球变化监测科学技术的可持续发展。

本书共8章。第1章全面总结大地测量学基础理论，梳理有关概念，以适应形变地球大地测量学的技术需要；第2章和第4章介绍固体地球形变力学和地球自转动力学基础，重点梳理固体地球形变与地球自转激发的动力学机制及其大地测量原理、效应与特征；第3章和第5章结合自主研发的地球潮汐负荷效应与形变监测计算系统ETideLoad4.5，侧重介绍大地测量潮汐与非潮汐形变效应的理论、算法与时变规律。第6章介绍地球形变监测的大地测量方法，重点阐述地球形变及时变重力场、地球自转极移、形状极移与质心变化大地测量监测及其多种异构协同监测一般方法；第7章依据大地测量学原则与计量学精密可测性要求，完善地球参考系定位定向与形变地球大地测量基准一体化理论及其实现技术，突出极大化大地测量基准性能水平与应用潜力的大地测量学理论依据、原则要求、实现方法与技术措施；第8章探讨运用大地测量学原理与形变动力学规律，约束多源异质数据深度融合，控制多种异构技术协同的一般原则与技术路线。

　　本书得到中国科学院精密测量科学与技术创新研究院的孙和平院士、鲍李峰研究员、袁运斌研究员的大力支持和帮助，中国测绘科学研究院重力场与垂直基准团队研究生完成了全书的校稿工作，对此谨表衷心谢意。

　　由于研究深度和水平所限，书中难免存在疏漏和不足之处，敬请读者批评指正。

作　者
2024 年 6 月

目录

第1章 大地测量学基础理论 ········· 1

1.1 天文与地球坐标参考系 ········· 1
    1.1.1 相对论与参考系概述 ········· 1
    1.1.2 经典坐标系与岁差章动 ········· 8
    1.1.3 国际天球和地球参考系 ········· 17

1.2 地球重力场基本理论 ········· 18
    1.2.1 地球重力场概念与位理论 ········· 18
    1.2.2 地球椭球与正常重力场 ········· 21
    1.2.3 扰动地球重力场及其表示 ········· 24
    1.2.4 地球重力场谱域球谐级数解 ········· 26
    1.2.5 外部重力场空域边值问题解 ········· 31
    1.2.6 地球质心、形状极与惯性张量 ········· 33

1.3 地球潮汐理论基础 ········· 38
    1.3.1 海洋潮汐现象与平衡潮 ········· 38
    1.3.2 天体引潮位调和展开 ········· 43
    1.3.3 海洋分潮与调和分析 ········· 47
    1.3.4 大地测量固体潮影响 ········· 51

1.4 地球大地测量基准概念 ········· 54
    1.4.1 大地测量基准的定义与表现形式 ········· 54
    1.4.2 大地测量参考系统技术要求 ········· 55
    1.4.3 国际地球参考系与参考框架 ········· 57
    1.4.4 大地测量垂直基准 ········· 58
    1.4.5 时间系统与时间转换 ········· 60

第 2 章 固体地球形变力学基础理论 ······ 64

2.1 地球内部结构与地球模型 ······ 64
2.1.1 地球系统的圈层结构 ······ 64
2.1.2 地球内部的力学性质 ······ 65
2.1.3 球对称弹性地球模型 ······ 66

2.2 地球圈层之间相互作用 ······ 67
2.2.1 核幔边界与核幔相互作用 ······ 67
2.2.2 壳幔耦合与板块构造运动 ······ 68

2.3 弹性自转地球形变力学理论 ······ 70
2.3.1 自转地球的弹性运动方程 ······ 70
2.3.2 潮汐形变与勒夫数理论值 ······ 72
2.3.3 旋转地球勒夫数纬度依赖 ······ 73
2.3.4 地球表层负荷形变基本理论 ······ 74

2.4 黏弹性地球形变与长期形变 ······ 75
2.4.1 地球的黏弹性及形变特征 ······ 75
2.4.2 黏弹性地球的固体潮滞后 ······ 77
2.4.3 Mathews 潮汐理论模型 ······ 77
2.4.4 地球长期形变与潮汐系统 ······ 78

第 3 章 地球表层水循环及负荷效应 ······ 81

3.1 地球大气、海洋、陆地水与水循环 ······ 81
3.1.1 大气、水汽输移与能量传送 ······ 81
3.1.2 海水、环流与海平面变化 ······ 83
3.1.3 陆地水与地球表层水循环 ······ 85

3.2 全球负荷球谐分析与负荷形变场综合 ······ 87
3.2.1 地表负荷等效水高球谐级数表示 ······ 87
3.2.2 负荷形变场规格化球谐级数展开 ······ 88
3.2.3 负荷球谐分析与负荷效应球谐综合 ······ 92

3.3 负荷格林函数与负荷效应空域积分算法 ······ 99
3.3.1 地面要素负荷直接影响积分 ······ 100
3.3.2 负荷间接影响格林函数积分 ······ 101
3.3.3 江河湖库水变化负荷形变场计算 ······ 104
3.3.4 区域负荷形变场移去恢复法逼近 ······ 104

3.4 负荷 SRBF 逼近与负荷效应 SRBF 综合 ······ 108
 3.4.1 地面负荷等效水高球面径向基函数表示 ······ 109
 3.4.2 适合负荷形变场监测的球面径向基函数 ······ 110
 3.4.3 负荷及形变效应径向基函数参数形式 ······ 112
 3.4.4 区域高分负荷形变场 SRBF 逼近与综合 ······ 114

第 4 章 地球自转动力学与参考系转换 ······ 118

4.1 地球自转运动与动力学方程 ······ 118
 4.1.1 刚体地球自转欧拉动力学方程 ······ 118
 4.1.2 地球自转的轴、章动与极移 ······ 120
 4.1.3 形变地球自转动力学与瞬时极 ······ 124
 4.1.4 地球自转运动的激发函数表示 ······ 126

4.2 地球自转的激发动力学基础 ······ 127
 4.2.1 二阶重力位系数自转形变效应 ······ 127
 4.2.2 地球内部激发的极移运动特征 ······ 129
 4.2.3 钱德勒摆动的激发动力学机制 ······ 132
 4.2.4 液核效应与液核自由摆动频率 ······ 134
 4.2.5 地球自转速率变化的尺度因子 ······ 135

4.3 地球自转运动有效角动量函数 ······ 136
 4.3.1 物质负荷有效角动量函数计算 ······ 137
 4.3.2 物质运动有效角动量函数计算 ······ 138
 4.3.3 大地测量有效角动量函数计算 ······ 140

4.4 天球参考轴与地球参考系转换 ······ 141
 4.4.1 天球参考轴与天球中间极 ······ 141
 4.4.2 天球中间参考系与中间零点 ······ 143
 4.4.3 天球到地固坐标参考系转换 ······ 144

第 5 章 固体地球潮汐形变效应计算 ······ 147

5.1 地面及其外部大地测量固体潮效应计算 ······ 147
 5.1.1 地面及其外部固体潮效应统一表示 ······ 147
 5.1.2 自转微椭非弹性地球的体潮勒夫数 ······ 150
 5.1.3 二阶勒夫数的频率相关性及其校正 ······ 153
 5.1.4 大地测量全要素体潮效应统一算法 ······ 159
 5.1.5 大地测量固体潮效应的特点及分析 ······ 163

	5.2	地球外部海洋及大气压负荷潮效应计算	165
		5.2.1 全球海潮负荷球谐系数模型构建方法	165
		5.2.2 海潮与大气压潮负荷效应计算及分析	168
		5.2.3 海潮负荷效应格林积分法区域精化	174
		5.2.4 大地测量卫星的潮汐摄动计算分析	176
	5.3	地球质心变化与形状极移效应计算	178
		5.3.1 地球质心与形状极潮汐负荷效应	178
		5.3.2 地球质心与形状极非潮汐负荷效应	181
	5.4	自转极移效应与自转参数潮汐效应	184
		5.4.1 大地测量要素自转极移形变效应	184
		5.4.2 自洽平衡海洋极潮效应及其算法	186
		5.4.3 地球自转参数潮汐效应及其计算	189
		5.4.4 ITRS 中 CIP 瞬时地极坐标的计算	192

第 6 章 地球形变监测的大地测量方法 — 193

	6.1	地球形变监测大地测量技术	193
		6.1.1 空间大地测量监测技术	193
		6.1.2 卫星重力场监测技术	195
		6.1.3 星载雷达对地监测技术	199
		6.1.4 高精度地面重力测量	200
		6.1.5 定点连续形变监测技术	205
		6.1.6 重复大地测量监测技术	208
	6.2	全球重力场及负荷形变协同监测	210
		6.2.1 卫星重力场观测模型构建	210
		6.2.2 地面监测站观测模型构建	212
		6.2.3 多组观测融合与参数估计方法	213
		6.2.4 地表负荷中短波联合监测原则	217
	6.3	固体地球形变参数大地测量方法	218
		6.3.1 全球板块运动模型空间大地测量方法	219
		6.3.2 地球质心变化与形状极移的监测方法	220
		6.3.3 地球自转参数的大地测量监测方法	226
	6.4	区域与局部形变场大地测量分析	228
		6.4.1 水平地应变分析与动力学特点	228

		6.4.2 地面垂直形变及局部定量特征	232
		6.4.3 区域负荷形变场多种异构监测	233

第7章 形变地球一体化大地测量基准 —— 238

7.1 地球大地测量基准一体化科学背景 —— 238
7.2 形变地球一体化大地测量参考系统 —— 240
- 7.2.1 基于力学平衡形状的地球参考系定位定向 —— 240
- 7.2.2 协调统一的时空尺度标准及同步归算方法 —— 245
- 7.2.3 地球重力场与高程基准起算值及高程尺度 —— 250
- 7.2.4 坐标参考系唯一性与参考框架运动学要求 —— 253
- 7.2.5 大地测量形变效应处理约定与计量学要求 —— 254
- 7.2.6 形变地球大地测量参考系统定义及其内涵 —— 256

7.3 形变地球大地测量框架一体化实现 —— 259
- 7.3.1 形变地球大地测量参考框架一体化方案 —— 259
- 7.3.2 唯一参考系中历元坐标框架运动学组合 —— 263
- 7.3.3 参考系基准历元传递优化与稳定性监测 —— 267
- 7.3.4 形变地球垂直参考框架及全球实现方案 —— 270
- 7.3.5 地球质心变化、形状极移与自转极移问题 —— 271
- 7.3.6 全球一体化大地测量基准的数据产品结构 —— 275

7.4 区域大地测量参考框架一体化构建 —— 276
- 7.4.1 区域大地测量参考框架的一体化方案 —— 277
- 7.4.2 区域地面坐标参考框架的运动学实现 —— 278
- 7.4.3 与坐标框架并置的垂直参考框架构建 —— 282
- 7.4.4 区域大地测量参考框架的一体化维持 —— 285

第8章 多种异构大地测量协同监测原理 —— 290

8.1 地球时空演变的大地测量观测系统 —— 290
- 8.1.1 形变地球大地测量观测系统 —— 290
- 8.1.2 空天地海各类大地测量技术 —— 291
- 8.1.3 海量多源大地测量数据及服务 —— 295

8.2 多种异构协同与多源数据深度融合 —— 300
- 8.2.1 大地测量学原理约束多种异构技术协同 —— 300
- 8.2.2 监测对象动力学约束多源数据深度融合 —— 301

		8.2.3 测量环境效应解析法多种异构技术协同	302
		8.2.4 分离解析综合法多源异质数据深度融合	303
	8.3	地表动力环境自适应协同监测感知	304
		8.3.1 地表动力环境大地测量系统背景与原理	304
		8.3.2 区域大地测量协同监测与数据融合要点	305
		8.3.3 自适应动力学探测与监测能力逐步增强	307
		8.3.4 地面稳定性变化监测与地灾危险性预报	307

参考文献 310
附录 1 地球潮汐负荷效应与形变监测计算系统 ETideLoad4.5 314
附录 2 本书主要物理量及其单位 317

第1章 大地测量学基础理论

大地测量学是以地球本体及地固空间为观测和研究对象，研究和测定地球力学平衡形状（大地水准面）及重力场、点的位置与相互位置关系，监测地球形变及重力场变化、点的运动轨迹与时空协同状态，也是精准度量地球和监测全球变化的一门计量科学。

1.1 天文与地球坐标参考系

"参考系"一词来源于经典力学中的"参考体"，参考体是为考察目标物体的位置和运动状态，而选作基准的参照物。为定量表达目标物体的位置和运动，需设置与参考体固连，并连续延伸到目标物体所在空间的坐标系，这就是经典力学中的坐标参考系。经典力学中的参考体和坐标参考系都可任意选择。同样，大地测量学中的坐标参考系以地球或天体为参考体，采用大地测量方法，设置空间连续的坐标系。大地测量坐标参考系一般是理论和概念层面上的。

1.1.1 相对论与参考系概述

经典的地球和天文坐标系都是牛顿力学意义下的惯性空间参考系，参考系本体的加速度被处理成惯性力（如地固空间中的自转离心力），不同参考系之间的坐标转换满足线性的伽利略变换，只有平移和旋转。广义相对论框架中，空间、时间和引力场统一，时空的分离依赖观测者和参考系，引力不是一种纯粹的"力"，而是时空自身的一种几何属性，引力场的存在体现为时空弯曲。空间坐标转换包含时间和引力场，时间转换也包含空间坐标和引力场。

1. 参考系、时空与引力场

1）惯性参考系及其空间与时间坐标

经典力学中的牛顿第一定律指出，没有外部力作用时，物体保持静止或做匀速直线运动。这里强调的外部力是真实存在的"物理力"，而不是虚拟的"惯性力"。在非惯性参考系中，尽管没有外部力的作用，但惯性力会改变物体的运动状态。

在牛顿力学惯性参考系中，空间和时间独立，因此，牛顿力学的惯性参考系可称为惯性空间参考系。在非惯性空间参考系中，牛顿运动定律需加以修正。天文参考系一般选择惯性空间参考系。例如，以太阳系质心为原点，坐标轴相对遥远天体定向的坐标系，可认为是牛顿力学惯性空间坐标系。

惯性空间是欧几里得空间,其坐标系的距离元 ds(线元,图 1.1)可用三维笛卡儿坐标(即空间直角坐标)(x^1,x^2,x^3) 或球坐标 (r,θ,ϕ) 表示为

$$(ds)^2 = (dx^1)^2 + (dx^2)^2 + (dx^3)^2 = (dr)^2 + r^2[(d\theta)^2 + \sin^2\theta(d\phi)^2] \tag{1.1.1}$$

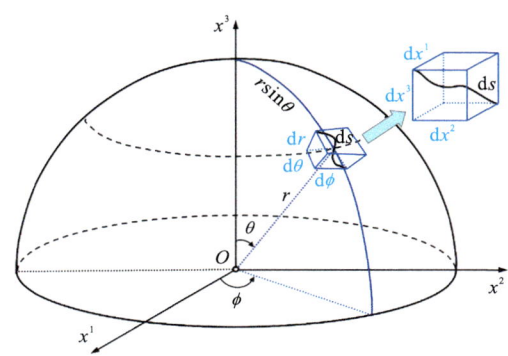

图 1.1　惯性空间坐标系中的线元与坐标微元

式(1.1.1)中,由欧几里得空间坐标表示的线元 ds 可用矩阵形式写为

$$(ds)^2 = \sum_{i,j=1}^{3} g_{ij} dx^i dx^j, \quad (g_{ij}) = \text{diag}(1,1,1) \tag{1.1.2}$$

式中:矩阵 (g_{ij}) 称为欧几里得空间的度规张量。

狭义相对论的空间和时间统一,遵循"光速不变原理",牛顿第一定律仍然成立。真空中光速 c 为常数,与光源和惯性系选择无关。狭义相对论惯性参考系中的时空坐标线元 ds 可用时空笛卡儿坐标 $(x^0=ct,x^1,x^2,x^3)$ 或时空球坐标 (ct,r,θ,ϕ) 表示为

$$\begin{aligned}(ds)^2 &= -(dx^0)^2 + (dx^1)^2 + (dx^2)^2 + (dx^3)^2 \\ &= -(cdt)^2 + (dr)^2 + r^2[(d\theta)^2 + \sin^2\theta(d\phi)^2]\end{aligned} \tag{1.1.3}$$

式(1.1.3)中,由时空笛卡儿坐标表示的线元 ds 可写为

$$(ds)^2 = \sum_{\alpha,\beta=0}^{3} g_{\alpha\beta} dx^\alpha dx^\beta, \quad (g_{\alpha\beta}) = \text{diag}(-1,1,1,1) \tag{1.1.4}$$

式(1.1.4)中的张量 (g_{ij}) 称为闵可夫斯基度规。可以证明,闵可夫斯基空间的时空曲率为零,因此闵可夫斯基空间是一个四维平直空间。闵可夫斯基度规的时空球坐标形式为

$$(g_{\alpha\beta}) = \text{diag}(-1,1,r^2,r^2\sin^2\theta) \tag{1.1.5}$$

广义相对论建立在等效原理之上,引力场的存在使四维时空弯曲。在广义相对论的惯性参考系中,空间、时间和引力场统一。引力和惯性力可以且只能在局域范围内以弯曲时空形式抵消,因此,只有局域而没有全局的惯性系。例如,在只受引力场束缚而无其他外力作用的自由航天器中,用标准钟记录时间,配置三个不受力矩作用的陀螺,用三个陀螺指向定义空间坐标轴,这样,标准钟和陀螺就实现了一个四维时空局域惯性系。严格地说,局域惯性系的范围是数学无穷小,适用范围要看引力位梯度的大小和精度要求。有引力场存在时,时空是弯曲的,度规张量遵循爱因斯坦引力场方程,需要求解引力场方程才能得到时空度规。

2）等效原理与相对性原理

等效原理是弱等效原理和强等效原理的统称，是引力和引力场的基本物理性质。弱等效原理，又称伽利略等效原理，是伽利略从宏观物体的运动现象中提出的运动规律。弱等效原理表述为"惯性质量等于引力质量"。物体在引力场中所受的力满足牛顿万有引力定律 $F = m_g g$，其中 m_g 为引力质量，g 为引力加速度。同时，自由落体运动满足牛顿第二定律 $F = m_i a$，其中 m_i 为惯性质量，a 是落体运动加速度。弱等效原理指出 $m_i = m_g$，从而得到 $a = g$，即惯性力和引力平衡（相等）。因此，引力场中与自由落体固连的非旋转参考系和自由空间中的惯性参考系等效。

爱因斯坦把弱等效原理推广成强等效原理，又称局域等效原理，并连同广义相对性原理（广义协变原理），建立了广义相对论，即弯曲时空的引力理论。强等效原理指出，有引力场存在的任何时空点，都有可能建立一个"局域惯性系"，在其中，一切物理定律，与没有引力场时狭义相对论中的形式相同。例如，仅受地球重力场作用的"局域惯性系"，可以是自由落体、空间站、地球卫星等，"局域"是指在落体、空间站或卫星的局部空间中，进行有限时间实验，引力效应在这样的"局域"时空范围内被惯性力完全抵消。可见，在任意时空点上选取适当的参考系，可使运动方程和力学方程不含引力项，即引力可以局部消除。若认为这种消除了引力的参考系是惯性系，那么强等效原理告诉我们，在任何一个时空点，一定存在局域惯性系。

3）爱因斯坦引力场方程近似解与时空度规

时空的几何性质用度规张量 $(g_{\alpha\beta})$ 描述，其中 α,β 为指标。时空度规给出了在该时空中进行度量的规范，即给出了时空中与坐标系选择无关的线元 $\mathrm{d}s$（固有长度）：

$$(\mathrm{d}s)^2 = \sum_{\alpha,\beta=0}^{3} g_{\alpha\beta}\mathrm{d}x^\alpha \mathrm{d}x^\beta \tag{1.1.6}$$

对于四维时空，广泛采用的约定是指标 $\alpha,\beta = 0,1,2,3$，其中 0 代表时间坐标分量，1～3 代表三个空间坐标分量。在没有引力场时，时空是平直的，用闵可夫斯基度规描述；有引力场存在时，时空是弯曲的，其时空度规需要解爱因斯坦引力场方程得到。

广义相对论时空是四维的，时空的弯曲性质依赖物质的分布和运动（能量动量），由爱因斯坦引力场方程给出。很多情况下，时空弯曲的量级很小。例如，离开天体（质量 M_*）r 处，时空弯曲的量级约为 $2c^{-2}GM_*/r$，由此可得在地球表面，地球重力场引起的空间弯曲约为 $2W_0/c^2 = 1.392\times10^{-9} = 0.287$ mas（mas 为 milliarcseconds 的缩写，即毫角秒）。其中，G 为万有引力常数，W_0 为大地水准面重力位（常数，又称全球大地位）。只有在黑洞或其他强引力场情况下，才有较大的时空弯曲。

可见，很多情况下引力场弱，时空仅稍微有一点弯曲，这时可只保留相对平直时空的低阶扰动项。1916 年，德国物理学家 K.史瓦西，令爱因斯坦引力场方程右边的能量动量张量时空交叉项为零，给出以时空球坐标 (ct,r,θ,ϕ) 表示的、球对称天体外部引力场方程的解：

$$(\mathrm{d}s)^2 = -\left(1 - \frac{2}{c^2}\frac{GM}{r}\right)(c\mathrm{d}t)^2 + \left(1 - \frac{2}{c^2}\frac{GM}{r}\right)^{-1}(\mathrm{d}r)^2 + r^2[(\mathrm{d}\theta)^2 + (\sin\theta \mathrm{d}\phi)^2] \tag{1.1.7}$$

式中：$r > R$，R 为天体的球半径。当天体引力质量 $M = 0$，则 $GM/r = 0$，或离开天体无穷远处 $r \to \infty$，式（1.1.7）退化为闵可夫斯基平直时空解，即

$$ds^2 = -(cdt)^2 + (dr)^2 + r^2[(d\theta)^2 + (\sin\theta d\phi)^2]$$

任何球对称的真空爱因斯坦引力场方程的解，总可以表述为上述史瓦西解的形式。这一结论后来被称为伯克霍夫定理。由式（1.1.7）可写出史瓦西度规为

$$(g_{\alpha\beta}) = \begin{bmatrix} -\left(1-\dfrac{2}{c^2}\dfrac{GM}{r}\right) & 0 & 0 & 0 \\ 0 & \left(1-\dfrac{2}{c^2}\dfrac{GM}{r}\right)^{-1} & 0 & 0 \\ 0 & 0 & r^2 & 0 \\ 0 & 0 & 0 & r^2\sin^2\theta \end{bmatrix} \quad (1.1.8)$$

1963 年，R.克尔得到爱因斯坦引力场方程的一个轴对称严格解，适合各种轴对称旋转天体（不带电）在其外部所产生的引力场。设天体的引力质量为 M，I_{33} 为天体在旋转轴方向的转动惯量，ω 为天体旋转角速率，由物理学可知，天体自转的角动量为 $I_{33}\omega$。令 x^3 轴为天体旋转轴，则自转天体外部，引力场方程以时空球坐标 (ct, r, θ, ϕ) 表示的克尔轴对称解为

$$(ds)^2 = -\left(1-2c^{-2}\dfrac{GM}{r}\right)(cdt)^2 + \left(1-2c^{-2}\dfrac{GM}{r}\right)^{-1}(dr)^2$$
$$+ r^2[(d\theta)^2 + (\sin\theta d\phi)^2] - 4c^{-2}\dfrac{G}{r}I_{33}\omega\sin^2\theta d\phi dt \quad (1.1.9)$$

由式（1.1.9）可写出克尔度规为

$$(g_{\alpha\beta}) = \begin{bmatrix} -\left(1-\dfrac{2}{c^2}\dfrac{GM}{r}\right) & 0 & 0 & -\dfrac{4}{c^2}\dfrac{G}{r}I_{33}\omega\sin^2\theta \\ 0 & \left(1-\dfrac{2}{c^2}\dfrac{GM}{r}\right)^{-1} & 0 & 0 \\ 0 & 0 & r^2 & 0 \\ -\dfrac{4}{c^2}\dfrac{G}{r}I_{33}\omega\sin^2\theta & 0 & 0 & r^2\sin^2\theta \end{bmatrix} \quad (1.1.10)$$

对于旋转地球椭球，最大主惯量（又称极惯性矩）$I_{33}=C=J_2Ma/H$（见 1.2.6 小节），M 为地球总质量，a 为地球长半轴，J_2 为地球动力学形状因子，H 为极动力学扁率（又称天文地球动力学扁率），ω 为地球平均自转速率。

与史瓦西度规[式（1.1.8）]相比，克尔度规[式（1.1.10）]多了一项与天体旋转角动量有关的时空交叉项。当天体旋转速率等于零，即不旋转时，$\omega=0$，克尔轴对称解式（1.1.9）退化为史瓦西球对称解式（1.1.7），当天体引力质量 $M=0$，或离开天体无穷远处 $r\to\infty$，退化为闵可夫斯基平直时空解。

广义相对论的线性理论只要求引力场扰动很弱。对于束缚在弱引力场中的粒子（质点），当牛顿引力势很小（$c^{-2}GM/r \ll 1$）、质点运动速度很低（$c^{-2}v^2 \ll 1$）时，可按牛顿引力势和质点运动速度的幂次，把爱因斯坦引力场方程与质点运动方程按幂级数形式展开，0 阶对应牛顿近似，1 阶及以上近似称为后牛顿近似。

1938 年，爱因斯坦等人完成多体问题的后牛顿运动方程。后牛顿方法模仿牛顿力学形式，将引力场方程展开成无量纲牛顿引力势（$c^{-2}GM/r$）及引力场中质点（粒子）的速度 v 与光速 c

之比 ($c^{-1}v$) 这些小量的幂级数，得到逐级近似的天体系统运动方程，从而解决了弱引力场和其中慢速运动质点的相对论问题。1981 年，威耳等人完成了参数化后牛顿（parametrized post-Newtonian，PPN）方法。PPN 方法时空度规中，含 c^{-2} 因子的项称为一阶后牛顿（简称 1PN）项，含 c^{-4} 因子的项称为二阶后牛顿（简称 2PN）项，含 c^{-5} 因子的项称为 2.5PN 项，以此类推。

对于某一连续介质的单个天体，若忽略该天体以外其他物质和能量动量，采用后牛顿近似方法，可将旋转椭球形天体的正则质心时空度规（时空笛卡儿坐标形式）表达为（Soffel，2000）

$$g_{00} = -1 + 2c^{-2}\tilde{w} - 2c^{-4}\tilde{w}^2 + O(c^{-5})$$
$$g_{0i} = g_{i0} = -4c^{-3}w^i + O(c^{-5})$$
$$g_{ij} = \delta_{ij}(1 + 2c^{-2}\tilde{w}) + O(c^{-4})$$
(1.1.11)

正则质心度规完全由两个引力位决定，即标量位 $\tilde{w}$ 和矢量位 w^i。如果没有这些位能，线元 ds 就退化为闵可夫斯基时空线元，即式（1.1.3）。

在时空度规中，最重要的引力项是 g_{00} 中的 $c^{-2}\tilde{w}$ 项，这一项会导致引力红移。在牛顿近似下，标量位 $\tilde{w}$ 恢复为牛顿位 U。爱因斯坦引力场方程的相应后牛顿近似可化为

$$\left(-c^{-2}\frac{\partial^2}{\partial t^2} + \Delta\right)\tilde{w} = -4\pi G\sigma$$
(1.1.12)

式中：σ 为引力质量密度，例如对于地球，σ 为地球内部的积分体元密度；Δ 为拉普拉斯算子。式（1.1.12）是牛顿力学框架下的引力位理论中泊松（Poisson）方程 $\Delta V = -4\pi G\sigma$（见 1.2.1 小节）在相对论四维时空中的推广。

矢量位 w^i 用于描述天体旋转运动的能量动量效应，由天体旋转角速度与质点（粒子）空间坐标计算，如地球自转运动对质点产生的角动量，相应的后牛顿场方程为

$$\Delta w^i = -4\pi G\sigma^i$$
(1.1.13)

式中：σ^i 为质量流密度。

若用时空球坐标形式表示正则质心度规，令 x^3 轴为自转轴，极惯性矩为 I_{33}，则类似于克尔度规，由于天体自转，正则质心度规多了一项时空交叉项 $-4c^{-2}\frac{G}{r}I_{33}\omega\sin^2\theta d\phi dt$，且有

$$g_{t\phi} = g_{\phi t} = -4c^{-2}\frac{G}{r}I_{33}\omega\sin^2\theta$$
(1.1.14)

4）原时、坐标时与时空参考系中空间坐标分离

在广义相对论中，原时是四维时空中理想钟的读数，是可直接测量的局部物理量。观测者在时空参考系中画出一条类时曲线，这条曲线称为观测者的世界线，原时描述的是质点在四维时空中测地线的弧长 ds（不变量），且有

$$(\mathrm{d}s)^2 = -(c\mathrm{d}\tau)^2$$
(1.1.15)

式中：τ 为观测者的原时，它是观测者所携带的理想钟计量的时间。

由于不同观测者的世界线不重合，不同原时之间无法进行比对，所以，需要一个时间尺度标准，为时空参考系中不同时空点提供统一的时间参考，这就是坐标时。

原时与坐标时之间由时空度规相连，两者的转换关系涉及引力场（广义相对论效应）及其中的质点运动（狭义相对论效应）。联合式（1.1.6）和式（1.1.15）可得

$$(\mathrm{d}\tau)^2 = -c^{-2}\sum_{\alpha,\beta=0}^{3} g_{\alpha\beta}\mathrm{d}x^\alpha \mathrm{d}x^\beta$$
$$= -\left[g_{00} + c^{-1}\sum_{i=1}^{3}(g_{0i}v^i) + c^{-2}\sum_{i=1}^{3}(g_{ij}v^i v^j)\right] \quad (1.1.16)$$

式中：$v^i = \mathrm{d}x^i / \mathrm{d}t \ (i=1,2,3)$ 表示观测者的速度；主项含因子 c^{-2}，是微小量。令

$$K = \frac{1}{2}\left[g_{00} + 1 + c^{-1}\sum_{i=1}^{3}(g_{0i}v^i) + c^{-2}\sum_{i=1}^{3}(g_{ij}v^i v^j)\right] \quad (1.1.17)$$

则式（1.1.16）可简化为

$$(\mathrm{d}\tau)^2 = (1-2K)(\mathrm{d}t)^2 \quad (1.1.18)$$

式中：系数 K 是观测者空间坐标和速度的函数。在后牛顿近似下有

$$\mathrm{d}\tau \approx (1-K)\mathrm{d}t, \quad \mathrm{d}t \approx (1+K)\mathrm{d}\tau \quad (1.1.19)$$

坐标时 t 不是物理量，只能通过具体原时 τ 来间接实现。任何一个"原时钟"，如原子钟，要变为标准时间尺度的"坐标钟"，都需进行频率调整或加时间改正。

在广义相对论框架下，时空流形由其度规结构刻画，给出时空度规结构是建立时空坐标参考系的基本条件，但度规结构又依赖时空流形中的物质和能量结构。这种时空与物质能量的相互依赖关系，使得人们在广义相对论框架下建立时空坐标参考系时，需要事先选定坐标系类型，以便通过求解爱因斯坦引力场方程，用坐标形式来表达时空参考系的度规。

一个观测者只有在其邻近区域，才能将时空流形物理地分解为一维时间和三维空间。因此，有必要建立四维时空坐标参考系，以便同时给定不同观测者可以共同使用的四维时空坐标系。为区别于具体观测者的原时，人们把时空坐标系中的时间坐标称为坐标时，将具有相同坐标时（同时性）的三维空间称为坐标空间。可见，在四维时空坐标参考系中，通过坐标时完全同步，可将坐标时和三维坐标空间分离出来。

太阳系及地球空间的引力场效应相当弱，时空弯曲的量级小，大地测量学一般采取坐标时同步的方法，将相对论参考系中的时间轴和三维坐标空间分离，进而按类似于潮汐效应归算或改正方式，处理时间坐标和三维坐标空间的狭义和广义相对论效应，以便根据理论需要和精度要求，灵活运用牛顿力学、狭义相对论和广义相对论理论方法，便捷有效地解决大地测量问题。

2. 天球参考系与地球参考系

天球参考系可以借助河外射电源、银河系中的恒星、太阳系内的大天体等不同类别的天体星表或历表实现。这三类天体的坐标集合给出的参考框架，分别称为河外射电源参考框架、恒星参考框架和太阳系天体参考框架。早期的天球参考系，基于光学测量建立的恒星历表实现，恒星历表给出了空间固定的准惯性参考系。基于太阳系天体观测而建立的行星历表，也是天球参考系的一种实现，如美国喷气推进实验室和俄罗斯圣彼得堡实验室等太阳系现代数值星历表系列。

国际天球参考系（International Celestial Reference System，ICRS）基于运动学定义，原点在太阳系质心，坐标轴相对于一组河外射电源固定，由河外射电源、类星体、BLLac 源和几个活动星系核（active galactic nucleus，AGN）的精确坐标所定义的国际天球参考框架（international celestial reference frame，ICRF）实现。若将太阳系看成孤立系统，距太阳系很

远处时空是平直的，则可认为 ICRS 原点是太阳系天体系统的 1 阶或 2 阶后牛顿近似的质心，ICRS 在当前观测精度下可看成惯性系。

地球参考系是一种与地球固连，以地球本体为参考体、在惯性空间中随地球一起进行周日旋转运动的非惯性参考系，用于描述地球本体及地固空间中质点的位置与运动状态。地球参考系一般采用地面观测站的站址坐标来实现。

3. 不同参考系之间的坐标转换

1）相对论时空坐标转换

相对论时空的度规由时空中的质能分布唯一确定，线元 ds 是不变量，与时空坐标参考系的选择无关。但时空度规在数值上依赖时空坐标系，坐标系不同，度规系数也不同。对于任意两个时空坐标系，其对应的度规系数 g_{ij} 和 $g_{\alpha\beta}$ 之间存在如下的转换关系：

$$g_{ij} = \sum_{\alpha,\beta=0}^{3}\left(\frac{\partial x^i}{\partial x^\alpha}\frac{\partial x^j}{\partial x^\beta}g_{\alpha\beta}\right) \tag{1.1.20}$$

广义相对论框架中，坐标系的选择具有随意性。由于时空的弯曲，坐标不再具有明确的物理意义，时空坐标参考系中的任一时空点，都可用 4 个"数"表示，这一组数就是时空点的坐标，而为时空点赋予时空坐标的原则和方法，就构成一个坐标参考系。任何一个时空坐标参考系中，4 个坐标变量都是相互独立的，第一个坐标为"类时"变量，表示事件发生的"时刻"，称为"坐标时"；另外三个是"类空"变量，表示事件发生的"空间位置"，称为"空间坐标"。

2）空间坐标系之间的坐标转换

采用坐标时同步的方法，可将相对论时空中的时间轴和三维坐标空间分离，以方便实现天球或地球空间参考系。不同空间参考系之间的坐标转换满足伽利略变换，仅存在平移和旋转。不同空间坐标系之间的转换是大地测量学基础性工作。

设三维空间的 3 个单位向量 $\boldsymbol{e}_1,\boldsymbol{e}_2,\boldsymbol{e}_3$ 两两正交，$\|\boldsymbol{e}_1\|=\|\boldsymbol{e}_2\|=\|\boldsymbol{e}_3\|=1$，取 O 为坐标原点，$\{O;\boldsymbol{e}_1,\boldsymbol{e}_2,\boldsymbol{e}_3\}$ 构成三维空间笛卡儿右手坐标系，$\boldsymbol{e}_1=(1,0,0)^{\mathrm{T}},\boldsymbol{e}_2=(0,1,0)^{\mathrm{T}},\boldsymbol{e}_3=(0,0,1)^{\mathrm{T}}$ 为基本方向（即坐标轴向量）。三维空间任意点的位置可表示为 $\boldsymbol{x}=x\boldsymbol{e}_1+y\boldsymbol{e}_2+z\boldsymbol{e}_3$，点坐标简记为 $\boldsymbol{x}=(x,y,z)^{\mathrm{T}}$。下面介绍空间坐标系的 3 种基本旋转。

基本旋转 1：平面 $(\boldsymbol{e}_2,\boldsymbol{e}_3)$ 绕基本方向 $\boldsymbol{e}_1$ 逆时针旋转 θ 到 $(\boldsymbol{e}'_2,\boldsymbol{e}'_3)$，即轴向量 $\boldsymbol{e}_1$（x 轴）不动，则空间坐标转换和基本旋转矩阵 $\boldsymbol{R}_1(\theta)$ 表示为

$$\begin{bmatrix}x'\\y'\\z'\end{bmatrix}=\boldsymbol{R}_1(\theta)\begin{bmatrix}x\\y\\z\end{bmatrix}=\begin{bmatrix}1&0&0\\0&\cos\theta&\sin\theta\\0&-\sin\theta&\cos\theta\end{bmatrix}\begin{bmatrix}x\\y\\z\end{bmatrix} \tag{1.1.21}$$

基本旋转 2：平面 $(\boldsymbol{e}_3,\boldsymbol{e}_1)$ 绕基本方向 $\boldsymbol{e}_2$ 逆时针旋转 θ 到 $(\boldsymbol{e}'_3,\boldsymbol{e}'_1)$，即轴向量 $\boldsymbol{e}_2$（y 轴）不动，则空间坐标转换和基本旋转矩阵 $\boldsymbol{R}_2(\theta)$ 表示为

$$\begin{bmatrix}x'\\y'\\z'\end{bmatrix}=\boldsymbol{R}_2(\theta)\begin{bmatrix}x\\y\\z\end{bmatrix}=\begin{bmatrix}\cos\theta&0&-\sin\theta\\0&1&0\\\sin\theta&0&\cos\theta\end{bmatrix}\begin{bmatrix}x\\y\\z\end{bmatrix} \tag{1.1.22}$$

基本旋转 3：平面 $(\boldsymbol{e}_1,\boldsymbol{e}_2)$ 绕基本方向 $\boldsymbol{e}_3$ 逆时针旋转 θ 到 $(\boldsymbol{e}'_1,\boldsymbol{e}'_2)$，即轴向量 $\boldsymbol{e}_3$（z 轴）不动，

则空间坐标转换和基本旋转矩阵 $\boldsymbol{R}_3(\theta)$ 表示为

$$\begin{bmatrix} x' \\ y' \\ z' \end{bmatrix} = \boldsymbol{R}_3(\theta) \begin{bmatrix} x \\ y \\ z \end{bmatrix} = \begin{bmatrix} \cos\theta & \sin\theta & 0 \\ -\sin\theta & \cos\theta & 0 \\ 0 & 0 & 1 \end{bmatrix} \begin{bmatrix} x \\ y \\ z \end{bmatrix} \qquad (1.1.23)$$

式中：$\boldsymbol{R}_i(\theta) = \boldsymbol{R}_i^{-1}(-\theta) = \boldsymbol{R}_i^{\mathrm{T}}(-\theta)$，$i=1,2,3$。

平面 $(\boldsymbol{e}_2, \boldsymbol{e}_3)$、平面 $(\boldsymbol{e}_3, \boldsymbol{e}_1)$ 和平面 $(\boldsymbol{e}_1, \boldsymbol{e}_2)$，称为空间坐标系的基本平面。上述 3 种三维空间的旋转实质上都是固定某一基本方向（轴向量）后的二维平面旋转，由它们可以组合出任意的三维空间旋转，因此称为基本旋转，对应的矩阵称为基本旋转矩阵。基本方向、基本平面和基本旋转是空间参考系理论定义、各种天球和地面坐标系实现及各种空间坐标系相互转换的重要概念。

如图 1.2 所示，任意给定两个三维欧几里得空间坐标系 $\{O; \boldsymbol{e}_1, \boldsymbol{e}_2, \boldsymbol{e}_3\}$ 和 $\{O; \boldsymbol{E}_1, \boldsymbol{E}_2, \boldsymbol{E}_3\}$，基本平面 $(\boldsymbol{e}_1, \boldsymbol{e}_2)$ 和基本平面 $(\boldsymbol{E}_1, \boldsymbol{E}_2)$ 的交线称为节线 ON，定义由基本方向 $\boldsymbol{E}_1$ 到节线 ON 的旋转角 ψ 为进动角，由节线 ON 到基本方向 $\boldsymbol{e}_1$ 的旋转角 φ 为自转角，由 $\boldsymbol{E}_3$ 到 $\boldsymbol{e}_3$ 的旋转角 θ 为章动角，角度 ψ、φ 和 θ 总体称为欧拉角，这两个坐标系之间的坐标转换可由以下基本旋转实现：

$$(X,Y,Z)^{\mathrm{T}} = \boldsymbol{R}_3(\varphi)\boldsymbol{R}_1(\theta)\boldsymbol{R}_3(\psi)(x,y,z)^{\mathrm{T}} \qquad (1.1.24)$$

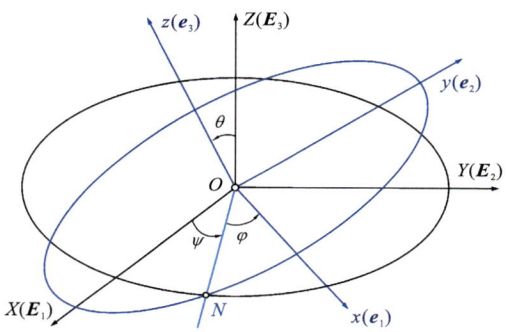

图 1.2 欧拉角与三维空间坐标转换

值得注意的是，参考体不同的坐标参考系之间的坐标转换，与同一个坐标参考系中不同坐标形式之间的变换，是两个完全不同的大地测量概念。前者的坐标参考系（参考体）切实发生了改变，后者只是某个参考系中的坐标在具体表述形式上不一样而已。显然，需要严格区分这两个概念，为此，本书将不同坐标参考系之间的改变，一律表达为"坐标系转换"，而将某个坐标参考系中的坐标在表述形式上的变化，一律表达为"坐标变换"。

例如，准惯性空间的地心天球参考系与固连于地球的非惯性地球参考系，是两种不同性质的参考系，地心天球参考系 (X,Y,Z) 与地球参考系 (x,y,z) 之间的转换，应表达为"坐标系转换"，而不是坐标形式上的变换。而在地固参考系中，某点的位置可用空间直角坐标 (x,y,z)、大地坐标 (B,L,H) 或球坐标 (r,θ,λ) 中的一种形式来表达，不同形式之间的改变，只能表述为"坐标变换"，不同坐标形式在表述某空间点位置时完全等价。

1.1.2 经典坐标系与岁差章动

地球在惯性空间中的定向运动可用三种运动描述：一是地轴相对于惯性空间的变化，又称地轴的空固运动；二是地轴相对于地球本体的变化，又称地轴的地固运动；三是地球绕地轴自转速度的变化。第一项的周期部分为章动，长期部分为岁差；第二项为极移；第三项为地球自转速度变化或日长变化。通常将描述这三种地球自转运动的参数，称为地球定向参数（Earth orientation parameter，EOP），而将其中的地球极移和自转速度变化，称为地球自转参数（Earth rotation parameter，ERP）。

1. 地球自转、岁差章动与极移概述

地球自转是固体地球绕着自己的轴转动，方向由西向东。地球的旋转像一个陀螺，轴的指向在惯性空间维持一定方向。来自月球、太阳和其他行星的引潮力矩导致地轴指向产生偏移（进动），其中较大的偏移为岁差，而较小的周期性运动为章动。

岁差是地球的自转轴相对于惯性空间的进动。分点（赤道与黄道交点）的位置，相对于天球上固定不动的遥远天体，沿黄道每年向西移动（即退行）。通常，每年的移动量约为50.29″，每71.6年移动1°。这个过程虽然缓慢但会逐年累加，分点在黄道上退行一周360°，需要经历25 765年（称为柏拉图年）。章动为自转轴在进动中的一种轻微不规则运动，主要来自日月引潮力矩引起的进动，表现为自转轴随着时间的周期性变化，并使岁差的速度不是常数。

极移是地球自转轴在地球本体表面上横越的运动，这种运动在几米到数十米范围内。地球自转速度并非恒定，而是呈现复杂的波动，由此导致的日长变化可达几秒，变化的时间尺度也很宽，从几分钟到几百万年。

经典天文坐标系在概念上含地球自转运动因素，其Z轴由地球瞬时旋转矢量定义，地球自转轴与地面的交点为地极。天文坐标系在准惯性系中的运动，用地极的岁差和章动表示。

2. 地球自转轴、铅垂线与天球标志点

地球自转轴是天球和地球参考系定向的基础。在地面及近地空间中，某点处的铅垂线又称当地铅垂线。过某一点且与该点铅垂线方向垂直的重力等位面，称为水准面，又称当地水平面。由地面测站处的水准面与铅垂线构成的测站自然坐标系，又称当地水平坐标系。地球质心、自转轴、铅垂线与水准面是天文和地球参考系与大地测量学的基本特征量，如图1.3所示。

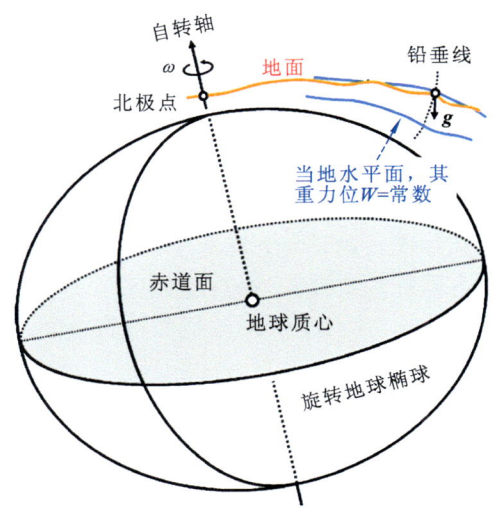

图1.3 地球质心与自转轴及铅垂线与当地水平面

天文坐标系通常用单位球面上标志点和标志线来表示，该单位球称为天球。天体位置通常由其方向来确定，习惯上采用角度（球面角距或地心角距）表示，这样，天体位置（角坐标）与天球面上的点一一对应，各种天文坐标系都可方便地表达为天球上的二维球面正交坐标系。

地面上的观测者（测站）P 可通过当地铅垂线和地球自转轴来对天体 C 进行定向定位。地球自转轴的延长线与天球的交点称为天极 CP。通过地心且与地球自转轴垂直的平面称为天球赤道面。通过南、北天极的大圆称为时圈，平行于天球赤道的小圆称为天球纬圈（或赤纬平行圈），过测站 P 的（当地）铅垂线方向与天球的交点定义了天顶 ZH，如图 1.4 所示。

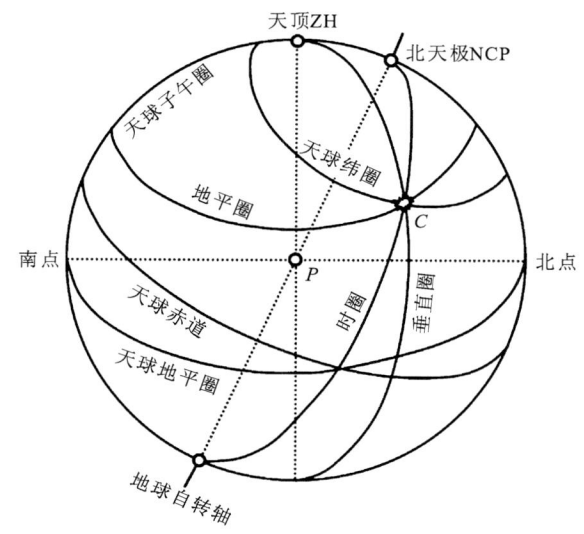

图 1.4 自转轴与铅垂线定义的天球标志点

设想观测者 P 面向北极，视线穿过脚下看向地心 O，图上的测站 P 投影覆盖了地心 O 点（O 点不显示）。经过观测者 P 且与其铅垂线方向（与天顶反向）垂直的平面称为天球地平面（也即当地水平面），它与天球相交的大圆称为天球地平圈。过 P 点的铅垂线方向且包含观测天体 C 的平面为垂直面，垂直面与天球相交的大圆称为垂直圈。包含观测天体 C 平行于天球地平面的小圆称为地平圈。恰好包含天轴的垂直面称为天球子午面，它与天球相交的大圆称为天球子午圈，也是过天顶的时圈。天球子午圈与天球地平圈相交的两点分别为南点和北点。

黄道面由以太阳为中心指向地月系质心的位置矢量和速度向量构成，总是与太阳视运动路径保持在 2″ 之内。通过地心 O 的黄道面法线与天球的交点称为南、北黄极，通过南、北黄极与观测天体 C 的大圆称为黄经圈。黄道与天球赤道面的交线包含了二分点（春分点与秋分点）。春分点在经典天文学中占有极其重要的地位，它定义了赤道坐标系和黄道坐标系的 X 轴空间指向。通过春分点的时圈称为二分圈，天球赤道面与黄道面之间的夹角称为黄赤交角 ε，如图 1.5 所示。

研究不同天文坐标系之间的关系时，通常假设坐标系的原点与地心重合。天球笛卡儿坐标系 O-XYZ 中的 Z 轴指向北天极 NCP，基本平面 XY 为赤道面。天球为单位球，球面向径恒等于 1，因此，天球上一点的位置可用二维球面角距（地心角距）坐标 (μ,ν) 表示，因而在描述天球坐标系通常可省略 Y 轴。同一坐标系中二维角坐标与三维笛卡儿坐标之间的

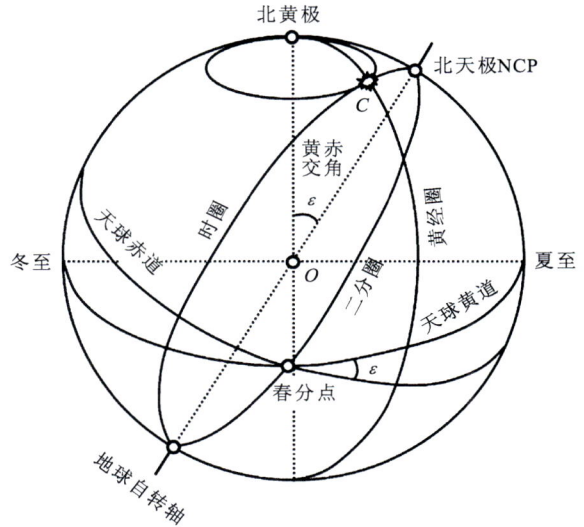

图 1.5 黄道有关标志点

变换关系为

$$X = \cos\mu\cos\nu, \quad Y = \sin\mu\cos\nu, \quad Z = \sin\nu \tag{1.1.25}$$

3. 经典地球坐标系与天文坐标系

（1）参心大地坐标系。参心大地坐标系是一种建立在地球椭球面上，并与地球一起旋转的地固坐标系。地球椭球定义为与全球或区域大地水准面最佳吻合的旋转椭球，如图 1.6 所示，原点 O 位于地球椭球中心（定位参数），基本方向（z 轴）为地球自转轴，平行于地球椭球短轴（定向参数），基本平面为（椭球）赤道面。具有定位定向的地球椭球又称参考椭球，经典大地坐标系因此又称参心坐标系。过格林尼治天文台（原址）的子午面为本初子午面。x 轴为本初子午面与赤道面的交线，指向格林尼治天文台原址。地球空间点 P 的大地经度 L 定义为，由本初子午面起算，向东转动至过 P 点子午面的角度；大地纬度 B 定义为过 P 点的地球椭球面法线（位于 P 点子午面内）与赤道面的夹角，北半球为正，南半球为负；椭球高（又称大地高）H 定义为 P 点相对于地球椭球面沿椭球面法线方向的高度。

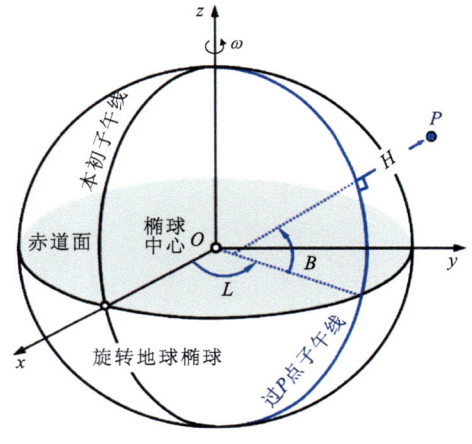

图 1.6 经典参心大地坐标系

（2）地球自然坐标系，又称当地水平坐标系。它是地球空间中自然客观存在（其坐标轴方向只能测定，不能假设或约定）的参考系。原点位于测点 P，z 轴由测点处指向其天顶方向，与测点处铅垂线方向相反；基本平面为过测点 P 的水准面，水准面是重力位为常数的封闭曲面，即重力等位面，又称当地水平面。自然坐标系是天文大地坐标系、地平坐标系、大地测量设备坐标系及连接地球坐标系、天文坐标系与地球重力场的重要基础。

（3）天文大地坐标系。如图 1.7 所示，原点为地心 O，以铅垂线与水准面为基准的地固坐标系。基本方向为地球自转轴和测点 P 处的天顶方向，基本平面为赤道面，用天文经度 Λ 和天文纬度 Φ 两个坐标来表示地面点在球面上的位置。过地面上任一点 P 的铅垂线与地球自转轴所组成的平面称为 P 点的天文子午面，天文子午面与水准面的交线称为 P 点的天文子午线（与参考椭球子午线略有差异），又称经线。称过英国格林尼治天文台的天文子午面为首子午面（与本初子午面略有差异），过 P 点的天文子午面与首子午面的二面角称为 P 点的天文经度 Λ，首子午面以东为东经，首子午面以西为西经。过 P 点铅垂线（天顶）与赤道平面的夹角称为 P 点的天文纬度 Φ，赤道以北为北纬，赤道以南为南纬。

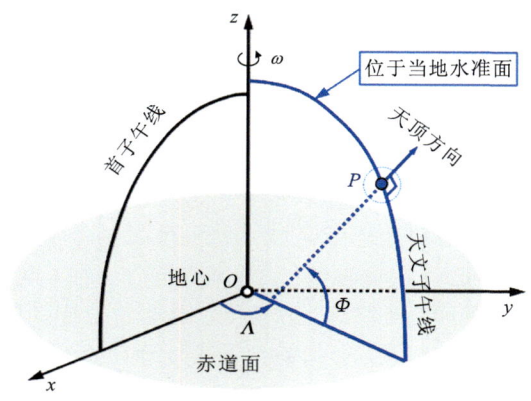

图 1.7　天文大地坐标系

（4）地平坐标系。如图 1.8 所示，原点为地面测站 P，基本平面为天球地平面，Z 轴由 P 指向天顶方向，通过北天极与天顶的测站子午圈与天球地平面（与过 P 点水准面相切）相较于南、北两点，X 轴指向北点。观测天体 C 的地平坐标用方位角和高度角表示。由天顶起沿垂直圈量算至天体 C 的角度称为天顶距 z，其余角称为高度角 $\alpha = 90° - z$。从北点起算，沿地平圈向东转动至垂直圈的角度称为方位角 A。地平坐标系 (A, α) 是左手系。

（5）地心赤道坐标系。原点在地心 O，基本方向指向北天极，基本平面为天球赤道面。地心赤道坐标系又分为第一赤道坐标系和第二赤道坐标系，两种赤道坐标系的 Z 轴均与地球自转角速度矢量一致，所不同的是 X 轴指向。

第一赤道坐标系，又称时角赤道坐标系。如图 1.9 所示，第一赤道坐标系的 X 轴指向格林尼治子午线。天体 C 的第一赤道坐标用时角和赤纬表示。由格林尼治子午圈与天球赤道的交点起算，沿赤道向西量算至天体时圈的角距称为天体 C 的时角 h，通常用"时分秒"表示，如 14 h 41 min 28.74 s，1 h 对应 15°。沿时圈量算至天体的角距称为天体的赤纬 δ。第一赤道坐标系 (h, δ) 是左手系。

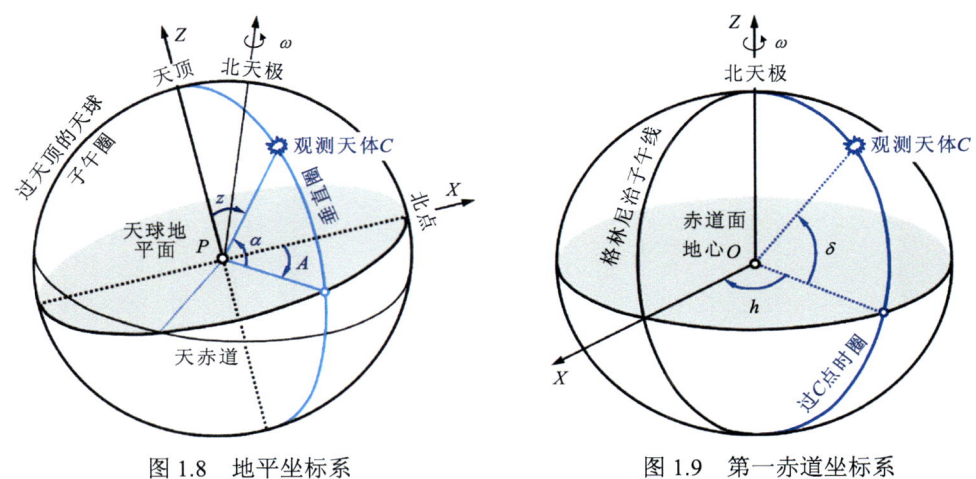

图 1.8　地平坐标系　　　　　图 1.9　第一赤道坐标系

第二赤道坐标系。如图 1.10 所示，X 轴指向与太阳视运动有关的春分点 γ。由春分点 γ 起算，沿天球赤道向东量算至天体时圈的角距称为天体的赤经 α，赤纬 δ 同第一赤道坐标系。在第二赤道坐标系中，天体位置（坐标）与测站位置无关。

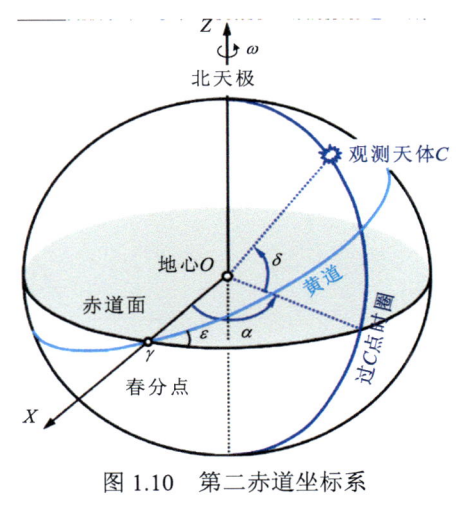

图 1.10　第二赤道坐标系

（6）黄道坐标系。类似于第二赤道坐标系，原点位于地球或太阳质心，基本方向即 Z 轴指向北黄极，基本平面为黄道面，X 轴指向春分点 γ，如图 1.11 所示。天体 C 的坐标用黄经 λ 与黄纬 β 表示。

4. 岁差与"平"量、章动与"真"量

仅受岁差影响的天文坐标系定义了一些"平"量概念，如平天极、平赤道、平春分点、平恒星时；而章动影响定义了一些"真"量概念，如真天极、真赤道、真春分点、（视）恒星时。赤道岁差（曾称日月岁差）源于月球、太阳及各大行星对地球的引潮力矩，周期约 25 780 年（柏拉图年）。在基于春分点的参考系中，各大行星对地月系绕日运动的轨道面（黄道面）存在引潮位摄动，黄道面缓慢变化，黄赤交角 ε 在 21°55′~24°18′变化，产生黄道岁差，如图 1.12 所示。章动是地球自转轴在较短时间内的变化，主要由于赤道面、黄道面与白道面三者不重合引起。由于章动作用，真天极绕着仅受岁差影响的平天极进行小椭圆运动，章动椭圆的长半轴约为 9″.2，短半轴约为 6″.9，如图 1.13（a）所示。

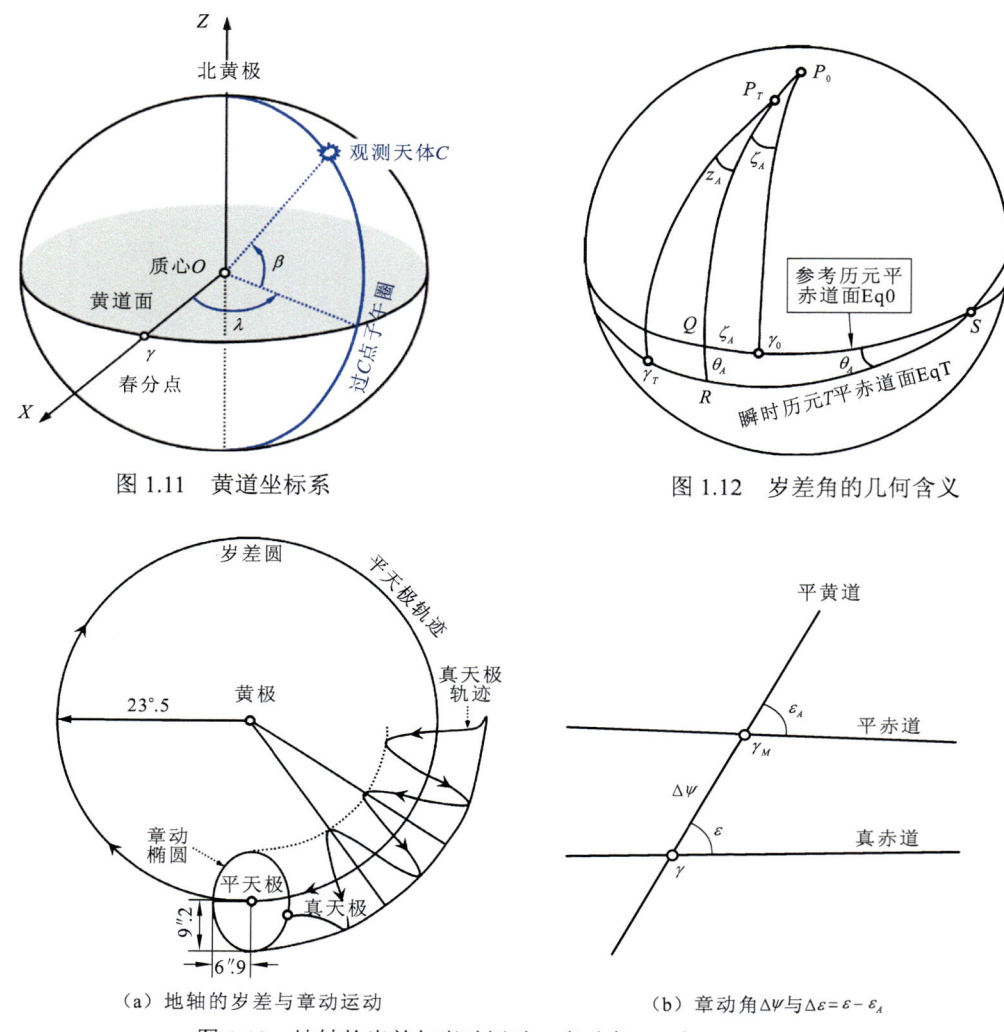

图 1.11 黄道坐标系

图 1.12 岁差角的几何含义

（a）地轴的岁差与章动运动

（b）章动角 $\Delta\psi$ 与 $\Delta\varepsilon=\varepsilon-\varepsilon_A$

图 1.13 地轴的岁差与章动运动、章动角 $\Delta\psi$ 与 $\Delta\varepsilon=\varepsilon-\varepsilon_A$

1）岁差角及其几何含义

参考历元 T_0 至某一瞬时历元 T 的总岁差（赤道岁差与黄道岁差之和）可用三个岁差角 (ζ_A, z_A, θ_A) 来描述，如图 1.12 所示。参考历元 T_0 和瞬时历元 T 的天文坐标系，对应两个不同的参考系，其 Z 轴分别指向天极 P_0 与 P_T，相应的 XY 平面分别为参考历元 T_0 时平赤道面 Eq0 与瞬时历元 T 时平赤道面 EqT，X 轴分别指向平春分点 γ_0（平赤道面 Eq0 上的春分点）与 γ_T（平赤道面 EqT 上的春分点）。

考察过参考历元天极 P_0 和平春分点 γ_0 的大圆，分析将参考历元 T_0 平位置转换至瞬时历元 T 平位置的天文坐标系转换过程。①先将参考历元 T_0 的天文坐标系绕 Z 轴旋转一个角度 ζ_A，此时该大圆通过天极 P_T 且交 Eq0 于 Q 点，Y 轴指向两赤道面的交点 S，Z 轴仍指向天极 P_0。

②将坐标系绕 Y 轴旋转一个角度 θ_A，此时 EqT 成为新的 XY 平面，X 轴指向 R，Y 轴指向 S 点，Z 轴指向 P_T。③将坐标系绕 Z 轴旋转一个角度 z_A，X 轴指向了瞬时历元 T 的平春分点 γ_T。

这三次旋转过程解释了三个岁差角 (ζ_A, z_A, θ_A) 的几何含义：两赤道面交点 S 在参考历元 T_0 坐标系中的赤经为 $90°-\zeta_A$，而在瞬时历元 T 坐标系中的赤经变为 $90°+z_A$，平赤道面（即 XY 平面）Eq0 与 EqT 的夹角为 θ_A。这样，由参考历元 T_0 天文坐标系 $X(\alpha_0, \delta_0)$ 到瞬时历元 T 天文坐标系 $X(\alpha, \delta)$ 的转换过程，可用岁差矩阵 $\boldsymbol{P}$（即两坐标系转换矩阵）表示为

$$\begin{bmatrix} X \\ Y \\ Z \end{bmatrix}_{\alpha, \delta} = \boldsymbol{P} \begin{bmatrix} X \\ Y \\ Z \end{bmatrix}_{\alpha_0, \delta_0}, \quad \boldsymbol{P} = \boldsymbol{R}_3(-z_A)\boldsymbol{R}_2(\theta_A)\boldsymbol{R}_1(-\zeta_A) \tag{1.1.26}$$

岁差矩阵 $\boldsymbol{P}$ 的具体展开式为

$$\boldsymbol{P} = \begin{bmatrix} \cos z_A \cos\theta_A \cos\zeta_A - \sin z_A \sin\zeta_A & -\cos z_A \cos\theta_A \sin\zeta_A - \sin z_A \cos\zeta_A & \cos z_A \sin\theta_A \\ \sin z_A \cos\theta_A \cos\zeta_A + \cos z_A \sin\zeta_A & -\sin z_A \cos\theta_A \sin\zeta_A + \cos z_A \cos\zeta_A & -\sin z_A \sin\theta_A \\ \sin z_A \cos\theta_A & -\sin z_A \sin\theta_A & \cos\theta_A \end{bmatrix}$$
$$\tag{1.1.27}$$

2）章动角及其几何含义

章动形成的主要原因是月球轨道面与黄道面之间有约 5°的夹角，以及月球轨道升交点的运动。这导致天球赤道面相对于黄道面发生周期性的变化，称为交角章动，用 $\Delta\varepsilon$ 表示。章动形成的另一个原因是地球绕太阳公转的轨道为椭圆，而黄道面与赤道面不重合，导致黄经章动的产生，称为黄经章动，用 $\Delta\psi$ 表示。章动的影响效果可用章动矩阵 $\boldsymbol{N}$ 来描述。在讨论岁差运动时主要考虑两个面：瞬时平黄道与瞬时平赤道面，而章动仅影响赤道面而不影响黄道面。通过章动矩阵，可以将瞬时平赤道转换为瞬时真赤道，如图 1.13（b）所示。

任意历元时刻的交角章动 $\Delta\varepsilon$ 等于真黄赤交角 ε 与平黄赤交角 ε_A 之差，因此有

$$\varepsilon = \varepsilon_A + \Delta\varepsilon \tag{1.1.28}$$

式中：平黄赤交角 ε_A 可按下式计算：

$$\varepsilon_A = 23°26'21''.4059 - 46''.840\,24t - 0''.000\,59t^2 + 0''.001\,813t^3 \tag{1.1.29}$$

式中：t 为以地球时表示的从 J2000.0 起算的儒略世纪数。

由图 1.13（b）可知，章动矩阵为

$$\boldsymbol{N} = \boldsymbol{R}_1(-\varepsilon)\boldsymbol{R}_3(-\Delta\psi)\boldsymbol{R}_1(\varepsilon_A) \tag{1.1.30}$$

式（1.1.30）表明，章动矩阵 $\boldsymbol{N}$ 可由天文坐标系依次进行三次旋转得到：①绕 X 轴旋转 ε_A，使 XY 基本平面由平赤道面变为平黄道面；②绕 Z 轴旋转 $-\Delta\psi$，使 X 轴由指向平春分点 γ_M 变为指向真春分点 γ_T；③绕 X 轴旋转 $-\varepsilon$，使 XY 基本平面移至真赤道面。

利用章动矩阵 $\boldsymbol{N}$，可将平历元坐标 $\boldsymbol{X}_M$ 转换为真历元坐标：

$$\boldsymbol{X}_T = \boldsymbol{N}\boldsymbol{X}_M \tag{1.1.31}$$

章动矩阵 $\boldsymbol{N}$ 的具体展开式为

$$\boldsymbol{N} = \begin{bmatrix} \cos\Delta\psi & -\sin\Delta\psi\cos\varepsilon_A & -\sin\Delta\psi\sin\varepsilon_A \\ \sin\Delta\psi\cos\varepsilon & \cos\Delta\psi\cos\varepsilon\cos\varepsilon_A + \sin\varepsilon_T\sin\varepsilon_A & \cos\Delta\psi\cos\varepsilon\sin\varepsilon_A - \sin\varepsilon\cos\varepsilon_A \\ \sin\Delta\psi\sin\varepsilon & \cos\Delta\psi\sin\varepsilon\cos\varepsilon_A - \cos\varepsilon_T\sin\varepsilon_A & \cos\Delta\psi\sin\varepsilon\sin\varepsilon_A + \cos\varepsilon\cos\varepsilon_A \end{bmatrix}$$
$$\tag{1.1.32}$$

日月章动角 $\Delta\psi$ 和 $\Delta\varepsilon$ 为一系列周期性章动项之和，通常用章动序列的形式来计算，其表达式为

$$\Delta\psi = \sum_i [(A_i + A_i't)\sin(\arg_i) + (A_i'' + A_i'''t)\cos(\arg_i)]$$
$$\Delta\varepsilon = \sum_i [(B_i + B_i't)\sin(\arg_i) + (B_i'' + B_i'''t)\cos(\arg_i)]$$
(1.1.33)

式中：$A_i, B_i, \cdots$ 为各章动项的振幅；$\arg_i$ 为可理论计算的章动项 i 天文幅角（又称理论幅角、理论相位或天文相位）。

天文幅角 $\arg_i$ 由 5 个天文基本幅角 (l, l', F, D, Ω) 来计算：

$$\arg_i = i_l l + i_{l'} l' + i_F F + i_D D + i_\Omega \Omega$$
(1.1.34)

式中：系数 $i_l, i_{l'}, \cdots$ 取整数，称为德洛奈（Delaunay）变量。

这 5 个天文基本幅角与日月章动相关，又称基本 Delaunay 幅角，它们的物理意义见表 1.1。基本 Delaunay 幅角与日月位置的关系为

$$l = L - \tilde{\omega}, \quad l' = L' - \tilde{\omega}', \quad F = L - \Omega, \quad D = L - L'$$
(1.1.35)

式中：L 为月球平黄经；L' 为太阳平黄经；$\tilde{\omega}$ 为月球轨道近地点的平黄经；$\tilde{\omega}'$ 为地月系轨道近地点的平黄经；Ω 为月球轨道升交点的平黄经。

表 1.1　5 个与日月位置有关的基本 Delaunay 幅角

符号	名称	意义
l	太阳平近点角	地月质心相对于轨道近日点的平位置
l'	月球平近点角	月球相对于轨道近地点的平位置
F	月球平升交点角距	月球相对于轨道升交点的平位置
D	日月平角距	太阳月球相对平位置
Ω	月球升交点平黄经	月球轨道升交点的平位置

更精确的 IAU2000A/IAU2006 章动序列模型，还包含与主要大行星平黄经有关的附加幅角，其中 5 个基本 Delaunay 幅角分别为

$$\begin{aligned}
F_1 &\equiv l = 134°.963\,402\,51 + 477\,198°.867\,560\,5t + 0°.008\,855\,333\,333t^2 \\
&\quad + 0°.000\,014\,343\,056t^3 - 0°.000\,000\,067\,972\,2t^4 \\
F_2 &\equiv l' = 357°.529\,109\,18 + 35\,999°.050\,291\,138\,888t - 0°.000\,153\,666\,667t^2 \\
&\quad + 0°.000\,000\,037\,778t^3 - 0°.000\,000\,003\,191\,7t^4 \\
F_3 &\equiv F = L - \Omega = 93°.272\,090\,62 + 483\,202°.017\,457\,722\,222t - 0°.003\,542t^2 \\
&\quad - 0°.000\,000\,288\,056t^3 + 0°.000\,000\,001\,158\,3t^4 \\
F_4 &\equiv D = 297°.850\,195\,469\,4 + 445\,267°.111\,446\,944\,444t - 0°.001\,769\,611\,111t^2 \\
&\quad + 0°.000\,001\,831\,389t^3 - 0°.000\,000\,088\,028t^4 \\
F_5 &\equiv \Omega = 125°.044\,555\,01 - 1934°.136\,261\,972\,222t + 0°.002\,075\,611\,111t^2 \\
&\quad + 0°.000\,000\,213\,944t^3 - 0°.000\,000\,164\,972t^4
\end{aligned}$$
(1.1.36)

式中：t 为以地球时表示的从 J2000.0 起算的儒略世纪数。

1.1.3 国际天球和地球参考系

1. 国际天球参考系（ICRS）

历史上，天球参考系的零点（天球坐标系 X 轴的指向，天球赤道上赤经零点）由春分点定义，春分点可通过对恒星和太阳系天体（主要是大行星）观测和运动理论来测定，这种春分点称为动力学春分点，相应的参考系为动力学参考系，如基本参考系 FK5 和太阳系历表等。由于春分点存在空固运动，这种参考系的惯性精度依赖岁差模型。根据纽康岁差理论，通过春分点的岁差改正后，动力学参考系可以过渡到准惯性参考系。新的 FK5 参考系在动力学参考系基础上，引入了运动学参考系概念，消除了非惯性旋转，被认为具有更好的惯性特性。

更为精确意义上的运动学参考系，由一组遥远的河外射电源位置，来定义参考系坐标轴的指向，这些遥远的射电源被认为不存在明显的整体旋转，该参考系是当前国际天文学联合会（International Astronomical Union，IAU）所采用的国际天球参考系（ICRS）。ICRS 在 J2000.0 时与 FK5 基本一致，两者差异在框架误差范围内，ICRS 的赤经零点（天球中间零点，celestial intermediate origin，CIO）非常接近 J2000.0 动力学春分点。ICRS 定义既不依赖地球自转，又不依赖黄道，仅受观测影响。

总结 IAU2000/IAU2006 决议，国际天球参考系（ICRS）定义可概括如下。

（1）坐标轴的方向相对于类星体固定。Z 轴指向天球中间极（celestial intermediate pole，CIP），以分离可建模计算的岁差章动和不能精确预报但可观测的极移。

（2）X 轴指向天球中间零点（CIO），与动力学春分点无关，赤经零点在 J2000.0 历元与 FK5 系统的赤经零点（动力学春分点）几乎重合。

（3）原点位于太阳系质心的 ICRS 为质心天球参考系（barycentric celestial reference system，BCRS），原点位于地球质心的 ICRS 为地心天球参考系（geocentric celestial reference system，GCRS）。

（4）地心天球参考系（GCRS）的时空度规在表达形式上与太阳系质心天球参考系（BCRS）一致；GCRS 坐标轴与 BCRS 空间定向一致，在运动学上无旋转。

天球中间极（CIP）由岁差-章动模型（如 IAU2000/2006 岁差章动模型）确定。ICRS 使用天球中间零点（CIO）代替春分点。CIO 的时角就是地球自转角（即用恒星角代替 FK5 恒星时）；ICRS 中天体的位置（赤经和赤纬）为从 CIO 和 CIP 赤道起算的某历元中间位置。放弃以前与春分点有关的位置、真位置、时角等概念。天球中间极（CIP）、天球中间零点（CIO）、无旋转原点（NRO）概念见 4.4 节。

2. 国际地球参考系（ITRS）

全球性地固参考系应涵盖整个地球，最有代表性的此类参考系是国际地球参考系（international terrestrial reference system，ITRS）。1992 年起，国际地球自转和参考系统服务（international Earth rotation and reference systems service，IERS）负责实现和维持 ITRS。高精度 ITRS 需要考虑相对论效应，通过时钟同步分离时间坐标 T（可理解为采用标准时间尺度的坐标时），将 GCRS 中的时空坐标 $(T, \boldsymbol{X})$ 转换为 ITRS 下的空间坐标 $\boldsymbol{x}$。

ITRS 定义来源于 1991 年国际大地测量学与地球物理学联合会（International Union of Geodesy and Geophysics，IUGG）2 号决议。ITRS 由甚长基线干涉测量（very long baseline interferometry，VLBI）、卫星激光测距（satellite laser ranging，SLR）、全球导航卫星系统（global navigation satellite system，GNSS）和星载多普勒定轨定位（Doppler orbitography and radio positioning integrated by satellite，DORIS）等空间大地测量技术实现和维持。

ITRS 原点位于包括海洋与大气在内的地球系统质量中心；ITRS 地极称为 IERS 参考极（ITRS 的 z 轴指向），约定位于 1900~1905 年平均自转极附近（5 mas 以内，1 mas 地心角距对应地面距离约 3 cm），以保持其历史连续性。IERS 参考子午面约定位于国际时间局（Bureau International de l'Heure，BIH）1984.0 参考子午面附近（5 mas 范围内），在格林尼治零子午面以东约 100 m 处。ITRS 的 x 轴位于 IERS 参考子午面内。目前，IERS 的参考极与参考子午面通过地面观测站坐标间接定义。

国际天球参考系（ICRS）与国际地球参考系（ITRS）中质点的三维空间位置一般采用笛卡儿空间直角坐标形式表达。

1.2 地球重力场基本理论

地球重力场用于表征地球内部、表面或外部地球重力作用空间的物理属性，是反映地球系统的物质分布与运动的基本物理场，是研究地球内部状态及动力学机制的重要信息和物理约束。确定地球力学平衡形状及外部重力场的理论，是定义和建立大地测量基准的理论基础。

1.2.1 地球重力场概念与位理论

1. 引力与引力位

由牛顿万有引力定律可知，两个质点之间的引力，其大小与两质点质量的乘积成正比，与两质点间的距离平方成反比，方向在两质点的连线上：

$$\boldsymbol{F} = -\frac{Gmm'}{L^2}\frac{\boldsymbol{L}}{L} \tag{1.2.1}$$

式中：m、m' 分别为两质点的质量；$\boldsymbol{L}$ 和 L 分别为两质点间坐标差向量及向量的模，$L = \|\boldsymbol{L}\|$；G 为万有引力常数。

若被吸引点的质量 m' 为单位质量，则单位质量的引力，即加速度，可表示为

$$\boldsymbol{F} = -\frac{Gm}{L^2}\frac{\boldsymbol{L}}{L} \tag{1.2.2}$$

设有一个标量函数，它在被吸引点各坐标轴方向的偏导数等于引力在相应方向上的分量，则此函数称为引力位函数，简称引力位或引力势，其形式为 $V = Gm/L$。一般情况下，吸引质量是一个质体。将质体 Ω 分成许多微小质元 $\mathrm{d}m$，则质体对其外部任意点 $P(x,y,z)$ 的引力位可表示为

$$V = G\int_\Omega \frac{\mathrm{d}m}{L} = G\int_\Omega \frac{\rho}{L}\mathrm{d}\Omega, \quad M = \int_\Omega \mathrm{d}m = \int_\Omega \rho\mathrm{d}\Omega \tag{1.2.3}$$

式中：$\mathrm{d}\Omega$ 为质体内部质元 $\mathrm{d}m$ 的体积（积分体元）；$\rho = \mathrm{d}m/\mathrm{d}\Omega$ 为质元的密度；M 为质体 Ω 的总质量。

空间点 $P(x,y,z)$ 的引力位 V 对坐标的偏导数就是该点所受引力的三个分量：

$$\boldsymbol{F} = \nabla V = \left(\frac{\partial V}{\partial x} \quad \frac{\partial V}{\partial y} \quad \frac{\partial V}{\partial z}\right)^{\mathrm{T}} \tag{1.2.4}$$

式中：$\nabla = \left(\dfrac{\partial}{\partial x} \quad \dfrac{\partial}{\partial y} \quad \dfrac{\partial}{\partial z}\right)^{\mathrm{T}}$ 为梯度算子。

由式（1.2.3）可以验证，质体的引力位在无穷远 $(r \to \infty)$ 处满足：

$$\lim_{r \to \infty} V = 0, \quad \lim_{r \to \infty}(rV) = GM; \quad \lim_{r \to \infty}\left(r\frac{\partial V}{\partial r}\right) = 0, \quad \lim_{r \to \infty}\left(r^2\frac{\partial V}{\partial r}\right) = GM \tag{1.2.5}$$

通常称满足式（1.2.5）的质体引力位 V 是一个在无穷远处的正则函数。

2. 重力与重力位

地球空间重力向量 $\boldsymbol{g}$ 是地球引力 $\boldsymbol{F}$ 和地球自转离心力 $\boldsymbol{P}$ 的合力 $\boldsymbol{g} = \boldsymbol{F} + \boldsymbol{P}$，如图 1.14 所示。重力向量 $\boldsymbol{g}$ 的方向是铅垂线方向，重力向量 $\boldsymbol{g}$ 的模 $g = \|\boldsymbol{g}\|$ 也狭义地简称为重力。

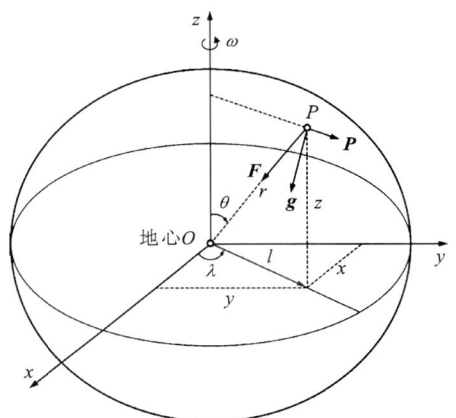

图 1.14 引力、离心力和重力

图中 (r,θ,λ) 为 P 点的球坐标，其中 r 为地心距；θ 为地心余纬，又称极距；λ 为经度。球坐标 (r,θ,λ) 与空间直角坐标 (x,y,z) 有如下变换关系：

$$x = r\sin\theta\cos\lambda, \quad y = r\sin\theta\sin\lambda, \quad z = r\cos\theta \tag{1.2.6}$$

离心力 $\boldsymbol{P}$ 是因地球自转而出现的惯性力。在以地球自转轴为 z 轴的地心地固坐标系中，单位质量的离心力可表示为

$$\boldsymbol{P} = \omega^2 (x \quad y \quad 0)^{\mathrm{T}} = \omega^2 \boldsymbol{l} \tag{1.2.7}$$

式中：ω 为地球自转角速率；$\boldsymbol{l}(x,y,0)$ 为地心向径 $\boldsymbol{r}(x,y,z)$ 在赤道面上的投影向量。

离心力也可有离心力位函数，简称离心力位，可表示为

$$\Psi = \frac{1}{2}\omega^2(x^2 + y^2) = \frac{1}{2}\omega^2 r^2 \sin^2\theta \tag{1.2.8}$$

引力位 V 与离心力位 Ψ 之和称为重力位，可表示为
$$W = V + \Psi, \quad \boldsymbol{g} = \nabla W \tag{1.2.9}$$
重力梯度张量是重力位的二阶梯度，即重力向量的梯度，由 9 个分量构成：
$$\nabla(\nabla W) = \nabla \boldsymbol{g} = \begin{bmatrix} W_{xx} & W_{xy} & W_{xz} \\ W_{yx} & W_{yy} & W_{yz} \\ W_{zx} & W_{zy} & W_{zz} \end{bmatrix} \tag{1.2.10}$$

引力、离心力和重力都是指单位质点所受的力，它们等于相应的加速度，其单位采用加速度单位，国际单位为 m/s²。在大地测量和地球物理学中，为纪念天文学家伽利略，常用伽作为重力的单位，包括伽（Gal）、毫伽（mGal）和微伽（μGal），它们之间的换算关系为
$$1 \text{ Gal} = 10^3 \text{ mGal}, \quad 1\text{mGal} = 10^3 \text{ μGal} = 10^{-5} \text{ m/s}^2 \tag{1.2.11}$$
地球表面的重力值为 9.78～9.83 m/s²。

3. 水准面与铅垂线

重力位为常数的地球封闭曲面"$W = $ 常数"称为重力等位面，或水准面、水平面。在这些水准面中有一个特殊的水准面，它与全球平均海水面最为接近，这个特殊的水准面称为大地水准面。

地球内部密度异常分布导致地球外部重力位和重力为空间点位的不规则函数，地球形状也不规则。大地水准面、水准面都是不规则曲面。在大地测量学中，通常用大地水准面代表地球的力学平衡形状，简称地球形状，并把大地水准面所包围的地球形体称为大地体。

将重力位 W 在水准面 s 上沿任意方向微分，由于水准面 s 的重力位为常数，即 $W = C$，所以有
$$\mathrm{d}W = \nabla W \cdot \mathrm{d}\boldsymbol{s} = \boldsymbol{g} \cdot \mathrm{d}\boldsymbol{s} = 0 \tag{1.2.12}$$
式中：ds 为水准面的切向量。重力向量的方向为铅垂线 $\boldsymbol{n}$，有
$$\boldsymbol{n} = \boldsymbol{g} / g \tag{1.2.13}$$
任何一点的铅垂线 $\boldsymbol{n}$ 与过同一点的水准面正交，任何一点的重力向量 $\boldsymbol{g}$ 与该点的铅垂线 $\boldsymbol{n}$ 相切。水准面和铅垂线构成的坐标称为自然坐标。

4. 引力位 Laplace 方程

质体外部任意一点的引力位 V 满足拉普拉斯（Laplace）方程：
$$\Delta V = \frac{\partial^2 V}{\partial x^2} + \frac{\partial^2 V}{\partial y^2} + \frac{\partial^2 V}{\partial z^2} = 0 \tag{1.2.14}$$
式中：$\Delta = \frac{\partial^2}{\partial x^2} + \frac{\partial^2}{\partial y^2} + \frac{\partial^2}{\partial z^2}$ 为 Laplace 算子。

式（1.2.14）是 Laplace 方程在空间直角坐标系中的表达式。可以验证，单位点质量引力场的引力位满足 Laplace 方程：
$$\Delta(1/L) = 0 \tag{1.2.15}$$
可以证明，质体的引力位及其一阶导数在全空间是连续的。如果引力位 V 在某一连续的区域 Ω 内，直到二阶导数都是有限和连续的，且满足 Laplace 方程，则称引力位 V 为区域 Ω 内的调和函数。调和函数又称谐函数。

若质体占据有限空间，则引力位V是无穷远处的正则函数，因此质体外部的引力位是正则的、调和的，外部引力场是保守力场，外部引力是保守力。质体外部引力场的这些性质与质体区域Ω的边界形状、大小及其内部密度分布无关。

在质体内部，任一密度为ρ处的引力位V满足泊松（Poisson）方程

$$\Delta V = -4\pi G\rho \tag{1.2.16}$$

有限空间的质体外部Laplace方程和质体内部Poisson方程，统称为质体的基本引力位势方程。

顾及式（1.2.14），在地球外部有

$$\Delta W = \Delta(V + \Psi) = \Delta\Psi = 2\omega^2 \neq 0 \tag{1.2.17}$$

这表明，地球外部的离心力位Ψ和重力位W都不是调和函数。综合式（1.2.16）和式（1.2.17）可得，在地球内部有

$$\Delta W = -4\pi G\rho + 2\omega^2 \tag{1.2.18}$$

式（1.2.18）称为广义Poisson方程。

5. 位理论边值问题

位理论边值问题可表述为：根据某一空间边界上给定能满足一定条件的函数值（称为边界值），求出该空间中Laplace方程[式（1.2.14）]的引力位解V。当空间被包含在边界内部时称为内部边值问题，当空间位于边界外部时称为外部边值问题。在物理大地测量学中，通常研究的是外部边值问题，求解的是地球外部重力场。

1.2.2 地球椭球与正常重力场

1. 地球椭球与正常椭球

为简化地球形状和外部重力场的数学描述，通常选择符合一定条件、形状规则的旋转椭球作为实际地球的近似。大地测量学中，将代表地球力学平衡形状和大小的旋转椭球称为地球椭球。满足以下三个条件的地球椭球称为正常椭球。

（1）椭球中心与地球质心重合，旋转轴与地球自转轴重合，旋转角速度等于地球自转角速度。

（2）椭球体的质量等于地球系统的总质量（含大气和海洋）。

（3）椭球面的正常重力位U_0等于大地水准面上的重力位，即全球大地位W_0。

大地水准面相对于正常椭球面沿椭球法线的高度称为大地水准面差距，又称大地水准面（椭球）高。全球范围内大地水准面高为-107～85 m。

正常椭球可用4个独立参数来描述：椭球长半轴a、椭球扁率f、椭球总质量M（或地心引力常数GM）和椭球旋转角速度ω。前两个参数决定了正常椭球的几何形状，如图1.15所示，后两个参数表示正常椭球的物理性质。在图1.15中，ϕ为大地纬度，E为线性偏心距，且有

$$\tan\varphi = (1-f)\tan\phi = \frac{b}{a}\tan\phi, \quad \theta = 90°-\varphi \tag{1.2.19}$$

式中：b为椭球短半轴；φ为地心纬度；θ为地心余纬或极距。

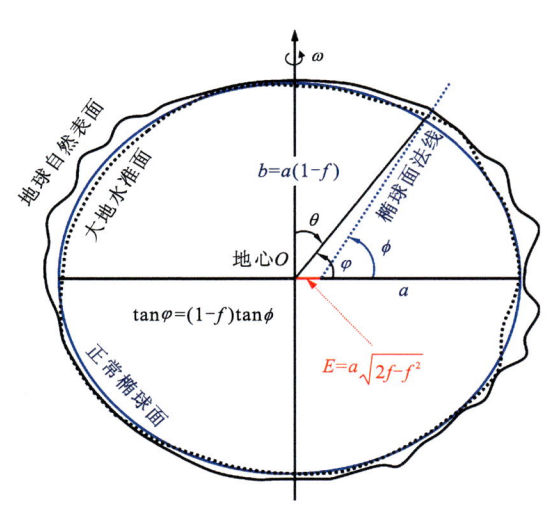

图 1.15　正常椭球、大地水准面与地球自然表面

令 A、B、C 为地球的主惯性矩。由物理学可知，在空间直角坐标系中有

$$A = \int_\Omega (y^2 + z^2)\rho \mathrm{d}\Omega, \quad B = \int_\Omega (x^2 + z^2)\rho \mathrm{d}\Omega, \quad C = \int_\Omega (x^2 + y^2)\rho \mathrm{d}\Omega \tag{1.2.20}$$

旋转的正常椭球是二轴椭球，有 $A = B$，记

$$J_2 = \frac{C - (A+B)/2}{Ma^2} = \frac{C - A}{Ma^2} \tag{1.2.21}$$

式中：J_2 为正常椭球面力学平衡形状与球对称地球力学平衡形状的差异，因而称为地球（动）力学形状因子；C 为地球的极惯性矩；$A=B$ 为赤道惯性矩。

GM 和 J_2 可用现代卫星大地测量技术以很高的精度测定。其中，GM 通过观测卫星绕地球运行一圈的周期确定，J_2 通过观测卫星轨道和地球赤道交点的退行（即向西的进动）速率确定。

IERS 协议 2010 数值标准中，地球椭球 4 个基本常数推荐值为

$$a = 6\,378\,136.6 \text{ m}, \quad J_2 = 1.082\,635\,9 \times 10^{-3} \tag{1.2.22}$$

$$GM = 3.986\,004\,418 \times 10^{14} \text{ m}^3/\text{s}^2, \quad \omega = 7.292\,115 \times 10^{-5} \text{ rad/s} \tag{1.2.23}$$

由这 4 个基本常数推荐值，按封闭的解析公式（章传银，2020b），计算可得地球正常椭球的扁率倒数值为 $1/f = 298.256\,440\,402\,7$（298.256 42），正常椭球面的正常重力位 $U_0 = 62\,636\,855.813\,1$ m^2/s^2（62 636 856.0 m^2/s^2）。括号内是 IERS 协议 2010 数值标准给出的推荐值，可见，IERS 协议 2010 数值标准中，地球椭球参数之间不完全满足解析相容性要求。

2. 地球的正常重力场

由正常椭球体生成的重力场称为正常重力场，其引力位、引力和重力位、重力分别称为正常引力位、正常引力和正常重力位、正常重力。正常重力场中的等位面称为正常水准面。

斯托克斯（Stokes）定理（陆仲连 等，1994）：设吸引质量 M 以角速度 ω 旋转，S 为一形状已知的重力位水准面，吸引质量全部包含在 S 内部，则 S 面上及其外部的重力位和重力完全由 M、ω 及 S 唯一确定。

由 Stokes 定理可知，已知正常椭球的形状（a、J_2）、地心引力常数 GM 和地球自转角

速率 ω，可完全唯一地确定地球的正常重力场（正常重力位 U、正常重力 γ）。

由于正常重力场的离心力和离心力位等于实际地球重力场的离心力和离心力位，且能用公式解析表示，所以通常只研究正常引力场。

1）椭球外部正常引力位

正常椭球外部的正常引力位 V_e 可按 Stokes 定理确定，球坐标系中其球谐级数形式解为

$$V_e(r,\theta) = \frac{GM}{r}\left[1 - \sum_{n=1}^{\infty} J_{2n}\left(\frac{a}{r}\right)^{2n} P_{2n}(\cos\theta)\right] \quad (1.2.24)$$

式中：r 为正常椭球面或其外部计算点到椭球中心的距离；a 为椭球的长半轴；$\theta = \pi/2 - \varphi$ 为计算点的地心余纬，φ 为计算点的地心纬度；$P_{2n}(\cos\theta)$ 为勒让德（Legendre）函数：

$$P_{2n}(\cos\theta) = P_{2n,0}(\cos\theta) \quad (1.2.25)$$

$$J_{2n} = (-1)^{n+1} \frac{3e^{2n}}{(2n+1)(2n+3)}\left(1 - n + \frac{5nJ_2}{e^2}\right) \quad (1.2.26)$$

令

$$m = \frac{\omega^2 a^2 b}{GM}, \quad q = \frac{m}{\sqrt{1-e'^2}} = m\sqrt{1-e'^2} \quad (1.2.27)$$

式中：e 为椭球第一偏心率；e' 为椭球第二偏心率；m 为大地测量参数，约等于正常椭球面在赤道上的离心力与正常重力之比。

综合式（1.2.25）~式（1.2.27），则正常椭球面的正常重力位 U_0 和地球动力学形状因子 J_2 可分别表示为

$$U_0 = \frac{GM}{a}\frac{\sqrt{1+e'^2}}{e'}\arctan e' + \frac{1}{3}\omega^2 a^2 \quad (1.2.28)$$

$$J_2 = \frac{e'^2}{3(1+e'^2)}\left[1 - \frac{4}{15}\frac{e'^3 m}{(3+e'^2)\arctan e' - 3e'}\right] \quad (1.2.29)$$

2）椭球面上的正常重力

正常椭球面上的正常重力可在球坐标系中用径向位置 (r,φ) 表示为

$$\gamma_0(r,\varphi) = \frac{GM}{r^2}\left[1 + \frac{3}{2}J_2\left(\frac{a}{r}\right)^2(1-3\sin^2\varphi) - m\left(\frac{a}{r}\right)^3\cos^2\varphi\right] \quad (1.2.30)$$

由此得到正常椭球面上赤道和两极的正常重力 γ_e 和 γ_p 分别为

$$\gamma_e = \gamma_0(a,0) = \frac{GM}{a^2}\left(1 + \frac{3}{2}J_2 - m\right) \quad (1.2.31)$$

$$\gamma_p = \gamma_0\left(b,\pm\frac{\pi}{2}\right) = \frac{GM}{b^2}\left[1 + \frac{3}{2}J_2\left(\frac{a}{b}\right)^2\right] \quad (1.2.32)$$

若已知正常椭球面上的赤道和两极正常重力，则正常椭球面上地心纬度 φ 处的正常重力 γ_0 可按如下的索密压那（Somigliana）公式计算：

$$\gamma_0 = \frac{a\gamma_e\cos^2\varphi + b\gamma_p\sin^2\varphi}{\sqrt{a^2\cos^2\varphi + b^2\sin^2\varphi}} = \gamma_e\frac{1+k\sin^2\varphi}{\sqrt{1-e^2\sin^2\varphi}}, \quad k = \frac{b\gamma_p}{a\gamma_e} - 1 \quad (1.2.33)$$

3）椭球外部的正常重力

正常椭球外部空间任意点的正常重力位，等于正常引力位与离心力位之和。顾及式（1.2.24），在球坐标系中，椭球外部（含椭球面上）正常重力位可用球谐级数形式表示为

$$U(r,\theta) = \frac{GM}{r}\left[1 - \sum_{n=1}^{\infty}\left(\frac{a}{r}\right)^{2n} J_{2n} P_{2n}(\cos\theta)\right] + \frac{1}{2}\omega^2 r^2 \sin^2\theta \quad (1.2.34)$$

如图1.16所示，球坐标系中沿地心向径r、地心余纬θ和经度λ方向的单位向量e_r、e_θ和e_λ相互正交，e_r、e_θ和e_λ方向的线元长度分别为$\mathrm{d}r$、$r\mathrm{d}\theta$和$r\sin\theta \mathrm{d}\lambda$。大地测量学中经常使用径向概念，如径向导数，$e_r$就是径向。

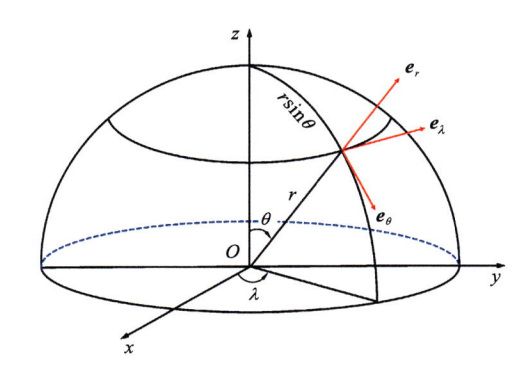

图1.16 球坐标系中的单位向量

将正常重力位U在球坐标系中全微分，可得正常重力向量为

$$\boldsymbol{\gamma} = \frac{\partial U}{\partial r}\boldsymbol{e}_r + \frac{1}{r}\frac{\partial U}{\partial \theta}\boldsymbol{e}_\theta + \frac{1}{r\sin\theta}\frac{\partial U}{\partial \lambda}\boldsymbol{e}_\lambda \quad (1.2.35)$$

将式（1.2.34）代入式（1.2.35），顾及$\partial U/\partial \lambda = 0$，可得椭球外部的正常重力向量为

$$\boldsymbol{\gamma}(r,\theta) = \left\{\frac{GM}{r^2}\left[1 - \sum_{n=1}^{\infty}(2n+1)\left(\frac{a}{r}\right)^{2n} J_{2n} P_{2n}(\cos\theta)\right] + \omega^2 r \sin^2\theta\right\}\boldsymbol{e}_r$$
$$- \left\{\frac{GM}{r^2}\sum_{n=1}^{\infty}\left(\frac{a}{r}\right)^{2n} J_{2n}\frac{\partial}{\partial \theta}[P_{2n}(\cos\theta)] - \omega^2 r^2 \sin^3\theta\cos\theta\right\}\boldsymbol{e}_\theta \quad (1.2.36)$$

正常椭球外部的正常重力线也是弯曲的。在正常椭球面上，正常重力方向与正常椭球面内法线重合；而在正常椭球外空间，正常重力方向与正常椭球面内法线夹角不为零。在近地空间，大地高每增加1 km，正常重力线则弯曲约1.7″。

在地球重力场理论和现代大地测量技术中，也用a、J_2、GM、ω或U_0、J_2、GM、ω四个独立的基本常数来表示正常椭球。

1.2.3 扰动地球重力场及其表示

扰动地球重力场是指地球外部重力场与其正常重力场之间的差异。扰动重力场通常用扰动位、大地水准面高、扰动重力、空间重力异常或垂线偏差等表示，相对于地球重力场量，这些都是小量。

1. 扰动位与 Poisson 积分公式

扰动位定义为同一点的重力位 W 与正常重力位 U 之差，它也等于同一点的引力位 V 与正常引力位 V_e 之差。地球外部点的正常重力位等于正常引力位与离心力位之和，是已知量，因此扰动位完全决定了重力位，也就决定了地球重力场。扰动位 T 用公式表示为

$$T = W - U = V - V_e \tag{1.2.37}$$

地球外部扰动位 T 是调和的谐函数，满足位理论第一外部边值条件，即已知地球外部某一边界面 S 上扰动位，可按第一外部边值问题求解边界面 S 外部空间的扰动位。不论边界面 S 是否为重力等位面，球近似下扰动位第一外部边值问题解都可用 Poisson 积分表示为

$$T(r,\theta,\lambda) = \frac{R^2}{4\pi r} \iint_\sigma T(R,\theta',\lambda') \frac{r^2 - R^2}{L^3} \mathrm{d}\sigma \tag{1.2.38}$$

式中：R 为边界面 S 的平均半径；(r,θ,λ) 为球外计算点 P 的球坐标；(R,θ',λ') 为边界面 S 上流动点 Q 的球坐标；σ 为单位球面；$\mathrm{d}\sigma$ 为单位面元，可表示为

$$\mathrm{d}\sigma = \mathrm{d}S / R^2 = \sin\theta' \mathrm{d}\theta' \mathrm{d}\lambda' \tag{1.2.39}$$

L 为流动点 $Q(R,\theta',\lambda')$（或积分面元 $\mathrm{d}S$）与计算点 $P(r,\theta,\lambda)$ 的三维空间距离：

$$L(r,\psi,R) = \sqrt{r^2 + R^2 - 2rR\cos\psi} \tag{1.2.40}$$

式中：ψ 为球面角距（也称地心角距）；$\cos\psi$ 可表示为

$$\cos\psi = \cos\theta\cos\theta' + \sin\theta\sin\theta'\cos(\lambda - \lambda') \tag{1.2.41}$$

在球坐标系下，Poisson 积分[式（1.2.38）]中各符号几何意义如图 1.17 所示。

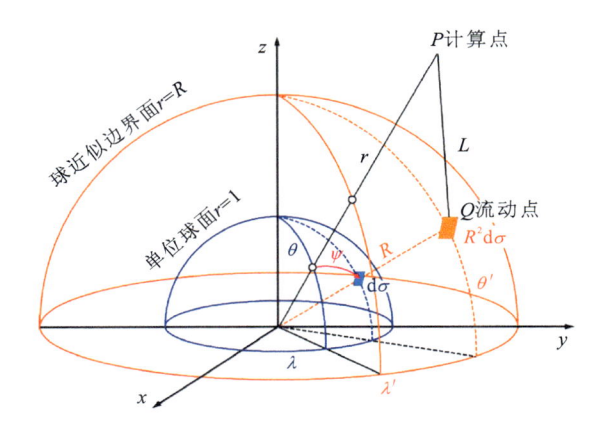

图 1.17　球坐标系中 Poisson 积分公式符号的几何意义

2. Bruns 公式与高程异常

设地球外部某点的扰动位为 T，相应的正常重力为 γ，则该点的高程异常 ζ 定义为

$$\zeta = T / \gamma \tag{1.2.42}$$

在式（1.2.42）中，当空间点的海拔高为零时，对应的高程异常为大地水准面高 N，即大地水准面上的高程异常等于大地水准面高：

$$N = T_0 / \gamma_0 \tag{1.2.43}$$

式中：T_0、γ_0 在大地水准面上取值。

式（1.2.42）或式（1.2.43）是地球外部重力场和物理大地测量学中的基本公式，称为布隆斯（Bruns）公式。Bruns 公式表达了地球外部重力场空间与地球几何空间的解析关系，其重要之处在于，它提供了由重力场方法建立高程基准的理论依据。Bruns 公式的适用条件为被考察空间点的外部没有质量。若存在质量，应在保证外部扰动位不变的情况下，将质量按某种方式压缩到空间点的下方。

根据高斯（Gauss）定义（约定），大地水准面是与全球平均海水面最为吻合的重力等位面。大地水准面的重力位又称全球大地位 W_0，大地测量学中的质点高程，正高或正常高，用质点的重力位数（等于 W_0 与质点重力位之差）定义。可见，大地水准面重力位是高程的起算基准值。大地水准面高是全球大地位在地固坐标系中的几何实现。

3. 扰动重力、垂线偏差与空间异常

扰动重力、垂线偏差和空间重力异常都是扰动位对坐标一阶偏导数的函数。扰动重力 δg 定义为扰动位 T 的梯度在重力方向 $\mathbf{n}=\mathbf{g}/g$ 上的分量，球近似下可用扰动位 T 的梯度在地心向径 r 反向上的分量表示为

$$\delta g = \frac{\partial T}{\partial n} \approx -\frac{\partial T}{\partial r} = g - \gamma, \quad \mathbf{n}=\mathbf{g}/g \approx -\mathbf{r}/r \qquad (1.2.44)$$

式中：∂n 为对垂线方向 $\mathbf{n}$ 的偏微分；∂r 为对地心向径方向 $\mathbf{r}$ 的偏微分，$\partial r = -\partial n$。

由式（1.2.44）可知，球近似下扰动重力 δg 是同一点的重力 g 与正常重力 γ 之差。

垂线偏差等于高程异常的水平导数，是重力方向与正常重力方向的夹角在当地水平面（水准面）上的投影，常用子午圈分量 ξ 和卯酉圈分量 η 表示，约定向南和向西为正，则有

$$\xi = -\frac{\partial \zeta}{\partial u} = -\frac{1}{r}\frac{\partial \zeta}{\partial \varphi} = \frac{1}{r}\frac{\partial \zeta}{\partial \theta}, \quad \eta = -\frac{\partial \zeta}{\partial v} = -\frac{1}{r\cos\varphi}\frac{\partial \zeta}{\partial \lambda} = -\frac{1}{r\sin\theta}\frac{\partial \zeta}{\partial \lambda} \qquad (1.2.45)$$

式中：(u,v) 为待考察空间点处的当地水平坐标。

垂线偏差也是空间点处水准面相对于正常水准面的倾斜。当计算大地水准面上垂线偏差时，可将式（1.2.45）的 r 用地球平均半径 R 代替，ζ 用大地水准面高 N 代替。

空间重力异常，简称空间异常 Δg，它与扰动位 T 的关系满足重力测量基本方程：

$$\Delta g = \frac{\partial T}{\partial n} + \frac{1}{\gamma}\frac{\partial \gamma}{\partial n}T \approx -\frac{\partial T}{\partial r} - \frac{2T}{r} = \delta g - \frac{2T}{r} \qquad (1.2.46)$$

由式（1.2.42）、式（1.2.44）～式（1.2.46）定义的高程异常、扰动重力、垂线偏差、空间异常同样也适合大地水准面、地面及地球外部空间。不难看出，包括扰动位在内的扰动重力场量，都可表达成扰动位或其对坐标偏导数的线性组合。更一般地，通常将扰动位或其偏导数的任意线性组合，统称为扰动（地球）重力场参数，一些文献也称其为重力场元或重力场参量。

1.2.4 地球重力场谱域球谐级数解

1. 球函数法求解地球外部引力位

将球坐标与空间直角坐标变换关系式（1.2.6）代入拉普拉斯方程式（1.2.14），可得球坐标形式的 Laplace 方程为

$$\Delta V = \frac{1}{r^2}\left[\frac{\partial}{\partial r}\left(r^2\frac{\partial V}{\partial r}\right) + \frac{1}{\sin\theta}\frac{\partial}{\partial \theta}\left(\sin\theta\frac{\partial V}{\partial \theta}\right) + \frac{1}{\sin^2\theta}\frac{\partial^2 V}{\partial \lambda^2}\right] \quad (1.2.47)$$

通常将满足方程式（1.2.47）的解，以球坐标形式表示的谐函数称为球（谐）函数。

求解以球坐标(r,θ,λ)表示的 Laplace 方程，一般采用分离变量法。令$V = f(r)Y(\theta,\lambda)$，$f(r)$为变量$r$的函数，$Y(\theta,\lambda)$为变量$\theta$和$\lambda$的函数。$f(r)$的特解为

$$f(r) = r^n, r \leqslant 1; \quad f(r) = \frac{1}{r^{n+1}}, r > 1 \quad (1.2.48)$$

设$Y(\theta,\lambda)$的解为$Y_n(\theta,\lambda)$，则 Laplace 方程式（1.2.47）有两个特解：

$$V = r^n Y_n(\theta,\lambda), \quad V = \frac{1}{r^{n+1}}Y_n(\theta,\lambda) \quad (1.2.49)$$

这两个函数称为体球（谐）函数，其中$Y_n(\theta,\lambda)$称为n阶球（谐）函数。Laplace 方程解的一般形式为其特解的线性组合，因此，n阶球谐函数的一般形式为

$$Y_n(\theta,\lambda) = \sum_{m=0}^{n}Y_{nm}(\theta,\lambda) = \sum_{m=0}^{n}(a_{nm}\cos m\lambda + b_{nm}\sin m\lambda)\mathrm{P}_{nm}(\cos\theta) \quad (1.2.50)$$

式中：a_{nm}和b_{nm}为任意常数，称为球谐系数；$Y_{nm}(\theta,\lambda)$称为n阶m次面球（谐）函数；$\mathrm{P}_{nm}(\cos\theta)$为自变量$t = \cos\theta$的缔合 Legendre 函数：

$$\mathrm{P}_{nm}(t) = \frac{(1-t^2)^{\frac{m}{2}}}{2^n}\sum_{k=0}^{s}(-1)^k\frac{(2n-2k)!}{k!(n-k)!(n-m-k)!}t^{n-m-2k} \quad (1.2.51)$$

式中：s为最大整数，$s \leqslant (n-m)/2$。通常记

$$a_{n,m} = a_{nm}, \quad \mathrm{P}_{n,m} = \mathrm{P}_{nm}, \quad Y_{n,m} = Y_{nm} \quad (1.2.52)$$

n阶m次面球函数Y_{nm}和n阶球谐函数Y_n有时也用复数形式表示为

$$Y_{nm}(\theta,\lambda) = \mathrm{P}_{nm}(\cos\theta)\mathrm{e}^{im\lambda}, \quad Y_n(\theta,\lambda) = \sum_{m=-n}^{n}\mathrm{P}_{nm}(\cos\theta)d_{nm}\mathrm{e}^{im\lambda} \quad (1.2.53)$$

式中：当$m \geqslant 0$时，$d_{nm} = a_{nm}$；当$m < 0$时，$d_{nm} = b_{nm}$。且

$$\mathrm{P}_{n,m}(\cos\theta) = \mathrm{P}_{n,-m}(\cos\theta), \quad \mathrm{e}^{im\lambda} = \cos m\lambda + i\sin m\lambda \quad (1.2.54)$$

显然，当$m > n$时有$\mathrm{P}_{nm}(t) = 0$。可以验证

$$\mathrm{P}_{00}(t) = \mathrm{P}_0(t) = 1, \quad \mathrm{P}_{10}(t) = \mathrm{P}_1(t) = t, \quad \mathrm{P}_{11}(t) = \sqrt{1-t^2}$$

$$\mathrm{P}_{20}(t) = \frac{3}{2}t^2 - \frac{1}{2}, \quad \mathrm{P}_{21}(t) = 3t\sqrt{1-t^2}, \quad \mathrm{P}_{22}(t) = 3(1-t^2) \quad (1.2.55)$$

将式（1.2.50）代入式（1.2.49），得到谱域中以球谐函数级数（泛函）表达的 Laplace 方程球外解为

$$V = \sum_{n=0}^{\infty}\sum_{m=0}^{n}\frac{1}{r^{n+1}}(a_{nm}\cos m\lambda + b_{nm}\sin m\lambda)\mathrm{P}_{nm}(\cos\theta) \quad (1.2.56)$$

2. 地球重力位谱域球谐级数展开

1）地球外部引力位球谐展开

将式（1.2.56）中的球谐函数变换为半径等于地球长半轴a球面$(r=a)$上的球谐函数，顾及a_{mn}和b_{mn}为任意常数，则地球外部引力位$V(r,\theta,\lambda)$可表达为完全规格化球谐展开式：

$$V(r,\theta,\lambda) = \frac{GM}{r} \sum_{n=0}^{\infty} \left(\frac{a}{r}\right)^n \sum_{m=0}^{n} (\overline{C}_{nm}\cos m\lambda + \overline{S}_{nm}\sin m\lambda)\overline{P}_{nm}(\cos\theta) \tag{1.2.57}$$

式中：a 为正常椭球长半轴；$\overline{C}_{nm}, \overline{S}_{nm}$ 为完全规格化的 Stokes 系数，又称位系数；$\overline{P}_{nm}(\cos\theta)$ 为以 $\cos\theta$ 为自变量的完全规格化缔合 Legendre 函数；n 为位系数的阶；m 为位系数的次。

采用规格化表示的目的是方便调和分析与运算，其定义满足：

$$\frac{1}{4\pi}\iint_\sigma [\overline{P}_{nm}(\cos\theta)\cos m\lambda]^2 d\sigma = \frac{1}{4\pi}\iint_\sigma [\overline{P}_{nm}(\cos\theta)\sin m\lambda]^2 d\sigma = 1 \tag{1.2.58}$$

$$\overline{C}_{nm} = \frac{1}{4\pi}\iint_\sigma V\overline{P}_{nm}(\cos\theta)\cos m\lambda d\sigma, \quad \overline{S}_{nm} = \frac{1}{4\pi}\iint_\sigma V\overline{P}_{nm}(\cos\theta)\sin m\lambda d\sigma \tag{1.2.59}$$

可以验证，完全规格化位系数与非规格化位系数之间的关系为

当 $m=0$ 时，有

$$\overline{C}_{n0} = \frac{1}{\sqrt{2n+1}}C_{n0} \tag{1.2.60}$$

当 $m>0$ 时，有

$$\overline{C}_{nm} = \sqrt{\frac{(n+m)!}{2(2n+1)(n-m)!}}C_{nm}, \quad \overline{S}_{nm} = \sqrt{\frac{(n+m)!}{2(2n+1)(n-m)!}}S_{nm} \tag{1.2.61}$$

完全规格化缔合 Legendre 函数与非规格化缔合 Legendre 函数之间的关系为

当 $m=0$ 时，有

$$\overline{P}_{n0}(t) = \overline{P}_n(t) = \sqrt{2n+1}P_n(t) \tag{1.2.62}$$

当 $m>0$ 时，有

$$\overline{P}_{nm}(t) = \sqrt{\frac{2(2n+1)(n-m)!}{(n+m)!}}P_{nm}(t) \tag{1.2.63}$$

不难看出，总存在

$$\overline{C}_{nm}\overline{P}_{nm}(\cos\theta) = C_{nm}P_{nm}(\cos\theta), \quad \overline{S}_{nm}\overline{P}_{nm}(\cos\theta) = S_{nm}P_{nm}(\cos\theta) \tag{1.2.64}$$

地球动力学形状因子可表示为

$$J_2 = -C_{20} = -\sqrt{5}\overline{C}_{20} \tag{1.2.65}$$

2）扰动地球重力场的位系数模型

地球外部正常引力位是调和的谐函数，也可以表示成球谐级数形式。将地球外部引力位球谐级数式（1.2.57）与正常引力位 V_e 球谐级数式（1.2.24）（规格化后）相减，就得到地球外部空间点 $P(r,\theta,\lambda)$ 扰动位 T 的球谐级数：

$$T(r,\theta,\lambda) = \frac{GM}{r}\sum_{n=1}^{\infty}\left(\frac{a}{r}\right)^n \sum_{m=0}^{n}(\delta\overline{C}_{nm}\cos m\lambda + \overline{S}_{nm}\sin m\lambda)\overline{P}_{nm}(\cos\theta) \tag{1.2.66}$$

式中

$$\delta\overline{C}_{2n,0} = \overline{C}_{2n,0} + \frac{J_{2n}}{\sqrt{4n+1}}, \quad \delta\overline{C}_{2n,m} = \overline{C}_{2n,m}(m>0), \quad \delta\overline{C}_{2n+1,m} = \overline{C}_{2n+1,m} \tag{1.2.67}$$

令规格化的面球函数为

$$\overline{Y}_{nm}(\theta,\lambda) = \overline{P}_{nm}(\cos\theta)\cos m\lambda, \quad \overline{F}_{nm} = \delta\overline{C}_{nm}, \quad m \geqslant 0$$

$$\overline{Y}_{nm}(\theta,\lambda) = \overline{P}_{n|m|}(\cos\theta)\sin|m|\lambda, \quad \overline{F}_{nm} = \overline{S}_{n|m|}, \quad m < 0 \tag{1.2.68}$$

则式（1.2.66）可简写为

$$T(r,\theta,\lambda) = \frac{GM}{r}\sum_{n=1}^{\infty}\left(\frac{a}{r}\right)^n \sum_{m=-n}^{n}\overline{F}_{nm}\overline{Y}_{nm}(\theta,\lambda) \tag{1.2.69}$$

式中：$\overline{F}_{nm}$ 为完全规格化的 Stokes 系数（位系数）。

规格化的面球函数 $\overline{Y}_{nm}$ 定义在半径等于地球椭球长半轴 a 的球面上，而不是正常椭球面或大地水准面上。为方便起见，式（1.2.66）有时也用复数形式表示为

$$T(r,\theta,\lambda) = \frac{GM}{r}\sum_{n=1}^{\infty}\left(\frac{a}{r}\right)^n \sum_{m=0}^{n}(\delta\overline{C}_{nm} - \mathrm{i}\overline{S}_{nm})\mathrm{e}^{\mathrm{i}m\lambda}\overline{P}_{nm}(\cos\theta) \tag{1.2.70}$$

式中：$\mathrm{e}^{\mathrm{i}m\lambda} = \cos m\lambda + \mathrm{i}\sin m\lambda$。

显然，地球外部扰动位 T 也是调和的谐函数。通常设正常椭球体质量等于地球质量，则零阶位系数等于零，即 $n \geq 1$。当正常椭球中心与地球质心重合，则三个一阶位系数等于零。

将式（1.2.66）分别代入扰动重力场参数的定义式[式（1.2.44）~式（1.2.46）]后，就可得到地球外部空间点 $P(r,\theta,\lambda)$ 的扰动重力、垂线偏差和空间异常球谐展开式分别为

$$\delta g = \frac{GM}{r^2}\sum_{n=1}^{\infty}(n+1)\left(\frac{a}{r}\right)^n \sum_{m=0}^{n}(\delta\overline{C}_{nm}\cos m\lambda + \overline{S}_{nm}\sin m\lambda)\overline{P}_{nm}(\cos\theta) \tag{1.2.71}$$

$$\xi = \frac{GM}{\gamma r^2}\sum_{n=1}^{\infty}\left(\frac{a}{r}\right)^n \sum_{m=0}^{n}(\delta\overline{C}_{nm}\cos m\lambda + \overline{S}_{nm}\sin m\lambda)\frac{\partial}{\partial\theta}[\overline{P}_{nm}(\cos\theta)] \tag{1.2.72}$$

$$\eta = \frac{GM}{\gamma r^2 \sin\theta}\sum_{n=1}^{\infty}\left(\frac{a}{r}\right)^n \sum_{m=1}^{n}m(\delta\overline{C}_{nm}\sin m\lambda - \overline{S}_{nm}\cos m\lambda)\overline{P}_{nm}(\cos\theta) \tag{1.2.73}$$

$$\Delta g = \frac{GM}{r^2}\sum_{n=1}^{\infty}(n-1)\left(\frac{a}{r}\right)^n \sum_{m=0}^{n}(\delta\overline{C}_{nm}\cos m\lambda + \overline{S}_{nm}\sin m\lambda)\overline{P}_{nm}(\cos\theta) \tag{1.2.74}$$

式中：γ 为地球外部空间点 $P(r,\theta,\lambda)$ 的正常重力。

3. 全球地球重力位系数模型

1）地球重力位系数模型

通过建立类似式（1.2.66）和式（1.2.71）~式（1.2.74）的扰动重力场参数与位系数之间的关系，利用地球重力场测量数据，就可以推算位系数。有了位系数后，就可再按这些球谐函数展开式进一步推算地球外部空间各种类型扰动重力场参数。可见，地球重力场可以用一组位系数来表达，这组位系数称为地球重力位系数模型，或地球重力场模型。由于推算位系数时所采用的数据类型和数量不同，所以有不同的地球重力场模型。

理论上 n 应趋向无穷大，但通常只能确定有限阶数的位系数，来表达对实际地球重力场的逼近。n 阶面球函数由 $2n+1$ 个线性无关的同阶面球函数构成，式（1.2.57）中 0~N 阶的引力位球谐展开式应有 $(N+1)^2$ 个独立位系数，扣除等于零的 1 个零阶项系数，则给定 1~N 阶的地球重力场模型，共有 $(N+1)^2 - 1 = N(N+2)$ 个独立的位系数。阶数越高的地球重力场模型包含的位系数越多，例如 360 阶地球重力场模型共有 360×362=130 320 个位系数。

对于地球重力场，$\overline{C}_{20}$ 比其他阶次位系数要大 2~3 个数量级以上，如表 1.2 所示。$\overline{C}_{20}$ 表示两极处正常椭球面的形状与球对称地球的球面形状之间的差异；$\overline{C}_{21}, \overline{S}_{21}$ 代表了地球形状轴

的指向；$\bar{C}_{22},\bar{S}_{22}$ 反映了三轴椭球面与旋转正常椭球面形状之间的差异。$\bar{C}_{30}$ 表示地球南北半球形状的对称性，如 3 阶大地水准面近似梨形，由于 $\bar{C}_{30}>0$，地球南极凹进约为 32 m。

表 1.2　EGM2008 地球重力场模型低阶位系数

项目	$\bar{C}_{2m}(10^{-6})$	$\bar{S}_{2m}(10^{-6})$	$\bar{C}_{30}(10^{-6})$	0.957 161 207
$m=0$	−484.165 143 791	—	$\bar{C}_{40}(10^{-6})$	0.539 965 867
$m=1$	−0.000 206 616	0.001 384 414	$\bar{C}_{50}(10^{-6})$	0.068 670 291
$m=2$	2.439 383 573	−1.400 273 704	$\bar{C}_{60}(10^{-6})$	−0.149 953 928

2）地球重力场模型的空间分辨率

地球重力场模型是扰动位的一种频谱域（泛函）表示方法，但也可在空间域中引入空间分辨率概念。位系数最大阶数 N 和地面空间分辨率 D 存在如下近似关系：

$$D=\frac{\lambda}{2}=\frac{\pi R}{N}\approx\frac{20\,000}{N}(\mathrm{km}) \quad (1.2.75)$$

式中：λ 为 N 阶位系数对应的地面波长；R 为地球平均半径，取 6371 km。

可见，地面空间分辨率对应半波长。例如：36 阶位系数对应的地面空间分辨率为 556 km（赤道附近 5°）；180 阶位系数对应的地面空间分辨率为 111 km（赤道附近 1°）；2190 阶位系数对应的地面空间分辨率为 9 km。

在不同的场合，有时根据位系数阶数由小到大，将地球重力场分解为低阶（频）、中阶（频）、高阶（频）、超高阶（频）和甚高阶（频）部分；有时根据地面波长由大到小，将地球重力场分解为长波、中波、短波和超短波部分；有时根据地面空间分辨率由低到高，将地球重力场分解为低分辨率、中分辨率、高分辨率、超高分辨率和甚高分辨率。这些直观定性的分解方式只是为了方便说明特定的有关问题。

3）地球重力场的功率谱

通常将 n 阶位系数的平方和称为第 n 阶重力场的功率谱：

$$p_n=\sum_{m=0}^{n}(\bar{C}_{nm}^2+\bar{S}_{nm}^2) \quad (1.2.76)$$

地球重力场的功率谱等于各阶功率谱之和：

$$p=\sum_{n=1}^{\infty}p_n=\sum_{n=1}^{\infty}\sum_{m=0}^{n}(\bar{C}_{nm}^2+\bar{S}_{nm}^2) \quad (1.2.77)$$

地球重力场的一个重要特性是其 n 阶功率谱满足如下 Kaula 准则：

$$p_n=\sum_{m=0}^{n}(\bar{C}_{nm}^2+\bar{S}_{nm}^2)\approx 1.6\times 10^{-10}/n^3 \quad (1.2.78)$$

地球重力场的功率谱反映了实际地球重力场客观存在的频谱域特性。

4）位系数的误差阶方差与重力场模型误差

与地球重力场功率谱不同的是，地球重力场模型的误差阶方差，反映的是地球重力场模型相对于真实地球重力场的误差。设由实际观测数据构建地球重力场模型时，位系数的中误差为 $\sigma_{C_{nm}}$、$\sigma_{S_{nm}}$，则第 n 阶位系数的误差阶方差可表示为

$$\sigma_n^2 = \sum_{m=0}^{n}(\sigma_{C_{nm}}^2 + \sigma_{S_{nm}}^2) \tag{1.2.79}$$

由位系数的误差阶方差可计算任意类型模型重力场参数的误差阶方差。第 n 阶大地水准面误差阶方差和第 n 阶空间异常误差阶方差可分别表示为

$$\sigma_{n,N}^2 = \left(\frac{GM}{a\gamma}\right)^2 \sigma_n^2, \quad \sigma_{n,\Delta g}^2 = \left[\frac{GM}{a^2}(n-1)\right]^2 \sigma_n^2 \tag{1.2.80}$$

累积到 $N_{\max}$ 阶（或者说 $N_{\max}$ 阶地球重力场模型）的大地水准面和空间异常的中误差，可分别按如下两式计算：

$$\sigma_N^{N_{\max}} = \sqrt{\sum_{n=1}^{N_{\max}}\sigma_{n,N}^2} = \frac{GM}{a\gamma}\sqrt{\sum_{n=1}^{N_{\max}}\sigma_n^2} = a\sqrt{\sum_{n=1}^{N_{\max}}\sigma_n^2} \tag{1.2.81}$$

$$\sigma_{\Delta g}^{N_{\max}} = \frac{GM}{a^2}\sqrt{\sum_{n=1}^{N_{\max}}[(n-1)^2\sigma_n^2]} = g_0\sqrt{\sum_{n=1}^{N_{\max}}[(n-1)^2\sigma_n^2]} \tag{1.2.82}$$

式中：$g_0 \approx GM/a^2 \approx \gamma$，取椭球面平均正常重力。

1.2.5　外部重力场空域边值问题解

1. 球外边值问题解

球外边值问题可描述为：已知调和函数 V 及其外法向导数 $\partial V/\partial r$ 的线性组合 $\alpha V + \beta\frac{\partial V}{\partial r}$ 在半径 R 球面 S 上的值 $\left(\alpha V + \beta\frac{\partial V}{\partial r}\right)_S$，求调和函数在球面 S 外部空间的值 $V(r \geqslant R, \theta, \lambda)$。

令边值条件的一般形式为

$$\left(\alpha V + \beta\frac{\partial V}{\partial r}\right)_S = \sum_{n=0}^{\infty}Y_n(\theta,\lambda) \tag{1.2.83}$$

构造函数 $V(r,\theta,\lambda) = \sum_{n=0}^{\infty}\frac{R^n Y_n(\theta,\lambda)}{r^{n+1}}$，代入式（1.2.83）左端得

$$\frac{1}{R^2}\sum_{n=0}^{\infty}[\alpha R - \beta(n+1)]Y_n(\theta,\lambda) = \sum_{n=0}^{\infty}Y_n(\theta,\lambda) \tag{1.2.84}$$

式（1.2.84）恒成立的条件是 $\alpha R - \beta(n+1) = R^2$，代入式（1.2.84），得

$$V(r,\theta,\lambda) = R\sum_{n=0}^{\infty}\left(\frac{R}{r}\right)^{n+1}\frac{Y_n(\theta,\lambda)}{\alpha R - \beta(n+1)} \tag{1.2.85}$$

显然，由式（1.2.85）表示的位函数 $V(r,\lambda,\theta)$ 是调和函数；当 $r=R$ 时，满足边值条件式（1.2.83），且当 $r \to \infty$ 时等于零。故式（1.2.85）就是所求的球外边值问题解。

2. Stokes 边值问题

将 Stokes 定理用于大地水准面 $\varSigma$，其反问题就是 Stokes 边值问题。地球外部重力场的 Stokes 边值问题可描述为：已知大地水准面 $\varSigma$ 上的空间异常 Δg 值，要求确定大地水准面 $\varSigma$ 的形状及其外部扰动位。

若扰动位 T 在大地水准面 $\varSigma$ 外是谐函数，即地球质量全部包含在 $\varSigma$ 内，则球近似下以空

间异常为边界值的 Stokes 边值问题可归结为求解如下的第三边值问题：

$$\begin{cases} \Delta T = 0, & \text{在}\Sigma\text{的外部} \\ \dfrac{\partial T}{\partial r} + \dfrac{2T}{R} = -\Delta g, & \text{在}\Sigma\text{面上} \\ T \to 0, & \text{当}r \to \infty \end{cases} \quad (1.2.86)$$

上述 Stokes 边值问题等价于：已知大地水准面 Σ 上的空间异常 Δg，求解大地水准面外部扰动位 T 及大地水准面形状 Σ，或者说求解大地水准面高 N。

在式（1.2.85）中，令函数 $V(r,\lambda,\theta)$ 为扰动位 $T(r,\lambda,\theta)$，由式（1.2.86）可知 $\alpha = 2/R$，$\beta = 1$，代入式（1.2.85），并顾及扰动位没有 0 阶项和 1 阶项，得

$$T(r,\lambda,\theta) = -R \sum_{n=2}^{\infty} \left(\dfrac{R}{r}\right)^{n+1} \dfrac{Y_n(\lambda,\theta)}{n-1} \quad (1.2.87)$$

根据球谐函数展开理论，由式（1.2.83）和边值条件，即式（1.2.86）的第二式，得

$$Y_n(\theta,\lambda) = \dfrac{2n+1}{2\pi R^2} \iint_\Sigma \left(\dfrac{\partial T}{\partial r} + \dfrac{2T}{R}\right) P_n(\cos\psi) \mathrm{d}\Sigma \quad (1.2.88)$$

式中：$\mathrm{d}\Sigma$ 为大地水准面上的积分面元。

将式（1.2.88）代入式（1.2.87），顾及式（1.2.86）的第二式得

$$T(r,\theta,\lambda) = \dfrac{1}{4\pi} \iint_\Sigma \Delta g \left[\sum_{n=2}^{\infty} \dfrac{2n+1}{n-1} \dfrac{R^n}{r^{n+1}} P_n(\cos\psi)\right] \mathrm{d}\Sigma \quad (1.2.89)$$

记

$$S(r,\psi,R) = \sum_{n=2}^{\infty} \dfrac{2n+1}{n-1} \dfrac{R^n}{r^{n+1}} P_n(\cos\psi) \quad (1.2.90)$$

式中：r 为大地水准面外部计算点的地心距；R 为大地水准面上流动点的地心距，取平均地球半径。则式（1.2.89）可写为

$$T(r,\theta,\lambda) = \dfrac{R^2}{4\pi} \iint_\sigma \Delta g S(r,\psi,R) \mathrm{d}\sigma \quad (1.2.91)$$

式中：$\mathrm{d}\sigma = R^{-2}\mathrm{d}\Sigma$ 为单位球面上的积分面元。式（1.2.91）即为大地水准面外部空间扰动位的球近似解。当计算点位于大地水准面上，有 $r = R$，可得大地水准面上的扰动位解为

$$T(R,\theta,\lambda) = \dfrac{R}{4\pi} \iint_\sigma \Delta g S(\psi) \mathrm{d}\sigma \quad (1.2.92)$$

式中：$S(\psi) = R \cdot S(R,\psi,R)$。

点质量引力场的引力位满足 Laplace 方程，从式（1.2.15）中移去 0 阶项和 1 阶项后，得

$$\dfrac{1}{L} = \dfrac{1}{R} \sum_{n=2}^{\infty} \left(\dfrac{R}{r}\right)^{n+1} P_n(\cos\psi) \quad (1.2.93)$$

式中：地球平均半径 R 可用地球长半轴 a 或任意小于或大于 a 的球半径替换，等式依然成立。

比较式（1.2.90）和式（1.2.93）可得

$$S(r,\psi,R) = \dfrac{2}{L} + \dfrac{1}{r} - \dfrac{3L}{r^2} - \dfrac{5R\cos\psi}{r^2} - \dfrac{3R}{r^2}\cos\psi \ln\dfrac{r + L - R\cos\psi}{2r} \quad (1.2.94)$$

式中：L 为流动点到计算点的空间距离。

令 $r = R$，由 $S(\psi) = R \cdot S(R,\psi,R)$，经推导得

$$S(\psi) = \sin^{-1}\dfrac{\psi}{2} - 6\sin\dfrac{\psi}{2} + 1 - 5\cos\psi - 3\cos\psi \ln\left(\sin\dfrac{\psi}{2} + \sin^2\dfrac{\psi}{2}\right) \quad (1.2.95)$$

通常将式（1.2.92）称为 Stokes 公式，将 $S(\psi)$ 称为 Stokes（核）函数，将式（1.2.91）称为广义 Stokes 公式，将 $S(r,\psi,R)$ 称为广义 Stokes 函数。

将式（1.2.92）代入式（1.2.43），得

$$N = \frac{R}{4\pi\gamma_0}\iint_\sigma \Delta g S(\psi)\mathrm{d}\sigma \tag{1.2.96}$$

式（1.2.96）又称 Stokes 公式，γ_0 为大地水准面上的正常重力。利用该式可以由大地水准面上的空间异常计算大地水准面高。

将式（1.2.91）代入式（1.2.42），得

$$\zeta = \frac{R}{4\pi\gamma}\iint_\sigma \Delta g S(r,\psi,R)\mathrm{d}\sigma \tag{1.2.97}$$

式（1.2.97）又称广义 Stokes 公式。利用该式可以由大地水准面上的空间异常计算地面或地球外部空间的高程异常。

1.2.6 地球质心、形状极与惯性张量

球谐基函数的自变量为地固坐标系中的球面坐标 (θ,λ)，因此，地固参考系定位定向不同，对应球谐基函数的数值也不同。地球外部任意点的引力位 $V(r,\theta,\lambda)$ 是客观存在的物理量（即不变量），与地固参考系定位定向无关。可见，定位定向不同的地固参考系，球谐基函数值也不同，要维持引力位不变，则引力位球谐展开式中的位系数必然要取不同值。给定地固坐标系，将质体的牛顿引力位积分式（1.2.3）代入式（1.2.59），可将规格化位系数表达为地球内部密度分布的积分形式：

$$\begin{cases}\overline{C}_{nm} = \dfrac{1}{MR^n(2n+1)}\int_\Omega \rho r^n \cos m\lambda \overline{P}_{nm}(\cos\theta)\mathrm{d}\Omega\\ \overline{S}_{nm} = \dfrac{1}{MR^n(2n+1)}\int_\Omega \rho r^n \sin m\lambda \overline{P}_{nm}(\cos\theta)\mathrm{d}\Omega\end{cases},\quad n\geqslant m \tag{1.2.98}$$

式中：R 为地球平均半径；M 为地球总质量。

将球坐标变换为空间直角坐标，由式（1.2.98）得

$$\overline{C}_{20} = \frac{1}{5MR^2}\int_\Omega \rho r^2 \overline{P}_{20}(\cos\theta)\mathrm{d}\Omega = -\frac{1}{2\sqrt{5}MR^2}\int_\Omega \rho(x^2+y^2-2z^2)\mathrm{d}\Omega \tag{1.2.99}$$

$$\overline{C}_{21} = \frac{1}{5MR^2}\int_\Omega \rho r^2 \cos\lambda \overline{P}_{21}(\cos\theta)\mathrm{d}\Omega = \frac{\sqrt{3}}{\sqrt{5}MR^2}\int_\Omega \rho xz\mathrm{d}\Omega \tag{1.2.100}$$

$$\overline{S}_{21} = \frac{1}{5MR^2}\int_\Omega \rho r^2 \sin\lambda \overline{P}_{21}(\cos\theta)\mathrm{d}\Omega = \frac{\sqrt{3}}{\sqrt{5}MR^2}\int_\Omega \rho yz\mathrm{d}\Omega \tag{1.2.101}$$

$$\overline{C}_{22} = \frac{1}{5MR^2}\int_\Omega \rho r^2 \cos2\lambda \overline{P}_{22}(\cos\theta)\mathrm{d}\Omega = \frac{\sqrt{3}}{2\sqrt{5}MR^2}\int_\Omega \rho(x^2-y^2)\mathrm{d}\Omega \tag{1.2.102}$$

$$\overline{S}_{22} = \frac{1}{5MR^2}\int_\Omega \rho r^2 \sin2\lambda \overline{P}_{22}(\cos\theta)\mathrm{d}\Omega = \frac{\sqrt{3}}{2\sqrt{5}MR^2}\int_\Omega \rho xy\mathrm{d}\Omega \tag{1.2.103}$$

用三阶对称矩阵 $\boldsymbol{I}_{3\times 3}$ 表示地球在其质心 O 的转动惯量，称为地球惯性矩阵，根据物理学定义，它在地固坐标系 $O\text{-}xyz$ 中的各元素分别为

$$I_{11}=\int_{\Omega}\rho(y^{2}+z^{2})\mathrm{d}\Omega, \quad I_{22}=\int_{\Omega}\rho(x^{2}+z^{2})\mathrm{d}\Omega, \quad I_{33}=\int_{\Omega}\rho(x^{2}+y^{2})\mathrm{d}\Omega \quad (1.2.104)$$

$$I_{12}=I_{21}=\int_{\Omega}\rho xy\mathrm{d}\Omega, \quad I_{23}=I_{32}=\int_{\Omega}\rho yz\mathrm{d}\Omega, \quad I_{13}=I_{31}=\int_{\Omega}\rho xz\mathrm{d}\Omega \quad (1.2.105)$$

比较式（1.2.99）~式（1.2.103）和式（1.2.104）、式（1.2.105），可得任意地固坐标参考系中地球惯性矩阵元素与二阶位系数之间的解析关系为

$$\bar{C}_{20}=\frac{9}{\sqrt{5}MR^{2}}\left(\frac{I_{11}+I_{22}}{2}-I_{33}\right), \quad \bar{C}_{21}=\frac{\sqrt{3}}{\sqrt{5}MR^{2}}I_{13}, \quad \bar{S}_{21}=\frac{\sqrt{3}}{\sqrt{5}MR^{2}}I_{23} \quad (1.2.106)$$

$$\bar{C}_{22}=\frac{\sqrt{3}}{2\sqrt{5}MR^{2}}(I_{22}-I_{11}), \quad \bar{S}_{22}=\frac{\sqrt{3}}{\sqrt{5}MR^{2}}I_{12} \quad (1.2.107)$$

顾及式（1.2.55）、式（1.2.62）和式（1.2.63），可将外部引力位球谐展开式（1.2.57）改写为

$$V(r,\theta,\lambda)=\frac{GM}{r}+\frac{GM}{r}\frac{\sqrt{3}a}{r}[\bar{C}_{10}\cos\theta+(\bar{C}_{11}\cos\lambda+\bar{S}_{11}\sin\lambda)\sin\theta]$$

$$+\frac{GM}{r}\left(\frac{a}{r}\right)^{2}\sum_{m=0}^{2}(\bar{C}_{nm}\cos m\lambda+\bar{S}_{nm}\sin m\lambda)\bar{P}_{nm}(\cos\theta)$$

$$+\frac{GM}{r}\sum_{n=3}^{\infty}\left(\frac{a}{r}\right)^{n}\sum_{m=0}^{n}(\bar{C}_{nm}\cos m\lambda+\bar{S}_{nm}\sin m\lambda)\bar{P}_{nm}(\cos\theta) \quad (1.2.108)$$

式（1.2.108）用位系数球谐级数的谱域形式，表达地球外部点的引力位 $V(r,\theta,\lambda)$。其右边由四项构成，分别是零阶项($n=0$)、一阶项($n=1$)、二阶项($n=2$)和阶数大于 2 的项($n>2$)。

零阶项 GM/r 代表地球的球形引力场；一阶位系数（$\bar{C}_{10},\bar{C}_{11},\bar{S}_{11}$）不等于零，表示地固坐标系原点与地球质心不重合，因此，一阶位系数可直接用于地固参考系定位。地球惯性张量 $\boldsymbol{I}_{3\times3}$ 的特征向量为地球主惯性轴向量，当 $\boldsymbol{I}_{3\times3}$ 的非对角线分量不为零时，表示地固参考系坐标轴与主惯性轴不重合，因此，二阶位系数可直接用于地固参考系定向。

由式（1.2.98）可知，当 $m=0$ 时，$\sin m\lambda=0$，则 $\bar{S}_{n0}=0$。当 $n=0$，有 $m=0$，由式（1.2.98）得 $\bar{C}_{00}=\frac{1}{M}\int_{\Omega}\rho\mathrm{d}\Omega=1$。当 $n=1$，有 $m=0,1$，由式（1.2.98）得

$$\bar{C}_{10}=\frac{1}{\sqrt{3}MR}\int_{\Omega}\rho r\cos\theta\mathrm{d}\Omega=\frac{1}{\sqrt{3}R}z_{\mathrm{cm}} \quad (1.2.109)$$

$$\bar{C}_{11}=\frac{1}{\sqrt{3}MR}\int_{\Omega}\rho r\sin\theta\cos\lambda\mathrm{d}\Omega=\frac{1}{\sqrt{3}R}x_{\mathrm{cm}} \quad (1.2.110)$$

$$\bar{S}_{11}=\frac{1}{\sqrt{3}MR}\int_{\Omega}\rho r\sin\theta\cos\lambda\mathrm{d}\Omega=\frac{1}{\sqrt{3}R}y_{\mathrm{cm}} \quad (1.2.111)$$

式中：$(x_{\mathrm{cm}},y_{\mathrm{cm}},z_{\mathrm{cm}})$ 为地固坐标系中地球质心的三维坐标，表示地球质心相对于地固坐标系原点在 x,y,z 轴方向上的分量。因此有

$$\bar{C}_{10}=\frac{1}{\sqrt{3}R}z_{\mathrm{cm}}, \quad \bar{C}_{11}=\frac{1}{\sqrt{3}R}x_{\mathrm{cm}}, \quad \bar{S}_{11}=\frac{1}{\sqrt{3}R}y_{\mathrm{cm}} \quad (1.2.112)$$

当 $n=2$ 时，有 $m=0,1,2$。记 $t=\cos\theta, u=\sin\theta$，则

$$\bar{P}_{20}(t)=\frac{\sqrt{5}}{2}(3t^{2}-1), \quad \bar{P}_{21}(t)=\sqrt{15}tu, \quad \bar{P}_{22}(t)=\frac{\sqrt{15}}{2}u^{2} \quad (1.2.113)$$

下面推导由二阶重力位系数的实测值（$\bar{C}_{20},\bar{C}_{21},\bar{S}_{21},\bar{C}_{22},\bar{S}_{22}$），直接确定一般地固坐标系中

地球形状极坐标$(x_{\text{sfp}}, y_{\text{sfp}})$的基本算法公式。记

$$\mu_1 = x_{\text{sfp}}/b, \quad \mu_2 = -y_{\text{sfp}}/b \tag{1.2.114}$$

式中：b为地球椭球短半轴；(μ_1, μ_2)为无量纲的形状极坐标，μ_1与x_{sfp}方向一致，μ_2与y_{sfp}方向相反。注意到$\mu_1, \mu_2 \sim 10^{-6}$（～表示近似于），可假设$\sin\mu_1 \sim \mu_1$，$\sin\mu_2 \sim \mu_2$，$\cos\mu_1 \sim \cos\mu_2 \sim 1$，$\mu_1\mu_2 \sim \mu_1^2 \sim \mu_2^2 \sim 0$。

令一般地固坐标系中，地球内部流动点坐标为(x,y,z)，将坐标系主轴旋转至形状轴后，该地固坐标系转换为主惯性轴坐标系，流动点坐标变为(x',y',z')，因此有

$$\begin{bmatrix} x' \\ y' \\ z' \end{bmatrix} = \boldsymbol{R}_2(\mu_1)\boldsymbol{R}_1(\mu_2)\begin{bmatrix} x \\ y \\ z \end{bmatrix} = \begin{bmatrix} 1 & 0 & -\mu_1 \\ 0 & 1 & 0 \\ \mu_1 & 0 & 1 \end{bmatrix}\begin{bmatrix} 1 & 0 & 0 \\ 0 & 1 & \mu_2 \\ 0 & -\mu_2 & 1 \end{bmatrix}\begin{bmatrix} x \\ y \\ z \end{bmatrix}$$

$$= \begin{bmatrix} 1 & 0 & -\mu_1 \\ 0 & 1 & \mu_2 \\ \mu_1 & -\mu_2 & 1 \end{bmatrix}\begin{bmatrix} x \\ y \\ z \end{bmatrix} = \begin{bmatrix} x - \mu_1 z \\ y + \mu_2 z \\ \mu_1 x - \mu_2 y + z \end{bmatrix} \tag{1.2.115}$$

式中：$\boldsymbol{R}_1(\cdot)$、$\boldsymbol{R}_2(\cdot)$分别为绕x轴和y轴的基本旋转矩阵，见1.1.1小节。

记$\Gamma = \sqrt{5/3}MR^2$。在主惯性轴坐标系中，惯性矩阵$\boldsymbol{I}'$为对角阵，其非对角线元素等于零，于是依据地球惯性矩阵物理学定义，有

$$I'_{23} = I'_{32} = \int_\Omega \rho y'z' \mathrm{d}\Omega = \int_\Omega \rho(y + \mu_2 z)(\mu_1 x - \mu_2 y + z)\mathrm{d}\Omega$$

$$= 2\Gamma\mu_1 \bar{S}_{22} + \Gamma\bar{S}_{21} - \mu_2 \int_\Omega \rho(y^2 - z^2)\mathrm{d}\Omega = 0 \tag{1.2.116}$$

联合式（1.2.99）和式（1.2.102），得

$$\int_\Omega \rho(y^2 - z^2)\mathrm{d}\Omega = -\frac{\Gamma}{\sqrt{3}}\bar{C}_{20} - \Gamma\bar{C}_{22} \tag{1.2.117}$$

将式（1.2.117）代入式（1.2.116），得

$$\bar{S}_{21} + 2\mu_1 \bar{S}_{22} + \frac{\mu_2}{\sqrt{3}}\bar{C}_{20} + \mu_2 \bar{C}_{22} = 0 \tag{1.2.118}$$

$$I'_{13} = I'_{31} = \int_\Omega \rho x'z' \mathrm{d}\Omega = \int_\Omega \rho(x - \mu_1 z)(\mu_1 x - \mu_2 y + z)\mathrm{d}\Omega$$

$$= \Gamma\bar{C}_{21} - 2\Gamma\mu_2 \bar{S}_{22} - \mu_1 \int_\Omega \rho(x^2 - z^2)\mathrm{d}\Omega = 0 \tag{1.2.119}$$

再联合式（1.2.99）和式（1.2.102），得

$$\int_\Omega \rho(x^2 - z^2)\mathrm{d}\Omega = -\frac{\Gamma}{\sqrt{3}}\bar{C}_{20} + \Gamma\bar{C}_{22} \tag{1.2.120}$$

将式（1.2.120）代入式（1.2.119），得

$$\bar{C}_{21} - 2\mu_2 \bar{S}_{22} + \frac{\mu_1}{\sqrt{3}}\bar{C}_{20} - \mu_1 \bar{C}_{22} = 0 \tag{1.2.121}$$

联合式（1.2.118）和式（1.2.121），顾及$\bar{C}_{20} \sim 10^{-4}$，$\bar{C}_{22}, S_{22} \sim 10^{-6}$，可得

$$\mu_1 = -\frac{\sqrt{3}}{\bar{C}_{20}}\bar{C}_{21} - \frac{12}{(\bar{C}_{20})^2}\bar{S}_{22}\bar{S}_{21} \tag{1.2.122}$$

$$\mu_2 = -\frac{\sqrt{3}}{\bar{C}_{20}}\bar{S}_{21} + \frac{12}{(\bar{C}_{20})^2}\bar{S}_{22}\bar{C}_{21} \tag{1.2.123}$$

最后，将式（1.2.122）和式（1.2.123）代入式（1.2.114），可得由二阶位系数确定地球形状极坐标的算法公式为

$$x_{\mathrm{sfp}} = -\frac{\sqrt{3}}{\overline{C}_{20}}\overline{C}_{21}b - \frac{12}{(\overline{C}_{20})^2}\overline{S}_{22}\overline{S}_{21}b \tag{1.2.124}$$

$$y_{\mathrm{sfp}} = +\frac{\sqrt{3}}{\overline{C}_{20}}\overline{S}_{21}b - \frac{12}{(\overline{C}_{20})^2}\overline{S}_{22}\overline{C}_{21}b \tag{1.2.125}$$

将表1.2中EGM2008模型二阶位系数值代入，可得式（1.2.124）右边两项分别等于4.698 m 和 -0.632 m，式（1.2.125）右边两项分别等于 -31.482 m 和 -0.094 m，$x_{\mathrm{sfp}} = 4.066$ m，$y_{\mathrm{sfp}} = -31.576$ m。注意到EGM2008模型的二阶位系数值为全球卫星激光网多颗卫星10余年观测数据在ITRS中的平均综合解，因此测得地球形状极的空间直角坐标为 $(4.066, -31.576, b)$，单位为m。可见，ITRS参考极偏离平均形状极位置超过30 m。今后，有必要进一步优化地固参考系的定向，将其参考极位置控制在平均形状极周围米级范围内，以简化有关大地测量理论和应用问题。

由式（1.2.108）可得，在当前地固坐标系中，地球外部空间点 (r, θ, λ) 的二阶引力位 V_2 为

$$V_2(r,\theta,\lambda) = \frac{GMa^2}{r^3}\sum_{m=0}^{2}(\overline{C}_{nm}\cos m\lambda + \overline{S}_{nm}\sin m\lambda)\overline{P}_{nm}(\cos\theta) \tag{1.2.126}$$

用空间直角坐标表示，则地球外部空间点的二阶引力位 $V_2(x,y,z)$ 化为（魏子卿，2005）

$$V_2(x,y,z) = \frac{\sqrt{15}GMa^2}{2r^5}(x,y,z)\boldsymbol{G}\begin{bmatrix}x\\y\\z\end{bmatrix}, \quad \boldsymbol{G} = \begin{bmatrix}\overline{C}_{22}-\dfrac{\overline{C}_{20}}{\sqrt{3}} & \overline{S}_{22} & \overline{C}_{21}\\ \overline{S}_{22} & -\overline{C}_{22}-\dfrac{\overline{C}_{20}}{\sqrt{3}} & \overline{S}_{21}\\ \overline{C}_{21} & \overline{S}_{21} & \dfrac{2\overline{C}_{20}}{\sqrt{3}}\end{bmatrix} \tag{1.2.127}$$

在主惯性轴坐标系中，对称矩阵 $\boldsymbol{G}_{3\times 3}$ 变为对角阵 $\tilde{\boldsymbol{G}}$，有

$$V_2'(x',y',z') = \frac{\sqrt{15}GMa^2}{2r'^5}(x'y'z')\tilde{\boldsymbol{G}}\begin{bmatrix}x'\\y'\\z'\end{bmatrix}, \quad \tilde{\boldsymbol{G}} = \begin{bmatrix}\tilde{C}_{22}-\dfrac{\tilde{C}_{20}}{\sqrt{3}} & 0 & 0\\ 0 & -\tilde{C}_{22}-\dfrac{\tilde{C}_{20}}{\sqrt{3}} & 0\\ 0 & 0 & \dfrac{2\tilde{C}_{20}}{\sqrt{3}}\end{bmatrix} \tag{1.2.128}$$

不难看出，在任意地固坐标系中，对称矩阵 $\boldsymbol{G}_{3\times 3}$ 的迹都等于零，即

$$\mathrm{tr}(\boldsymbol{G}) = \sum_{i=1}^{3}G_{ii} = 0, \quad \mathrm{tr}(\tilde{\boldsymbol{G}}) = \sum_{i=1}^{3}\tilde{G}_{ii} = 0 \tag{1.2.129}$$

可见，对称矩阵 $\boldsymbol{G}_{3\times 3}$ 的三个特征值，等于对角阵 $\tilde{\boldsymbol{G}}$ 的三个非零元素 $\tilde{G}_{ii}(i=1,2,3)$，且

$$V_2' \neq V_2, \quad \tilde{C}_{20} \neq \overline{C}_{20}, \quad \tilde{C}_{22} \neq \overline{C}_{22} \tag{1.2.130}$$

称 $\boldsymbol{G}$ 为地固坐标系中二阶重力位的特征矩阵，由式（1.2.127）~式（1.2.130）可知，在主惯性轴坐标系中，二阶重力位特征矩阵 $\tilde{\boldsymbol{G}}$ 的秩等于2，只有两个独立变量，由线性代数知识可知，在一般地固坐标系中，二阶重力位特征矩阵 $\boldsymbol{G}$ 的秩也等于2。

可见，在任意地固坐标系中，由全部二阶位系数（5个）构成的特征矩阵 $\boldsymbol{G}$，只有两个独立变量。而这两个独立变量，可用主惯性轴坐标系中两个位系数 $(\tilde{C}_{20},\tilde{C}_{22})$ 完整充分地表达，也可等价地用一般地固坐标系中的形状极坐标 $(x_{\text{sfp}}, y_{\text{sfp}})$ 或 (μ_1, μ_2) 完整充分地表达。由此可知，二阶重力位系数表征的地球力学平衡形状，是一个自由度为 2 的三轴椭球体。

对式（1.2.124）和式（1.2.125）两边进行时间差分运算，考虑二阶带谐位系数 $\bar{C}_{20}$ 位于分母，且一般情况下，二阶带谐位系数随时间的变化量 $\Delta \bar{C}_{20} \sim 10^{-6} \bar{C}_{20}$，可令 $\bar{C}_{20}$ 为常数，从而有

$$\Delta \mu_1 = -\frac{\sqrt{3}}{\bar{C}_{20}} \Delta \bar{C}_{21} - \frac{6 \bar{S}_{22}}{(\bar{C}_{20})^2} \Delta \bar{S}_{21} - \frac{6 \bar{S}_{21}}{(\bar{C}_{20})^2} \Delta \bar{S}_{22} \tag{1.2.131}$$

$$\Delta \mu_2 = -\frac{\sqrt{3}}{\bar{C}_{20}} \Delta \bar{S}_{21} + \frac{6 \bar{S}_{22}}{(\bar{C}_{20})^2} \Delta \bar{C}_{21} + \frac{6 \bar{C}_{21}}{(\bar{C}_{20})^2} \Delta \bar{S}_{22} \tag{1.2.132}$$

将表 1.2 中 EGM2008 模型的数值代入，求得以上两式右边的三项系数（不含正负号）分别约为 -3.5774×10^3、-3.58 和 3.5×10^{-2}。第一项是主项，第二项约为第一项的 1‰，第三项约为第二项的 1%。显然，第三项可以忽略，因此得

$$\Delta \mu_1 = -\frac{\sqrt{3}}{\bar{C}_{20}} \Delta \bar{C}_{21} - \frac{6 \bar{S}_{22}}{(\bar{C}_{20})^2} \Delta \bar{S}_{21}, \quad \Delta \mu_2 = -\frac{\sqrt{3}}{\bar{C}_{20}} \Delta \bar{S}_{21} + \frac{6 \bar{S}_{22}}{(\bar{C}_{20})^2} \Delta \bar{C}_{21} \tag{1.2.133}$$

若忽略最后两项，则有

$$\Delta \mu_1 = -\frac{\sqrt{3}}{\bar{C}_{20}} \Delta \bar{C}_{21}, \quad \Delta \mu_2 = -\frac{\sqrt{3}}{\bar{C}_{20}} \Delta \bar{S}_{21} \tag{1.2.134}$$

可见，形状极移的主要贡献是二阶一次位系数变化 $(\Delta \bar{C}_{21}, \Delta \bar{S}_{21})$，即周日潮波贡献（潮波概念见 1.3.2 小节），而半日潮波 $\Delta \bar{S}_{22}$ 的贡献很小，占比约为十万分之几。

第 7 章介绍基于地球力学平衡形状理论的地固参考系定位定向方法时，采用式（1.2.124）和式（1.2.125），第 6 章介绍形状极移监测方法时采用式（1.2.133）或式（1.2.134）。

将 $\bar{C}_{20} = -J_2 / \sqrt{5}$ 代入式（1.2.134），得

$$\Delta \mu_1 = -\frac{\sqrt{3}}{\bar{C}_{20}} \Delta \bar{C}_{21} = \frac{\sqrt{15}}{J_2} \Delta \bar{C}_{21}, \quad \Delta \mu_2 = -\frac{\sqrt{3}}{\bar{C}_{20}} \Delta \bar{S}_{21} = \frac{\sqrt{15}}{J_2} \Delta \bar{S}_{21} \tag{1.2.135}$$

由于 5 个二阶位系数的自由度只有 2，可以证明：

$$\bar{C}_{21} = -\sqrt{3} \bar{C}_{20} x_{\text{sfp}} / b = -\sqrt{3} \bar{C}_{20} \mu_1, \quad \bar{S}_{21} = \sqrt{3} \bar{C}_{20} y_{\text{sfp}} / b = -\sqrt{3} \bar{C}_{20} \mu_2 \tag{1.2.136}$$

由式（1.2.131）和式（1.2.132）可知，地球质心与形状极定位，完全依据地固参考系和地球重力场理论实现，与地球自转运动及自转的激发动力学机制无关。

在主惯性轴坐标系中，二阶位系数只有 $\tilde{C}_{20}$、$\tilde{C}_{22}$ 不为零，惯性矩阵 $\boldsymbol{I}'_{3\times 3}$ 为对角线阵，因此有

$$\tilde{C}_{20} = \frac{9}{\sqrt{5} MR^2} \left(\frac{I'_{11} + I'_{22}}{2} - I'_{33} \right), \quad \tilde{C}_{22} = \frac{\sqrt{3}}{2\sqrt{5} MR^2} (I'_{22} - I'_{11}) \tag{1.2.137}$$

$$\tilde{C}_{21} = \tilde{S}_{21} = \tilde{S}_{22} = 0, \quad I'_{ij} = 0 \ (i \neq j) \tag{1.2.138}$$

二阶重力位特征矩阵 $\boldsymbol{G}$ 的对角线之和等于零，特征矩阵元素与地心引力常数 GM 无关。相应地，地球惯性矩阵 $\boldsymbol{I}$ 的对角线之和是不变的常数，即地球的主惯性矩之和为常数。由此得到重要结论，地球惯性矩阵随时间的变化 $\Delta \boldsymbol{I}$，其对角线之和恒等于零，即

$$I_{11} + I_{22} + I_{33} = 常数, \quad \Delta I_{11} + \Delta I_{22} + \Delta I_{33} = 0 \quad (1.2.139)$$

上述所有算法公式只涉及地球内部密度分布及其变化,可见,地球形状极移$(\Delta \mu_1, \Delta \mu_2)$由且仅由地球内部物质重新调整引起。二阶带谐位系数$\bar{C}_{20}$表征地球长期形变,可用于精密测定长期勒夫数$k_0$;二阶带谐位系数随时间变化$\Delta \bar{C}_{20}$,对监测地球自转速率变化有重要贡献。

旋转正常椭球是二轴椭球,记$A = I_{11}$、$B = I_{22}$、$C = I_{33}$,主惯性矩$A = B < C$,由此可得极动力学扁率和赤道动力学扁率分别为

$$H = \frac{2C - (A+B)}{2C} = \frac{J_2 M a^2}{C}, \quad F = \frac{2C - (A+B)}{A+B} \quad (1.2.140)$$

极动力学扁率又称天文地球动力学扁率H,可由物理大地测量学方法测定,也可由岁差章动观测和模型(MHB2000)导出。赤道动力学扁率F等于刚体地球自由摆动欧拉角频率,$F \approx 1/305$。

由式(1.2.140)可得,二轴正常椭球赤道惯性矩A和极惯性矩C分别为

$$A = J_2 M a^2 (1-H)/H, \quad C = J_2 M a^2 / H \quad (1.2.141)$$

采用 IERS 协议 2010 数值标准,$H = 3.327\,379\,5 \times 10^{-3}$,$J_2 = 1.082\,635\,9 \times 10^{-3}$,$a = 6\,378\,136.6$ m,$M = 5.972\,186\,033\,55 \times 10^{24}$ kg,分别代入式(1.2.140)和式(1.2.141)得

$$A = 7.879\,105\,652\,2^{37} \text{ kg·m}^2, \quad C = 7.904\,984\,952\,4 \times 10^{37} \text{ kg·m}^2 \quad (1.2.142)$$

地球惯性矩阵反映形变地球的实际形状和质量分布状态,地球主惯性矩是大地测量学、地球物理学和天体测量学的基本地球参数。二轴正常椭球的极惯性矩C和赤道惯性矩A、极动力学扁率H和赤道动力学扁率F,是时空尺度标准和地球自转动力学的重要参数。

1.3 地球潮汐理论基础

海洋潮汐现象通常是指海水在垂直方向的涨落。人类很早就了解到海潮和农历、月亮、太阳有关,但第一个给出科学解释的是英国科学家牛顿,他发现了万有引力定律,并用这个定律解释地球的潮汐现象,获得了巨大的成功,奠定了潮汐学科的科学基础。

1.3.1 海洋潮汐现象与平衡潮

牛顿利用万有引力定律解释潮汐现象,提出了平衡潮理论。平衡潮理论假定地球表面完全被等深的海水覆盖,并且不考虑摩擦和惯性。在引潮力作用下,海面离开原先的平衡位置,在任一瞬间,海面处处与引潮力和重力的合力相垂直,从而达到随时的新平衡,即引潮力使海洋表面形成一个瞬时等位面,称为平衡潮面。由于引潮力的周期性变化,海面具有相应的周期性升降变化,称为平衡潮。平衡潮是一个假想的状态,可解释实际潮汐的诸多现象。例如,可算出月球引潮力是太阳引潮力的2.17倍,因此潮汐过程与月球的运动最密切相关。

1. 地面点的天体引潮力

引潮力作用在地球空间的单位质点上,是月球、太阳或其他天体对地球空间质点的引力与地球绕地-月(或地-日、地球-其他天体)公共质心旋转(公转)对质点产生惯性离心力的

合力。引潮力是引起地球潮汐（海潮、固体潮）的原动力。

图 1.18 所示为月球对地球的引潮力。令地球质心与月球质心之间距离为 r，地球平均半径为 R，P 为地面上质点，F_P 为月球对 P 点的引力，F_O 为月球对地球质心 O 的引力，C 为地月系质心，距地球质心 O 距离约为 $0.73R$。地球上任意点绕地月系质心 C 公转的离心力 F_C 处处相等，且在地球质心 O 处，月球引力 F_O 与公转离心力 F_C 达到平衡 $f_O = F_O - F_C = 0$，因此有

$$F_C \equiv -F_O \tag{1.3.1}$$

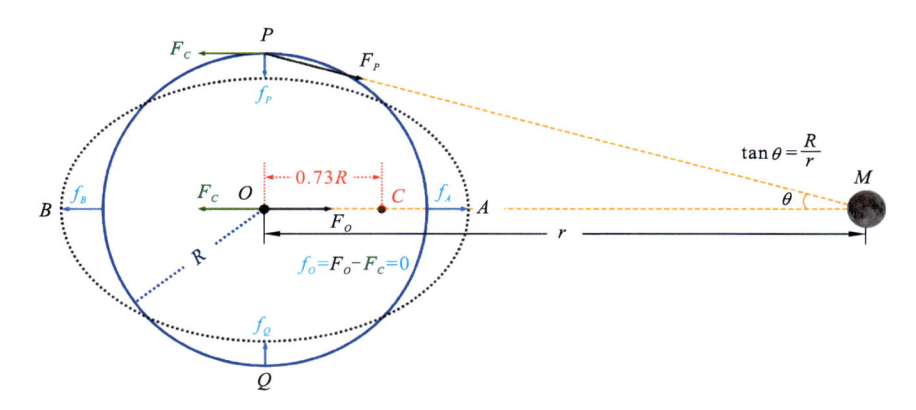

图 1.18 月球对地球的引潮力

可见，P 点的引潮力 f_P 也等于月球对该点的引力 F_P 与对地心 O 引力 F_O 的矢量差，即

$$f_P = F_P + F_C = F_P - F_O = F_O \tan\theta = \frac{R}{r} F_O \tag{1.3.2}$$

图 1.18 中，地面 Q 点的月球引潮力为

$$f_Q = -f_P = -\frac{R}{r} F_O \tag{1.3.3}$$

由牛顿万有引力公式可知，月球对 A 点的引力 F_A 与对地心的引力 F_O 之比等于其距离平方之比的倒数，因此有

$$f_A = F_A - F_O = F_O \left[\frac{r^2}{(r-R)^2} - 1 \right] = \frac{2rR - R^2}{(r-R)^2} F_O \tag{1.3.4}$$

$$f_B = F_B - F_O = F_O \left[\frac{r^2}{(r+R)^2} - 1 \right] = -\frac{2rR + R^2}{(r+R)^2} F_O \tag{1.3.5}$$

取 $R = 6371$ km，$r = 363\ 000$ km，则

$$\tan\theta = R/r = 0.017\ 55 \tag{1.3.6}$$

代入式（1.3.5），得

$$f_B = -0.9444 f_A \Rightarrow f_B \approx -f_A \tag{1.3.7}$$

天体对地球内部各点产生的引力大小、方向不相同，导致引潮力的大小、方向也不相同。由于地心处的天体引力与公转离心力平衡，离地心越远的点，天体引潮力越大（注意区分天体引力和天体引潮力）。在地心与天体质心连线上，引潮力方向由地心向外，在与该连线垂直平面内的引潮力方向指向地心。整个地球（设其初始状态为一球形）在该天体的引力作用下将产生形变而成为椭球，称为潮汐椭球，其长轴方向指向引潮天体，图 1.19 所示为地球表面

的月球引潮力分布情况。

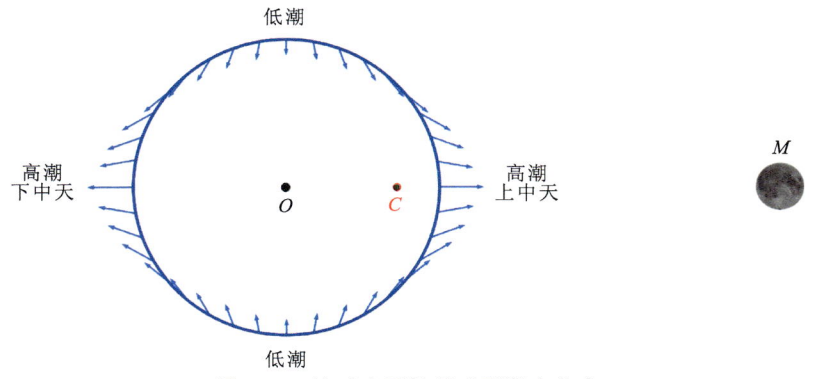

图 1.19　地球表面的月球引潮力分布

月球和太阳是产生地球引潮力最主要的两个天体，其中月球离地球最近，在地球内部产生的引潮力最大，虽然太阳离地球比月球离地球远得多，但太阳的质量比月球质量大得多，月球在地球内部产生的引潮力约为太阳在地球内部产生的引潮力的两倍。由月球作用而产生的潮汐，称为月潮；由太阳作用而产生的潮汐，称为太阳潮。其他天体在地球内部产生的引潮力，要比月球和太阳在地球内部产生的引潮力小几个数量级。

引潮力会引起地球本体在地球质心和引潮天体质心连线方向上拉伸，在与该连线垂直的平面内压缩。引潮力在地球上的分布不均匀，各地引潮力大小、方向均存在差异，它实际上是日月及其他众多天体引潮力的叠加。每个天体有其自身的轨道运动，加上地球的自转，导致地球产生十分复杂的周期性潮汐形变。引潮力随着地球自转、地月日相对距离与方位等的变化而变化，这些天体运动呈现出周期性，决定了潮汐现象的周期性。引潮力的量值约为地球重力的十万分之一，海洋潮汐是海水在引潮力的水平分量作用下的堆积（涨潮）与扩散（落潮）运动。

2. 月中天、高潮与月相、大潮

月球经过某地的子午圈时刻，称为当地月中天，月球每天经过子午圈两次，离天顶较近的一次称为月上中天，离天顶较远的一次称为月下中天。图 1.20 为月中天时地球子午圈剖面上引潮力示意图，A、B 在月球中心与地心连线上，此时 A 点为月上中天，B 点为月下中天。由图 1.20 可知，月上中天的 A 点与月下中天的 B 点处引潮力的水平分量都为零，但其他处海水在引潮力"牵引"作用下向 A 点与 B 点处堆积，因此 A 点与 B 点都出现高潮。

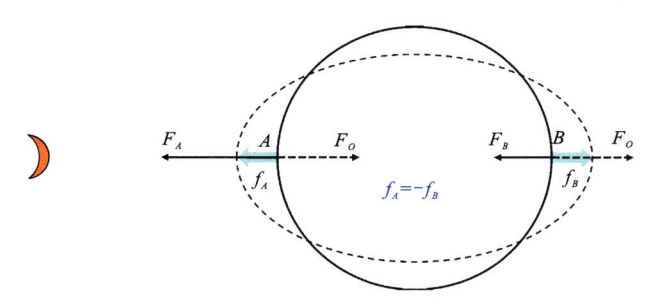

图 1.20　月中天时地球子午圈剖面上引潮力示意图

在 A 点，两次月上中天的时间间隔并不是 24 h，原因是月球绕地球公转的方向与地球自转的方向一致，这导致两次月上中天的时间间隔长于 24 h，平均为 24 h 50 min，该时间间隔也称为一太阴日。在一太阴日内，将经过一次月上中天和一次月下中天，因此每个太阴日内出现两次高潮（低潮），若以平太阳时计，每天的高潮（低潮）比前一天的高潮（低潮）迟约 50 min。

相邻高潮与低潮的高度差称为潮差，是潮汐大小的量化指标。潮差是逐日变化的，主要与月相有关。在朔（初一）望（十五）达到半个月中的潮差最大，称为大潮；而在上弦（初八或初九）和下弦（廿二或廿三）潮差最小，称为小潮。地球上的月相变化如图 1.21 所示。图中，当朔望时，太阳、月球、地球成一直线，月球引潮力作用与太阳引潮力作用叠加增强，此时发生大潮；而在上弦与下弦时，太阳、地球、月球成一直角，月球引潮力作用与太阳引潮力作用的互相削弱最为显著，此时发生小潮。月相从朔开始经过上弦、望、下弦再回到朔的时间长度称为朔望月，约为 29.53 平太阳日。

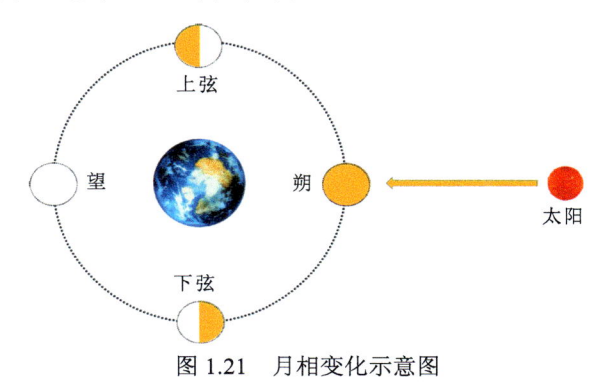

图 1.21　月相变化示意图

3. 潮汐不等现象

随着月球、太阳和地球三者的相对位置不断变化，月球和太阳对地球的引潮力，有时互相增强，有时互相削弱，致使潮高和潮时都随之发生变化，这种现象称为潮汐不等现象。比较明显的潮汐不等现象主要有半月不等、月不等、赤纬不等和日不等现象。

（1）半月不等现象。农历每月的朔（初一）和望（十五），月球、太阳和地球的位置大致处于一条直线上，这时月球和太阳的引潮力方向相同，它们所引起的潮汐相互增强，使潮差出现极大值。这种极大值每半个朔望月（14.765 平太阳日）出现一次，相应的潮汐称为大潮或朔望潮。大潮过后，潮差逐渐减小，在农历每月的上弦（初八或初九）和下弦（廿二或廿三）时，月球和太阳的引潮力的方向接近正交，互相削弱的情况最为显著，故潮差为极小值。这种极小值也是每半个朔望月出现一次，相应的潮汐称为小潮或方照潮。这种大潮、小潮的依次更替，称为半月不等现象。

（2）月不等现象。由于月球绕地球运动的轨道为椭圆，月球从近地点出发，经过远地点又回到近地点，需要一个恒星月，称近点月，约 27.5546 平太阳日，从而月球对地球的引潮力也随之产生相应的周期变化。当月球位于近地点时，其引潮力要比位于远地点时大 40%。由这一原因所导致的潮差变化，称为潮汐的月不等现象。

（3）赤纬不等现象。由于白道面（月球轨道面）与赤道面斜交，所以月球的赤纬不断变化。在每个回归月中，月球半个月处于赤道面以北，半个月在赤道面以南。因上半月和下半月的引潮力效应相同，所以周期为半个回归月（13.6608 平太阳日），相应的潮汐变化称为赤纬不等现象。

（4）日不等现象。在一太阴日（24 h 50 min）中，两个高潮和两个低潮有明显的差异，涨落潮的时间间隔也不相等，称为潮汐日不等现象（周日不等）。其中较高的一次高潮称为高高潮，较低的一次高潮称为低高潮，而两次低潮中较高的一次称为高低潮，较低的一次称为低低潮。

日不等现象是由月球赤纬不为零引起的，且与观测者所处的地理纬度有关。月球赤纬为零时的潮汐称为分点潮，月球赤纬最大时的潮汐称为回归潮。随着月球赤纬增大，周日不等的现象加剧。当观测者纬度很高、月球赤纬又较大时，某相邻的低高潮和高低潮的高度可能相差无几，因此一天只有一次高潮、一次低潮，称为日潮现象。

4. 平衡潮理论基础

平衡潮可以给出理论计算值，因此也称为理论潮汐。

1）海面高平衡潮

在没有引潮力作用时，海面（用地球平均半径 R 表示海面平衡位置）在地球引力及自转离心力作用下形成一个重力位等于常数 W_0 的等位面，即 $W(R)=W_0$。当有天体引潮位 Φ 作用于海面时，海面高度变化 H，而重力位等于 W_0 的等位面即海面平衡位置将由 R 调整到 $R+H$，此时有 $W(R+H)+\Phi=W_0$，由此可得

$$W(R)+H\frac{\partial}{\partial r}W(r)+\Phi=W(R), \quad W(R)=W_0 \tag{1.3.8}$$

由于海面重力 $g=-\partial W/\partial r$，可推得引潮位 Φ 引起的海面高变化为

$$H=\Phi/g \tag{1.3.9}$$

式中：H 为海面高的平衡潮或海面的平衡潮高。

2）位移平衡潮

设初始状态下，地面点 $P(r)$ 在引潮位 Φ 作用下移至 $P(r+u)$ 点，由于位移 u 相对于 r 是一微小量，展开到一阶项精度足够，得到平衡潮的垂直位移 u_r（天顶或向径方向）及水平位移 u_φ（北向）和 u_λ（东向）分别为

$$u_r=\frac{1}{g}\sum_{n=2}^{3}\Phi_n, \quad u_\varphi=\frac{1}{g}\sum_{n=2}^{3}\frac{\partial\Phi_n}{\partial\varphi}, \quad u_\lambda=\frac{1}{g\cos\varphi}\sum_{n=2}^{3}\frac{\partial\Phi_n}{\partial\lambda} \tag{1.3.10}$$

式中：g 为 P 点的重力值，可取近似值。

3）重力平衡潮

引潮力沿重力方向的分量称为重力平衡潮。由于潮汐影响本身很小，可用引潮位径向分量的负值表示为

$$g_1=-\sum_{n=2}^{3}\frac{\partial\Phi_n}{\partial r} \tag{1.3.11}$$

4）地倾斜平衡潮

引潮位引起地面形变，导致 P 点处的地面相对于当地水平面（水准面）的二面角变化，称为地倾斜平衡潮。地倾斜平衡潮约定向南、向西为正，可表示为

$$\xi_1 = -\frac{1}{gr}\sum_{n=2}^{3}\frac{\partial \Phi_n}{\partial \varphi}, \quad \eta_1 = -\frac{1}{gr\cos\varphi}\sum_{n=2}^{3}\frac{\partial \Phi_n}{\partial \lambda} \quad (1.3.12)$$

不难发现，地面垂线偏差平衡潮等于地倾斜平衡潮。

1.3.2 天体引潮位调和展开

地心处引潮力恒为零，因此地面点 P 的引潮力又可表示为天体分别对 P 点和地心的引力的矢量差，由于这个矢量差是保守力，对引潮力的研究可通过对其力位（即引潮位）的研究来实现。对引潮位周期性的研究，实质是在地固坐标系中，将地固空间的引潮位以引潮天体的天文参数为自变量展开，从而将引潮位表示为多个特定频率上振动的叠加。每一固定频率的振动成分被称为调和项或分潮，而这样的展开称为调和展开。

1. 引潮位 Laplace 展开

引潮位随着地球自转、地月日相对距离与方位的变化而变化，这些天体运动呈现周期性质，决定了潮汐现象的周期性。在平衡潮理论的理想状态下，引潮位使海面升降，从而让海面时刻保持平衡状态，因此，海面升降的周期性规律可通过对引潮位的周期性分析而获得。天体对地球的引潮位，又称潮汐生成位（tide generating potential，TGP），是保守力位，与其他地球引力位一样，可用球谐函数展开式表达。

以引潮天体的赤纬、时角为自变量（天球时角或第一赤道坐标系，图1.9），在地固坐标系中对地面点的引潮位进行 Laplace 展开，可分离出长周期、全日周期和半日周期三大潮簇。由于天体到地球的距离远大于地球半径 R，大多数情况下将月球引潮位展开至3阶，太阳（或其他行星）引潮位只取2阶。将月球天顶距 z_m 表达为月球赤纬 δ_m 和地方时角 H_m 的函数，则地固空间点 $P(r,\varphi,\lambda)$ 处，月球2阶引潮位（许厚泽 等，2010）可表示为

$$\Phi_{2m}(r,\varphi,\lambda) = \frac{3}{4}\frac{GM_m r^2}{d^3}\left(\frac{r}{R}\right)^2\left(\frac{d}{r_m}\right)^3\left[\cos^2\varphi\cos^2\delta_m\cos 2H_m\right.$$
$$\left.+\sin 2\varphi\sin 2\delta_m\cos H_m + 3\left(\sin^2\varphi - \frac{1}{3}\right)\left(\sin^2\delta_m - \frac{1}{3}\right)\right] \quad (1.3.13)$$

式中：M_m 为月球质量；r_m 为月球至 P 点的距离；d 为月球的平均地心距；令 H 为格林尼治时角，有

$$H_m = H - \lambda \quad (1.3.14)$$

在引潮位展开式（1.3.13）中，P 点位置在地固坐标系中表达，而自变量在与测站有关的天球时角赤道坐标系（图1.9）中表达。同样地，可将太阳（或其他行星）的2阶引潮位表示为式（1.3.13）。式（1.3.13）中右边3项对应于3类不同周期潮簇的潮汐分量，如图1.22所示。

（1）球面扇谐项的节线（函数值为零的线）位于 $\varphi = \pm\pi/2$ 及 $H_m = \pm\pi/4$，$\pm 3\pi/4$ 处，即引潮天体赤经圈两侧相距45°的子午圈上形成扇形，节线将球面分为函数值正负相间的4个区，正值为高潮区，负值为低潮区。由于扇形潮与 $\cos 2H_m$ 有关，相应的潮汐变化周期为半日，对应潮簇2，故又称为半日潮波。

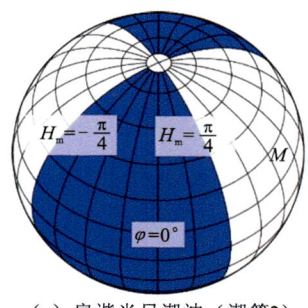

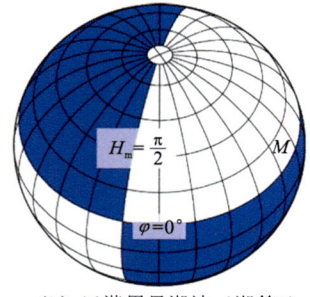

(a) 扇谐半日潮波（潮簇2）　　(b) 田谐周日潮波（潮簇1）　　(c) 带谐长周期潮波（潮簇0）

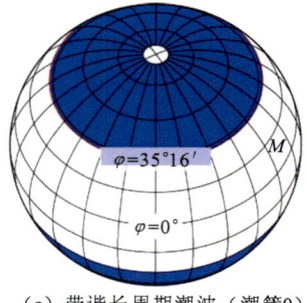

图 1.22　三种典型的潮簇（潮波）类型

（2）球面田谐项的节线位于 $\varphi=0$，$\pm\pi/2$ 及 $H_m=\pm\pi/2$ 处，同样将球面分为函数值正负相间成格状的 4 个区，形成"田"字形。由于田谐潮与 $\cos H_m$ 有关，相应的潮汐变化周期为 1 日，对应潮簇 1，故又称为周日潮波。

（3）球面带谐项的节线是纬度 $\varphi=\pm35°16'$ 的两个平行圈，将球面分成 3 个区域，由于其与时间有关的部分仅与引潮天体的赤纬有关，而与时角无关，其变化周期对于月球为半月（约 14 天），对于太阳为半年，对应潮簇 0，故又称为长周期潮波。

月球引潮位 3 阶项可展开为

$$\Phi_{3m}(r,\varphi,\lambda) = \frac{3}{4}\frac{GM_m r^2}{d}\left(\frac{r}{R}\right)^3\left(\frac{R}{d}\right)\left(\frac{d}{r_m}\right)^4\left[\frac{1}{3}\sin\varphi\sin\delta_m(3-5\sin^2\varphi)(3-5\sin^2\delta_m)\right.$$
$$+\frac{1}{2}\cos\varphi\cos\delta_m(1-5\sin^2\varphi)(1-5\sin^2\delta_m)\cos H_m$$
$$\left.+5\cos^2\varphi\sin\varphi\cos^2\delta_m\sin\delta_m\cos 2H_m + \frac{5}{6}\cos^3\varphi\cos^3\delta_m\cos 3H_m\right] \quad (1.3.15)$$

式中：前三项分别为长周期潮波、周日潮波和半日潮波，第四项与 $\cos 3H_m$ 有关，相应的潮汐变化周期为 1/3 天，对应潮簇 3，故称为 1/3 日潮波。式（1.3.13）和式（1.3.15）称为引潮位的拉普拉斯展开。

2. 引潮位 Doodson 展开

1921 年，Doodson 基于 Brow 月球历表和 Newcomb 太阳历表得到了包含 378 项展开式的引潮位展开表。Cartwright 等（1971）和 Hartmann 等（1995）对引潮位的理论数值序列进行频谱分析，得到更多潮波分量的理论频率和振幅。

用 $\Phi(r,\theta,\lambda)$ 表示引潮天体在地固空间点 $P(r,\theta,\lambda)$ 处产生的引潮位

$$\Phi(r,\theta,\lambda) = GM_* \sum_{n=2}^{\infty} \frac{r^{n+1}}{d^n} P_n(\cos z) \quad (1.3.16)$$

式中：M_* 为引潮天体的质量；d 为引潮天体至计算点 P 的距离；z 为引潮天体在 P 处的地心天顶距，由球面三角知识得

$$\cos z = \cos\theta\sin\delta + \sin\theta\cos\delta\cos(H-\lambda) \quad (1.3.17)$$

式中：δ 为引潮天体的赤纬；H 为天体的格林尼治时角。

依据球函数加法定理，有

$$P_n(\cos z) = P_n(\cos\theta)P_n(\sin\delta) + \sum_{m=1}^{n} 2\frac{(n-m)!}{(n+m)!}P_{nm}(\cos\theta)P_{nm}(\sin\delta)\cos mH \quad (1.3.18)$$

将式（1.3.18）代入式（1.3.16），得到计算点 P 处天体引潮位的展开式为

$$\Phi(r,\theta,\lambda) = \sum_{n=2}^{\infty}\sum_{m=0}^{n} \Phi_{nm} r^n P_{nm}(\cos\theta)P_{nm}(\sin\delta)\cos mH \quad (1.3.19)$$

$$\Phi_{n,0} = \frac{GM_*}{d^{n+1}}, \quad \Phi_{nm} = 2\frac{(n-m)!}{(n+m)!}\frac{GM_*}{d^{n+1}} \quad (m \neq 0) \quad (1.3.20)$$

所有外部天体在 P 点处的 n 阶 m 次引潮位，可统一用 Doodson 展开式表达为

$$\Phi_{nm}(r,\theta,\lambda) = \mathcal{D}\left(\frac{r}{a}\right)^n G_{nm}(\theta)\sum_j A_{nm}^j \times \begin{cases} \cos(\phi_j + m\lambda), & n+m \text{ 为偶数} \\ \sin(\phi_j + m\lambda), & n+m \text{ 为奇数} \end{cases} \quad (1.3.21)$$

$$\mathcal{D} = \frac{3}{4}GM_*\frac{a^2}{r_*^3} \quad (1.3.22)$$

式中：M_* 为引潮天体质量；r_* 为引潮天体的平均地心距；$\mathcal{D}$ 为 Doodson 常数，可用引潮天体质量 M_* 及其平均地心距 r_* 按式（1.3.22）计算，表示天体的地面（海面）引潮位，月球平均引潮位 $\mathcal{D} = 2.6336 \text{ m}^2/\text{s}^2$，其海面平衡潮高 $\mathcal{D}/g_0 = 0.269 \text{ m}$（$g_0$ 为海面平均重力），太阳平均引潮位 $\mathcal{D} = 1.2094 \text{ m}^2/\text{s}^2$，其海面平衡潮高 $\mathcal{D}/g_0 = 0.124 \text{ m}$；$A_{nm}^j$ 为潮波（分潮）振幅系数，仅与时间有关；$G_{nm}(\theta)$ 为大地系数，与地固空间点 P 的地心余纬 θ 有关，而与时间无关，可理论计算，如 $G_{21}(\theta) = 2P_{nm}(\cos\theta)/3$；$\phi_j$ 为潮波的天文幅角（又称理论幅角、天文相位或理论相位），随时间而匀速变化，可用 6 个基本天文变量的线性组合表示为

$$\phi_j = \mu_1^j \tau + \mu_2^j s + \mu_3^j h' + \mu_4^j p + \mu_5^j N' + \mu_6^j p' \quad (1.3.23)$$

式中：系数 μ_k^j 为分潮 j 的 Doodson 数，为整数，$k = 1,2,3,4,5,6$。

Doodson 采用幅角数表示分潮 j 的天文幅角。幅角数的第 1 位是 μ_1^j，第 2 位至第 6 位是将 μ_2^j 至 μ_6^j 各加上 5。这样，幅角数由 6 位非负整数组成，也称为 Doodson 代码。每个潮波（分潮）以 Doodson 数或 Doodson 代码来表示，其角速率可由 Doodson 数与表 1.3 中 6 个基本天文参数的角速率对应线性组合计算而得。

表 1.3　6 个与日月位置有关的基本天文参数

参数	意义	角速率/(°/h)	周期
τ	平月亮时	14.492 052 1	平太阴日
s	月球平经度	0.549 016 5	回归月
$h'(h_s)$	太阳平经度	0.041 068 6	回归年
p	月球近地点平经度	0.004 641 8	8.847 年
N'	$N = -N'$ 月球升交点平经度	0.002 206 4	18.613 年
$p'(p_s)$	太阳近地点平经度	0.000 002 0	20 940 年

由于 6 个基本天文参数周期相差较大，且 Doodson 数一般为 0、±1、±2，所以在频谱图中，分潮的分布不均匀，而是一丛一丛，通常将潮波按簇、群和亚群来划分。第一个 Doodson

代码相同的分潮处于同一潮簇，如 $\mu_1 = 0,1,2$ 的三个潮簇分别称为潮簇 0、潮簇 1 和潮簇 2。属于潮簇 0 的分潮，其周期长，称为长周期潮波；属于潮簇 1 的分潮，其周期在 1 天左右，称为全日潮波（或周日潮波）；属于潮簇 2 的分潮，其周期在半天左右，称为半日潮波；以此类推。在同一簇中，第二个 Doodson 代码也相同的潮波处于同一群；而在同一群中，第三个 Doodson 代码也相同的潮波处于同一亚群。

潮波的天文幅角也可用与日月位置有关的 5 个基本 Delaunay 幅角计算，如式（1.1.36）所示。6 个 Doodson 基本天文参数与 5 个基本 Delaunay 幅角（表 1.1）具有如下关系：

$$s = F_3 + F_5 = L, \qquad h' = L - F_4 = L - D, \qquad p = L - F_1 = L - l \\ N' = -F_5 = -N, \qquad p' = L - D - F_2 = L - l' - D \tag{1.3.24}$$

为协调统一潮汐及其效应数值标准，采用 IERS 协议 2010 中提供的 5 个基本 Delaunay 幅角算式[式（1.1.36）]，按式（1.3.24）计算 Doodson 基本天文参数，结果如下：

$$\begin{aligned}
s &= L = 218°.316\,645\,63 + 481\,267°.881\,195\,75t - 0°.001\,466\,388\,889t^2 \\
&\quad - 0°.000\,000\,074\,112t^3 - 0°.000\,000\,153\,389t^4 \\
h' &= L - D = 280°.466\,450\,160\,6 + 36\,000°.769\,748\,805\,556t + 0°.000\,303\,222\,222t^2 \\
&\quad - 0°.000\,001\,905\,501t^3 - 0°.000\,000\,065\,361t^4 \\
p &= L - l = 83°.353\,243\,12 + 4069°.013\,635\,25t - 0°.010\,321\,722\,222t^2 \\
&\quad - 0°.000\,014\,417\,168t^3 + 0°.000\,000\,052\,633\,3t^4 \\
N' &= -N = -\Omega = 234°.955\,444\,99 + 1934°.136\,261\,972\,222t - 0°.002\,075\,611\,111t^2 \\
&\quad - 0°.000\,000\,213\,944t^3 + 0°.000\,000\,164\,972t^4 \\
p' &= h' - l' = 282°.937\,340\,980\,6 + 1°.719\,457\,666\,668t + 0°.000\,456\,888\,889t^2 \\
&\quad - 0°.000\,001\,943\,279t^3 - 0°.000\,000\,003\,344\,4t^4
\end{aligned} \tag{1.3.25}$$

式中：D 为日月平角距，而不是 Doodson 常数 $\mathcal{D}$。

与式（1.1.36）相同，式（1.3.25）中的 t 为以地球时表示的从 J2000.0 起算的儒略世纪数。历元 J2000.0 为 2000 年 1 月 1 日 12^h（注意不是 0^h）。

下面讨论平月亮时 τ 的计算方法。显然，无论是平月亮时还是平太阳时，以时间为单位的数值范围为 $[0^h, 24^h)$，以（°）为单位的数值范围为 $[0°, 360°)$。为方便计算，这里的平月亮时和平太阳时采用（°）为单位，且 $1^h \equiv 15°$。由天文学知识可知，平月亮时 τ 与平太阳时 t_s 存在如下关系：

$$\tau = t_s + h' - s \tag{1.3.26}$$

注意到平太阳时 t_s 从当天的 $0^h \equiv 0°$ 起算，而计算儒略世纪数 t 的起算历元 J2000.0 是 2000 年 1 月 1 日 12 时，若 t 以天为单位，其小数部分的天数会少 0.5 天，需要补回。因此，实际平月亮时 τ 的计算公式应调整为

$$\tau = h' - s + \langle 36\,525t + 0.5 \rangle \times 360° \tag{1.3.27}$$

式中：$\langle \cdot \rangle$ 表示取小数部分；$t_s = \langle 36\,525t + 0.5 \rangle \times 360°$ 即以 ° 为单位的平太阳时。

第 5 章将利用 Cartwright 等（1971）引潮位调和展开理论值（表 5.6~表 5.11 中最后一栏为分潮平衡潮高振幅全球最大值），计算固体潮勒夫数频率校正值。

1.3.3 海洋分潮与调和分析

1. 实际海潮现象

对潮汐现象与天体关系的解释是在平衡潮的假设下得到的。平衡潮理论是一个理想的状态，实际的海洋潮汐由于受到海岸地形、海底摩擦、海水惯性等各种因素的影响，呈现非常复杂的变化。平衡潮理论与实际海洋潮汐现象之间主要存在如下不相符。

（1）在平衡潮理论中，潮汐类型完全是由观测点所处的纬度而决定的。但实际上，潮汐类型的空间分布更加复杂，特别是半日分潮和全日分潮都存在无潮点（振幅为零，向外振幅逐渐增大）。例如，中国近海存在4个半日分潮无潮点和2个全日分潮无潮点。

（2）平衡潮理论认为观测点月中天时应出现高潮，实际上要落后一段时间，从月中天至高潮时的时间间隔，称为高潮间隙。

（3）平衡潮理论认为在朔望时月、日引潮力方向一致时应发生大潮，实际上大潮只发生在半日潮类型海域，且从朔望至大潮来临间隔一段时间，称为半日潮龄，在中国海域一般为2~3天。

（4）平衡潮理论认为月球达到赤纬最大时应出现回归潮，实际上从月球最大赤纬至发生回归潮会间隔一段时间，这段时间称为日潮龄，在中国海域一般约2天。对于日潮类型海域，每月两次的回归潮时将出现大的潮差，与半日潮类型海域的大潮相似。

（5）从近地点至最大潮差的时间间隔称为视差潮龄，通常为2~3天。

（6）平衡潮理论计算的最大潮差约为0.9 m，而实际潮差普遍大于该值，陆架海区的潮差通常比该值大得多。例如中国沿海的平均潮差为0.7~5.5 m，杭州湾的最大潮差可达9 m。

2. 实际水位与分潮调和常数

实际海洋潮汐运动远比平衡潮理论复杂，海水的运动受到岸形、海底地形、惯性及各种气象条件等因素的综合影响，海面升降的空间代表性较差，特别是近岸海域。因此，人们需在不同地点测量海面升降变化，即海潮观测或验潮，在积累一定时长验潮数据后，可通过潮汐分析获得主要分潮的信息，以建立潮汐模型，用于潮汐预报或深度基准值计算。

1）实测水位中的气象分潮与浅水分潮

除天体引潮力外，气压、风等气象作用也能引起水位变化。例如高气压能使水位降低，而低气压则会使水位升高；迎岸风可以引起水位上升，离岸风可以引起水位下降；为了反映水位的这种季节变化，引入气象分潮，主要包括周期为一个和半个回归年的分潮，分别称为年周期分潮S_a、半年周期分潮S_{sa}。

除气象影响外，水深较浅海域的海底对海水运动的摩擦作用将产生一些高频振动，用浅水分潮来表示。浅水分潮的角速率是天文分潮角速率的和或差，最常用的浅水分潮为两个周期约四分之一日的M_4与MS_4，以及一个周期约六分之一日的M_6。M_4、M_6角速率分别是半日分潮M_2的二倍和三倍，而MS_4的角速率是半日分潮M_2与S_2的和。

2）实际水位的组成

观测记录的海面（水位），主体是引潮力在海底地形和海岸形状等因素制约下引起的海面升降，通常称为天文潮位或天文潮高；气压、风等气象作用引起的水位变化，其中周期性部分以气象分潮形式归入天文潮高；而剩余的短期无周期性部分，通常称为余水位（异常水位），其激励机制主要是短期气象变化。因此，实测的水位变化 $h(t)$ 可表示为

$$h(t) = \text{MSL} + T(t) + R(t) + \Delta(t) \tag{1.3.28}$$

式中：MSL 为当地长期平均海面在验潮零点上的垂直高度；$T(t)$ 为天文潮高，是各分潮作用的叠加；$\Delta(t)$ 为观测误差；$R(t)$ 为余水位，在一定空间范围内有较强的相关性。

需要注意，海洋潮汐中涉及的水位是指海面整体的垂直升降，因此海风等引起的涌浪不计入水位垂直变化中，而且在水位观测中（如验潮井与验潮仪的滤波功能）或水位预处理时（如滑动多项式滤波等）都尽量消除或减弱波浪的影响。

3）海洋分潮调和常数

引潮力（位）可展开为许多余弦振动之和，每个振动项称为分潮。实际海洋潮汐虽不可能是平衡潮，但其频谱特征应取决于其动力源。例如在某频率为 $\sigma = \omega/2\pi$ 的分潮作用下，海洋也要产生该频率的振荡，即水位变化包含该频率的分潮，可写作 $H\cos\alpha$，它代表了实际潮汐的一个分潮，其中振幅 H 可看作常量，相位 α 以角速率 ω 均匀增加。实际分潮的振幅往往大于平衡潮振幅。由于海洋水体的惯性巨大，海洋对引潮力存在响应滞后，表现为实际分潮相位 α 与平衡潮理论相位 ϕ 之间存在相位差，对于一地点该相位差可看作常量，并规定该相位差为迟角：

$$g = \phi - \alpha \tag{1.3.29}$$

之所以称为迟角，是因为若 g 为正，则当引潮力分潮达到最大（即 $\phi = 0$）时，α 为 $-g$，需要再经过 g/ω 的一段时间，α 才能达到 $0°$，即实际潮汐分潮才能达到最大。因此，g 反映了实际分潮相对于天文分潮的相位延迟。

振幅 H 和迟角 g 反映了海洋对一频率外力的响应。由于海洋环境的变化十分缓慢，两者在一般海区具有极大的稳定性，在不特别长的时期内，可充分近似地认为是常数。因此，两者称为实际潮汐分潮的调和常数。

4）天文潮高表示与主要分潮

天文潮高 $T(t)$ 是诸多分潮对引潮力响应的叠加，当地长期平均海面可看作平衡位置，则相对于平衡位置的天文潮高可表示为

$$T(t) = \sum_{i=1}^{m} H_i \cos[\phi_i(t) - g_i] \tag{1.3.30}$$

式中：m 为分潮 σ_i 的数量；H_i、g_i 分别为分潮 σ_i 的振幅和迟角，称为分潮 σ_i 的调和常数，利用水位观测数据进行调和分析时为未知待求量，而用于潮汐预报时是已知量；$\phi_i(t)$ 为分潮 σ_i 理论相位（或天文幅角），与时间相关，可按式（1.3.23）由 Doodson 基本天文参数和 Doodson 数计算，也可采用 5 个日月章动 Delaunay 基本幅角和 Delaunay 变量计算，详见 1.3.1 小节。

理论上，采用的分潮数量越多，天文潮高的描述越准确。但实际上，各分潮的量值有很大差异，引起的海面响应也是对应的，只有较大分潮才有实际意义。常用的主要分潮有 13 个：2 个长周期分潮、4 个周日分潮、4 个半日分潮与 3 个浅水分潮，如表 1.4 所示。

表 1.4 常用的主要分潮

类型	分潮	Doodson 数	角速率/(°/h)	周期（平太阳时）
长周期	S_a	056 554	0.041 067	8766.163
	S_{sa}	057 555	0.082 137	4382.921
周日	Q_1	135 655	13.398 661	26.868
	O_1	145 555	13.943 036	25.819
	P_1	163 555	14.958 931	24.066
	K_1	165 555	15.041 069	23.934
半日	N_2	245 655	28.439 730	12.658
	M_2	255 555	28.984 104	12.421
	S_2	273 555	30.000 000	12.000
	K_2	275 555	30.082 137	11.967
浅水	M_4	455 555	57.968 208	6.210
	MS_4	473 555	58.984 104	6.103
	M_6	655 555	86.952 312	4.140

在 2 个长周期分潮中，S_a 在中国近海从南至北逐渐增大，振幅为 10～30 cm；S_{sa} 较小，振幅在 5 cm 内。在 4 个周日分潮中，K_1 最大，O_1 略大于 K_1 的 2/3，P_1 略小于 K_1 的 1/3，Q_1 约为 K_1 的 2/15。在 4 个半日分潮中，M_2 最大，S_2 略小于 M_2 的一半，N_2 略小于 M_2 的 1/5，K_2 略大于 M_2 的 1/10。

3. 海洋潮高调和分析

海洋潮汐分析的目的是利用实测的水位数据提取一定分潮的调和常数。分析方法基本分为两大类：调和分析与响应分析，最常用的是调和分析法。

将天文潮高 $T(t)$ 的表达式[式（1.3.30）]代入观测水位的表达式[式（1.3.28）]得

$$h(t) = \text{MSL} + \sum_{i=1}^{m} H_i \cos[\phi_i(t) - g_i] + R(t) + \Delta(t) \tag{1.3.31}$$

潮汐调和分析将求解平均海面在验潮起算零点上的高度 MSL 及 m 个分潮的振幅与迟角，而上式中的余水位 $R(t)$ 与观测误差 $\Delta(t)$ 被视为噪声，即调和分析的观测方程为

$$h(t) = \text{MSL} + \sum_{i=1}^{m} H_i \cos[\phi_i(t) - g_i] \tag{1.3.32}$$

式（1.3.32）称为调和分析的潮高模型。为求得振幅和迟角，需将模型线性化，以潮汐模型中某一个分潮为例，线性化过程由如下参数变换实现：

$$H^c = H\cos g, \quad H^s = H\sin g \tag{1.3.33}$$

式中：H^c、H^s 分别为分潮的余弦分量（同相幅值）和正弦分量（异相幅值）。将调和常数变换为余弦分量和正弦分量，于是，潮高模型可表示为

$$h(t) = \text{MSL} + \sum_{i=1}^{m}[H_i^c \cos(\phi_i(t)) + H_i^s \sin(\phi_i(t))] \tag{1.3.34}$$

由式（1.3.34）构建每个观测时刻水位的潮高模型，按最小二乘原理可求解出 MSL 及 m 个分潮的余弦分量和正弦分量，再通过以下变换得到调和常数：

$$H = \sqrt{(H^c)^2 + (H^s)^2}, \quad g = \arctan\frac{H^s}{H^c} \tag{1.3.35}$$

以上是调和分析的最小二乘法的基本原理。最小二乘法是在实测数据与潮高模型之间直接进行最小二乘拟合，从而求解调和常数，已成为现代潮汐调和分析的标准方法。

潮汐成分是按簇、群、亚群等分别集中排列的，可由一天、一个月、一年的逐时观测数据分别分辨出不同簇、群、亚群的分潮，而比亚群更细致的频谱结构无法揭示，而实际潮汐在这些频率上往往分布着谱能。为尽量精确地分析出所需分潮，往往将频率差比亚群频率差更小的分潮（角速率差别在 $\dot{p}$、$\dot{N}$ 和 $\dot{p}'$ 量级上）合并，即附加以交点因子（对于分潮振幅的乘系数）和交点订正角（对分潮迟角的改正量），以体现同一亚群内小分潮的贡献及对最大分潮的扰动。

交点因子和交点订正角的引入实质上借用了频率邻近分潮之间响应规律性的假设，即认为分潮的实际振幅之间的比值与平衡潮响应分量的振幅比值相等，分潮迟角均相等。若选取同亚群中大分潮为主分潮，其振幅为 H_M，迟角为 g_M，其余 n 个分潮视为随从分潮，则每个随从分潮的振幅和迟角分别表示为

$$H_r = \rho_r H_M, \quad g_r = g_M \tag{1.3.36}$$

式中：ρ_r 为相应的随从分潮与主分潮平衡潮系数之比。

于是，所有同一亚群的各分潮围绕主分潮而合成为

$$\sum_{r=1}^{n} H_r \cos[\phi_r(t) - g_r] = fH_M \cos[\phi_M(t) + u - g_M] \tag{1.3.37}$$

式中：f、u 分别为主分潮的交点因子和交点订正角。

这样表示后，对主分潮无须再写出其上标。而 f、u 通过以下一组公式计算：

$$\begin{cases} f\cos u = \sum_{r=1}^{n} \rho^r \cos\left(\Delta u_4^r p + \Delta u_5^r N + \Delta u_6^r p' + \Delta u_0^r \frac{\pi}{2}\right) \\ f\sin u = \sum_{r=1}^{n} \rho^r \sin\left(\Delta u_4^r p + \Delta u_5^r N + \Delta u_6^r p' + \Delta u_0^r \frac{\pi}{2}\right) \end{cases} \tag{1.3.38}$$

实际的潮高表达式[式（1.3.31）]化为如下形式：

$$h(t) = \text{MSL} + \sum_{i=1}^{m} fH_i \cos[\phi_i(t) + u_i - g_i] \tag{1.3.39}$$

式（1.3.39）中的每个余弦项严格来说已不是调和分潮，而是代表了一个亚群所有调和分潮的综合作用。其振幅 fH 不再是常量，相位中 u 值在 0° 附近摆动，它既不是常量也不随时间做均匀变化。但 f、u 主要与天文参数 N 有关，变化十分缓慢，因此式（1.3.39）中所代表的余弦项习惯上仍称为调和分潮。由一年以上长期观测数据，采用式（1.3.39）为潮高模型估计分潮调和常数，该过程称为长期调和分析。

海洋潮汐模型是指通过一定技术方法构建的全球或局部区域范围的潮汐参数集合，通常以一定空间分辨率的调和常数格网来表示，也称为数值潮汐场模型或简称为潮汐模型。随着

海面观测数据的积累与技术发展，潮汐模型的分辨率与精度逐渐提高，其作用已从对大洋潮汐分布规律的了解发展至对全球或局部海域潮汐分布的精细刻画，在一些应用领域已能代替验潮站的作用。

1.3.4 大地测量固体潮影响

固体地球潮汐是联系天文学、大地测量学和地球物理学的重要交叉学科。地球外部的月、日和太阳系其他天体对固体地球的引力和相应引力位，在地球的轨道运动和地球自转过程中，导致固体地球形变和地球重力场随时间变化，称为固体潮，简称体潮，包括引潮力和引潮位。固体地球在引潮位作用下，产生周期性形变，引起地球空间中各种大地测量观测量和参数随时间变化。

1. 固体潮勒夫数

固体潮是引潮位经地球介质作用后的综合效应，对其观测与研究是了解地球内部结构的重要依据。球对称非旋转弹性各向同性（spherically symmetric, non-rotating, elastic and isotropic，SNREI）地球在引潮位 $\Phi_n(r)$ 激发下产生附加位 $\Phi_n^a(r)$ 和地面位移 $u_n(r)$，与其相应的平衡潮值成正比，因此，可用一组无量纲的比例系数来表征地球在日、月引潮位作用下的潮汐形变。这组无量纲的量称为潮汐形变系数，又称体潮勒夫数，简称勒夫数。

$k_n(r)$ 定义为由潮汐形变导致固体地球内部密度重新分布所引起附加位 $\Phi_n^a(r)$ 与引潮位 $\Phi_n(r)$ 之比，称为位勒夫数。$h_n(r)$ 定义为在引潮位 $\Phi_n(r)$ 作用下，地球某点的径向位移与假定地球处于平衡潮状态时相应点的径向位移之比；$l_n(r)$ 定义为在引潮位 $\Phi_n(r)$ 作用下，地球某点的切向位移与假定地球处于平衡潮状态时相应点的切向位移之比。$h_n(r)$ 和 $l_n(r)$ 称为位移勒夫数。

根据定义，在引潮位 $\Phi_n(r)$ 作用下，地球表面或内部任一点 $r(r,\varphi,\lambda)$ 产生的附加位和位移可分别表示为

$$\Phi^a = \sum_n k_n(r)\Phi_n(r), \quad u_r = \frac{1}{g}\sum_n h_n(r)\Phi_n(r) \qquad (1.3.40)$$

$$u_\varphi = \frac{1}{g}\sum_n l_n(r)\frac{\partial \Phi_n(r)}{\partial \varphi}, \quad u_\lambda = \frac{1}{g\cos\varphi}\sum_n l_n(r)\frac{\partial \Phi_n(r)}{\partial \lambda} \qquad (1.3.41)$$

不同阶的引潮位，有不同的勒夫数。勒夫数随阶数增大收敛很快，一般只需考虑低阶勒夫数（$n \leq 6$），如表 1.5 所示。勒夫数与整个地球的形状、结构、密度和弹性分布有关，它表达了地球整体对引潮位的响应。

表 1.5 球对称弹性地球勒夫数

n	k_n	h_n	l_n
2	0.298	0.603	0.084
3	0.092	0.288	0.015
4	0.041	0.175	0.010
5	0.025	0.129	0.000
6	0.017	0.197	0.000

2. 观测量的固体潮汐影响

用 ΔV_n 表示地面 n 阶潮汐位，它等于 n 阶引潮位 Φ_n 与引潮位导致固体地球密度重新分布而产生的形变附加位 Φ_n^a 之和，即

$$\Delta V_n = \Phi_n + \Phi_n^a = (1+k_n)\Phi_n \tag{1.3.42}$$

1）相对于地面的海面实际潮高

假设地面不发生垂直位移，则海面相对无垂直位移地面的潮高为

$$H_n = \frac{\Delta V_n}{g} = \frac{(1+k_n)\Phi_n}{g} \tag{1.3.43}$$

固体地球表面在 n 阶引潮位 Φ_n 作用下还要发生垂直位移，根据勒夫数定义式（1.3.41），径向位移即垂直位移量为

$$u_{r,n} = \frac{h_n\Phi_n}{g} \tag{1.3.44}$$

这样海面相对于地面的实际潮高 H_n 可表示为

$$H_n = (1+k_n-h_n)\frac{\Phi_n}{g} = \gamma_n H_0 \tag{1.3.45}$$

式中：$\gamma_n = 1+k_n-h_n$ 称为海面潮高的潮汐因子，等于海面相对于实际地球表面的 n 阶潮高 H_n 与海面相对于 n 阶平衡潮潮高 $H_0 = \Phi_n/g$ 的比值；H_n 可通过验潮站观测确定；平衡潮潮高 H_0 可由引潮位直接计算。

2）重力固体潮影响

由于引潮位引起地球形变，地球的形变又引起重力变化，所以地面任一点的重力固体潮由三部分组成：引潮力的垂直分量 g_1，引潮位引起的固体地球内部质量调整而产生的重力变化 g_2，以及固体潮引起地面垂直升降 u_r 而产生的重力变化 g_3。因此，n 阶重力固体潮为

$$\Delta g_n = g_{1,n} + g_{2,n} + g_{3,n} \tag{1.3.46}$$

式中：n 阶引潮力在地面（$r=R$）的垂直分量为 n 阶重力平衡潮，表示为

$$g_{1,n} = \frac{-\partial \Phi_n}{\partial r} = \frac{-n\Phi_n}{R} \tag{1.3.47}$$

n 阶引潮位引起的固体地球内部质量调整在地面上产生的重力变化为

$$g_{2,n} = \frac{-\partial \Phi_n^a}{\partial r} = \frac{(n+1)k_n\Phi_n}{R} \tag{1.3.48}$$

n 阶引潮位引起的地面垂直升降而产生的重力变化 g_3，等于重力垂直梯度 $-2g/R$ 与地面垂直升降 $u_{r,n}$ 的乘积：

$$g_{3,n} = \frac{-2gu_{r,n}}{R} = \frac{-2h_n\Phi_n}{R} \tag{1.3.49}$$

将式（1.3.47）～式（1.3.49）代入式（1.3.46），得 n 阶重力固体潮的表达式为

$$\Delta g_n = -\left(1+\frac{2}{n}h_n - \frac{n+1}{n}k_n\right)\frac{n}{R}\Phi_n \tag{1.3.50}$$

令

$$\delta_n = 1 + \frac{2}{n}h_n - \frac{n+1}{n}k_n \quad (1.3.51)$$

式中：δ_n 为 n 阶重力固体潮因子，等于地面的 n 阶重力固体潮 Δg_n 与重力平衡潮 $g_{1,n}$ 的比值。当 $n = 2,3$ 时，可得到 2 阶和 3 阶重力固体潮因子：

$$\delta_2 = 1 + h_2 - \frac{3}{2}k_2, \quad \delta_3 = 1 + \frac{2}{3}h_3 - \frac{4}{3}k_3 \quad (1.3.52)$$

3）地倾斜固体潮影响

地面上任一点 P 的重力向量 $\boldsymbol{g}$ 与引潮力向量之和为瞬时重力向量，瞬时重力向量的方向为瞬时垂线，与瞬时垂线垂直的水准面为瞬时水准面，如图 1.23 所示。

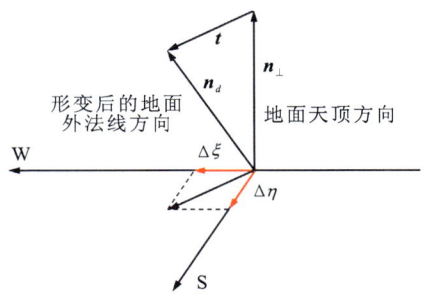

图 1.23 地倾斜固体潮向量

用 $\boldsymbol{n}_\perp$ 表示瞬时天顶方向（瞬时垂线相反方向）的单位向量，考虑引潮力约为地面重力值的 10^{-6}，因而有

$$\boldsymbol{n}_\perp = \boldsymbol{e}_r - \frac{\boldsymbol{H}}{g_0} \quad (1.3.53)$$

式中：$\boldsymbol{e}_r$ 为未形变地球的单位向径向量；$\boldsymbol{H}$ 为引潮力水平分量；g_0 取地面平均重力。

用 $\boldsymbol{n}_d$ 表示形变后的地面外法线向量，u_r 表示径向位移，则有

$$\boldsymbol{n}_d = \boldsymbol{e}_r - \nabla u_r \quad (1.3.54)$$

地面点的 $\boldsymbol{n}_d$ 与 $\boldsymbol{n}_\perp$ 之差称为该点地倾斜固体潮向量 $\boldsymbol{t}$。顾及式（1.3.53）和式（1.3.54）得

$$\boldsymbol{t} = \boldsymbol{n}_d - \boldsymbol{n}_\perp = \frac{\boldsymbol{H}}{g} - \nabla u_r \quad (1.3.55)$$

地面的地倾斜固体潮为向量 $\boldsymbol{t}$，其方向表示形变后的地面相对于瞬时水准面的倾斜方向，模表示倾角大小。通常将 $\boldsymbol{t}$ 分解为东西分量 $\Delta\xi$ 和南北分量 $\Delta\eta$，并约定 $\Delta\xi$ 向西为正、$\Delta\eta$ 向南为正：

$$\boldsymbol{t} = -\Delta\xi\boldsymbol{e}_\varphi - \Delta\eta\boldsymbol{e}_\lambda \quad (1.3.56)$$

式中：单位向量 $\boldsymbol{e}_\varphi$ 向北，$\boldsymbol{e}_\lambda$ 向东。

对于 n 阶引潮位 Φ_n，有

$$\boldsymbol{H}_n = \frac{\partial}{R\partial\varphi}(\Phi_n + \Phi_n^a)\boldsymbol{e}_\varphi + \frac{\partial}{R\cos\varphi\partial\lambda}(\Phi_n + \Phi_n^a)\boldsymbol{e}_\lambda = (1+k_n)\left(\frac{\partial\Phi_n}{R\partial\varphi}\boldsymbol{e}_\varphi + \frac{\partial\Phi_n}{R\cos\varphi\partial\lambda}\boldsymbol{e}_\lambda\right) \quad (1.3.57)$$

$$\nabla u_{r,n} = h_n\left(\frac{\partial\Phi_n}{R\partial\varphi}\boldsymbol{e}_\varphi + \frac{\partial\Phi_n}{R\cos\varphi\partial\lambda}\boldsymbol{e}_\lambda\right) \quad (1.3.58)$$

将式（1.3.57）和式（1.3.58）代入式（1.3.56），可求得地倾斜固体潮向量 $\boldsymbol{t}$ 的表达式，

它的 n 阶西向分量和南向分量分别为

$$\xi_n = -(1+k_n-h_n)\frac{\partial \Phi_n}{g_0 R \partial \varphi}, \quad \eta_n = -(1+k_n-h_n)\frac{\partial \Phi_n}{g_0 R\cos\varphi \partial \lambda} \quad (1.3.59)$$

$$\gamma_n = 1+k_n-h_n \quad (1.3.60)$$

γ_n 与式（1.3.45）中的海面高潮汐因子相同，这里称为 n 阶地倾斜固体潮因子，它等于地面 n 阶地倾斜固体潮分量与相应平衡潮分量的比值。不难发现，地面垂线偏差固体潮等于地倾斜固体潮。

采用实测方法测定了上述固体潮因子后，就可以求出实测的勒夫数 k、h 和 l。

3．直接影响与间接影响

天体引潮位直接引起的地球重力位变化称为重力位固体潮的直接影响。引潮位还导致固体地球形变，引起地球内部密度重新分布，产生附加位。附加位对重力位的贡献称为重力位固体潮的间接影响。引潮位导致固体地球形变，引起地面站点位移，称为地面位移固体潮的间接影响。

地面几何大地测量观测量和参数，如站间距离、基线，站点坐标、方位等，只存在固体潮的间接影响；而地球重力场空间中的物理大地测量观测量和参数，如正（常）高、重力位数、重力、重力位、大地水准面高、扰动重力、垂线偏差等，既有固体潮直接影响，又有固体潮间接影响。

1.4 地球大地测量基准概念

某种类型的度量基准可从参考系统和参考框架两个层面来描述。例如，可以将长度的定义作为参考系，而将按长度定义要求制作的、实际用于量算长度的尺子作为其对应的一种参考框架，这样，所谓的长度基准，就可由长度定义和用于度量长度的尺子构成。大地测量学是用于精准度量地球的一门计量科学，大地测量基准是理论定义或约定的大地测量参考系统与具体实现和应用的大地测量参考框架的统称。

1.4.1 大地测量基准的定义与表现形式

按照广义相对论观点，地球参考系中的空间、时间与地球重力场统一；大地水准面可由地球重力场量在地固坐标系中按边值问题确定，大地水准面高是地固坐标系中大地水准面的椭球高（大地高）；大地经纬度可由天文经纬度结合垂线偏差测定，地面点的椭球高等于其正高和大地水准面高之和。可见，地球参考系与地球重力场的空间、时间和重力位是协调统一的，坐标基准、高程基准与重力测量基准一体化是大地测量学的理论要求。

1．大地测量基准的基本定义

大地测量基准由大地测量参考系统和参考框架构成，是为测定地球空间点的坐标、高程、深度和重力场量而建立的一种全球或区域统一的大地测量度量体系。大地测量基准的地球空间，一般应涵盖整个地球并连续延伸至受地球重力场束缚的三维空间，包括地面、空中、地球卫星以至月球运行轨道空间，也包括地球内部和海洋水下空间。地球空间中自由质点（粒子）的运动速度小于第二宇宙速度（11.2 km/s），质点的运动状态与动力学行为相辅相成，各种几何物理量之间及其随时间的变化遵循相同的大地测量原则和地球动力学规律。

大地测量参考系统，规范了大地测量的起算基准（参考点、线或面，如用于坐标系定位定向的点和线，高程起算值，正常椭球等）、尺度标准（时间尺度与空间尺度）及大地测量基准实现方式。实现方式包括规定大地测量参考系统应遵循的几何物理条件，这些条件一般用大地测量及地球动力学有关的常数、约定、模型和算法等表示。

大地测量参考框架在形式上由一系列地面站点或地球卫星、地球外部天体及其大地测量基准值组成的空间参考网，以及有关大地测量参考面和数值模型构成。这些基准值和模型通常由大地测量观测量，按大地测量参考系统理论方法和约定，所确定的一组几何或物理大地测量参数来体现，如坐标、高程和重力值，以及地球重力位系数模型、大地水准面和深度基准面模型等。大地测量参考框架是依托地固空间中的参考体，利用大地测量技术，对大地测量参考系统的具体实现。

2. 大地测量基准的表现形式

大地测量参考系统一经定义或约定，应在较长时期（如 20 年）内保持不变。参考系统中的任何一个或几个要素发生变化，如起算基准或尺度标准不同，或采用不同的几何物理条件，意味着大地测量参考系统发生了改变。一种性质的大地测量参考系统可选择不同的参考体或采用不同观测技术的大地测量参考框架来实现。空间参考网不同，大地测量观测技术或方式不同，参考面或模型实现方式不同，都会产生不同形式的大地测量参考框架。

按功能划分，目前的大地测量基准主要包括坐标基准、高程基准、深度基准和重力测量基准。坐标基准是地球几何空间的三维大地测量基准，高程基准、深度基准和重力测量基准都是基于地球重力场性质的一维大地测量基准，一般可归类为大地测量垂直基准。

按作用范围（或空间尺度）划分，大地测量参考框架可分为全球和区域大地测量参考框架。为实现对全球或区域范围统一的大地测量控制，大地测量参考框架应合理覆盖全球或整个地区，并要求在有效作用范围和作用时间内，能"随时随地"地方便使用参考框架的大地测量控制功能。

1.4.2 大地测量参考系统技术要求

鉴于参考系统实现和维持方式的多样性和大地测量基准实际应用的广泛性，通常很难严格界定大地测量参考系统这个总体概念。站在不同角度、用于不同目的甚至在不同语境中，人们对参考系统概念也有各异的理解。实际上，一般无法找到一个普适标准来评价这些概念的科学性与合理性，但总可以严格按照大地测量学理论、应用和发展的技术需要，分析并总结大地测量参考系统应有的内涵、功能与性质。

1. 地球坐标基准、地固与惯性坐标参考系

地球坐标基准是为测定和描述地球空间点的三维坐标和运动而建立的大地测量度量体系。地固坐标参考系是一个原点位于地球质心、坐标轴与地球固连、与地球本体一起进行周日旋转运动的非惯性空间坐标参考系。目前的协议地固参考系，如国际地球参考系（ITRS），

一般采用地面观测站的三维空间坐标来实现。此外，为描述地球自转运动和地面外部地球空间的质点运动（如运动物体、飞行器、地球卫星与月球运动），地球坐标基准也应包含惯性空间坐标参考系，即一个以地球质心为原点的非旋转（准）惯性参考系，如地心天球参考系（GCRS）。可见，一个完备的地球坐标基准，至少需要实现和维持地固坐标参考系、地心天球参考系及其两个参考系之间的转换关系。

用于定义坐标系的参考体和坐标参考系都有一定的随意性，需按大地测量原则进行约定与规范，如坐标参考系的原点与定向约定，坐标轴尺度标准与时间尺度标准，以及地固与准惯性参考系之间空间关系（地球定向参数 EOP）的测定与维持规范。

国际大地测量学与地球物理学联合会（IUGG）、国际天文学联合会（IAU）和国际计量局（BIPM）等长期致力于时空参考系和相关物理常数的定义、实现及协调工作。1987 年，IUGG 和 IAU 共同发起国际地球自转和参考系统服务（IERS）。目前，国际坐标参考框架的建立由 IERS 负责，其基本任务是为天文、大地测量和地球物理学界提供地球自转、坐标参考系及其相关的数据和标准服务。时间基准的建立和保持由 BIPM 时间局负责。

2. 高程基准与重力测量基准的大地测量性质

大地测量学理论定义的（地面）质点高程，一般适用于近地空间，等于大地水准面重力位 W_0（称为全球大地位）与质点重力位之差（此差值称为重力位数），除以平均重力值。因此，已知质点的重力位，质点的高程唯一确定。大地水准面重力位 W_0 具有高程起算基准的性质。可见，大地测量学中的高程，本质上是地球重力位在地固坐标参考系中的一种几何实现形式。

高程基准的实际功能是提供大地水准面的高精度位置信息。例如，可通过布设精密水准网，以提供水准点相对于大地水准面的精确高度信息，也可以通过建立高精度大地水准面模型，直接提供大地水准面的精确位置。重力位是客观存在的地球重力场量，只能按自然值测定，不能约定或假设。具有客观存在性的高程基准，与参考系定位定向具有一定随意性的坐标基准有本质区别，高程基准更准确的说法应为高程测量基准，严密意义上不存在高程参考系统概念。

质点的重力是其重力位的梯度，方向与铅垂线方向相切。重力也是客观存在的地球重力场量，只能按自然值测定，不能约定或假设，可见重力基准更准确的说法应为重力测量基准，且同样不宜有重力参考系统概念。原则上，只要有一定规模上的技术和应用需要，完全有可能并在必要时，建立其他类型重力场量（如重力梯度、垂线偏差）的测量基准。

高程、重力和其他类型重力场量的测量基准，都是客观存在的，只能按其客观自然值测定，不能约定或假设。它们有一个共同特点，即一般可通过直接或间接测定自然参考系（水准面与铅垂线构成的当地水平坐标系）在地固地球参考系中的位置、方向或特征值来实现。

通常将这些表征地球重力场性质或强度的测量基准，统称为大地测量垂直基准。上述分析表明，大地测量垂直基准，没有参考系统概念，不鼓励"垂直参考系统"说法，以免产生认识上的困惑，但可用不同形式的垂直参考框架来实现。

3. 地球空间、时间与重力场的协调统一性

地球坐标参考系的几何空间与地球重力场的统一性要求，地球坐标基准、高程基准与重力测量基准之间应协调统一，客观存在于各种基准值之间的解析关系应在大地测量参考系统

实现过程中体现。例如，地面点的椭球高 H 等于其正高 h^* 与大地水准面高 N 之和，这个空间关系应在参考系统实现过程中精确体现。重力场（引力）是宇宙空间四种基本相互作用之一，实现地球参考系所需的全部观测量都是在地球重力场环境中获取的。

广义相对论中的空间、时间和引力场是统一的，地球参考系的坐标轴尺度（空间尺度）与时间尺度（秒长标准）应在广义相对论框架上协调统一。大地测量大部分工作在地面及近地空间范围内进行，大地测量学中的高程起算面是大地水准面。由大地水准面（地面或海面，大地水准面的重力位等于全球大地位 W_0）处的后牛顿时空度规，统一协调时间尺度与空间尺度，有利于大地测量参考系统的空间、时间、高程与重力场的协调统一性。

地球空间中各种大地测量要素（观测量、参数与基准值）随时间的变化量，如地面点坐标与高程变化、重力位与重力变化、垂线偏差与重力梯度变化等，是对形变地球这一唯一监测对象以各种不同形式的客观响应。可见，大地测量变化量本身也是客观存在的，只能按要求观测或测定，也不能人为约定或假设。实际上，这些大地测量变化量（时变监测量），无论是自身的空间关系、相互之间的空间关系，还是自身空间关系随时间的变化、相互之间关系随时间的变化，都严格遵循相同的大地测量理论、地球物理规律和地球形变动力学原理。这是形变地球大地测量学的普遍要求，不妨将这种大地测量学应遵循的大地测量与地球动力学原理或规律，称为形变地球大地测量学的解析相容性要求。

1.4.3 国际地球参考系与参考框架

全球性地固坐标参考系一般涵盖整个地球，目前最有代表性的此类参考系是国际地球参考系（ITRS）。

1）国际地球参考系定义

国际地球参考系（ITRS）是一个与地球本体一起进行周日旋转运动的非惯性空间参考系。IUGG 决议（1991）给出了国际地球参考系的定义，形成了协议地球参考系坐标原点、尺度、方向和时间演化模型定义所需要的一套协议和规范。根据该决议，ITRS 是一个协议理想的地固空间坐标参考系，应满足以下 4 个基本条件：①坐标原点位于包括海洋和大气在内的地球质量中心；②空间尺度（坐标轴尺度）与地心局域参考框架的地心坐标时（TCG）协调一致；③坐标轴的初始定向与 BIH1984.0 相一致；④坐标轴取向的时间演化要确保整个地壳的水平构造运动无整体旋转。

国际地球参考系的定向与过去的国际协议 BIH 定向保持连续。目前，国际地球参考系的原点 O（地球质心）、IERS 参考极（z 轴指向）与参考子午面（x 轴）通过地面观测站坐标间接定义。

2）国际地面参考框架建立与维持

国际地球参考系（ITRS）由一组全球分布的地面台站坐标和速度场实现，称为国际地面参考框架（international terrestrial reference frame，ITRF），并可通过地球定向参数（EOP）连接到地心天球参考系（GCRS）。

国际地面参考框架（ITRF）通过组合甚长基线干涉测量（VLBI）、卫星激光测距（SLR）、全球导航卫星系统（GNSS）和星载多普勒定轨定位（DORIS）等空间大地测量技术构建和维持。迄今为止，IERS 已实现 14 个国际地面参考框架序列：ITRF89，ITRF90，ITRF91，ITRF92，ITRF93，ITRF94，ITRF95，ITRF96，ITRF97，ITRF2000，ITRF2005，ITRF2008，ITRF2014 和 ITRF2020。

ITRF 核心站需要全球分布，具有高精度坐标，选取原则主要包括站点全球分布均匀、观测长期稳定、站点稳定、站坐标精度高、具有多种大地测量观测技术等。核心站一般满足以下几个条件：①连续观测至少三年；②远离板块边缘及变形区域；③速度的精度优于 3 mm/a；④至少有 3 个不同解的速度残差小于 3 mm/a。

1.4.4 大地测量垂直基准

原则上，完全脱离大地测量参考系统总体概念，难以科学准确地表达大地测量垂直基准。这里仅作为背景知识，简要介绍目前与大地测量垂直基准有关的概念。

1. 高程基准

地面点的高程通常用该点相对于某一选定高程基准面的高度来表示。不同地面点间的高程之差称为高差，它反映了地形起伏。实现高程基准，一般需要在陆地上布设高程起算点，该起算点称为水准原点，其高程值用水准原点相对于附近长期验潮站平均海面的高差表示，约定长期验潮站平均海面的高程为零。

大地测量学以大地水准面重力位为起算基准值，采用大地水准面重力位与地面点重力位之差与平均重力之比，定义高程。大地测量学中的高程通常有正高和正常高两种形式。

设地面点 A 的重力位为 W_A，Q 点与 A 点经纬度相同，其正常重力位 U_Q 等于 W_A，则 QA 为 A 点高程异常 ζ_A（牵头向下表示 $\zeta_A < 0$），如图 1.24 所示（高海拔地区，地面高程异常 $\zeta < 0$）。

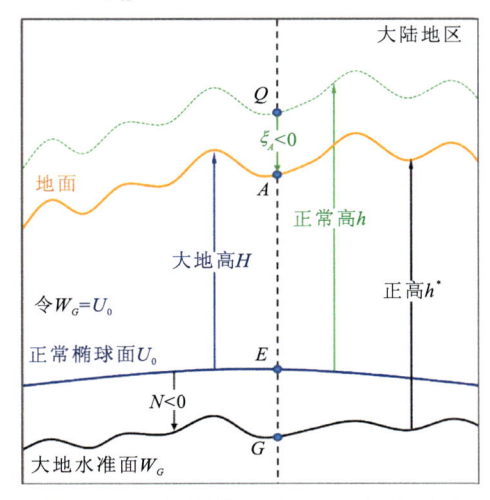

图 1.24　地面点的正（常）高与大地高

不失一般性，令大地水准面重力位 W_G 等于正常椭球面正常重力位 U_0，则大地水准面是重力位等于椭球面正常位的封闭曲面。大地水准面重力位 $W_G (=U_0)$ 与地面点 A 的重力位 W_A 之差，称为 A 点的重力位数 $c_A = W_G - W_A$。

正高定义为地面点 A 的重力位数 c_A 与地面点 A 到大地水准面 G 之间平均重力 $\bar{g}_A$ 的比值：

$$h_A^* = \frac{W_G - W_A}{\bar{g}_A} = \frac{c_A}{\bar{g}_A} \tag{1.4.1}$$

正常高定义为 Q 的正常重力位数（等于 $U_0 - U_Q$）与 Q 到正常椭球面 E 之间平均正常重力 $\bar{\gamma}_Q$ 的比值：

$$h_A = \frac{U_0 - U_Q}{\bar{\gamma}_Q} \tag{1.4.2}$$

莫洛坚斯基（Molodensky）条件假设 Q 点的正常重力位数等于 A 点的重力位数，即 $U_0 - U_Q = c_A = W_G - W_A$，将其代入式（1.4.2），就是 Molodensky 正常高，即

$$h_A = \frac{U_0 - U_Q}{\bar{\gamma}_Q} = \frac{W_G - W_A}{\bar{\gamma}_Q} = \frac{c_A}{\bar{\gamma}_Q} \tag{1.4.3}$$

由于 $W_G = U_0$，所以有

$$U_Q = W_A \tag{1.4.4}$$

即地面点 A 的重力位等于 Q 点的正常重力位。中国目前的正常高系统即为采用式（1.4.3）的定义 Molodensky 正常高系统。

若 A 点的正高等于零（$h_A^* = 0$），由正高系统定义式（1.4.1）可得，A 点的重力位数等于零（$c_A = 0$），代入正常高系统定义式（1.4.3），可得正常高也等于零（$h_A = 0$）。这种情况下，A 点的重力位等于大地水准面重力位 $W_A = W_G$，即 A 点在大地水准面上。可见，零正高面、零正常高面、零重力位数面与大地水准面重合，因此，无论是正高系统、正常高系统，还是重力位数系统，高程基准面唯一，都是大地水准面（或高程基准零点等位面）。

地球重力场是人类生存和发展的基本物理环境。高程基准通过一系列地面站点（如水准点）的地球重力位值（或高程值）来表征地球重力场的典型特性，以方便人们利用近地空间地球重力场环境解决实际问题。地球重力场是高程基准实现的理论基础。

2. 深度基准

海洋水深通常用于表示海底或水下空间点到深度基准面的垂直距离，约定向下为正。深度基准面按当地海洋潮汐特征参数定义，用当地长期平均海面相对于深度基准面的高度（即深度基准值）来表示。深度基准基于海洋潮汐理论，由深度基准面数值模型来体现。

3. 重力测量基准

为给地面、航空和海洋重力测量等相对重力测量提供全球或区域统一的绝对重力起算基准和相对重力尺度控制，需要在地面上用绝对重力仪精密测定绝对重力值，并以此为基准布设高精度重力控制网。这种重力控制网具备一维大地测量基准的性质，因此也称为重力测量基准。重力测量基准应随地球重力场测量技术的发展而变化，并表现为与重力测量技术相适应的形式。

历史上，将以绝对重力测量为核心确定的重力基准网称为重力系统，如 1971 国际波茨坦重力系统（被国际重力标准网 1971 所代替）。随着绝对重力测量的技术发展和广泛应用，这种国际重力系统的作用正日益淡化，目前不同国家或地区大都独立建立绝对重力基准网及以此为基础的重力控制网，至多采用绝对重力测量方式与国际重力系统进行比对。历史上将用

于相对重力测量控制的一维大地测量基准或称为重力（参考）系统，或称为重力（测量）基准，这些都是同一个概念。中国目前法定的名称为重力基准。

高程基准、深度基准和重力测量基准都与地球重力场相关，是客观存在的，一般不能对其定义附加几何物理假设或约定，其基准值显然需要按其客观存在的自然值测定和实现。

1.4.5 时间系统与时间转换

日出日落，春夏秋冬，年复一年，是地球自转和绕日公转及月球绕地运转的周期运动，给人类活动提供了原始时间基准。这个基准伴随着科学技术进步，历经几千年发展演变，时至近百年人类高科技迅猛发展，从牛顿时空观发展到爱因斯坦的相对论时空观，从机械电动力学到量子力学。随着时间频率基准的发展，计时器从机械钟和石英钟发展到原子钟和（原子）光钟。

1. 时间系统

实用上，可定义为时间系统的周期运动包括：地球自转和公转，月球绕地球的运转，单摆的周期摆动，石英晶体振荡器的振荡，原子内部超精细结构能级跃迁，辐射或吸收电磁波周期（频率）等。常见的时间系统有以下6种。

（1）世界时。世界时以地球自转周期为基准，是1960年前的国际时间基准。太阳连续两次经过某条子午线的平均时间间隔为一个平太阳日，以此为基准的时间称为平太阳时。从格林尼治午夜起算的平太阳时称为世界时（UT），一个平太阳日的1/86400规定为一个世界时秒。

（2）历书时。历书时又称历书时。以地球公转周期为基准，由于其均匀性不受地球自转速率变化影响，理论上历书时（ephemeris time，ET）应比世界时（UT）更精确。地球绕太阳公转一周时间长度的1/31 556 925.974 7 为 1 T_{eph} 秒。相对于精密激光测月技术，观测太阳要困难得多，只能通过观测月球和恒星换算，导致历书时的实际精度比理论预期低得多，历书时因此只使用了7年。

（3）原子时。原子时（AT）以位于平均海面（大地水准面）的铯（^{133}CS）原子基态的两个超精细结构能级间在零磁场下跃迁辐射的电磁波束周期为基准，从1958年1月1日世界时（UT）零时启用。铯束频标的9192631770个周期持续的时间为一个原子时秒。目前，全球有数百台原子钟以不同的权值参加国际原子时的综合计算，确定其平均时间尺度（SI秒长）。

（4）协调时。协调时并非一种独立的时间系统，而是把原子时的秒长和世界时的时刻相结合。协调世界时（coordinated universal time，UTC）既满足人们对均匀时间间隔的要求，又满足对以地球自转为基础的准确世界时的要求，它的秒长严格等于原子时秒长，并采用闰秒（整数调秒，又称秒跳）方法，使 UTC 与 UT 之差保持在 0.9 s 之内。随着科学技术的发展，无规律且不可预测的闰秒调整带来了越来越多的负面影响。实际上，美国的全球定位系统、中国的北斗卫星导航系统和欧洲的伽利略卫星导航系统都直接采用连续的原子时标，不闰秒。

（5）力学时。力学时又称动力时，包括质心力学时（barycentric dynamical time，TDB）和地球力学时（terrestrial dynamical time，TDT）。TDB 可由与太阳系质心有关的行星（或地球）轨道运动导出；TDT 与地球质心有关，可由卫星轨道运动导出。力学时是基于天体动力学理论的严密均匀时间尺度，用于在适当参考框架中描绘天体的位置和运动（星历表）。质心力学时（TDB）的先驱是历书时（ET），从 1984 年 1 月 1 日起，令 TDB 等于 ET（T_{eph}），同时地球力学时（TDT）用作天文星历表中的自变量。

2. 时间转换

1991 年以来，国际天文学联合会（IAU）就没有重新定义过新的时间尺度，而是对已有的时间尺度作出了澄清和调整。

1）世界时与地球自转角转换

世界时以地球自转为基础，相对于格林尼治本初子午线的平太阳时。为测量地球自转，人们在天球上选取了两个基本参考点：春分点和平太阳，由此确定的时间分别称为恒星时和平太阳时。地球自转的角度可用地方子午线相对于天球上的基本参考点的运动来度量。

恒星时以春分点为基本参考点，由春分点周日视运动确定的时间。某一地点的地方恒星时，等于春分点相对于当地子午圈的时角。受岁差和章动的影响，春分点在天球上不是固定的。对应于同一历元，还有真春分点和平春分点之别。相应地，恒星时也有真恒星时和平恒星时之分。

恒星时与地球自转的角度相对应，这虽然符合以地球自转为基础的时间计量标准的要求，但不能满足日常生活和科学应用的需要。因此，又选用了以真太阳周日视运动的平均速度为基础的平太阳时。用平太阳假想点（平太阳赤经 α）作为基本参考点来规定的时间，称为平太阳时。平太阳赤经 α 表达式为

$$\alpha = 18^\circ 38' 45''.836 + 8\,640\,184''.552\,4T + 0''.092\,9T^2 \tag{1.4.5}$$

式中：T 为从 1900.0 算起的儒略世纪数（一个儒略世纪等于 36 525 平太阳日）。

从协调世界时 UTC 开始，世界时 UT1 可以写为

$$\mathrm{UT1} = \mathrm{UTC} + d(\mathrm{UT1}) \tag{1.4.6}$$

式中：$d(\mathrm{UT1})$ 是 IERS 协议 2010 中 UT1 – UTC 的近似值。而 TT 可以通过下面的公式得到：

$$\mathrm{TT} = 32^\mathrm{s}.184 + \Delta\mathrm{AT} + \mathrm{UTC} \tag{1.4.7}$$

式中：$\Delta\mathrm{AT} = \mathrm{TAI} - \mathrm{UTC}$ 是整数（适用于 1972 年以后，之前 $\Delta\mathrm{AT}$ 并非整数）。

2）四维时空参考系中坐标时的转换

根据 IAU 决议给出的表达式，坐标时转换都是相对地面观测（即大地水准面附近的观测）而言的。IAU2000 决议 B1.3 和 B1.4 在相对论后牛顿时空坐标框架下给出了完整的 BCRS 和 GCRS 的度规，同时决议 B1.9 重新定义了地球时（TT）。TT 与 TCG 速率之比为 $d(\mathrm{TT})/d(\mathrm{TCG}) = 1 - L_G$，其中 $L_G = 6.969\,290\,134 \times 10^{-10}$ 是定义常数。TCG 与 TT 之差为

$$\mathrm{TCG} - \mathrm{TT} = \frac{L_G}{1 - L_G} \times (\mathrm{JD}_{\mathrm{TT}} - T_0) \times 86\,400 \tag{1.4.8}$$

式中：$\mathrm{JD}_{\mathrm{TT}}$ 为 TT 儒略日，$T_0 = 2\,443\,144.500\,372\,5$ 是 1977 年 1 月 1 日 00:00:00，在这个历元时刻，TT、TCG 和 TCB 的读数都是 1977 年 1 月 1 日 00:00:32.184。

式（1.4.8）可近似表达为

$$\mathrm{TCG} - \mathrm{TT} = L_G \times (\mathrm{MJD} - 43144.0) \times 86\,400 \tag{1.4.9}$$

式中：MJD 是简化儒略日。

地面 TAI 可认为是 TT 的具体实现，二者之间仅仅有一个固定的差别：
$$TT = TAI + 32^s.184 \tag{1.4.10}$$

质心力学时（TDB）用于太阳系历表，IAU1976 决议规定 TDB 和 TT 之差只有周期项，但这个条件无法严格满足，只能在短时间和低精度的数值近似下才能保证。因此 IAU2006 决议 B3 对 TDB 进行了重新定义：
$$TDB = TCB - L_B \times (JD_{TCB} - T_0) \times 86\,400 + TDB_0 \tag{1.4.11}$$

式中：L_B 和 TDB_0 是（辅助）定义常数，有
$$L_B = 1 - d(TDB)/d(TCB) = 1.550\,519\,768 \times 10^{-8}, \quad TDB_0 = -6.55 \times 10^{-5}\,\text{s} \tag{1.4.12}$$

BCRS 和 GCRS 的坐标时 TCB 和 TCG 的转换，涉及相对论的四维时空转换。TCB 和 TCG 的严格关系在 IAU2000 决议 B1.5 中给出。对于给定的在太阳系质心参考系下的事件，其四维时空坐标为 $(TCB, \boldsymbol{X})$，有

$$TCB - TCG = c^2 \left\{ \int_{t_0}^{t} \left[\frac{V_e^2}{2} + U_{ext}(\boldsymbol{X}_e) \right] dt + \boldsymbol{V}_e (\boldsymbol{X} - \boldsymbol{X}_e) \right\} \tag{1.4.13}$$

式中：$\boldsymbol{X}_e$ 和 $\boldsymbol{V}_e$ 分别为地心相对于太阳系质心的位置和速度，U_{ext} 为太阳系所有天体（含地球本身）在地心处的牛顿引力位（势），式（1.4.13）中省略的项在时间速率上小于 10^{-16}（Petit and Luzum，2010）。式（1.4.13）也可以表示为

$$TCB - TCG = \frac{L_C(TT - T_0) + P(TT - P(T_0))}{1 - L_B} + c^2 \boldsymbol{V}_e (\boldsymbol{X} - \boldsymbol{X}_e) \tag{1.4.14}$$

式中：$L_C = 1.480\,826\,867\,41 \times 10^{-8}$ 为定义常数，也是 $1 - d(TCG)/d(TCB)$ 的平均值，非线性项 $P(TT)$ 最大振幅约为 1.6 ms。

对于时间尺度 TAI、TCG、TT、TCB、TDB，可按如下流程进行转换：从协调世界时（UTC）开始，加上整数秒得到国际原子时（TAI），可以认为 TAI 是长期平均海面上（大地水准面）的原时，继续加上固定的差 32.184 s，即式（1.4.6），得到地球时（TT），然后利用式（1.4.8）、式（1.4.13）、式（1.4.11），分别得到 TCG、TCB 和 TDB。TDB 和 TT 的差别一般不会超过 2 ms，在很多应用中可以忽略。

图 1.25 是上述各种时间尺度的转换关系示意图。IAU 基本天文学标准程序库提供了这些时间尺度的转换程序，可调用其中的子程序来计算。

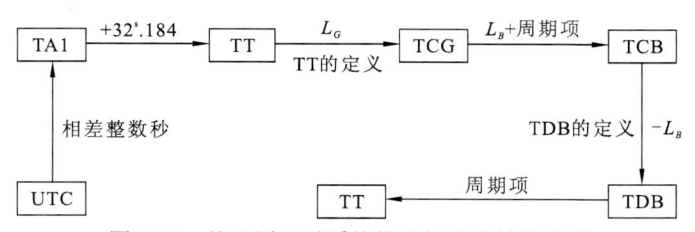

图 1.25 基于原子时系统的时间尺度转换关系

3. 儒略日与简化儒略日

儒略日（JD）是天数的连续计数，可用于任何持续的时间系统，用儒略日描述某一历元时刻是大地测量学的通用做法。一年有 365 天，每四年中能被四整除的那一年有 1 个闰日。

因此，一个儒略世纪正好 36 525 天。儒略日从公元前 4712 年 1 月 1 日 12 时开始起算。

在儒略历中，用 Y 表示年份（整数），M 表示月份（自然数，$1 \leq M \leq 12$），D 表示日期（实数，$1.0 \leq D < 32.0$）。不足一天时间的精确时刻，通过实数 D 中一天的小数部分（十进制小数点后的位数）表示。由日期 $Y:M:D$ 计算儒略日 JD 的公式可统一表达为

$$\text{JD} = [365.25 \times (Y+4716)] + [30.6001 \times (M+1)] + D + B - 1524.5 \quad (1.4.15)$$

式中：$[\cdot]$ 表示向下取整，如 $[2.78]=2$；当 $M=1$ 或 2 时，将 Y 变为 $Y-1$，将 M 变为 $M+12$；B 可表示为

$$B = 2 - [Y/100] + [[Y/100]/4] \quad (1.4.16)$$

例如，2021 年 12 月 31 日 0 时，可表示为 2021:12:31.0，代入式（1.4.15）后，可立即得到 J2021:12:31.0 = JD2459657.5。值得注意的是，由于儒略日从公元前 4712 年 1 月 1 日 12^h 起算，某年月日 0 时的儒略日会出现 0.5 天的小数。

在目前的大地测量算法中，经常采用参考历元时刻 J2000.0，该历元对应 2000 年 1 月 1 日 12^h（注意不是 0^h），由于 $M=1$，需事先将 $Y=2000-1$ 变为 1999，$M=1$ 加 12 变为 13 后，代入式（1.4.15），得

$$\text{J2000.0} = 2000 \text{ 年 } 1 \text{ 月 } 1 \text{ 日 } 12^h = \text{JD2451545.0} \quad (1.4.17)$$

约化儒略日 MJD 的起算历元为 1858 年 11 月 17 日 0^h，对应儒略日 JD2400000.5，因此约化儒略日 MJD 定义为

$$\text{MJD} = \text{JD} - 2\,400\,000.5 \quad (1.4.18)$$

例如，J2000.0 历元时刻 MJD = 51 544.5。

第 2 章 固体地球形变力学基础理论

2.1 地球内部结构与地球模型

2.1.1 地球系统的圈层结构

通常认为，地球系统由大气、海洋、地壳、上地幔、下地幔、外核和内核组成，地球系统的圈层结构如图 2.1 所示。

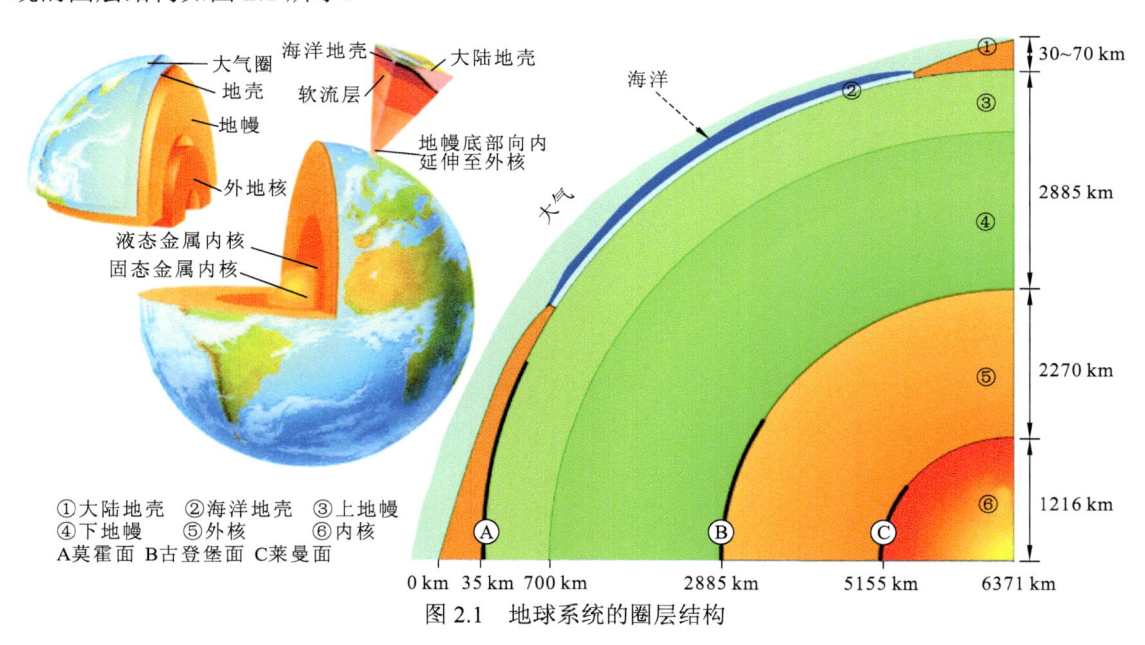

①大陆地壳 ②海洋地壳 ③上地幔
④下地幔 ⑤外核 ⑥内核
A 莫霍面 B 古登堡面 C 莱曼面

图 2.1 地球系统的圈层结构

地球大气层，又称大气圈，是一层因重力关系而围绕着地球的混合气体，总质量不到地球质量的百万分之一。大气圈是地球最外部的气体圈层，没有确切的上界，由于地球重力作用，几乎全部的气体集中在地面 100 km 高度范围内，其中 75%集中在地面至 10 km 高度的对流层范围内，在地下、土壤和某些岩石中也有少量气体，它们也可视同大气圈的组成部分。海平面每平方米所受大气压力高达 11 000 kg，而每立方米的空气质量可达 1.29 kg。

地球水圈是指液态、固态和气态水所覆盖的地球空间。水圈中的水上界可达大气对流层顶部，下界至深层地下水的下限，包括大气中的水汽、海洋及地表水、地下水和生物体内的生物水。水圈中大部分水以液态形式储存于海洋、河流、湖泊、土壤和地下水中；部分水以固态形式存在于极地的冰原、冰川、积雪和冻土中。水圈可能与岩石圈、生物圈、大气圈等其他地球外表圈层高度重叠，共同形成地球的生态圈。

地壳是固体地球构造的最外圈层，平均厚度约为 17 km，地壳的下界称为莫霍面。大陆地壳厚度较大，平均约为 33 km；高山、高原地区地壳更厚，最高可达 70 km；平原、盆地地壳相对较薄；海洋地壳则远比大陆地壳薄，厚度只有几千米。

地幔为莫霍面到地下约 2900 km 深处（称为古登堡面）之间的区域。地幔底部压力约为 140 GPa。一般认为，地幔下部为固态，上部由较具有塑性固态物质所构成。上地幔物质的黏滞度为 1021～1024 Pa·s，巨大的压应力造成上地幔物质连续形变，所以上地幔具有极缓慢流动的能力。

地核位于地球最内部。半径约为 3470 km，高密度（约 12×10^3 kg/m³）。温度非常高，为 4000～6000 ℃。地核可再分为内核和外核。由地震波的传送可知，外核是熔融的。地球磁场的自激发电机理论，也需要一个液态金属外核的存在才能成立。内核极有可能是固态铁。

此外，某些地球动力学问题的研究还涉及岩石圈和软流层概念。岩石圈包含部分上部地幔和全部地壳，是软流层之上的地球表层，薄而坚硬。岩石圈在很长时间内保持刚性、弹性形变、最终可能发生脆性断裂；软流层在应力下塑性形变，在压力的长期作用下，以半黏性状态缓慢流动。通常认为，软流层是地壳均衡响应的调整带。

2.1.2 地球内部的力学性质

1. 地震波速度、弹性模量与密度

地震波是由地震震源发出的在地球介质中传播的弹性波，有纵波（P 波）、横波（S 波）和面波（L 波）三种类型。纵波通过物体时，物体质点的振动方向与地震波传播的方向一致，传播速度最快，在地壳中传播速度为 5.5～7.0 km/s，周期短，振幅小，能通过固体、液体和气体传播。横波通过物体时，物体的质点振动方向与地震波传播方向垂直，传播速度比纵波慢，在地壳中传播速度为 3.2～4.0 km/s，周期较长，振幅较大，只能通过固体介质传播。

设球对称弹性地球内部介质是切向同性、径向连续的，在半径 r 处，地震波速与介质密度和弹性模量存在如下的定量关系：

$$\begin{cases} v_P^2(r) = \dfrac{\lambda(r)+2\mu(r)}{\rho(r)} = \dfrac{4(\mu+k)}{3\rho} = \dfrac{E(1-\nu)}{\rho(1+\nu)(1-2\nu)} \\ v_S^2(r) = \dfrac{\mu(r)}{\rho(r)} = \dfrac{E}{2\rho(1+\nu)}, \quad \dfrac{v_P^2(r)}{v_S^2(r)} = \dfrac{2(1-\nu(r))}{1-2\nu(r)} \end{cases} \quad (2.1.1)$$

式中：拉梅系数 λ、剪切模量 μ、体变模量 k、杨氏模量 E 和泊松比 ν 略去了自变量 r，这 5 个弹性模量中只有 2 个是独立的，其余 3 个独立关系如下：

$$E = 2\mu(1+\nu), \quad \lambda = k - \dfrac{2}{3}\mu, \quad k = \dfrac{E}{3(1-2\nu)} \quad (2.1.2)$$

球对称弹性地球内部的地震波速度、介质密度和压力随深度变化而变化的。顾及流体静力平衡假设，介质密度与压力存在如下关系：

$$\frac{\mathrm{d}\rho(r)}{\mathrm{d}r} = \frac{\mathrm{d}\rho}{\mathrm{d}p}\frac{\mathrm{d}p(r)}{\mathrm{d}r} = -\frac{\partial\rho}{\partial p}g(r)\rho(r) = -G\frac{\mathrm{d}\rho}{\mathrm{d}p}\frac{M(r)\rho(r)}{r^2} \qquad (2.1.3)$$

式中：$p(r)$ 为 r 处的压力；$M(r)$ 为以地心为原点、半径为 r 的球体质量；$g(r) = M(r)/r^2$ 为 r 处的重力；$\mathrm{d}\rho/\mathrm{d}p$ 为在绝热条件下密度随压力的变化，$\mathrm{d}\rho/\mathrm{d}p$ 与波速密切相关，有

$$\frac{\mathrm{d}\rho}{\mathrm{d}p} = v_P^2(r) - \frac{4}{3}v_S^2(r) \qquad (2.1.4)$$

由式（2.1.3）和式（2.1.4）可得，绝热高压情况下密度随深度的变化满足

$$\frac{\mathrm{d}\rho(r)}{\mathrm{d}r} = -G\frac{\mathrm{d}\rho}{\mathrm{d}p}\frac{M(r)\rho(r)}{r^2} = -G\left[v_P^2(r) - \frac{4}{3}v_S^2(r)\right]\frac{M(r)\rho(r)}{r^2} \qquad (2.1.5)$$

式（2.1.5）称为亚当斯-威廉逊（Adams-Williamson）定律。

2. 固体地球的弹性、塑性与黏性

固体潮的存在说明固体地球具有一定的弹性，固体潮是弹性地球在日月引潮力作用下发生的弹性变形。地球在其自转的过程中逐渐演化成一个旋转椭球体并保持下来，这表明地球实际上存在永久性的塑性变形。若地球为完全弹性体，一旦发生某种形式的振荡，就应该永远继续下去。但这一分析结果与实际测量结果相矛盾，表明地球有一定的衰减存在，具有一定的黏性特征。

固体地球的弹性和塑性特点都是相对的，在不同的条件下有不同的表现。在施力速度快、作用时间短的条件下，地球往往表现为弹性体乃至类似于刚性体；反之，在施力速度缓慢、作用时间漫长的条件下，地球则表现出明显的塑性特征。

2.1.3 球对称弹性地球模型

20 世纪 80 年代以来，对地球结构在横向变化、非弹性和各向异性等方面的研究不断深化，球对称弹性地球分层模型逐渐发展和完善。根据地震波速度的不同，可将固体地球分为地壳、上下地幔和内外地核等几个大的构造单元，其中，壳幔界面、幔核界面、内外核界面和上下地幔之间的过渡层，是十分明显的。通常采用 A～G 字母命名地球的分层：A（地壳），B（上地幔），C（过渡层），D（下地幔，D′和D″），E（外核），F（间断面），G（内核）。

（1）地壳为地表到莫霍面之间的部分。大陆地壳平均厚度约为 33 km，在青藏高原地壳厚度达 70 km，海洋地壳平均厚度仅有 7 km，中间地块和地槽沉降带的地壳厚度也只有 20～30 km；地壳的底界面是莫霍面，为全球连续性好的界面，该面的纵波速度通常为 6.0～8.2 km/s；在活动带及大陆与海洋的过渡带，纵波速度只有 7.6～7.8 km/s；在某些古生代的褶皱带，纵波速度可达 8.4～8.6 km/s。

（2）地幔是莫霍面到古登堡面之间的部分。根据纵波速度梯度变化性质分为上下地幔。上地幔通常在 660 km 以上，径向非均匀性变化较明显，速度梯度较大，其间存在一个软流层，厚度为 100～300 km，大陆地区在 120 km 以下，海洋地区在 60 km 以下，软流层没有明显的分界面，具有逐步过渡的特点，是全球性的圈层；400～660 km 处是过渡层，该层内的纵波速度梯度变化很大；从 660 km 至古登堡面（2900 km）为下地幔，下地幔的纵波速度梯度变化较小，速度变化均匀。

（3）地核由外核、过渡层、内核构成。古登堡面是地幔与外核的分界面，在 2900 km 深

度处，地震纵波在该面顶层的波速为 13.6 km/s，在该面的底层波速为 7.8～8.0 km/s；2900～4980 km 是外核，为液态；4980～5120 km 是外核与内核之间的过渡层；4980 km 至地心是内核，为固态。

（4）壳幔界面在地下 30～60 km 深度处，纵波速度从 6～7 km/s 升高至 8 km/s 以上，这是地壳与地幔的分界面。这个界面为莫霍面（M 面）。

（5）幔核界面。在地幔内，速度随深度而增大。在大约 2900 km 处，纵波速度突然由 13 km/s 下降到 8 km/s 左右，出现地球内部第二大间断面。该界面为古登堡面（G 面）。

（6）内外核分界面。从 2900 km 以下进入地核，纵波速度逐渐回升，横波因不能通过而速度恒为零，直到大约 5000 km，横波才出现，纵波速度也有明显跳跃，此处存在地球内部的第三大间断面。该界面为莱曼面（L 面）。

（7）上下地幔的过渡层。澳大利亚地震学家布伦认为，地幔由上地幔、过渡层（速度变化不均匀）和下地幔（速度变化均匀）组成。

在地球分层模型发展过程中，先后有古登堡模型、布伦模型、安德森-哈特模型及初步地球参考模型（preliminary reference Earth model，PREM）等。1981 年第 21 届国际地震学与地球内部物理学委员会通过将 PREM 作为国际地球参考模型。

2.2 地球圈层之间相互作用

2.2.1 核幔边界与核幔相互作用

地球内部由致密的金属核与其周围的岩石圈层（地壳和地幔）组成，介乎其间的核幔边界（core-mantle boundary，CMB）可能是地球内部横向最不均匀的地方，是地球内部一个非常重要的边界，核幔相互作用是地球动力学系统中一个非常重要的因素。核幔间物质的化学反应、质量传递、热量传递、动量传递等不仅与地核有关，也影响地幔的运动和演化。

1. 核幔边界

核幔边界（CMB）是地球内部反差最强烈的边界。CMB 两侧核幔之间存在巨大的黏度差，外核是黏度接近于水的强对流流体，而地幔却具有非常高的依赖温度的黏度，它们的黏度差高达 20～24 个数量级。这就决定了核幔的运动机制极不相同，外核的对流运动受黏度影响弱，主要受地球旋转和地磁场制约；与此相反，地幔对流运动则主要受黏度影响。

2. 核幔间质量和热量传递

地核中所含的 10%左右轻元素是在核幔分离过程中通过熔融的铁（地核物质）与硅酸盐熔体（地幔物质）间的化学反应而结合进地核。在核幔分离和地核形成过程中，有一定数量的硅（Si）和氧（O）等轻元素被结合进地核，随着地球逐渐降温，内核生长的结果使外核的底部部分变得 Si 和 O 超饱和，沿着外核对流的上升流形成不混溶的由 Si、O、Fe 组成的液体小球滴，其密度小于包含它的熔融态的 Fe，小球滴的上升浮力促进了外核对流运动，促使生成更多的液体小球滴。当这些小球滴到达外核的顶部，并在地幔的底部聚集，最终形成 D″层。

外核内部热量的径向传递通过对流机制进行,外核顶部向地幔底部传热通过传导机制进行,这种传热机制的转换在 CMB 两侧的热边界层内进行。地幔底部的热边界层可能是提供地幔柱上浮物质最合理的来源,来自地核的热流的大部分也是通过地幔柱对流传向地表。

3. 核幔间动量传递与核幔耦合

地球自转(日长)变化具有几十年的周期,这种长周期变化的物理机制与地球深部圈层动力学过程相联系。普遍认为,核幔耦合作用是日长十年尺度变化产生的最直接的原因。这种变化被认为是因地核施加在地幔上扭矩的作用使地幔的角动量变化而产生的。

核幔间的角动量传递由核幔之间耦合作用产生,可能的耦合机制有三种:①核幔间的黏滞耦合,即扭矩的力为 CBM 处很薄的黏性边界层中的剪切运动产生的切向应力;②核幔间的电磁耦合,其扭矩的力来源为与地核发电机有关的电动势在下地幔中产生感应电流引起的洛伦兹力;③核幔间的地形耦合,其扭矩的力为作用在 CMB 起伏地形上的动力均衡压力。

4. 地核的差异旋转

地球内、外各个圈层之间不仅有着互相耦合、协同演化的一面,也有相对独立、差异运动的一面。地核快轴对于内核自身在短期内不应有明显变化,它与地球自转轴之间这种 10 年尺度的夹角变化只能来自内核的整体旋转,这种变化的起因可能是地核与整体地球之间存在旋转速度上的差异。若能把握内核快轴时变规律,可推估内核相对于其他固体圈层的差异旋转速率。

2.2.2 壳幔耦合与板块构造运动

1. 地幔对流与壳幔耦合

地球岩石圈下的软流层有 10% 的熔融体。软流层中的地幔物质由于热量增加,密度减小,体积膨胀,产生上升热流,上升的地幔物质遇到地壳底部向四周分流,随着温度下降,地幔物质密度增大,又沉降到地幔中,这一过程称为地幔对流。地幔对流的速度非常慢,其上升流可持续几千万年到几亿年。地幔对流能引起地球表面与核幔边界的形状起伏,从而产生一种动力均衡,地球表面地形表现为板块构造现象的全球性起伏也是这种动力均衡的显示。

地幔对流是海底扩张、板块运动及地幔柱形成的重要机制。地幔由高温的热物质组成,地幔内部存在密度和温度差异,导致物质发生流动。地幔对流既是一种热传导方式,又是一种物质流的运动。热的地幔物质上升减压常常伴随有部分熔融作用发生。地幔对流可以是从核幔边界上升至岩石圈底部,形成全地幔对流环,也可以是分层对流,即上地幔、下地幔分别形成对流环。

2. 全球岩石圈板块划分

板块构造说是 20 世纪 60 年代兴起的当代地球科学中最有影响的全球构造学说。它认为地球的岩石圈分裂成为若干巨大的板块,岩石圈板块沿着塑性软流层之上发生大规模水平运动;板块与板块之间或相互分离,或相互汇聚,或相互平移,并引起地震、火山和构造运动。

板块构造说囊括了大陆漂移、海底扩张、转换断层、大陆碰撞等概念，为解释全球地质作用提供了颇有成效的格架。

根据 Le Pichon（1968）的观点，全球岩石圈可划分为 6 大板块，即太平洋板块、欧亚板块、非洲板块、美洲板块、印度洋板块（包括大洋洲）和南极洲板块。此外，在板块中还可以分出若干次一级的小板块，如把美洲板块分为南美洲、北美洲两个板块，菲律宾、阿拉伯半岛、土耳其等也可作为独立的小板块。目前一般认为，现今的地球全球岩石圈有 13 大主要板块，其中以陆地为主涉及少量海洋的板块有欧亚（Eurasian）板块、阿拉伯（Arabian）板块、非洲（Africa）板块、北美（North American）板块、南美（South American）板块、南极洲（Antarctica）板块；以海洋为主的板块有太平洋（Pacific）板块、菲律宾海（Philippine Sea）板块、纳斯卡（Nazca）板块、科科斯（Cocos）板块、印澳（Indo-Australian）板块、加勒比（Caribbean）板块。全球岩石圈板块划分如图 2.2 所示。

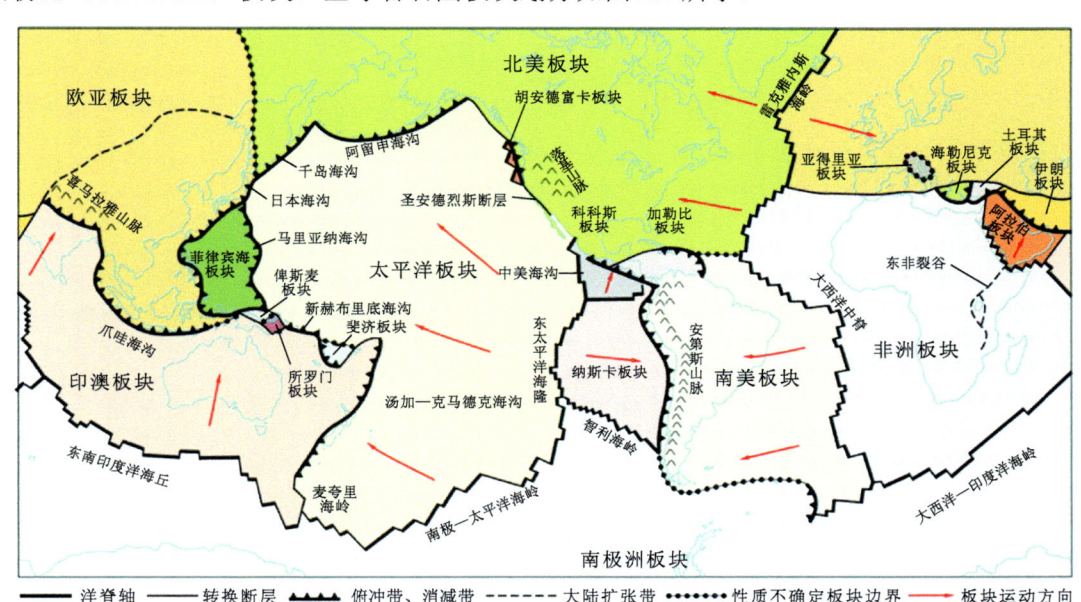

图 2.2　全球岩石圈板块划分示意图

3. 板块运动及边界

板块在软流层之上，因地幔对流柱产生驱动力而运动。板块之间有聚合、张裂与错动（保守）三种相对运动方式，板块边界相应地分为聚合型板块边界、张裂型板块边界和错动型板块边界三种类型。聚合型板块边界是板块相互挤压的地区，在地貌上表现为海沟、火山岛弧、褶曲山脉等；张裂型板块边界是板块相互拉张的地区，在地貌上表现为裂谷、中洋脊等；错动型板块边界是两个板块互相摩擦的地区，转型断层发育，其运动方式类似地表的走向滑移断层，因面积无改变而又称为保守性板块边界。

一般认为板块内部相对稳定，板块运动及板块间的相互作用导致了目前海陆的分布格局、地表形态、山脉的形成、地震、火山和构造活动等。地震几乎分布在板块的边界上，火山也多在边界附近，其他如张裂、岩浆上升与大规模水平错动等，也多发生在边界上，地壳俯冲更是碰撞边界划分的重要标志之一。可见，板块边界是地壳的极不稳定地带。

2.3 弹性自转地球形变力学理论

2.3.1 自转地球的弹性运动方程

设地球的初始状态为流体静力平衡状态，即未形变时地球处于静力平衡状态。对于地球内部任意一点 r 处，平衡态体元的三个正应力相等，剪应力为零；内部压力与重力达到平衡，因此有

$$\nabla p_0 = \rho_0 \boldsymbol{g}_0 = \nabla W_0 = \nabla(V_0 + \Psi), \quad \nabla \rho_0 \times \nabla W_0 = 0 \tag{2.3.1}$$

式中：p_0、ρ_0、$\boldsymbol{g}_0$ 分别为未形变时地球内部的初始压力、密度和重力；W_0、V_0、Ψ 分别为未形变时地球内部的初始重力位、引力位和离心力位。未形变状态下弹性地球内部的预应力 $\boldsymbol{\Theta}_0$ 并不等于零，即

$$\nabla \cdot \boldsymbol{\Theta}_0 = -\rho_0 \nabla W_0 = -\rho_0 \nabla(V_0 + \Psi) \tag{2.3.2}$$

弹性地球在外力作用下产生微小形变，体元由 r 处移动到 $r+\boldsymbol{u}$ 处，$\boldsymbol{u}$ 为位移向量，即位置的欧拉增量。令形变状态下 ρ、W 分别为体元的瞬时密度和瞬时重力位，其欧拉增量分别记为 ρ^{a}、Φ^{a}，可分别称为密度形变和位形变（即附加位），则有

$$\rho = \rho_0 + \rho^{\mathrm{a}}, \quad W = W_0 + \Phi^{\mathrm{a}} \tag{2.3.3}$$

设地球内部各向同性，由于地球对外力的形变响应是微小量，仅需考虑线性形变项。令 $\boldsymbol{\sigma}$ 为瞬时应力张量，由弹性力学理论可得，自转地球的线性弹性运动方程（动量守恒方程）为

$$\nabla \cdot \boldsymbol{\sigma} - \rho_0 (\nabla \cdot \boldsymbol{u}) \nabla W_0 + \rho_0 \nabla \boldsymbol{u} \cdot \nabla W_0 + \rho_0 \Delta W_0 \boldsymbol{u} + \rho_0 \nabla \Phi^{\mathrm{a}} + \boldsymbol{f} = \boldsymbol{f}'$$
$$\boldsymbol{f}' = \rho_0 \frac{\partial^2 \boldsymbol{u}}{\partial t^2} + 2\rho_0 \boldsymbol{\Omega} \times \frac{\partial \boldsymbol{u}}{\partial t}, \quad \Delta W_0 = -4\pi G \rho_0 + 2\omega^2 \tag{2.3.4}$$

式中：$\boldsymbol{f} = \rho_0 \boldsymbol{F}$ 为体元的外力，即单位体积的外力，$\boldsymbol{F}$ 为外力，如日月引潮力；$\boldsymbol{\Omega}$、ω 分别为地球自转角速度向量及其模（即角速率）；$2\boldsymbol{\Omega} \times (\partial \boldsymbol{u} / \partial t)$ 为地球自转的科里奥利力；$\partial^2 \boldsymbol{u} / \partial t^2$ 为体元的惯性力，如地震后的地球振动加速度。

显然，形变前后质量守恒，满足连续性方程 $\rho^{\mathrm{a}} + \nabla \cdot (\rho \boldsymbol{u}) = 0$。由 1.2.1 小节引力位理论可知，位形变与密度形变满足泊松方程 $\Delta \Phi^{\mathrm{a}} = -4\pi G \rho^{\mathrm{a}}$。因此有

$$\Delta \Phi^{\mathrm{a}} = 4\pi G \nabla \cdot (\rho \boldsymbol{u}) \tag{2.3.5}$$

式中：$\Delta = \nabla^2 = \nabla \cdot \nabla$ 为 Laplace 算子，表示梯度的散度。体元的瞬时应力与瞬时形变位移满足如下弹性本构方程：

$$\boldsymbol{\Theta} = \lambda(\nabla \cdot \boldsymbol{u})\boldsymbol{E} + \mu[\nabla \boldsymbol{u} + (\nabla \boldsymbol{u})^{\mathrm{T}}] \tag{2.3.6}$$

式中：$\boldsymbol{E}$ 为二阶单位张量。

式（2.3.4）～式（2.3.6）是以静力平衡为初始状态，在各向同性假设情况下，自转地球微小弹性形变的完整动力学方程。

为方便说明问题，通常在频率域中表示体元惯性力，地固空间中的外体力 $\partial^2 \boldsymbol{u} / \partial t^2 = \omega^2 \boldsymbol{u}$。记 $\boldsymbol{f}^{\mathrm{e}} = \boldsymbol{f} - 2\rho_0 \boldsymbol{\Omega} \times (\partial \boldsymbol{u} / \partial t)$，则式（2.3.4）变为

$$\nabla \cdot \boldsymbol{\sigma} - \rho_0 (\nabla \cdot \boldsymbol{u}) \nabla W_0 + \rho_0 \nabla \boldsymbol{u} \cdot \nabla W_0 + \rho_0 \Delta W_0 \boldsymbol{u} + \rho_0 \nabla \Phi^{\mathrm{a}} + \boldsymbol{f}^{\mathrm{e}} = \rho \omega^2 \boldsymbol{u} \tag{2.3.7}$$

式（2.3.7）为具有非齐次项 f^e 的非齐次微分方程。由于地球形变是微小量，可以证明形变位移 u 各分量和位形变 Φ^a 具有相同调和级数（泛函）形式，可用复数形式表示为

$$\Phi^a(r) = \sum_n \sum_{m=-n}^n \Phi_{nm}(r) P_{nm}(\cos\theta) e^{im\lambda} e^{i\omega t}$$

$$u = \sum_n \sum_{m=-n}^n (S_{nm} + T_{nm}) e^{i\omega t}$$
（2.3.8）

式中：S_{nm}, T_{nm} 分别为 n 阶 m 次球形场和环形场。记 $P_{nm} = P_{nm}(\cos\theta)$，有

$$S_{nm} = \left[U_{nm} P_{nm} e_r + V_{nm} \frac{d}{d\theta} P_{nm} e_\theta + V_{nm} \frac{im}{\sin\theta} P_{nm} e_\lambda \right] e^{im\lambda}$$

$$T_{nm} = \left[W_{nm} \frac{im}{\sin\theta} P_{nm} e_\theta - V_{nm} \frac{d}{d\theta} P_{nm} e_\lambda \right] e^{im\lambda}$$
（2.3.9）

记

$$\Delta_{nm} = \frac{dU_{nm}}{dr} + \frac{2U_{nm}}{r} - n(n+1)\frac{V_{nm}}{r}$$
（2.3.10）

引入如下变量：

$y_1^n = U_{nm}$	表征球形场径向位移	（2.3.11）
$y_2^n = \lambda\Delta_{nm} + 2\mu\dfrac{dU_{nm}}{dr}$	表征球形场径向应力	（2.3.12）
$y_3^n = V_{nm}$	表征球形场切向位移	（2.3.13）
$y_4^n = \mu\left(\dfrac{dV_{nm}}{dr} + \dfrac{U_{nm} - V_{nm}}{r}\right)$	表征球形场切向应力	（2.3.14）
$y_5^n = \Phi_{nm}$	表征球形场位形变	（2.3.15）
$y_6^n = \dfrac{d\Phi_{nm}}{dr} + 4\pi G\rho U_{nm}$	表征球形场位形变导数	（2.3.16）
$y_7^n = iW_{nm}$	表征环形场位移	（2.3.17）
$y_8^n = i\mu\left(\dfrac{dW_{nm}}{dr} - \dfrac{W_{nm}}{r}\right)$	表征环形场应力	（2.3.18）

根据所研究地球形变问题，给定相应的边界条件，就可求解式（2.3.4）～式（2.3.6）。这些边界条件通常包括：①解在地球质心处正则，即有限、连续、可微；②地球表面上的应力为零；③地球内部不连续面处的位移形变与应力保持连续性；④地球内外位形变及其梯度在地球表面及内部不连续面上相等。

已知外体力 f^e 的大小，在给定相应的边界条件后，求解式（2.3.4）～式（2.3.6），可解决包括地球自由振荡、固体潮汐形变及地球内外负荷响应等地球动力学理论问题。

当采用观测技术测得 $y_1 \sim y_6$ 中的一个或几个物理量，也可解算其他类型物理量，这个过程称为地球物理反演。当采用大地测量方法获取部分地面观测量（如地面位移、地面重力位变化或地面重力变化等）后，可在给定边界条件下反演（一般需采用优化算法）地壳甚至地球内部的地球物理量 $y_1 \sim y_6$，这是大地测量地球动力学反演的基本原理。

2.3.2 潮汐形变与勒夫数理论值

根据固体潮勒夫数定义，在引潮位 $\Phi_n(r)$ 作用下，SNREI 地球表面或内部任一点 $P(r,\theta,\lambda)$ 产生的位移和位形变可表示为

$$u_r = \frac{1}{g}\sum_n h_n(r)\Phi_n(r), \quad u_\alpha = \frac{1}{g}\sum_n l_n(r)\frac{\partial \Phi_n(r)}{\partial \alpha}, \quad \Phi^a = \sum_n k_n(r)\Phi_n(r) \tag{2.3.19}$$

式中：g 为 P 点的平均重力，α 为大地方位；h_n 为 n 阶径向勒夫数；l_n 为 n 阶水平勒夫数；k_n 为 n 阶位勒夫数。

设地球对引潮力的响应是静态的，即形变与引潮力达到平衡，可以省略惯性项 $\partial^2 \boldsymbol{u}/\partial t^2$；考虑科里奥利项 $2\boldsymbol{\Omega}\times \partial \boldsymbol{u}/\partial t$ 与惯性项相当，因此也可省去；将式（2.3.4）中的外部体力 $\boldsymbol{f}$ 用引潮体力 $\rho \boldsymbol{F} = \rho\nabla\Phi$ 替换，则动量守恒方程变为

$$\nabla\cdot\boldsymbol{\Theta} + \rho g(\nabla\cdot\boldsymbol{u})\boldsymbol{e}_r + \rho g\frac{\partial \boldsymbol{u}}{\partial r} + 4\pi G\rho^2 \boldsymbol{u} + \rho\nabla(\Phi + \Phi^a) = 0 \tag{2.3.20}$$

弹性本构方程［式（2.3.6）］的形式保持不变。用 $\Phi + \Phi^a$ 代替 2.3.1 小节中的 Φ^a，可将式（2.3.20）和式（2.3.6）化为常微分方程组。由于非旋转地球 $\omega = 0$，$\Phi + \Phi^a$ 不影响环形场，而且讨论的问题是静态的，基本展开式中没有环形场，且无须包含依赖时间的因子，所以有

$$\Phi(r) + \Phi^a(r) = \sum_n\sum_{m=-n}^n B_{nm}\mathrm{P}_{nm}\mathrm{e}^{\mathrm{i}k\lambda}, \quad \boldsymbol{u} = \sum_n\sum_{m=-n}^n \boldsymbol{S}_{nm} \tag{2.3.21}$$

$$\boldsymbol{S}_{nm} = \left[U_{nm}\mathrm{P}_{nm}\boldsymbol{e}_r + V_{nm}\frac{\mathrm{d}}{\mathrm{d}\theta}\mathrm{P}_{nm}\boldsymbol{e}_\theta + V_{nm}\frac{\mathrm{i}m}{\sin\theta}\mathrm{P}_{nm}\boldsymbol{e}_\lambda\right]\mathrm{e}^{\mathrm{i}m\lambda} \tag{2.3.22}$$

将引潮位 $\Phi(r)$ 表示为

$$\Phi(r) = \sum_n\sum_{m=-n}^n A_{nm}(r)\left(\frac{r}{R}\right)^n \mathrm{P}_{nm}\mathrm{e}^{\mathrm{i}m\lambda} \tag{2.3.23}$$

将 $\boldsymbol{u}$、Φ、Φ^a 的展开式［式（2.3.21）和式（2.3.23）］代入勒夫数定义式（2.3.19），可得

$$\begin{aligned}
u_r &= \sum_n u_r^n = \frac{1}{g}\sum_n \left(\frac{r}{R}\right)^n h_n(r)\sum_{m=-n}^n A_{nm}\mathrm{P}_{nm}\mathrm{e}^{\mathrm{i}m\lambda} \\
u_\alpha &= \sum_n u_\alpha^n = \frac{1}{g}\sum_n \left(\frac{r}{R}\right)^n l_n(r)\sum_{m=-n}^n A_{nm}\frac{\mathrm{d}}{\mathrm{d}\alpha}\mathrm{P}_{nm}\mathrm{e}^{\mathrm{i}m\lambda} \\
\Phi^a &= \sum_n \Phi_a^n = \sum_n \left(\frac{r}{R}\right)^n k_n(r)\sum_{m=-n}^n A_{nm}\mathrm{P}_{nm}\mathrm{e}^{\mathrm{i}m\lambda}
\end{aligned} \tag{2.3.24}$$

由此可得

$$\begin{aligned}
u_r^n &= \frac{h_n(r)}{g}\left(\frac{r}{R}\right)^n \sum_{m=-n}^n A_{nm}(r), \quad u_\alpha^n = \frac{l_n(r)}{g}\left(\frac{r}{R}\right)^n \sum_{m=-n}^n A_{nm}(r) \\
\Phi_a^n &- \left(\frac{r}{R}\right)^n \sum_{m=-n}^n A_{nm}(r) = k_n(r)\left(\frac{r}{R}\right)^n \sum_{m=-n}^n A_{nm}(r)
\end{aligned} \tag{2.3.25}$$

对于 SNREI 地球，$\sum_n\sum_{m=-n}^n A_{nm}(r) = rg$，代入式（2.3.25），可得到体潮勒夫数的理论公式为

$$h_n(r) = \frac{u_r^n}{r}\left(\frac{R}{r}\right)^n, \quad l_n(r) = \frac{u_\alpha^n}{r}\left(\frac{R}{r}\right)^n, \quad k_n(r) = \frac{\Phi_a^n}{rg}\left(\frac{R}{r}\right)^n - 1 \tag{2.3.26}$$

特别地，在地面上 $r = R, g = g_0$，因而有

$$h_n = \frac{u_r^n}{R}, \quad l_n = \frac{u_\alpha^n}{R}, \quad k_n = \frac{\Phi_a^n}{Rg_0} - 1 \tag{2.3.27}$$

式中：g_0 为地面平均重力。

可见，若知道地球内部的密度和弹性参数的分布，体潮勒夫数可以从理论上直接解算出来。利用已知地球模型计算得到的体潮勒夫数也称为勒夫数理论值。

2.3.3 旋转地球勒夫数纬度依赖

自转地球的形状更接近一个旋转椭球体，相对于球对称弹性地球模型的勒夫数表达式（2.3.19）和式（2.3.26），地球的椭率和自转会导致勒夫数纬度依赖。对于旋转地球的潮汐形变，n 阶 m 次潮汐位移 $\boldsymbol{u}_{nm}$ 不再像 SNREI 地球那样只是同阶次球形位移，而是不同阶次球形位移和环形位移的耦合。

在流体静力平衡近似下，Dehant 等（1999）给出了 n 阶 m 次引潮位激发的位移解：

$$\begin{aligned}
\boldsymbol{u}_{nm} = \frac{\Phi_{nm}}{g} & [(h_0 Y_{n,m} + h_+ Y_{n+2,m} + h_- Y_{n-2,m})\boldsymbol{e}_r \\
& + \left(l_0 \frac{\partial Y_{n,m}^0}{\partial \theta} + \omega_+ \frac{mY_{n+1,m}}{\sin\theta} + \omega_- \frac{mY_{n,m}}{\sin\theta} + l_+ \frac{\partial Y_{n+2,m}}{\partial \theta} + l_- \frac{\partial Y_{n-2,m}}{\partial \theta}\right)\boldsymbol{e}_\theta \\
& + \left(l_0 \frac{mY_{n,m}^0}{\sin\theta} + \omega_+ \frac{\partial Y_{n+1,m}}{\partial \theta} + \omega_- \frac{\partial Y_{n,m}}{\partial \theta} + l_+ \frac{mY_{n+2,m}}{\sin\theta} + l_- \frac{mY_{n-2,m}}{\sin\theta}\right)\boldsymbol{e}_\lambda]
\end{aligned} \tag{2.3.28}$$

式中：$\Phi_{nm}Y_{n,m}$ 为 n 阶 m 次引潮位；上标 0 表示正则分量；h_0、l_0 为相应勒夫数的球对称部分；h_+、h_-、l_+、l_- 为相应勒夫数的球形耦合部分，对应地球的球形涨缩振荡，表现为沿地球径向的自由振荡；ω_+、ω_- 为相应勒夫数的环形耦合部分，对应地球的切向扭转周期振荡，也称环状振荡。

可见，对于 SNREI 地球，只需 2 个参数 h_0、l_0 就可以表示位移场；但对于自转微椭地球，则需要 8 个参数表示位移场，因为椭率和自转导致 n 阶球形位移场（2 个参数）中耦合进了 $n+1$ 阶和 $n-1$ 阶环形位移场（2 个参数 ω_+、ω_0）及 $n+2$ 阶和 $n-2$ 阶环形位移场（4 个参数 h_+、h_-、l_+、l_-），形成勒夫数的纬度依赖部分。

在引潮位作用下，地球表面和内部介质将发生形变，从而导致地球内部密度的重新分布，产生附加位形变。在 r 处 n 阶 m 次潮汐位形变可表示为

$$\Phi_{nm}^a = \Phi_{nm}\left[k_0\left(\frac{a}{r}\right)^{n+1}Y_{n,m} + k_+\left(\frac{a}{r}\right)^{n+3}Y_{n+2,m} + k_-\left(\frac{a}{r}\right)^{n-1}Y_{n-2,m}\right] \tag{2.3.29}$$

式中：k_0 为球对称部分；k_+、k_- 为球形耦合部分。

由式（2.3.28）和式（2.3.29）可以看出，环形位移不会引起径向位移和引力位扰动，因此勒夫数 h 和 k 中不会出现环形耦合项。表 2.1 给出了基于 PREM 获得的 M_2 分潮勒夫数在流

体静力平衡状态下的弹性地球解。

表 2.1 PREM 地球 M_2 分潮勒夫数数值解

项目	h_0	h_+	l_0	l_+	ω_+	k_0	k_+
数值解	0.601 89	−0.000 12	0.083 91	0.000 01	0.000 27	0.297 51	−0.000 57

Wahr（1981）采用 1066A 和 PREM 等地球参考模型，解算了地表勒夫数和不同类型固体潮特征参数。数值结果表明，地球的自转和椭率导致体潮勒夫数出现较大的纬度依赖因子，其纬度依赖因子达到球对称部分的 5‰。

2.3.4 地球表层负荷形变基本理论

地球表层大气、海洋和陆地水等负荷变化，伴随地球空间重力位变化，进而同步激发固体地球形变，产生附加位。为描述地表负荷变化引起的重力位形变及固体地球形变，需要引入负荷勒夫数，简称负荷数。

一般情况下，可用 $\sigma_w(\theta,\lambda)=\rho_w h_w(\theta,\lambda)$ 表示地球表面上的负荷面密度分布，其中，ρ_w 为水的密度，$h_w(\theta,\lambda)$ 为等效水高。将等效水高 $h_w(\theta,\lambda)$ 展开为球谐函数形式：

$$h_w(\theta,\lambda)=\sum_n h_n^w(\theta,\lambda)Y_n(\theta,\lambda) \tag{2.3.30}$$

这样，可得到整个地球的面密度分布在地面点 $P(R,\theta,\lambda)$ 处产生的负荷引力位为

$$\Phi|_{r=R}=G\rho_w\iint_\sigma \frac{h_w}{R}\mathrm{d}\sigma=\frac{G\rho_w}{R}\iint_\sigma\sum_n h_n^w(\theta,\lambda)Y_n(\theta,\lambda)\mathrm{d}\sigma \tag{2.3.31}$$

式中：σ 为单位球面；G 为万有引力常数。

顾及 $\dfrac{1}{R}=\sum_n Y_n(\theta,\lambda)$ 和球谐函数的正交性 $\iint_\sigma Y_n^2(\theta,\lambda)\mathrm{d}\sigma=\dfrac{4\pi}{2n+1}$，得

$$\Phi|_{r=R}=\sum_n \Phi_n(\theta,\lambda)=4\pi GR\rho_w\sum_n\frac{1}{2n+1}h_n^w(\theta,\lambda) \tag{2.3.32}$$

写成一般形式，即对于地球外部 $r\geqslant R$ 任意空间点，负荷引力位为

$$\Phi=\sum_n\left(\frac{R}{r}\right)^{n+1}\Phi_n(\theta,\lambda)=4\pi GR\rho_w\sum_n\left(\frac{R}{r}\right)^{n+1}\frac{1}{2n+1}h_n^w(\theta,\lambda) \tag{2.3.33}$$

设地球对引潮位的响应是静态的，即忽略科里奥利项，当用负荷引力位代替引潮位后，求解地表负荷引起的位形变及地面形变问题，就变成求解地面（$r=R$）的负荷形变问题。可见，地表负荷形变问题的微分方程组形式与固体潮形变问题完全相同。

在地球表面（$r=R$），式（2.3.27）的勒夫数理论计算式就变成负荷勒夫数的理论计算式：

$$h_n'=\frac{y_1^n}{R},\quad l_n'=\frac{y_3^n}{R},\quad k_n'=\frac{y_5^n}{Rg_0}-1 \tag{2.3.34}$$

地表负荷的全球变化生成一个地面负荷引力位 $\Phi|_{r=R}$，如式（2.3.32）所示，等效于地表负荷对地面产生一个压强，即

$$p=\sum_n p_n Y_n(\theta,\lambda)=-\rho_w g_0 h_w=-\rho_w g_0\sum_n h_n^w(\theta,\lambda)Y_n(\theta,\lambda) \tag{2.3.35}$$

从而有 $p_n=-\rho_w g_0 h_n^w(\theta,\lambda)$，因此，$p_n$ 对地面引力位的间接影响可表示为

$$\Phi_n^a\big|_{r=R} = -\frac{g_0}{R}\rho_w h_n^w(\theta,\lambda) \qquad (2.3.36)$$

这样地表负荷对地面引力位的总贡献为

$$\Delta = \sum_n \Delta_n Y_n(\theta,\lambda) = \sum_n k_n(\Phi_n + \Phi_n^a)\big|_{r=R} Y_n(\theta,\lambda) \qquad (2.3.37)$$

故

$$\Delta_n = k_n(\Phi_n + \Phi_n^a)\big|_{r=R} \qquad (2.3.38)$$

设 k_n' 为 n 阶位负荷勒夫数，则 $k_n'\Phi_n$ 即为地表负荷产生的位形变 Φ_n^a，因此有

$$(1+k_n')\Phi_n = \Phi_n + k_n(\Phi_n + \Phi_n^a) \qquad (2.3.39)$$

由式（2.3.32）、式（2.3.37）和式（2.3.38）得

$$k_n' = \left(1 - \frac{g_0 \rho_w}{R}\frac{h_n^w}{\Phi_n}\right)k_n \qquad (2.3.40)$$

将式（2.3.30）和式（2.3.32）代入式（2.3.40），得

$$k_n' = -\frac{2}{3}(n-1)k_n \qquad (2.3.41)$$

式（2.3.41）给出了球对称弹性地球的负荷勒夫数与勒夫数的关系。当 $n=1$ 时，$k_1' \equiv 0$；当 $n\to\infty$ 时，有

$$h_n' \to -5.005, \quad nl_n' \to 1.673, \quad nk_n' \to -2.482 \quad \text{且} \quad k_n' = k_n - h_n \qquad (2.3.42)$$

20 世纪 60 年代，Longman 首先对负荷勒夫数进行了理论上的解算，1972 年 Ferrel 改进了 Longman 的计算方法，计算直到 10 000 阶的负荷勒夫数，并构建了重力、位移、地倾斜和地应变的负荷 Green 函数，使得定量研究海洋和大气负荷效应成为可能。

同理，可用 h_n''、k_n''、l_n'' 来表征由作用于地球表面切向应力产生的弹性形变。显然，这些勒夫数和负荷勒夫数不是完全独立的，Molodensky（1977）证明，对于任意球对称弹性地球模型和任意阶 n，这些勒夫数之间存在如下三种关系：

$$k_n' = k_n - h_n, \quad h_n'' = \frac{3n(n+1)}{2n+1}(l-l'), \quad k_n'' = \frac{3n(n+1)}{2n+1}l \qquad (2.3.43)$$

总之，体潮勒夫数表征了地球外部天体引潮位引起的球对称弹性地球形变；而负荷勒夫数表征了地表负荷引力位引起的球对称弹性地球形变。更一般地，体潮勒夫数表征了引潮位对固体地球的间接影响，而负荷勒夫数表征了负荷引力位对固体地球的间接影响，它们的影响方式相同，都满足同一组地球形变力学方程。

2.4 黏弹性地球形变与长期形变

2.4.1 地球的黏弹性及形变特征

在较长时间的力的作用下，固体地球内部在一定的温度压力条件下呈现出一种黏弹性性质。黏弹性行为有明显的时间效应。当考虑较长时间（如几天、几十天乃至上万年）的力，固体地球会呈现明显的黏弹性特征。钱德勒摆动与地震波随时间衰减，潮汐形变对引力位响应的

时间延迟、冰后期回弹、地球整体形态趋近于均衡状态等，都证明固体地球具有黏弹性性质。

在相对比较短的时间范围内，地震波的衰减情况可以反映固体地球内部黏滞性。地震波能量的衰减可以用品质因子 Q 来表示，定义如下：

$$Q = \frac{2\pi E}{\Delta E} \tag{2.4.1}$$

式中：ΔE 为单位周期内波的能量损失；E 为每个周期内波的全部能量。

Q 值越大，能量损耗越小，黏滞性越低，反之亦然。研究表明，Q 值在岩石圈（0～100 km）内很大，约为 600；与之相反，Q 值在上地幔（100～200 km）内比较小，小于 100；而在下地幔 Q 值又比较适中，约为 150。

固体地球的黏弹性力学性质可用牛顿流变力学方法（应力和应变之间呈线性关系）研究。在恒定力的作用下，黏弹性物体产生的形变随时间变化，即黏弹性固体具有蠕变性质；对于黏弹性介质，若施加恒定的应变时，其应力也将随时间减小，这种现象称为应力松弛。黏弹性地球的应力松弛现象表示地球内部的一种流变过程，其黏滞流变将使其内部应力衰减（松弛）为零或达到一恒定的稳态值。弹性物体卸载之后，将恢复原始形状，恢复过程瞬间完成；而对非弹性物体，卸载之后无法恢复到加载前的形状，它将保留一部分黏滞形变，恢复过程也需要一段时间。

由牛顿流变力学可知，黏弹性地球的应力、应变及其导数具有一般线性本构关系如下：

$$\boldsymbol{\Theta} + \tau_{\Theta}\dot{\boldsymbol{\Theta}} = \kappa(\boldsymbol{\varepsilon} + \tau_{\varepsilon}\dot{\boldsymbol{\varepsilon}}) \tag{2.4.2}$$

式中：κ 为黏弹性模量；τ_{Θ} 为恒定应变情况下应力的松弛时间；τ_{ε} 为常应力状态下应变的松弛时间。

若应力为调和函数 $\boldsymbol{\Theta} = \boldsymbol{\Theta}_0 \mathrm{e}^{\mathrm{i}\sigma t}$，则固体地球应变也是调和函数：

$$\boldsymbol{\varepsilon} = \boldsymbol{\varepsilon}_0 \mathrm{e}^{\mathrm{i}\sigma t} \tag{2.4.3}$$

代入式（2.4.2）可得

$$\frac{\boldsymbol{\Theta}_0}{\boldsymbol{\varepsilon}_0} = \frac{\kappa(1 + \mathrm{i}\tau_{\varepsilon}\sigma)}{1 + \mathrm{i}\tau_{\Theta}\sigma} = \kappa^*(\sigma) \tag{2.4.4}$$

可见，黏弹性模量 $\kappa^*(\sigma)$ 存在虚部，为复数，是频率相关的，即

$$\kappa^*(\sigma) = \kappa_0 + \kappa_1(\sigma) + \mathrm{i}\kappa_2(\sigma) \tag{2.4.5}$$

这说明应变比应力滞后一个 θ 角，θ 角可由式（2.4.4）和式（2.4.5）导出：

$$\tan\theta = Q^{-1} = \frac{\mathrm{Im}(\kappa^*)}{\mathrm{Re}(\kappa^*)} = \frac{(\tau_{\varepsilon} - \tau_{\Theta})\sigma}{1 + \tau_{\Theta}\tau_{\varepsilon}\sigma^2} \tag{2.4.6}$$

式（2.4.6）指出，品质因子 Q 可由地球介质的模量 κ^* 导出，因此与模量性质类似，品质因子也是固体地球介质应力松弛程度的一种度量，代表了地球介质的黏滞性。

顾及固体地球的能量耗散为小量，有 $\kappa_1(\sigma) \ll \kappa_0$，$\kappa_2(\sigma) \ll \kappa_0$，这样，频率 σ 处的黏弹性模量 $\kappa^*(\sigma)$ 与弹性模量 κ_0 之比为

$$\frac{\kappa^*(\sigma)}{\kappa_0} \approx 1 + \frac{\kappa_1(\sigma)}{\kappa_0} \tag{2.4.7}$$

令 $\sigma_0^{-1} = \sqrt{\tau_{\varepsilon}\tau_{\Theta}}$，$\alpha = (\tau_{\varepsilon} - \tau_{\Theta})/(4\tau_{\varepsilon}\tau_{\Theta})$，代入式（2.4.6）得

$$Q^{-1} = \frac{4\alpha\sigma}{\sigma^2 + \sigma_0^2} \tag{2.4.8}$$

2.4.2 黏弹性地球的固体潮滞后

地幔的黏滞性导致地球对引潮位的响应产生时间延迟（相位延迟），使位勒夫数 k 随频率变化，即勒夫数存在小的虚部。Dehant（1987）采用 PREM 将地幔介质的线性黏弹性本构关系引入地球形变力学方程，模拟地球的潮汐形变。数值结果表明，地幔的黏滞性使各阶次勒夫数成为复数，存在微小的负虚部，其绝对值不足实部 1%。为便于直观地了解地球的黏滞性对勒夫数的影响，表 2.2 给出了在弹性和黏弹性情形下，基于 PREM 的勒夫数。

表 2.2 PREM 弹性和黏弹性地球模型的勒夫数

分潮名称	弹性情形 h_0	$h_\pm$	黏弹性情形 Re(h_0)	Im(h_0)	$k_\pm$	弹性情形 k_0	$k_\pm$	黏弹性情形 Re(k_0)	Im(k_0)	$k_\pm$
M_f	0.6015	0.0007 / 0.0018	0.6165	−0.004	0.0007 / 0.0018	0.2976	0.0015 / −0.0004	0.3068	−0.0024	0.0015 / −0.0004
O_1	0.5984	0.0007	0.6069	−0.0004	0.0007	0.2958	0.0014	0.3009	−0.0024	0.0014
M_2	0.6050	0.0005	0.6033	−0.0004	0.0005	0.2985	0.0009	0.3034	−0.0024	0.0009
M_3	0.2896	0.0003	0.2946	−0.0001	0.0003	0.0923	0.0007	0.0942	−0.0005	0.0007

同时，地幔的黏滞性还将在不同程度上放大固体地球的潮汐形变，对勒夫数的影响随着潮波信号周期的增加而呈增强趋势。由表 2.2 可以看出，对于长周期潮波 M_f，地幔的黏滞性导致勒夫数 h 增大 2.5%，k 增大约 3%；对于周日潮波，h 增大约 1.4%，k 增大 1.7%；对于半日潮波，h 增大约 1.4%，k 增大 1.7%。

此外，由于带谐（长周期）潮波的频率较低，时间跨度大，地幔的黏滞性还将导致带谐潮的勒夫数出现较为明显的频率相关性。

2.4.3 Mathews 潮汐理论模型

Mathews 等（1995）采用"修正的"初始地球参考模型（M-PREM），将描述地球周日潮汐形变的勒夫数表示为自由的共振形式，进而提出了固体地球对日月引潮位响应的计算方案：①M-PREM 的所有参数（如密度、拉梅参数等）采用 PREM 参数；②将流体静力平衡近似下液核的动力学扁率增加 4.5%，从而使自由核章动（free core nutation，FCN）的周期符合 VLBI 和重力固体潮观测结果；③选择地球的动力学扁率，使之与 VLBI 估算的地球进动速率一致。

地球自转摆动引起的离心力位变化，引起固体地球形变，导致地球惯性矩变化，对周日田谐体潮勒夫数具有重要贡献，其贡献与地球及其核的摆动导纳成正比，即

$$L(\sigma) = L_0 + \sum_\alpha \frac{L_\alpha}{\sigma - \sigma_\alpha} \quad (\alpha = 1,2,3,4) \tag{2.4.9}$$

式中：σ 和 σ_α 分别为潮波和自转摆动的频率，即潮波和摆动频率分别与地球自转恒星频率的比值；L 为任意类型周日体潮勒夫数或体潮因子，其与频率 σ_α 无关部分为 L_0；下标 α 表示地球或其核的自由摆动，取值为 1、2、3 和 4，分别对应钱德勒摆动、逆向近周日自由摆动、

正向近周日自由摆动和内核自由摆动 4 个简正模。其本征频率为 σ_α，L_α 为相应摆动的导纳。

摆动频率 σ_α 和导纳系数 L_α 可以通过章动理论解算。当引潮力矩的频率接近于上述 4 个本征频率之一时，将发生共振放大现象。

日月引潮位的田谐部分对地球产生力矩，从而导致地球的章动和摆动。由于整个地球的摆动运动并不是纯粹的刚性旋转，摆动引起离心力位的扰动激发固体地球形变，并以共振的形式出现在描述地球周日潮汐形变的勒夫数表达式中，在准静态球近似下（采用球对称地球模型，将摆动引起的离心力作为体力，耦合在运动方程中），周日田谐体潮勒夫数可表示为

$$k_{21}(\sigma) = k_2^{(0)} + \sum_\alpha \frac{k_{21}^{(\alpha)}}{\sigma - \sigma_\alpha}, \quad h_{21}(\sigma) = h_2^{(0)} + \sum_\alpha \frac{h_{21}^{(\alpha)}}{\sigma - \sigma_\alpha}, \quad l_{21}(\sigma) = l_2^{(0)} + \sum_\alpha \frac{l_{21}^{(\alpha)}}{\sigma - \sigma_\alpha} \quad (2.4.10)$$

式中：上标（0）表示相应勒夫数的球形静态（无摆动）值；上标 (α) 表示相应勒夫数的在 α 对应的自由摆动上的共振强度。对于 M-PREM，$k_2^{(0)} = 0.2986$，$h_2^{(0)} = 0.6042$，$l_2^{(0)} = 0.0840$，这一结果对非自转球形地球的所有二阶潮波（长周期、半日和 1/3 日）均成立。

利用式（2.4.10），可得到二阶田谐潮波的体潮勒夫数。考虑地幔的非弹性将导致勒夫数各项出现相对较小虚部。

2.4.4 地球长期形变与潮汐系统

地球在其自转的过程中逐渐演化为接近一个流体静力平衡状态的旋转椭球体并保持下来，这表明固体地球实际上存在永久性的塑性形变。一般来说，对于百万年以上的时间尺度，地球形变接近流体形变，即固体地球的长期形变可用流体力学理论进行研究。

1. 地球长期形变与长期勒夫数

流体静力平衡状态的自转地球，其表面为一旋转椭球面，且椭球面方程可表示为

$$r = R\left[1 - \frac{2}{3}F_h P_{20}(\sin\varphi) + O(F_h^2)\right] \quad (2.4.11)$$

式中：F_h 为流体静力扁率，其计算式为

$$F_h = \frac{5}{2}\frac{\omega^2 a}{\gamma_e} \bigg/ \left[1 + \left(\frac{5}{2} - \frac{15 I_{33}}{4Ma^2}\right)\right] + O(F_h^2) \approx 0.967 \frac{\omega^2 a}{\gamma_e} \quad (2.4.12)$$

对于流体地球，其表面的径向位移等于椭球面与球面沿地心向径方向的差距，可表示为

$$u_r = -\frac{2}{3}F_h R P_{20}(\sin\varphi) \quad (2.4.13)$$

此外，离心力位的调和函数部分为

$$\Psi_1 = -\frac{1}{3}\omega^2 R^2 P_{20}(\sin\varphi) \quad (2.4.14)$$

由勒夫数定义，流体地球表面径向位移也可用径向勒夫数 h_f 表示：

$$u_r = \frac{h_f \Psi_1}{g_0} \quad (2.4.15)$$

式中：g_0 取流体地球表面的平均重力。

由式（2.4.12）~式（2.4.15），顾及 $a \approx R$、$g_0 \approx \gamma_e$，得

$$h_f = 2g_0 \frac{F_h}{\omega^2 R} = 2 \times 0.967 \frac{ag_0}{R\gamma_e} = 1.934 \tag{2.4.16}$$

流体地球表面径向位移还可用位勒夫数表示为 $u_r = (1+k_f)\Psi_1/g_0$，顾及式（2.4.15），得

$$u_r = \frac{(1+k_f)\Psi_1}{g_0} = \frac{h_f \Psi_1}{g_0} \tag{2.4.17}$$

式中：k_f 为流体位勒夫数，有

$$k_f = h_f - 1 = 0.934 \tag{2.4.18}$$

将流体静力扁率用大地测量实际观测得到的二阶带谐位系数 $\bar{C}_{20}$ 代替，得

$$k_0 = -\frac{3\sqrt{5}GM}{\omega^2 R^3}\bar{C}_{20} = \frac{3GM}{\omega^2 R^3}J_2 = 0.938\,35 \tag{2.4.19}$$

式中：k_0 为长期勒夫数，可通过测定二阶带谐位系数 $\bar{C}_{20}$ 或动力学形状因子 J_2，按式（2.4.19）确定，公式推导见 4.2.1 小节。k_f 和 k_0 之间的差别，反映了流体静力扁率与实际地球椭球扁率间的差别。

2. 永久潮汐与潮汐系统

按与时间相关性划分，可将固体潮分为与时间有关的周期潮汐和与时间无关的永久潮汐。与时间无关的永久潮汐是长周期潮汐中的零频率潮汐，其特征是永久性地在地球赤道带形成高潮，在极区形成低潮，从而对地球产生一个随纬度变化的永久性附加扁率，也对大地水准面产生一个永久性附加形变。与这两个大地体相关的重力位、重力、高程和坐标等也会产生相应变化。

地球外部位的潮汐影响由引潮位（直接影响）和附加位（间接影响）叠加而成，它包含了与时间不相关的永久潮汐位和随时间变化的周期潮汐位两个部分。地面测站位置只有引潮位的间接影响，但此间接影响也包含了与时间不相关的永久潮汐形变和随时间变化的周期潮汐形变两个部分。从外部位和地面站点位置中移去随时间变化的潮汐影响后，所得到的外部位称为平均潮汐位，所得到的站点位置称为平均潮汐位置。

平均潮汐位和平均潮汐位置，独立于潮汐力的周期变化，但都包含了永久潮汐的影响。平均潮汐位的永久部分同样也包含了直接影响和间接影响两个部分。如果从平均潮汐位中移去永久潮汐的直接影响后，得到的是零潮汐位。零潮汐位仍然包含永久潮汐的间接影响。从零潮汐位中再移去永久潮汐的间接影响后，得到的是无潮汐位。由于地面站点的潮汐形变不存在永久潮汐的直接影响，地面站点的零潮汐位置和平均潮汐位置是等价的。

固体潮的永久部分对重力位和地面站点位置的影响可通过长期勒夫数 k_0 来表征。1984 年国际大地测量协会（International Association of Geodesy，IAG）的 16 号、18 号决议指出，考虑统一对待物理和几何大地测量值，地球的永久形变和质量调整产生的间接影响不应该被移去。因此，建议物理大地测量使用零潮汐值，地面站点位置使用平均潮汐值。

对于大地测量观测量或参数，采用不同的潮汐改正方法，对应不同的潮汐系统，大地测量潮汐系统有三种类型：无潮汐系统、平均潮汐系统和零潮汐系统。对地面站点位置而言，零潮汐系统和平均潮汐系统等价。

永久潮汐对地球重力位的直接影响可用二阶带谐重力位系数变化 $\Delta \bar{C}_{20}^{\mathrm{p}}$ 表示，其他各种大地测量观测量或参数的永久潮汐影响，可由相应的二阶勒夫数（或其线性组合）和二阶带谐

重力位系数变化 $\bar{C}_{20}^{\mathrm{p}}$ 导出。

无潮汐重力位在数值上等于平均潮汐重力位减去全部与时间无关的永久潮汐影响。取永久潮汐对位系数的直接影响为 $\Delta\bar{C}_{20}^{\mathrm{p}} = -1.3914\times 10^{-8}$（IERS 协议 2010），二阶位勒夫数 $k_{20} = 0.3019$，则在纬度为 φ 的地面点处，无潮汐重力位 W_{n} 与平均潮汐重力位 W_{m} 之间的关系为

$$W_{\mathrm{n}} = W_{\mathrm{m}} + 1.3019\gamma(-0.099 + 0.296\sin^2\varphi) \tag{2.4.20}$$

式中：γ 为地面点的正常重力。

零潮汐重力位在数值上等于平均潮汐重力位减去永久潮汐重力位的直接影响。零潮汐重力位 W_{z} 与平均潮汐重力位 W_{m} 之间的关系为

$$W_{\mathrm{z}} = W_{\mathrm{m}} + \gamma(0.099 - 0.296\sin^2\varphi) \tag{2.4.21}$$

永久潮汐引起固体地球形变和地球内部质量调整，即永久潮汐的间接影响，会导致地球扁率发生改变，但不论从理论上还是从实际测量中，迄今还不能精确地从地球扁率中分离出来。目前，一般用 $k_{20} = 0.3019$ 代替长期勒夫数 $k_0 = 0.93835$，是否合理尚无定论（陈俊勇，2000）。

第 3 章 地球表层水循环及负荷效应

地球表层系统中的大气、海洋、土壤及植被水、江河湖库水、冰川冰盖雪山、地下水等环境负荷非潮汐变化，引起地球重力位变化，同步激发固体地球形变，产生附加位，综合表现为地表形变、地面重力及地倾斜变化，称为固体地球的负荷形变，也表现为地球重力场随时间变化。

3.1 地球大气、海洋、陆地水与水循环

地球表层系统通常由岩石圈、大气圈、水圈交叉而成。地球表层各个圈层在空间上有交叉，难以决然分开，在物质交换、能量传递及发生发展过程方面，更是紧密地联系在一起，相互作用、相互影响。

3.1.1 大气、水汽输移与能量传送

1. 大气运动

大气时刻不停地运动着。就规模而言，既有对全球产生影响的大规模全球性运动，也有对局部地区产生影响的小尺度局地运动。这种不同规模的大气运动状态，称为大气环流。大气运动的直接原因是气压的时空分布和变化，大气运动的直接结果是使地球上的物质能量得以传输。

1）气压梯度力

地表受热不均，引起气压的空间分布不均。大气压是指单位面积上所承受的大气柱的重量，常用百帕（hPa）作为气压单位。气压梯度是一个向量，方向垂直于等压面，由高压指向低压。气压梯度有水平梯度和垂直梯度之分，垂直气压梯度 GN 等于两等压面间的气压差 ΔP 除以其间的垂直距离 Δh，即

$$GN = \frac{-\Delta P}{\Delta h} \tag{3.1.1}$$

由于 Δh 从高压指向低压，式（3.1.1）右边存在一个负号。有气压梯度的地方，空气分子受到力的作用，驱使空气沿气压梯度方向移动，这种力被称为气压梯度力。

风存在有规律的日变化。近地面层中，白天风速增大，午后风速增至最大，夜间风速减小，清晨风速减至最小。而上层摩擦层则相反，白天风速小，夜间风速大。风的日变化，晴

天比阴天大，夏季比冬季大，陆地比海洋大。

2）地转偏向力

由于地球的自转，地球表面运动的物体都会发生运动方向的偏转。运动物体在北半球向右偏转，在南半球则向左偏转。导致地球表面运动物体方向偏转的力，称为地转偏向力，又称科里奥利力，这个力对地球表层环境的形成起到了非常重要的作用。地转偏向力只改变物体的运动方向，不改变物体的运动速度，作用方向与物体的运动方向垂直，大小与物体运动的线速度成正比。地转偏向力导致大气运动方向的改变，形成地转风、气旋、反气旋。

3）大气环流

太阳辐射、地球自转、地表面性质及地面摩擦的共同作用，使大气圈内的空气产生不同规模的三维运动，总称为大气环流。太阳辐射是大气环流的原动力。作用于空气的各种力大小不同，形成了各种尺度的环流：有全球性气温和气压差异形成的行星风系、巨大的海陆差异产生的季风环流等大型环流；还有由局地的水陆、地形差异形成的小型环流，如海陆风、山谷风等各种地方性风系。

大气环流是完成大气系统角动量、水分和热量输送和平衡，以及各种能量间相互转换的重要机制，同时又是这些物理量输送、平衡和转换的重要结果。大规模大气环流的基本结构大致维持不变。通常认为，地球上的风带和湍流由三个对流环流驱动：低纬（哈德里）环流、中纬（费雷尔）环流及极地环流。

4）大气对流层

大气对流层是地球大气层中最靠近地面的一层，也是大气密度最高的一层，蕴含了整个大气层约75%的质量，以及几乎所有的水蒸气及气溶胶。对流层从地球表面开始向高空伸展，直至对流层顶，即平流层的起点。

在对流层，高度每上升1 km，平均气温下降6.49 ℃。当空气上升时，气压会下降而空气随之扩张。由热力学第一定律，为使空气扩张，需有一定的功施予四周，故此气温下降，密度增大。由流体静力平衡假设和热力学定律可知，大气压、气温和大气密度的关系为

$$\frac{\mathrm{d}p}{\mathrm{d}h} = -\rho g, \quad \rho = \frac{p}{\Re T} \tag{3.1.2}$$

式中：p 为大气压；h 为海拔高；g 为重力加速度；T 为气温；$\Re$ 为气体常数；ρ 为大气密度。

令海平面（$h=0$）气温为 $p(0)$，则大气压 $p(h)$ 一般随高度 h 以指数方式下降，即

$$p(h) = p(0)\mathrm{e}^{-\frac{gh}{\Re T}} \tag{3.1.3}$$

2. 水汽输移

形成大气成分的源大致可分为地表源、大气本身源和外部空间源三大类，其中最重要的是地表源。由地表产生的大气成分排放到大气中后，便会随大气运动在三维空间输送，这些物质常常在水平和垂直方向上发生扩散和传输，即物质的输移。

大气中的水汽主要来自地表面（包括海洋、湖泊、河流、潮湿的土壤等）的蒸发及植被蒸腾，造成了水汽在垂直方向和水平方向上的分布极不均匀。发生在大气中的水汽输移，是参与到大气环流和水循环过程中，通过自身的相变、大气径流及降水等环节来实现，既有垂直方向的传输，也有水平方向的输送。

垂直传输的水汽主要从地表获得，因而在源地附近（近地面）水汽含量最高，在距离地面 5.5 km 以下容纳了大量的水汽。随着大气垂直方向的对流和湍流作用，低层的水汽不断地向较高层的大气扩散输送。当水汽输送到一定高度后，空气因冷却达到饱和，水汽会发生凝结，形成云和降水。因此在水汽充沛的低纬度地区，常形成云雨天气及高温多雨的湿润气候。随着扩散能力减弱，越往高空，水汽含量越低。水汽的水平传输主要通过高低纬间输送和海陆间输送实现。

3.1.2 海水、环流与海平面变化

1. 海水及其密度

海洋是水圈的主体，是地球上水的最大源地。全球海洋总面积为 $3.61×10^8 \text{ km}^2$，假如地球是一个平滑的球面，把海水平铺在地球上，则地球上将出现一个深达 2440 m 的环球大洋。海洋水体既是大气热量和运动的能源区，又是水循环的源地，也是各种陆地水体的归宿。

海水密度分布因温度、盐度、压力的不同而有差异。表层海水由于其压力可视为零，因而其密度主要取决于海水的温度和盐度。赤道地区，表层水温高，盐度低，密度小；越向两极，水温下降，密度逐渐增大。在垂直方向，海水温度随深度增加而下降，因而其密度随深度增加而增大。海水具有稳定的层结性，越往下层，密度越大。

2. 大洋环流

大洋海水在海面风应力的驱动，以及在太阳辐射、结冰融冰、降水和蒸发等热盐效应作用下，形成大范围的海水密度分布不均匀，便产生水平压强梯度力，使海水由某个海域向另一海域流动，形成首尾相接的独立环流系统或流旋，称为洋流。洋流与所经海域之间通过能量交换改变其环境特征。大洋环流分为主要由海表面风应力驱动的风生环流和主要由海表面热盐通量驱动的热盐环流。大洋环流除水平流外，还有垂直流动的升降流。

1）大洋表层环流

大洋表层环流与全球风应力的分布有着密切关系。在邻近赤道的低纬度海域，由于东南信风和东北信风的作用，形成了自东向西的南赤道流和北赤道流，它们遇到大洋的西海岸，便堆积而抬升西边的水位（每 100 km 可升高 4 cm）。南赤道流和北赤道流的主要支流，在西岸海域分别向南和向北流去，形成西边界流，两股小支流在赤道附近汇合，使水位抬升，在南北两个赤道流之间形成一股自西向东的赤道逆流。

在北半球的中纬度海区里，海上强盛的西风带驱动着海水自西向东流动，形成了北大西洋流和北太平洋流。它们抵达海洋的东岸后，也各自分成向南和向北的两个支流。在南半球的中高纬度海区，由于西风盛行，加上南大洋没有海岸的阻挡，而形成环绕地球一周的南极绕极流。在南半球的高纬度海区，由于东风吹刮，驱使海水向西流去，这便是极地东风漂流，它向西遇到大陆后折向北。所有这些海流，在大洋中构成了一个个环流系统，称为风生环流。

2）大洋深层环流

由温、盐变化所引起的环流一般称为热盐环流，它主要在大洋中下层发展，是造成大洋中下层温、盐分布特征和海洋层化结构的主要原因。地处辐聚带的海水，因辐聚而下沉；位

于极地海洋中的海水因表层冷却而下沉，在不同深度处又会重新变成水平流动的中层流、深层流和底层流。大洋深处流速缓慢，但随着深海观测技术发展，发现即使在海洋深处（甚至 5 km 深处），流速仍可达 10 cm/s 以上，但相对于风生流还是缓慢。

3）大洋环流西向强化

在大洋低、中纬度的副热带流旋中，西边界处海流有流幅变窄、流层加厚和流速增大的现象。在北大西洋和北太平洋的副热带流旋中，自东向西的北赤道流分别抵达北美洲东岸和亚洲东岸后，向北分别成为强大的湾流和黑潮，这是大洋环流西向强化的典型实例。在大洋西边界处存在热盐环流，其上层部分从南半球流向北半球。在南半球，热盐环流因与大洋环流西向强化流的流向相反，从而部分抵消了南大西洋和南太平洋的西向强流，因而巴西海流和东澳大利亚海流显得不如北半球西边界流强大；在北半球，热盐环流因与大洋环流西向强化的流向相同，从而增强了西向强化流的流速，形成著名的湾流和黑潮。

4）大洋中尺度涡

中尺度涡是叠加在海洋平均流场上、尺度几十千米至几百千米的水平涡旋。世界大洋中尺度涡场的动能分布极不均匀。在北太平洋和北大西洋的西边界强流区的表层，其动能约为东边界流区和弱流区的 10 倍。涡场的动能主要集中在表层，至海面 1 km 深度处能量减弱到表层的 1/1087。中尺度涡所影响的深度极大，在黑潮区可达 6 km 深，在湾流强流区可达 5 km 深，可见，中尺度涡是一个深厚的系统。中尺度涡集中了海洋中很大一部分能量，形成叠加在大洋气候式平均环流场之上的各种高频变化的涡旋，使大洋环流变得更加复杂。

在海洋的大陆架范围或浅海处，由于海岸和海底摩擦显著，加上潮流特别强等因素，便形成颇为复杂的大陆架环流、浅内海环流、海峡海流等浅海海流。

3. 海平面变化

海水时刻在运动，海平面也在不断变化。这种变化有短期的，如日变化、季节性变化、年变化和偶发性变化等，海平面短期变化主要与波浪、潮汐、大气压、海水温盐度等因素有关，其升降幅度小，影响范围常是局部的；海平面变化还有长期的，其影响范围一般是区域或全球，长期变化主要有两种形式：一种是几百万年以上地质历史期间的海平面变化，变化幅度大；另一种是冰川冰盖消融、海底压力变化、地壳构造及固体地球流变性质等引起的数百年到上万年时间尺度的均衡效应，变化幅度相对较小。现代大地测量学研究的一般是短期的非潮汐海平面变化。

1）海平面变化主要因素

海平面变化受多种因素的控制和影响，概括起来主要有冰川（控制的）海平面变化、构造（推动的）海平面变化，以及地球物质运动作用，包括水压均衡作用、冰川均衡作用和流变均衡作用等。

（1）冰川海平面变化。在气候寒冷的地质时期，极地周围形成冰盖，海洋中的海水量减少，海平面降低。当气候转暖，冰盖融化，冰水流回大洋，海平面升高。

（2）构造海平面变化。大洋中脊上增生的物质是热的，随着时间推移逐渐冷却，变得致密，因而洋底岩石圈在横向扩张移动过程中随时间下沉。若海底扩张速率快，距中脊顶部一定距离的洋底没足够时间冷却到"正常"程度，洋底就比正常情况下高，因此即使海水量不变，由于洋盆容积减小，海面也会升高。相反，海底扩张速率很慢，海面降低。

（3）冰川均衡作用与水压均衡作用。在覆冰区，巨大的冰盖使下伏的地壳下沉，下沉范围超过覆冰区，而在冰前沉陷区外侧，地壳向上隆起。当冰盖消融后，地壳在均衡作用下会逐渐恢复到原来状态。当冰盖融化，冰水回流入海，海底因水负荷增加而下沉，直到新的平衡建立为止。

（4）流变均衡作用。地球流变论认为在各种因素作用下黏弹性地球和其上的水体一起调整达到平衡状态。冰川及水压均衡的影响不是局部性的，它波及全球，形成若干海面上升区和下降区。

上述各种因素中，全球性构造运动对整个地史时期的海平面变化起决定性作用。第四纪以来，冰川作用对海平面变化影响最大。其他诸因素由这两个因素派生而来。

2）现代海平面变化特点

影响现代海平面变化的因素主要有海水温度变化与冰川积雪融化。海水热膨胀是海平面上升的主要影响因素。全球的热膨胀变化并不一致，在长的时间尺度和大的空间尺度上都有很大的差异。根据全球大气-海洋环流模式，热膨胀使海平面每年上升 0.3～0.7 mm。南极和格陵兰冰盖固结着地球表面约 99% 的淡水资源，即使融化一小部分也会给海平面带来巨大影响。山岳冰川虽只占陆地冰川很小的一部分，但其对海平面变化的作用程度仅次于海水的热膨胀。

3.1.3 陆地水与地球表层水循环

地球上的水以气态、液态和固态三种形式存在于空中、地表与地下，其中，海水量占地球总水量的 96%～97%，其次为分布在极地及陆地上的冰川固态水，而陆地上的河、湖、土壤水、地下水等，水体分布很广，但其质量却很少。

1. 地球表层陆地水

地表水大部分在河流、湖泊和土壤、地下岩土层中进行重新分配，除回归于海洋的部分外，有一部分比较长久地储存于内陆湖泊、地下岩土或形成冰川，这部分水量交换较为缓慢，周期要几十年甚至千年以上。

（1）内陆河流。河水是陆地表层唯一畅流的液态水，它的水循环动力机制既受热力因素的影响，又受重力作用的控制。它在地表水循环过程中起着上接大气水，下承地下水，最后连接海水的主干作用，在全球水循环大系统中，河流则为大气、海洋、地表、地下四大亚系统的传递子系统。

（2）湖泊和沼泽水。湖泊是陆地表面具有一定规模的天然洼地的蓄水体系，是湖盆、湖水及水中物质组合而成的自然综合体。全球陆地湖泊总面积约为 2.7×10^6 km^2，占陆地面积的 1.8% 左右，其水量约为地表河溪所蓄水量的 180 倍，是仅次于冰川的陆地表面第二大类蓄水体。沼泽是地面长期处于过湿状态或积聚着微弱流动的水，生长喜湿和喜水植物，并有泥炭积累的洼地。全球沼泽面积约为 1.12×10^8 km^2，约占陆地面积的 0.8%。

（3）地下水。存在于地表以下岩（土）层空隙中的各种不同形式的水，统称为地下水。根据埋藏条件不同，地下水分为上层滞水、潜水和承压地下水三类。上层滞水是指存在于包气带中局部隔水层之上的重力水。潜水是指埋藏在地表以下第一稳定隔水层之上具有自由水面的重力水。潜水和河水间一般具有互补关系。承压地下水是指埋藏在上下两个隔水层之间的地下水。承压水水位高于上部隔水层，在地形条件适宜时，其天然露头或经人工凿井喷出地表形成自流井。在地表水缺乏的干旱、半干旱地区，地下水常成为当地主要的水源。但过量开采和不合理的地下水利用，往往造成地下水位下降，形成地下漏斗区，甚至造成地面下沉，在沿海地区还会形成海水倒灌。

（4）冰川。在高纬度及高山地区，气候寒冷，大气降水为固体形式，地表被冰雪覆盖。冰雪经过重结晶变成具有可塑性的冰川冰，冰川冰在重力和压力作用下沿地表缓慢运动形成冰川。冰川根据成因、形态和存在地区不同分成大陆冰川和山岳冰川。大陆冰川所处纬度高，冰雪常年难以融化，呈盾形，主要分布在南极大陆和格陵兰岛。这部分冰川约占全球冰川的 97%，其中南极大陆上冰层平均厚度约为 1700 m，最厚超过 4000 m，如果这部分冰川完全融化流入大洋，世界大洋表面将上升 60 m。山岳冰川由于海拔高、气温低而形成，呈舌状，主要分布在亚欧大陆和北美大陆的一些高山地区。如中国西部的天山、祁连山、贡嘎山、昆仑山、玉龙山、喜马拉雅山，欧洲的阿尔卑斯山等上部都有现代冰川。冰川占陆地淡水总体的 68.7%。

2. 地球表层水循环

地球表层水十分活跃。海洋蒸发的水汽进入大气圈，经气流输送到大陆、凝结后降落到地面，部分被生物吸收，部分下渗为地下水，部分成为地表径流。地表径流和地下径流大部分回归海洋。水分循环使地球上发生复杂的天气变化。海洋和大气的水量交换，导致热量与能量频繁交换，水在大气圈、生物圈和岩石圈之间相互置换，组成地球上各种形式的物质交换系统，形成千姿百态的地理环境。地球上的水在一个既没有起点也没有终点的循环中不断移动或改变，且水量基本保持不变。水会通过各种物理或生物变化实现移动。蒸馏和降水在整个水循环中导致地球中大部分水产生移动。地球表层的水循环过程如图3.1所示。

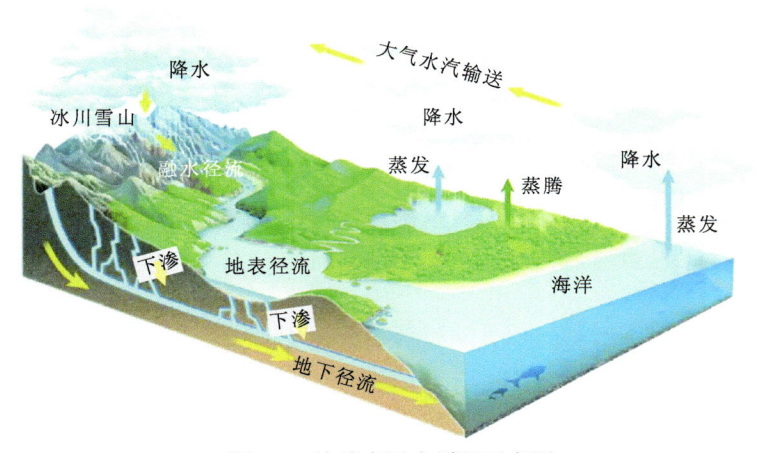

图 3.1 地球表层水循环示意图

（1）降水：下雨是最常见的降水现象，落雪、落冰雹、雾、雪丸和雪雨也是降水的现象。每年约 5.05×10^5 km³ 通过降水返回陆地或海洋，其中约 3.98×10^5 km³ 返回海洋。

（2）植物截留：当降水时，有一部分的水会被树林、树木的叶所拦截，通常这些水会再被蒸发至大气层中,而只有少数被拦截的水会由树木降回地面。

(3)融雪:雪融化时则会产生一些径流。

(4)径流:水由一处移动至另一处,包括地面径流和地下径流。当发生径流,水会渗入地下、蒸发入空气、储存于湖泊或水库,或被人提取作农业或其他用途。

(5)渗透:水由地面流入地下。当水渗入泥土后,会令泥土变得湿润或变成地下水。

(6)地下水流:水在地下蓄水层或地下水位线以上的空间流动。地下水以非常缓慢的速度流动或是补充,地下水会存于地下蓄水层相当长的一段时间。

(7)蒸发:大气层中约90%的水分是来自蒸发,另外10%来自植物的蒸腾作用。地球的年总蒸发量约为 $5.05×10^5 \text{ km}^3$,其中 $4.34×10^5 \text{ km}^3$ 来自海洋蒸发。

(8)移流:固态、液态或气态的水在大气层中移动。

大气运动、海水运动和水循环过程引起地球表层质量分布发生变化(质量运输),导致地球重力位变化,并通过负荷勒夫数作用,产生地球形变与附加位变化,引起地球质心、惯性矩、地球形状及重力场随时间变化。大气运动和海水运动产生角动量,地形对大气和海水运动的阻挡及海陆气相互作用引起气陆、海陆和海气的角动量交换,改变大气和海水对地球质心和地球自转轴的角动量,导致地球自转呈现复杂的变化特征。

3.2 全球负荷球谐分析与负荷形变场综合

地球表层大气、土壤水、江河湖库水、冰川冰盖雪山、地下水和海平面变化等地表非潮汐负荷变化,可用地表负荷面密度 $\sigma_w = \rho_w h_w$(ρ_w 为水的密度)或地面等效水高变化 h_w 统一表示。类似于全球重力场球谐分析与球谐综合方法,采用球谐分析方法由全球负荷等效水高建立全球负荷球谐系数模型后,就可依据负荷形变理论,通过对负荷球谐系数与负荷潮因子乘积进行球谐综合,分析各种大地测量要素的负荷形变效应(或时变重力场要素)。

3.2.1 地表负荷等效水高球谐级数表示

地表非潮汐负荷变化 h_w 对地面或地球外部点 (r,θ,λ) 重力位产生直接影响 $\Delta V^*(r,\theta,\lambda)$,可用式(1.2.66)表示为

$$\Delta V^*(r,\theta,\lambda) = \frac{GM}{r}\sum_{n=1}^{\infty}\left(\frac{a}{r}\right)^n \sum_{m=0}^{n}(\Delta \overline{C}_{nm}^*\cos m\lambda + \Delta \overline{S}_{nm}^*\sin m\lambda)\overline{P}_{nm}(\cos\theta) \quad (3.2.1)$$

式中:r 为计算点的地心向径(地心距);$(\Delta \overline{C}_{nm}^*, \Delta \overline{S}_{nm}^*)$ 为地表非潮汐负荷变化 h_w 直接引起的规格化位系数变化,即 Stokes 系数的直接影响。

将面密度 $\rho_w h_w$ 代入规格化位系数积分式(1.2.98)得

$$\begin{Bmatrix}\Delta \overline{C}_{nm}^* \\ \Delta \overline{S}_{nm}^*\end{Bmatrix} = \frac{3\rho_w}{4\pi a \rho_e(2n+1)}\left(\frac{r}{a}\right)^n \iint_S h_w \overline{P}_{nm}(\cos\theta)\begin{Bmatrix}\cos m\lambda \\ \sin m\lambda\end{Bmatrix}\sin\theta \mathrm{d}\theta \mathrm{d}\lambda \mathrm{d}r \quad (3.2.2)$$

式中:S 为全球地面;ρ_e 为地球平均密度。

地面点 $(r_0 \approx a, \theta, \lambda)$ 的等效水高变化 h_w 也可表示为规格化负荷球谐函数级数:

$$h_{\mathrm{w}}(r_0,\theta,\lambda) = r_0 \sum_{n=1}^{\infty}\left(\frac{a}{r_0}\right)^n \sum_{m=0}^{n}(\Delta \bar{C}_{nm}^{\mathrm{w}}\cos m\lambda + \Delta \bar{S}_{nm}^{\mathrm{w}}\sin m\lambda)\bar{\mathrm{P}}_{nm}(\cos\theta) \quad (3.2.3)$$

式中：$\Delta \bar{C}_{nm}^{\mathrm{w}}$ 和 $\Delta \bar{S}_{nm}^{\mathrm{w}}$ 均为 n 阶 m 次规格化负荷球谐系数。

考虑一般情况下全球地表非潮汐变化负荷中长波占优，n 不会太大，而地面负荷的地心向径 $r_0 \approx a$，因此有 $\left(\frac{a}{r_0}\right)^n \approx 1$，则式（3.2.3）可简化为

$$h_{\mathrm{w}} = a \sum_{n=1}^{\infty}\sum_{m=0}^{n}(\Delta \bar{C}_{nm}^{\mathrm{w}}\cos m\lambda + \Delta \bar{S}_{nm}^{\mathrm{w}}\sin m\lambda)\bar{\mathrm{P}}_{nm}(\cos\theta) \quad (3.2.4)$$

比较式（3.2.2）和式（3.2.3），可得

$$\begin{Bmatrix}\Delta \bar{C}_{nm}^{*}\\ \Delta \bar{S}_{nm}^{*}\end{Bmatrix} = \frac{3\rho_{\mathrm{w}}}{\rho_{\mathrm{e}}}\frac{1}{2n+1}\begin{Bmatrix}\Delta \bar{C}_{nm}^{\mathrm{w}}\\ \Delta \bar{S}_{nm}^{\mathrm{w}}\end{Bmatrix} \quad (3.2.5)$$

式（3.2.5）即为任意 n 阶 m 次地面等效水高规格化球谐系数变化 $\{\Delta \bar{C}_{nm}^{\mathrm{w}}, \Delta \bar{S}_{nm}^{\mathrm{w}}\}$ 与规格化重力位系数直接影响 $(\Delta \bar{C}_{nm}^{*}, \Delta \bar{S}_{nm}^{*})$ 之间的关系式。

3.2.2 负荷形变场规格化球谐级数展开

由负荷形变理论可知，地面等效水高变化 h_{w} 还导致固体地球形变，引起地球内部质量重新调整，产生附加引力位，称为地面等效水高变化的间接影响，用位负荷勒夫数表征。

任意 n 阶 m 次地面等效水高变化规格化球谐系数 $\{\Delta \bar{C}_{nm}^{\mathrm{w}}, \Delta \bar{S}_{nm}^{\mathrm{w}}\}$ 的直接影响和间接影响之和，就是位系数变化的（非潮汐）负荷效应，用公式表示为

$$\begin{Bmatrix}\Delta \bar{C}_{nm}\\ \Delta \bar{S}_{nm}\end{Bmatrix} = (1+k_n')\begin{Bmatrix}\Delta \bar{C}_{nm}^{*}\\ \Delta \bar{S}_{nm}^{*}\end{Bmatrix} = \frac{3\rho_{\mathrm{w}}}{\rho_{\mathrm{e}}}\frac{1+k_n'}{2n+1}\begin{Bmatrix}\Delta \bar{C}_{nm}^{\mathrm{w}}\\ \Delta \bar{S}_{nm}^{\mathrm{w}}\end{Bmatrix} \quad (3.2.6)$$

式中：k_n' 为 n 阶位负荷勒夫数。

将式（3.2.6）代入扰动位球谐展开式（1.2.66），可得由地面等效水高球谐系数变化 $\{\Delta \bar{C}_{nm}^{\mathrm{w}}, \Delta \bar{S}_{nm}^{\mathrm{w}}\}$，计算地面或地球外部点 (r,θ,λ) 处，重力位负荷效应 $\Delta V(r,\theta,\lambda)$ 的球谐综合公式为

$$\Delta V(r,\theta,\lambda) = \frac{GM}{r}\frac{3\rho_{\mathrm{w}}}{\rho_{\mathrm{e}}}\sum_{n=1}^{\infty}\left(\frac{a}{r}\right)^n \frac{1+k_n'}{2n+1}\sum_{m=0}^{n}(\Delta \bar{C}_{nm}^{\mathrm{w}}\cos m\lambda + \Delta \bar{S}_{nm}^{\mathrm{w}}\sin m\lambda)\bar{\mathrm{P}}_{nm}(\cos\theta) \quad (3.2.7)$$

由布隆斯（Bruns）公式，可得地面或地球外部点 (r,θ,λ) 处高程异常负荷效应 $\Delta\zeta(r,\theta,\lambda)$ 的球谐综合公式为

$$\Delta\zeta = \frac{GM}{r\gamma}\frac{3\rho_{\mathrm{w}}}{\rho_{\mathrm{e}}}\sum_{n=1}^{\infty}\left(\frac{a}{r}\right)^n \frac{1+k_n'}{2n+1}\sum_{m=0}^{n}(\Delta \bar{C}_{nm}^{\mathrm{w}}\cos m\lambda + \Delta \bar{S}_{nm}^{\mathrm{w}}\sin m\lambda)\bar{\mathrm{P}}_{nm}(\cos\theta) \quad (3.2.8)$$

式中：γ 为计算点的正常重力。同理，可得地面重力负荷效应球谐综合计算式为

$$\Delta g^s(r_0,\theta,\lambda) = \frac{GM}{r_0^2}\frac{3\rho_{\mathrm{w}}}{\rho_{\mathrm{e}}}\sum_{n=1}^{\infty}\frac{n+1}{2n+1}\left(1+\frac{2}{n}h_n' - \frac{n+1}{n}k_n'\right)\left(\frac{a}{r_0}\right)^n$$
$$\cdot \sum_{m=0}^{n}(\Delta \bar{C}_{nm}^{\mathrm{w}}\cos m\lambda + \Delta \bar{S}_{nm}^{\mathrm{w}}\sin m\lambda)\bar{\mathrm{P}}_{nm}(\cos\theta) \quad ☉ \quad (3.2.9)$$

式中：h_n' 为 n 阶径向负荷勒夫数；(r_0,θ,λ) 为地面计算点的球坐标。

地面或地球外部点(r,θ,λ)处扰动重力负荷效应球谐综合计算式为

$$\Delta g^{\delta}(r,\theta,\lambda) = \frac{GM}{r^2}\frac{3\rho_{\rm w}}{\rho_{\rm e}}\sum_{n=1}^{\infty}\frac{n+1}{2n+1}(1+k_n')\left(\frac{a}{r}\right)^n \\ \cdot \sum_{m=0}^{n}(\Delta \overline{C}_{nm}^{\rm w}\cos m\lambda + \Delta \overline{S}_{nm}^{\rm w}\sin m\lambda)\overline{P}_{nm}(\cos\theta)$$

（3.2.10）

与式（3.2.9）相比，式（3.2.10）不含位移勒夫数作用效应，因此，式（3.2.9）仅适用于计算点位与地球固连的重力负荷效应，而式（3.2.10）适用于计算地面及地面外部空间任意点。为区分这两种情况，这里将仅适用于点位与地球固连情况下的计算式标注⊙。正常重力场是扰动重力场及其随时间变化的起算基准，不随时间变化，因此，重力、扰动重力与空间重力异常的潮汐或非潮汐效应，没有区别。式（3.2.10）中的"扰动"重力负荷效应，特指负荷效应不含位移勒夫数作用效应，下同。

地倾斜负荷效应球谐综合计算式为
南向：

$$\Delta \xi^s(r_0,\theta,\lambda) = \frac{GM}{r_0^2}\frac{3\rho_{\rm w}}{\gamma\rho_{\rm e}}\sin\theta\sum_{n=1}^{\infty}\frac{1+k_n'-h_n'}{2n+1}\left(\frac{a}{r_0}\right)^n \\ \cdot \sum_{m=0}^{n}(\Delta \overline{C}_{nm}^{\rm w}\cos m\lambda + \Delta \overline{S}_{nm}^{\rm w}\sin m\lambda)\frac{\partial}{\partial\theta}\overline{P}_{nm}(\cos\theta) \quad \odot$$

（3.2.11）

西向：

$$\Delta \eta^s(r_0,\theta,\lambda) = \frac{GM}{r_0^2\sin\theta}\frac{3\rho_{\rm w}}{\gamma\rho_{\rm e}}\sum_{n=1}^{\infty}\frac{1+k_n'-h_n'}{2n+1}\left(\frac{a}{r_0}\right)^n \\ \cdot \sum_{m=1}^{n}m(\Delta \overline{C}_{nm}^{\rm w}\sin m\lambda - \Delta \overline{S}_{nm}^{\rm w}\cos m\lambda)\overline{P}_{nm}(\cos\theta) \quad \odot$$

（3.2.12）

地面或地球外部空间点(r,θ,λ)处垂线偏差负荷效应球谐综合计算式为
南向：

$$\Delta \xi(r,\theta,\lambda) = \frac{GM}{r^2}\frac{3\rho_{\rm w}}{\gamma\rho_{\rm e}}\sin\theta\sum_{n=1}^{\infty}\frac{1+k_n'}{2n+1}\left(\frac{a}{r}\right)^n \\ \cdot \sum_{m=0}^{n}(\Delta \overline{C}_{nm}^{\rm w}\cos m\lambda + \Delta \overline{S}_{nm}^{\rm w}\sin m\lambda)\frac{\partial}{\partial\theta}\overline{P}_{nm}(\cos\theta)$$

（3.2.13）

西向：

$$\Delta \eta(r,\theta,\lambda) = \frac{GM}{r^2\sin\theta}\frac{3\rho_{\rm w}}{\gamma\rho_{\rm e}}\sum_{n=1}^{\infty}\frac{1+k_n'}{2n+1}\left(\frac{a}{r}\right)^n \\ \cdot \sum_{m=1}^{n}m(\Delta \overline{C}_{nm}^{\rm w}\sin m\lambda - \Delta \overline{S}_{nm}^{\rm w}\cos m\lambda)\overline{P}_{nm}(\cos\theta)$$

（3.2.14）

地面站点(r_0,θ,λ)位移负荷效应球谐综合计算式：
东向：

$$\Delta e(r_0,\theta,\lambda) = -\frac{GM}{r_0\gamma\sin\theta}\frac{3\rho_{\rm w}}{\rho_{\rm e}}\sum_{n=1}^{\infty}\frac{l_n'}{2n+1}\left(\frac{a}{r_0}\right)^n \\ \cdot \sum_{m=1}^{n}m(\Delta \overline{C}_{nm}^{\rm w}\sin m\lambda - \Delta \overline{S}_{nm}^{\rm w}\cos m\lambda)\overline{P}_{nm}(\cos\theta) \quad \odot$$

（3.2.15）

北向：

$$\Delta n(r_0,\theta,\lambda) = -\frac{GM}{r_0\gamma}\frac{3\rho_\text{w}}{\rho_\text{e}}\sin\theta\sum_{n=1}^{\infty}\frac{l'_n}{2n+1}\left(\frac{a}{r_0}\right)^n \\ \cdot \sum_{m=0}^{n}(\Delta\bar{C}^\text{w}_{nm}\cos m\lambda + \Delta\bar{S}^\text{w}_{nm}\sin m\lambda)\frac{\partial}{\partial\theta}\bar{P}_{nm}(\cos\theta) \quad \odot$$

(3.2.16)

径向：

$$\Delta r(r_0,\theta,\lambda) = \frac{GM}{r_0\gamma}\frac{3\rho_\text{w}}{\rho_\text{e}}\sum_{n=1}^{\infty}\frac{h'_n}{2n+1}\left(\frac{a}{r_0}\right)^n \\ \cdot \sum_{m=0}^{n}(\Delta\bar{C}^\text{w}_{nm}\cos m\lambda + \Delta\bar{S}^\text{w}_{nm}\sin m\lambda)\bar{P}_{nm}(\cos\theta) \quad \odot$$

(3.2.17)

地面或地球外部空间点 (r,θ,λ) 处重力梯度径向负荷效应球谐综合计算式为

$$\Delta T_{rr}(r,\theta,\lambda) = \frac{GM}{r^3}\frac{3\rho_\text{w}}{\rho_\text{e}}\sum_{n=1}^{\infty}\frac{(n+1)(n+2)}{2n+1}(1+k'_n)\left(\frac{a}{r}\right)^n \\ \cdot \sum_{m=0}^{n}(\Delta\bar{C}^\text{w}_{nm}\cos m\lambda + \Delta\bar{S}^\text{w}_{nm}\sin m\lambda)\bar{P}_{nm}(\cos\theta)$$

(3.2.18)

地面或地球外部空间点 (r,θ,λ) 处水平重力梯度负荷效应球谐综合计算式为

北向：

$$\Delta T_{\text{NN}}(r,\theta,\lambda) = -\frac{GM}{r^3}\frac{3\rho_\text{w}}{\rho_\text{e}}\sum_{n=1}^{\infty}\frac{1+k'_n}{2n+1}\left(\frac{a}{r}\right)^n \\ \cdot \sum_{m=0}^{n}(\Delta\bar{C}^\text{w}_{nm}\cos m\lambda + \Delta\bar{S}^\text{w}_{nm}\sin m\lambda)\frac{\partial^2}{\partial\theta^2}\bar{P}_{nm}(\cos\theta)$$

(3.2.19)

西向：

$$\Delta T_{\text{WW}}(r,\theta,\lambda) = -\frac{GM}{r^3\sin^2\theta}\frac{3\rho_\text{w}}{\rho_\text{e}}\sum_{n=1}^{\infty}\frac{1+k'_n}{2n+1}\left(\frac{a}{r}\right)^n \\ \cdot \sum_{m=1}^{n}m^2(\Delta\bar{C}^\text{w}_{nm}\sin m\lambda + \Delta\bar{S}^\text{w}_{nm}\cos m\lambda)\bar{P}_{nm}(\cos\theta)$$

(3.2.20)

在式（3.2.8）～式（3.2.20）中，一阶项（$n=1$）表示大地测量要素的地球质心变化效应。地球质心变化在形变大地测量学中具有重要地位，上述各式中的一阶项不能忽略。

依据 Farrell 负荷形变理论，采用 PREM 有关参数，可计算地表单位点质量负荷（1 kg/m²）作用下的负荷勒夫数。n 阶径向、水平和位负荷勒夫数 h'_n、l'_n 和 k'_n 取值见表 3.1。

表 3.1 负荷勒夫数取值

阶数 n	h'_n	l'_n	k'_n
1	−0.287 112 988 0	0.104 504 406 2	0
2	−0.994 587 059 1	0.024 112 515 9	−0.305 770 336 0
3	−1.054 653 021 0	0.070 854 936 8	−0.196 272 236 3
4	−1.057 783 895 0	0.059 587 231 8	−0.133 790 589 7
5	−1.091 185 915 0	0.047 026 275 0	−0.104 761 797 6

续表

阶数 n	h'_n	l'_n	k'_n
6	−1.149 253 656 0	0.039 408 117 6	−0.090 349 580 5
8	−1.290 473 661 0	0.032 251 232 0	−0.076 523 489 7
12	−1.560 934 855 0	0.027 163 670 8	−0.063 884 750 6
18	−1.886 440 474 0	0.024 470 834 3	−0.053 549 013 2
25	−2.161 524 726 0	0.022 544 863 3	−0.045 262 573 9
50	−2.633 748 552 0	0.016 026 426 2	−0.027 515 356 9
120	−3.096 511 619 0	0.007 726 732 3	−0.012 210 980 6
300	−3.958 810 148 0	0.003 164 272 6	−0.005 749 397 9
1000	−5.887 537 413 0	0.001 674 307 5	−0.002 832 482 8
5000	−6.214 822 437 0	0.000 378 475 2	−0.000 610 886 9
25 000	−6.215 960 707 0	0.000 075 690 1	−0.000 122 243 3
32 768	−6.216 028 271 0	0.000 057 746 8	−0.000 093 267 2
∞	−6.209 144 000 0	0	0

使用球谐综合负荷效应[式（3.2.8）～式（3.2.20）]时，需要规格化缔合勒让德函数 $\bar{P}_{nm}(\cos\theta)$ 及其对 θ 的一阶、二阶导数，令 $t=\cos\theta, u=\sin\theta$，以下直接给出几种快速算法（于锦海 等，2015）。

（1）$\bar{P}_{nm}(t)$ 标准前向列递推算法（$n<1900$）：

$$\bar{P}_{00}(t)=1, \quad \bar{P}_{10}(t)=\sqrt{3}t, \quad \bar{P}_{11}(t)=\sqrt{3}u \tag{3.2.21}$$

$$\begin{cases}\bar{P}_{nm}(t)=a_{nm}t\bar{P}_{n-1,m}(t)-b_{nm}\bar{P}_{n-2,m}(t), & \forall n>1, m<n \\ \bar{P}_{nn}(t)=u\sqrt{\dfrac{2n+1}{2n}}\bar{P}_{n-1,n-1}, & n>1\end{cases} \tag{3.2.22}$$

式中：$a_{nm}=\sqrt{\dfrac{(2n-1)(2n+1)}{(n+m)(n-m)}}, \quad b_{nm}=\sqrt{\dfrac{(2n+1)(n+m-1)(n-m-1)}{(2n-3)(n+m)(n-m)}}$。

（2）$\bar{P}_{nm}(t)$ 改进别利科夫（Belikov）递推算法（$n<64\,800$）：

当 $n=0,1$ 时，采用式（3.2.21）；当 $n\geqslant 2$ 时：

$$\bar{P}_{n0}(t)=a_n t\bar{P}_{n-1,0}-b_n\dfrac{u}{2}\bar{P}_{n-1,1}(t), \quad m=0 \tag{3.2.23}$$

$$\bar{P}_{nm}(t)=c_{nm}t\bar{P}_{n-1,m}(t)-d_{nm}u\bar{P}_{n-1,m+1}(t)+e_{nm}u\bar{P}_{n-1,m-1}(t), \quad m>0 \tag{3.2.24}$$

式中 $a_n=\sqrt{\dfrac{2n+1}{2n-1}}, \quad b_n=\sqrt{\dfrac{2(n-1)(2n+1)}{n(2n-1)}}$

$c_{nm}=\dfrac{1}{n}\sqrt{\dfrac{(n+m)(n-m)(2n+1)}{2n-1}}, \quad d_{nm}=\dfrac{1}{2n}\sqrt{\dfrac{(n-m)(n-m-1)(2n+1)}{2n-1}}$

当 $m>0$ 时，$e_{nm}=\dfrac{1}{2n}\sqrt{\dfrac{2}{2-\delta_0^{m-1}}}\sqrt{\dfrac{(n+m)(n+m-1)(2n+1)}{2n-1}}$。

（3） $\overline{P}_{nm}(t)$ 函数跨阶次递推算法（$n < 20\,000$）：

当 $n = 0, 1$ 时，采用式（3.2.21）；当 $n \geq 2$ 时：

$$\overline{P}_{nm}(t) = \alpha_{nm}\overline{P}_{n-2,m}(t) + \beta_{nm}\overline{P}_{n-2,m-2}(t) - \gamma_{nm}\overline{P}_{n,m-2}(t) \tag{3.2.25}$$

式中 $\alpha_{nm} = \sqrt{\dfrac{(2n+1)(n-m)(n-m-1)}{(2n-3)(n+m)(n+m-1)}}$, $\beta_{nm} = \sqrt{1+\delta_0^{m-2}}\sqrt{\dfrac{(2n+1)(n+m-2)(n+m-3)}{(2n-3)(n+m)(n+m-1)}}$

$$\gamma_{nm} = \sqrt{1+\delta_0^{m-2}}\sqrt{\dfrac{(n-m+1)(n+m-3)}{(n+m)(n+m-1)}}$$

（4） $\dfrac{\partial}{\partial \theta}\overline{P}_{nm}(\cos\theta)$ 的非奇异递推算法：

$$\frac{\partial}{\partial \theta}\overline{P}_{nm}(\cos\theta) = -\sin\theta \frac{\partial}{\partial t}\overline{P}_{nm}(t) \tag{3.2.26}$$

为 $\overline{P}_{nm}(\cos\theta)$ 对 θ 的一阶偏导数。

$$\begin{cases} \dfrac{\partial}{\partial \theta}\overline{P}_{n0}(t) = -\sqrt{\dfrac{n(n+1)}{2}}\overline{P}_{n1}(t), & \dfrac{\partial}{\partial \theta}\overline{P}_{n1}(t)\sqrt{\dfrac{n(n+1)}{2}}\overline{P}_{n0}(t) - \dfrac{\sqrt{(n-1)(n+2)}}{2}\overline{P}_{n2}(t) \\ \dfrac{\partial}{\partial \theta}\overline{P}_{nm}(t) = \dfrac{\sqrt{(n+m)(n-m+1)}}{2}\overline{P}_{n,m-1}(t) - \dfrac{\sqrt{(n-m)(n+m+1)}}{2}\overline{P}_{n,m+1}(t), & m > 2 \end{cases} \tag{3.2.27}$$

$$\frac{\partial}{\partial \theta}\overline{P}_{00}(t) = 0, \quad \frac{\partial}{\partial \theta}\overline{P}_{10}(t) = -\sqrt{3}u, \quad \frac{\partial}{\partial \theta}\overline{P}_{11}(t) = \sqrt{3}t \tag{3.2.28}$$

（5） $\dfrac{\partial^2}{\partial \theta^2}\overline{P}_{nm}$ 的非奇异递推算法：

$$\begin{cases} \dfrac{\partial^2}{\partial \theta^2}\overline{P}_{n0}(t) = -\dfrac{n(n+1)}{2}\overline{P}_{n0}(t) + \sqrt{\dfrac{n(n-1)(n+1)(n+2)}{8}}\overline{P}_{n2}(t) \\ \dfrac{\partial^2}{\partial \theta^2}\overline{P}_{n1}(t) = -\dfrac{2n(n+1)+(n-1)(n+2)}{4}\overline{P}_{n1}(t) + \dfrac{\sqrt{(n-2)(n-1)(n+2)(n+3)}}{4}\overline{P}_{n3}(t) \end{cases} \tag{3.2.29}$$

$$\begin{aligned}\frac{\partial^2}{\partial \theta^2}\overline{P}_{nm}(t) = &\frac{\sqrt{(n-m+1)(n-m+2)(n+m-1)(n+m)}}{4}\overline{P}_{n,m-2}(t) \\ &- \frac{\sqrt{(n+m)(n-m+1)+(n-m)(n+m+1)}}{4}\overline{P}_{nm}(t) \\ &+ \frac{\sqrt{(n-m-1)(n-m)(n+m+1)(n+m+2)}}{4}\overline{P}_{n,m+2}(t), \quad m > 2 \end{aligned} \tag{3.2.30}$$

$$\frac{\partial^2}{\partial \theta^2}\overline{P}_{00}(t) = 0, \quad \frac{\partial^2}{\partial \theta^2}\overline{P}_{10}(t) = -\sqrt{3}t, \quad \frac{\partial^2}{\partial \theta^2}\overline{P}_{11}(t) = -\sqrt{3}u \tag{3.2.31}$$

3.2.3 负荷球谐分析与负荷效应球谐综合

1. 海平面变化球谐分析与负荷形变场球谐综合

为不失一般性，总可以将全球海水质量变化和运输分解为两种作用效应，一种是在海水密度不随时间变化情况下的海平面变化，另一种是在海水体积和空间分布不变情况下（此时海平面高度不变）的海水密度变化。第一种海平面变化，是 3.1.3 小节所有因素作用后的总海平面变化，显然也包括海水温盐效应引起的海平面高度变化，这部分海平面变化对全球海水质量变化和运输的贡献达到98%以上，且可利用验潮站和多种海洋测高卫星高效精准监测。第二种海水密度变化，由于不再包括温盐效应引起的海平面高度变化，所以对全球海水质量变化和运输的贡献一般不到 2%，且难以准确监测。大多数大地测量应用中，可用海平面变化代表全球海水质量变化和运输，而将海水密度随时间变化的影响留给更高水平的大地测量技术（如卫星大地测量结合现场水文监测）去解决。

1）海平面变化球谐分析与负荷球谐模型构建

全球海平面变化球谐分析可依据式（3.2.4），按快速傅里叶（Fourier）算法计算。此时，先综合各种海面高监测数据，构造球坐标系下海平面变化格网时间序列（统一移去某一参考历元的海面高格网或某段时期内平均海面高格网），再分别对每一采样时刻的海平面变化格网，按式（3.2.4）进行球谐分析，生成海平面变化负荷球谐系数模型时间序列。

海平面变化格网的空间分辨率决定其负荷球谐模型的最大阶数，负荷球谐系数模型时间序列的采样历元与海平面变化格网时间序列一一对应。式（3.2.4）将海平面高度变化表达为半径等于地球长半轴 a 球面上的面球函数线性组合，是线性的，因此，可进一步采用残差迭代球谐分析法，有效提高海平面变化负荷球谐系数模型的逼近水平。

图 3.2 所示为 ETideLoad4.5（附录 1）中的全球海平面变化球谐分析程序，程序输入 0.5°×0.5°全球海平面变化格网时间序列（陆地区域置零），按式（3.2.4），采用残差迭代累积逼近方法（迭代残差变化如图 3.2 右下部分所示），构造 360 阶海平面变化负荷球谐系数模型时间序列（其中，第一个历元海平面变化负荷球谐系数模型如图 3.2 左下部分所示）。

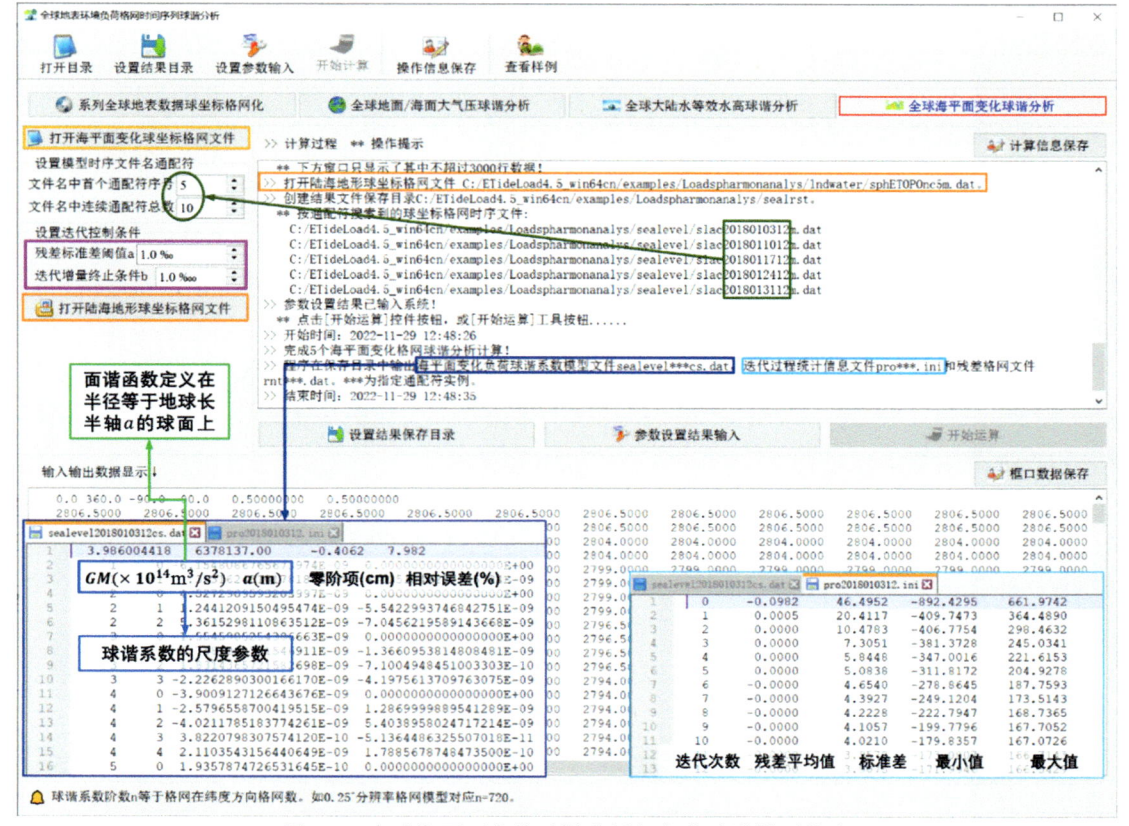

图3.2　全球海平面变化球谐分析与负荷球谐模型构建

海平面变化负荷球谐系数模型的头文件分别是地心引力常数 GM（$\times 10^{14}$ m³/s²），地球长半轴 a（m），零阶项 $a\Delta C_{00}$（cm），相对误差 Θ（%）。Θ 为最终迭代残差标准差与输入原格网标准差的百分比。球谐系数最大阶数 n 等于全球地表负荷格网在纬度方向格网数，本例输入 $0.5°\times 0.5°$ 分辨率格网模型，对应最大阶数 $n=360$。GM 和 a 也称为负荷球谐系数模型的尺度参数，表示球谐系数的面球基函数定义在半径等于地球长半轴 a 的球面上。零阶项 $a\Delta C_{00}$ 代表海平面变化导致的全球海洋总质量的变化，程序用于评估球谐分析算法性能，实际应用中一般忽略零阶项。三个一阶项球谐系数（$\Delta \bar{C}_{10}^{sea}, \Delta \bar{C}_{11}^{sea}, \Delta \bar{S}_{11}^{sea}$）可用于计算海平面变化引起的地球质心变化。

对于高精度大地测量，全球海平面变化短波成分不可忽略，因而需要较高空间分辨率的格网模型才能满足精度要求，相应地，需要较高阶球谐系数模型表示。负荷球谐系数模型最大阶数取决于负荷的全球频谱结构与负荷效应的精度要求。表 3.2 给出了某一历元时刻全球海平面变化负荷球谐分析结果随格网分辨率（最大阶数）变化情况。

表 3.2　海平面变化负荷球谐分析残差随格网分辨率变化情况

输入格网分辨率	最大阶数	零阶项/cm	一阶项$\times 10^{-10}$ ΔC_{10}^{sea}	ΔC_{11}^{sea}	ΔS_{11}^{sea}	残差相对误差/%
$1°\times 1°$	180	0.1278	−7.140 17	−0.741 91	6.932 10	6.519
$30'\times 30'$	360	0.1419	−7.293 29	−0.811 69	7.570 94	5.075
$15'\times 15'$	720	0.1273	−7.196 55	−0.717 97	6.860 62	3.566

从表 3.2 可以看出，该历元时刻全球海平面变化的中短波成分明显，兼顾精度与计算效率，该历元时刻的海平面变化负荷球谐系数模型的适宜最大阶数可选择 720 阶。

2）海平面变化负荷效应球谐综合计算

利用海平面变化负荷球谐系数模型，就可按式（3.2.8）～式（3.2.20）球谐综合算法，计算全球地面或地球外部任意点的高程异常、地面重力、扰动重力、地倾斜（南向/西向，SW）、垂线偏差（南向/西向，SW）、水平位移（东向/北向，EN）、地面径向（大地高）、地面正（常）高、重力梯度径向或水平重力梯度（北向/西向，NW）的海平面变化负荷形变效应，计算固体地球外部空间（包括海洋、航空或卫星高度）的海平面变化负荷重力位、引力（加速度）或重力梯度摄动。

本小节直接由多种海洋测高卫星联合监测的 $15'\times 15'$ 全球海平面周变化，去除 2018 年平均值后，构造 2018 年 1 月～2020 年 12 月 $0.5°\times 0.5°$ 全球海平面周变化（cm）球坐标格网时间序列（共 157 个采样历元），之后采用式（3.2.4），按快速傅里叶算法，构建 360 阶海平面变化负荷球谐系数周变化模型（m）时间序列，最后，再按式（3.2.8）～式（3.2.20）的负荷效应球谐综合算法，计算中国沿海 12 座验潮站处（$18°$N～$40°$N）地面全要素海平面变化负荷效应。

图 3.3～图 3.6 分别为 12 座验潮站处 2018 年 1 月～2020 年 12 月全球海平面周变化负荷引起的大地水准面周变化时间序列、地面重力周变化时间序列、地面大地高周变化时间序列和径向重力梯度周变化时间序列曲线。

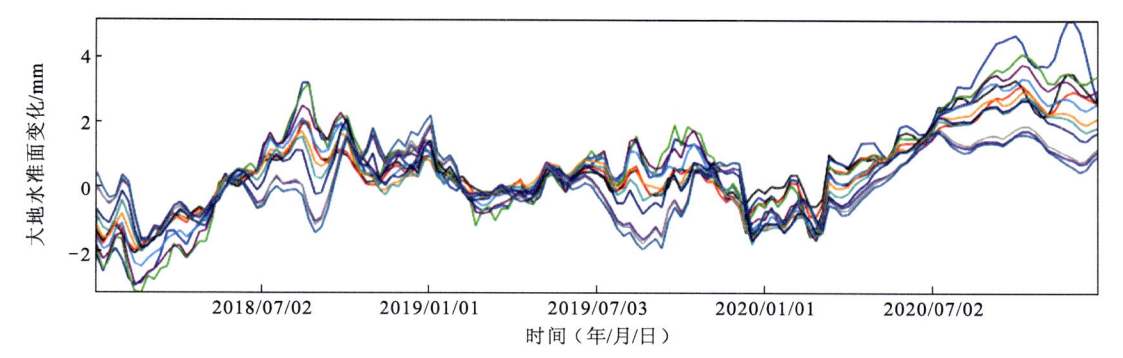

图 3.3 中国沿海 12 座验潮站处海平面变化负荷效应的大地水准面周变化

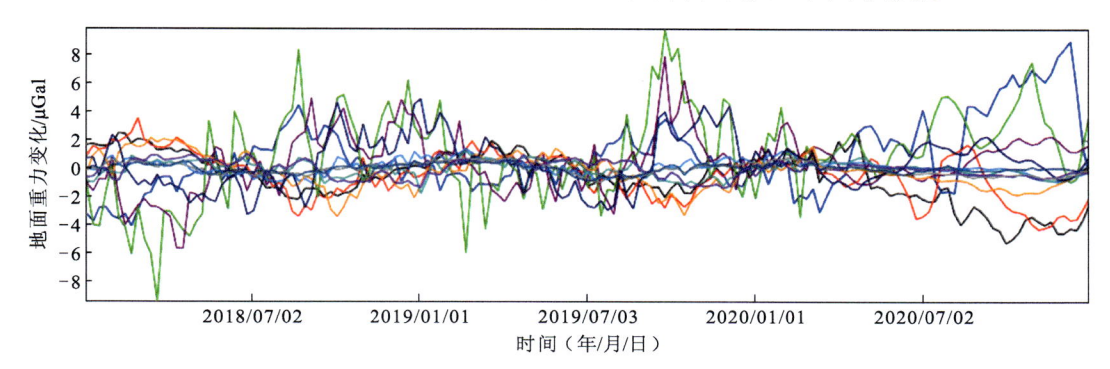

图 3.4 中国沿海 12 座验潮站处海平面变化负荷效应的地面重力周变化

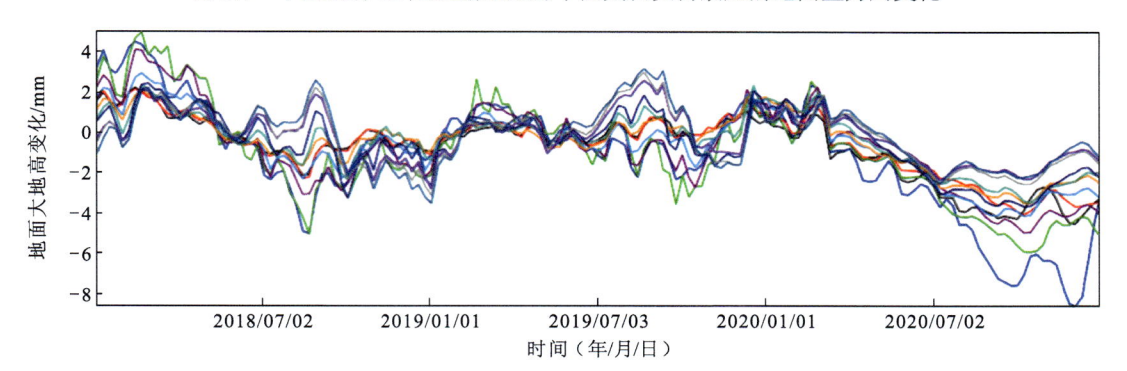

图 3.5 中国沿海 12 座验潮站处海平面变化负荷效应的地面大地高周变化

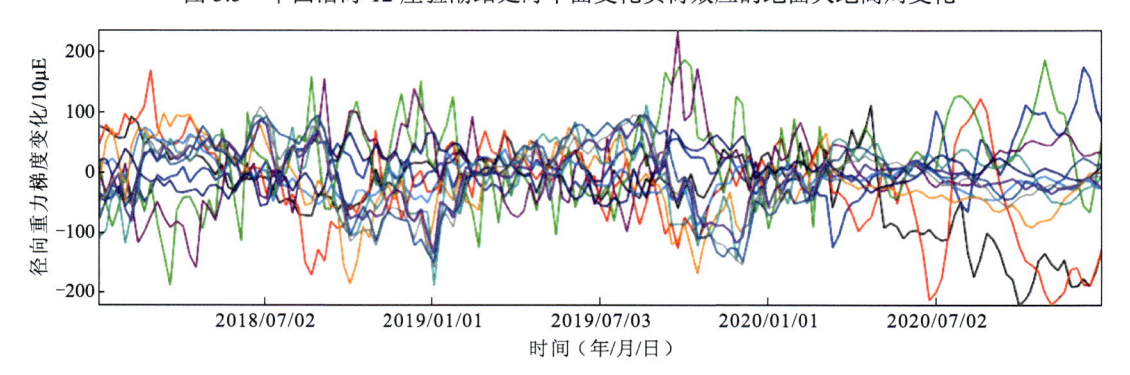

图 3.6 中国沿海 12 座验潮站处海平面变化负荷效应-径向重力梯度周变化

E 为重力梯度单位，1 E=$10^{-9}/s^2$

2. 地面大气压球谐分析与负荷形变球谐综合计算

1）大气层密度变化负荷效应与地面大气压负荷效应

计算大气负荷效应，原则上要对整个大气层空间密度变化进行三维积分，计算大气层密度变化对地面及地球外部各种大地测量参数或观测量的直接影响和间接影响。实际计算时，通常利用地面大气压变化与大气层空间密度变化之间的近似关系，由地面大气压变化，计算大气负荷效应。这种近似在大多数情况下能满足大地测量的精度要求（Guo et al.，2004）。

本小节推荐一种可满足大地测量精度要求的简化计算方案。计算大气负荷间接影响时，假设大气压负荷集中于地面，且 1 hPa 与 1 cm 等效水高负荷的贡献相当，计算点高度 h 取点位相对于地面的高度。在计算重力、重力梯度大气压负荷直接影响时，假设地面高度 h 处的大气压 P_h 与地面大气压 P_0 存在比例关系 $(1-h/44\,330)^{5225}$，即

$$P_h = P_0(1-h/44\,330)^{5225} \tag{3.2.32}$$

大气变化负荷效应实际计算时，不必已知当前计算历元时刻计算点处 P_h，只需知道计算历元时刻 P_h 大气压相对于参考大气压 P_h^* 的差异 $\Delta P_h = P_h - P_h^*$，由当前历元时刻地面大气压 P_0 与参考历元时刻地面大气压 P_0^* 的差值，得到计算点处的大气压变化 ΔP_h：

$$\Delta P_h = P_h - P_h^* = P_0\left(1-\frac{h}{44\,330}\right)^{5225} - P_0^*\left(1-\frac{h}{44\,330}\right)^{5225} \approx \Delta P_0\left(1-\frac{h}{44\,330}\right)^{5225} \tag{3.2.33}$$

利用式（3.2.33），可直接由地面大气压变化 ΔP_0 计算距地面高度 h 处的大气压变化 ΔP_h，而无须知道地面点在参考历元的大气压绝对值 P_0^*。

2）地面大气压变化球谐分析与负荷效应球谐综合

全球地面大气压变化球谐分析流程，与海平面变化球谐分析完全相同，也采用式（3.2.4），按快速傅里叶算法计算。先综合地面大气压观测数据，构建球坐标系下全球地面大气压变化格网时间序列，再分别对每一采样历元地面大气压变化格网，按式（3.2.4）进行球谐分析，生成全球地面大气压变化负荷球谐系数模型时间序列。类似于海平面变化球谐分析，地面大气压变化负荷球谐系数模型的最大阶数与地面大气压变化的实际频谱结构有关，表 3.3 所示为某一历元时刻全球地面大气压变化负荷球谐分析结果随格网分辨率（最大阶数）变化情况。

表 3.3 地面大气压变化负荷球谐分析残差随格网分辨率变化情况

输入格网分辨率	最大阶数	零阶项/hPa	一阶项×10⁻¹⁰ $\Delta\bar{C}_{10}^{air}$	$\Delta\bar{C}_{11}^{air}$	$\Delta\bar{S}_{11}^{air}$	残差相对误差/%
2°×2°	90	-1.7539	0.550 43	3.602 70	-6.357 02	2.707
1°×1°	180	-1.7614	0.544 24	3.606 95	-8.363 43	1.215
0.5°×0.5°	360	-1.7620	0.542 51	3.607 48	-8.369 12	2.043

从表 3.3 可以看出，该历元时刻的全球地面大气压变化中长波占优，可采用最大阶数不低于 180 阶的负荷球谐系数模型表示。

本小节利用欧洲中期天气预报中心（European Centre for Medium-Range Weather Forecasts，ECMWF）全球再分析数据 ERA-40/ERA-Interim 中的 0.5°×0.5° 地面/海面大气压日变化数据，

去除 2018 年平均值后，构造 2018 年 1 月～2020 年 12 月 1°×1° 全球地面/海面大气压周变化（hPa）球坐标格网时间序列（共 157 个采样历元），采用式（3.2.4），按快速傅里叶算法，构建 180 阶全球大气压变化负荷球谐系数周变化（m）模型时间序列，再按式（3.2.8）～式（3.2.20）的负荷形变球谐综合算法，计算中国大陆 14 座卫星定位连续运行基准站（continuously operating reference stations，CORS）处地面全要素大地测量大气压变化负荷效应。

图 3.7 和图 3.8 分别为中国大陆地区 14 座 CORS 2018 年 1 月～2020 年 12 月全球地面大气压周变化负荷引起的地面大地高周变化时间序列 mm 和径向重力梯度周变化时间序列 10 μE 曲线。

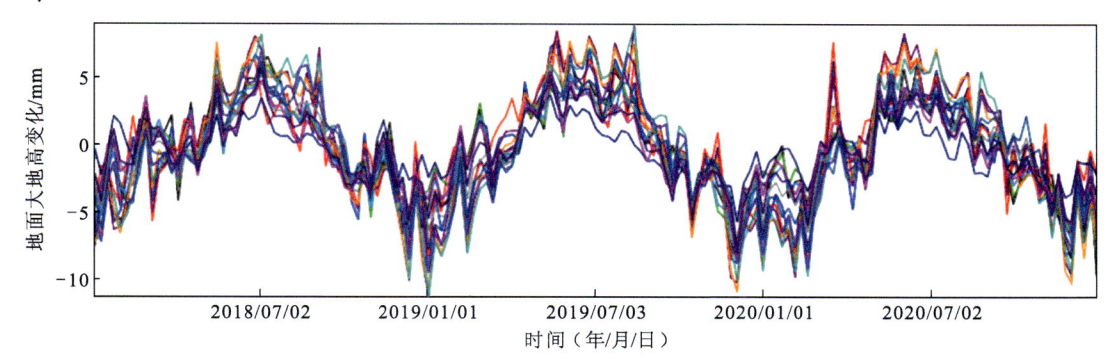

图 3.7　中国大陆 14 座 CORS 地面大气压变化负荷形变（2～180 阶）的地面大地高周变化

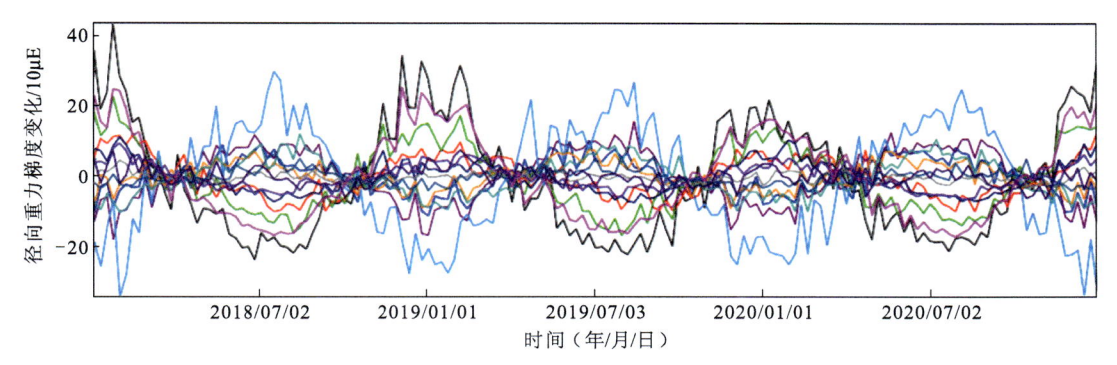

图 3.8　中国大陆 14 座 CORS 地面大气压变化负荷形变（2～180 阶）的径向重力梯度周变化

3. 陆地水球谐分析与负荷形变场球谐综合计算

全球陆地水变化球谐分析与海平面变化球谐分析方法完全相同。这里的陆地水，包括 4 m 以浅土壤水与湿地、植被、冰川雪山水含量，但不包括河流水和地下水。表 3.4 所示为某一历元全球陆地水变化负荷球谐分析结果随格网分辨率（最大阶数）变化情况。

表 3.4　陆地水变化负荷球谐分析残差随格网分辨率变化情况

输入格网分辨率	最大阶数	零阶项/cm	一阶项×10⁻¹⁰ $\Delta\bar{C}_{10}^{land}$	$\Delta\bar{C}_{11}^{land}$	$\Delta\bar{S}_{11}^{land}$	残差相对误差/%
30′×30′	360	0.3242	5.460 47	1.499 47	0.520 91	5.851
15′×15′	720	0.3207	5.325 56	1.512 16	0.502 61	4.291
9′×9′	1200	0.3236	5.435 33	1.501 54	0.514 93	3.094

从表 3.4 可以看出，该历元时刻的全球陆地水变化短波成分较为明显，其负荷球谐系数模型的适宜最大阶数可选择 720 阶。

本小节利用美国国家航空航天局戈达德航天中心和美国国家环境预报中心的全球水文模式 GLDAS 数据，去除 2018 年平均值后，构造 2018 年 1 月～2020 年 9 月 15′×15′全球陆地水周变化（cm）球坐标格网时间序列（143 个采样历元），按式（3.2.4），构建 720 阶陆地水变化负荷球谐系数周变化（m）模型时间序列，再按式（3.2.8）～式（3.2.20），计算中国 14 座 CORS 处地面全要素陆地水变化负荷效应。

图 3.9～图 3.12 分别为中国大陆 14 座 CORS 处 2018 年 1 月～2020 年 9 月全球陆地水周变化负荷引起的大地水准面周变化时间序列、地面重力周变化时间序列、地面大地高周变化时间序列和径向重力梯度周变化时间序列曲线。

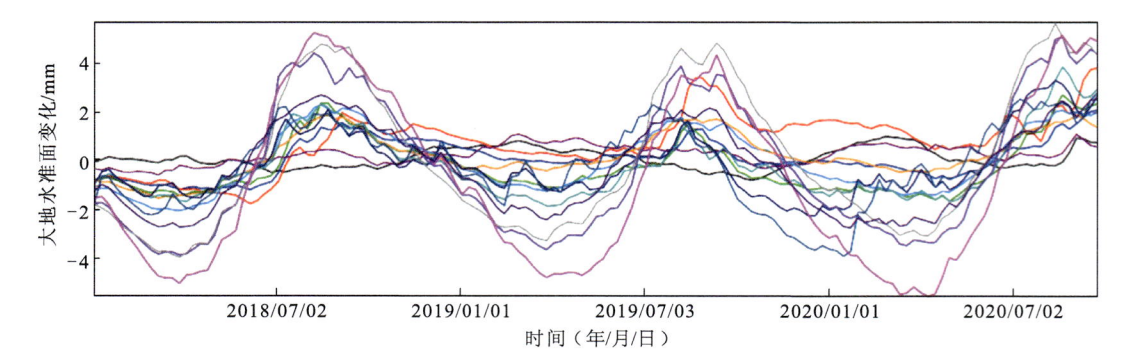

图 3.9　中国大陆 14 座 CORS 陆地水变化负荷形变（2～720 阶）的大地水准面周变化

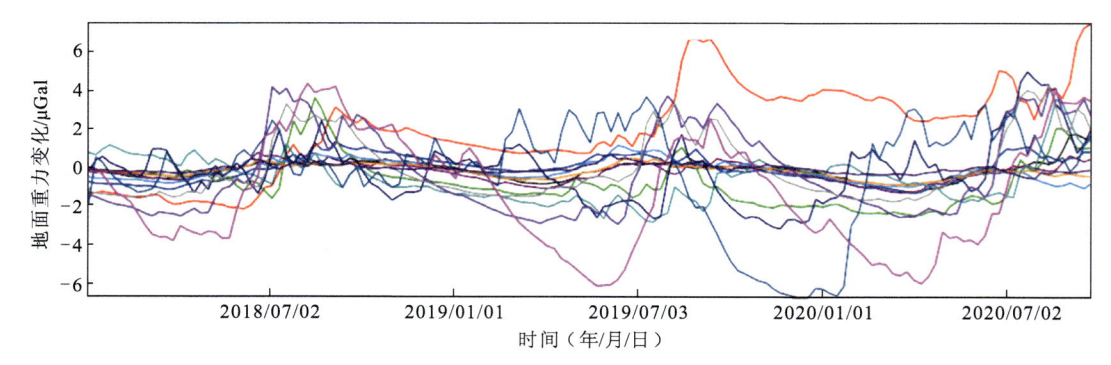

图 3.10　中国大陆 14 座 CORS 土壤水变化负荷形变（2～720 阶）的地面重力周变化

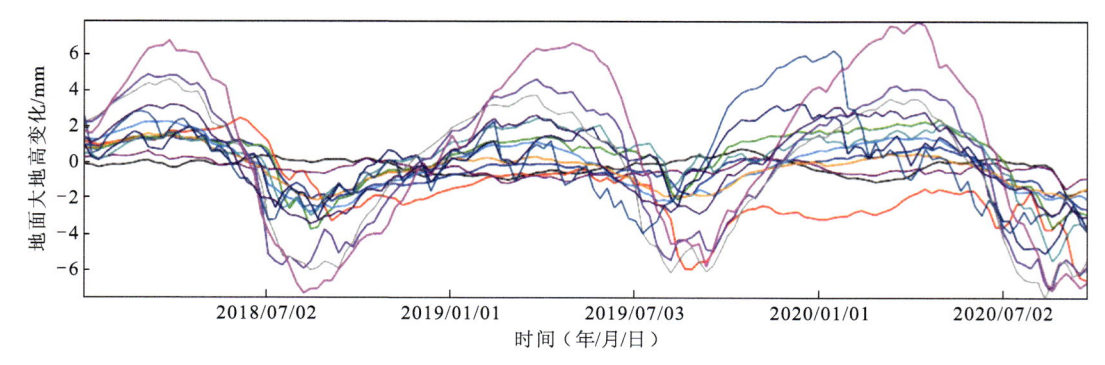

图 3.11　中国陆地水变化负荷形变（2～720 阶）的地面大地高周变化

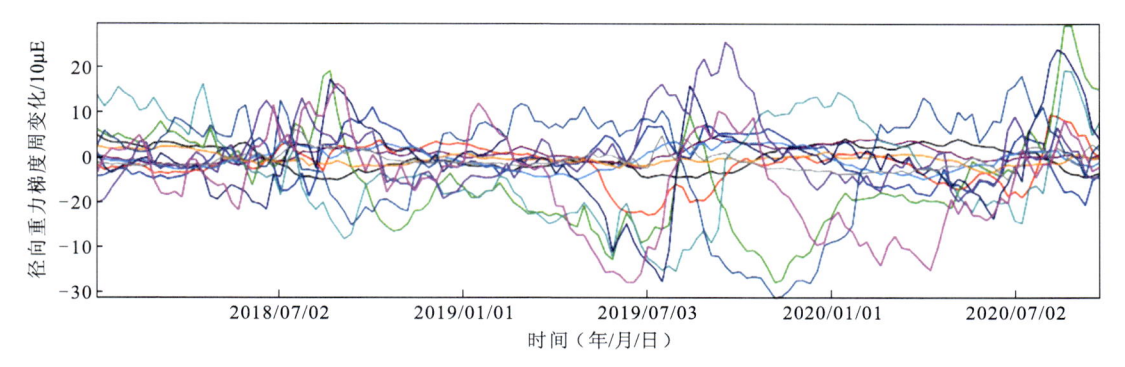

图 3.12　中国大陆 14 座 CORS 陆地水变化负荷形变（2～720 阶）的径向重力梯度周变化

由于等效水高球谐展开及其负荷效应球谐展开都是线性的，所以可以直接将海平面变化与陆地水变化格网相加后，再进行球谐分析，并按球谐综合方法计算总负荷形变效应；也可以将海平面变化负荷球谐系数模型与陆地水变化负荷球谐系数模型直接相加，再按球谐综合方法计算总负荷形变效应；还可分别计算海平面变化和陆地水变化负荷形变效应后，再相加得到总负荷形变效应。上述三种情况下计算的总负荷形变效应相等。

利用全球海平面、地面大气压、陆地水变化监测数据，确定地表环境负荷引起的非潮汐时变重力场，包括位系数和外部全要素重力场量的非潮汐负荷效应，可标定重力卫星关键测量载荷的多种参数，有效提升和检核卫星重力场时变监测的质量、可靠性、精度与时变重力场监测水平。

3.3　负荷格林函数与负荷效应空域积分算法

负荷格林函数定义为单位点质量负荷变化（kg/m^2）的响应函数，而大地测量要素的地面负荷效应，等于负荷格林函数与地面负荷面密度 $\sigma_w(=\rho_w h_w)$ 在全球地面上的卷积。一般地，类似于地球重力场理论中的 Stokes 积分公式（1.2.96），地面计算点处 (θ,λ)，任意类型大地测量要素的负荷形变效应 $F(\theta,\lambda)$，可用球近似下负荷格林函数积分表示为

$$F(\theta,\lambda) = R^2 \rho_w \iint_\sigma h_w G(\psi) \mathrm{d}\sigma \tag{3.3.1}$$

式中：σ 为单位球面；R 为地球平均半径；ψ 为地面负荷流动面元 $\mathrm{d}\sigma$ 到地面计算点 (θ,λ) 的球面角距；$G(\psi)$ 为以球面角距 ψ 为自变量的负荷格林函数，其形式与计算类型有关。将负荷格林函数积分 $F(\theta,\lambda)$ 拆分成两个部分，第一部分为负荷的直接影响，第二部分为负荷的间接影响：

$$F(\theta,\lambda) = F^d(\theta,\lambda) + R^2 \rho_w \iint_\sigma h_w G^i(\psi) \mathrm{d}\sigma \tag{3.3.2}$$

式中：(θ,λ) 为地面计算点的球坐标；$F^d(\theta,\lambda)$ 为地面计算点处负荷效应的直接影响，可由负荷等效水高按严密积分计算；$G^i(\psi)$ 为负荷间接影响格林函数。

各种大地测量要素（观测量或参数）的负荷形变效应，等于其负荷直接影响积分与负荷间接影响格林函数积分之和。本节将负荷直接影响积分与负荷间接影响格林函数积分的组合，仍统称为负荷格林函数积分。

3.3.1 地面要素负荷直接影响积分

1. 地面重力位直接影响积分

已知地面负荷等效水高变化 h_w，则负荷变化对计算点 (r,θ,λ) 处的重力位直接影响 V^d，可按万有引力公式计算：

$$V^d(r,\theta,\lambda) = G\rho_w \iint_S \frac{h_w}{L} dS, \quad L = \sqrt{r^2 + r'^2 - 2rr'\cos\psi} \tag{3.3.3}$$

式中：L 为计算点 (r,θ,λ) 与地面负荷流动点 (r',θ',λ') 之间的空间距离；$dS = R^2 d\sigma$ 为地面负荷流动积分面元；ψ 为地面流动点 (r',θ',λ') 到计算点 (r,θ,λ) 的球面角距，有

$$\cos\psi = \cos\theta\cos\theta' + \sin\theta\sin\theta'\cos(\lambda'-\lambda), \quad \sin\psi = \sin\theta\cos\theta' + \cos\theta\sin\theta'\cos(\lambda'-\lambda) \tag{3.3.4}$$

$$\sin\psi\cos\alpha = \sin\theta\cos\theta' - \cos\theta\sin\theta'\cos(\lambda'-\lambda), \quad \sin\psi\sin\alpha = \sin\theta'\sin(\lambda'-\lambda) \tag{3.3.5}$$

$$\frac{\partial\psi}{\partial\theta} = -\frac{\partial\psi}{\partial\varphi} = \cos\alpha, \quad \frac{\partial\psi}{\partial\lambda} = -\sin\alpha\sin\theta \tag{3.3.6}$$

式中：α 为 ψ 的大地方位角。顾及 $d\sigma = \psi d\psi d\alpha$，在地面，当计算点与流动点重合时，有

$$L = r\psi, \quad r - r'\cos\psi = \frac{r\psi^2}{2} \tag{3.3.7}$$

$$A = dS = r^2 \int_{\alpha=0}^{2\pi} \int_0^{\psi_0} \psi d\psi d\alpha = \pi r^2 \psi_0^2 \rightarrow \psi_0 = \frac{1}{r}\sqrt{\frac{A}{\pi}} \tag{3.3.8}$$

式中：$A = dS$ 为地面负荷所在的流动积分面元的面积。此时，积分式（3.3.3）在地面计算点处奇异，由式（3.3.7）和式（3.3.8）可得，积分奇异值为

$$V_d^0(r,\theta,\lambda) = G\rho_w r^2 \int_{\alpha=0}^{2\pi} \int_0^{\psi_0} \frac{h_w}{r\psi} \psi d\psi d\alpha = 2\pi G\rho_w h_w r\psi_0 \tag{3.3.9}$$

2. 地面扰动重力直接影响积分

按照扰动重力定义式（1.2.44），由式（3.3.3）得地面及地球外部计算点 (r,θ,λ) 处的扰动重力直接影响为

$$\delta g^d(r,\theta,\lambda) = -\frac{\partial V^d(r,\theta,\lambda)}{\partial r} = -G\rho_w \iint_S h_w \frac{\partial}{\partial r}\left(\frac{1}{L}\right) dS = G\rho_w \iint_S h_w \frac{r - r'\cos\psi}{L^3} dS \tag{3.3.10}$$

在地面上，当计算点与流动点重合时，积分（3.3.10）奇异，该积分面元处的奇异值为

$$\delta g_0^d(r,\theta,\lambda) = 2\pi G\rho_w h_w \int_0^{\psi_0} \frac{\psi^2/2}{\psi^3} \psi d\psi = \pi G\rho_w h_w \psi_0 \tag{3.3.11}$$

3. 地面垂线偏差直接影响积分

根据垂线偏差定义式（1.2.45），由式（3.3.3）得计算点 (r,θ,λ) 处的垂线偏差直接影响为

$$\Theta^d(r,\theta,\lambda) = \frac{1}{\gamma r}\frac{\partial V^d(r,\theta,\lambda)}{\partial \psi} = \frac{G\rho_w}{\gamma r} \iint_S h_w \frac{\partial}{\partial \psi}\left(\frac{1}{L}\right) dS = -\frac{G\rho_w}{\gamma} \iint_S h_w r' \frac{\sin\psi}{L^3} dS \tag{3.3.12}$$

$$\xi^d(r,\theta,\lambda) = \Theta^d(r,\theta,\lambda)\frac{\partial\psi}{\partial\theta} = -\frac{G\rho_w}{\gamma} \iint_S h_w r' \frac{\sin\psi}{L^3}\cos\alpha dS$$

$$\eta^d(r,\theta,\lambda) = -\Theta^d(r,\theta,\lambda)\frac{\partial\psi}{\partial\lambda} = -\frac{G\rho_w}{\gamma}\sin\theta \iint_S h_w r' \frac{\sin\psi}{L^3}\sin\alpha dS \tag{3.3.13}$$

式中：$\Theta^d(r,\theta,\lambda)$ 为计算点处总垂线偏差的直接影响。

3.3.2 负荷间接影响格林函数积分

将负荷球谐系数 $\{\Delta \bar{C}_{nm}^{w}, \Delta \bar{S}_{nm}^{w}\}$ 代入式（3.2.7），可得重力位负荷效应间接影响 $\Delta V^{i}(r,\theta,\lambda)$ 为

$$\Delta V^{i} = \frac{GM}{r}\frac{3\rho_{w}}{\rho_{e}}\sum_{n=0}^{\infty}\frac{k_{n}'}{2n+1}\left(\frac{a}{r}\right)^{n}\sum_{m=0}^{n}(\Delta \bar{C}_{nm}^{w}\cos m\lambda + \Delta \bar{S}_{nm}^{w}\sin m\lambda)\bar{P}_{nm}(\cos\theta) \quad (3.3.14)$$

令 $e = (\theta,\lambda)$ 为单位球面上的点坐标，将式（3.3.14）用规格化面球基函数 $\{\bar{Y}_{nm}(e) = \bar{Y}_{nm}(\theta,\lambda)\}$ 的线性组合表示为

$$\Delta V^{i}(r,\theta,\lambda) = \frac{GM}{r}\frac{3\rho_{w}}{\rho_{e}}\sum_{n=0}^{\infty}\frac{k_{n}'}{2n+1}\left(\frac{a}{r}\right)^{n}\sum_{m=-n}^{n}\bar{F}_{nm}^{w}\bar{Y}_{nm}(e) \quad (3.3.15)$$

式中：$\bar{F}_{nm}^{w} = \Delta \bar{C}_{nm}^{w}, m \geq 0$；$\bar{F}_{nm}^{w} = \Delta \bar{S}_{n|m|}^{w}, m < 0$。令

$$Y_{n}^{w}(e) = \sum_{m=-n}^{n}\bar{F}_{nm}^{w}\bar{Y}_{nm}(e) \quad (3.3.16)$$

则式（3.3.15）可表示为

$$\Delta V^{i}(r,\theta,\lambda) = \frac{GM}{r}\frac{3\rho_{w}}{\rho_{e}}\sum_{n=0}^{\infty}\frac{k_{n}'}{2n+1}\left(\frac{a}{r}\right)^{n}Y_{n}^{w}(e) \quad (3.3.17)$$

将地面负荷等效水高球谐展开式（3.2.3）也用规格化面球基函数 $\{\bar{Y}_{nm}(e) = \bar{Y}_{nm}(\theta,\lambda)\}$ 的线性组合表示为

$$h_{w}(r \approx R,\theta,\lambda) = h_{w}(e) = R\sum_{n=1}^{\infty}\left(\frac{a}{R}\right)^{n}\sum_{m=-n}^{n}\bar{F}_{nm}^{w}\bar{Y}_{nm}(e)$$

$$= R\sum_{n=1}^{\infty}\sum_{m=-n}^{n}\bar{F}_{nm}^{w}\bar{Y}_{nm}(e) = a\sum_{n=1}^{\infty}Y_{n}^{w}(e) \quad (3.3.18)$$

依据球函数展开理论，由式（3.3.18）得

$$Y_{n}^{w}(e) = \frac{2n+1}{4\pi a}\iint_{\sigma}h_{w}(e')P_{n}(\psi)\mathrm{d}\sigma \quad (3.3.19)$$

式中：ψ 为球面流动面元 e' 到计算点 e 的球面角距。

顾及 $\mathrm{d}S = R^{2}\mathrm{d}\sigma$，将式（3.3.19）代入式（3.3.18），并交换求和与积分号，得

$$\Delta V^{i}(r,\theta,\lambda) = \frac{1}{R^{2}}\iint_{S}\rho_{w}h_{w}(e')\frac{GM}{4\pi ra}\frac{3}{\rho_{e}}\sum_{n=0}^{\infty}\left(\frac{a}{r}\right)^{n}k_{n}'P_{n}(\psi)\mathrm{d}S$$

$$= \rho_{w}\iint_{S}h_{w}(e')G_{V}^{i}(\psi)\mathrm{d}S \quad (3.3.20)$$

式中：

$$G_{V}^{i}(\psi) = \frac{GM}{4\pi R^{2}ra}\frac{3}{\rho_{e}}\sum_{n=0}^{\infty}\left(\frac{a}{r}\right)^{n}k_{n}'P_{n}(\psi) \quad (3.3.21)$$

即为重力位负荷间接影响格林函数的一般形式。

当计算点也位于地面，即 $r \approx a \approx R$（R 为地球平均半径），顾及地球总质量 $M = \frac{4\pi}{3}R^{3}\rho_{e}$，则式（3.3.21）简化为

$$G_{V}^{i}(\psi) = \frac{GM}{4\pi R^{4}}\frac{3}{\rho_{e}}\sum_{n=0}^{\infty}k_{n}'P_{n}(\psi) = \frac{G}{R}\sum_{n=1}^{\infty}k_{n}'P_{n}(\psi) \quad (3.3.22)$$

式（3.3.22）为实用的地面重力位负荷间接影响格林函数，表示地表单位点质量负荷对地

面重力位的间接影响。

类似地，可得地面高程异常负荷间接影响格林函数为

$$G_\zeta^i(\psi) = \frac{R}{M}\sum_{n=0}^{\infty}k_n' P_n(\psi) \quad (3.3.23)$$

地面重力负荷间接影响格林函数为

$$G_g^i(\psi) = \frac{g_0}{M}\sum_{n=0}^{\infty}(n+1)\left(\frac{2}{n}h_n' - \frac{n+1}{n}k_n'\right)P_n(\psi) \quad ⊙ \quad (3.3.24)$$

式中：$g_0 = GM/R^2$。

扰动重力负荷间接影响格林函数为

$$G_{\delta g}^i(\psi) = -\frac{g_0}{M}\sum_{n=0}^{\infty}(n+1)k_n' P_n(\psi) \quad (3.3.25)$$

地倾斜负荷间接影响格林函数为

$$G_t^i(\psi) = \frac{1}{M}\sum_{n=0}^{\infty}(k_n' - h_n')\frac{\partial P_n(\psi)}{\partial \psi} \quad ⊙ \quad (3.3.26)$$

地面垂线偏差负荷间接影响格林函数为

$$G_\Theta^i(\psi) = -\frac{1}{M}\sum_{n=0}^{\infty}k_n'\frac{\partial P_n(\psi)}{\partial \psi} \quad (3.3.27)$$

地面站点水平位移格林函数为

$$G_l^i(\psi) = \frac{R}{M}\sum_{n=0}^{\infty}l_n'\frac{\partial P_n(\psi)}{\partial \psi} \quad ⊙ \quad (3.3.28)$$

地面站点径向位移格林函数为

$$G_r^i(\psi) = \frac{R}{M}\sum_{n=0}^{\infty}h_n'\frac{\partial P_n(\psi)}{\partial \psi} \quad ⊙ \quad (3.3.29)$$

郭俊义（2001）进一步推导了地面点负荷格林函数的渐进公式，以抑制高阶负荷格林函数的振荡性。其中负荷间接影响格林函数为

$$G_\zeta^i(\psi) = \frac{R}{M}\frac{k_\infty'}{2\sin\frac{\psi}{2}} + \frac{R}{M}\sum_{n=0}^{\infty}(k_n' - k_\infty')P_n(\psi) \quad (3.3.30)$$

$$G_g^i(\psi) = -\frac{g_0}{M}\frac{k_\infty' - 2h_\infty'}{2\sin\frac{\psi}{2}} - \frac{g_0}{M}\sum_{n=0}^{\infty}[(n+1)k_n' - k_\infty' - 2(h_n' - h_\infty')]P_n(\psi) \quad (3.3.31)$$

$$G_{\delta g}^i(\psi) = -\frac{g_0}{M}\frac{k_\infty'}{2\sin\frac{\psi}{2}} - \frac{g_0}{M}\sum_{n=0}^{\infty}[(n+1)k_n' - k_\infty']P_n(\psi) \quad (3.3.32)$$

$$G_t^i(\psi) = -\frac{1}{M}\frac{h_\infty'\cos\frac{\psi}{2}}{4\sin^2\frac{\psi}{2}} + \frac{1}{M}\frac{k_\infty'\cos\frac{\psi}{2}\left(1+2\sin\frac{\psi}{2}\right)}{2\sin\frac{\psi}{2}\left(1+\sin\frac{\psi}{2}\right)} - \frac{1}{M}\sum_{n=1}^{\infty}\left(k_n' - \frac{k_\infty'}{n} - h_n' + h_\infty'\right)\frac{\partial P_n(\psi)}{\partial \psi} \quad (3.3.33)$$

$$G_\Theta^i(\psi) = \frac{1}{M}\frac{k_\infty'\cos\frac{\psi}{2}\left(1+2\sin\frac{\psi}{2}\right)}{2\sin\frac{\psi}{2}\left(1+\sin\frac{\psi}{2}\right)} - \frac{1}{M}\sum_{n=1}^{\infty}\left(k_n' - \frac{k_\infty'}{n}\right)\frac{\partial P_n(\psi)}{\partial \psi} \quad (3.3.34)$$

$$G_l(\psi) = -\frac{R}{M}\frac{l'_\infty \cos\frac{\psi}{2}\left(1+2\sin\frac{\psi}{2}\right)}{2\sin\frac{\psi}{2}\left(1+\sin\frac{\psi}{2}\right)} + \frac{R}{M}\sum_{n=1}^{\infty}\left(l'_n - \frac{l'_\infty}{n}\right)\frac{\partial P_n(\psi)}{\partial \psi} \tag{3.3.35}$$

$$G_r(\psi) = \frac{R}{M}\frac{h'_\infty}{2\sin\frac{\psi}{2}} + \frac{a}{M}\sum_{n=0}^{\infty}(h'_n - h'_\infty)P_n(\psi) \tag{3.3.36}$$

令 $\mathcal{G}^i(l) = 2R\sin\frac{\psi}{2}G^i(\psi) = lG^i(\psi)$，将负荷勒夫数代入式（3.3.23）~式（3.3.29），求得地表单位点质量负荷作用下，各种地面大地测量要素负荷间接影响格林函数随积分距离的变化值，见表 3.5。

表 3.5　地面站点的负荷间接影响格林函数取值

l /km	$\mathcal{G}^i_\zeta$ /×10⁻¹³	$\mathcal{G}^i_g$ /×10⁻¹⁷	$\mathcal{G}^i_{\delta g}$ /×10⁻¹⁸	$\mathcal{G}^i_t$ /×10⁻¹⁴	$\mathcal{G}^i_\Theta$ /×10⁻¹⁹	$\mathcal{G}^i_l$ /×10⁻¹²	$\mathcal{G}^i_r$ /×10⁻¹¹
0.1	-0.0249	-11.3315	15.8795	42.2955	-2.1192	-0.8369	-42.1264
0.2	-0.0439	-9.8972	29.6981	21.1510	-8.0632	-3.1842	-41.9553
0.3	-0.0625	-8.8334	39.7946	14.1058	-16.6878	-6.5901	-41.7788
0.4	-0.0804	-8.2348	45.2182	10.5853	-26.3601	-10.4097	-41.5956
0.5	-0.0975	-8.1095	45.8894	8.4739	-35.3064	-13.9425	-41.4057
1.0	-0.1727	-10.3454	20.4992	4.2343	-36.8762	-14.5596	-40.4173
2.0	-0.3003	-8.9633	28.5858	2.1198	-40.5309	-15.9830	-38.5476
5.0	-0.6036	-7.8959	22.7679	0.8291	-26.3578	-10.2305	-33.1702
12.0	-1.1387	-5.9045	13.1167	0.2999	-27.9718	-10.2454	-23.5296
25.0	-1.9534	-3.6904	13.7959	0.0872	-19.8016	-6.6584	-16.5317
50.0	-3.3365	-3.4643	11.2395	0.0322	-14.9772	-5.7725	-14.9607
80.0	-4.7741	-2.8804	14.3310	0.0210	-15.3999	-6.3101	-14.0649
120.0	-6.4270	-2.6545	12.4755	0.0129	-14.0249	-5.5346	-12.7235
200.0	-9.1986	-2.0952	11.1758	0.0080	-15.1075	-5.3733	-10.4758
400.0	-14.7375	-1.3210	8.9521	0.0023	-11.1503	-3.1625	-7.2265
800.0	-23.8986	-0.6720	9.9646	0.0010	-9.0007	-2.0628	-5.4405

计算各种大地测量要素的负荷格林函数时，需要勒让德函数 $P_n(\cos\psi)$ 及其对 ψ 一阶、二阶导数，本小节直接给出其快速递推算法。令 $t = \cos\psi$、$u = \sin\psi$，则有

$$P_n(t) = \frac{2n-1}{n}tP_{n-1}(t) - \frac{n-1}{n}P_{n-2}(t) \tag{3.3.37}$$

$$P_1 = t, \quad P_2 = \frac{1}{2}(3t^2 - 1) \tag{3.3.38}$$

$$\frac{\partial}{\partial\psi}P_n(t) = \frac{2n-1}{n}t\frac{\partial}{\partial\psi}P_{n-1}(t) - \frac{2n-1}{n}uP_{n-1}(t) - \frac{n-1}{n}\frac{\partial}{\partial\psi}P_{n-2}(t) \tag{3.3.39}$$

$$\frac{\partial}{\partial\psi}P_1(t) = -u, \quad \frac{\partial}{\partial\psi}P_2(t) = -3ut \tag{3.3.40}$$

$$\frac{\partial^2}{\partial \psi^2} P_n(t) = \frac{2n-1}{n}\left(t\frac{\partial^2}{\partial \psi^2} P_{n-1} - 2u\frac{\partial}{\partial \psi} P_{n-1} - tP_{n-1}\right) - \frac{n-1}{n}\frac{\partial^2}{\partial \psi^2} P_{n-2} \quad (3.3.41)$$

$$\frac{\partial^2}{\partial \psi^2} P_1(t) = -t, \quad \frac{\partial^2}{\partial \psi^2} P_2(t) = 3(1-2t^2) \quad (3.3.42)$$

3.3.3 江河湖库水变化负荷形变场计算

若将江河湖库水、冰川雪山等内陆水体变化用负荷等效水高变化格网表示，也可直接按负荷格林函数积分算法，计算地面或近地空间任意点处各种大地测量要素（观测量或参数）的江河湖库水变化负荷效应。

可将河流水底地形与河流水位相结合，由河流水位监测数据，构建河流等效水高变化格网时间序列，进而按负荷格林函数积分算法，计算地面高程异常（mm）、地面重力（mGal）和重力梯度径向（mE）负荷形变效应格网时间序列。图 3.13 所示为其中一个采样历元时刻的江河湖库水变化负荷形变效应计算过程。某一区域内同一采样历元时刻的多个水体等效水高变化格网可直接相加，再进行负荷格林函数积分计算。

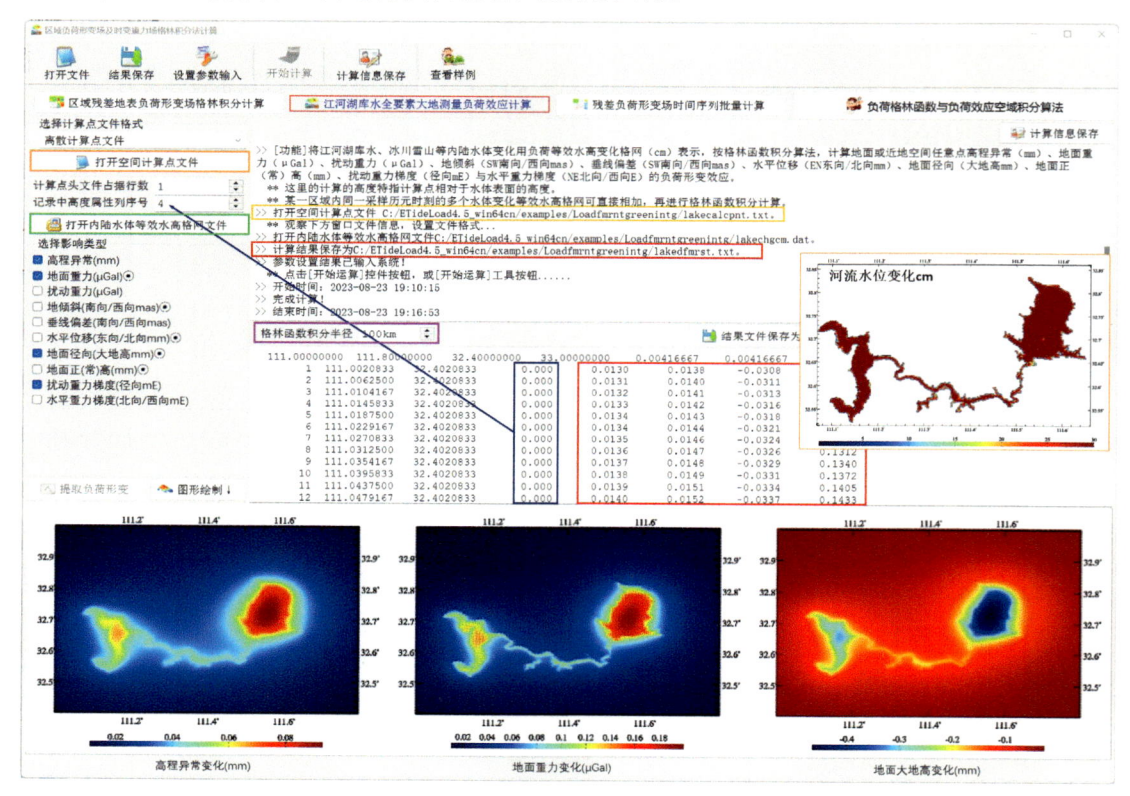

图 3.13 江河湖库水变化负荷形变场计算

3.3.4 区域负荷形变场移去恢复法逼近

由负荷等效水高变化格网，按负荷格林函数积分法计算地面或地球外部大地测量要素的负荷形变效应时,格林函数自变量ψ的定义域为[0,π),是全球的。直接按积分公式计算任一点处的负荷形变效应,需要全球连续分布的地面等效水高变化数据。这对一个国家或地区等局部区域的负荷形变效应计算及应用非常不便,也不便利用局部区域的地表负荷数据优势改善区域负荷形变场。大地测量学一般选择某一全球负荷球谐系数模型为参考形变场,由局部区域的地表负荷数据,按移去-恢复法精化局部负荷形变场。

移去-恢复法局部负荷形变场逼近的基本流程(以一个采样历元为例)如下:①由全球负荷球谐系数模型,计算区域负荷等效水高变化参考模型值;②从区域高分辨率负荷等效水高变化格网中,移去负荷等效水高变化参考模型值,得到区域负荷等效水高变化残差值格网,这个步骤称为"移去";③采用较小的积分半径,按负荷格林函数积分法计算高分辨率负荷形变场格网的残差值;④由负荷球谐系数模型,计算区域负荷形变场的高分辨率参考模型值格网;⑤将区域高分辨率负荷形变场的参考模型值格网与残差值格网相加,就得到区域高分辨率负荷形变场的精化值,这个步骤称为"恢复"。整个流程可称为"移去-负荷格林函数积分-恢复"方案。

本小节以中国南部某地区的地面大气压负荷形变场逼近为例,由 2018 年 1 月~2020 年 12 月 3.75′×3.75′地面大气压周变化(hPa)格网时间序列(共 157 个采样历元,其中 4 个历元地面大气压变化格网如图 3.14 所示,按"移去-负荷格林函数积分-恢复"方案,精化地面大气压负荷形变场周变化格网时间序列。

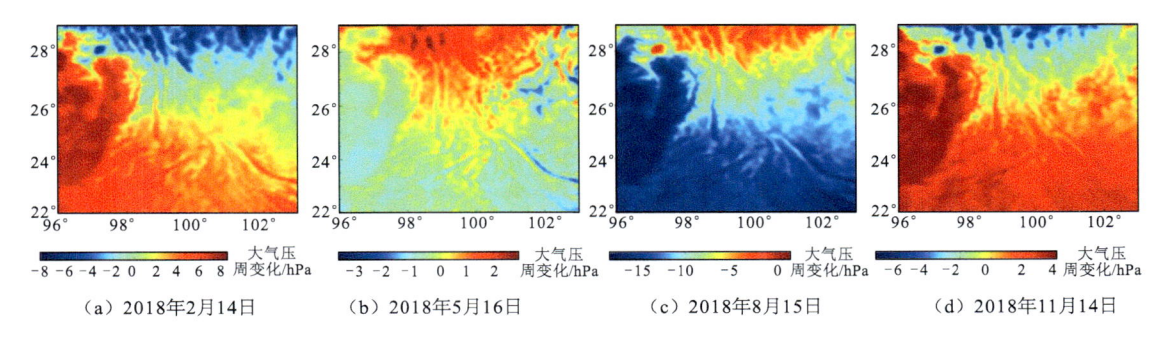

(a)2018年2月14日 (b)2018年5月16日 (c)2018年8月15日 (d)2018年11月14日

图 3.14 区域 3.75′×3.75′地面大气压周变化格网时间序列

参考负荷形变场模型时间序列,采用 3.2.3 小节计算的 2018 年 1 月~2020 年 12 月 157 个 180 阶全球地面大气压周变化负荷球谐系数模型时间序列。类似于区域大地水准面精化技术,一般要求负荷等效水高格网数据的区域范围(数据区域),应在负荷形变场精化区域(成果区域)基础上向四周扩展负荷格林函数积分半径,以抑制负荷格林函数积分的边缘效应。本例数据区域为 96°E~103°E,22°N~29°N;成果区域为 98°E~101°E,24°N~27°N。

(1)输入计算区域 3.75′×3.75′零值格网(零值表示计算点相对地面的高度等于零),由全球地面大气压负荷球谐系数模型时间序列,选择最大计算阶数 180,计算区域地面大气压变化参考模型值格网时间序列。

(2)将 3.75′×3.75′地面大气压周变化格网时间序列,减去地面大气压变化参考模型值格网时间序列,生成 3.75′×3.75′地面大气压周变化残差值格网时间序列。

(3)输入成果区域 3.75′×3.75′零值格网,选择积分半径 200 km,由 3.75′×3.75′地面大气压周变化残差值格网时间序列,按负荷格林函数积分法,计算负荷形变场残差值格网时间序列。

（4）输入成果区域 3.75′×3.75′零值格网，由全球地面大气压负荷球谐系数模型时间序列，选择最大计算阶数 180，计算成果区域地面大气压变化负荷形变场参考模型值格网时间序列。

（5）将成果区域 3.75′×3.75′负荷形变场残差值格网时间序列，与地面大气压变化负荷形变场参考模型值格网时间序列相加，获得成果区域 3.75′×3.75′地面大气压变化负荷形变场格网时间序列成果。其中 4 个历元地倾斜和径向重力梯度的地面大气压变化负荷效应格网分别如图 3.15 和图 3.16 所示。

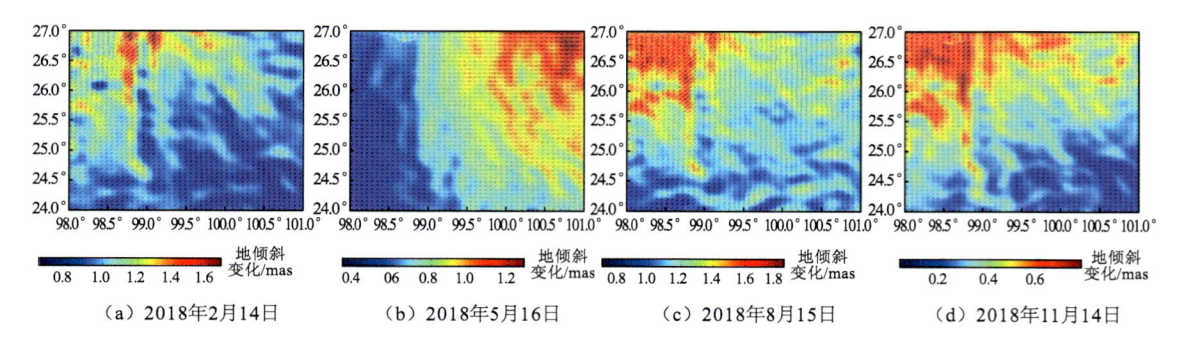

图 3.15　区域 3.75′×3.75′地倾斜大气压变化负荷效应格网时间序列

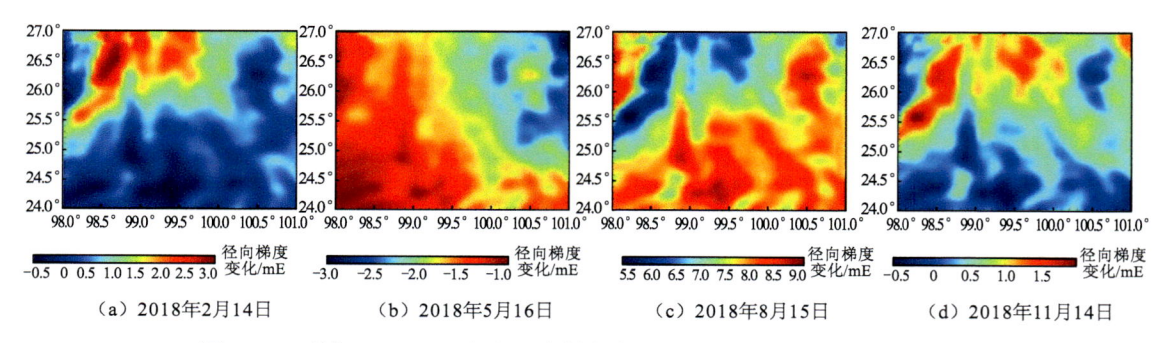

图 3.16　区域 3.75′×3.75′径向重力梯度大气压变化负荷效应格网时间序列

为直观显示该地区各种地面大地测量要素大气压变化负荷效应随时间变化规律，以及不同类型大地测量要素大气压变化负荷效应之间的定量关系，这里按上述移去恢复方法，计算区域中心地面点处，2018 年 1 月~2020 年 12 月地面高程异常周变化、地面重力周变化、地面大地高周变化和径向重力梯度周变化大气压负荷效应时间序列如图 3.17 所示。

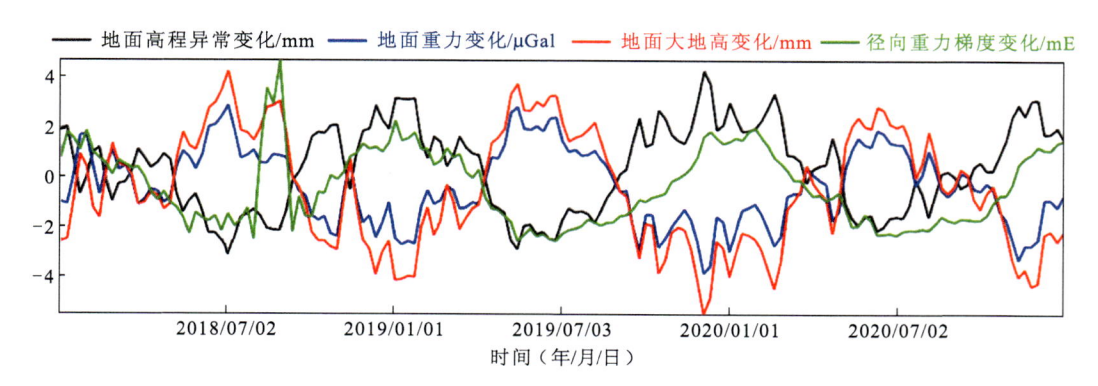

图 3.17　区域中心点处地面大地测量要素周变化大气压负荷效应时间序列

采用较大积分半径，如 500~800 km，直接由地面负荷等效水高变化，按负荷格林函数积分计算负荷形变效应，也是目前国内外常用的计算方案（以下简称负荷格林函数直接积分法）。本小节以中国地面大气压变化负荷效应为例，分别采用移去恢复法和负荷格林函数直接积分法，计算地面大地测量要素的大气压变化负荷效应时间序列，分析负荷格林函数直接积分法的近似误差。

由欧洲中期天气预报中心（ECMWF）全球再分析数据 ERA-40/ERA-Interim 中的 0.5°×0.5° 地面/海面大气压日变化模型，去除 2018 年平均值后，构造 2018 年 1 月~2020 年 12 月中国及周边 0.5°×0.5° 地面/海面大气压周变化（hPa）格网时间序列（共 157 个采样历元）。

按移去恢复法计算时，参考负荷形变场模型时间序列采用 3.2.3 小节计算的 2018 年 1 月~2020 年 12 月 157 个 180 阶全球地面大气压周变化负荷球谐系数模型时间序列，残差负荷格林函数积分半径为 200 km；按负荷格林函数直接积分法计算时，由中国及周边 0.5°×0.5° 地面/海面大气压周变化（hPa）格网时间序列，积分半径选择 800 km。两种方法计算的中国 6 座 CORS（站名分别为 UQAK、HRBN、NXHY、DAIS、LHAS、YANG）处地面重力、地面大地高负荷效应的周变化时间序列曲线分别如图 3.18 和图 3.19 所示，每幅图的上图为移去恢复法计算结果，下图为负荷格林函数直接积分法计算结果。

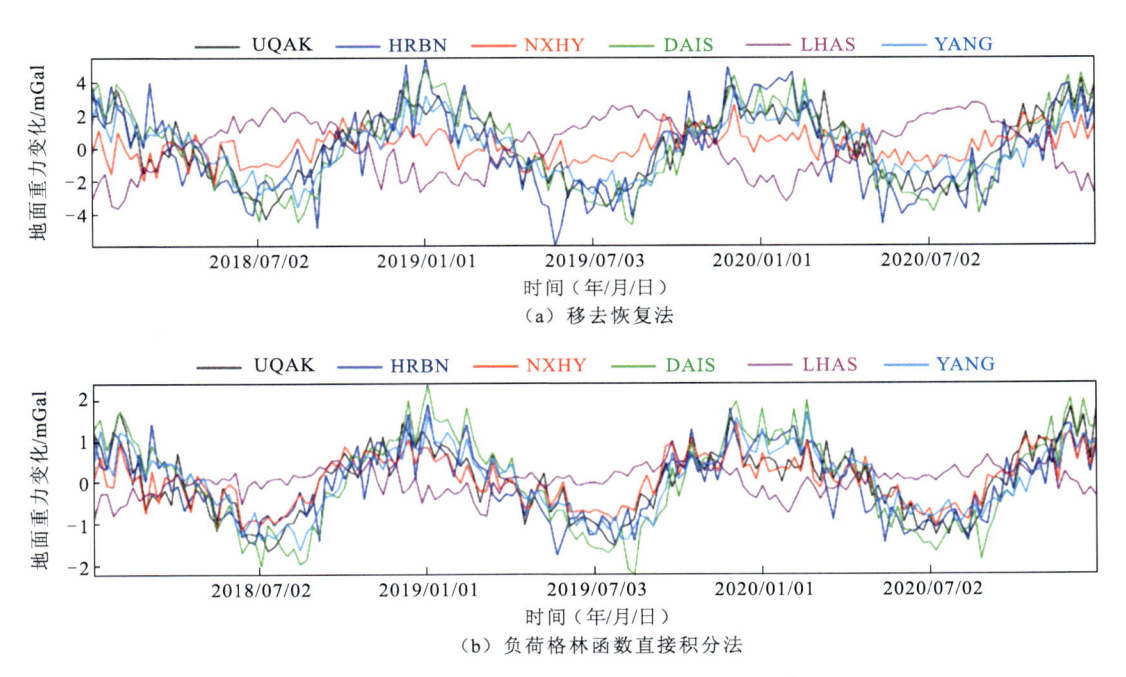

图 3.18 地面重力周变化大气压负荷效应时间序列

由图 3.18 和图 3.19 可知，两种方法计算的负荷形变效应，其时间序列曲线的几何形态基本一致，但数值大小存在明显差异。这是因为，只要积分半径小于 $\sqrt{2}R$，负荷格林函数直接积分法都未能实现全球地面积分，所计算的负荷形变效应信号不充分。大多数情况下，负荷格林函数直接积分法难以满足高精度大地测量的技术要求，建议采用理论上较严密的移去-负荷格林函数积分-恢复法。

(a) 移去恢复法

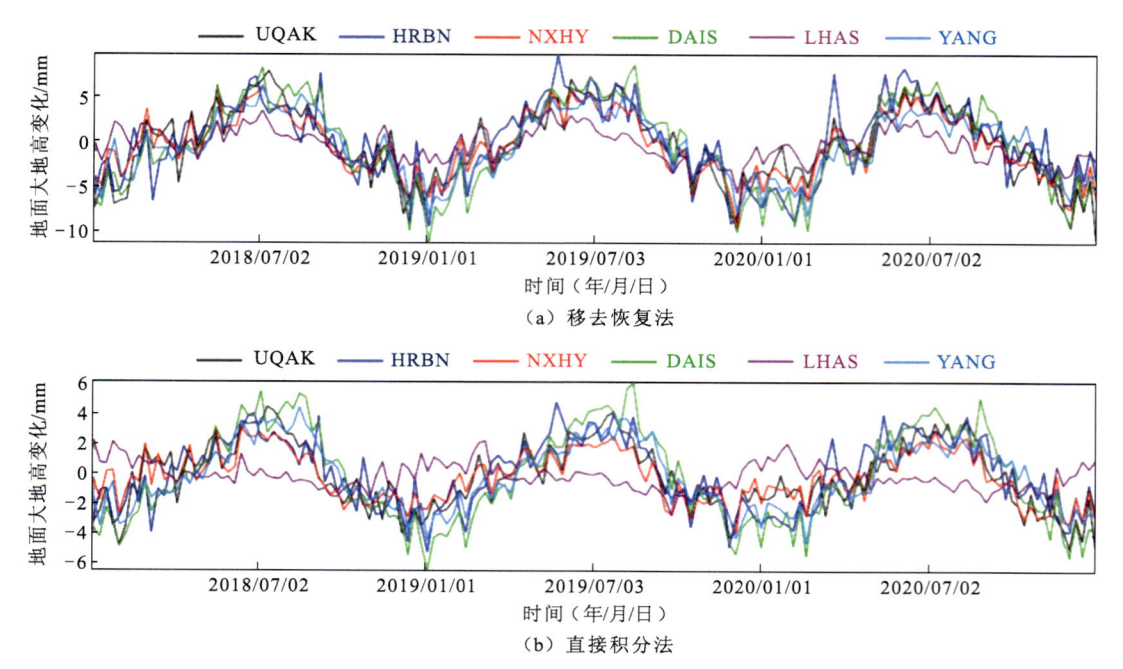

(b) 直接积分法

图 3.19 地面大地高周变化大气压负荷效应时间序列

3.4 负荷 SRBF 逼近与负荷效应 SRBF 综合

当负荷形变量为扰动位微分或其线性组合,如扰动重力、垂线偏差、水平位移或重力梯度的负荷形变效应,其负荷格林函数存在严重的高阶振荡与不收敛问题,格林积分存在频谱泄漏与奇异性问题。负荷间接影响格林函数曲线如图 3.20 所示。

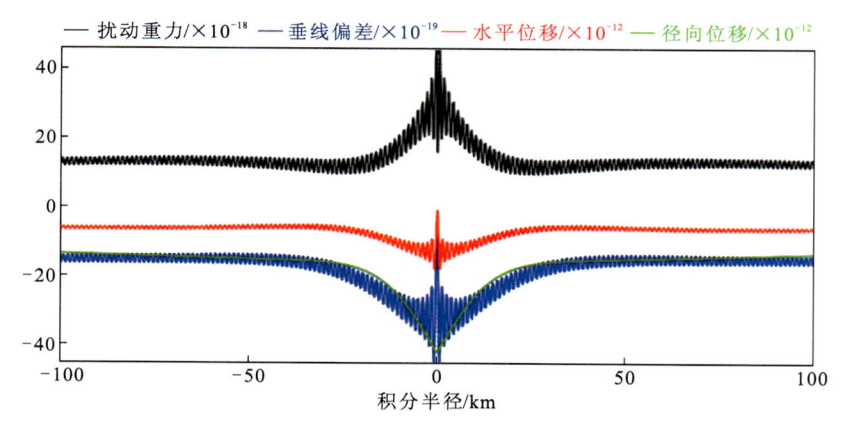

图 3.20 扰动位微分量负荷格林函数(间接影响)近区性质

由图 3.20 不难发现,采用负荷格林函数积分法计算扰动位微分量不占优的负荷形变量时,如计算地面大地高、高程异常、正高或有明显垂直形变站点的地面重力、地倾斜负荷效应时,能获得可接受的效果,但在计算扰动重力、垂线偏差或水平位移负荷效应时,积分结果很不稳定，可靠性差。类似地，在研究陆地水与地表环境负荷大地测量监测方法时，当监测量是 GNSS 大地高变化，采用格林积分约束法估计，可反演区域陆地水变化及其负荷形变场；但若监测量中的扰动位微分量占优时，如监测量为扰动重力、垂线偏差、水平位移或重力梯度变化，若采用负荷格林函数积分法约束，由于格林函数的高阶振荡与不收敛，法方程结构极不稳定，难以获得稳定解。可见，负荷格林函数积分法难以胜任多种大地测量监测数据融合与协同监测的需要。

3.4.1 地面负荷等效水高球面径向基函数表示

地面点 $\boldsymbol{x}$ 处，负荷等效水高 $h_w(\boldsymbol{x})$ 可表示为规格化面球基函数（定义在半径等于地球长半轴 a 的球面上）的线性组合：

$$h_w(\boldsymbol{x}) = r \sum_{n=2}^{N} \left(\frac{a}{r}\right)^n \sum_{m=-n}^{n} \bar{F}_{nm} \bar{Y}_{nm}(\boldsymbol{e}) \tag{3.4.1}$$

式中：$\boldsymbol{x} = r \cdot \boldsymbol{e} = r(\sin\theta\cos\lambda, \sin\theta\sin\lambda, \cos\theta)$；$r$、$\theta$、$\lambda$ 分别为地面点 $\boldsymbol{x}$ 的地心距、余纬和经度；$\bar{F}_{nm}$ 为完全规格化的球谐系数；a 为地球长半轴，表示规格化的面球函数 $\bar{Y}_{nm}$ 定义在半径等于地球长半轴 a 的球面上，且

$$\begin{cases} \bar{Y}_{nm}(\boldsymbol{e}) = \bar{\mathrm{P}}_{nm}(\cos\theta)\cos m\lambda, & \bar{F}_{nm} = \delta\bar{C}_{nm}, \quad m \geq 0 \\ \bar{Y}_{nm}(\boldsymbol{e}) = \bar{\mathrm{P}}_{n|m|}(\cos\theta)\sin|m|\lambda, & \bar{F}_{nm} = \bar{S}_{n|m|}, \quad m < 0 \end{cases} \tag{3.4.2}$$

式中：$\bar{\mathrm{P}}_{nm}(\cos\theta)$ 为完全规格化缔合 Legendre 函数；n 为球谐系数的阶；m 为球谐系数的次。

面球函数 $\bar{E}_{nm}$ 也可定义在半径为 $\mathscr{R}$ 的布耶哈马（Bjerhammar）球面上（Bjerhammar 球仅是习惯说法，与 Bjerhammar 边值理论无关，其中 $\mathscr{R} \in (a-\delta, a+\delta)$，$\delta \ll a$），显然有 $a^n \bar{F}_{nm} = \mathscr{R}^n \bar{E}_{nm}$，因而地面负荷等效水高 $h_w(\boldsymbol{x})$，也可用 Bjerhammar 球面上的面球函数 $\bar{E}_{nm}$ 表示为

$$h_w(\boldsymbol{x}) = r \sum_{n=2}^{N} \left(\frac{\mathscr{R}}{r}\right)^n \sum_{m=-n}^{n} \bar{E}_{nm} \bar{Y}_{nm}(\boldsymbol{e}) \tag{3.4.3}$$

此外，地面负荷等效水高 $h_w(\boldsymbol{x})$ 还可表示为 K 个 Bjerhammar 球面上球面径向基函数（spherical radial basis functions，SRBF）的线性组合：

$$h_w(\boldsymbol{x}) = a \sum_{k=1}^{K} d_k \Phi_k(\boldsymbol{x}, \boldsymbol{x}_k) \tag{3.4.4}$$

式中：$\boldsymbol{x}_k = \mathscr{R}\boldsymbol{e}_k$ 为定义在 Bjerhammar 球面上的 SRBF 节点，也称为 SRBF 中心或极点；d_k 为 SRBF 系数；K 为 SRBF 节点数，即 SRBF 系数的个数；$\Phi_k(\boldsymbol{x}, \boldsymbol{x}_k)$ 为负荷等效水高的球面径向基函数，可简写为 $\Phi_k(\boldsymbol{x}) = \Phi_k(\boldsymbol{x}, \boldsymbol{x}_k)$。

球面径向基函数 $\Phi_k(\boldsymbol{x}, \boldsymbol{x}_k)$ 可进一步展开成 Legendre 级数形式：

$$\Phi_k(\boldsymbol{x}, \boldsymbol{x}_k) = \sum_{n=2}^{N} \phi_n \mathrm{P}_n(\psi_k) = \sum_{n=2}^{N} \frac{2n+1}{4\pi} B_n \left(\frac{\mathscr{R}}{r}\right)^n \mathrm{P}_n(\psi_k) \tag{3.4.5}$$

式中：ϕ_n 为 SRBF 的 n 阶 Legendre 系数，它表征了 SRBF 形状，基本决定 SRBF 的空域和谱域性质，又称形状因子；在不强调谱域阶数 n 时，B_n 也称为 SRBF 的 Legendre 系数；$\mu = \mathscr{R}/r$ 因与径向基函数 $\Phi_k(\boldsymbol{x})$ 的谱域带宽有关，又称宽度参数。

将式（3.4.5）代入式（3.4.4），得

$$h_w(\boldsymbol{x}) = \frac{r}{4\pi}\sum_{n=2}^{N}(2n+1)B_n\left(\frac{\mathscr{R}}{r}\right)^n\sum_{k=1}^{K}d_k\mathrm{P}_n(\psi_k)$$

$$= \frac{r}{4\pi}\sum_{k=1}^{K}d_k\sum_{n=2}^{N}(2n+1)B_n\left(\frac{\mathscr{R}}{r}\right)^n\mathrm{P}_n(\psi_k) \tag{3.4.6}$$

顾及球谐函数加法定理，有

$$\mathrm{P}_n(\psi_k) = \mathrm{P}_n(\boldsymbol{e},\boldsymbol{e}_k) = \frac{4\pi}{2n+1}\sum_{m=-n}^{n}\overline{Y}_{nm}(\boldsymbol{e})\overline{Y}_{nm}(\boldsymbol{e}_k) \tag{3.4.7}$$

则式（3.4.4）可写为

$$h_w(\boldsymbol{x}) = r\sum_{n=2}^{N}B_n\left(\frac{\mathscr{R}}{r}\right)^n\sum_{m=-n}^{n}\sum_{k=1}^{K}d_k\overline{Y}_{nm}(\boldsymbol{e})\overline{Y}_{nm}(\boldsymbol{e}_k) \tag{3.4.8}$$

比较式（3.4.1）、式（3.4.3）与式（3.4.8），得

$$\overline{F}_{nm} = \left(\frac{\mathscr{R}}{a}\right)^n\overline{E}_{nm} = B_n\left(\frac{\mathscr{R}}{a}\right)^n\sum_{k=1}^{K}d_k\overline{Y}_{nm}(\boldsymbol{e}_k) \tag{3.4.9}$$

利用式（3.4.9），可由球面径向基函数系数 d_k 计算负荷等效水高球谐系数 $\overline{F}_{nm}$。SRBF 中心 $\boldsymbol{x}_k$ 在 Bjerhammar 球面上的位置、分布和数量，是球面径向基函数逼近的关键性指标，决定了负荷形变场（时变重力场）的空间自由度（空间分辨率）和空域特征，等效于全球负荷球谐系数模型的阶数。

3.4.2 适合负荷形变场监测的球面径向基函数

用于负荷形变场（时变重力场）逼近的径向基函数应满足 Laplace 方程。常见的点质量核函数、Poisson 核函数、径向多极子核函数和 Poisson 小波核函数都是具有调和性质的径向基核函数。令 $\boldsymbol{x}$ 为地球外部计算点，$\boldsymbol{x}_k$ 为 Bjerhammar 球面 $\Omega_\mathscr{R}$ 上的 SRBF 节点。

点质量核函数是由 Hardy（1971）提出的一种逆多面函数（inverse multiquadric，IMQ），是引力位积分公式 $V = G\iiint\frac{\mathrm{d}m}{L}$ 的核函数，其解析表达式为

$$\Phi_{\mathrm{IMQ}}(\boldsymbol{x},\boldsymbol{x}_k) = \frac{1}{L} = \frac{1}{|\boldsymbol{x}-\boldsymbol{x}_k|} \tag{3.4.10}$$

式中：L 为 $\boldsymbol{x}$ 与 $\boldsymbol{x}_k$ 的空间距离。由于 $\Delta(1/L) = 0$，点质量核函数 $\Phi_{\mathrm{IMQ}}(\boldsymbol{x},\boldsymbol{x}_k)$ 满足 Laplace 方程。

Poisson 核函数源于扰动重力场元 Poisson 积分公式，其解析表达式为

$$\Phi_{\mathrm{P}}(\boldsymbol{x},\boldsymbol{x}_k) = -2r\frac{\partial}{\partial r}\left(\frac{1}{L}\right) - \frac{1}{L} = \frac{r^2-r_k^2}{L^3} \tag{3.4.11}$$

径向多极子核函数的解析表达式为

$$\Phi_{\mathrm{RM}}^m(\boldsymbol{x},\boldsymbol{x}_k) = \frac{1}{m!}\left(\frac{\partial}{\partial r_k}\right)^m\frac{1}{L} \tag{3.4.12}$$

式中：m 为径向多极子核函数的次（order）。零次径向多极子核函数就是点质量核函数

$\Phi_{\mathrm{IMQ}}(\boldsymbol{x},\boldsymbol{x}_k) = \Phi_{\mathrm{RM}}^0(\boldsymbol{x},\boldsymbol{x}_k)$。

Poisson 小波核函数的解析表达式为

$$\Phi_{\mathrm{PW}}^m(\boldsymbol{x},\boldsymbol{x}_k) = 2(\chi_{m+1} - \chi_m), \quad \chi_m = \left(r_k \frac{\partial}{\partial r_k}\right)^m \frac{1}{L} \tag{3.4.13}$$

零次 Poisson 小波核函数就是 Poisson 核函数 $\Phi_{\mathrm{P}}(\boldsymbol{x},\boldsymbol{x}_k) = \Phi_{\mathrm{PW}}^0(\boldsymbol{x},\boldsymbol{x}_k)$。

1. 球面径向基函数计算

为突出负荷及其形变场的谱域性质，通常将 SRBF 解析表达式[式（3.4.10）～式（3.4.13）]，表示成 Legendre 级数形式[式（3.4.5）]后，按 Legendre 级数计算。

ETideLoad4.5 将球面径向基函数 $\Phi_k(\boldsymbol{x},\boldsymbol{x}_k)$ 的 Legendre 级数进行归一化处理，计算归一化系数，用归一化后的 Legendre 级数展开式计算 SRBF。令 $\boldsymbol{x},\boldsymbol{x}_k$ 的球面角距 $\psi_k = 0$，则 $\cos\psi_k = 1$，顾及 $P_n(\cos\psi_k) = P_n(1) = 1$，代入式（3.4.5），可得 SRBF 归一化系数的通用计算表达式：

$$\Phi^0 = \sum_{n=2}^{N} \frac{2n+1}{4\pi} B_n \mu^n \tag{3.4.14}$$

归一化后的球面径向基函数 Legendre 级数为

$$\Phi_k(\boldsymbol{x},\boldsymbol{x}_k) = \frac{1}{\Phi^0} \sum_{n=2}^{N} \phi_n P_n(\psi_k) = \frac{1}{\Phi^0} \sum_{n=2}^{N} \frac{2n+1}{4\pi} B_n \mu^n P_n(\psi_k) \tag{3.4.15}$$

上述 4 种形式的 SRBF 及其对应的 Legendre 系数如表 3.6 所示。

表 3.6　负荷等效水高径向基函数及其 Legendre 系数

径向基函数	解析表达式 $\Phi_k(\boldsymbol{x},\boldsymbol{x}_k)$	第 n 阶形状因子 ϕ_n	Legendre 系数 B_n
点质量核函数	$\dfrac{1}{L} = \dfrac{1}{|\boldsymbol{x}-\boldsymbol{x}_k|}$	μ^n	$\dfrac{4\pi}{2n+1}$
Poisson 核函数	$\dfrac{r^2 - r_k^2}{L^3}$	$(2n+1)\mu^n$	4π
径向多极子核函数	$\dfrac{1}{m!}\left(\dfrac{\partial}{\partial r_k}\right)^m \dfrac{1}{L}$	$C_n^m \mu^{n-m}\ (n\geqslant m)$	$\dfrac{4\pi C_n^m}{2n+1}\mu^{-m}$
Poisson 小波核函数	$2(\chi_{m+1}-\chi_m)$, $\chi_m = \left(r_k\dfrac{\partial}{\partial r_k}\right)^m \dfrac{1}{L}$	$(-n\ln\mu)^m(2n+1)\mu^n$	$4\pi(-n\ln\mu)^m$

2. 单位球面 Reuter 格网及有关参数算法

已知 Reuter 格网等级 Q（偶数），则球坐标系中单位球面 Reuter 格网的地心纬度间隔 $\mathrm{d}\varphi$，单元格网 i 中心的地心纬度 φ_i 算法为

$$\mathrm{d}\varphi = \frac{\pi}{Q}, \quad \varphi_i = -\frac{\pi}{2} + \left(i - \frac{1}{2}\right)\mathrm{d}\varphi, \quad 1 \leqslant i < Q \tag{3.4.16}$$

纬度 φ_i 处的平行圈方向单元格网数 J_i，经度间隔 $\mathrm{d}\lambda_i$ 与边长 $\mathrm{d}l_i$ 算法为

$$J_i = \left[\frac{2\pi\cos\varphi_i}{\mathrm{d}\varphi}\right], \quad \mathrm{d}\lambda_i = \frac{2\pi}{J_i}, \quad \mathrm{d}l_i = \mathrm{d}\lambda_i\cos\varphi_i \tag{3.4.17}$$

不难发现，$\mathrm{d}l_i \approx \mathrm{d}\varphi$。记

$$\varepsilon_i = \frac{\mathrm{d}s_i - \mathrm{d}s}{\mathrm{d}s} = \frac{\mathrm{d}l_i - \mathrm{d}\varphi}{\mathrm{d}\varphi} = \frac{\mathrm{d}\lambda_i}{\mathrm{d}\varphi}\cos\varphi_i - 1 \tag{3.4.18}$$

式中：$\mathrm{d}s$ 为赤道附近单元格网面积；$\mathrm{d}s_i$ 为平行圈 φ_i 处单元格网面积；ε_i 为平行圈单元格网面积相对赤道附近单元格网面积的相对偏差，ε_i 一般很小，约为万分之几，具体数值与 Reuter 格网等级 Q 有关。赤道附近单元格网面积 $\mathrm{d}s = \mathrm{d}\varphi \cdot \mathrm{d}\varphi$，单元格网面积相对偏差 $\varepsilon_{Q/2} = 0$。

对于局部区域，给定区域经纬度范围，可直接按式（3.4.16）确定 i 的最小值和最大值，再按式（3.4.17）计算每个平行圈处的最大 J_i，从而确定格网等级为 Q 的区域 Reuter 格网，无须计算全球格网。

3.4.3 负荷及形变效应径向基函数参数形式

依据负荷形变球谐级数展开式[式（3.2.8）～式（3.2.20）]，可由式（3.4.6）地面负荷球面径向基函数展开式（最右边表达式），导出各种负荷形变效应径向基函数级数参数化形式：

$$\Delta h_{\mathrm{w}}(\boldsymbol{x}) = r\sum_{k=1}^{K}d_k\sum_{n=2}^{N}(2n+1)B_n\left(\frac{\mathscr{R}}{r}\right)^n \mathrm{P}_n(\psi_k) \tag{3.4.19}$$

$$\Delta\zeta = \frac{3\rho_{\mathrm{w}}}{\rho_{\mathrm{e}}}\frac{GM}{\gamma r}\sum_{k=1}^{K}d_k\sum_{n=2}^{N}B_n(1+k_n')\left(\frac{\mathscr{R}}{r}\right)^n \mathrm{P}_n(\psi_k) \tag{3.4.20}$$

$$\Delta g^s = \frac{3\rho_{\mathrm{w}}}{\rho_{\mathrm{e}}}\frac{GM}{r^2}\sum_{k=1}^{K}d_k\sum_{n}(n+1)\left(1+\frac{2}{n}h_n'-\frac{n+1}{n}k_n'\right)B_n\left(\frac{\mathscr{R}}{r}\right)^{n-1}\mathrm{P}_n(\psi_k) \tag{3.4.21}$$

$$\Delta g^\delta = \frac{3\rho_{\mathrm{w}}}{\rho_{\mathrm{e}}}\frac{GM}{r^2}\sum_{k=1}^{K}d_k\sum_{n}(n+1)(1+k_n')B_n\left(\frac{\mathscr{R}}{r}\right)^{n-1}\mathrm{P}_n(\psi_k) \tag{3.4.22}$$

$$\Delta\xi^s = \frac{3\rho_{\mathrm{w}}}{\rho_{\mathrm{e}}}\frac{GM}{\gamma r^2}\sum_{k=1}^{K}d_k\cos\alpha_k\sum_{n}(1+k_n'-h_n')B_n\left(\frac{\mathscr{R}}{r}\right)^n\frac{\partial \mathrm{P}_n(\psi_k)}{\partial \psi_k} \tag{3.4.23}$$

$$\Delta\eta^s = \frac{3\rho_{\mathrm{w}}}{\rho_{\mathrm{e}}}\frac{GM}{\gamma r^2}\sum_{k=1}^{K}d_k\sin\alpha_k\sum_{n}(1+k_n'-h_n')B_n\left(\frac{\mathscr{R}}{r}\right)^n\frac{\partial \mathrm{P}_n(\psi_k)}{\partial \psi_k} \tag{3.4.24}$$

$$\Delta\xi = \frac{3\rho_{\mathrm{w}}}{\rho_{\mathrm{e}}}\frac{GM}{\gamma r^2}\sum_{k=1}^{K}d_k\cos\alpha_k\sum_{n}(1+k_n')B_n\left(\frac{\mathscr{R}}{r}\right)^n\frac{\partial \mathrm{P}_n(\psi_k)}{\partial \psi_k} \tag{3.4.25}$$

$$\Delta\eta = \frac{3\rho_{\mathrm{w}}}{\rho_{\mathrm{e}}}\frac{GM}{\gamma r^2}\sum_{k=1}^{K}d_k\sin\alpha_k\sum_{n}(1+k_n')B_n\left(\frac{\mathscr{R}}{r}\right)^n\frac{\partial \mathrm{P}_n(\psi_k)}{\partial \psi_k} \tag{3.4.26}$$

水平东向：

$$\Delta e = -\frac{3\rho_{\mathrm{w}}}{\rho_{\mathrm{e}}}\frac{GM}{\gamma r}\sum_{k=1}^{K}d_k\cos\alpha_k\sum_{n}l_n'B_n\left(\frac{\mathscr{R}}{r}\right)^n\frac{\partial \mathrm{P}_n(\psi_k)}{\partial \psi_k} \tag{3.4.27}$$

水平北向：

$$\Delta n = -\frac{3\rho_{\mathrm{w}}}{\rho_{\mathrm{e}}}\frac{GM}{\gamma r}\sum_{k=1}^{K}d_k\sin\alpha_k\sum_{n}l_n'B_n\left(\frac{\mathscr{R}}{r}\right)^n\frac{\partial \mathrm{P}_n(\psi_k)}{\partial \psi_k} \tag{3.4.28}$$

径向位移：

$$\Delta r = \frac{3\rho_w}{\rho_e} \frac{GM}{r\gamma} \sum_{k=1}^{K} d_k \sum_{n=2}^{N} B_n h'_n \left(\frac{\mathcal{R}}{r}\right)^n P_n(\psi_k) \qquad (3.4.29)$$

正（常）高变化：

$$\Delta h = \frac{3\rho_w}{\rho_e} \frac{GM}{\gamma r} \sum_{k=1}^{K} d_k \sum_{n=2}^{N} B_n (h'_n - k'_n - 1) \left(\frac{\mathcal{R}}{r}\right)^n P_n(\psi_k) \qquad (3.4.30)$$

$$\Delta T_{rr} = \frac{3\rho_w}{\rho_e} \frac{GM}{r^3} \sum_{k=1}^{K} d_k \sum_n (n+1)(n+2)(1+k'_n) B_n \left(\frac{\mathcal{R}}{r}\right)^{n-1} P_n(\psi_k) \qquad (3.4.31)$$

$$\Delta T_{NN} = \frac{3\rho_w}{\rho_e} \frac{GM}{r^3} \sum_{k=1}^{K} d_k \frac{\partial^2 \psi_k}{\partial \varphi_k^2} \sum_n (1+k'_n) B_n \left(\frac{\mathcal{R}}{r}\right)^n \frac{\partial^2 P_n(\psi_k)}{\partial \psi_k^2} \qquad (3.4.32)$$

$$\Delta T_{WW} = -\frac{3\rho_w}{\rho_e} \frac{GM}{r^3 \cos^2\varphi} \sum_{k=1}^{K} d_k \frac{\partial^2 \psi_k}{\partial \lambda_k^2} \sum_n (1+k'_n) B_n \left(\frac{\mathcal{R}}{r}\right)^n \frac{\partial^2 P_n(\psi_k)}{\partial \psi_k^2} \qquad (3.4.33)$$

式中：α_k 为 ψ_k 的大地方位角；$\cos\alpha_k$、$\sin\alpha_k$、$\frac{\partial^2 \psi_k}{\partial \varphi_k^2}$、$\frac{\partial^2 \psi_k}{\partial \lambda_k^2}$ 算法如下。

球坐标系下球面角距 ψ 的水平一阶偏导数可表示为

$$\frac{\partial \psi}{\partial \varphi} = -\cos\alpha, \quad \frac{\partial \psi}{\partial \lambda} = -\cos\varphi \sin\alpha \qquad (3.4.34)$$

式中：α 为球面角距 ψ 的大地方位角，由球面三角公式可得

$$\sin\psi\cos\alpha = \cos\varphi\sin\varphi' - \sin\varphi\cos\varphi'\cos(\lambda'-\lambda) \qquad (3.4.35)$$

$$\sin\psi\sin\alpha = \cos\varphi'\sin(\lambda'-\lambda) \qquad (3.4.36)$$

将式（3.4.35）两边对 φ 求偏导，顾及式（3.4.34），有

$$-\cos\psi\cos^2\alpha + \sin\psi \frac{\partial^2 \psi}{\partial \varphi^2} = -\sin\varphi\sin\varphi' - \cos\varphi\cos\varphi'\cos(\lambda'-\lambda) \qquad (3.4.37)$$

从而可得

$$\sin\psi \frac{\partial^2 \psi}{\partial \varphi^2} = -\sin\varphi\sin\varphi' - \cos\varphi\cos\varphi'\cos(\lambda'-\lambda) + \cos\psi\cos^2\alpha \qquad (3.4.38)$$

同理，将式（3.4.36）两边对 λ 求偏导，有

$$-\cos\psi\cos\varphi\sin^2\alpha + \sin\psi \frac{\partial^2 \psi}{\partial \lambda^2} = -\cos\varphi'\sin(\lambda'-\lambda) \qquad (3.4.39)$$

$$\sin\psi \frac{\partial^2 \psi}{\partial \lambda^2} = -\cos\varphi'\sin(\lambda'-\lambda) + \cos\psi\cos\varphi\sin^2\alpha \qquad (3.4.40)$$

与空域负荷格林函数积分法一样，若已知区域地表负荷等效水高 h_w，可按式（3.4.19）对负荷等效水高 h_w 进行 SRBF 谱域分析，求解 SRBF 系数模型，这个过程可称为负荷 SRBF 逼近或 SRBF 分析；进而按 SRBF 系数模型的综合算法，由式（3.4.20）～式（3.4.33）计算区域全要素负荷形变场，这个过程可称为负荷效应 SRBF 综合。

为考察 SRBF 的近区性质，选择点质量函数为球面径向基函数，最小阶数和最大阶数分别为 90 和 1800，令 Bjerhammar 球埋藏深度为 5 km，SRBF 中心最大作用距离为 150 km，计算与图 3.20 类型相同的扰动重力、垂线偏差、地面水平位移和径向位移负荷效应的 SRBF 空域曲线，如图 3.21 所示。

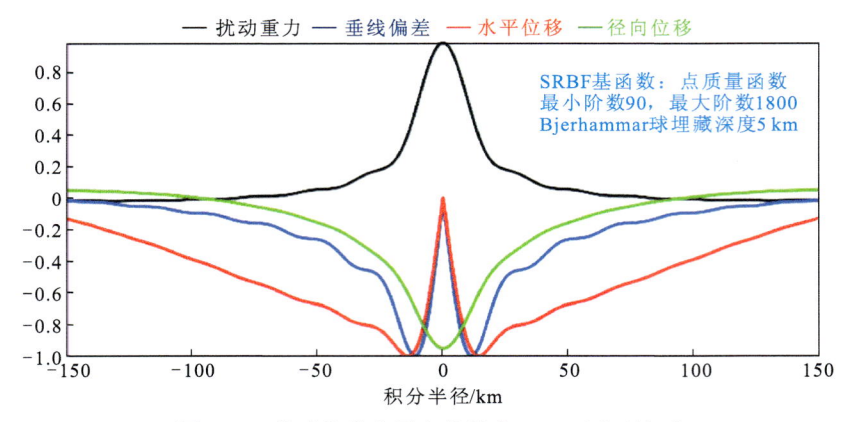

图 3.21 扰动位微分量负荷效应 SRBF 近区性质

比较图 3.20 和图 3.21 可以看出，即使是地面径向位移负荷效应，近区 SRBF 函数的收敛性质也明显优于负荷格林函数。扰动重力、垂线偏差、水平位移负荷效应的 SRBF 函数在 20 km 内的近区都是单调收敛的。可见，采用负荷 SRBF 逼近及负荷形变场 SRBF 综合法代替，能有效解决负荷格林函数在近区的高阶振荡与不收敛问题。

3.4.4 区域高分负荷形变场 SRBF 逼近与综合

类似于负荷球谐系数模型参考场与残差负荷格林积分组合的局部负荷形变场逼近方法，区域高分负荷形变场 SRBF 逼近也可采用负荷球谐系数模型参考场与残差负荷 SRBF 谱域逼近的组合方案，即用残差负荷 SRBF 谱域逼近代替 3.3.4 小节的残差负荷格林积分。

1. 负荷 SRBF 逼近与负荷形变场 SRBF 综合

与全球负荷球谐分析与负荷形变场球谐综合计算流程一样，残差负荷 SRBF 谱域逼近方案也由两个步骤构成：①依据区域地表负荷 SRBF 谱域展开式（3.4.19），由区域残差负荷等效水高变化，按照最小二乘法，估计球面径向基函数系数 $\{d_k\}$，此步骤为区域负荷 SRBF 分析及逼近；②依据区域负荷形变场 SRBF 综合算法公式[式（3.4.20）～式（3.4.33）]，由球面径向基函数系数 $\{d_k\}$，计算各种大地测量要素的残差负荷形变效应，此步骤为区域负荷形变场 SRBF 综合。

类似于球谐分析法估计全球负荷球谐系数方案，可以采用残差迭代累积 SRBF 分析法，提高地面负荷的 SRBF 逼近水平。

2. 移去恢复法区域高分负荷形变场 SRBF 逼近计算

区域高分负荷形变场 SRBF 逼近，也可采用移去恢复法，即将 3.3.4 小节移去-负荷格林函数积分-恢复方案中的"负荷格林函数积分"替换成"负荷 SRBF 谱域逼近"。其中，"负荷 SRBF 谱域逼近"采用较小的 SRBF 中心作用距离（作用类似于格林函数积分半径），通过区域负荷 SRBF 分析及逼近，与区域负荷形变场 SRBF 综合，获取高分辨率负荷形变场格网的残差值。该移去恢复方案可称为移去-负荷 SRBF 谱域逼近-恢复方案。

本小节以中国南部某区域 2018 年 5 月 30 日一个采样历元的 30″×30″ 陆地水等效水高变

化格网（cm）（以该区域陆地水变化 2018 年平均值为监测基准）为例，说明移去恢复法区域高分负荷形变场 SRBF 逼近计算步骤和要点。参考负荷形变场采用 3.2.3 小节构建的 360 阶全球陆地水变化负荷球谐系数模型时间序列。

与移去-负荷格林函数积分-移去恢复方案一样，负荷等效水高格网数据的区域范围（数据区域）应在负荷形变场精化区域（成果区域）基础上向四周扩展 SRBF 中心作用距离，以抑制负荷 SRBF 逼近的边缘效应。本例数据区域为 97°E～103°E，24°N～29°N；成果区域为 98.5°N～101.5°N，25.5°N～27.5°N。

1）移去-负荷 SRBF 谱域逼近-恢复法计算流程

（1）输入计算区域 30″×30″零值格网（零值表示计算点相对地面的高度等于零），由全球陆地水负荷球谐系数模型，选择最大计算阶数 360 阶，计算区域 30″×30″陆地水负荷等效水高变化参考模型值格网，如图 3.22（a）所示。

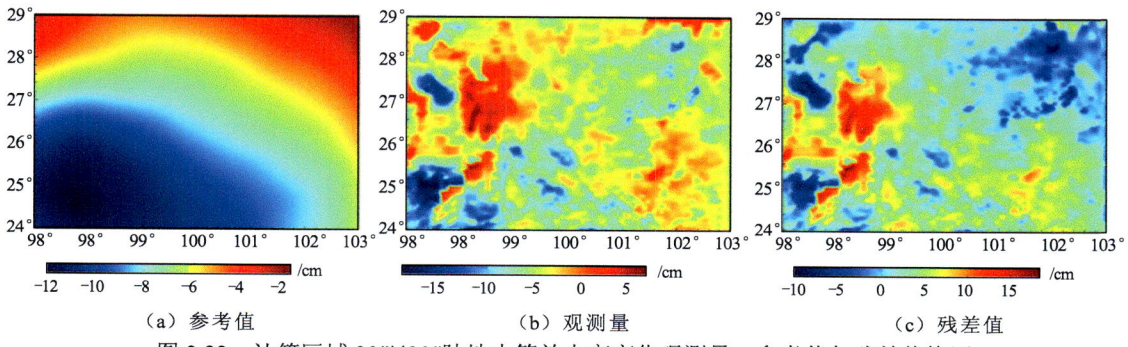

（a）参考值　　　　　　　　　（b）观测量　　　　　　　　　（c）残差值

图 3.22　计算区域 30″×30″陆地水等效水高变化观测量、参考值与残差值格网

（2）将 30″×30″陆地水等效水高变化观测量格网［图 3.22（b）］，减去其参考模型值格网［图 3.22（a）］，生成 30″×30″陆地水负荷等效水高变化残差值格网［图 3.22（c）］。

（3）依据区域地表负荷 SRBF 谱域展开式（3.4.19），由 30″×30″陆地水负荷等效水高变化残差格网，按迭代最小二乘法，估计 SRBF 系数，以累积逼近陆地水负荷等效水高变化残差格网，进而由 SRBF 系数，依据区域负荷形变场 SRBF 综合算法公式［式（3.4.20）～式（3.4.33）］，计算 30″×30″陆地水变化负荷形变场残差值格网，如图 3.23 所示。

（4）输入成果区域 30″×30″零值格网，由全球陆地水负荷球谐系数模型，选择最大计算阶数 360，计算成果区域 30″×30″陆地水变化负荷形变场参考模型值格网。

（5）将成果区域 30″×30″负荷形变场残差值格网，与陆地水变化负荷形变场参考模型值格网相加，获得成果区域 30″×30″陆地水变化负荷形变场格网成果，如图 3.24 所示。

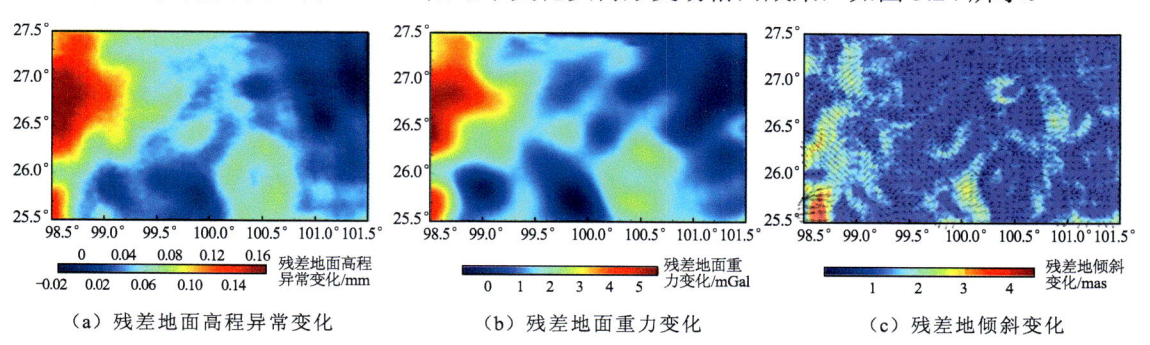

（a）残差地面高程异常变化　　　　（b）残差地面重力变化　　　　（c）残差地倾斜变化

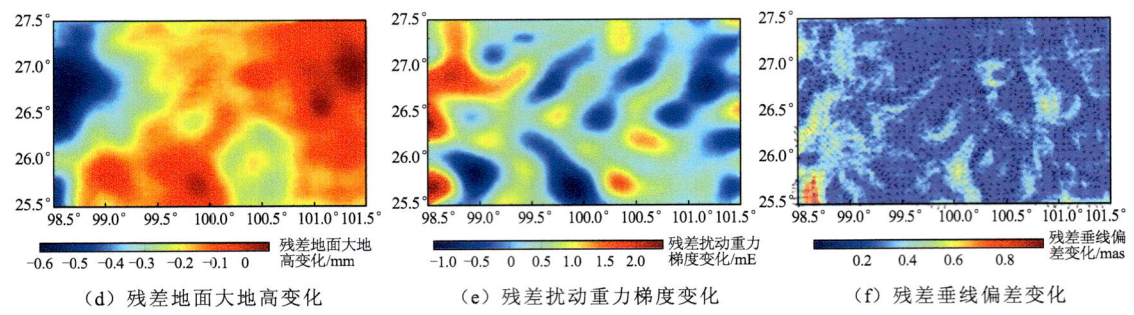

（d）残差地面大地高变化　　　（e）残差扰动重力梯度变化　　　（f）残差垂线偏差变化

图 3.23　负荷 SRBF 谱域逼近的 30″×30″残差陆地水变化负荷形变场格网

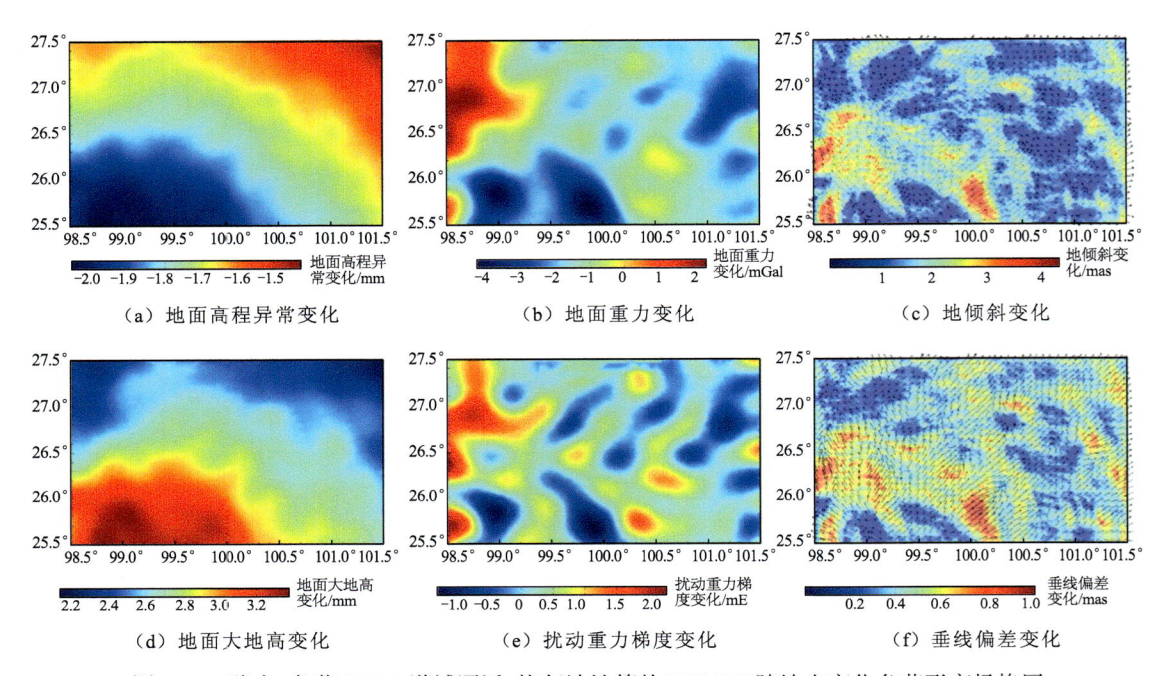

（a）地面高程异常变化　　　（b）地面重力变化　　　（c）地倾斜变化

（d）地面大地高变化　　　（e）扰动重力梯度变化　　　（f）垂线偏差变化

图 3.24　移去-负荷 SRBF 谱域逼近-恢复法计算的 30″×30″陆地水变化负荷形变场格网

与移去-负荷格林函数积分-恢复流程比较，不难发现，移去-负荷 SRBF 谱域逼近-恢复方案与移去-负荷格林函数积分-恢复方案，除第（3）步不同外，其余的步骤完全一样。

2）SRBF 系数参数估计技术

将表 3.6 中负荷等效水高 SRBF 勒让德系数 B_n 代入式（3.4.19），就是以残差地面等效水高变化 $\Delta h_\mathrm{w}(\boldsymbol{x}_i)$ 为观测量、SRBF 系数 d_k 为未知数的负荷 SRBF 逼近基本观测方程：

$$\boldsymbol{L}=\{\Delta h_\mathrm{w}(\boldsymbol{x}_i)\}^\mathrm{T}=\boldsymbol{A}\{d_k\}^\mathrm{T}+\varepsilon \quad (i=1,2,\cdots,M;\ k=1,2,\cdots,K) \tag{3.4.41}$$

式中：$\boldsymbol{A}$ 为 $M\times K$ 设计矩阵；ε 为 $M\times 1$ 观测量误差向量；M 为观测量个数；K 为 SRBF 极点数即未知数 d_k 个数；$\boldsymbol{x}_i$ 为观测量所在地面点的大地坐标。

当 SRBF 节点 $v\in(1,2,\cdots,K)$ 位于计算区域边缘时，令其对应的 SRBF 系数等于零（即 $d_v=0$），将其作为观测方程，可抑制边缘效应，从而提升 SRBF 系数 $\{d_k\}$ 参数估计的稳定性和可靠性。采用附加抑制边缘效应约束的法方程变为

$$[\boldsymbol{A}^\mathrm{T}\boldsymbol{P}\boldsymbol{A}+\boldsymbol{Q}\boldsymbol{\varXi}]\{d_k\}^\mathrm{T}=\boldsymbol{A}^\mathrm{T}\boldsymbol{P}\boldsymbol{L} \tag{3.4.42}$$

式中：$\varXi$ 为对角线矩阵，当且仅当其下标对应的 SRBF 中心位于区域边缘时等于 1，其余为零；Q 为法方程系数阵 $A^{\mathrm{T}}PA$ 对角线非零元素均方根。

为保持负荷形变场逼近性能的空间一致性，在构建观测方程式（3.4.41）过程中，通常要求所有 SRBF 中心的作用距离 dr 相等。dr 相应于 SRBF 自变量的定义域，即任一观测量仅用半径 dr 范围内 SRBF 节点球面径向基函数的线性组合表示。SRBF 中心作用距离 dr 等效于负荷格林函数的积分半径。

引入边缘效应抑制方法后，法方程不再需要正则化和迭代计算，从而避免负荷形变场（时变重力场）的解析结构受监测量误差影响，可有效提高算法的普适性和可靠性。

残差负荷累积逼近有效性一般性原则：①负荷形变场空间连续可微；②负荷等效水高的残差标准差明显减小，残差统计平均值趋于零。

实际计算时，可先让累积逼近次数等于零，优化调整首次逼近的合适参数，再固定首次逼近参数，优化调整累积逼近次数，一般累积 1～2 次可达到稳定解。

本章全部算法的软件实现见附录 1，所有实例也都由 ETideLoad4.5 软件计算和绘图。

第 4 章 地球自转动力学与参考系转换

地球自转是一种复杂的物理运动过程。在地球外层，受月球、太阳和行星等天体运动作用，地球自转呈现为周期性变化。在地球表层，受大气、海洋与陆地水变化和物质运动作用，地球自转表现为准周期性或非周期变化。在地球系统内部，海水运动摩擦、地幔黏滞性、液核旋转差异与内部圈层相互作用，使地球自转运动变得非常复杂。

4.1 地球自转运动与动力学方程

地球自转是大地测量学、天文学和地球物理学共同关心的问题。大地测量学和天文学研究的是短时间尺度（1 天至 100 年）的地球自转现象。研究地球自转运动，可分析大气、海洋和固体地球之间的相互作用，检测地球内部圈层及其相互作用，以解释地球自转呈现的各种动力现象。

4.1.1 刚体地球自转欧拉动力学方程

地球在太阳系中的运动包括公转和自转，公转是地球质心绕太阳系质量中心的运动，自转是地球本体绕地球质心的转动。考察地球自转运动一般需要两个参考系，一是牛顿定律能够成立的惯性空间参考系，又称空固坐标系 $O\text{-}XYZ$，另一个是与地球固连随地球一起转动的非惯性地球参考系，又称地固坐标系 $O\text{-}xyz$。令 D/Dt、d/dt 分别表示相对于空固坐标系和地固坐标系的时间导数，分别称为绝对时间导数和相对时间导数，记瞬时地球自转角速度为 $\boldsymbol{\Omega}(t) = [\omega_1(t), \omega_2(t), \omega_3(t)]^{\mathrm{T}}$，有

$$\frac{D}{Dt} = \frac{d}{dt} + \boldsymbol{\Omega}(t) \times \qquad (4.1.1)$$

式中：× 表示矢量积。这样，地球自转角速度 $\boldsymbol{\Omega}(t)$ 就等于地固坐标系 $O\text{-}xyz$ 相对空固坐标系 $O\text{-}XYZ$ 的旋转角速度矢量。

设地球外部天体作用在地球上的外力矩为 $\boldsymbol{L}(t)$，地球自转角动量为 $\boldsymbol{H}(t)$，则在空固坐标系 $O\text{-}XYZ$ 中，地球自转的角动量方程为

$$\frac{D}{Dt}\boldsymbol{H}(t) = \boldsymbol{L}(t) \qquad (4.1.2)$$

将式（4.1.1）代入式（4.1.2）得到，在地固坐标系 $O\text{-}xyz$ 中，地球自转的角动量方程为

$$\frac{\mathrm{d}}{\mathrm{d}t}\boldsymbol{H}(t) + \boldsymbol{\Omega}(t) \times \boldsymbol{H}(t) = \boldsymbol{L}(t) \tag{4.1.3}$$

角动量 $\boldsymbol{H}(t)$ 总可写成两部分之和：①地球内部质量重新分布引起地球惯性张量 $\boldsymbol{I}(t)$ 改变所产生的角动量变化；②地球内部物质运动（如风、海流等）所引起的相对角动量 $\boldsymbol{h}(t)$ 变化。因此有

$$\boldsymbol{H}(t) = \boldsymbol{I}(t)\boldsymbol{\Omega}(t) + \boldsymbol{h}(t) \tag{4.1.4}$$

刚体地球惯性张量不随时间变化，其相对时间导数等于零，即

$$\frac{\mathrm{d}}{\mathrm{d}t}\boldsymbol{I}(t) = 0 \tag{4.1.5}$$

同时，刚体地球内部不存在物质的相对运动，$\boldsymbol{h}(t) = 0$。因此，若取地球惯性主轴为地固坐标系 $O\text{-}xyz$ 的坐标轴，则对于刚体地球有

$$\boldsymbol{h}(t) = 0, \quad \boldsymbol{I} = \begin{bmatrix} A & 0 & 0 \\ 0 & B & 0 \\ 0 & 0 & C \end{bmatrix}, \quad A \approx B, \quad A < B < C \tag{4.1.6}$$

式中：$\boldsymbol{I}$ 为三轴地球椭球（主惯性轴坐标系中）的转动惯量张量。

在地固坐标系 $O\text{-}xyz$ 中，地球的瞬时自转角速度 $\boldsymbol{\Omega}(t)$ 可表示为

$$\boldsymbol{\Omega}(t) = [\omega_1(t), \omega_2(t), \omega_3(t)]^\mathrm{T} = \omega(m_1, m_2, 1+m_3)^\mathrm{T} \tag{4.1.7}$$

式中：ω 为地球自转角速度模 $\omega = \sqrt{\boldsymbol{\Omega}^2}$；$(m_1, m_2, 1+m_3)$ 为瞬时自转轴的方向余弦；(m_1, m_2) 又称自转极移，m_3 为自转速率变化；(m_1, m_2, m_3) 为地球自转参数 ERP，其量级为 $10^{-6} \sim 10^{-8}$。复数 $m = m_1 + \mathrm{i}m_2$ 又称自转极移。

将式（4.1.7）代入式（4.1.3），得

$$\boldsymbol{I}_{ij}\frac{\mathrm{d}\omega_j(t)}{\mathrm{d}t} + \varepsilon_{ijk}\boldsymbol{I}_{kl}\omega_j(t)\omega_l(t) = \boldsymbol{L}_i(t) \tag{4.1.8}$$

式中：ε_{ijk} 为交变张量，当 i,j,k 为正序排列时 $\varepsilon_{ijk} = 1$，当 i,j,k 为逆序排列时 $\varepsilon_{ijk} = -1$，当 i,j,k 中两个指标值相同时 $\varepsilon_{ijk} = 0$。式（4.1.8）就是地固坐标系中刚体地球自转的动力学方程，也称为刚体地球自转的欧拉-刘维尔方程。

当外力矩为零 $\boldsymbol{L}_i(t) = 0$ 时，得到式（4.1.8）的通解为

$$\begin{cases} \omega_1 = a_m \cos(\sigma_r t + \nu) \\ \omega_2 = a_m \sin(\sigma_r t + \nu) \\ \omega_3 = \omega = \text{常数} \end{cases} \tag{4.1.9}$$

式中：a_m、ν 和 ω 均为积分常数，分别表示刚体地球欧拉摆动振幅、相位和自转角速率，一般由观测确定，$a_m = \sqrt{\omega_1^2 + \omega_2^2}$。而角频率 σ_r 由式（4.1.10）确定：

$$\sigma_r = \frac{C-A}{A}\omega = F\omega, \quad T_r = 2\pi/\sigma_r \tag{4.1.10}$$

由式（4.1.9）可知，$\boldsymbol{\Omega}$ 轴绕 x_3 轴以频率 σ_r 做圆轨迹运动，其振幅和相位由初始位移确定，角频率等于赤道动力学扁率 $\sigma_r = F \approx 1/305$（周/日）。这种运动称为刚体地球欧拉自由摆动或自由章动，σ_r、T_r 分别为欧拉角频率和欧拉摆动周期。

若选择极惯性轴方向为地固坐标系主轴，则 z 轴的单位向量 $\boldsymbol{T} = (0,0,1)^\mathrm{T}$，而地球自转轴 $\boldsymbol{\Omega}$ 和角动量轴 $\boldsymbol{H}$ 分别为

$$\boldsymbol{\Omega} = (\omega_1, \omega_2, \omega_3)^{\mathrm{T}}, \quad \boldsymbol{H} = (A\omega_1, B\omega_2, C\omega_3)^{\mathrm{T}} \tag{4.1.11}$$

式（4.1.10）中，赤道动力学扁率 F 与地球动力学形状因子 J_2 有如下关系：

$$F = (C-A)/A = J_2 Ma^2/A \tag{4.1.12}$$

将欧拉-刘维尔方程[式（4.1.8）]的前两个式子联合，用复数表示自转极移和天体外力矩，得到地固坐标系中自转极移运动方程：

$$\dot{m} - \mathrm{i}\sigma_r m = \boldsymbol{L}; \quad m = m_1 + \mathrm{i}m_2, \quad \boldsymbol{L} = \boldsymbol{L}_1 + \mathrm{i}\boldsymbol{L}_2, \quad \dot{m} = \frac{\mathrm{d}}{\mathrm{d}t} m \tag{4.1.13}$$

一般地，引潮天体外力矩 $\boldsymbol{L}$ 可表示为

$$\boldsymbol{L} = \boldsymbol{L}_1 + \mathrm{i}\boldsymbol{L}_2 = \sum_k B_k \mathrm{e}^{-\mathrm{i}\alpha_k}, \quad \alpha_k = \sigma_k t + \nu_k \tag{4.1.14}$$

式中：B_k、σ_k 和 ν_k 分别为第 k 个外力矩分潮（周期项）的振幅、角频率和相位。

外力矩 $\boldsymbol{L}$ 由许多周期项（潮波）叠加而成，每个潮波由两个方面周期运动合成：①地球的周日自转，平均周期为 1 天（恒星日，春分点在天球上连续两次由东向西通过同一子午圈经历的时间），相应的频率为恒星频率；②地球和外部天体（日、月和地球外部行星）的轨道运动，周期远大于 1 天。在地固坐标系中，外力矩 $\boldsymbol{L}$ 的频率具有近周日性质。

4.1.2 地球自转的轴、章动与极移

与地球自转有关的轴有自转轴、角动量轴和形状轴三种。自转轴是过地球质心且平行于地球自转角速度的直线，其位置在地球本体内（即在地固空间中）随时间变化，但自转轴上所有点的角速度恒定不变。角动量轴是过地球质心且平行于瞬时角动量矢量的直线，在不受外力矩作用时，惯性空间中的角动量轴固定不变。地球绕其最短主轴的转动惯量（极惯性矩）最大，此主轴就是地球的形状轴，地固空间中刚体地球的形状轴固定不变。地球自转的轴都可用其方向余弦表示，地球自转轴与自转角速度可统一用 $\boldsymbol{\Omega}(t)$ 表达，角动量轴与角动量都可用 $\boldsymbol{H}(t)$ 表达。

1. 三种轴函数关系与自由（受迫）章动（极移）

对于刚体地球，形状轴 $\boldsymbol{T}(t)$ 在地固空间中（在地球本体内）不变。但对形变地球而言，地固空间的形状轴 $\boldsymbol{T}(t)$ 随时间变化。通常约定一个最小二乘意义下的平均地幔形状轴，并由地面上观测台站的坐标来近似实现，习惯上称其为蒂塞朗（Tisserand）轴。

由于刚体地球的角动量轴在惯性空间的指向保持不变，而形状轴 $\boldsymbol{T}(t)$ 在地固空间中的方向保持不变，角动量轴和形状轴因而通常分别用作天球参考系和地固参考系的参考轴。当自转轴 $\boldsymbol{\Omega}(t)$ 与形状轴 $\boldsymbol{T}(t)$ 不重合时，上述三个轴的指向不同。

令 $\boldsymbol{H}(t)$、$\boldsymbol{\Omega}(t)$ 和 $\boldsymbol{T}(t)$ 分别为刚体地球的角动量矢量、角速度矢量和形状轴单位向量，有

$$\frac{\mathrm{D}}{\mathrm{D}t}\boldsymbol{\Omega}(t) = \frac{\mathrm{d}}{\mathrm{d}t}\boldsymbol{\Omega}(t) \tag{4.1.15}$$

$$\frac{\mathrm{D}}{\mathrm{D}t}\boldsymbol{T}(t) = \boldsymbol{\Omega}(t) \times \boldsymbol{T}(t) \tag{4.1.16}$$

按照地球惯性张量 $\boldsymbol{I}_{3\times 3}$ 定义，有

$$\boldsymbol{H}(t) = \boldsymbol{I}(t)\boldsymbol{\Omega}(t) \tag{4.1.17}$$

对式（4.1.17）求绝对时间导数 $\mathrm{D}/\mathrm{D}t$，顾及式（4.1.5）和式（4.1.15），得

$$\frac{\mathrm{d}}{\mathrm{d}t}\boldsymbol{H}(t) = \boldsymbol{I}(t)\frac{\mathrm{D}}{\mathrm{D}t}\boldsymbol{\Omega}(t) \tag{4.1.18}$$

将式（4.1.18）代入式（4.1.3），得

$$\boldsymbol{I}(t)\frac{\mathrm{D}}{\mathrm{D}t}\boldsymbol{\Omega}(t) + \boldsymbol{\Omega}(t) \times \boldsymbol{H}(t) = \boldsymbol{L}(t) \tag{4.1.19}$$

若外力矩等于零，即 $\boldsymbol{L}(t) = 0$，角动量 $\boldsymbol{H}(t) = 0$。因此，给定外力矩，就可由式（4.1.16）和式（4.1.19）求解 $\boldsymbol{H}$，得到惯性空间中角动量轴的岁差章动。

对于二轴旋转地球椭球，$A = B$，有

$$\boldsymbol{L}(t)\boldsymbol{T}(t) = 0, \quad \boldsymbol{I}(t) = A\boldsymbol{E} + (C-A)\boldsymbol{T}(t)\boldsymbol{T}(t) \tag{4.1.20}$$

式中：$\boldsymbol{E}$ 为 3×3 阶单位矩阵；C 和 A 分别为极惯性矩和赤道惯性矩。

将式（4.1.20）两边右乘自转角速度 $\boldsymbol{\Omega}(t)$，得

$$\boldsymbol{I}(t)\boldsymbol{\Omega}(t) = \boldsymbol{H}(t) = A\boldsymbol{\Omega}(t) + (C-A)\boldsymbol{T}(t)\boldsymbol{T}(t)\boldsymbol{\Omega}(t) \tag{4.1.21}$$

注意到 $\boldsymbol{T}(t)\boldsymbol{\Omega}(t) = \boldsymbol{T}(t) \cdot \boldsymbol{\Omega}(t)$ 为标量，式（4.1.21）表明，角动量轴 $\boldsymbol{H}$、自转轴 $\boldsymbol{\Omega}$ 和形状轴 $\boldsymbol{T}$ 共面，由线性代数知识可得

$$[\boldsymbol{\Omega}(t) \times \boldsymbol{H}(t)]\boldsymbol{T}(t) = 0 \tag{4.1.22}$$

将式（4.1.19）两边右乘 $\boldsymbol{T}(t)$，式（4.1.16）两边右乘 $\boldsymbol{\Omega}(t)$，可得

$$\frac{\mathrm{D}}{\mathrm{D}t}[\boldsymbol{T}(t) \cdot \boldsymbol{\Omega}(t)] = 0 \quad \Rightarrow \quad \boldsymbol{T}(t) \cdot \boldsymbol{\Omega}(t) = \omega \tag{4.1.23}$$

式中：ω 为积分常数（自转角速率）。代入式（4.1.21）并整理，得

$$C\left[\boldsymbol{T}(t) - \frac{1}{C\omega}\boldsymbol{H}(t)\right] = A\left[\boldsymbol{T}(t) - \frac{1}{\omega}\boldsymbol{\Omega}(t)\right] \tag{4.1.24}$$

不难看出，式（4.1.24）方括号中的矢量均与形状轴 $\boldsymbol{T}(t)$ 正交，从而刚体地球自转的三个轴之间关系如图 4.1 所示。E 为地球质心，$\overline{ET}$ 为形状轴单位向量 $\boldsymbol{T}$，$\overline{EH}$ 和 $\overline{ER}$ 分别表示角动量轴单位向量 $\frac{1}{C\omega}\boldsymbol{H}$ 和自转轴单位向量 $\frac{1}{\omega}\boldsymbol{\Omega}$。由式（4.1.24）可知，自转极 R、角动量极 H 和形状极 T 共线，且有

$$\overline{ET} \perp \overline{TR}, \quad \frac{\overline{RT}}{\overline{HT}} = \frac{\alpha}{\alpha - \delta} = \frac{C}{A} \approx 1.0033, \quad \frac{\overline{TH}}{\overline{HR}} = \frac{\alpha - \delta}{\delta} = \frac{A}{C-A} = \frac{1}{F} \approx 305 \tag{4.1.25}$$

式中：F 为赤道动力学扁率，表征了角动量轴、地固坐标系 z 轴之间夹角，与地球自转轴、角动量轴之间夹角的比值，对于刚体地球，F 等于欧拉角频率。

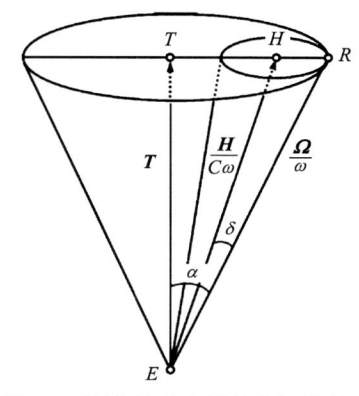

图 4.1 刚体地球自转轴之间的关系

取二轴旋转地球椭球主惯性矩 $A = 8.0081 \times 10^{37}$ kg·m², $C = 8.0345 \times 10^{37}$ kg·m²，可得形状轴和自转轴之间的夹角 $\alpha \approx 0".2$，角动量轴和自转轴之间的夹角 $\delta = F\alpha < 1$ mas（1 mas 地心角距对应地面距离约为 3 cm，图 4.1 中将 δ 放大近 100 倍）。可见，角动量轴在自转轴和形状轴之间，且非常靠近自转轴。

章动与极移。通常将惯性空间（空固坐标系）中的自转轴 $\boldsymbol{\Omega}(t)$ 或形状轴 $\boldsymbol{T}(t)$ 相对于角动量轴 $\boldsymbol{H}(t)$ 的运动称为章动，而将地固空间（地固坐标系）中的自转轴 $\boldsymbol{\Omega}(t)$ 或角动量轴 $\boldsymbol{H}(t)$ 相对于形状轴 $\boldsymbol{T}(t)$ 的运动称为极移。由于两种轴之间的函数关系等于两种瞬时轴向量之差，而向量差又与参考系无关，因而章动与极移只是地极运动分别在惯性空间和地固空间中的两种不同表现形态。

自由章动与自由极移。当没有外力矩 $\boldsymbol{L}(t) = 0$ 时，三个轴之间有相对运动，称为自由运动（或无受迫运动）。自转轴 $\boldsymbol{\Omega}(t)$ 或形状轴 $\boldsymbol{T}(t)$ 相对于角动量轴 $\boldsymbol{H}(t)$ 的自由运动称为自由章动，自转轴 $\boldsymbol{\Omega}(t)$ 或角动量轴 $\boldsymbol{H}(t)$ 相对于形状轴 $\boldsymbol{T}(t)$ 的自由运动称为自由极移。

受迫章动与受迫极移。当外力矩 $\boldsymbol{L}(t) \neq 0$ 时，外力矩对三个轴的作用不同。除相同的部分外，类似于自由运动，可将自转轴或形状轴相对于角动量轴的运动称为受迫章动，自转轴或角动量轴相对于形状轴的运动称为受迫极移。

2. 形状轴相对于角动量轴的解析解

对式（4.1.24）两边叉乘形状轴单位向量 $\boldsymbol{T}(t)$，并顾及式（4.1.16），得

$$\frac{\mathrm{D}}{\mathrm{D}t}\boldsymbol{T}(t) = \frac{1}{A}\boldsymbol{H}(t) \times \boldsymbol{T}(t) \tag{4.1.26}$$

对式（4.1.24）两边点乘向量 $\boldsymbol{T}(t)$，得

$$\boldsymbol{H}(t) \cdot \boldsymbol{T}(t) = C\omega \tag{4.1.27}$$

进一步对式（4.1.26）两边再叉乘向量 $\boldsymbol{T}(t)$，并顾及式（4.1.27），得

$$\boldsymbol{T}(t) = \frac{1}{C\omega}\boldsymbol{H}(t) - \frac{A}{C\omega}\boldsymbol{T}(t) \times \frac{\mathrm{D}}{\mathrm{D}t}\boldsymbol{T}(t) \tag{4.1.28}$$

对式（4.1.28）两边求绝对时间导数，得

$$\frac{\mathrm{D}}{\mathrm{D}t}\boldsymbol{T}(t) = \frac{1}{C\omega}\boldsymbol{L}(t) - \frac{A}{C\omega}\boldsymbol{T}(t) \times \frac{\mathrm{D}^2}{\mathrm{D}t^2}\boldsymbol{T}(t) \tag{4.1.29}$$

将式（4.1.29）代入式（4.1.28），有

$$\boldsymbol{T}(t) = \frac{1}{C\omega}\boldsymbol{H}(t) - \frac{A}{C^2\omega^2}\boldsymbol{T}(t) \times \boldsymbol{L}(t) + \frac{A^2}{C^2\omega^2}\boldsymbol{T}(t) \times \left[\boldsymbol{T}(t) \times \frac{\mathrm{D}^2}{\mathrm{D}t^2}\boldsymbol{T}(t)\right] \tag{4.1.30}$$

为了研究形状轴 $\boldsymbol{T}(t)$ 相对于角动量轴 $\boldsymbol{H}(t)$ 的运动，令矢量

$$\boldsymbol{\alpha}(t) = \boldsymbol{T}(t) - \frac{1}{C\omega}\boldsymbol{H}(t) \quad \Rightarrow \quad \frac{\mathrm{D}}{\mathrm{D}t}\boldsymbol{\alpha}(t) = \frac{1}{C\omega}\boldsymbol{L}(t) - \frac{\mathrm{D}}{\mathrm{D}t}\boldsymbol{T}(t) \tag{4.1.31}$$

顾及式（4.1.26），可得空固坐标系中的微分方程为

$$\frac{\mathrm{D}}{\mathrm{D}t}\boldsymbol{\alpha}(t) - \frac{C\omega}{A}\boldsymbol{T}(t) \times \boldsymbol{\alpha}(t) = -\frac{1}{C\omega}\boldsymbol{L}(t) \tag{4.1.32}$$

注意到

$$\frac{\mathrm{D}}{\mathrm{D}t}\boldsymbol{\alpha}(t) = \frac{\mathrm{d}}{\mathrm{d}t}\boldsymbol{\alpha}(t) + \boldsymbol{\Omega}(t) \times \boldsymbol{\alpha}(t) \tag{4.1.33}$$

并顾及式（4.1.25）得

$$\frac{D}{Dt}\boldsymbol{\alpha}(t) = \frac{d}{dt}\boldsymbol{\alpha}(t) + \omega\boldsymbol{T}(t) \times \boldsymbol{\alpha}(t) \tag{4.1.34}$$

代入式（4.1.32），消除绝对时间导数项 $\frac{D}{Dt}\boldsymbol{\alpha}(t)$，可得地固坐标系中的偏微分方程为

$$\frac{d}{dt}\boldsymbol{\alpha}(t) - \frac{C-A}{A}\omega\boldsymbol{T}(t) = -\frac{1}{C\omega}\boldsymbol{L}(t) \tag{4.1.35}$$

偏微分方程式（4.1.35）的解为图 4.1 中的矢量 $\overline{HR}$，可表示为偏微分方程式（4.1.35）的通解 $\boldsymbol{\gamma}(t)$ 与式（4.1.34）的一个特解 $\boldsymbol{\beta}(t)$ 之和。因此有

$$\frac{d}{dt}\boldsymbol{\gamma}(t) - \boldsymbol{T}(t) \times \boldsymbol{\gamma}(t) = 0 \tag{4.1.36}$$

对于刚体地球，$\boldsymbol{T}$ 是一个常单位向量，从式（4.1.36）可以看出，通解 $\boldsymbol{\gamma}(t)$ 平行于形状轴的赤道面，以欧拉角频率 $\sigma_r = F\omega = \omega(C-A)/A$ 旋转，是地固空间（d/dt 是相对时间导数）中角动量轴相对于形状轴的自由极移，周期 T_r 约为 305 天。而式（4.1.34）的特解 $\boldsymbol{\beta}(t)$ 是惯性空间（D/Dt 是绝对时间导数）中由外力矩 $\boldsymbol{L}(t)$ 引起的形状轴相对于角动量轴的受迫章动。

3. 自转轴、角动量轴与形状轴之间相对运动

由式（4.1.24）可知，轴的惯性空间形态（章动）和地固空间形态（极移）的周期和振幅之间存在一定函数关系。当地球的自转轴 $\boldsymbol{\Omega}(t)$ 和形状轴 $\boldsymbol{T}(t)$ 不重合时，将产生如图 4.2 所示的相对运动。自转轴绕形状轴沿本体锥面做圆锥形摆动（地固运动），称为欧拉极移。由式（4.1.36）和式（4.1.24）可知，欧拉极移即为 $C\boldsymbol{\gamma}(t)/A$。同时自转轴 $\boldsymbol{\Omega}(t)$ 绕角动量轴 $\boldsymbol{H}(t)$ 沿惯性空间锥面做圆锥形摆动（空固运动），称为欧拉章动。两个锥面的瞬时切线就是自转轴 $\boldsymbol{\Omega}(t)$，惯性空间锥面相对地球本体锥面做无滑动的滚动，而形状轴 $\boldsymbol{T}(t)$ 在惯性空间绕角动量轴 $\boldsymbol{H}(t)$ 沿其惯性空间锥面做圆锥形摆动。

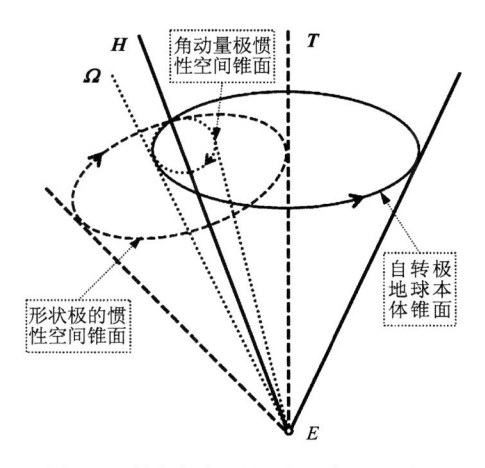

图 4.2 轴之间相对运动（自由运动）

这表明，地极相对运动的惯性空间形态（空固运动）和地球本体形态（地固运动）是伴生的，是同一种运动的两种表现形式。

自转轴运动的地球本体锥面和惯性空间锥面之间立体角的半径之比，等于两者运动周期

之比，这个比例系数就是地球的赤道动力学扁率 $F=(C-A)/A\approx 1/305$。角动量轴 $\boldsymbol{H}(t)$、形状轴 $\boldsymbol{T}(t)$ 与自转轴 $\boldsymbol{\Omega}(t)$ 共面，由式（4.1.36）可知，刚体地球自转轴的地固运动周期约为305个恒星日。若考虑地球的非刚性，该周期被拉长至430天（恒星日）左右。地球的周日自转，导致自转轴空固运动的周期表现为近周日性质。

天体外力矩在地固坐标系中可分解为不同周期的潮波，与地球自转周期相等的潮波会产生共振现象。岁差就是由这种共振现象产生的，岁差对地球各轴相同。外力矩引起角动量轴 $\boldsymbol{H}(t)$ 的空固运动，可通过求解欧拉动力学方程获得。而外力矩引起的形状轴 $\boldsymbol{T}(t)$ 与角动量轴 $\boldsymbol{H}(t)$ 的差异，为式（4.1.35）的特解 $\boldsymbol{\beta}(t)$，也可理解为角动量轴 $\boldsymbol{H}(t)$ 相对于形状轴 $\boldsymbol{T}(t)$ 的受迫极移，由式（4.1.24）可知，自转轴 $\boldsymbol{\Omega}(t)$ 相对于形状轴 $\boldsymbol{T}(t)$ 的受迫极移为 $C\boldsymbol{\beta}(t)/A$。

由于 $C\approx A$，$\boldsymbol{\beta}(t)\approx C\boldsymbol{\beta}(t)/A$，所以可得，引潮天体外力矩作用下的角动量轴受迫极移与自转轴受迫极移几乎相等。

类似于自由极移在惯性空间的表现形式为自由章动，同样上述受迫极移在惯性空间的表现形式为受迫章动。日月等天体外力矩在空固坐标系中看是长周期的，因此受迫章动都是长周期的，即周期比一日长得多，主项为月球引起的18.6年周期项。然而地球自转的结果，使在空固坐标系中看起来为长周期的现象，反映在地固坐标系中则是周日的。以潮波（潮簇）和地球自转之间的关系为例，周日潮波引起的极移是近周日的，但引起的章动是长周期的，这可解释为什么受迫章动总为长周期，而受迫极移总为近周日的。

可见，相同的天体外力矩引起两个轴运动的差异，其惯性空间形态（受迫章动）和地球本体形态（受迫极移）也是伴生的，只是同一种运动分别在空固坐标系和地固坐标系中的两种表现形式。

4.1.3　形变地球自转动力学与瞬时极

对于实际有海洋、黏滞性地幔和液核的多圈层形变地球，瞬时自转轴 $\boldsymbol{\Omega}(t)$、形状轴 $\boldsymbol{T}(t)$ 和角动量轴 $\boldsymbol{H}(t)$ 相对平均形状轴 $\boldsymbol{U}$ 的位置，时刻发生变化。

1. 形变地球自转动力学欧拉-刘维尔方程与激发函数

地球表层大气、海洋、地表水等地球内部物质负荷变化，激发固体地球形变，引起地球惯性张量 $\boldsymbol{I}(t)$ 随时间变化，同时地球内部物质相对地固坐标系存在物质运动，引起角动量 $\boldsymbol{h}(t)$ 随时间变化。因此，对于一般形变地球，式（4.1.6）变为

$$\boldsymbol{I}(t)=[I_{ij}(t)]=\begin{bmatrix} A+\Delta I_{11}(t) & \Delta I_{12}(t) & \Delta I_{13}(t) \\ \Delta I_{21}(t) & B+\Delta I_{22}(t) & \Delta I_{23}(t) \\ \Delta I_{31}(t) & \Delta I_{32}(t) & C+\Delta I_{33}(t) \end{bmatrix},\quad \boldsymbol{h}(t)\ne 0 \qquad (4.1.37)$$

式中：$I_{11}(t)=A+\Delta I_{11}(t), I_{22}(t)=B+\Delta I_{22}(t), I_{33}(t)=C+\Delta I_{33}(t)$，且顾及地球惯性矩阵的迹为常数，即式（1.2.139）得

$$\Delta I_{11}(t)+\Delta I_{22}(t)+\Delta I_{33}(t)=0 \qquad (4.1.38)$$

将式（4.1.37）代入式（4.1.3）得

$$I_{ij}\dot{\omega}_j+\frac{\mathrm{d}I_{ij}}{\mathrm{d}t}\omega_j+\frac{\mathrm{d}h_i}{\mathrm{d}t}+\varepsilon_{ijk}(I_{kl}\omega_j\omega_l+\omega_j h_k)=L_i \qquad (4.1.39)$$

式中：ε_{ijk} 为交变张量，当 i,j,k 为正序排列时 $\varepsilon_{ijk}=1$，当 i,j,k 为逆序排列时 $\varepsilon_{ijk}=-1$，当 i,j,k 中两个指标值相同时 $\varepsilon_{ijk}=0$。

式（4.1.39）省略了自变量 t，是地固坐标系中（弹性或黏弹性）形变地球自转动力学的一般方程，又称形变地球自转的欧拉-刘维尔方程。式（4.1.39）体现了形变地球自转的角动量守恒规律。

将式（4.1.7）代入式（4.1.39），可得形变地球自转运动方程为

$$m_1 - \frac{1}{\sigma_r}\dot{m}_2 = \psi_1, \quad m_2 + \frac{1}{\sigma_r}\dot{m}_1 = \psi_2, \quad m_3 = -\Delta\text{LOD}/\Lambda_0 = \psi_3 \qquad (4.1.40)$$

式中：σ_r 为欧拉角频率；$\omega\dot{m}_3$ 为近周日自转加速度；ΔLOD 为日长变化；$\Lambda_0=86\,400\text{ s}$ 为平均日长；ψ_1、ψ_2、ψ_3 称为地球自转运动的激发函数，是归一化的角动量，其量纲与地球自转参数 (m_1,m_2,m_3) 一致，由式（4.1.39）可得

$$\psi_1 = \frac{1}{\omega^2(C-A)}(\omega^2 \Delta I_{13} + \omega\Delta\dot{I}_{23} + \omega h_1 + \dot{h}_2 - L_2) \qquad (4.1.41)$$

$$\psi_2 = \frac{1}{\omega^2(C-A)}(\omega^2 \Delta I_{23} - \omega\Delta\dot{I}_{13} - \omega h_2 - \dot{h}_1 - L_1) \qquad (4.1.42)$$

$$\psi_3 = \frac{1}{C\omega^2}\left(-\omega^2 \Delta I_{33} - \omega h_3 + \omega\int_0^t L_3 \mathrm{d}t\right) \qquad (4.1.43)$$

采用复数形式，$\psi=\psi_1+\mathrm{i}\psi_2$ 也称为自转极移的激发函数，ψ_3 也称为自转速率变化（日长变化）的激发函数。

式（4.1.40）是地固坐标系中激发函数与地球自转参数 (m_1,m_2,m_3) 之间的动力学关系式，其中前两式也称为自转极移运动方程，第三式也称为自转速率变化（日长变化）方程。

2. 瞬时自转极、瞬时形状极与瞬时角动量解析表达

地球自转瞬时角速度 $\boldsymbol{\Omega}(t)$ 的大小和方向表征了地球自转的状态。瞬时自转轴上所有点的瞬时角速度为零。对于形变地球，地球瞬时角速度在地固坐标系 $O\text{-}x_1x_2x_3$ 的定义式[式(4.1.7)]仍然成立，写成坐标向量形式，有

$$\boldsymbol{\Omega}(t) = \omega_1\boldsymbol{i}_1 + \omega_2\boldsymbol{i}_2 + \omega_1\boldsymbol{i}_3 = \omega[m_1\boldsymbol{i}_1 + m_2\boldsymbol{i}_2 + (1+m_3)\boldsymbol{i}_3] \qquad (4.1.44)$$

式中：$\boldsymbol{i}_1$、$\boldsymbol{i}_2$、$\boldsymbol{i}_3$ 分别为 x_1、x_2、x_3 轴的单位向量。地球自转极移用复数表示为

$$m = m_1 + im_2 = \frac{\omega_1}{\omega} + \mathrm{i}\frac{\omega_2}{\omega} \qquad (4.1.45)$$

根据质点组动力学理论，地球绕任一过地球质心 O 的瞬时轴的转动惯量为

$$S = I_{ij}\alpha_i\alpha_j, \quad i,j=1,2,3 \qquad (4.1.46)$$

式中：下标指标相同表示求和。$(\alpha_1,\alpha_2,\alpha_3)$ 为瞬时轴在地固坐标系中的方向余弦。若在瞬时轴上截取一条线段 OT，使得 $OT=1/\sqrt{S}=b$，由于 S 是地球绕瞬时轴的转动惯量，则 T 点的坐标为

$$x_1 = b\alpha_1, \quad x_2 = b\alpha_2, \quad x_3 = b\alpha_3 \qquad (4.1.47)$$

通过地球质心 O 有很多轴，对应很多 T 点，这些点的轨迹满足方程：

$$I_{11}x_1^2 + I_{22}x_2^2 + I_{33}x_3^2 + 2I_{12}x_1x_2 + 2I_{23}x_2x_3 + 2I_{13}x_3x_1 = 0 \qquad (4.1.48)$$

式（4.1.48）是一个中心在 O 点的二次曲面方程，代表以地球质心为中心的椭球，称为

惯量椭球。若选择主惯量轴为坐标轴，则惯量椭球方程简化为

$$Ax_1^2 + Bx_2^2 + Cx_3^2 = 0, \quad A = I_{11}, B = I_{22}, C = I_{33} \tag{4.1.49}$$

而瞬时形状极移用复数表示为

$$\mu = \mu_1 + \mathrm{i}\mu_2 = \frac{\Delta I_{13}}{C-A} + \mathrm{i}\frac{\Delta I_{23}}{C-A} \tag{4.1.50}$$

可见，在地球自转动力学中，可用地球惯性张量表征地球形状轴，地球惯性张量变化意味着地球形状轴发生变化，即存在形状极移。

由式（4.1.4）可知，地固坐标系中地球的角动量（或动量矩）可表示为

$$\boldsymbol{H}(t) = I_{ij}\omega_j \boldsymbol{i}_i + \mathrm{i}h_i \boldsymbol{i}_i \tag{4.1.51}$$

将地球惯性矩阵和瞬时角速度表达式（4.1.44）代入式（4.1.51），忽略 I_{ij},m_1,m_2,m_3 中二次以上的小项，可得地固坐标系中地球角动量的各个分量为

$$H_1 = A\omega m_1 + \Delta I_{13}\omega + h_1, \quad H_2 = B\omega m_2 + \Delta I_{23}\omega + h_2 \tag{4.1.52}$$

$$H_3 = C\omega(1+m_3) + \omega I_{33} + h_3 \tag{4.1.53}$$

瞬时角动量极移可表示为 $M = M_1 + \mathrm{i}M_2 = (H_1 + \mathrm{i}H_2)/H_3$，忽略有关小量项有

$$M = M_1 + \mathrm{i}M_2 = \left(\frac{Am_1 + \Delta I_{13}}{C} + \frac{h_1}{C\omega}\right) + \mathrm{i}\left(\frac{Bm_2 + \Delta I_{23}}{C} + \frac{h_2}{C\omega}\right) \tag{4.1.54}$$

4.1.4 地球自转运动的激发函数表示

考察式（4.1.40），导致地球自转变化 $\Delta\boldsymbol{\Omega}$（自转极移和自转速率变化）的三种作用包括：①地球内部质量重新分布产生的地球物质负荷激发 ψ_k^m，如大气、海洋、地表和地下水及冰川冰盖变化诱导的地球质量变化，引起地球惯性张量变化 $\Delta\boldsymbol{I}$，导致地球自转极移和自转速率变化 $\Delta\boldsymbol{\Omega}$；②地球内部物质运动 $\rho\boldsymbol{u}$ 的相对角动量激发，称为地球物质运动激发 ψ_k^h，如大气、海洋、陆地水等运动对地球质心产生的角动量；③地球的内外力矩激发 ψ_k^L，如引潮天体外力矩（对应受迫章动），内核旋转洛伦兹力内力矩（对应自由章动），以及地形对风的阻力、海岸对海洋边界流的阻力等产生的内力矩。

通常忽略地球内部物质运动加速度 $\dot{\boldsymbol{u}}=0$，将地球自转运动的三种激发函数统一表示为

$$\psi_k = \psi_k^m + \psi_k^h + \psi_k^L, \quad k=1,2,3 \tag{4.1.55}$$

$$\psi^m = \psi_1^m + \mathrm{i}\psi_2^m = \frac{1}{C-A}(\Delta I_{13} + \mathrm{i}\Delta I_{23}), \quad \psi_3^w = -\frac{1}{C}\Delta I_{33} \tag{4.1.56}$$

$$\psi^h = \psi_1^h + \mathrm{i}\psi_2^h = \frac{1}{(C-A)\omega}h, \quad \psi_3^h = -\frac{1}{C\omega}h_3 \tag{4.1.57}$$

$$\psi^L = \psi_1^L + \mathrm{i}\psi_2^L = \frac{\mathrm{i}}{\omega^2(C-A)}L, \quad \psi_3^L = \frac{1}{\omega C}\int_0^t L_3 \mathrm{d}t \tag{4.1.58}$$

激发函数是利用角动量守恒定理来研究地球自转变化的激发作用时所定义的一种向量函数，其本质是归一化的角动量。

令 $\rho(\boldsymbol{r})$ 为运动物质的密度，$\Delta\rho(\boldsymbol{r})$ 为密度分布的变化，$\boldsymbol{u}(r,\theta,\lambda)=(u_r,u_\lambda,u_\varphi)$ 为物质运动的速度，其中，$\boldsymbol{r}=(r,\varphi,\lambda)$ 为地球内部流动体元的球坐标。由地球内部质量重新分布 $\Delta\rho$，按惯性张量定义，可得地球惯性张量各元素变化 ΔI_{ij} 为

$$\Delta I_{ij} = \int_V \Delta\rho r^2 F_{ij} \mathrm{d}V \tag{4.1.59}$$

$$F_{11} = 1 - \cos^2\varphi\cos^2\lambda, \qquad F_{22} = 1 - \cos^2\varphi\sin^2\lambda, \qquad F_{33} = \cos^2\varphi,$$
$$F_{12} = F_{21} = -\cos^2\varphi\sin 2\lambda/2, \quad F_{13} = F_{31} = -\sin\varphi\cos\varphi\cos\lambda, \quad F_{23} = F_{32} = -\sin\varphi\cos\varphi\cos\lambda \tag{4.1.60}$$

式中：V 为物质负荷变化所包含的地球内部三维空间；φ 为地心纬度。

对于大气、海洋和陆地水等地表负荷变化，令负荷面密度变化 $\Delta\sigma_\mathrm{w} = \rho_\mathrm{w}\Delta h_\mathrm{w}$，$\Delta h_\mathrm{w}$ 为地表负荷等效水高变化，由于物质负荷位于地表，有 $r = R$，将式（4.1.59）代入式（4.1.56），可得大气、海洋或陆地水物质负荷激发函数为

$$\psi_1^m = -\frac{\rho_\mathrm{w} R^2}{C - A} \iint_\sigma \Delta h_\mathrm{w} \sin\varphi\cos\varphi\cos\lambda \mathrm{d}\sigma \tag{4.1.61}$$

$$\psi_2^m = -\frac{\rho_\mathrm{w} R^2}{C - A} \iint_\sigma \Delta h_\mathrm{w} \sin\varphi\cos\varphi\sin\lambda \mathrm{d}\sigma \tag{4.1.62}$$

$$\psi_3^m = -\frac{\rho_\mathrm{w} R^2}{C} \iint_\sigma \Delta h_\mathrm{w} \cos^2\varphi \mathrm{d}\sigma \tag{4.1.63}$$

地球内部物质运动对地球自转轴角动量的直接贡献为 $\boldsymbol{h} = \int_V \rho(\boldsymbol{r} \times \boldsymbol{u}) \mathrm{d}V$，通常忽略物质运动在垂直方向的分量，$u_r = 0$，代入式（4.1.57），得到大气、海洋或陆地水物质运动激发函数为

$$\psi_1^h = -\frac{\rho_\mathrm{w} R^2}{(C - A)\omega} \iint_\sigma h_\mathrm{w}(u_\lambda\cos\lambda - u_\varphi\sin\varphi\sin\lambda)\cos\varphi \mathrm{d}\sigma \tag{4.1.64}$$

$$\psi_2^h = -\frac{\rho_\mathrm{w} R^2}{(C - A)\omega} \iint_\sigma h_\mathrm{w}(u_\lambda\sin\lambda + u_\varphi\sin\varphi\cos\lambda)\cos\varphi \mathrm{d}\sigma \tag{4.1.65}$$

$$\psi_3^h = -\frac{\rho_\mathrm{w} R^2}{C\omega} \iint_\sigma h_\mathrm{w} u_\lambda \cos\varphi \mathrm{d}\sigma \tag{4.1.66}$$

4.2 地球自转的激发动力学基础

大气、海洋和陆地水等物质负荷和物质运动等地球内部激发，作用于形变地球系统，引起地球惯性张量和角动量随时间变化，激发角动量在海洋运动（潮汐摩擦）、地幔的黏滞性、核幔耦合和液核旋转差异等作用下，在地球内部圈层之间交换，导致地球自转运动变得非常复杂。通过对比观测到的大地测量和地球物理流体数据，检测、模拟和研究地球激发角动量在海陆气及地球各圈层间的相互交换与耦合过程，优化激发在地球内部的交换特征系数（如有效勒夫数或尺度因子等），分析欧拉-刘维尔方程作用下的自转耦合、相位延迟和频率共振现象，探索地球自转的激发动力学机制，一直是地球自转动力学研究和发展的重要技术途径。本节从满足形变地球大地测量学需要出发，概括介绍地球自转的激发动力学原理。

4.2.1 二阶重力位系数自转形变效应

形变地球的瞬时自转轴与平均形状轴不一致，地球自转变化会伴随离心力位变化，而离心力位变化激发固体地球形变，引起地球内部质量重新分布，产生附加位。根据狄利克雷

（Dirichlet）原理，重力位的自转形变效应，等于自转离心力位及其在二阶体潮勒夫数作用下的附加位之和。

在以平均形状轴为 z 轴的地固坐标系中，地球自转的离心力位 $\Psi(r,\theta,\lambda)$ 可表达为

$$\Psi(r,\theta,\lambda) = \frac{1}{2}\boldsymbol{\Omega}^2 r^2 - \frac{1}{2}(\boldsymbol{\Omega}\cdot\boldsymbol{r})^2 \tag{4.2.1}$$

将瞬时自转角速度 $\boldsymbol{\Omega}$ 向量式（4.1.7）代入式（4.2.1），记 $\overline{P}_{2m} = \overline{P}_{2m}(\cos\theta)$，得

$$\begin{aligned}\Psi(r,\theta,\lambda) &= \omega^2 r^2 \left[\frac{1}{2}\sin^2\theta + m_3\sin^2\theta - \cos\theta\sin\theta(m_1\cos\lambda + m_2\sin\lambda)\right] \\ &= \frac{1}{3}\omega^2 r^2[(1-\overline{P}_{20}) + 2m_3(1-\overline{P}_{20}) - \overline{P}_{21}(m_1\cos\lambda + m_2\sin\lambda)] \\ &= \frac{1}{3}\omega^2 r^2 - \frac{1}{3\sqrt{5}}\omega^2 r^2 \overline{P}_{20} + \frac{2}{3}\omega^2 r^2 m_3\left(1-\frac{1}{\sqrt{5}}\overline{P}_{20}\right) - \frac{1}{\sqrt{15}}\omega^2 r^2 \overline{P}_{21}(m_1\cos\lambda + m_2\sin\lambda)\end{aligned} \tag{4.2.2}$$

式（4.2.2）右边第一项 $\omega^2 r^2/3$ 在地球各点产生一个完全对称的径向变化；第二项对于地球上的各点是一个不随时间变化的常数项，可认为长期作用于固体地球（永久效应）；其余各项则是由地球自转变化引起的周期性变化。第一项对自转极移没有贡献，直接去掉后得

$$\Psi = -\frac{1}{3\sqrt{5}}\omega^2 r^2 \overline{P}_{20} + \frac{2}{3}\omega^2 r^2 m_3\left(1-\frac{1}{\sqrt{5}}\overline{P}_{20}\right) - \frac{1}{\sqrt{15}}\omega^2 r^2 \overline{P}_{21}(m_1\cos\lambda + m_2\sin\lambda) \tag{4.2.3}$$

对于 SNREI 地球，离心力位 Ψ 经体潮勒夫数作用，产生形变附加位（间接影响），分别由相应阶次体潮勒夫数作用于式（4.2.3）各项后产生：

$$\Psi^{\text{a}} = -\frac{k_0}{3\sqrt{5}}\omega^2 r^2 \overline{P}_{20} + \frac{2k_{20}}{3}\omega^2 r^2 m_3\left(1-\frac{1}{\sqrt{5}}\overline{P}_{20}\right) - \frac{k_{21}}{\sqrt{15}}\omega^2 r^2 \overline{P}_{21}(m_1\cos\lambda + m_2\sin\lambda) \tag{4.2.4}$$

式中：k_0 为长期勒夫数。

此外，由引力位球谐展开式，可得空间点 (r,θ,λ) 处的二阶引力位为

$$\begin{aligned}V_2 &= \frac{GMa^2}{r^3}\sum_{m=0}^{2}(\overline{C}_{2m}\cos m\lambda + \overline{S}_{2m}\sin m\lambda)\overline{P}_{2m}(\cos\theta) \\ &= \frac{GMa^2}{r^3}\overline{C}_{20}\overline{P}_{20} + \frac{GMa^2}{r^3}(\overline{C}_{21}\cos\lambda + \overline{S}_{21}\sin\lambda)\overline{P}_{21} + \frac{GMa^2}{r^3}(\overline{C}_{22}\cos 2\lambda + \overline{S}_{22}\sin 2\lambda)\overline{P}_{22}\end{aligned} \tag{4.2.5}$$

Dirichlet 原理假设由地球自转变化产生的重力位变化 $\Delta U = \Psi + \Psi^{\text{a}}$，等于地球二阶引力位变化 ΔV_2，记 $m = m_1 + \text{i}m_2$，因此由式（4.2.3）～式（4.2.5），可得

$$\overline{C}_{20} = -\frac{\omega^2 a^3}{3\sqrt{5}GM}k_0, \quad \Delta\overline{C}_{20} = -\frac{1+k_{20}}{k_0}\overline{C}_{20}m_3 \tag{4.2.6}$$

$$\Delta\overline{C}_{21} + \text{i}\Delta\overline{S}_{21} = -\frac{\omega^2 a^3}{\sqrt{15}GM}(1+k_{21})m = \sqrt{3}\frac{1+k_{21}}{k_0}\overline{C}_{20}(m_1+\text{i}m_2) \tag{4.2.7}$$

式中：$\overline{C}_{20}$ 为二阶带谐位系数中不变化的部分；$\Delta\overline{C}_{20}$ 为由地球自转引起 $\overline{C}_{20}$ 的变化部分。

式（4.2.6）和式（4.2.7）只是描述了地球自转状态变化引起的二阶位系统变化，而不表达地球自转参数 (m_1,m_2,m_3) 与二阶位系数变化 $(\Delta\overline{C}_{21},\Delta\overline{S}_{21},\Delta\overline{C}_{20})$ 之间的关系。式（4.2.6）中的第一式是物理大地测量方法（如 SLR 动力学法）测定长期勒夫数的算法公式。取表 1.2 中 EGM2008 位系数模型的 $\overline{C}_{20}$ 值代入，得

$$k_0 = -\frac{3\sqrt{5}GM}{\omega^2 a^3}\overline{C}_{20} = 0.938\,35 \tag{4.2.8}$$

将式（1.2.106）代入式（4.2.8），顾及式（1.2.140）和 $J_2 = -\sqrt{5}\bar{C}_{20}$，有

$$k_0 = -\frac{3\sqrt{5}GM}{\omega^2 a^3}\bar{C}_{20} = \frac{3GM}{\omega^2 a^3}J_2 = \frac{3G}{\omega^2 a^5}\left(C - \frac{A+B}{2}\right) \tag{4.2.9}$$

式中：J_2 为地球动力学形状因子；C 为极惯性矩。

取 $k_{20} = 0.30190$，代入式（4.2.6），顾及式（4.2.8）得

$$\Delta\bar{C}_{20} = -\frac{1+k_{20}}{k_0}\bar{C}_{20}m_3 = \frac{1+k_{20}}{k_0}\bar{C}_{20}\frac{\Delta\text{LOD}}{\Lambda_0} = -7.77486 \times 10^{-12}\Delta\text{LOD} \tag{4.2.10}$$

式中：$\Lambda_0 = 86400\,\text{s}$ 为日长平均值；ΔLOD 为日长变化，ms。

IERS 协议 2010 给出的二阶田谐位系数自转形变效应，不包含自转离心力位变化对二阶田谐位系数变化的直接影响，仅是自转离心力位变化对二阶田谐位系数变化的间接影响

$$\Delta\bar{C}_{21}^{\text{i}} + \text{i}\Delta\bar{S}_{21}^{\text{i}} = -\frac{\omega^2 a^3}{\sqrt{15}GM}k_{21}m = \sqrt{3}\frac{k_{21}}{k_0}\bar{C}_{20}(m_1 + \text{i}m_2) \tag{4.2.11}$$

顾及黏滞性地球周日勒夫数 k_{21} 的频率相关性，取 $k_{21} = 0.3077 + \text{i}0.0036$，代入式（4.2.11），并顾及式（4.2.8），得

$$\Delta\bar{C}_{21}^{\text{i}} = -1.333 \times 10^{-9}(m_1 - 0.0017m_2), \quad \Delta\bar{S}_{21}^{\text{i}} = -1.333 \times 10^{-9}(m_2 + 0.0017m_1) \tag{4.2.12}$$

式中：自转极移 (m_1, m_2) 以角秒（″）为单位。

4.2.2 地球内部激发的极移运动特征

瞬时形状极移是全球空间尺度负荷形变的一种表现形式，而负荷形变一般采用弹性地球的负荷勒夫数表征，因此，任意周期的物质负荷激发 $(\psi_1^{\text{m}}, \psi_2^{\text{m}})$，所对应的负荷二阶一次项变化 $(\Delta\bar{C}_{21}^{\text{w}}, \Delta\bar{S}_{21}^{\text{w}})$，及其引起的形状极移 $(\Delta\mu_1, \Delta\mu_2)$，具有完全相同的频率和相位。特别地，地球内部物质负荷激发 $(\psi_1^{\text{m}}, \psi_2^{\text{m}})$，可用地球惯性矩变化 $(\Delta I_{13}, \Delta I_{23})$、形状极移 $(\Delta\mu_1, \Delta\mu_2)$ 或负荷球谐系数变化 $(\Delta\bar{C}_{21}^{\text{w}}, \Delta\bar{S}_{21}^{\text{w}})$ 唯一表达，联合式（1.2.134）、式（3.2.6）、式（4.1.56）和式（4.1.50），有

$$\psi^{\text{m}} = \frac{1}{C-A}(\Delta I_{13} + \text{i}\Delta I_{23}) = -\frac{3\sqrt{3}}{5}\frac{\rho_{\text{w}}}{\rho_{\text{e}}}\frac{1+k_2'}{\bar{C}_{20}}(\Delta\bar{C}_{21}^{\text{w}}, \text{i}\Delta\bar{S}_{21}^{\text{w}}) = \Delta\mu_1 + \text{i}\Delta\mu_2 = \Delta\mu \tag{4.2.13}$$

可见，任意周期的物质负荷激发 $(\psi_1^{\text{m}}, \psi_2^{\text{m}})$，与其引起的形状极移 $(\Delta\mu_1, \Delta\mu_2)$ 相等，都是归一化的角动量，可相互代替。写成分量形式有

$$\psi_1^{\text{m}} = \Delta\mu_1 = -\frac{3\sqrt{3}}{5}\frac{\rho_{\text{w}}}{\rho_{\text{e}}}\frac{1+k_2'}{\bar{C}_{20}}\Delta\bar{C}_{21}^{\text{w}}, \quad \psi_2^{\text{m}} = \Delta\mu_2 = -\frac{3\sqrt{3}}{5}\frac{\rho_{\text{w}}}{\rho_{\text{e}}}\frac{1+k_2'}{\bar{C}_{20}}\Delta\bar{S}_{21}^{\text{w}} \tag{4.2.14}$$

将频率为 σ 的物质负荷激发 $(\psi_1^{\text{m}}, \psi_2^{\text{m}})$，用频率为 σ 的形状极移 $(\Delta\mu_1, \Delta\mu_2)$ 代替，并表示为椭圆形周期函数的一般形式：

$$\Delta\mu_1 = (t_1 - t_2)\cos\sigma t = a\cos\sigma t, \quad \Delta\mu_2 = (t_1 + t_2)\sin\sigma t = b\sin\sigma t \tag{4.2.15}$$

式中：σ 为形状极移 $\Delta\mu$ 或物质负荷激发 ψ^{m} 的角频率；$a = t_1 - t_2$ 为形状极移或物质负荷激发在地固坐标系 x 轴方向的振幅；$b = t_1 + t_2$ 为形状极移或物质负荷激发在 $-y$ 轴方向的振幅。式（4.2.15）定义的椭圆函数可称为频率 σ 的激发椭圆。

在海洋运动、地幔黏滞性与核幔耦合作用下，物质负荷激发的角动量（ψ^{m} 或 $\Delta\mu$）在地球各圈层间交换。对于实际有海洋和液核的黏弹性多圈层地球，忽略二阶小量 $\Delta\dot{\mu}_1/\omega, \Delta\dot{\mu}_2/\omega$

（ω为地球自转角速率），由欧拉-刘维尔方程，可得物质负荷激发$(\Delta\mu_1,\Delta\mu_2)$的自转极移运动方程为

$$m_1 - \frac{1}{\sigma_c}\dot{m}_2 = \Delta\mu_1, \quad m_2 + \frac{1}{\sigma_c}\dot{m}_1 = \Delta\mu_2 \quad (4.2.16)$$

式中：σ_c为实际黏弹性多圈层地球的钱德勒摆动频率。

式（4.2.15）表示瞬时形状极$T(t)$绕平均形状极U做逆时针椭圆运动，如图4.3①所示。图中x轴是地固坐标系的x轴，为m_1、$\Delta\mu_1$、ψ_1^m增大的方向，而m_2、$\Delta\mu_2$、ψ_2^m增大的方向与地固坐标系y轴方向相反，图中用$-y$轴表示。

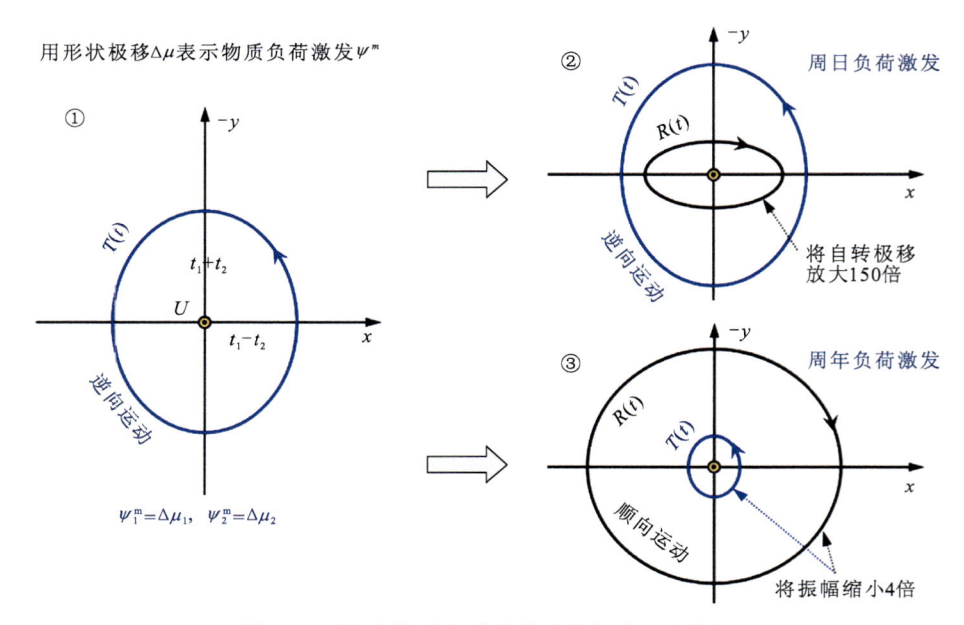

图 4.3　不同周期内部激发的自转极移运动特征

将式（4.2.15）代入自转极移运动方程[式（4.2.16）]，可得在频率为σ的物质负荷激发作用下，实际黏弹性多圈层地球的自转极移解为

$$m_1 = \left(\frac{t_1}{1-\sigma/\sigma_c} - \frac{t_2}{1+\sigma/\sigma_c}\right)\cos\sigma t, \quad m_2 = -\left(\frac{t_1}{1-\sigma/\sigma_c} + \frac{t_2}{1+\sigma/\sigma_c}\right)\sin\sigma t \quad (4.2.17)$$

记$T=2\pi/\sigma$为物质负荷激发周期，$T_c=2\pi/\sigma_c$为钱德勒摆动周期，代入式（4.2.17）得

$$m_1 = \left(\frac{t_1}{1-T_c/T} - \frac{t_2}{1+T_c/T}\right)\cos\sigma t, \quad m_2 = -\left(\frac{t_1}{1-T_c/T} + \frac{t_2}{1+T_c/T}\right)\sin\sigma t \quad (4.2.18)$$

式（4.2.18）表明，周期为T的物质负荷激发，经实际黏弹性多圈层地球作用后，引起自转极移的振幅和相位耦合，其耦合动力学特征取决于钱德勒摆动周期与物质负荷激发周期之比T_c/T。

对于周日、半日的短周期物质负荷激发，$T=1$或$T=0.5$，远小于钱德勒摆动周期$T_c=430$，则$1-T_c/T\approx -T_c/T$，$1+T_c/T\approx T_c/T$，代入式（4.2.18），并顾及式（4.2.15），得

$$m_1 = -\frac{T}{T_c}(t_1+t_2)\cos\sigma t, \quad m_2 = \frac{T}{T_c}(t_1-t_2)\sin\sigma t \quad (4.2.19)$$

式（4.2.19）表明，短周期物质负荷激发，作用于实际黏弹性多圈层地球后，自转极移振幅按比例因子 $T/T_c = T/430$ 衰减，瞬时自转极 $R(t)$ 绕平均形状极 U 做顺时针椭圆运动，与形状极逆时针运动反向（多数情况下 m_1 与 $\Delta\mu_1$ 符号相反）。例如，周日负荷激发作用下，自转极移振幅（图中放大 150 倍显示）只有物质负荷激发（形状极移）振幅的 $T/T_c = 1/430$。如图 4.3②所示。

地球内部物质负荷激发的主要成分为大气、海洋和陆地水的周年（季节性）变化。对于年周期负荷激发，$T_c/T = 430/365.25 \approx 1.18$，代入式（4.2.18），得

$$m_1 = (5.56 t_1 - 0.46 t_2)\cos\sigma t, \quad m_2 = -(5.56 t_1 + 0.46 t_2)\sin\sigma t \qquad (4.2.20)$$

由式（4.2.20）可知，若周年物质负荷激发的形状极 $T(t)$ 绕平均形状极 U 做逆时针椭圆运动，经有黏弹性多圈层地球作用后，自转极 $R(t)$ 绕平均形状极 U 做顺时针近圆运动，自转极摆动幅度一般是形状极摆动幅度的 5 倍以上，相位相差 $\pi/2$（即半年），如图 4.3③所示。为显示自转极移和形状极移的振幅比，图 4.3③将自转极移和形状极移振幅同时缩小至原值的 1/4。

若物质负荷激发周期接近钱德勒摆动周期时，则 $1 - T_c/T \to 0$，由式（4.2.18）可知，自转极移振幅迅速放大，出现共振现象（类似于岁差产生的动力学机制，岁差是周期与地球自转周期相等的天体外力矩分潮激发产生的共振现象）。由于钱德勒摆动频谱十分宽，这种宽带共振的可能或致因，很难从观测信号中有效检测和准确分离，这是一个有待探索的科学问题。

$1 - T_c/T \to 0$ 还有一种更重要的地球物理解释可能。共振导致自转极移周期迅速放大，自转极存在超长周期（如数千至数万年）摆动，且与形状极移（负荷激发）是否存在超长周期信号无关。这有可能是地球自转极在百年时间尺度上出现线性漂移的原因，是另一个有待探索的科学问题。

综上所述，在地球内部物质负荷激发作用下，实际黏弹性多圈层地球自转极移典型运动特征可归纳为：①各种周期和变化特征的地球内部质量负荷激发作用后，实际地球自转极都会围绕平均形状极 U 做近圆摆动；②地球自转极移主要受长周期物质负荷激发作用，而周日、半日等短周期物质负荷激发效应很小。

地球内部物质运动相对角动量 h，可由物质负荷变化，通过解算流体动力学方程估计（见4.3.2 小节），将物质运动相对角动量除以 $(C - A)\omega$，就是归一化后的物质运动激发 (ψ_1^h, ψ_2^h)。与物质负荷激发自转极移机制完全相同，对于实际黏弹性多圈层地球，忽略二阶小量 $\dot{\psi}_1^h/\omega$、$\dot{\psi}_2^h/\omega$，由欧拉-刘维尔方程，可得物质运动激发 (ψ_1^h, ψ_2^h) 的自转极移运动方程为

$$m_1 - \frac{1}{\sigma_c}\dot{m}_2 = \psi_1^h, \quad m_2 + \frac{1}{\sigma_c}\dot{m}_1 = \psi_2^h \qquad (4.2.21)$$

由地球内部物质运动激发计算过程可知，物质运动激发与物质负荷激发具有相似的频率和相位，两者的激发椭圆也具有相似的形态。因此，在自转极移解式（4.2.18）～式（4.2.20）中，用物质运动激发 (ψ_1^h, ψ_2^h)，替换形状极移，就是频率为 σ 物质运动激发的自转极移解。可见，不同周期的物质运动激发，与相应周期物质负荷激发，对自转极移的动力学作用机制类似。

综上所述，总结出地球内部激发（主要包括物质负荷激发和物质运动激发），作用于实际多圈层地球后，无受迫自转极移运动具有以下两种典型的动力学特征。

（1）任意频率的地球内部激发，作用于实际黏弹性多圈层地球后，自转极 $R(t)$ 绕平均形状极 U 旋转的形状，都会由激发椭圆（不论扁率大小如何）变成自转摆动近似圆形。这是自有历史观测记录以来，总是观测到地球自转极一直呈现近圆形摆动的动力学机制。

（2）物质负荷和物质运动激发，在黏弹性地球的各圈层间产生角动量交换与再分配，短周期激发（如周期为半日至数天）的角动量按比例因子 T/T_c 大幅衰减，长周期激发（如年周期和钱德勒摆动周期附近）的角动量被放大。这是自转极移主要表现为长周期变化的动力学机制。

不难看出，地球形状极移与自转极移具有不同的地球物理机制和截然不同的运动特征，在研究和应用中要注意严格区分，如不可以错误地将形状极近似为自转极，更不可以用形状极移分量来近似自转极移分量。

4.2.3 钱德勒摆动的激发动力学机制

受海洋运动（潮汐摩擦）和地幔黏滞性影响，钱德勒摆动存在明显的阻尼机制，不同强度的拖曳效应引起摆动幅度（周期）的不同变化特征。对式（1.2.106）的后两式两边进行差分运算得

$$\Delta \bar{C}_{21} = \frac{\sqrt{3}}{\sqrt{5}MR^2}\Delta I_{13}, \quad \Delta \bar{S}_{21} = \frac{\sqrt{3}}{\sqrt{5}MR^2}\Delta I_{23} \qquad (4.2.22)$$

地球自转极移是形变地球客观存在的自然现象，地球惯性矩的变化有且仅有地球内部质量重新分布产生。自转极移伴随的离心力位变化，不是保守力位，不会直接导致地球内部质量调整，按惯性矩物理学定义，不会导致地球惯性矩变化。只有在离心力位变化激发固体地球形变后，才会引起地球内部质量重新分布，产生附加位，导致地球惯性矩变化。换句话说，地球惯性矩变化仅有离心力位的间接影响作用，因此，式（4.2.22）中的二阶一次位系数变化 $(\Delta \bar{C}_{21}, \Delta \bar{S}_{21})$ 应为二阶周日勒夫数 k_{21} 作用下的间接影响 $(\Delta \bar{C}_{21}^i, \Delta \bar{S}_{21}^i)$，即式（4.2.11），将其代入式（4.2.22）得

$$\begin{aligned}\Delta I_{13} &= -\sqrt{5}MR^2 \bar{C}_{20}\frac{k_{21}}{k_0}m_1 = (C-A)\frac{k_{21}}{k_0}m_1 \\ \Delta I_{23} &= -\sqrt{5}MR^2 \bar{C}_{20}\frac{k_{21}}{k_0}m_2 = (C-A)\frac{k_{21}}{k_0}m_2\end{aligned} \qquad (4.2.23)$$

式中：$C = I_{33}, A = (I_{11} + I_{22})/2$ 分别为极惯性矩和赤道惯性矩，$C - A = -\sqrt{5}MR^2\bar{C}_{20}$；$k_0$ 为长期勒夫数，可由实测二阶带谐位系数 $\bar{C}_{20}$ 按式（2.4.19）计算。

将式（4.2.23）代入形变地球自转运动方程，得自转极移运动方程为

$$\psi_1^m = \frac{k_{21}}{k_0}\left(m_1 - \frac{\dot{m}_2}{\omega}\right), \quad \psi_2^m = \frac{k_{21}}{k_0}\left(m_2 + \frac{\dot{m}_1}{\omega}\right) \qquad (4.2.24)$$

式中：(ψ_1^m, ψ_2^m) 为地球内部物质负荷激发函数。令

$$\sigma_0 = \sigma_r(k_0 - k_{21})/k_0 = \sigma_r/\alpha_0, \quad \alpha_0 = k_0/(k_0 - k_{21}) \qquad (4.2.25)$$

式中：$\sigma_r = F\omega = \omega(C-A)/A$ 为刚体地球自转的欧拉角频率，欧拉周期 $T_r = 2\pi/\sigma_r = 305$ 天；α_0 为弹性地球摆动振幅放大因子（比例系数）。在角动量守恒规律作用下（将激发函数表示的非

齐次自转极移运动方程变换为齐次方程），自转极摆动振幅放大因子 α_0 同时也是摆动周期的放大因子。

注意到 m_i 为 10^{-6} 量级，$\dot{m}/\omega \approx 5 \times 10^{-9} \ll m$，物质负荷激发函数可近似表达为

$$\psi_1^m \approx \frac{k_{21}}{k_0} m_1, \quad \psi_2^m \approx \frac{k_{21}}{k_0} m_2 \qquad (4.2.26)$$

代入自转极移运动方程[式（4.2.24）]，得

$$m_1 - \frac{\dot{m}_2}{\sigma_r} = \frac{k_2}{k_0} m_1, \quad m_2 + \frac{\dot{m}_1}{\sigma_r} = \frac{k_2}{k_0} m_2 \qquad (4.2.27)$$

将非齐次微分方程[式（4.2.27）]转换为齐次微分方程，得到弹性地球自由极移运动方程为

$$m_1 - \frac{\dot{m}_2}{\sigma_0} = 0, \quad m_2 + \frac{\dot{m}_1}{\sigma_0} = 0 \qquad (4.2.28)$$

式（4.2.26）～式（4.2.28）显示了物质负荷激发函数 (ψ_1^m, ψ_2^m) 作用于角动量守恒的欧拉-刘维尔方程[式（4.1.39）]后，引起的勒夫数变化，进而导致地球自转极摆动周期（振幅）变化的过程。

无受迫自转极移运动方程[式（4.2.28）]的解为

$$m_1 = m_0 \cos(\sigma_0 t + \nu), \quad m_2 = m_0 \sin(\sigma_0 t + \nu) \qquad (4.2.29)$$

式中：m_0、ν 为常数，分别代表弹性地球自由摆动的振幅和相位；σ_0 为弹性地球自由摆动的角频率。

式（4.2.29）表示的是一种圆运动，与刚体地球自转运动形式完全一样，只是自由摆动频率由刚体地球欧拉频率 σ_r 变为弹性地球的自由摆动频率 σ_0。可见，弹性地球自转摆动振幅为刚体地球欧拉摆动振幅的 $\alpha_0 = k_0/(k_0 - k_{21})$ 倍，α_0 因此称为弹性地球自转的摆动振幅放大因子。

顾及刚体地球欧拉周期为 $T_r = 2\pi/\sigma_r = 305$ 天。取 $k_0 = 0.93835$，$k_{21} = 0.30190$，由式（4.2.25）可得，弹性地球自转的摆动振幅放大因子 $\alpha_0 = 1.4723$，弹性地球的自由摆动周期为 $T_0 = 2\pi/\sigma_0 = 2\pi\alpha_0/\sigma_r = 1.4723 \times 305 = 449$ 天，已接近实际有海洋、液核的黏弹性多圈层地球的钱德勒摆动周期 $T_c = 2\pi/\sigma_c \approx 430$ 天。

海洋运动（潮汐摩擦）和地幔黏滞性拖曳效应，使地球自转运动勒夫数 k_{21} 存在小的虚部 k_{21}^I，即 $k_{21} = k_{21}^R + \mathrm{i} k_{21}^I$，则物质负荷激发函数由式（4.2.26）变成

$$\psi^m = \frac{k_{21}^R + \mathrm{i} k_{21}^I}{k_0} m \qquad (4.2.30)$$

式中：$\psi^m = \psi_1^m + \mathrm{i}\psi_2^m$，$m = m_1 + \mathrm{i} m_2$。而弹性地球自转极移运动方程[式（4.1.28）]中的自由摆动频率由 σ_0 变为

$$\sigma_c = \sigma_r/\alpha_0 - \mathrm{i}\sigma_r k_{21}^I / k_0 = \sigma_0 - \mathrm{i}\alpha, \quad \alpha = \sigma_r k_{21}^I / k_0 \qquad (4.2.31)$$

因此，要考虑地球的黏滞性，需引入复数形式的自由摆动频率 $\sigma_c = \sigma_0 + \mathrm{i}\alpha$。当 $\psi^m = 0$ 时，自转极移运动方程的齐次解为

$$m = m_c \mathrm{e}^{\mathrm{i}\sigma_c t} = m_c \mathrm{e}^{-\alpha t} \mathrm{e}^{\mathrm{i}\sigma_0 t}, \quad \mathrm{e}^{-\alpha t} = \mathrm{e}^{-\sigma_r k_{21}^I t / k_0} \qquad (4.2.32)$$

式中：σ_c 为黏弹性地球的自由摆动频率，即钱德勒摆动频率。可见，对于实际有海洋、液核

的黏弹性多圈层地球,钱德勒自由摆动振幅存在衰减因子 $e^{-\alpha t}$。

取 $k_{21}=k_{21}^{R}+\mathrm{i}k_{21}^{I}=0.3077+0.0036\mathrm{i}$,$k_0=0.93835$,计算可得,$\alpha_0=1.4879$,黏弹性地球的钱德勒摆动周期 $T_c=2\pi/\sigma_c\approx 429.3$ 天。由于 k_{21}^{I} 一般难以准确估计,由式(4.2.32)的第二式,计算得到衰减因子或弛豫时间,其稳定性或可靠性不理想。

4.2.2 小节指出,地球内部物质运动激发 ψ^{h} 与物质负荷激发 ψ^{m} 具有相似的频率和相位,因此,将上述有关公式中的物质负荷激发函数 ψ^{m} 用物质运动激发函数 ψ^{h} 替换,就可表达地球自转极移的物质运动激发动力学机制。

自转极摆动伴随的离心力位变化,激发固体地球形变,导致地球的惯性矩变化,进而以耦合共振形式作用于二阶周日体潮勒夫数,产生 4 个简正模的地球或其核的自由摆动,见 2.4.3 小节 Mathews 潮汐理论。

地球自转极移有两个主要周期分量,一个是周年摆动分量,另一个是钱德勒摆动分量。周年摆动主要是由全球大气、海洋和陆地水质量季节性重新分布,引起地球惯性张量变化,导致的地球自转极移。钱德勒摆动是自由阻尼摆动,其摆动周期相对于欧拉周期(305 天)的偏差,主要来源于地幔的黏滞性和海洋运动阻尼(潮汐摩擦)。诸多研究显示,这些激发对自转极移的贡献,虽然与现代大地测量结果基本一致,但目前尚不能解释所有的自转极移变化,与实际观测之间仍然存在 20~30 mas(对应于地球自转极坐标变化为 0.6~0.9 m)的差异。

4.2.4 液核效应与液核自由摆动频率

地幔的黏滞性对勒夫数的影响随着潮波周期的增加而增强,长周期带谐潮的勒夫数因此出现明显的频率相关性,引起黏弹性地球的固体潮滞后,见 2.4.2 小节。由于液核的存在,在天体引潮力和自转离心力(田谐项)的作用下,核幔边界会产生径向位移,并引起液核内部质点的运动,包括相对于地幔的运动和核幔边界的形变所引起的运动,一般可用液核惯性张量变化来表示。

假设地球是刚性壳幔(球壳)和液核组成。初始状态下,球壳与液体核一起绕主轴 x_3(平均形状轴)自转。在时刻 t_0,有一冲击力矩 $\boldsymbol{L}=L\delta(t-t_0)$ 作用于球壳,那么瞬时自转轴 $\boldsymbol{\Omega}$ 就绕主轴自转。对于这种理想情况,液核与球壳完全解耦,液核同球壳一起绕其原来的轴继续旋转,地球的摆动频率为 $\sigma=\omega(C_m-A_m)/A_m$,$\omega=\|\boldsymbol{\Omega}\|$,$C_m$、$A_m$ 为壳幔的主转动惯量。若用 C_c、A_c 表示液核的主转动惯量,则有

$$\sigma_1\approx\omega(C-A)/(C-A_c)=\sigma_r A/A_m \qquad (4.2.33)$$

式(4.2.33)显示,液核效应使地球自转摆动周期缩短,自转轴 $\boldsymbol{\Omega}$ 在惯性空间的运动频率为 $\sigma_r A/A_m+\omega$,平均形状轴 x_3、自转轴 $\boldsymbol{\Omega}$ 和角动量轴 $\boldsymbol{H}$ 仍保持共面,自由摆动与近周日章动振幅之比仅有微小变化。

液核的流场改变了刚体自转,相对运动包含了刚体球壳自转和由于液体流过核幔边界(CMB)而产生的形变运动,液体这种流动对核幔边界施加不对称的压力,从而使液核与壳幔产生耦合。这种耦合形式称为压力耦合或惯性耦合。

设球壳自转运动由方向余弦 m_1、m_2 确定,液核自转运动由 n_1、n_2 确定,这两种自转运动

都相对于球壳内固定的轴 x_3，则地球自转运动方程可化为

$$\dot{m} - \mathrm{i}\omega(C-A)/A_\mathrm{m} = -\mathrm{i}\psi\omega(C-A)/A_\mathrm{m} \qquad (4.2.34)$$

$$\dot{n} - \mathrm{i}\omega(1+f_\mathrm{c})(m-n) = 0 \qquad (4.2.35)$$

式中：$f_\mathrm{c} \approx 1/400$ 为液核的扁率；ψ 为仅作用于壳幔的激发函数。

在没有激发 $\psi = 0$ 时，液核地球的自由摆动频率为

$$\sigma_2 = \sigma_\mathrm{r}(1+f_\mathrm{c})A/A_\mathrm{m} \qquad (4.2.36)$$

耦合十分微弱，地核一般不做欧拉章动。方程的解给出另一种自由摆动的存在，其摆动频率为

$$\sigma_3 = -\omega(1+f_\mathrm{c}A/A_\mathrm{m}) \qquad (4.2.37)$$

这表示地核绕主轴 x_3（平均形状轴）的一种逆向运动，其周期与一恒星日（春分点在天球上连续两次由东向西通过同一子午圈经历的时间）相差 $f_\mathrm{c}A/A_\mathrm{m}$，约 4 min，称为近周日自由摆动。

内核也是微椭的，在内核与外核及地幔之间的耦合还可能产生两个地球自转本征模，地球自由内核章动和内核摆动。

4.2.5 地球自转速率变化的尺度因子

地球自转速率的周期变化与天文、地球物理和气象等许多因素有关，固体潮是月和半月周期（带谐潮汐）自转速率变化的主要原因，地球液核效应和海洋负荷潮汐又改变了这些自转速率周期变化的振幅。Yoder 等（1981）研究了液核、海潮及地球自转形变对地球自转速率变化的影响，定义了地球自转速率变化的尺度因子 k/C（有效勒夫数 k 与极惯性矩 C 的比值），给出了其理论值，并利用引潮位 Laplace 展开，计算了海洋潮汐对地球自转、章动和极移的影响。如果仅考虑弹性地幔、平衡海潮及核幔不耦合的地球，尺度因子 k/C 为实数。若考虑海潮扰动或黏滞性地幔，则尺度因子 k/C 为复数，且与潮波频率有关，由此丰富了对影响地球自转速率变化地球物理机制的探讨，其结果被国际地球自转和参考系统服务（IERS）采纳。

外部天体引潮力位引起地球惯性张量发生周期性变化，从而使地球自转速率产生相应的周期性波动。外部天体引起地球惯性张量的潮汐变化为

$$\Delta I_{ij} = -k_2 \frac{M_* a^2}{r_*^3}\left(n_i n_j - \frac{1}{3}\delta_{ij}\right) \qquad (4.2.38)$$

式中：k_2 为二阶勒夫数理论值；M_* 为引潮天体质量，r_* 为引潮天体地心距；n_i 为引潮天体在地固坐标系中的方向余弦。

在忽略外力矩的情况下，地球自转角动量守恒。于是，引潮天体的长周期带谐潮引起日长变化，可表示为

$$\Delta\mathrm{LOD} = -\Lambda_0 \frac{k_2}{C}\frac{M_*}{M}\int\left(\frac{a}{r_*}\right)^3\left(\frac{1}{3}-\sin^2\delta_*\right)\mathrm{d}t, \quad c = \frac{I_{33}}{Ma^2} = \frac{C}{Ma^2} \qquad (4.2.39)$$

式中：$\Lambda_0 = 86\,400$ s 为平均日长，$m_3 = -\Delta\mathrm{LOD}/\Lambda_0$；$M$ 为地球质量；δ_* 为引潮天体的赤经；C 为极惯性矩；$c = C/(Ma^2)$ 为极惯性矩系数（即归一化极惯性矩）。

地球自转速率变化带谐潮效应可展开为许多潮波的叠加。SNREI 地球的勒夫数 k 是实数，通常取 $k = k_2 = 0.301\,9$，而实际地球被大气圈和水圈包围，地幔存在黏滞性，需要考虑海洋潮

汐摩擦、地幔黏滞性及液核效应对勒夫数的影响，这时 k 不再是实数，通常称为有效勒夫数。

有效勒夫数 k 虽然与弹性勒夫数 k_2 不同，但一般认为它们与地球自转潮汐变化成比例（频率相同、振幅成线性比例关系），因而可取地幔的极惯性矩为有效极惯性矩。定义 k_2、k_f、k_m 分别为弹性勒夫数、地幔勒夫数和液核勒夫数，将其组合可求得有效勒夫数 k。

首先考虑海潮负荷的作用。海潮负荷效应导致地球重力位发生变化，这种情况下有效勒夫数等于弹性勒夫数 k_2，加上海潮负荷的影响 Δk_o，其差异在13%左右（朱耀仲，1984；Yoder et al.，1981）。海洋有效勒夫数因而可表示为

$$k_\mathrm{O} = k_2 + \Delta k_\mathrm{o} = 0.3019 + 0.040 = 0.3419 \tag{4.2.40}$$

式中：$\Delta k_\mathrm{o} = 0.040$ 为平衡海潮所引起的勒夫数效应；k_O 为海洋有效勒夫数。

由于液核的存在，但无论是核幔间的惯性耦合、黏性耦合，还是磁流体耦合作用，都会使地幔有效勒夫数减小，令地幔极惯性矩系数 $c_m = 0.293$，则 $k_m / c_m = 0.809$，此值比弹性地球尺度因子 k_2 / c 小11%~12%（朱耀仲，1984；Yoder et al.，1981）。忽略核幔耦合，黏滞性地幔的有效勒夫数为

$$k_\mathrm{m} = k_2 + \Delta k_f = 0.3019 - 0.064 = 0.2379 \tag{4.2.41}$$

式中：$\Delta k_f = -0.064$ 为勒夫数的液核效应。

此外，地球自转离心力位变化激发地球微小形变，改变地球惯性矩，再次耦合也使自转速率发生变化。若地球自转角速度 ω 有一个微小扰动 $\Delta \omega_3$，顾及自转角动量守恒，$I_{33}\omega_3 =$ 常数，则

$$\Delta \omega_3 / \omega = -\Delta I_{33} / C = -0.998 \Delta \tilde{c} / c \tag{4.2.42}$$

式中：$\Delta \tilde{c}$ 为带谐潮对极惯性矩系数的贡献，表示带谐潮对自转速率的影响。因此，自转形变使弹性地球的尺度因子 k_2 / c 减小0.2%~0.3%。

综合海潮负荷、地幔黏滞性、核幔耦合和液核效应影响，可得实际地球自转速率带谐潮效应的尺度因子 k / c_m 为

$$\frac{k}{c_\mathrm{m}} = (1 - 0.2\%) \frac{k_2 + \Delta k_\mathrm{o} + \Delta k_f}{c_\mathrm{m}} = 0.998 \times \frac{0.3019 + 0.040 - 0.064}{0.293} = 0.9466 \tag{4.2.43}$$

IERS 协议 2003 由式（4.2.43）定义世界时变化。

随着大地测量观测技术的进步，有关大气对地球自转变化影响的研究越来越多，地球自转速率中的大气带谐潮效应不可忽略，大气和海洋之间存在角动量交换，并传递给固体地球内部圈层，从而影响地球自转变化。一般认为，地球自转速率的长期变慢主要由潮汐摩擦引起，冰后地壳回弹、海平面变化、大气效应及核幔间角动量交换也是导致地球自转速率长期减慢的原因，这些不规则变化的激发源目前还没有统一的解释。

4.3 地球自转运动有效角动量函数

欧拉-刘维尔方程存在强相关性，地球自转激发角动量在海洋运动（潮汐摩擦）、地幔黏滞性、核幔耦合和液核旋转差异作用下，在地球各圈层间交换，导致地球自转的振幅相位耦合或频率共振。地球角动量变化与地球自转运动相互耦合，难以同时解算。为方便计算各种地球内部激发产生的地球自转变化，通常令内外力矩等于零，结合 4.2 节激发动力学分析，

计算物质负荷和物质运动激发作用于有海洋、液核的黏滞性多圈层地球后，经地球各圈层间交换或重新分配后的归一化角动量，该角动量称为有效角动量（effective angular momentum，EAM）函数。这样，自转极移运动方程就可用有效角动量表示为

$$m + \frac{i}{\sigma_c}\dot{m} = \chi - \frac{i}{\omega}\dot{\chi}, \quad m = m_1 + \mathrm{i}m_2, \quad \chi = \chi_1 + \mathrm{i}\chi_2 \tag{4.3.1}$$

式中：m 为自转极移；χ 为有效角动量；σ_c 为钱德勒摆动频率；ω 为地球自转角速率。

4.3.1 物质负荷有效角动量函数计算

地球内部物质负荷变化引起地球重力位变化，并通过负荷勒夫数作用，产生附加位变化，从而导致地球惯性矩变化，经与自转角速度耦合后产生的相对角动量变化，就是物质负荷激发角动量，可用地球惯性张量变化表示为

$$\tilde{\chi}_1^w = \psi_1^m = \frac{1}{C-A}\Delta I_{13}, \quad \tilde{\chi}_2^w = \psi_2^m = \frac{1}{C-A}\Delta I_{23}, \quad \tilde{\chi}_3^w = -\psi_3^m = \frac{1}{C}\Delta I_{33} \tag{4.3.2}$$

地球惯性矩 ΔI_{i3} 的改变，进一步放大地球自转的幅度。对于有海洋运动、黏滞性地幔和液核的实际黏弹性地球，负荷形变使地球的自由摆动频率由欧拉频率 σ_r 缩小至钱德勒摆动频率 σ_c：

$$\sigma_c \approx \frac{\sigma_r(k_0 - k_{21})}{k_0} = \alpha_0 \sigma_r, \quad \alpha_0 = \frac{k_0}{k_0 - k_{21}} \tag{4.3.3}$$

勒夫数 k_{21} 存在小的虚部，摆动振幅放大因子 α_0 随时间衰减。此时，地固坐标系中自由极移运动方程变为

$$m_1 - \frac{\dot{m}_2}{\sigma_c} = \chi_1, \quad m_2 + \frac{\dot{m}_1}{\sigma_c} = \chi_2 \tag{4.3.4}$$

因此，当顾及海洋运动、黏滞性地幔和地球自转形变效应时，需将有效激发函数乘以一个摆动振幅放大因子 α_0，可见，地球物质负荷变化引起极移运动（钱德勒摆动）的有效角动量函数为

$$\chi_1^w = \frac{k_0}{k_0 - k_{21}}\frac{1}{C-A}\Delta I_{13} = \frac{\alpha_0}{C-A}\Delta I_{13}, \quad \chi_2^w = \frac{k_0}{k_0 - k_{21}}\frac{1}{C-A}\Delta I_{23} = \frac{\alpha_0}{C-A}\Delta I_{23} \tag{4.3.5}$$

同理，地表负荷效应使极惯性矩减小，海潮负荷和液核效应导致带谐勒夫数发生变化，用尺度因子表示，因此，自转速率变化的物质负荷有效角动量函数为

$$\chi_3^w = -m_3 = \frac{k_{20}}{c_m}\frac{\Delta I_{33}}{C} \tag{4.3.6}$$

取 $k_0 = 0.93835$，对于有海洋、黏弹性多圈层地球，取 $k_{21} = 0.3077$，则 $\alpha_0 = 1.4879$，取 $k_{20} = 0.3019$，则自转速率变化的带谐潮尺度因子 $k_{20}/c_m = 0.9466$。

3.2 节介绍了非潮汐负荷球谐分析与球谐综合法算法公式，其中，二阶负荷球谐系数变化（$\Delta \bar{C}_{20}^w, \Delta \bar{C}_{21}^w, \Delta \bar{S}_{21}^w$）表征了非潮汐负荷引起的地球惯性矩变化 ΔI_{i3}。综合式（1.2.106）、式（1.2.107）和式（3.2.6），得

$$\Delta I_{13} = \frac{\sqrt{3}\rho_w}{\sqrt{5}\rho_e}MR^2(1+k_2')\Delta \bar{C}_{21}^w \tag{4.3.7}$$

$$\Delta I_{23} = \frac{\sqrt{3}\rho_{\rm w}}{\sqrt{5}\rho_{\rm e}} MR^2 (1+k_2')\Delta \overline{S}_{21}^{\rm w} \tag{4.3.8}$$

$$\Delta I_{33} = -\frac{2\rho_{\rm w}}{9\sqrt{5}\rho_{\rm e}} MR^2 (1+k_2')\Delta \overline{C}_{20}^{\rm w} \tag{4.3.9}$$

式中：k_2' 为二阶位负荷数；$\rho_{\rm w}$ 为水的密度；$\rho_{\rm e}$ 为地球平均密度。

将式（4.3.7）～式（4.3.9）代入式（4.3.5）和式（4.3.6），顾及 $C-A = -\sqrt{5}MR^2 \overline{C}_{20}$，可得由二阶负荷球谐系数变化，直接计算物质负荷有效角动量函数的算法公式为

$$\chi_1^{\rm w} = \frac{k_0}{k_0-k_2}\frac{1}{C-A}\Delta I_{13} = -\alpha_0(1+k_2')\frac{\sqrt{3}\rho_{\rm w}}{5\rho_{\rm e}\overline{C}_{20}}\Delta \overline{C}_{21}^{\rm w} \tag{4.3.10}$$

$$\chi_2^{\rm w} = \frac{k_0}{k_0-k_2}\frac{1}{C-A}\Delta I_{23} = -\alpha_0(1+k_2')\frac{\sqrt{3}\rho_{\rm w}}{5\rho_{\rm e}\overline{C}_{20}}\Delta \overline{S}_{21}^{\rm w} \tag{4.3.11}$$

$$\chi_3^{\rm w} = \frac{k_{20}}{c_{\rm m}C}\Delta I_{33} = \frac{k_{20}(1+k_2')}{c_{\rm m}}\frac{C-A}{C}\frac{2\rho_{\rm w}}{5\rho_{\rm e}\overline{C}_{20}}\Delta \overline{C}_{20}^{\rm w} \tag{4.3.12}$$

式中：$\overline{C}_{20}$ 为规格化二阶带谐位系数，可取多年平均值 $\overline{C}_{20} = -4.841651438 \times 10^{-3}$。可见，二阶带谐位系数 $\overline{C}_{20}$ 是物质负荷有效角动量函数负荷效应的尺度因子，实际上也是整个地球自转运动（自转极移和自转速率变化）的尺度因子。一些文献也将 $\beta_0 = \alpha_0(1+k_2')$ 称为有效角动量的转移函数。

利用式（4.3.10）～式（4.3.12），可由 3.2 节地面大气压变化、海平面变化或陆地水变化的二阶负荷球谐系数 $(\Delta \overline{C}_{20}^{\rm w}, \Delta \overline{C}_{21}^{\rm w}, \Delta \overline{S}_{21}^{\rm w})$，计算非潮汐地表负荷有效角动量函数。同理，可由 5.2 节地面大气压负荷潮球谐系数模型或海潮负荷球谐系数模型，将全部分潮二阶负荷球谐系数的同相幅值和异相幅值进行综合，获得二阶负荷潮球谐系数变化 $(\Delta \overline{C}_{20}^{\rm w}, \Delta \overline{C}_{21}^{\rm w}, \Delta \overline{S}_{21}^{\rm w})$，进而按式（4.3.10）～式（4.3.12），计算或预报任意时刻的海潮或地面大气压潮负荷有效角动量函数。

4.3.2 物质运动有效角动量函数计算

由激发函数定义，面密度为 $\rho_{\rm w} h_{\rm w}(\varphi,\lambda)$ 的地球物质运动 $\boldsymbol{u}(\varphi,\lambda) = (u_\lambda, u_\varphi)$，对地球自转运动产生的物质运动激发函数为

$$\chi_{1m}^d = \psi_1^h = \frac{h_1}{(C-A)\omega} = \frac{1}{\sqrt{5}}\frac{\rho_{\rm w} R}{\omega \overline{C}_{20} M}\int_\sigma h_{\rm w}(u_\lambda \cos\lambda - u_\varphi \sin\varphi \sin\lambda)\sin\varphi {\rm d}\sigma \tag{4.3.13}$$

$$\chi_{2m}^d = \psi_2^h = \frac{h_2}{(C-A)\omega} = -\frac{1}{\sqrt{5}}\frac{\rho_{\rm w} R}{\omega \overline{C}_{20} M}\iint_\sigma h_{\rm w}(u_\lambda \sin\lambda + u_\varphi \sin\varphi \cos\lambda)\sin\varphi {\rm d}\sigma \tag{4.3.14}$$

$$\chi_{3m}^d = -\psi_3^h = \frac{h_3}{C\omega} = -\frac{\rho_{\rm w} R^3}{C\omega}\iint_\sigma h_{\rm w} u_\lambda \cos\varphi {\rm d}\sigma \tag{4.3.15}$$

式中：$h_{\rm w}$ 为物质负荷的等效水高；$\rho_{\rm w}$ 为水密度。

顾及海洋运动、黏滞性地幔和地球自转形变效应时，需将有效角动量函数的直接影响乘以一个摆动振幅放大因子 α_0，因此，极移运动（钱德勒摆动）的物质运动有效角动量函数为

$$\chi_1^h = \frac{\alpha_0}{\omega}\frac{h_1}{C-A} = \frac{\alpha_0}{\sqrt{5}}\frac{\rho_{\rm w} R}{\omega \overline{C}_{20} M}\iint_\sigma h_{\rm w}(u_\lambda \cos\lambda - u_\varphi \sin\varphi \sin\lambda)\sin\varphi {\rm d}\sigma \tag{4.3.16}$$

$$\chi_2^h = \frac{\alpha_0}{\omega}\frac{h_2}{C-A} = -\frac{\alpha_0}{\sqrt{5}}\frac{\rho_w R}{\omega \overline{C}_{20} M}\iint_\sigma h_w(u_\lambda \sin\lambda + u_\varphi \sin\varphi\cos\lambda)\sin\varphi d\sigma \quad (4.3.17)$$

地表负荷效应使极惯性矩减小，海潮负荷和液核效应导致带谐勒夫数发生变化，用尺度因子表示，因此，自转速率变化的物质运动有效角动量函数为

$$\chi_3^h = \frac{k_{20}}{c_m}\frac{h_3}{C\omega} = -\frac{k_{20}}{c_m}\frac{\rho_w R^3}{C\omega}\iint_\sigma h_w u_\lambda \cos\varphi d\sigma \quad (4.3.18)$$

与物质负荷有效角动量式（4.3.10）～式（4.3.12）相比，物质运动有效角动量式（4.3.16）～式（4.3.18）由于不存在负荷问题，其特征系数中没有负荷潮因子$(1+k_2')$。

由式（4.3.16）～式（4.3.18）可以看出，自转速率变化的有效角动量函数只与东西向物质运动u_λ有关，而极移运动的有效角动量函数与物质运动水平各向都有关。一般认为物质运动速度的径向分量u_r（如大气或海洋的升降流，地幔对流）很小，忽略不计。

式（4.3.16）～式（4.3.18）中的物质运动水平速度(u_λ, u_φ)，可通过求解表达(u_λ, u_φ)与负荷水平梯度$(h_{w,\lambda}, h_{w,\varphi})$之间关系的流体动力学方程获得。这个地球物理流体动力学方程类似于 2.3 节固体地球形变力学理论的动量守恒方程[式（2.3.4）]，而负荷水平梯度$(h_{w,\lambda}, h_{w,\varphi})$以水平梯度力形式出现在流体动力学方程中。也可同时引入流体连续性质量守恒方程，该方程类似于固体地球位形变与密度形变的泊松方程[式（2.3.5）]，并顾及边界条件和流体摩擦系数（类似于固体地球形变的本构方程）。采用基于流体动力学方程的数值同化模式，解算与负荷空间变化（等效水平梯度力）平衡的全球物质运动水平速度场数值模型。

地球自转运动在空间域上是全球空间尺度的，因此，用于计算有效角动量的全球地球物理流体数据，一般需要有合适的时间分辨率，而在空间域上完全可采用高度简化的建模方法。一种适合全球海洋潮汐潮流或海平面变化及洋流的海洋流体运动方程可表示为

$$\dot{u}_\varphi + 2\omega u_\lambda \cos\varphi = -\frac{g_0}{R}\frac{\partial}{\partial\varphi}h \quad (4.3.19)$$

$$\dot{u}_\lambda - 2\omega u_\varphi \cos\varphi = -\frac{g_0}{R}\frac{\partial}{\partial\lambda}h \quad (4.3.20)$$

式中：h为瞬时海面水位高度；$f = 2\omega\cos\varphi$为科里奥利参数。

式（4.3.19）和式（4.3.20）为描述海洋潮流或大洋环流的流体运动方程（动量守恒方程）。已知潮高或海面高，可采用差分法计算潮流或洋流速度场。对于某一频率为σ的海洋分潮，分潮σ的潮高和潮流可统一展开成规格化球谐级数形式：

$$h(\varphi,\lambda) = \sum_{n=1}^{\infty}\sum_{m=0}^{n} h_{nm}\overline{Y}_{nm}(\varphi,\lambda)e^{i\sigma t} \quad (4.3.21)$$

$$u_\varphi(\varphi,\lambda) = \sum_{n=1}^{\infty}\sum_{m=0}^{n} u_{nm}\overline{Y}_{nm}(\varphi,\lambda)e^{i\sigma t} \quad (4.3.22)$$

$$u_\lambda(\varphi,\lambda) = \sum_{n=1}^{\infty}\sum_{m=0}^{n} v_{nm}\overline{Y}_{nm}(\varphi,\lambda)e^{i\sigma t} \quad (4.3.23)$$

式中：$\overline{Y}_{nm}(\varphi,\lambda)$为规格化的面球函数，见式（1.2.68）；$h_{nm}$、$u_{nm}$、$v_{nm}$分别为分潮$\sigma$的潮高、潮流调和常数规格化球谐系数。海洋潮汐潮流对地球自转的贡献主要集中在超低价球谐系数（如$n \leq 6$）上。

与拉普拉斯海洋潮汐潮流运动方程相比，式（4.3.19）和式（4.3.20）右边少了一项平衡潮高 Φ/g_0（外部天体平衡潮作用项）和一项海水运动摩擦项，且忽略了为描述潮高与潮流（或海面高与洋流）关系的连续性质量守恒方程。之所以这样简化，是考虑目前的全球潮高和海面高，可以直接观测，不再需要联合外部天体引潮位和质量守恒估计潮高，且陆架海区潮波耦合和海洋潮汐摩擦效应已由实测水位直接表征（如海水运动摩擦导致的高潮间隙已蕴含在实测水位高度 h 时间序列中）。不难看出，简化后的潮汐潮流运动方程没有了引潮位或负荷位项，因而也适合大气潮流（主要由太阳热效应驱动）和大气环流数值计算，只需将地面大气压变化转换为等效水高变化即可。

5.2 节将介绍由全球海洋潮汐模型、全球地面大气压潮模型，计算各潮波球谐系数的方法，类似地，可以求出海洋潮流、大气潮流各潮波的球谐系数模型。3.2 节介绍了由全球海平面变化和全球地面大气压变化，计算地表负荷等效水高球谐系数的方法，类似地，可求出大洋环流和大气环流的球谐系数模型。

4.3.3 大地测量有效角动量函数计算

任意类型大地测量监测量，只要存在负荷形变效应，当其灵敏度达到一定程度时，都可被用于监测负荷形变场。地面卫星跟踪、卫星跟踪卫星、地面重力固体潮站，地面参考框架连续观测站（GNSS、SLR、DORIS 或 VLBI）的径向位移，都可敏感捕获固体地球负荷形变效应，都能有效用于监测地球内部负荷变化。

由于地球自转变化的空间尺度是全球尺度，本小节的物质负荷变化大地测量监测方案，应以有利于探测二阶或超低阶全球负荷时间变化为优化目标，监测量应具有全球空间代表性。显然，少数不具有全球空间代表性的地面站点大地测量监测量，难以胜任这项任务。下面简要介绍大地测量有效角动量函数估计的一般技术途径。

通常情况下，可以联合全球多种地面和卫星大地测量连续观测资源，求解全球超低阶（如不超过 10 阶）负荷等效水高球谐系数模型时间序列（方法见 6.2 节），按式（4.3.10）~式（4.3.12），由二阶负荷等效水高球谐系数 $\{(\Delta \bar{C}_{20}^w, \Delta \bar{C}_{21}^w, \Delta \bar{S}_{21}^w)\}_k, k=1,2,\cdots$，计算由地球内部物质负荷变化产生的非潮汐物质负荷有效角动量函数时间序列 $\{(\chi_1^w, \chi_2^w, \chi_3^w)\}_k$。

大地测量监测成果，一般事先移去了固体潮、海潮和大气潮负荷效应，上述监测的负荷等效水高变化量是非潮汐的。相对于负荷潮的短周期变化，非潮汐负荷变化要缓慢得多，因而可令非潮汐物质运动加速度 $\dot{u}_\varphi = \dot{u}_\lambda = 0$，将地球物理流体运动方程[式（4.3.19）和式（4.3.20）]，进一步简化为

$$g_0 \frac{\partial}{\partial \varphi} h = -2\omega R u_\lambda \cos\varphi, \quad g_0 \frac{\partial}{\partial \lambda} h = -2\omega R u_\varphi \cos\varphi \quad (4.3.24)$$

式（4.3.24）是经典地球物理流体力学中的地转流运动方程，也是目前利用多种海洋卫星测高监测的海平面变化数据计算大洋环流的基本方程。利用式（4.3.24），可由大地测量监测的物质负荷等效水高变化时间序列，按简单差分数值方法，计算全球地球物理流体物质运动速度场时间序列，进而再按式（4.3.16）~式（4.3.18），计算物质运动有效角动量函数。

4.4 天球参考轴与地球参考系转换

地球上的轴和极与天球上的轴和极一一对应，极的运动不仅描述了地球的自转运动，也反映了相应坐标参考系的定向随时间的变化。天球参考轴的选择应使天极的空固运动和地固运动与地球的自转运动不产生混合，同时天极的运动也不应该包含由地球自转引起的视运动。

4.4.1 天球参考轴与天球中间极

分析表明，地球的自转轴、角动量轴和形状轴（包括约定的 Tisserand 轴）都不适合作为天球参考轴。因此，IAU 起初推荐采用章动和极移都不包含周日项的天球历书极（celestial ephemeris pole，CEP）作为天球参考轴，但 CEP 还不能包含近周日地球物理受迫章动。作为 CEP 在高频部分的实现，IAU 自 2003 年起采用天球中间极（CIP）作为天球参考轴。天球中间极（CIP）将周期小于 2 天的天极运动都认为是 CIP 的地固运动（CIP 极移）。

1. 天球参考轴的基准性

考察恒星运动，有利于理解伴生运动。从地球上看，恒星在天空做自东向西逆向的周日运动和长期的自行运动。从物理本质上看，恒星受外部天体引力场作用产生的自行才是真实运动，而恒星的周日运动实质上是由地球自转引起的一种视运动，并不是真实运动。为了正确区分这两种运动，要求所选的参考轴应与这两种运动无关。这是天球参考轴作为参考基准对其唯一性的要求；此外，天球参考轴应完全独立于被研究对象，否则将无法区分基准的变化和测量对象的变化，这是对其可测性的要求。类似于地固参考系定向的基准性（见 7.2.1 小节），天球参考轴的唯一性和可测性，统称为天球参考轴的基准性。

不同轴之间的相对运动，与恒星在天球上的运动类似，外力矩引起的受迫章动是轴的真实运动，而其在地固空间中的本体形态（近周日受迫极移）本质上是一种视运动。对于形变地球，式（4.1.36）的通解 $\gamma(t)$ 取决于地球的转动惯量，因此由地球内部物理特性所决定的自由极移是轴的真实运动，而其在惯性空间中的空间形态（近周日自由章动）是一种视运动。可见，地球的自转轴、角动量轴和形状轴均存在由地球自转引起的视运动，即近周日的自由章动和受迫极移。若直接选取自转轴、角动量轴或形状轴为天球参考轴，都将无法正确区分天体的真实运动和视运动，因此它们均不适合作为天球参考轴。

2. 天球历书极的选择

地球所受的外力矩可通过动力学历表精确获得，因此通过求解欧拉方程，可给出角动量轴在惯性空间中的瞬时位置。考虑天球参考极的基准性和可观测性，在惯性空间，可取角动量轴加上形状轴相对角动量轴的受迫章动作为天球参考轴，由于不考虑形状轴相对于角动量轴的近周日自由章动，这样选取的天球参考轴，可以看作平均形状轴在惯性空间中的周日平均方向；在地固空间，可取形状轴加上角动量轴相对于平均形状轴的自由极移，由于不考虑角动量轴的近周日受迫极移，这样选择的天球参考轴也可以看作角动量轴在地固空间中的周日平均方向。

上述这种选取方法可看作将 4.1.2 小节定义的 $\alpha(t)$ 分解为受迫运动 $\beta(t)$ 和自由运动 $\gamma(t)$，

将特解 $\beta(t)$ 的空固运动表现形式叠加在角动量轴的运动上,将通解 $\gamma(t)$ 的地固运动表现形式叠加在形状轴的运动上。这样选择的天球参考轴,其空固运动、地固运动与地球自转的视运动不会产生混合,因而唯一,且是可观测的。

通过上述方法选定的天球参考轴,对应的地极称为天球历书极(CEP),它只有受迫章动,没有自由章动,即它的章动可以从理论上预测;它只有自由极移,没有受迫极移,即它的极移只能实际观测;它的章动和极移中均没有近周日项。从 1984 年起,IAU 推荐采用天球历书轴作为天球参考轴,通过 IAU1980 章动序列模型实现,该章动序列共有 106 项,最短周期取为 4.7 天。

3. 天球中间极的选择

随着观测精度提高,人们很快发现 IAU1980 章动序列存在缺陷,某些项的理论系数与实测结果的偏差可达毫角秒量级。一部分原因是 IAU1980 章动模型的不准确,另一部分原因来自章动不能包含的近周日地球物理受迫章动。4.3 节指出,形变地球内部时刻存在质量调整(地球负荷效应)与物质运动(相对角动量变化),产生受迫章动和自由极移,表现为近周日的高频(短周期)变化,其空固部分即为近周日地球物理受迫章动。

近周日地球物理受迫章动不是视运动,不能通过适当选取天球参考轴消除,也不应该消除。如果认为 CEP 是角动量轴在地面的周日平均方向,能够去除视周日项,但也把一些真实的周日项去掉了,且理论计算的表达式很难与瞬时极的实际运动完全符合(马高峰 等,2009)。

考虑天球参考轴的基准性,地球物理受迫章动相当于参考基准的变化,它应该在基准中考虑,否则将对观测结果产生影响,从而破坏基准参数的独立性。针对以上问题,2000 年 IAU 第 24 届大会建议,从 2003 年起天球参考极从天球历书极(CEP)改成天球中间极(CIP),从纯理论模型预测改成预测加观测。理论预测计算到 2 天以上的周期项;周期小于 2 天的运动,不管是什么原因造成的都被认为是极移。这样由章动模型缺陷引起的,地固空间中的周日项、观测和模型间的残差、地球定向参数的高频变化,都可被极移吸收。

天球中间极(CIP)的可预测部分,由 IAU2000 岁差章动模型提供。该章动序列给出了周期大于 2 天、振幅大于 15 μas 的日月项 678 个,行星项 687 个。CIP 的空固运动参数与 IAU2000 岁差章动模型的差异(1 mas 以内)可通过高精度的天文测地观测获得,其主要成分为章动模型没有包含的近周日自由核章动。CIP 的地固运动参数由空间大地测量观测解出,包括周期小于 2 天的高频变化。

欧拉-刘维尔方程存在强相关性(伴生运动),不能同时解算出高频章动和高频极移,小于 2 天的地球物理受迫章动,以一定的函数关系进入高频极移解中。相对 CEP 在惯性和地固空间均不包含周日变化,CIP 在空固坐标系中的运动也不包含周日和近周日的变化,但在地固坐标系中的运动包含近周日的真高频变化。

目前,IERS 提供以天为间隔的天极补偿、世界时(UT1)和自转极位置,其中极移的高频变化,由地球物理和实测数据建立的高频模型内插,仅考虑海洋潮汐引起的近周日变化和固体潮引起的近周日变化,而固体潮中周期大于 2 天的部分已纳入章动模型中。

经岁差章动改正后的空固坐标系为瞬时空固坐标系;经极移改正后的地固坐标系为瞬时地固坐标系。瞬时空固坐标系和瞬时地固坐标系之间仅有绕天球参考轴的旋转运动。引入 CIP 后,天球参考轴的空固运动、地固运动与地球的自转运动即可清楚地区分开来。

4.4.2 天球中间参考系与中间零点

1. 天球中间极表示方法

天球中间极（CIP）的空固运动用地心天球参考系（GCRS）中的位置变化描述，CIP 空固运动由三个部分构成：①周期大于 2 天的岁差-章动部分；②极移的退行周日部分，包括自由核章动；③历元 J2000.0 的参考架偏差。

CIP 在国际地球参考系（ITRS）中的地固运动（即极移）由两部分构成：①ITRS 中除退行周日部分以外的极移运动；②ITRS 中对应章动周期小于 2 天的运动（IERS 由地球物理和实测数据建立的高频模型内插）。

CIP 在地心天球参考系（GCRS）中的空固运动主要由作用于地球的外力矩引起，只包含周期大于 2 天 [频率不大于±0.5 周每恒星日（cycles per sideread day，cpsd）] 的长周期部分；在 ITRS 中观察，这部分运动的频率介于-1.5～-0.5（负号表示逆向），为逆向周日频带，在此频带之外的所有高频运动，全部归于 CIP 极移，如图 4.4 所示。同一运动在 GCRS 和 ITRS 中观察时，频率相差-1 cpsd，是由地球的周日自转引起的。

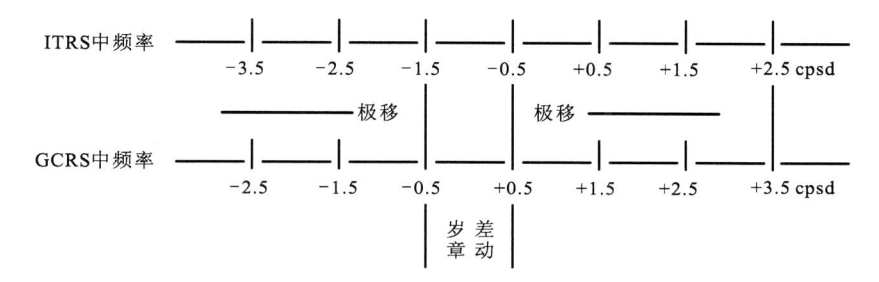

图 4.4 章动（GCRS）和极移（ITRS）的频带划分

2. 无旋转原点与天球中间零点

在计算天体相对于 ITRS 的位置的过程中，通常用格林尼治恒星时描述地球绕轴的自转运动。格林尼治恒星时的起量点是春分点，计算它需要地球的自转和岁差-章动理论。

在描述地球自转的传统方法中，由于春分点的退行运动，以春分点为参考的真恒星时（GST）并不能清楚地描述地球在惯性空间中绕自转轴的转动，GST 包含复杂的岁差、章动及两者的交叉项。因此，GST 和 UT1 并非简单的线性关系，而是与岁差-章动耦合在一起。每当岁差-章动模型有所改变时，GST 和 UT1 的关系也将随之变化。

为了克服春分点的缺陷，需要寻找新的赤经起量点，使它的时角可以代表地球纯粹的绕 CIP 的空固运动，而与地轴的空间指向变化（即岁差-章动）无关。当 CIP 运动时，这个假想的赤经起量点在 CIP 赤道上运动，通过它测量的地球自转角，不受 CIP 本身运动的影响。无旋转原点（non-rotating origin，NRO）的引入可以满足这些条件。与春分点不同，无旋转原点（NRO）是一个运动学定义：当赤道运动时，无旋转原点的运动方向没有绕 CIP 极旋转的分量。赤道上任意一点都可选为无旋转原点，只要它的运动满足上述的运动学定义，因此 NRO 选取方法不唯一。

在 GCRS 中，CIP 赤道上的无旋转原点，称为天球中间零点（celestial intermediate origin，CIO），而在 ITRS 中，相应的无旋转原点称为地球中间零点（terrestrial inter-mediate origin，TIO）。用无旋转原点代替春分点，则它的时角就可描述地球在 GCRS 中绕 CIP 的纯自转运动，从而将地球在惯性空间中的绕轴运动和指向运动清楚地分开，CIO 和 TIO 之间的角距离（地心角距）就是地球自转角（ERA）。

3. 天球与地球中间参考系

通过天球中间极（CIP）可以构造两个中间参考系：天球中间参考系（celestial intermediate reference system，CIRS）和地球中间参考系（terrestrial intermediate reference system，TIRS）。天球中间参考系和地球中间参考系具有相同的 Z 轴都指向天球中间极（CIP），X 轴则分别指向天球中间零点（CIO）和地球中间零点（TIO）。

天球中间零点（CIO）是天球中间参考系的赤经零点。IAU2000 决议 1.8 将其定义为地心天球参考系的无旋转原点（NRO），IAU2006 决议恢复其称为天球中间零点（CIO）。GCRS 的 X 轴指向最初由 23 个河外射电源的赤经采用值隐含定义。CIO 与 GCRS 的零度子午圈相接近，在 1900～2100 年偏差始终保持在 0".1 之内。

地球中间参考系是用天球中间极（CIP）及其对应的中间赤道和地球中间零点（TIO）定义的地心天球参考系。地球中间参考系与国际地球参考系（ITRS）的联系由 CIP 极移和地球中间零点（TIO）的定位角 s' 确定。它通过绕天球中间极（CIP）的转动角度［即地球自转角（ERA）］与天球中间参考系（CIRS）相联系。天球中间极（CIP）为这两个中间参考系 TIRS 和 CIRS 共同的 Z 轴指向。

地球中间零点（TIO）相当于 ITRS 中的无旋转原点。在 TIO 的具体实现中，通常要求 TIO 在 1900～2100 年与 ITRS 零子午线的偏离保持在 0".1 之内（对应地球赤道附近距离偏差不大于 3 m）。

4.4.3 天球到地固坐标参考系转换

天球与地球参考系转换中需要用到三个中间参考系：①天球中间参考系（CIRS），Z 轴指向 CIP，X 轴指向 CIO；②地球中间参考系（TIRS），Z 轴指向 CIP，X 轴指向 TIO；③真赤道参考系，Z 轴指向 CIP，X 轴指向 t 时刻的真春分点。这些中间参考系的互相转换，仅绕着天球中间轴旋转。

1. 天球与地球参考系转换

在历元 t 时刻，地心天球参考系（GCRS）和国际地球参考系（ITRS）的转换是两个欧氏空间三维直角坐标系的转换（Petit et al.，2010；Capitaine et al.，2006），可写为

$$[\text{ITRS}] = \boldsymbol{W}(t)\boldsymbol{R}(t)\boldsymbol{M}(t)[\text{GCRS}] \tag{4.4.1}$$

式中：$\boldsymbol{M}(t)$、$\boldsymbol{R}(t)$ 和 $\boldsymbol{W}(t)$ 分别为由 CIP 在地心天球参考系 GCRS 中的运动（岁差-章动）、地球的自转及 CIP 在 ITRS 中的运动（CIP 极移）引起的旋转矩阵。式（4.4.1）中时间变量 t 为从历元 J2000.0 起算的儒略世纪数（TT），表示为

$$t = (\text{TT} - 2000\ \text{January 1d 12h TT in days}) / 365\ 25 \tag{4.4.2}$$

2. 极移矩阵与地球自转矩阵

通过极移矩阵完成 TIRS 到 ITRS 的转换：
$$W(t) = R_1(p_2)R_2(p_1)R_3(s') \tag{4.4.3}$$

式中：p_1 和 p_2 为天球中间极（CIP）在 ITRS 中无量纲的极移分量，p_1 指向 ITRS 的 x 轴方向，p_2 指向 ITRS 的 y 轴相反方向；s' 称为地球中间零点（TIO）定位角，为 TIO 在 CIP 赤道上的位置，是 p_1 和 p_2 的函数：

$$s'(t) = \frac{1}{2}\int_{t_0}^{t}(p_1\dot{p}_2 - \dot{p}_1 p_2)\mathrm{d}t \tag{4.4.4}$$

地球中间零点（TIO）定位角 s' 是一个很小的量，到 22 世纪，不会大于 0.4 mas。利用目前测量的地球钱德勒摆动，s' 的近似值（Lambert et al.，2002）为

$$s' = -47t \quad \mu\text{as} \tag{4.4.5}$$

通过地球自转矩阵完成 CIRS 到 TIRS 的转换：
$$R_\text{CIO}(t) = R_3(\text{ERA(UT1)}) \tag{4.4.6}$$

式中：地球自转角（ERA）为 CIO 和 TIO 之间的地心角距 $\theta = \text{ERA(UT1)}$，反映地球纯粹的绕 CIP 轴自转运动，如图 4.5 所示。零点差 EO 定义为天球中间零点（CIO）和春分点在 CIP 赤道上的距离，即

$$\text{EO} = \text{ERA(UT1)} - \text{GST} = \theta - \text{GST} \tag{4.4.7}$$

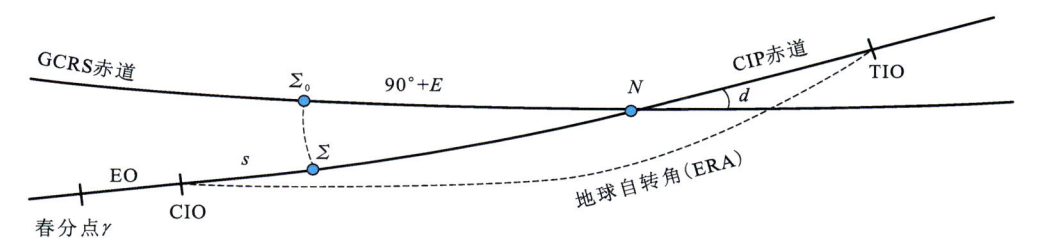

图 4.5　基于 CIO 的参考系转换示意图

图 4.5 中，Σ_0 是 GCRS 的零点，$[N\Sigma]=[N\Sigma_0]$，E,d 是天球中间极（CIP）在 GCRS 中的角坐标，E,d,θ 为 GCRS 中的地球定向参数。

3. 基于 CIO 的岁差章动矩阵

基于天球中间零点（CIO）的转换中，岁差-章动矩阵为
$$M_\text{CIO} = R_3(-s)M_\Sigma \tag{4.4.8}$$

式中：Σ 为在 CIP 赤道上的点，并且满足 $[N\Sigma]=[N\Sigma_0]$，Σ_0 是 GCRS 的零点，N 是 CIP 赤道和 GCRS 赤道的交点。用 GCRS 中无量纲的 CIP 坐标 P_1 和 P_2 表示，矩阵 M_Σ 可以写为

$$M_\Sigma = R_3(-E)R_2(d)R_3(E) = \begin{bmatrix} 1-aP_1^2 & -aP_1P_2 & -P_1 \\ -aP_1P_2 & 1-aP_2^2 & -P_2 \\ P_1 & P_2 & 1-a(P_1^2+P_2^2) \end{bmatrix} \tag{4.4.9}$$

式中：$a = 1/(1+\cos d) \approx 1/2 + (P_1^2+P_2^2)/8$。

IAU2006/2000 岁差-章动模型中，采用角秒（″）单位表示 P_1 和 P_2，则其表达式为

$$P_1(t) = -0''.016617 + 2004''.191898t - 0''.4297829t^2 - 0''.19861834t^3$$
$$+ 0''.00000075t^4 + 0''.0000059285t^5 + \sum_i[(a_{s,0})_i\sin(\arg_i) + (a_{s,0})_i\sin(\arg_i)]$$
$$+ \sum_{k,i}[(a_{s,k})_i\sin(\arg_i) + (a_{c,k})_i\sin(\arg_i)]$$

$$P_2(t) = -0''.006951 - 0''.025896t - 22''.4072747t^2 + 0''.00190059t^3$$
$$+ 0''.001112526t^4 + 0''.0000001358t^5 + \sum_i[(b_{s,0})_i\sin(\arg_i) + (b_{c,0})_i\sin(\arg_i)]$$
$$+ \sum_{k,i}[(b_{s,k})_i\sin(\arg_i) + (b_{c,k})_i\sin(\arg_i)] \quad (4.4.10)$$

P_1 和 P_2 包含了参考架偏差、岁差和章动的影响,它们直接给出了天球中间极(CIP)在 GCRS 中的位置(单位″),P_1 指向 GCRS 的 X 轴方向,P_2 指向 Y 轴相反方向。天球中间零点(CIO)的位置(单位 μas),称为天球中间零点 CIO 定位角 s,可表示为

$$s(t) + \frac{P_1 P_2}{2} = 94.0 + 3808.64t - 122.68t^2 - 72574.11t^3 + 27.98t^4 + 15.62t^5$$
$$+ \sum_i[c_{s,0}^i\sin(\arg_i) + c_{c,0}^i\sin(\arg_i)] + \sum_{k,i}[c_{s,k}^i\sin(\arg_i) + c_{c,k}^i\sin(\arg_i)] \quad (4.4.11)$$

式(4.4.10)和式(4.4.11)中的 $\arg_i$ 为第 i 个章动项的天文辐角,按 Delaunay 基本幅角(日月项和行星项)的线性组合计算,算法表达式可参阅 IERS 协议 2010。

考虑天极偏差 dP_1 和 dP_2 的贡献,可以得到跟观测符合的高精度岁差-章动矩阵:

$$\boldsymbol{M}_{obs} = \begin{bmatrix} 1 & 0 & -dP_1 \\ 0 & 1 & -dP_2 \\ dP_1 & dP_2 & 1 \end{bmatrix} \boldsymbol{M}_{IAU} \quad (4.4.12)$$

式中:$\boldsymbol{M}_{IAU}$ 为 IAU2006/2000 岁差-章动矩阵。

CIO 转换矩阵可近似为

$$\boldsymbol{M}_{CIO} = \begin{pmatrix} 1 & 0 & -P_1 \\ 0 & 1 & -P_2 \\ P_1 & P_2 & 1 \end{pmatrix} \quad (4.4.13)$$

P_1 和 P_2 可以由下列近似公式计算(Capitaine et al.,2006):

$$P_1 = +2.6603 \times 10^{-7}\tau - 33.2 \times 10^{-6}\sin\sigma$$
$$P_2 = -8.14 \times 10^{-14}\tau + 44.6 \times 10^{-6}\cos\sigma \quad (4.4.14)$$

式中:$\sigma = 2.182 - 9.242 \times 10^{-4}\tau$;$\tau$ 为从 J2000.0 起算的天数。这个近似公式在 21 世纪内,与精确公式估计 CIP 位置的差别不超过 $0''.9$,适用于参考系转换精度要求不高的工作。

这样,通过上述 CIO 转换方法,可完成式(4.4.1)中天球参考系和地球参考系转换。

第5章 固体地球潮汐形变效应计算

地球外部天体引潮位、海潮及大气潮，引起固体地球形变和地球重力场随时间变化，称为固体地球潮汐形变，导致地球空间各种大地测量要素（观测量、基准值或参数）随时间的周期性变化，称为大地测量要素的潮汐形变效应，简称潮汐效应，包括固体潮效应和负荷潮效应。大地测量要素的潮汐效应等于大地测量要素潮汐改正量的负值。

5.1 地面及其外部大地测量固体潮效应计算

地球外部天体引潮位直接引起地面及地球外部重力位变化，并激发固体地球形变，导致地球内部的质量重新分布，产生附加引力位。前者是天体引潮位的直接影响（即引潮位自身），后者是引潮位的间接影响，两者之和就是地面及地球外部重力位的固体潮效应，简称体潮效应。

5.1.1 地面及其外部固体潮效应统一表示

1. 外部天体的地球引潮位计算

地球外部引力位可用地球重力位系数模型 ($\bar{C}_{nm}, \bar{S}_{nm}$) 表示，引潮位也是保守力位，同样，任意历元 t，外部天体作用于地球空间质点的引潮位，可用地固坐标系中重力位系数随时间变化 ($\Delta\bar{C}_{nm}, \Delta\bar{S}_{nm}$) 统一表示为

$$\Delta\bar{C}_{nm} - \mathrm{i}\Delta\bar{S}_{nm} = \frac{1}{2n+1}\sum_{j=2}^{10}\frac{GM_j}{GM}\left(\frac{a}{r_j}\right)^{n+1}\bar{P}_{nm}(\cos\theta_j)\mathrm{e}^{\mathrm{i}m\lambda_j} \tag{5.1.1}$$

式中：$\Delta\bar{C}_{nm} - \mathrm{i}\Delta\bar{S}_{nm}$ 为引潮位对 n 阶 m 次位系数的直接影响；$\mathrm{e}^{\mathrm{i}m\lambda_j} = \cos m\lambda_j + \mathrm{i}\sin m\lambda_j$；$GM_j$ 为引潮天体 j 的引力常数；$r_j = r_j(t)$ 为引潮天体的地心距；$j = 2\sim10$，分别代表月球（$n = 2,3,4,5,6$）、太阳（$n = 2,3$）、水星、金星、火星、木星、土星、天王星和海王星（$n = 2$）；$\theta_j = \theta_j(t)$ 为地固坐标系中引潮天体的地心余纬；$\lambda_j = \lambda_j(t)$ 为地固坐标系中引潮天体的经度。式 (5.1.1) 省略了时间变量 t。

任意历元 t，太阳系天体在地固坐标系中的球坐标 (r_j, θ_j, λ_j)，可用太阳系星历表和 IAU 基本天文学标准程序库计算。比较著名的历表是美国喷气推进实验室（Jet Propulsion Laboratory，JPL）每年基于观测数据更新并持续改进的系列太阳系星历表。2003 年起，JPL

采用 ICRF，推出了 DE405/LE405 星历表，2008 年、2014 年和 2021 年又推出 DE421/LE421、DE432 和 DE440/LE440 星历表。其他国家也发布了一系列星历表。利用 JPL 太阳系星历表，可以计算任意历元 t 引潮天体在地心天球坐标系中的坐标。

2. 地面及其外部全要素固体潮效应表示

按引力位球谐展开理论，地面或地球外部任意点 (r,φ,λ) 处的 n 阶引潮位 $\Delta V_n(r,\theta,\lambda)$ 和 n 阶引潮力 $\Delta g_n(r,\theta,\lambda)$ 可用 n 阶位系数变化 $(\Delta \bar{C}_{nm},\Delta \bar{S}_{nm})$ 表示为

$$\Delta V_n(r,\theta,\lambda) = \frac{GM}{r}\left(\frac{a}{r}\right)^n \sum_{m=0}^{n}(\Delta \bar{C}_{nm}\cos m\lambda + \Delta \bar{S}_{nm}\sin m\lambda)\bar{P}_{nm}(\cos\theta)$$

$$\Delta g_n(r,\theta,\lambda) = \frac{GM}{r^2}(n+1)\left(\frac{a}{r}\right)^n \sum_{m=0}^{n}(\Delta \bar{C}_{nm}\cos m\lambda + \Delta \bar{S}_{nm}\sin m\lambda)\bar{P}_{nm}(\cos\theta)$$
（5.1.2）

由 n 阶引潮位 ΔV_n 引起的地球重力位系数变化 $(\Delta \bar{C}_{nm},\Delta \bar{S}_{nm})$，按球谐综合算法，可导出地面及其外部各种大地测量观测量或参数（要素）的固体潮效应表达式。

地面或地球外部空间任意点 (r,φ,λ) 处的重力位固体潮效应 $\Delta V_n(r,\varphi,\lambda)$，等于该点处各阶引潮位 $\Delta V_n(r,\theta,\lambda)$ 与附加位 $\Phi_n^a(r,\theta,\lambda) = k_n \Delta V_n(r,\theta,\lambda)$ 之和：

$$\Delta V(r,\theta,\lambda) = \sum_{n=2}^{6}[\Delta V_n(r,\theta,\lambda) + \Phi_n^a(r,\theta,\lambda)] = \sum_{n=2}^{6}(1+k_n)\Delta V_n(r,\theta,\lambda)$$

$$= \frac{GM}{r}\sum_{n=2}^{6}\left(\frac{a}{r}\right)^n(1+k_n)\sum_{m=0}^{n}(\Delta \bar{C}_{nm}\cos m\lambda + \Delta \bar{S}_{nm}\sin m\lambda)\bar{P}_{nm}(\cos\theta) \quad (5.1.3)$$

按是否直接包含位移勒夫数作用下固体地球形变贡献划分，大地测量观测量或参数（要素）的固体潮效应可分成两类：一类大地测量要素的固体潮效应，不包含位移勒夫数 (h_n,l_n) 作用下的固体地球形变贡献，如地球外部重力位、重力、垂线偏差、重力梯度等；另一类大地测量要素所属点位与地球固连，其固体潮效应包含位移勒夫数 (h_n,l_n) 作用下的固体地球形变贡献，如地面站点重力、地倾斜、位移、水准高差的固体潮效应。

对于 SNREI 地球，位勒夫数 k_n 和位移勒夫数 (h_n,l_n) 是实数，取值见 1.3.4 小节表 1.5。当 $n>6$ 时，$k_n = h_n = l_n = 0$。类似重力位固体潮效应表达式推导过程，可得地面或固体地球外部高程异常（大地水准面）固体潮效应表达式为

$$\Delta \zeta(r,\theta,\lambda) = \frac{GM}{\gamma r}\sum_{n=2}^{6}\left(\frac{a}{r}\right)^n(1+k_n)\sum_{m=0}^{n}(\Delta \bar{C}_{nm}\cos m\lambda + \Delta \bar{S}_{nm}\sin m\lambda)\bar{P}_{nm}(\cos\theta) \quad (5.1.4)$$

地面或固体地球外部扰动重力固体潮效应表达式为

$$\Delta g^\delta(r,\theta,\lambda) = \frac{GM}{r^2}\sum_{n=2}^{6}(n+1)\left(\frac{a}{r}\right)^n(1+k_n)\sum_{m=0}^{n}(\Delta \bar{C}_{nm}\cos m\lambda + \Delta \bar{S}_{nm}\sin m\lambda)\bar{P}_{nm}(\cos\theta) \quad (5.1.5)$$

地面或固体地球外部垂线偏差固体潮效应表达式为
南向：

$$\Delta \xi(r,\theta,\lambda) = \frac{GM}{\gamma r^2}\sin\theta\sum_{n=2}^{6}\left(\frac{a}{r}\right)^n(1+k_n)\sum_{m=0}^{n}(\Delta \bar{C}_{nm}\cos m\lambda + \Delta \bar{S}_{nm}\sin m\lambda)\frac{\partial}{\partial \theta}\bar{P}_{nm}(\cos\theta) \quad (5.1.6)$$

西向：

$$\Delta\eta(r,\theta,\lambda) = \frac{GM}{\gamma r^2 \sin\theta}\sum_{n=2}^{6}\left(\frac{a}{r}\right)^n(1+k_n)\sum_{m=1}^{n}m(\Delta\bar{C}_{nm}\sin m\lambda - \Delta\bar{S}_{nm}\cos m\lambda)\bar{P}_{nm}(\cos\theta) \quad (5.1.7)$$

地面或固体地球外部重力梯度径向固体潮效应表达式为

$$\Delta T_{rr}(r,\theta,\lambda) = \frac{GM}{r^3}\sum_{n=2}^{6}(n+1)(n+2)\left(\frac{a}{r}\right)^n(1+k_n)\sum_{m=0}^{n}(\Delta\bar{C}_{nm}\cos m\lambda + \Delta\bar{S}_{nm}\sin m\lambda)\bar{P}_{nm}(\cos\theta) \quad (5.1.8)$$

地面或固体地球外部水平重力梯度固体潮效应表达式为

北向：

$$\Delta T_{NN}(r,\theta,\lambda) = -\frac{GM}{r^3}\sum_{n=2}^{6}\left(\frac{a}{r}\right)^n(1+k_n)\sum_{m=0}^{n}(\Delta\bar{C}_{nm}\cos m\lambda + \Delta\bar{S}_{nm}\sin m\lambda)\frac{\partial^2}{\partial\theta^2}\bar{P}_{nm}(\cos\theta) \quad (5.1.9)$$

西向：

$$\Delta T_{WW}(r,\theta,\lambda) = \frac{GM}{r^3\cos^2\varphi}\sum_{n=2}^{6}\left(\frac{a}{r}\right)^n(1+k_n)\sum_{m=1}^{n}m^2(\Delta\bar{C}_{nm}\sin m\lambda + \Delta\bar{S}_{nm}\cos m\lambda)\bar{P}_{nm}(\cos\theta) \quad (5.1.10)$$

与地球固连的地面站点，其位移固体潮效应表达式为

东向：

$$\Delta e(r,\theta,\lambda) = -\frac{GM}{\gamma r\sin\theta}\sum_{n=2}^{3}\left(\frac{a}{r}\right)^n l_n\sum_{m=1}^{n}m(\Delta\bar{C}_{nm}\sin m\lambda - \Delta\bar{S}_{nm}\cos m\lambda)\bar{P}_{nm}(\cos\theta)\ \odot \quad (5.1.11)$$

北向：

$$\Delta n(r,\theta,\lambda) = -\frac{GM}{\gamma r}\sin\theta\sum_{n=2}^{3}\left(\frac{a}{r}\right)^n l_n\sum_{m=0}^{n}(\Delta\bar{C}_{nm}\cos m\lambda + \Delta\bar{S}_{nm}\sin m\lambda)\frac{\partial}{\partial\theta}\bar{P}_{nm}(\cos\theta)\ \odot \quad (5.1.12)$$

径向：

$$\Delta r(r,\theta,\lambda) = \frac{GM}{\gamma r}\sum_{n=2}^{3}\left(\frac{a}{r}\right)^n h_n\sum_{m=0}^{n}(\Delta\bar{C}_{nm}\cos m\lambda + \Delta\bar{S}_{nm}\sin m\lambda)\bar{P}_{nm}(\cos\theta)\ \odot \quad (5.1.13)$$

与地球固连的地面站点，其地面重力固体潮效应表达式为

$$\Delta g^s(r,\varphi,\lambda) = \frac{GM}{r^2}\sum_{n=2}^{6}(n+1)\left(\frac{a}{r}\right)^n\left(1+\frac{2}{n}h_n - \frac{n+1}{n}k_n\right)$$
$$\cdot \sum_{m=0}^{n}(\Delta\bar{C}_{nm}\cos m\lambda + \Delta\bar{S}_{nm}\sin m\lambda)\bar{P}_{nm}(\cos\theta)\ \odot \quad (5.1.14)$$

与地球固连的地面站点，其地倾斜固体潮效应表达式为

南向：

$$\Delta\xi^s(r,\theta,\lambda) = \frac{GM}{\gamma r^2}\sin\theta\sum_{n=2}^{6}\left(\frac{a}{r}\right)^n(1+k_n-h_n)$$
$$\cdot \sum_{m=0}^{n}(\Delta\bar{C}_{nm}\cos m\lambda + \Delta\bar{S}_{nm}\sin m\lambda)\frac{\partial}{\partial\theta}\bar{P}_{nm}(\cos\theta)\ \odot \quad (5.1.15)$$

西向：

$$\Delta\eta^s(r,\theta,\lambda) = \frac{GM}{\gamma r^2\sin\theta}\sum_{n=2}^{6}\left(\frac{a}{r}\right)^n(1+k_n-h_n)$$
$$\cdot \sum_{m=1}^{n}m(\Delta\bar{C}_{nm}\sin m\lambda - \Delta\bar{S}_{nm}\cos m\lambda)\bar{P}_{nm}(\cos\theta)\ \odot \quad (5.1.16)$$

上述标注⊙的大地测量要素（观测量或参数），只有在其点位与地球固连情况下有效，

其余大地测量要素适合地面及固体地球外部空间。为协调统一海潮、大气潮、外部天体与非潮汐负荷对地面及固体地球外部各种大地测量要素（观测量或参数）的影响，本书将引潮位的直接影响与间接影响之和统称为固体潮效应（一些文献仅将引潮位的间接影响称为固体潮效应）。

3. 天体的引潮位与引潮力及其时变分析

利用太阳系历表，由式（5.1.1）和式（5.1.2），可计算太阳系中地球外部天体在地固坐标系中的 n 阶引潮位（引潮力），进而按照大地测量精度要求，确定参与计算的天体及其引潮位展开阶数 n，并考察不同阶次引潮位（引潮力）的量级、周期性与时变规律。

外部天体的地球引潮位和引潮力大小，与计算点在地固坐标系中的位置有关。本小节以东经 105°，北纬 20°，大地高 100 m 的地面点为计算点，记 $P(105°\text{N}, 20°\text{E}, H100\,\text{m})$，由式（5.1.2）计算太阳系中 10 个地球外部天体 2～6 阶地球引潮位 ΔV_n（单位为 $10^{-5}\,\text{m}^2/\text{s}^2$）和引潮力 Δg_n（单位为 $\text{nGal}=10^{-6}\,\text{mGal}=10^{-11}\,\text{m/s}^2$）。统计 10 个天体的各阶地球引潮位（引潮力）的最大值与最小值之差，如表 5.1 所示，表中 0.0000 表示计算结果四舍五入后接近零，空白表示值太小（比 0.0000 更小），无须计算。

表 5.1 引潮天体的 n 阶地球引潮位（引潮力）最大值、最小值之差统计

天体	ΔV_2	Δg_2	ΔV_3	Δg_3	ΔV_4	Δg_4
月球	247 660.1100	116 532.1527	6176.8512	2906.4098	174.7919	124.7522
太阳	92 514.4904	43 531.0825	5.6041	2.6369	0.0004	0.0003
金星	10.8438	5.1023	0.0014	0.0007	0.0000	0.0000
木星	1.4120	0.6644	0.0000	0.0000		
火星	0.4041	0.1901	0.0000	0.0000		
水星	0.0815	0.0383	0.0000	0.0000		
土星	0.0383	0.0164	0.0000	0.0000		
天王星	0.000 566	0.000 266				
海王星	0.000 194	0.000 091				
冥王星	0.000 000 02	0.000 000 01				

天体	ΔV_5	Δg_5	ΔV_6	Δg_6	ΔV_7	Δg_7
月球	3.0696	2.7402	0.0531	0.0567	0.0000	0.0000

从表 5.1 可以看出，地球引潮位和引潮力计算时，若取截断阈值为 $10^{-8}\,\text{m}^2/\text{s}^2$ 或 $11^{-14}\,\text{m/s}^2$ 时，月球需展开计算至 6 阶，太阳需展开至 3 阶，水星、金星、火星、木星、土星均只需计算 2 阶，天王星、海王星、冥王星不需要参与计算。

5.1.2 自转微椭非弹性地球的体潮勒夫数

大地测量要素的固体潮效应，用体潮勒夫数的线性组合即固体潮因子 $\delta = \mathcal{L}(k,h,l)$ 来表征。体潮勒夫数有三种，即位勒夫数 k、径向（位移）勒夫数 h 与水平（位移）勒夫数 l。

1. 非球形自转地球体潮勒夫数取值

2.3.2 小节给出了体潮勒夫数的定义和球对称弹性非旋转地球模型（PREM）的勒夫数表达式（2.3.25）。弹性地球的非球形椭率和地球自转，使勒夫数的表达变得复杂。引潮位引起固体地球形变，n 阶 m 次引潮位激发的地面站点位移的形变解为

$$\begin{aligned}
\boldsymbol{u} = \frac{W_{mn}}{g_0}\bigg[& \boldsymbol{e}_r(h^0 Y_{nm} + h^+ Y_{n+2,m} + h^- Y_{n-2,m}) \\
& + \boldsymbol{e}_\theta\left(l^0 \frac{\partial Y_{nm}}{\partial \theta} + \omega^+ \frac{m}{\sin\theta} Y_{n+1,m} + \omega^- \frac{m}{\sin\theta} Y_{n-1,m} + l^+ \frac{\partial Y_{n+2,m}}{\partial \theta} + l^- \frac{\partial Y_{n-2,m}}{\partial \theta}\right) \\
& + \mathrm{i}\boldsymbol{e}_\lambda\left(l^0 \frac{m}{\sin\theta} \frac{\partial Y_{nm}}{\partial \theta} + \omega^+ \frac{m}{\sin\theta} \frac{\partial Y_{n+1,m}}{\partial \theta} + \omega^- \frac{m}{\sin\theta} \frac{\partial Y_{n-1,m}}{\partial \theta} + l^+ \frac{m Y_{n+2,m}}{\sin\theta} + l^- \frac{m Y_{n-2,m}}{\sin\theta}\right)\bigg]
\end{aligned} \quad (5.1.17)$$

式中：$W_{mn}Y_{nm} = W_{mn}(a)Y_{nm}(\theta,\lambda)$ 为 n 阶 m 次引潮位，$g_0 = g_0(a)$ 为地面平均重力，显然 $W_{mn}Y_{nm}/g_0$ 是 n 阶 m 次平衡潮高；h^0、l^0 为位移勒夫数的球对称部分；h^+、l^+、h^-、l^- 为相应勒夫数的球形耦合部分；ω^+、ω^- 为相应勒夫数的环形耦合部分。

式（5.1.17）指出，对于 SNREI 地球，只需 2 个参数（h 与 l）就可表示潮汐位移场；但对于自转、微椭地球，则需 8 个参数表示潮汐位移场。因为椭率和自转导致 n 阶球形位移场（2 个参数）中耦合进了 $n+1$ 阶和 $n-1$ 阶环形位移场（2 个参数）及 $n+2$ 阶和 $n-2$ 阶球形位移场（4 个参数），形成位移勒夫数的纬度依赖部分。

引潮位引起地球表面和内部介质的形变，导致地球内部密度重新分布，产生形变附加位。在 (r,θ,λ) 处的形变附加位可表示为

$$\Phi^a(r,\theta,\lambda) = W_{mn}\left[k^0\left(\frac{a}{r}\right)^{n+1} Y_{nm} + k^+\left(\frac{a}{r}\right)^{n+3} Y_{n+2,m} + k^-\left(\frac{a}{r}\right)^{n-1} Y_{n-2,m}\right] \quad (5.1.18)$$

式中：k^0 为位勒夫数的球对称部分；k^+ 和 k^- 为位勒夫数的球形耦合部分。环形位移不涉及体膨胀，不会导致引力位的扰动，因此位勒夫数 k 中不出现环形耦合项。

微椭非旋转弹性地球的勒夫数仍然是实数，与频率无关，取值如表 5.2 所示。

表 5.2　微椭非旋转弹性地球体潮勒夫数取值

n	m	潮汐周期	k_{nm}	h_{nm}	l_{nm}
2	0	长周期	0.295 25	0.6078	0.0847
2	1	周日	0.294 70	0.6078	0.0847
2	2	半日	0.298 01	0.6078	0.0847
3	0	长周期	0.093	0.2920	0.0150
3	1	周日	0.093	0.2920	0.0150
3	2	半日	0.093	0.2920	0.0150
3	3	1/3 日	0.094	0.2920	0.0150
4	0~4	长周期~1/4 日	0.041	0.175	0.010
5			0.025	0.129	
6			0.017	0.197	

2. 自转地球位移勒夫数的纬度依赖

地球椭率和地球自转破坏了潮汐响应的对称性，微椭地球自转离心力导致位移勒夫数 (h_{nm}, l_{nm}) 呈现纬度依赖性。二阶位移勒夫数的纬度依赖公式为

$$\begin{cases} h_{2m}(\varphi) = h_{2m} + h^{\varphi} \dfrac{3\sin^2\varphi - 1}{2} \\ l_{2m}(\varphi) = l_{2m} + l^{\varphi} \dfrac{3\sin^2\varphi - 1}{2} \end{cases} \quad (5.1.19)$$

式中：$\varphi = \pi/2 - \theta$ 为地面站点的地心纬度；(h_{2m}, l_{2m}) 为微椭非旋转弹性地球的位移勒夫数，取值如表 5.2 所示；$[h_{2m}(\varphi), l_{2m}(\varphi)]$ 为顾及站点处纬度依赖性的位移勒夫数；$(h^{\varphi}, l^{\varphi})$ 为位移勒夫数纬度依赖系数，IERS 协议 2010 中：$h^{\varphi} = -0.0006$，$l^{\varphi} = 0.0002$。

三阶位移勒夫数的纬度依赖性很弱，可不加改正。

3. 地幔的黏滞性与勒夫数频率相关

地幔的黏滞性导致固体地球对引潮位的形变响应产生延迟，使得二阶各潮波的体潮勒夫数（包括球对称部分和纬度依赖因子）变成复数，存在相对微小的虚部，其绝对值不足实部的 1%。另外，地幔的黏滞性还在不同程度上放大了地球潮汐形变，导致体潮勒夫数的频率相关性随潮波周期的增大而增强，使得体潮勒夫数的实部和虚部同时发生微小变化。

长周期潮波（$m=0$，又称带谐潮波，周期为 8 天至 18.6 年）的频率较低，时间跨度大，地幔的黏滞性因此导致长周期带谐潮波的勒夫数出现较强的频率相关性。对于半日潮波（$m=2$），径向勒夫数 h 增大 1.4%；对于周日潮波（$m=1$），h 增大 1.4%，位勒夫数 k 增大 1.7%；对于长周期潮波（$m=0$，如 M_f），地幔的黏滞性导致 h 增大 2.5%，k 增大 3%（许厚泽 等，2010）。

为表示黏滞性形变地球附加位引起的 n 阶 m 次位系数变化，需要用到 3 种形式的位勒夫数 $(k_{nm}^0, k_{nm}^{\pm})$、径向勒夫数 $(h_{nm}^0, h_{nm}^{\pm})$ 与水平勒夫数 $(l_{nm}^0, l_{nm}^{\pm})$ 来表征 n 阶 m 次 $(n \geq 2)$ 引潮位的间接影响。考虑地球质量守恒，当 $n=2$ 时，$k_{2m}^- = 0, h_{2m}^- = 0, l_{2m}^- = 0$，因而只有两种位勒夫数 (k_{2m}^0, k_{2m}^+)，两种径向勒夫数 (h_{2m}^0, h_{2m}^+) 和两种水平勒夫数 (l_{2m}^0, l_{2m}^+)。

地幔的黏滞性导致地球对引潮位的响应产生延迟，使勒夫数随频率变化，(k_{2m}^0, k_{2m}^+)、(h_{2m}^0, h_{2m}^+) 和 (l_{2m}^0, l_{2m}^+) 存在小的虚部。为计算方便，将表 5.3 中黏弹性地球的二阶潮波位勒夫数记为 $k_{2m} = \mathrm{Re}(k_{2m}) + \mathrm{i}\,\mathrm{Im}(k_{2m})$，作为标称的位勒夫数，而将表 5.2 中的微椭非旋转弹性地球的位移勒夫数 $h_{2m} = 0.6078$，$l_{2m} = 0.0847$ 作为标称的位勒夫数。

表 5.3　黏弹性地球体潮位勒夫数 k 的频率相关

nm		潮汐周期	弹性地球		黏弹性地球		
n	m		k_{nm}	k_{2m}^+	$\mathrm{Re}(k_{nm})$	$\mathrm{Im}(k_{nm})$	k_{2m}^+
2	0	长周期	0.295 25	−0.000 87	0.301 90	−0.000 00	−0.000 89
2	1	周日	0.294 70	−0.000 79	0.298 30	−0.001 44	−0.000 80
2	2	半日	0.298 01	−0.000 57	0.301 02	−0.001 30	−0.000 57

5.1.3 二阶勒夫数的频率相关性及其校正

1. 地球近周日摆动与勒夫数共振参数

地球近周日自由摆动的激发,导致与本征频率接近的周日固体潮(如 P_1、K_1、ψ_1 和 ϕ_1 分潮)出现明显的共振放大现象。地球摆动伴随的离心力位变化,激发固体地球形变,导致地球惯性矩耦合变化,对周日分潮勒夫数的贡献与地球及其核的摆动响应成正比。周日潮波的体潮或负荷勒夫数 L(如 k_{21}^0 或 k_{2m}^+)的频率相关值,可用共振公式表示为潮波频率 σ 的函数:

$$L(\sigma) = L_0 + \sum_{\alpha=1}^{3} \frac{L_\alpha}{\sigma - \sigma_\alpha} \quad (5.1.20)$$

式中:L 为任意的周日体潮或负荷勒夫数;L_0 为其与频率无关的部分;下标 α 表示地球或其核的自由摆动,取值 1、2、3 分别对应钱德勒摆动(CW)、逆向和正向近周日自由摆动 3 个简正模,σ_α、L_α 分别为 α 的本征谐振频率和响应系数(导纳)。

潮波频率 σ 与本征谐振频率 σ_α 通常用每恒星日的周期数表示,正负频率代表逆向(正向)谐振波。通常也等价地用度每小时(°/h)表示潮波角速率 ω(这里 ω 不是地球自转速率),有

$$\omega = 15\kappa\sigma, \quad \kappa = 1.002\,737\,909 \quad (5.1.21)$$

式中:$\kappa = 1.002\,737\,909$ 为平太阳日与恒星日的比值,是天文常数。Mathews 等(1995)通过分析 VLBI 数据,获得了进动速率和章动幅度,进而按章动理论拟合估计得到本征谐振频率 σ_α,见 2.4.3 小节。

$$\begin{aligned}\sigma_1 &= -0.002\,601\,0 - 0.000\,136\,1i \\ \sigma_2 &= 1.002\,318\,1 + 0.000\,025i \\ \sigma_3 &= 0.999\,902\,6 + 0.000\,780i\end{aligned} \quad (5.1.22)$$

表 5.4 为由周日潮波共振公式[式(5.1.20)]计算的周日位勒夫数 (k_{21}^0, k_{21}^+) 的共振参数。

表 5.4 体潮周日位勒夫数 (k_{21}^0, k_{21}^+) 共振参数

α	k_{21}^0 Re(L_α)	k_{21}^0 Im(L_α)	k_{21}^+ Re(L_α)	k_{21}^+ Im(L_α)
0	0.299 54	-0.1412×10^{-2}	-0.804×10^{-3}	0.237×10^{-4}
1	$-0.778\,96\times10^{-3}$	-0.3711×10^{-4}	0.209×10^{-5}	0.103×10^{-6}
2	$0.909\,63\times10^{-4}$	-0.2963×10^{-5}	-0.182×10^{-6}	0.650×10^{-8}
3	$-0.114\,16\times10^{-5}$	0.5325×10^{-7}	-0.713×10^{-9}	-0.330×10^{-9}

位移勒夫数的共振效应需要顾及勒夫数的纬度依赖和海潮负荷激发的共振效应。联合式(5.1.19)和式(5.1.20),可计算位移勒夫数及其纬度依赖系数的共振参数,如表 5.5 所示。

表 5.5 体潮位移勒夫数及其纬度依赖系数的共振参数

α	h_{2m}		h^φ	
	Re(L_α)	Im(L_α)	Re(L_α)	Im(L_α)
0	0.606 71	-0.2420×10^{-2}	-0.615×10^{-3}	-0.122×10^{-4}
1	$-0.157\ 77\times10^{-2}$	-0.7630×10^{-4}	0.160×10^{-5}	0.116×10^{-6}
2	$0.180\ 53\times10^{-3}$	-0.6292×10^{-5}	0.201×10^{-6}	0.279×10^{-8}
3	$-0.186\ 16\times10^{-5}$	0.1379×10^{-6}	-0.329×10^{-7}	-0.217×10^{-8}

α	l_{2m}		l^φ	
	Re(L_α)	Im(L_α)	Re(L_α)	Im(L_α)
0	$0.849\ 63\times10^{-1}$	-0.7395×10^{-3}	$0.193\ 34\times10^{-3}$	-0.3819×10^{-5}
1	$-0.221\ 07\times10^{-3}$	-0.9646×10^{-5}	$-0.503\ 31\times10^{-6}$	-0.1639×10^{-7}
2	$-0.547\ 10\times10^{-5}$	-0.2990×10^{-6}	$-0.664\ 60\times10^{-8}$	0.5076×10^{-9}
3	$-0.299\ 04\times10^{-7}$	-0.7717×10^{-8}	$0.103\ 72\times10^{-7}$	0.7511×10^{-9}

2. 周日勒夫数海潮负荷贡献与频率相关性校正

周日共振导致负荷勒夫数也呈现频率相关性，并通过海潮负荷离心力位引起地球形变（极潮效应）而导致地球惯性矩耦合变化，地幔黏滞性、核幔耦合与潮汐摩擦耗散机制作用，导致周日潮波（$mn=21$）的体潮勒夫数呈现频率相关性，使得体潮勒夫数的实部和虚部都发生微小变化。

考虑周日共振效应后，周日潮波负荷勒夫数需由 (k_2', h_2', l_2') 变为 $(k_{21}', h_{21}', l_{21}')$。频率为 σ 的海潮周日潮波，对相同频率周日体潮勒夫数的主要贡献（Wahr，1981）为

$$\delta k_{21}^{\text{ol}}(\sigma) = [k_{21}'(\sigma) - k_2']\frac{4\pi G\rho_{\text{w}}}{5g_0}RA_{21}(\sigma) \tag{5.1.23}$$

式中：$k = k$，h 或 l；g_0 为地面平均重力；$k_{21}'(\sigma)$ 为顾及周日共振效应的负荷勒夫数，简称周日共振负荷数，是分潮频率 σ 的函数，由表 5.5 按式（5.1.20）计算；$k_2' = k_2'$，h_2' 或 l_2' 为 SNREI 地球（PREM）的二阶负荷勒夫数（实数）；$A_{21}(\sigma)$ 为分潮 σ 的体潮勒夫数修正量与负荷勒夫数修正量的比例因子（导纳），可通过对全球海潮调和常数模型进行球谐分析后按下式计算：

$$A_{21}(\sigma) = \frac{H_{21}^{\text{otide}}(\sigma)}{H_{21}^{\text{TGP}}(\sigma)} \tag{5.1.24}$$

式中：$H_{21}^{\text{TGP}}(\sigma)$ 为引潮天体周日分潮 σ 平衡潮高振幅的全球最大值；$H_{21}^{\text{otide}}(\sigma)$ 为海潮（潮高）周日分潮 σ 的规格化调和幅值。

周日体潮勒夫数频率相关性校正值计算公式为

$$\delta k_{21}(\sigma) = k_{21}^0(\sigma) + \delta k_{21}^{\text{ol}}(\sigma) - k_{21} \tag{5.1.25}$$

式中：$k = k$，h 或 l；$k_{21}^0(\sigma)$ 为顾及地幔黏滞性及分潮 σ 近周日共振的体潮勒夫数（复数），是分潮 σ 的函数，由表 5.5 中的共振参数，按式（5.1.20）计算；k_{21} 为标称周日勒夫数，标称勒夫数取值参见表 5.3 或表 5.2。

下面简要说明周日体潮勒夫数频率相关性校正值的三步计算方案。取二阶标称负荷勒夫数 $k_2' = -0.3075, h_2' = -1.001, l_2' = 0.0295$；标称周日位勒夫数 $k_{21} = 0.29830 - 0.00144i$（取自表5.3），与标称周日位移勒夫数 $h_{21} = 0.6078, l_{21} = 0.0847$（取自表5.2）。

第一步，由式（5.1.22）、表5.4和表5.5，按式（5.1.20），计算顾及周日共振效应的共振体潮勒夫数 $k_{21}^0(\sigma)$ 和共振负荷勒夫数 $k'_{21}(\sigma)$；第二步，将周日共振负荷勒夫数 $k'_{21}(\sigma)$ 代入式（5.1.23），计算周日体潮勒夫数的海潮负荷贡献 $\delta k_{21}^{ol}(\sigma)$；第三步，将周日共振体潮勒夫数 $k_{21}^0(\sigma)$ 与海潮负荷贡献 $\delta k_{21}^{ol}(\sigma)$ 代入式（5.1.25），计算周日位勒夫数频率相关性校正值 $\delta k_{21}(\sigma)$，结果如表5.6所示，以及周日位移勒夫数频率相关性校正值 $\delta h_{21}(\sigma)$、$\delta l_{21}(\sigma)$，结果分别如表5.7和表5.8所示。表5.6~表5.8所示为平衡潮高振幅全球最大值大于 1000×10^{-5} m 的潮波。

表5.6 二阶周日位勒夫数 k_{2m}^0 频率相关性校正值

周日潮	Doodson数	角速率/(°/h)	$\delta k_{21}^R /\times 10^{-5}$	$\delta k_{21}^I /\times 10^{-5}$	平衡潮高最大振幅 $H_{21}^{TGP}/(\times 10^{-5}\text{m})$
Q_1	135 655	13.398 66	−46	5	−5020
	145 545	13.940 83	−82	7	−4946
O_1	145 555	13.943 03	−83	7	−26 221
No_1	155 655	14.496 69	−197	16	2062
P_1	163 555	14.958 93	−1138	77	−122 03
K_1	165 555	15.041 07	−4084	262	36 878
	165 565	15.043 28	−4355	297	5001
J_1	175 455	15.585 45	324	−17	2062
Oo_1	185 555	16.139 11	184	−7	1129
半日潮	Doodson数	角速率/(°/h)	$\delta k_{22}^R/\times 10^{-5}$	$\delta k_{22}^I/\times 10^{-5}$	$H_{22}^{TGP}/(\times 10^{-5}\text{m})$
N_2	245 655	28.439 73	2	0	12 099
M_2	255 555	28.984 10	2	0	63 192

表5.7 二阶周日径向勒夫数 h_{2m}^0 频率相关性校正与纬度依赖性

周日潮	Doodson数	角速率/(°/h)	$\delta h_{21}^R/\times 10^{-4}$	$\delta h_{21}^I/\times 10^{-4}$	平衡潮高最大振幅 $H_{21}^{TGP}/(\times 10^{-5}\text{m})$
Q_1	135 655	13.398 66	−42	−26	−5020
	145 545	13.940 82	−50	−25	−4946
O_1	145 555	13.943 03	−50	−25	−26 221
No_1	155 655	14.496 69	−73	−23	2062
P_1	163 555	14.958 93	−261	−11	−122 03
K_1	165 555	15.041 07	−842	30	36 878
	165 565	15.043 33	−896	36	5001

续表

周日潮	Doodson 数	角速率/(°/h)	$\delta h_{21}^R / \times 10^{-4}$	$\delta h_{21}^I / \times 10^{-4}$	平衡潮高最大振幅 $H_{21}^{TGP} / (\times 10^{-5} \text{ m})$
J_1	175 455	15.585 45	30	−30	2062
Oo_1	185 555	16.139 11	2	−28	1129
半日潮	Doodson 数	角速率/(°/h)	$\delta h_{22}^R / \times 10^{-4}$	$\delta h_{22}^I / \times 10^{-4}$	$H_{22}^{TGP} / (\times 10^{-5} \text{ m})$
M_2	255 555	28.984 10	0	−22	120 99

表 5.8　二阶周日水平勒夫数 l_{2m}^0 频率相关性校正与纬度依赖性

周日潮	Doodson 数	角速率/(°/h)	$\delta h_{21}^R / \times 10^{-4}$	$\delta h_{21}^I / \times 10^{-4}$	平衡潮高最大振幅 $H_{21}^{TGP} / (\times 10^{-5} \text{ m})$
Q_1	135 655	13.398 66	−1	−6	−5020
	145 545	13.940 82	−1	−6	−4946
O_1	145 555	13.943 03	−1	−6	−26 221
No_1	155 655	14.496 69	0	−6	2062
P_1	163 555	14.958 93	6	−6	−12 203
K_1	165 555	15.041 07	23	−6	36 878
	165 565	15.043 28	25	−6	5001
Oo_1	185 555	16.139 11	−1	−6	1129
半日潮	Doodson 数	角速率/(°/h)	$\delta l_{22}^R / \times 10^{-4}$	$\delta l / \times 10^{-4}$	$H_{22}^{TGP} / (\times 10^{-5} \text{ m})$
M_2	255 555	28.984 10	0	−7	120 99

3. 黏弹性地球长周期勒夫数频率相关性校正

地幔的黏滞性进一步增强了长周期潮波（$nm=20$，带谐）体潮勒夫数的频率相关性。设长周期分潮频率为 σ，顾及频率相关性的长周期勒夫数可表达为

$$k_{20}(\sigma) = 0.295\,25 - 5.796 \times 10^4 \left\{ \cot\frac{\varepsilon\pi}{2} \left[1 - \left(\frac{\sigma_m}{\sigma}\right)^\varepsilon \right] + \mathrm{i} \left(\frac{\sigma_m}{\sigma}\right)^\varepsilon \right\} \quad (5.1.26)$$

$$h_{20}(\sigma) = 0.5998 - 9.96 \times 10^4 \left\{ \cot\frac{\varepsilon\pi}{2} \left[1 - \left(\frac{\sigma_m}{\sigma}\right)^\varepsilon \right] + \mathrm{i} \left(\frac{\sigma_m}{\sigma}\right)^\varepsilon \right\} \quad (5.1.27)$$

$$l_{20}(\sigma) = 0.0831 - 3.01 \times 10^4 \left\{ \cot\frac{\varepsilon\pi}{2} \left[1 - \left(\frac{\sigma_m}{\sigma}\right)^\varepsilon \right] + \mathrm{i} \left(\frac{\sigma_m}{\sigma}\right)^\varepsilon \right\} \quad (5.1.28)$$

式中：σ_m 为周期为 200 s 的参考频率；$\varepsilon = 0.15$。

取 $k_{20} = 0.30190$，$h_{20} = 0.6078$，$l_{20} = 0.0847$，则二阶长周期勒夫数频率相关性校正公式为

$$\delta \hat{k}_{20}(\sigma) = \hat{k}_{20}(\sigma) - \hat{k}_{20} \quad (\hat{k} = k, h, l) \quad (5.1.29)$$

将式（5.1.26）～式（5.1.28）分别代入式（5.1.29），计算黏弹性地球二阶长周期勒夫数

频率相关性校正值，结果如表 5.9～表 5.11 所示。表中所示为平衡潮高振幅全球最大值大于 1000×10^{-5} m 的潮波。

表 5.9　二阶长周期位勒夫数 k_{20}^0 频率相关性校正

长周期潮	Doodson 数	角速率/(°/h)	$\delta h_{21}^R / \times 10^{-4}$	$\delta h_{21}^I / \times 10^{-4}$	平衡潮高最大振幅 $H_{20}^{TGP} /(\times 10^{-5}\text{m})$
Ω_1	55 565	0.002 21	1347	−541	2793
S_{sa}	57 555	0.082 14	403	−315	−3100
M_m	65 455	0.544 38	80	−237	−3518
M_f	75 555	1.098 04	−19	−213	−6663
	75 565	1.100 24	−19	−213	−2762
M_{tm}	85 455	1.642 41	−71	−201	−1276

表 5.10　二阶长周期径向勒夫数 h_{20}^0 频率相关性校正与纬度依赖性

长周期潮	Doodson 数	角速率/(°/h)	$\delta h_{21}^R / \times 10^{-4}$	$\delta h_{21}^I / \times 10^{-4}$	平衡潮高最大振幅 $H_{20}^{TGP} /(\times 10^{-5}\text{m})$
Ω_1	55 565	0.002 21	266	−93	2793
S_{sa}	57 555	0.082 14	104	−54	−3100
M_m	65 455	0.544 38	48	−41	−3518
M_f	75 555	1.098 04	31	−37	−6663
	75 565	1.100 24	31	−37	−2762

表 5.11　二阶长周期水平勒夫数 l_{2m}^0 频率相关性校正与纬度依赖性

长周期潮	Doodson 数	角速率/(°/h)	$\delta h_{21}^R / \times 10^{-4}$	$\delta h_{21}^I / \times 10^{-4}$	平衡潮高最大振幅 $H_{20}^{TGP} /(\times 10^{-5}\text{m})$
Ω_1	55 565	0.002 21	89	−28	2793
S_{sa}	57 555	0.082 14	39	−16	−3100
M_m	65 455	0.544 38	23	−12	−3518
M_f	75 555	1.098 04	17	−11	−6663
	75 565	1.100 24	17	−11	−2762

4. 位系数变化的勒夫数频率相关性校正

不同频率分潮 σ 对二阶位勒夫数的贡献不同，需逐一计算每个分潮的频率相关性校正值 δk_{2m}。若勒夫数的某分潮 σ 频率相关性校正值为 $\delta k_{2m}(\sigma)$，该分潮 σ 对二阶 m 次位系数的直接影响为 $\Delta \overline{C}_{2m}^{(\sigma)} - \mathrm{i}\Delta \overline{S}_{2m}^{(\sigma)}$，则两者乘积就是勒夫数按该分潮 σ 进行频率相关性校正后，引起的二阶 m 次位系数的变化。对所有分潮 σ 求和，才是位勒夫数频率相关性校正对二阶 m 次位系数的总贡献。

将二阶 m 次潮波的位勒夫数频率相关性校正记为 $\delta k_{2m} = \delta k_{2m}^{R} + \mathrm{i}\delta k_{2m}^{I}$，可得二阶周日、半日潮波位勒夫数频率相关性校正，引起的二阶田谐、扇谐位系数变化分别为

$$\Delta \overline{C}_{2m}^{\delta} - \mathrm{i}\Delta \overline{S}_{2m}^{\delta} = \sum_{\sigma}\delta k_{2m}(\sigma)(\Delta \overline{C}_{2m}^{(\sigma)} - \mathrm{i}\Delta \overline{S}_{2m}^{(\sigma)}) = \eta_m \left(\sum_{\tau=1}^{\tau_{20}} A_m \delta k_{2m}^{\tau} H_{2m}^{\tau} \mathrm{e}^{\mathrm{i}\phi^{\tau}}\right)$$

$$= \eta_m A_m \sum_{\tau=1}^{\tau_{2m}} H_{2m}^{\tau}[(\delta k_{2m}^{\tau R}\cos\phi^{\tau} - \delta k_{2m}^{\tau I}\sin\phi^{\tau}) + \mathrm{i}(\delta k_{2m}^{\tau R}\sin\phi^{\tau} + \delta k_{2m}^{\tau I}\cos\phi^{\tau})] \quad (5.1.30)$$

$$\Delta \overline{C}_{21}^{\delta} - \mathrm{i}\Delta \overline{S}_{21}^{\delta} = A_1 \sum_{\tau=1}^{\tau_{20}} H_{21}^{\tau}[(\delta k_{21}^{\tau R}\sin\phi^{\tau} + \delta k_{22}^{\tau I}\cos\phi^{\tau}) - \mathrm{i}(\delta k_{21}^{\tau R}\cos\phi^{\tau} - \delta k_{21}^{\tau I}\sin\phi^{\tau})] \quad (5.1.31)$$

$$\Delta \overline{C}_{22}^{\delta} - \mathrm{i}\Delta \overline{S}_{22}^{\delta} = A_2 \sum_{\tau=1}^{\tau_{20}} H_{22}^{\tau}[(\delta k_{22}^{\tau R}\cos\phi^{\tau} - \delta k_{22}^{\tau I}\sin\phi^{\tau}) + \mathrm{i}(\delta k_{22}^{\tau R}\sin\phi^{\tau} + \delta k_{22}^{\tau I}\cos\phi^{\tau})] \quad (5.1.32)$$

类似地，二阶长周期潮波位勒夫数频率相关性校正，引起的二阶带谐位系数变化为

$$\Delta \overline{C}_{20}^{\delta} = \mathrm{Re}\left[\sum_{\sigma}\delta k_{20}(\sigma)\Delta \overline{C}_{20}^{\sigma}\right] = \mathrm{Re}\left(\sum_{\tau=1}^{\tau_{20}}\delta k_{20}^{\tau} A_0 H_{20}^{\tau} \mathrm{e}^{\mathrm{i}\phi^{\tau}}\right)$$

$$= A_0 \sum_{\tau=1}^{\tau_{20}} H_{20}^{\tau}(\delta k_{20}^{\tau R}\cos\phi^{\tau} - \delta k_{20}^{\tau I}\sin\phi^{\tau})$$

$(5.1.33)$

式（5.1.30）~式（5.1.33）中：

$$\eta_1 = -\mathrm{i}, \quad \eta_2 = 1, \quad A_0 = \frac{1}{R\sqrt{4\pi}} = 4.4228 \times 10^{-8}$$

$$A_m = \frac{(-1)^m}{R\sqrt{8\pi}} = (-1)^m (3.1274 \times 10^{-8}) \quad (m = 1,2), \quad \tau_{2m}(m = 0,1,2)$$

为二阶 m 次潮波的有效分潮个数（表 5.6 中，$\tau_{20} = 21$，$\tau_{21} = 48$，$\tau_{22} = 2$）；H_{2m}^{τ} 为与固体潮频率相同的引潮天体平衡潮振幅全球最大振幅（m），即表 5.6 中最后一列；ϕ^{τ} 为分潮 τ 的天文幅角（单位为弧度），可由 Doodson 数或 Delaunay 变量计算。

5. 位移勒夫数频率相关性校正等效处理

与地球固连的地面站点，当其大地测量要素的固体潮效应包含位移勒夫数表征的潮汐形变效应（贡献）时，需要考虑位移勒夫数频率相关性校正。位移勒夫数表征引潮位引起的地面站点位移，其对大地测量要素的作用总是以比例因子（比例系数）形式出现。由 5.1.1 小节不难发现，在地面站点径向与水平位移、地面重力和地倾斜的固体潮效应表达式中，同阶次位移勒夫数与位系数直接影响总是以乘积形式出现。由固体地球形变力学理论可知，地面站点位移固体潮效应是调和的，可表示成球谐级数形式。同阶次潮波的位移勒夫数频率相关性校正与位系数直接影响的乘积，就是该阶次潮波位移勒夫数频率相关性校正对同阶次位移球谐系数的贡献。可见，由二阶位移勒夫数频率相关性校正，导致的二阶位移球谐系数变化可表达为

$$\Delta \hat{C}_{2m}^{\delta} - \mathrm{i}\Delta \hat{S}_{2m}^{\delta} = \sum_{\sigma}\delta h_{2m}(\sigma)(\Delta \overline{C}_{2m}^{(\sigma)} - \mathrm{i}\Delta \overline{S}_{2m}^{(\sigma)}) \quad (5.1.34)$$

$$\Delta \tilde{C}_{2m}^{\delta} - \mathrm{i}\Delta \tilde{S}_{2m}^{\delta} = \sum_{\sigma}\delta l_{2m}(\sigma)(\Delta \overline{C}_{2m}^{(\sigma)} - \mathrm{i}\Delta \overline{S}_{2m}^{(\sigma)}) \quad (5.1.35)$$

对比位系数变化的位勒夫数频率相关性校正算法公式，可得二阶周日、半日径向勒夫数频率相关性校正，引起的二阶田谐、扇谐径向位移球谐系数变化（$m = 1,2$）为

$$\Delta\hat{C}_{2m}^{\delta} - \mathrm{i}\Delta\hat{S}_{2m}^{\delta} = \sum_{\sigma}\delta h_{2m}(\sigma)(\Delta\overline{C}_{2m}^{(\sigma)} - \mathrm{i}\Delta\overline{S}_{2m}^{(\sigma)}) = \eta_m\left(\sum_{\tau=1}^{\tau_{20}}A_m\delta h_{2m}^{\tau}H_{2m}^{\tau}\mathrm{e}^{\mathrm{i}\phi^{\tau}}\right)$$

$$= \eta_m A_m \sum_{\tau=1}^{\tau_{20}} H_{2m}^{\tau}[(\delta h_{2m}^{\tau\mathrm{R}}\cos\phi^{\tau} - \delta h_{2m}^{\tau\mathrm{I}}\sin\phi^{\tau}) + \mathrm{i}(\delta h_{2m}^{\tau\mathrm{R}}\sin\phi^{\tau} + \delta h_{2m}^{\tau\mathrm{I}}\cos\phi^{\tau})]$$

（5.1.36）

二阶长周期径向勒夫数频率相关性校正，引起的二阶带谐径向位移球谐系数变化为

$$\Delta\hat{C}_{20}^{\delta} = \mathrm{Re}\left[\sum_{\sigma}\delta h_{20}(\sigma)\Delta\overline{C}_{20}^{(\sigma)}\right] = \mathrm{Re}\left(\sum_{\tau=1}^{\tau_{20}}\delta h_{20}^{\tau}A_0 H_{20}^{\tau}\mathrm{e}^{\mathrm{i}\phi^{\tau}}\right)$$

$$= A_0\sum_{\tau=1}^{\tau_{20}}H_{20}^{\tau}(\delta h_{20}^{\tau\mathrm{R}}\cos\phi^{\tau} - \delta h_{20}^{\tau\mathrm{I}}\sin\phi^{\tau})$$

（5.1.37）

类似地，可得二阶周日、半日水平勒夫数频率相关性校正，引起的二阶田谐、扇谐水平位移球谐系数变化（$m=1,2$）为

$$\Delta\tilde{C}_{2m}^{\delta} - \mathrm{i}\Delta\tilde{S}_{2m}^{\delta} = \sum_{\sigma}\delta l_{2m}(\sigma)(\Delta\overline{C}_{2m}^{(\sigma)} - \mathrm{i}\Delta\overline{S}_{2m}^{(\sigma)}) = \eta_m\left(\sum_{\tau=1}^{\tau_{20}}A_m\delta l_{2m}^{\tau}H_{2m}^{\tau}\mathrm{e}^{\mathrm{i}\phi^{\tau}}\right)$$

$$= \eta_m A_m \sum_{\tau=1}^{\tau_{20}} H_{2m}^{\tau}[(\delta l_{2m}^{\tau\mathrm{R}}\cos\phi^{\tau} - \delta l_{2m}^{\tau\mathrm{I}}\sin\phi^{\tau}) + \mathrm{i}(\delta l_{2m}^{\tau\mathrm{R}}\sin\phi^{\tau} + \delta l_{2m}^{\tau\mathrm{I}}\cos\phi^{\tau})]$$

（5.1.38）

二阶长周期水平勒夫数频率相关性校正，引起的二阶带谐水平位移球谐系数变化为

$$\Delta\tilde{C}_{20}^{\sigma} = \mathrm{Re}\left[\sum_{\sigma}\delta k_{20}(\sigma)\Delta\overline{C}_{20}^{(\sigma)}\right] = \mathrm{Re}\left(\sum_{\tau=1}^{\tau_{20}}\delta k_{20}^{\tau}A_0 H_{20}^{\tau}\mathrm{e}^{\mathrm{i}\phi^{\tau}}\right)$$

$$= A_0\sum_{\tau=1}^{\tau_{20}}H_{20}^{\tau}(\delta k_{20}^{\tau\mathrm{R}}\cos\phi^{\tau} - \delta k_{20}^{\tau\mathrm{I}}\sin\phi^{\tau})$$

（5.1.39）

本节将位移勒夫数频率相关性校正公式表达成位移量的球谐系数变化，与位系数变化的勒夫数频率相关性校正公式在形式上相同。这样做的目的是，便于规范各种大地测量要素固体潮效应计算流程，实现各种几何和物理大地测量要素固体潮效应的算法相容和统一计算。

5.1.4 大地测量全要素体潮效应统一算法

采用相容的解析算法、相同的数值标准与地球物理模型，统一计算地面及其外部空间各种大地测量要素（观测量或参数）固体潮效应，是形变地球大地测量学的基本原则，是多种异构大地测量协同观测和多源异质大地测量数据深度融合的最低要求。

1. 固体潮效应的勒夫数频率相关性校正算法

首先，选择合适的标称体潮勒夫数，使得勒夫数频率相关性校正包含所有勒夫数虚部的贡献，取标称勒夫数为实数，以简化固体潮效应计算方案。

为满足这种情况，以表 5.2 微椭非旋转弹性地球位勒夫数为基础，将位勒夫数取值用表 5.3 中黏弹性地球的二阶位勒夫数的实部替换，作为标称体潮勒夫数。而表 5.3 中黏弹性地球的二阶位勒夫数的虚部，纳入位勒夫数频率相关性校正算法中一并计算，即将二阶周日位勒夫数的虚部统一加上-0.001 44，则 $\delta k_{21}^{\mathrm{I}}(\sigma) = \delta k_{21}^{\mathrm{I}}(\sigma) - 0.00144$，将二阶半日位勒夫数的虚部统一加上-0.001 30，$\delta k_{22}^{\mathrm{I}}(\sigma) = \delta k_{22}^{\mathrm{I}}(\sigma) - 0.00130$。这样处理后的标称体潮勒夫数取值如表 5.12 所示。

表 5.12　标称体潮勒夫数取值

n	m	潮汐周期	k_{nm}	h_{nm}	l_{nm}
2	0	长周期	0.301 90	0.6078	0.0847
2	1	周日	0.298 30	0.6078	0.0847
2	2	半日	0.301 02	0.6078	0.0847
3	0	长周期	0.093	0.2920	0.0150
3	1	周日	0.093	0.2920	0.0150
3	2	半日	0.093	0.2920	0.0150
3	3	1/3 日	0.094	0.2920	0.0150

二阶位系数固体潮效应的勒夫数频率相关性校正算法，由式（5.1.30）~式（5.1.33）给出。

将地球重力位系数固体潮效应的勒夫数频率相关性校正值 $\Delta \bar{C}_{2m}^{\delta} - \mathrm{i}\Delta \bar{S}_{2m}^{\delta}$，代入高程异常（大地水准面）固体潮效应表达式（5.1.4），可得地面或固体地球外部高程异常（大地水准面）固体潮效应的二阶勒夫数频率相关性校正公式为

$$\delta\zeta(r,\theta,\lambda) = \frac{GM}{\gamma r}\left(\frac{a}{r}\right)^2 \sum_{m=0}^{2}(\Delta \bar{C}_{2m}^{\delta}\cos m\lambda + \Delta \bar{S}_{2m}^{\delta}\sin m\lambda)\bar{\mathrm{P}}_{2m}(\cos\theta) \qquad (5.1.40)$$

式中：$\Delta \bar{S}_{20}^{\delta} = 0$。

同理，可得地面或固体地球外部重力固体潮效应的二阶勒夫数频率相关性校正公式为

$$\delta g^{\delta} = 3\frac{GM}{r^2}\left(\frac{a}{r}\right)^2 \sum_{m=0}^{2}(\Delta \bar{C}_{2m}^{\delta}\cos m\lambda + \Delta \bar{S}_{2m}^{\delta}\sin m\lambda)\bar{\mathrm{P}}_{2m}(\cos\theta) \qquad (5.1.41)$$

垂线偏差固体潮效应的二阶勒夫数频率相关性校正公式为
南向：

$$\delta\xi = \frac{GM\sin\theta}{\gamma r^2}\left(\frac{a}{r}\right)^2 \sum_{m=0}^{2}(\Delta \bar{C}_{2m}^{\delta}\cos m\lambda + \Delta \bar{S}_{2m}^{\delta}\sin m\lambda)\frac{\partial}{\partial\theta}\bar{\mathrm{P}}_{2m}(\cos\theta) \qquad (5.1.42)$$

西向：

$$\delta\eta = \frac{GM}{\gamma r^2 \sin\theta}\left(\frac{a}{r}\right)^2 \sum_{m=1}^{2}m(\Delta \bar{C}_{2m}^{\delta}\sin m\lambda - \Delta \bar{S}_{2m}^{\delta}\cos m\lambda)\bar{\mathrm{P}}_{2m}(\cos\theta) \qquad (5.1.43)$$

重力梯度径向固体潮效应的二阶勒夫数频率相关性校正公式为

$$\delta T_{rr} = 12\frac{GM}{r^3}\left(\frac{a}{r}\right)^2 \sum_{m=0}^{2}(\Delta \bar{C}_{2m}^{\delta}\cos m\lambda + \Delta \bar{S}_{2m}^{\delta}\sin m\lambda)\bar{\mathrm{P}}_{2m}(\cos\theta) \qquad (5.1.44)$$

水平重力梯度固体潮效应的二阶勒夫数频率相关性校正公式为
北向：

$$\delta T_{\mathrm{NN}} = -\frac{GM}{r^3}\left(\frac{a}{r}\right)^2 \sum_{m=0}^{2}(\Delta \bar{C}_{2m}^{\delta}\cos m\lambda + \Delta \bar{S}_{2m}^{\delta}\sin m\lambda)\frac{\partial^2}{\partial\theta^2}\bar{\mathrm{P}}_{2m}(\cos\theta) \qquad (5.1.45)$$

西向：

$$\delta T_{\mathrm{WW}} = \frac{GM}{r^3 \sin^2\theta}\left(\frac{a}{r}\right)^2 \sum_{m=0}^{2}m^2(\Delta \bar{C}_{2m}^{\delta}\cos m\lambda + \Delta \bar{S}_{2m}^{\delta}\sin m\lambda)\bar{\mathrm{P}}_{2m}(\cos\theta) \qquad (5.1.46)$$

地面位移固体潮效应二阶勒夫数频率相关性校正公式为
东向：
$$\delta_e = -\frac{GM}{\gamma r \sin\theta}\left(\frac{a}{r}\right)^2 \sum_{m=1}^{2} m(\Delta\tilde{C}_{2m}^{\delta}\sin m\lambda - \Delta\tilde{S}_{2m}^{\delta}\cos m\lambda)\overline{P}_{2m}(\cos\theta) \quad \odot \quad (5.1.47)$$

北向：
$$\delta_n = -\frac{GM\sin\theta}{\gamma r}\left(\frac{a}{r}\right)^2 \sum_{m=0}^{2}(\Delta\tilde{C}_{2m}^{\delta}\cos m\lambda + \Delta\tilde{S}_{2m}^{\delta}\sin m\lambda)\frac{\partial}{\partial\theta}\overline{P}_{2m}(\cos\theta) \quad \odot \quad (5.1.48)$$

径向：
$$\delta_r = \frac{GM}{\gamma r}\left(\frac{a}{r}\right)^2 \sum_{m=0}^{2}(\Delta\hat{C}_{2m}^{\delta}\cos m\lambda + \Delta\hat{S}_{2m}^{\delta}\sin m\lambda)\overline{P}_{2m}(\cos\theta) \quad \odot \quad (5.1.49)$$

地面重力固体潮效应的二阶勒夫数频率相关性校正公式为
$$\delta g^s(r,\theta,\lambda) = \frac{3GM}{r^2}\left(\frac{a}{r}\right)^2 \sum_{m=0}^{2}\left[\left(\Delta\hat{C}_{2m}^{\sigma}-\frac{3}{2}\Delta\overline{C}_{2m}^{\delta}\right)\cos m\lambda + \left(\Delta\hat{S}_{2m}^{\sigma}-\frac{3}{2}\Delta\overline{S}_{2m}^{\delta}\right)\sin m\lambda\right]\overline{P}_{2m}(\cos\theta) \quad \odot$$
（5.1.50）

地倾斜固体潮效应的二阶勒夫数频率相关性校正公式为
南向：
$$\delta\xi^s = \frac{GM\sin\theta}{\gamma r^2}\left(\frac{a}{r}\right)^2 \sum_{m=0}^{2}[(\Delta\overline{C}_{2m}^{\delta}-\Delta\hat{C}_{2m}^{\delta})\cos m\lambda + (\Delta\overline{S}_{2m}^{\delta}-\Delta\hat{S}_{2m}^{\delta})\sin m\lambda]\frac{\partial}{\partial\theta}\overline{P}_{2m}(\cos\theta) \quad \odot$$
（5.1.51）

西向：
$$\delta\eta^s = \frac{GM}{\gamma r^2 \sin\theta}\left(\frac{a}{r}\right)^2 \sum_{m=1}^{2} m[(\Delta\overline{C}_{2m}^{\delta}-\Delta\hat{C}_{2m}^{\delta})\sin m\lambda - (\Delta\overline{S}_{2m}^{\delta}-\Delta\hat{S}_{2m}^{\delta})\cos m\lambda]\overline{P}_{2m}(\cos\theta) \quad \odot$$
（5.1.52）

2. 固体潮效应的四阶地球重力位系数变化贡献

四阶重力位系数的固体潮效应，可采用与频率相关的二阶勒夫数 $k_{2m}^{+}(m=0,1,2)$，由二阶重力位系数的直接影响 $(\Delta\overline{C}_{2m} - \mathrm{i}\Delta\overline{S}_{2m})$（二阶引潮位）计算：
$$\Delta\overline{C}_{4m} - \mathrm{i}\Delta\overline{S}_{4m} = k_{2m}^{+}(\Delta\overline{C}_{2m} - \mathrm{i}\Delta\overline{S}_{2m}), \quad m = 0,1,2 \quad (5.1.53)$$

虽然四阶重力位系数的固体潮效应按式（5.1.53），由二阶位系数的直接影响计算，但其对大地测量各要素的贡献应按四阶位系数变化计算。将式（5.1.53）代入式（5.1.4）～式（5.1.16），可得地面或固体地球外部高程异常（大地水准面）固体潮效应的四阶重力位系数变化的贡献为
$$\varepsilon\zeta(r,\varphi,\lambda) = \frac{GM}{\gamma r}\left(\frac{a}{r}\right)^4 \sum_{m=0}^{2} k_{2m}^{+}(\Delta\overline{C}_{2m}\cos m\lambda + \Delta\overline{S}_{2m}\sin m\lambda)\overline{P}_{4m}(\cos\theta) \quad (5.1.54)$$

四阶重力位系数变化对地面或固体地球外部重力与地面重力固体潮效应贡献相等，即
$$\varepsilon g^{\delta} = \frac{5GM}{r^2}\left(\frac{a}{r}\right)^4 \sum_{m=0}^{2} k_{2m}^{+}(\Delta\overline{C}_{2m}\cos m\lambda + \Delta\overline{S}_{2m}\sin m\lambda)\overline{P}_{4m}(\cos\theta) \quad (5.1.55)$$

四阶重力位系数变化对地面或固体地球外部垂线偏差与地倾斜固体潮效应贡献相等，即

南向：

$$\varepsilon\xi = \frac{GM\sin\theta}{\gamma r^2}\left(\frac{a}{r}\right)^4 \sum_{m=0}^{2} k_{2m}^{+}(\Delta\bar{C}_{2m}\cos m\lambda + \Delta\bar{S}_{2m}\sin m\lambda)\frac{\partial}{\partial\theta}\bar{P}_{4m}(\cos\theta) \quad (5.1.56)$$

西向：

$$\varepsilon\eta = \frac{GM}{\gamma r^2 \sin\theta}\left(\frac{a}{r}\right)^4 \sum_{m=1}^{2} k_{2m}^{+} m(\Delta\bar{C}_{2m}\sin m\lambda - \Delta\bar{S}_{2m}\cos m\lambda)\bar{P}_{4m}(\cos\theta) \quad (5.1.57)$$

重力梯度径向固体潮效应的四阶重力位系数变化的贡献为

$$\varepsilon T_{rr} = \frac{30GM}{r^3}\left(\frac{a}{r}\right)^4 \sum_{m=0}^{2} k_{2m}^{+}(\Delta\bar{C}_{2m}\cos m\lambda + \Delta\bar{S}_{2m}\sin m\lambda)\bar{P}_{4m}(\cos\theta) \quad (5.1.58)$$

水平重力梯度固体潮效应的四阶重力位系数变化的贡献为

北向：

$$\varepsilon T_{NN} = -\frac{GM}{r^3}\left(\frac{a}{r}\right)^4 \sum_{m=0}^{2} k_{2m}^{(+)}(\Delta\bar{C}_{2m}\cos m\lambda + \Delta\bar{S}_{2m}\sin m\lambda)\frac{\partial^2}{\partial\theta^2}\bar{P}_{4m}(\cos\theta) \quad (5.1.59)$$

西向：

$$\varepsilon T_{WW} = \frac{GM}{r^3 \sin^2\theta}\left(\frac{a}{r}\right)^4 \sum_{m=1}^{2} m^2 k_{2m}^{+}(\Delta\bar{C}_{2m}\sin m\lambda + \Delta\bar{S}_{2m}\cos m\lambda)\bar{P}_{4m}(\cos\theta) \quad (5.1.60)$$

四阶重力位系数变化对与地球固连的地面站点位移固体潮效应没有贡献，恒为零。

3. 大地测量全要素固体潮效应统一计算流程

（1）直接由式（5.1.1）计算引潮位引起的位系数变化 $\Delta\bar{C}_{nm} - \mathrm{i}\Delta\bar{S}_{nm}$ （$n=2,3,4,5,6$）。

（2）采用实数值的标称勒夫数（表5.12），且由标称的位移勒夫数和计算点地心纬度φ，按式（5.1.19）计算顾及纬度依赖性的位移勒夫数，进而按式（5.1.3）～式（5.1.16），由位系数变化 $\Delta\bar{C}_{nm} - \mathrm{i}\Delta\bar{S}_{nm}$，计算地面或固体地球外部各种大地测量要素固体潮效应的标称值，记为 x^0。

（3）采用与频率相关的勒夫数 k_{2m}^{+} （$m=0,1,2$），由二阶位系数变化 $\Delta\bar{C}_{2m} - \mathrm{i}\Delta\bar{S}_{2m}$，按式（5.1.54）～式（5.1.60）计算大地测量要素固体潮效应的四阶重力位系数变化贡献，记为 εx。

（4）由二阶勒夫数频率相关性校正值和海潮调和幅值，分别按式（5.1.30）与式（5.1.31）、式（5.1.36）与式（5.1.37），计算位系数变化、位移球谐系数变化的勒夫数频率相关性校正值 $(\Delta\bar{C}_{2m}^{\delta} - \Delta\hat{C}_{2m}^{\sigma})$、$(\Delta\hat{C}_{2m}^{\sigma} - \mathrm{i}\Delta\hat{S}_{2m}^{\sigma})$ 和 $(\Delta\tilde{C}_{2m}^{\sigma} - \mathrm{i}\Delta\tilde{S}_{2m}^{\sigma})$，进而按式（5.1.40）～式（5.1.52），计算地面或地球外部各种大地测量要素固体潮效应的二阶勒夫数频率相关性校正，记为 δx。

二阶勒夫数频率相关性校正值和海潮调和幅值见表5.6～表5.11，其中位勒夫数频率相关性校正，统一加上表5.3中黏弹性地球的二阶位勒夫数的虚部，即

$$\delta k_{21}^{I}(\sigma) = \delta k_{21}^{I}(\sigma) - 0.00144, \quad \delta k_{22}^{I}(\sigma) = \delta k_{22}^{I}(\sigma) - 0.00130$$

（5）将步骤（2）和步骤（3）计算得到的相应大地测量要素固体潮效应的标称值 x^0、四阶重力位系数变化贡献 εx 与二阶勒夫数频率相关性校正 δx 分别相加，就是地面及固体地球外部计算点处各种大地测量要素固体潮效应的高精度计算结果。

5.1.5 大地测量固体潮效应的特点及分析

固体潮效应与大地测量要素类型、时间及计算点在地固坐标系中的位置有关。本小节计算地面点 $P(105°\text{N}, 20°\text{E}, H100\text{ m})$ 固体潮效应及其各部分贡献的时间序列，来考察各种大地测量要素固体潮效应的时变性质。

1. 全要素大地测量的固体潮效应

首先，顾及固体潮效应中各种贡献，计算地面点 $P(105°\text{N}, 20°\text{E}, H100\text{ m})$ 处全要素大地测量的固体潮效应时间序列，时间跨度为 2020 年 6 月 1 日 0 时～2020 年 6 月 7 日 24 时（7 天），时间间隔为 10 min，如图 5.1 所示。

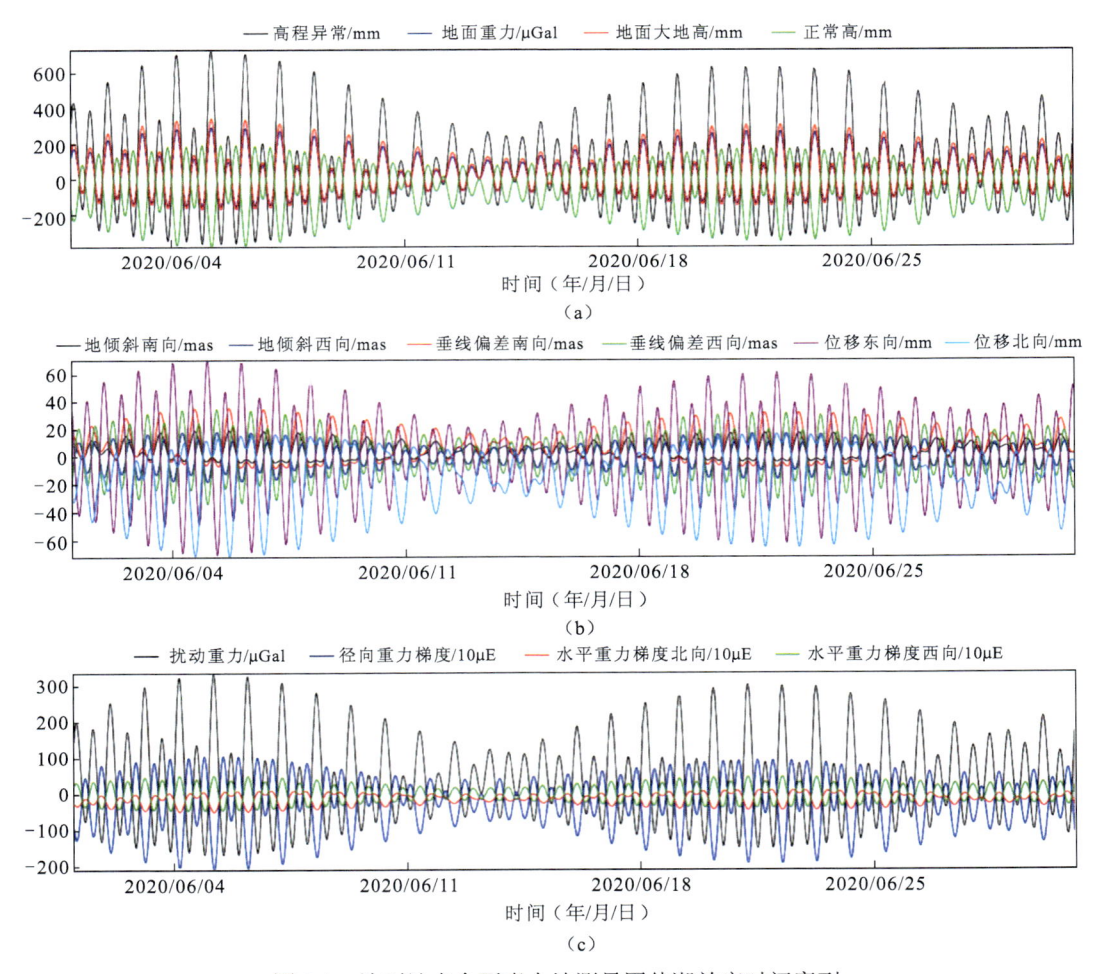

图 5.1 地面站点全要素大地测量固体潮效应时间序列

在分析固体潮效应时间序列曲线的时变性质时，一般可重点考察各种类型大地测量要素固体潮效应的幅值大小及其随时间的变化情况，考察不同类型大地测量要素固体潮效应之间的相位变化关系。由于固体潮效应时间序列的最大值最小值之差与参考历元无关，所以固体潮效应最大值最小值之差可有效体现不同类型大地测量要素固体潮效应之间的关系。

图 5.1 显示，大地水准面固体潮效应最大值最小值之差可达 0.99 m，地面大地高固体潮效应最大值最小值之差可达 0.51 m，正常高固体潮效应最大值最小值之差可达 0.58 m，地面重力固体潮效应最小值最大值之差可达 447.5 μGal，地倾斜固体潮效应最大值最小值之差可达 45 mas，水平位移最大值最小值之差可达 0.16 m，径向重力梯度固体潮效应最大值最小值之差可达 3.20 mE，水平重力梯度固体潮效应最大值最小值之差可达 1.15 mE。

地面点的大地高固体潮效应与正常高固体潮效应异相（同一时刻符号相反），地倾斜（垂线偏差）南向与西向的固体潮效应异相，水平重力梯度的北向与西向固体潮效应异相。地面点的水平位移、地倾斜（垂线偏差）及水平重力梯度向量的固体潮效应，在东西方向上的幅度一般大于南北方向。

2. 引潮位对大地测量要素的间接影响

间接影响是引潮位导致固体地球形变，通过勒夫数作用后对大地测量要素的贡献。图 5.2 为地面点 $P(105°N, 20°E, H100\,m)$ 处引潮位对大地测量要素的间接影响时间序列，时间跨度为 2020 年 6 月 1 日 0 时～2020 年 6 月 7 日 24 时（7 天），时间间隔为 10 min。

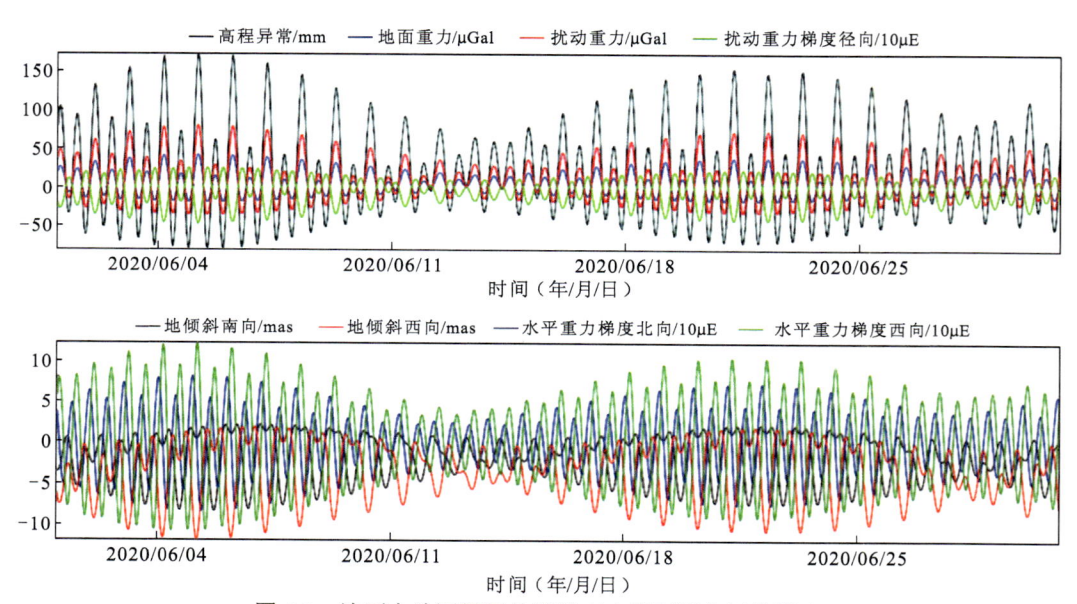

图 5.2 地面大地测量固体潮效应中的引潮位间接影响

图 5.2 显示，大地水准面固体潮间接影响最大值最小值之差可达到 0.24 m，地面重力固体潮间接影响最大值最小值之差可达 40 μGal，重力梯度径向固体潮效应间接影响最大值最小值之差可达 0.7 mE。与固体潮效应（引潮位直接影响和间接影响之和）相比，不同类型大地测量要素固体潮间接影响之间的相位关系不完全一致。

3. 勒夫数频率相关性校正总贡献

高精度、全球性或区域性、大时间跨度的大地测量与地球动力学，需要精密潮汐理论支持，固体潮效应需顾及勒夫数频率相关性。下面计算勒夫数频率相关性校正（不含径向、水平勒夫数纬度依赖性贡献）对地面点处全要素大地测量固体潮效应的贡献，时间跨度为 2018 年 1 月 1 日～2018 年 1 月 31 日（1 个月），时间间隔为 30 min，结果如图 5.3 所示。

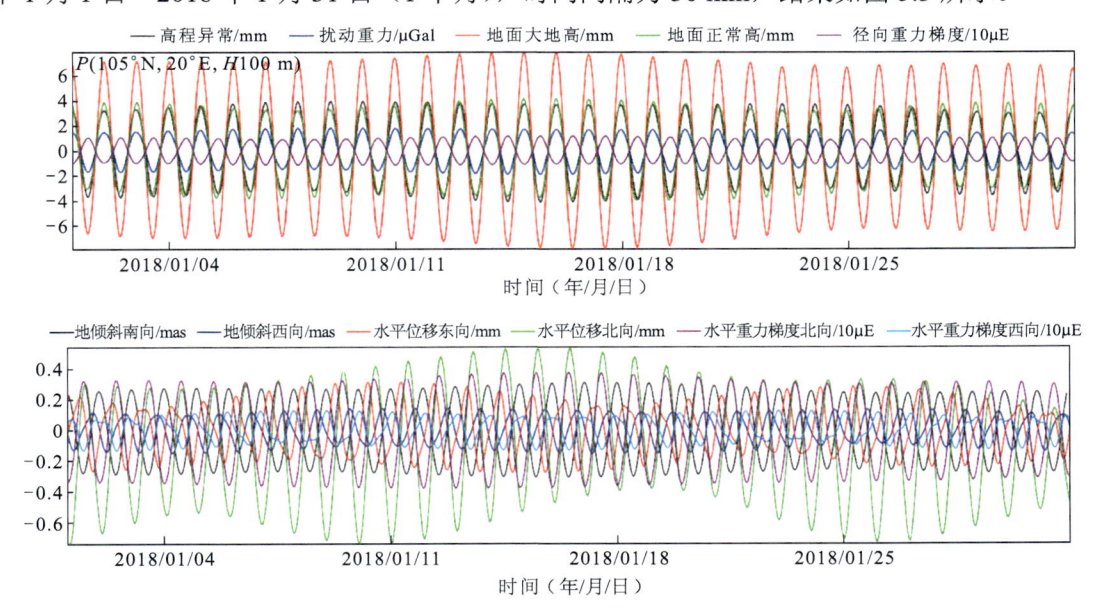

图 5.3　地面大地测量固体潮效应中勒夫数频率相关性贡献

5.2　地球外部海洋及大气压负荷潮效应计算

海洋潮汐使海水质量重新分布，引起地球重力位变化，同时通过负荷勒夫数作用，激发固体地球形变，产生附加位。海潮和固体潮都由日月引潮力作用产生，具有相同的周期变化特征，如周日及半日周期变化，因此一般难以用数学方法将大地测量要素中的海潮负荷效应从其固体潮效应中完全分离出来，通常采用负荷格林函数和海面潮高卷积的方法，或海潮负荷球谐分析与球谐综合法，计算大地测量要素海潮负荷形变效应。海潮负荷位于地表，需用高阶负荷勒夫数计算负荷格林函数，负荷球谐系数模型也需展开成高阶或超高阶级数形式。

5.2.1　全球海潮负荷球谐系数模型构建方法

1. 全球海潮球谐分析与球谐系数模型构建

全球负荷潮规格化球谐系数模型（IERS 协议 2010 中 FES2004 海潮模型格式）构建流程一般分为三步：①利用全球海洋各分潮调和常数格网模型，采用球谐分析方法，分别生成各分潮调和常数规格化球谐系数模型；②按照分潮天文潮高算法公式，将分潮调和常数规格化球谐系数转换为分潮负荷规格化球谐系数；③组合全部分潮负荷规格化球谐系数，生成全球海潮负荷规格化球谐系数模型。

历元 t 的瞬时天文潮高 $T(t)$，可用瞬时天文潮位面相对于当地长期平均海面的高度表示，等于多个海洋分潮瞬时潮高的叠加：

$$T(\theta,\lambda,t)=\sum_{i=1}^{M}T_{i}(\theta,\lambda,t)=\sum_{i=1}^{M}H_{i}(\theta,\lambda)\cos[\phi_{i}(t)-g_{i}(\theta,\lambda)] \quad (5.2.1)$$

式中：M 为分潮 σ_i 的个数；$\phi_i(t)$ 为分潮 σ_i 的天文幅角；H_i、g_i 分别为分潮 σ_i 的振幅和迟角。

将式（5.2.1）中任意分潮 σ_i 的瞬时天文潮高 $T_i(\varphi,\lambda,t)$ 展开为

$$\begin{aligned}T_i(\theta,\lambda,t)&=H_i(\theta,\lambda)\cos g_i(\theta,\lambda)\cos\phi_i(t)+H_i(\theta,\lambda)\sin g_i(\theta,\lambda)\sin\phi_i(t)\\&=H_i^{+}(\theta,\lambda)\cos\phi_i(t)+H_i^{-}(\theta,\lambda)\sin\phi_i(t)=H_i^{+}\cos\phi_i+H_i^{-}\sin\phi_i\end{aligned} \quad (5.2.2)$$

通过球谐分析，任意分潮 σ_i 的瞬时潮高 $T_i(\varphi,\lambda,t)$ 又可表示为规格化球谐级数形式：

$$T_i(\theta,\lambda,t)=\sum_{n=1}^{N}\sum_{m=0}^{n}[T_{i,nm}^{+}(\lambda,t)+T_{i,nm}^{-}(\lambda,t)]\overline{P}_{nm}(\cos\theta) \quad (5.2.3)$$

式中

$$T_{i,nm}^{+}(\lambda,t)=\overline{C}_{i,nm}^{+}\cos(\phi_i+m\lambda)+\overline{S}_{i,nm}^{+}\sin(\phi_i+m\lambda) \quad (5.2.4)$$

$$T_{i,nm}^{-}(\lambda,t)=\overline{C}_{i,nm}^{-}\cos(\phi_i-m\lambda)+\overline{S}_{i,nm}^{-}\sin(\phi_i-m\lambda) \quad (5.2.5)$$

上标+为分潮 σ_i 同相幅值（$H_i\cos g_i$）的规格化球谐系数；上标-为分潮 σ_i 异相幅值（$H_i\sin g_i$）的规格化球谐系数。

将式（5.2.4）和式（5.2.5）中的三角函数展开后，得

$$\begin{aligned}T_{i,nm}^{+}(\lambda,t)&=\overline{C}^{+}[\cos\phi_i\cos m\lambda-\sin\phi_i\sin m\lambda]+\overline{S}^{+}[\sin\phi_i\cos m\lambda+\cos\phi_i\sin m\lambda]\\&=[\overline{C}^{+}\cos m\lambda+\overline{S}^{+}\sin m\lambda]\cos\phi_i+[-\overline{C}^{+}\sin m\lambda+\overline{S}^{+}\cos m\lambda]\sin\phi_i\end{aligned} \quad (5.2.6)$$

$$\begin{aligned}T_{i,nm}^{-}(\lambda,t)&=\overline{C}^{-}[\cos\phi_i\cos m\lambda+\sin\phi_i\sin m\lambda]+\overline{S}^{-}[\sin\phi_i\cos m\lambda-\cos\phi_i\sin m\lambda]\\&=[\overline{C}^{-}\cos m\lambda-\overline{S}^{-}\sin m\lambda]\cos\phi_i+[\overline{C}^{-}\sin m\lambda+\overline{S}^{-}\cos m\lambda]\sin\phi_i\end{aligned} \quad (5.2.7)$$

比较式（5.2.2）与式（5.2.3），对于任意海潮分潮 σ_i，有（以下省略分潮序号 i）

$$H^{+}=\sum_{n=1}^{N}\sum_{m=0}^{n}\overline{P}_{nm}[(\overline{C}^{+}+\overline{C}^{-})\cos m\lambda+(\overline{S}^{+}-\overline{S}^{-})\sin m\lambda] \quad (5.2.8)$$

$$H^{-}=\sum_{n=1}^{N}\sum_{m=0}^{n}\overline{P}_{nm}[(\overline{S}^{+}+\overline{S}^{-})\cos m\lambda+(-\overline{C}^{+}+\overline{C}^{-})\sin m\lambda] \quad (5.2.9)$$

$$\overline{C}^{+}=\hat{C}^{+}\sin\varepsilon^{+},\quad \overline{C}^{-}=\hat{C}^{-}\sin\varepsilon^{-},\quad \overline{S}^{+}=\hat{C}^{+}\cos\varepsilon^{+},\quad \overline{S}^{-}=\hat{C}^{-}\cos\varepsilon^{-} \quad (5.2.10)$$

式中：ε_i 为分潮 σ_i 的相位偏差，由分潮 σ_i 的平衡潮全球最大振幅 H_i 的符号定义（Cartwright et al.，1971），如表 5.13 所示。H_i 取值见表 5.6~表 5.11 中的最后一列。

表 5.13　分潮 σ_i 的相位偏差值

m	分潮	$H_i>0$	$H_i<0$
0	长周期潮	π	0
1	周日分潮	$\pi/2$	$-\pi/2$
2	半日分潮	0	π

2. 海潮负荷对地球重力位系数的直接影响

全球瞬时潮高直接引起地面点 (φ,λ) 处重力位变化 $V^{ot}(\varphi,\lambda,t)$，可用全球积分表示为

$$V^{ot}(\theta,\lambda,t)=G\rho_w\iint_S\frac{H(\theta',\lambda',t)}{L}\mathrm{d}S \quad (5.2.11)$$

式中：$H(\theta',\lambda',t)$ 为历元 t 海面流动面元 (θ',λ') 的瞬时潮高；S 为整个海面；L 为地面计算点

$e=(\theta,\lambda)$ 和海面流动面元 $e'=(\theta',\lambda')$ 之间空间距离。由式（1.2.93）有

$$\frac{1}{L} = \frac{1}{R}\sum_{n=0}^{\infty}\left(\frac{R}{r}\right)^{n+1}\mathrm{P}_n(\cos\psi) \tag{5.2.12}$$

由球谐函数加法定理得

$$\mathrm{P}_n(\psi_k) = \mathrm{P}_n(e,e_k) = \frac{4\pi}{2n+1}\sum_{m=-n}^{n}\bar{Y}_{nm}(e)\bar{Y}_{nm}(e_k) \tag{5.2.13}$$

将式（5.2.13）代入式（5.2.12），再将式（5.2.12）代入式（5.2.11），可得全球瞬时潮高 H 及其引起的重力位系数变化 $(\Delta\bar{C}_{nm},\Delta\bar{S}_{nm})$（全球瞬时潮高对位系数的直接影响）之间具有以下积分关系式：

$$\begin{bmatrix}\Delta\bar{C}_{nm}\\\Delta\bar{S}_{nm}\end{bmatrix} = \frac{G\rho_{\mathrm{w}}}{g_0(2n+1)}\int_0^{2\pi}\int_0^{\pi}H\bar{\mathrm{P}}_{nm}(\cos\theta)\begin{bmatrix}\cos m\lambda\\\sin m\lambda\end{bmatrix}\sin\theta\mathrm{d}\theta\mathrm{d}\lambda \tag{5.2.14}$$

式中：$g_0 \approx GM/R^2$，取海面平均重力。

用同相幅值 $H_i\cos g_i$ 和异相幅值 $H_i\sin g_i$ 的球谐函数替换分潮 σ_i 的振幅 H_i 和迟角 g_i，代入式（5.2.1），从而将瞬时潮高 $H(\theta,\lambda,t)$ 展开为

$$H(\theta,\lambda,t) = \sum_{\sigma_i}\sum_{n=1}^{N}\sum_{m=0}^{n}\bar{\mathrm{P}}_{nm}(\sin\theta)\sum_{+}^{-}H_{i,nm}^{\pm}(\lambda,t) \tag{5.2.15}$$

$$H_{i,nm}^{\pm}(\lambda,t) = \bar{C}_{i,nm}^{\pm}\cos(g_i+\varepsilon_i\pm m\lambda) + \bar{S}_{i,nm}^{\pm}\sin(g_i+\varepsilon_i\pm m\lambda) \tag{5.2.16}$$

式中：$(\bar{C}_{i,nm}^{\pm},\bar{S}_{i,nm}^{\pm})$ 为分潮 σ_i 的 n 阶 m 次正向前行（prograde）和逆向后退（retrograde）的规格化球谐系数，又称分潮 σ_i 的 n 阶 m 次调和幅值，可进一步用幅值 $\hat{C}_{i,nm}^{\pm}$ 和相位偏差 $\varepsilon_{i,nm}^{\pm}$ 将其表示为

$$\bar{C}_{i,nm}^{\pm} = \hat{C}_{i,nm}^{\pm}\sin\varepsilon_{i,nm}^{\pm},\quad \bar{S}_{i,nm}^{\pm} = \hat{C}_{i,nm}^{\pm}\cos\varepsilon_{i,nm}^{\pm} \tag{5.2.17}$$

将式（5.2.15）代入式（5.2.14），顾及式（5.2.16）和式（5.2.17），则位系数变化可表示为

$$\Delta\bar{C}_{nm} - \mathrm{i}\Delta\bar{S}_{nm} = \sum_{\sigma_i}(C_{i,nm}^{\pm},\mp\mathrm{i}S_{i,nm}^{\pm})\mathrm{e}^{\pm\mathrm{i}\phi_i} \tag{5.2.18}$$

比较式（5.2.18）和式（5.2.16）得

$$C_{i,nm}^{\pm} = \frac{4\pi G\rho_{\mathrm{w}}}{g_0(2n+1)}\hat{C}_{i,nm}^{\pm}\sin(\varepsilon_{i,nm}^{\pm}+\varepsilon_i) \tag{5.2.19}$$

$$S_{i,nm}^{\pm} = \frac{4\pi G\rho_{\mathrm{w}}}{g_0(2n+1)}\hat{C}_{i,nm}^{\pm}\cos(\varepsilon_{i,nm}^{\pm}+\varepsilon_i) \tag{5.2.20}$$

利用式（5.2.19）和式（5.2.20），可将以分潮振幅和迟角表示的海潮调和常数格网模型转换为分潮负荷位的调和幅值，按式（5.2.18）计算海潮负荷对位系数的直接影响 $(\Delta\bar{C}_{nm},\Delta\bar{S}_{nm})$。进而在式（5.1.3）～式（5.1.16）中，将那里的位系数固体潮直接影响替换为这里的海潮负荷对位系数的直接影响 $(\Delta\bar{C}_{nm},\Delta\bar{S}_{nm})$，阶数 n 与负荷潮球谐系数模型阶数一致，体潮勒夫数变为负荷勒夫数，就是全要素大地测量海潮负荷效应的算法公式。

同样，由全球地面大气压潮汐调和常数格网模型，经规格化球谐分析，可得到地面大气压负荷潮球谐系数模型，进而采用完全相同的方法，由半日、周日、半年、周年 4 个周期的地面大气压分潮调和常数模型，构造大气压负荷潮球谐系数模型。

5.2.2 海潮与大气压潮负荷效应计算及分析

1. 海潮与大气压潮负荷球谐系数模型构建

下面以法国国家空间研究中心（CNES）的全球海潮模型 FES2014b-extrapolated（34 个海洋潮高分潮调和常数模型）为例，介绍全球海潮调和分析与海潮负荷球谐系数构建过程。

FES2014 是 CNES 于 2016 年推出的基于流体动力学的全球斜压同化模型，同化了 1990 年以来多种卫星测高和全球验潮站实测数据，其中 FES2014b-extrapolated 通过测高波形重采样，优化了近岸浅水海域海面测高数据。FES2014 由 34 个海洋潮高分潮（2N_2、Eps_2、J_1、K_1、K_2、L_2、La_2、M_2、M_3、M_4、M_6、M_8、M_f、MKS_2、M_m、MN_4、MS_4、MSf、$MSqm$、Mtm、Mu_2、N_2、N_4、Nu_2、O_1、P_1、Q_1、R_2、T_2、S_1、S_2、S_4、Sa 和 Ssa）调和常数模型构成，空间分辨率为 $3.75'×3.75'$。

（1）将 FES2014b-extrapolated 海潮模型的 34 个分潮调和常数，按球坐标进行全球格网化（陆地区域置零），分别生成 34 个分潮 $1°×1°$、$30'×30'$、$15'×15'$ 和 $10'×10'$ 调和常数球坐标格网模型。四种空间分辨率将用于分析海潮负荷球谐系数模型最大合适阶数。

（2）参考式（5.2.3）～式（5.2.5），分别对 34 个分潮 σ_i 的同相幅值（$H_i\cos g_i$）和异相幅值（$H_i\sin g_i$）全球格网进行球谐分析，生成 34 个分潮 σ_i 同相幅值和异相幅值的规格化球谐系数模型（$\bar{C}_i^+, \bar{S}_i^+, \bar{C}_i^-, \bar{S}_i^-$），$i=1,\cdots,34$。类似于 3.2 节非潮汐地表负荷球谐分析，采用残差累积迭代球谐分析法，可有效提高分潮负荷球谐系数模型的逼近水平。

（3）参考式（5.2.18）～式（5.2.20），按规定格式要求，将 34 个分潮 σ_i 同相幅值和异相幅值的规格化球谐系数模型（$\bar{C}_i^+, \bar{S}_i^+, \bar{C}_i^-, \bar{S}_i^-$）进行组合，得到全球海潮负荷规格化球谐系数模型。本小节采用 IERS 协议 2010 中 FES2004 全球海潮负荷球谐系数模型格式。

（4）在上述 34 个分潮负荷球谐系数模型基础上，从 IERS 协议 2010 的 FES2004S1.dat 海潮负荷球谐系数模型中选取平衡潮 Ω_1、Ω_2 负荷球谐系数，一并组成由 36 分潮构成的 FES2014b 海潮负荷球谐系数模型。

分潮调和常数格网在纬度方向上的格网数，等于该分潮负荷球谐模型的最大阶数。不同分潮的格网分辨率或其球谐系数模型最大阶数可以不一致。海潮负荷球谐系数模型的最大阶数，一般是各分潮最大阶数中的最大值。海潮负荷球谐系数模型是潮高调和常数格网在谱域中的线性泛函形式，可直接用于瞬时潮高全球预报，海潮负荷球谐系数的单位与潮高单位一致。本例单位为 cm。

图 5.4 所示为 ETideLoad4.5（附录 1）全球海潮调和分析与负荷球谐系数模型构建程序，程序自动依次读取 34 个分潮 $15'×15'$ 调和常数球坐标格网（陆地区域置零），采用迭代累积逼近方法，对每个分潮调和常数进行球谐分析，其中，M_2 分潮球谐系数模型为图中左下部分，迭代残差变化为图 5.4 中右下部分，构造 720 阶 FES2014b 全球海潮负荷球谐系数模型。

GM 和 a 也称为负荷球谐系数模型的尺度参数，表示球谐系数的面球基函数定义在半径等于地球长半轴 a 的球面上。零阶项 $a\Delta C_{00}$ 是由输入分潮的潮高起算基准（当地平均海面）偏离长期平均海面引起的，海潮负荷效应计算时可以直接去掉。三个一阶项球谐系数的同相幅值和异相幅值（$\Delta\bar{C}_{10}^+, \Delta\bar{C}_{10}^-, \Delta\bar{C}_{11}^+, \Delta\bar{C}_{11}^-, \Delta\bar{S}_{11}^+, \Delta\bar{S}_{11}^-$）可用于计算该分潮引起的地球质心变化。

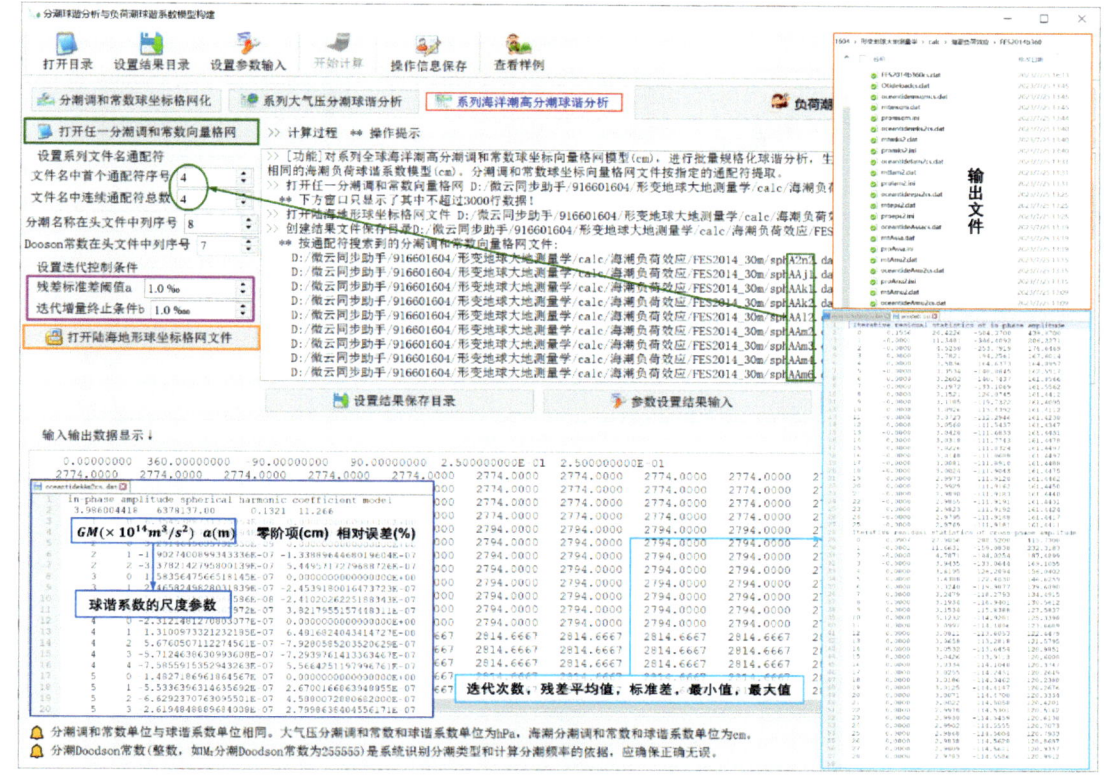

图 5.4 全球海潮调和分析与负荷球谐系数模型构建程序

每个分潮负荷球谐系数模型，由格式相同的同相幅值球谐系数模型和异相幅值球谐系数模型构成。头文件分别是地心引力常数 $GM(\times 10^{14} \text{ m}^3/\text{s}^2)$、地球长半轴 a(m)、零阶项 $a\Delta C_{00}$(cm)、相对误差 Θ(%)。Θ 为最终迭代残差标准差与输入原格网标准差的百分比。

对于高精度大地测量，海潮负荷效应短波成分不可忽略，需要较大阶数球谐系数模型表示。表 5.14 所示为全球海潮负荷球谐分析残差随分潮调和常数格网分辨率（模型最大阶数）的变化情况。

表 5.14 海潮负荷球谐分析残差随格网分辨率变化情况

输入格网分辨率	最大阶数	分潮	同相/异相幅值	一阶项/$\times 10^{-8}$ $\Delta \bar{C}_{10}^{+/-}$	$\Delta \bar{C}_{11}^{+/-}$	$\Delta \bar{S}_{11}^{+/-}$	残差相对误差/%
1°×1°	180	K_1	同相	6.5903	15.2405	5.7951	15.109
			异相	−23.6187	5.4510	9.1115	13.080
		M_2	同相	6.4087	8.2092	−3.9331	16.593
			异相	3.3741	0.7698	7.4235	14.206
30′×30′	360	K_1	同相	6.7466	14.4650	5.6522	10.522
			异相	−23.9366	5.5500	9.2329	9.785
		M_2	同相	6.3545	7.5901	−4.2676	11.266
			异相	4.3474	−0.2498	5.9033	10.673

续表

输入格网分辨率	最大阶数	分潮	同相/异相幅值	一阶项/×10⁻⁸ $\Delta \bar{C}_{10}^{+/-}$	$\Delta \bar{C}_{11}^{+/-}$	$\Delta \bar{S}_{11}^{+/-}$	残差相对误差/%
15′×15′	720	K_1	同相	6.7290	14.1161	5.5337	7.549
			异相	−23.9978	5.5530	9.3081	7.069
		M_2	同相	6.3464	7.5080	−4.5272	7.980
			异相	4.7902	−0.6035	5.1936	7.687
10′×10′	1080	K_1	同相	6.6860	14.0149	5.4796	6.161
			异相	−23.9629	5.5763	9.3395	5.922
		M_2	同相	6.2795	7.5429	−4.6921	6.867
			异相	4.9361	−0.7832	4.9103	6.435

表5.14显示，全球海潮中短波成分明显，兼顾精度要求与计算效率，全球海潮负荷球谐系数模型的适宜最大阶数可选择720。

类似地，采用欧洲中期气候预报中心ECMWF-DCDA2006的地面大气压周日S_1、半日S_2、半年S_{Sa}和年周期S_a分潮调和常数数据，分别构造4个分潮1°×1°和30′×30′调和常数球坐标格网模型，按上述相同的流程，经规格化球谐分析，分别生成180阶和360阶全球地面大气压潮负荷球谐系数模型ECMWF2006.dat。计算分析结果显示，全球地面大气压潮中长波占优，兼顾精度与计算效率，地面大气压潮负荷球谐系数模型的适宜最大阶数可选择180～360。同理，地面大气压潮负荷球谐系数模型是地面大气压潮调和常数格网在谱域中的线性泛函形式，可直接用于瞬时地面大气压全球预报，大气压潮负荷球谐系数的单位与地面大气压单位一致。

2. 海潮负荷效应球谐综合计算及分析

海潮负荷位于海面，计算点相对海面的高度为正（常）高h。本节选择离开海岸线400 km以上的内陆地区$P_1(105°E,32°N,h72 m)$、位于海岸带区域$P_2(121.3°E,28.8°N,h11 m)$和离开海岸线200 km的海域海岛上$P_3(123.47°E,25.75°N,h3 m)$三个计算点，由720阶全球海潮负荷球谐系数（cm）模型FES2014b720cs.dat，分别计算这3个地面点处各种大地测量要素的海潮负荷效应时间序列。时间跨度为2020年1月1～31日，时间间隔为30 min。通过比较3个不同地区地面点海潮负荷效应时间序列，分析海潮负荷效应的时空变化特点。

图5.5所示为位于内陆地区P_1点处地面大地测量全要素海潮负荷效应时间序列。图5.5中显示，即使在离开海岸线超过400 km的内陆地区，大地水准面海潮负荷效应最大值最小值之差也可达8 mm，地面大地高海潮负荷效应最大值最小值之差还可达到15 mm，地面正常高海潮负荷效应最大值最小值之差可达22 mm，地面水平位移海潮负荷效应最大值最小值之差可达8 mm，地倾斜海潮负荷效应最大值最小值之差可达4.5 mas，而地面重力海潮负荷效应最大值最小值之差不到2 μGal，重力梯度径向海潮负荷效应最大值最小值之差可达2.6 mE，水平重力梯度海潮负荷效应最大值最小值之差可达1.9 mE。可见，即使在内陆地区，厘米级精度大地测量也需顾及海潮负荷效应。

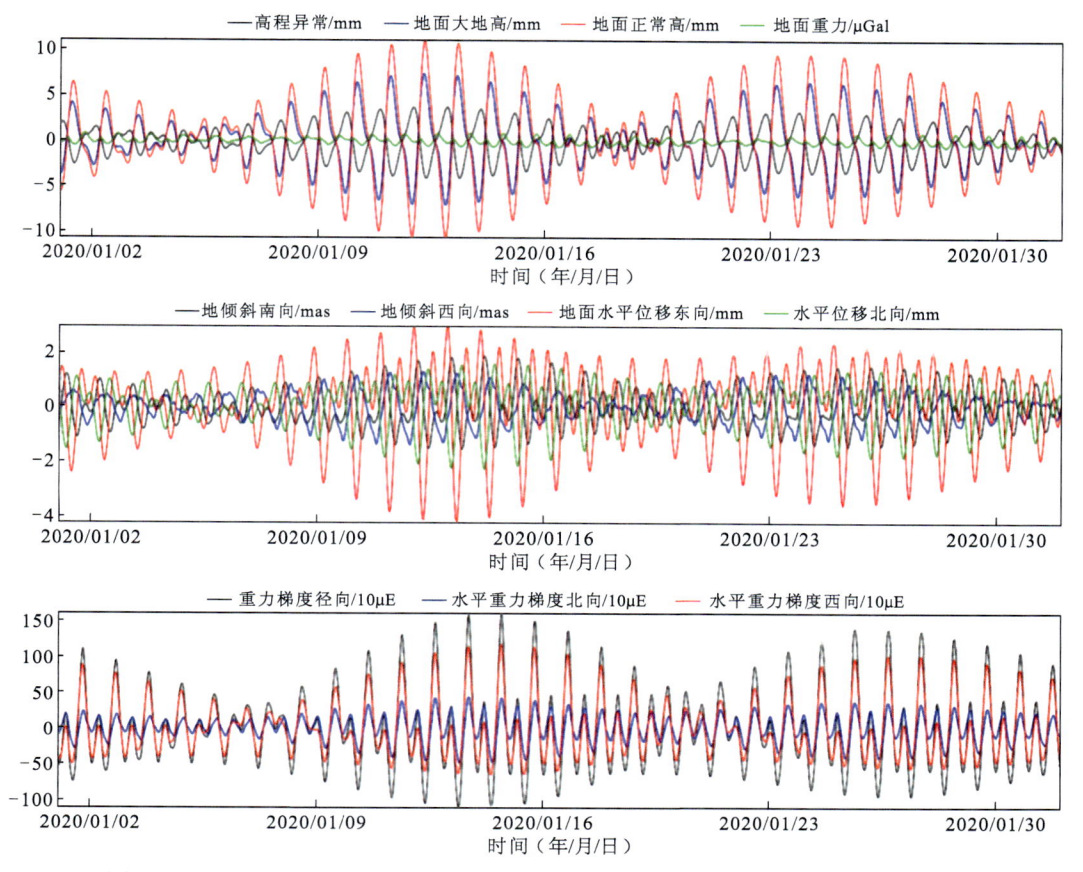

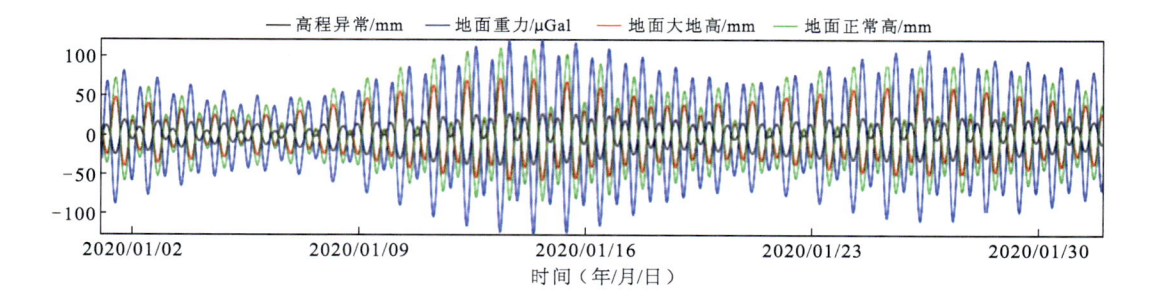

图 5.5　离岸 400 km 的内陆地区 P_1 点地面大地测量全要素海潮负荷效应时间序列

图 5.6 所示为位于海岸 P_2 点处地面大地测量全要素海潮负荷效应时间序列。图 5.6 中显示，海岸带区域的海潮负荷效应一般达到或超过内陆 P_1 点的 10 倍，P_2 点处大地水准面海潮负荷效应最大值最小值之差可达 6.8 cm，地面正常高海潮负荷效应最大值最小值之差可达 20 cm，地面重力海潮负荷效应最大值最小值之差可达 250 μGal，地倾斜海潮负荷效应最大值最小值之差 110 mas，地面水平位移最大值最小值之差超过 3.1 cm，重力梯度径向海潮负荷效应最大值最小值之差可达 42 mE，水平重力梯度海潮负荷效应最大值最小值之差可达 30.5 mE。海岸带地区需要高精度高分辨率海潮模型支持。

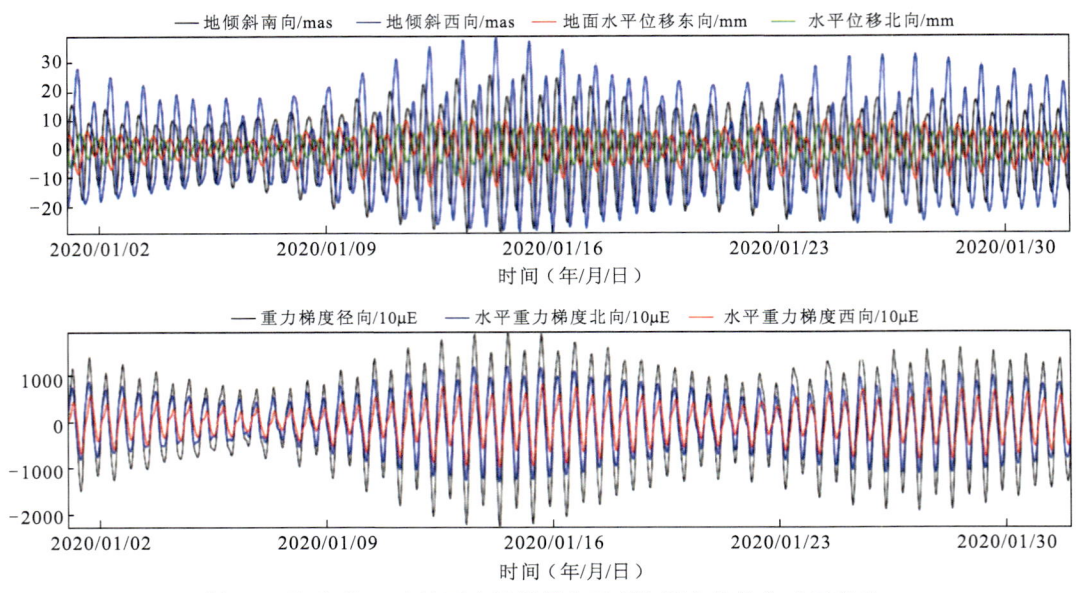

图 5.6 海岸带 P_2 点地面大地测量全要素海潮负荷效应时间序列

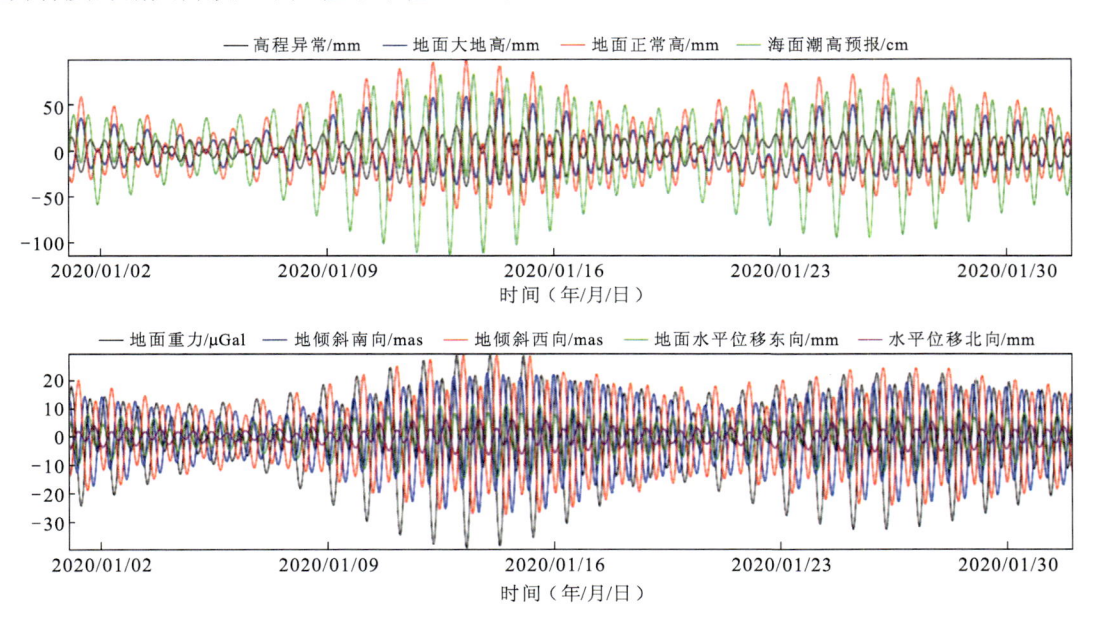

图 5.7 所示为离岸 200 km 海岛上 P_3 点处地面大地测量全要素海潮负荷效应时间序列。图 5.7 中显示，离岸一段距离后，海潮幅值变低，潮汐结构也比近岸简单些，海潮负荷效应的中短波成分有所减弱。P_3 点处大地水准面海潮负荷效应最大值最小值之差可达 6.6 cm，地面正常高海潮负荷效应最大值最小值之差可达 16 cm，地面重力海潮负荷效应最大值最小值之差可达 70 μGal，地倾斜海潮负荷效应最大值最小值之差可达 76 mas，地面水平位移最大值最小值之差超过 2.8 cm，重力梯度径向海潮负荷效应最大值最小值之差可达 2.3 mE，水平重力梯度海潮负荷效应最大值最小值之差可达 3.5 mE。

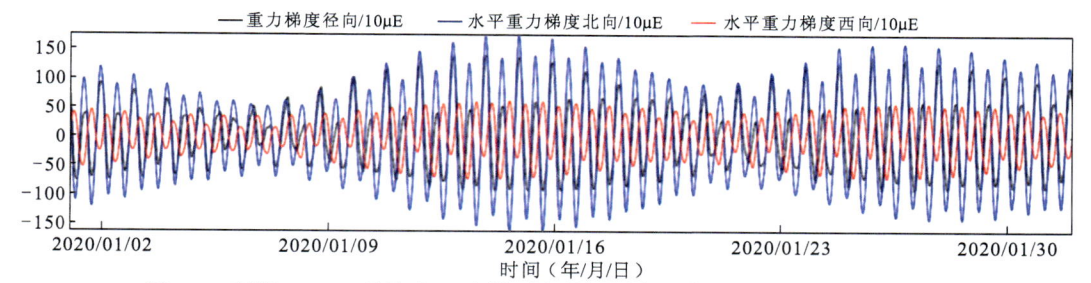

图 5.7　离岸 200 km 的海岛 P_3 点地面大地测量全要素海潮负荷效应时间序列

与固体潮效应不同，地面正常高海潮负荷效应与地面大地高负荷效应同相（符号一致，可考察体潮勒夫数与负荷勒夫数的符号），大部分地区，地面正常高海潮负荷效应的幅值约为大地高海潮负荷幅值的 1.5 倍。在海岸带区域，重力梯度和地倾斜的海潮负荷效应一般远大于其固体潮效应。

3. 地面大气压潮负荷效应球谐综合计算

采用与海潮负荷效应完全相同的方法，由 360 阶全球地面大气压潮负荷球谐系数（hPa）模型 ECMWF2006n360cs.dat，计算地面点 $P(105°\text{N}, 20°\text{E})$ 处各种大地测量要素的地面大气压潮负荷效应时间序列。时间跨度为 2018 年 1 月 1 日～2020 年 12 月 31 日（3 年），时间间隔为 30 min，如图 5.8 所示。

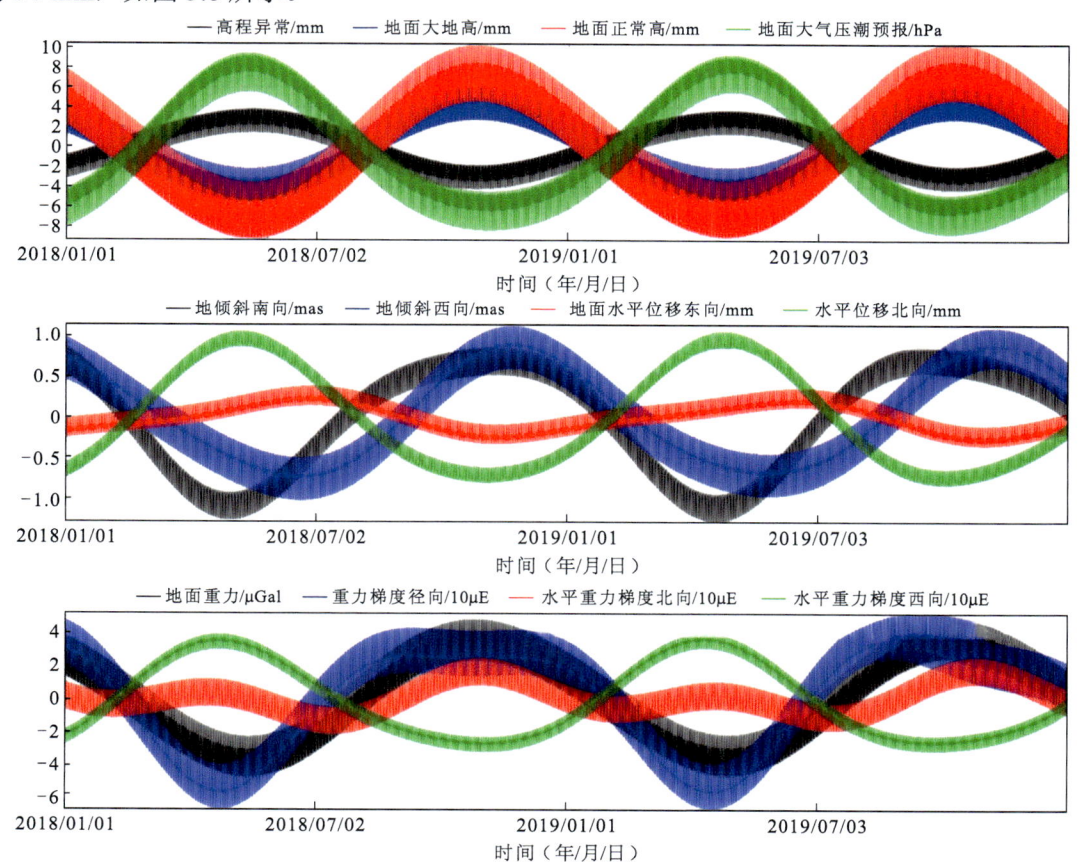

图 5.8　地面大地测量全要素大气压潮负荷效应时间序列

与海潮负荷效应球谐综合略有不同，由大气压潮负荷效应球谐综合计算间接影响时，假设大气压负荷集中于地面，计算点高度 h 为其相对于地面的高度。在计算重力、重力梯度等大气压潮负荷效应直接影响时，假设地面高度 h 处大气压 P_h 与地面大气压 P_0 存在比例关系 $(1-h/44\,330)^{5225}$。

图 5.8 显示，地面正常高大气压潮负荷效应的最大值最小值之差可达 2 cm，地面大气压每增加 1 hPa，地面正常高减少约 1 mm，即地面正常高的大气压负荷效应导纳接近 -1.0 mm/hPa。地倾斜向量与水平重力梯度向量的地面大气压潮负荷效应异相，两者（向量两分量）的比例关系及其与地面大气压潮的比例关系，基本不随时间变化而有明显不同。地面大气压潮的年周期振幅是其周日振幅的 3~5 倍。在内陆地区，地面大气压冬高夏低，导致地面冬季下降、夏季抬升，产生年、半年的周期性地面垂直形变，在厘米级地面大地测量中应予以顾及。

5.2.3 海潮负荷效应格林积分法区域精化

类似于以全球负荷球谐系数模型为参考场的区域负荷形变场精化方案，以全球海潮负荷球谐系数模型为参考场，采用移去-恢复法，可由区域高精度海潮模型进一步改善海潮负荷效应的精度水平。其一般流程为：①选择区域高分辨率海潮调和常数格网模型和一个作为参考场的全球海潮负荷球谐系数模型，并用海潮负荷球谐系数模型计算区域海潮调和常数参考值格网；②从区域高分辨率海潮调和常数格网模型中移去参考模型值，得到区域海潮调和常数残差值格网，这个步骤称为"移去"；③采用较小的积分半径，按负荷格林函数积分法计算目标点海潮负荷效应残差值；④用全球海潮负荷球谐系数模型计算目标点海潮负荷效应参考模型值；⑤将目标点海潮负荷效应的残差值与参考模型值相加，就得到目标点海潮负荷效应的精化值，这个步骤称为"恢复"。整个流程也可称为移去-负荷格林函数积分-恢复方案。

下面继续选择位于海岸带区域 $P_2(121.3°E, 28.8°N, h\,11\,m)$ 和离开海岸线 200 km 的海域海岛上 $P_3(123.47°E, 25.75°N, h\,3\,m)$ 两个计算点，采用由 10 个分潮调和常数模型构成的中国近海 $1.2'\times1.2'$ 高精度海潮模型 TMchinaR1（许军 等，2008），以 720 阶全球海潮负荷球谐系数（cm）模型 FES2014b720cs.dat 为海潮负荷参考场，按移去-负荷格林函数积分-恢复法，计算这两个地面点处海潮负荷效应残差值和精化值时间序列。时间跨度为 2020 年 1 月 1 日 0 时~2020 年 1 月 31 日 24 时，时间间隔为 30 min。分析海潮球谐系数模型误差及高分海潮负荷形变效应的时变特点。

（1）由 720 阶全球海潮负荷球谐系数模型 FES2014b720cs.dat，计算中国近海 $1.2'\times1.2'$ 海潮调和常数模型值格网，格网规格和分潮类型与中国近海高精度海潮模型 TMchinaR1 相同，进而将中国近海海潮模型 TMchinaR1 的 10 个分潮调和常数格网分别减去对应分潮调和常数模型值格网，生成中国近海 10 个分潮的调和常数残差值格网。

（2）采用负荷格林积分法和较小的积分半径（本例积分半径为 300 km），由中国近海 10 个分潮 $1.2'\times1.2'$ 调和常数残差值格网，分别计算 P_2 和 P_3 两个点处大地测量全要素海潮负荷效应残差值时间序列，如图 5.9 和图 5.10 所示。

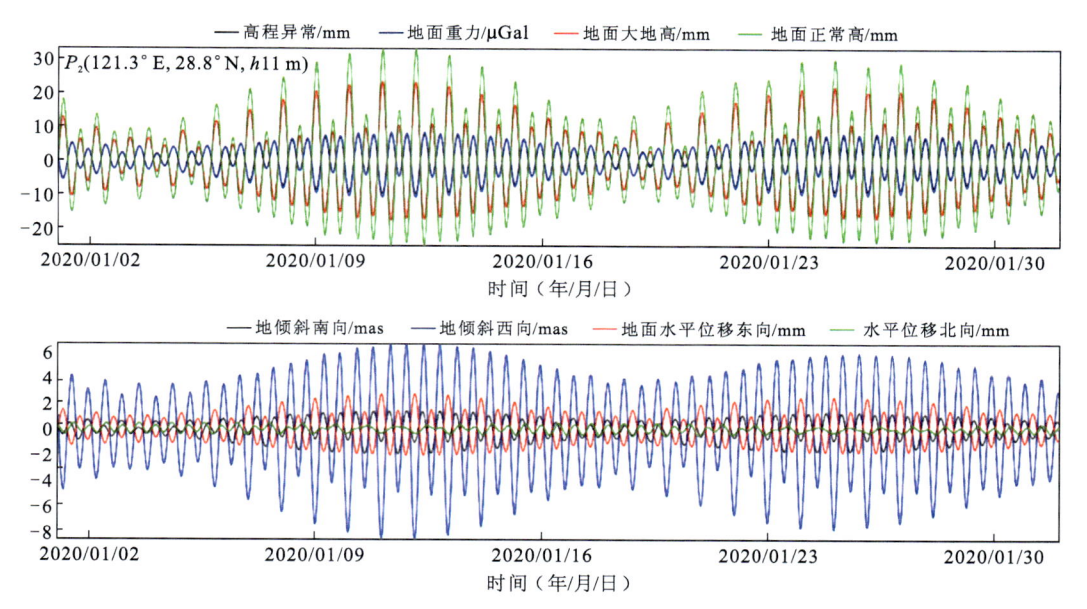

图 5.9　海岸 P_2 点大地测量全要素海潮负荷效应残差值时间序列

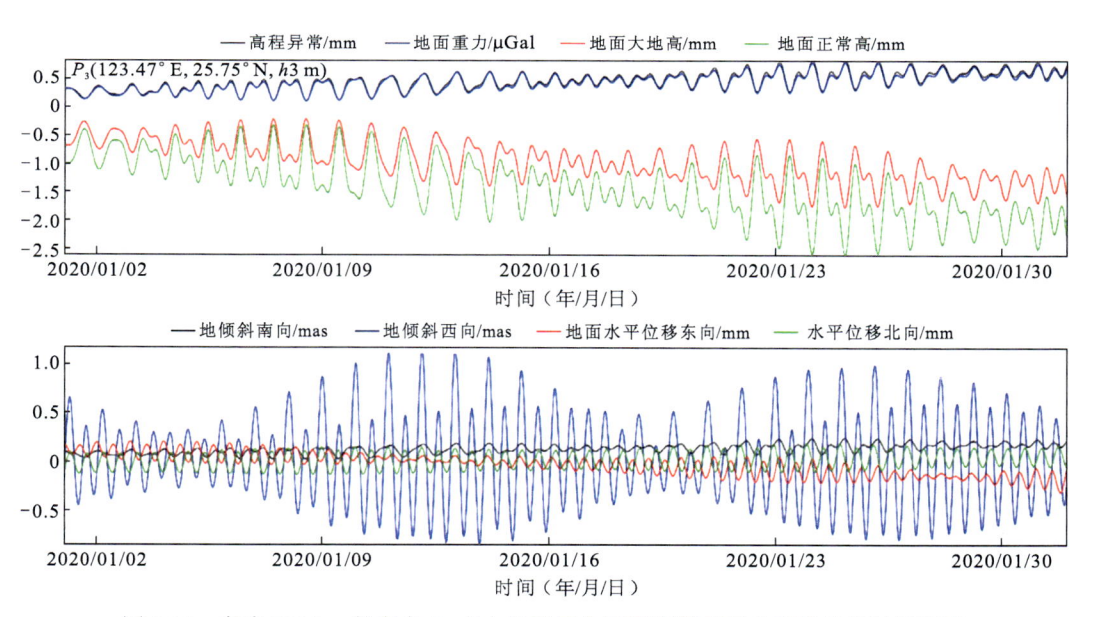

图 5.10　离岸 200 km 的海岛 P_3 点大地测量全要素海潮负荷效应残差值时间序列

（3）由全球海潮负荷球谐系数模型，计算 P_2 和 P_3 处各种要素的海潮负荷效应模型值时间序列，并与步骤（2）计算的海潮负荷效应残差值时间序列分别相加，就是 P_2 和 P_3 两个点处全要素海潮负荷效应精化值时间序列。图 5.11 所示为海岸 P_2 点大地测量全要素海潮负荷效应精化值时间序列。

不难理解，各种大地测量要素的海潮负荷效应残差值时间序列，也代表了 720 阶 FES2014b 海潮球谐系数模型误差对相应要素的影响。图 5.9 和图 5.10 显示，即使采用 720 阶 FES2014

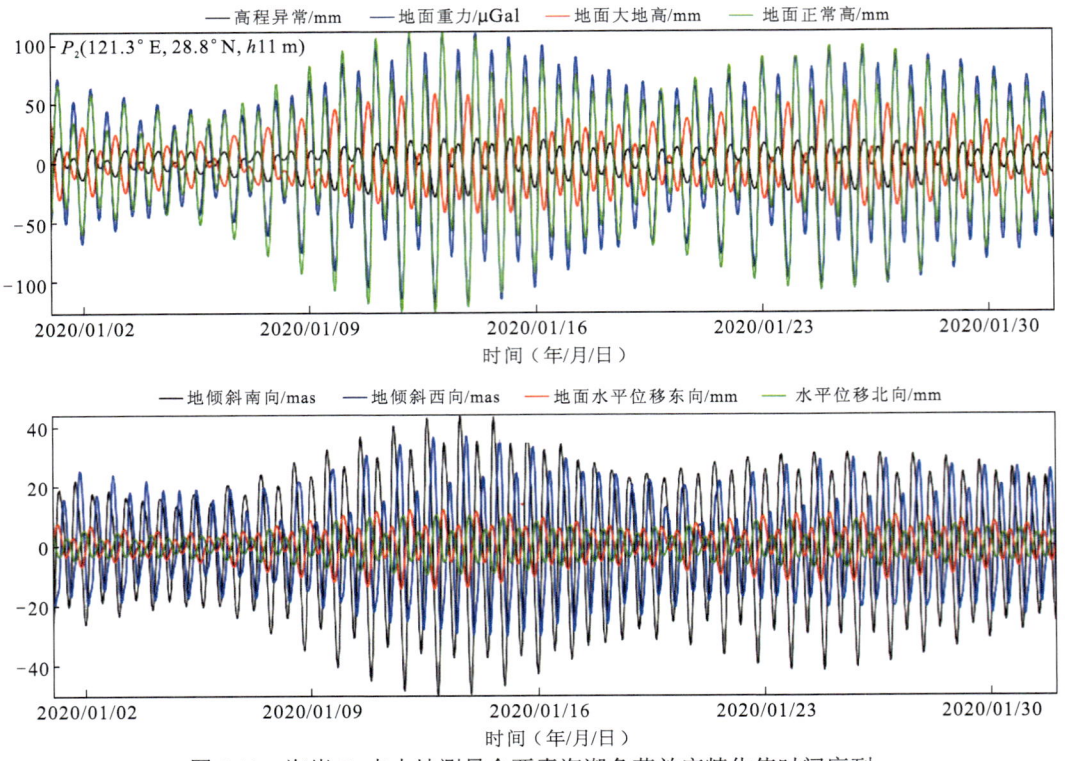

图 5.11 海岸 P_2 点大地测量全要素海潮负荷效应精化值时间序列

这样质量较好的高阶海潮球谐系数模型，海潮模型误差对沿海地区正常高的影响还可高达 5.9 cm，对高程异常和大地高的影响分别可达 1.7 cm 和 4.1 cm，对地倾斜和水平位移的影响分别可达 23.6 mas 和 1.6 cm。

顺便指出，重力梯度是扰动位的二阶微分量，采用负荷格林积分法计算重力梯度海潮负荷效应的可靠性不足，精确计算径向重力梯度和水平重力梯度的海潮负荷效应，可采用类似 4.4 节的球面径向基函数逼近法。此时需要对海潮模型中的每一分潮调和常数（或残差值）进行球面径向基函数分析，按逼近法构建海潮球面径向基函数（残差）模型，进而采用球面径向基函数综合法计算各种大地测量要素的海潮负荷效应（残差值）。

5.2.4 大地测量卫星的潮汐摄动计算分析

类似于地面站点固体潮、负荷潮效应球谐综合计算，本小节分别选择距离地球椭球面 450 km 和 250 km 高度（大地高）的两个空间点，前者模拟 GRACE 卫星轨道，后者模拟重力场与稳态海洋环流探测（gravity field and steady-state ocean circulation explorer，GOCE）卫星轨道，分别计算两种卫星轨道的重力位（0.1 m²/s²）、重力（μGal）东北天三分量和重力梯度（10 μE）对角线东北天三分量的固体潮摄动和海潮负荷摄动。

固体潮摄动或海潮负荷摄动计算时间跨度为 2019 年 1 月 1 日～2019 年 1 月 31 日，时间间隔为 1 h，如图 5.12 和图 5.13 所示。全球海潮负荷模型采用 5.2.2 小节构建的 360 阶全球海潮负荷球谐系数（cm）模型 FES2014b360cs.dat。

（a）450 km高度处固体潮效应

（b）250 km高度处固体潮效应

图 5.12 低轨卫星高度处固体潮效应时间序列

（a）450 km高度处海潮负荷效应（FES2014-360阶）

（b）250 km高度处海潮负荷效应（FES2014-360阶）

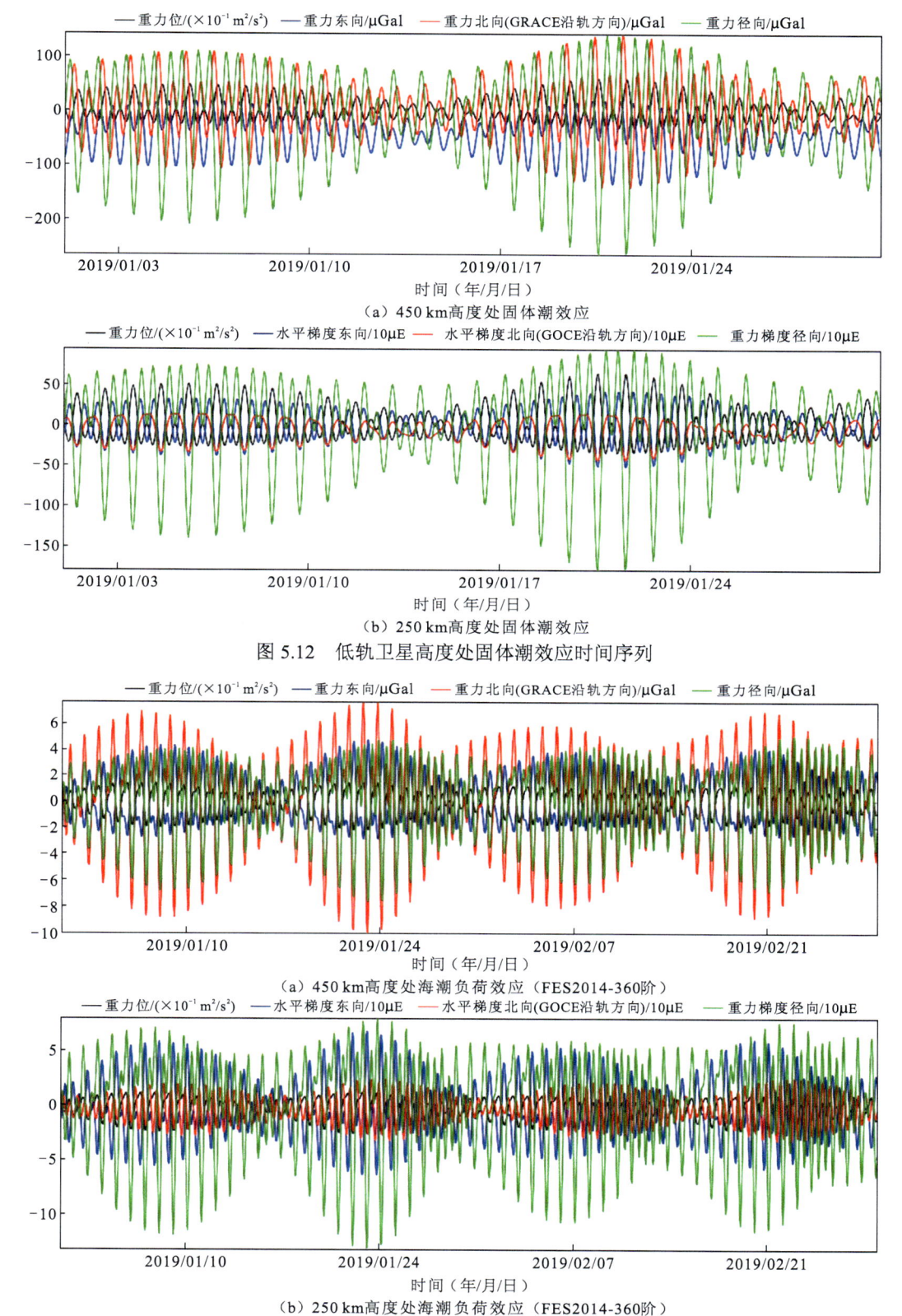

图 5.13 低轨卫星高度处海潮负荷效应时间序列

图 5.12 显示，GRACE 卫星高度处，重力位固体潮摄动最大值最小值之差高达 9.35 m²/s²，重力东北天三方向的最大值最小值之差分别为 156.5 μGal、279.6 μGal 和 412.0 μGal；GOCE 卫星高度处，重力位固体潮摄动最大值最小值之差高达 10.22 m²/s²，重力梯度主对角线东北天三方向的最大值最小值之差分别为 0.95 mE、0.56 mE 和 2.81 mE。

图 5.13 显示，GRACE 卫星高度处，重力位海潮负荷摄动最大值最小值之差为 0.38 m²/s²，重力东北天三方向的最大值最小值之差分别为 86.5 μGal、221.0 μGal 和 234.7 μGal；GOCE 卫星高度处，重力位海潮负荷摄动最大值最小值之差为 0.43 m²/s²，重力梯度主对角线东北天三方向的最大值最小值之差分别为 149.7 μE、73.2 μE 和 236.6 μE。

5.3 地球质心变化与形状极移效应计算

由 1.2.6 小节可知，在当前地固坐标系中，形变地球质心坐标可由该坐标系中的一阶重力位系数 ($\bar{C}_{10}, \bar{C}_{11}, \bar{S}_{11}$) 唯一确定，力学形状极坐标可由该坐标系中二阶位系数唯一确定。因此，地球质心变化与形状极移的各种潮汐和非潮汐效应，能通过大地测量实测方法精准获得。

5.3.1 地球质心与形状极潮汐负荷效应

地球质心与形状极的潮汐效应分别由一阶和二阶一次地球重力位系数的潮汐效应决定。地球形状极的潮汐效应，等于其固体潮效应和负荷潮效应的二阶周日潮波全部分潮效应的总和。

1. 地球质心潮汐效应预报计算

海洋潮汐、地面大气压潮分别导致海水质量和大气密度的重新分布，引起地球质心周期性变化。由 5.2.2 小节负荷潮球谐系数模型中各分潮 σ_j 球谐系数的一阶项，包括一阶项同相幅值和一阶项异相幅值，可计算任意历元 t 该分潮 σ_j 引起的地球质心变化，之后，将负荷潮球谐系数模型中全部分潮对地球质心的贡献叠加，就是历元 t 负荷潮引起的地球质心变化。

设分潮 σ_j 的一阶负荷球谐系数的同相幅值和异相幅值分别为 ($\Delta\bar{C}_{10}^{j+}, \Delta\bar{C}_{11}^{j+}, \Delta\bar{S}_{11}^{j+}$) 和 ($\Delta\bar{C}_{10}^{j-}, \Delta\bar{C}_{11}^{j-}, \Delta\bar{S}_{11}^{j-}$)，顾及一阶位负荷勒夫数恒等于零（$k'_1 \equiv 0$），则任意历元 t，全球海潮负荷或地面大气压潮负荷引起的地球质心变化可统一表示为

$$\begin{cases} \Delta x_{\mathrm{cm}}(t) = \sqrt{3} R \dfrac{\rho_{\mathrm{w}}}{\rho_{\mathrm{e}}} \sum_{j=1}^{n} [\Delta\bar{C}_{11}^{j+} \cos(\phi_j(t)+\varepsilon_j) + \Delta\bar{C}_{11}^{j-} \sin(\phi_j(t)+\varepsilon_j)] \\ \Delta y_{\mathrm{cm}}(t) = \sqrt{3} R \dfrac{\rho_{\mathrm{w}}}{\rho_{\mathrm{e}}} \sum_{j=1}^{n} [\Delta\bar{S}_{11}^{j+} \cos(\phi_j(t)+\varepsilon_j) + \Delta\bar{S}_{11}^{j-} \sin(\phi_j(t)+\varepsilon_j)] \\ \Delta z_{\mathrm{cm}}(t) = \sqrt{3} R \dfrac{\rho_{\mathrm{w}}}{\rho_{\mathrm{e}}} \sum_{j=1}^{n} [\Delta\bar{C}_{10}^{j+} \cos(\phi_j(t)+\varepsilon_j) + \Delta\bar{C}_{10}^{j-} \sin(\phi_j(t)+\varepsilon_j)] \end{cases} \quad (5.3.1)$$

式中：$\phi_j(t)$ 为历元 t 时刻分潮 σ_j 的天文幅角；ε_j 为分潮 σ_j 的相位偏差；n 为负荷潮球谐系数模型中分潮数量，如 5.2.2 小节构造的 720 阶海潮负荷球谐系数(cm)模型 FES2014b720cs.dat，包含 36 个海洋分潮，其中含一阶项的分潮有 34 个（$n=34$；分潮 Ω_1, Ω_2 无一阶项）。

采用 5.2.2 小节 FES2014b720cs.dat 模型 34 个分潮一阶负荷球谐系数的同相幅值和异相

幅值，预报 2020 年 1 月 1～31 日地球质心变化的海潮负荷效应，单位为 mm，时间间隔为 30 min，如图 5.14 所示。

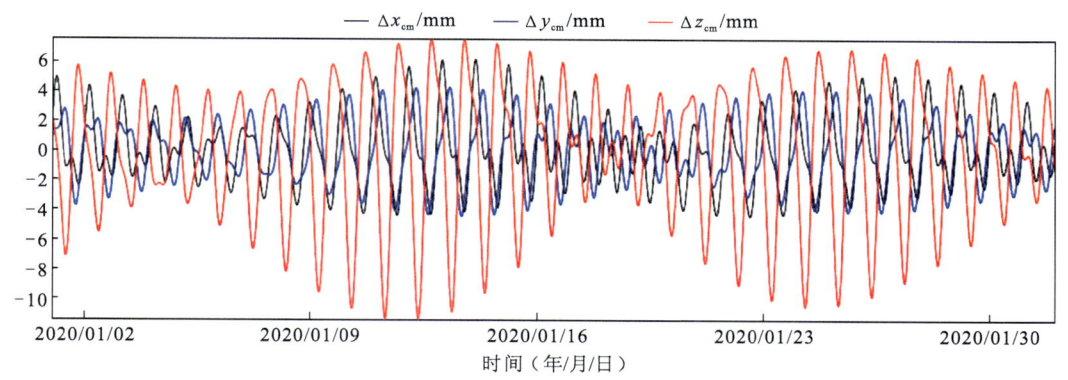

图 5.14　地球质心变化的海潮负荷效应时间序列

采用 5.2.2 小节 ECMWF2006n360cs.dat 中 4 个分潮（半日、周日、半年、周年）一阶负荷球谐系数的同相幅值和异相幅值，预报 2018 年 1 月 1 日～2019 年 12 月 31 日（2 年）地球质心变化的地面大气压潮负荷效应，如图 5.15 所示。

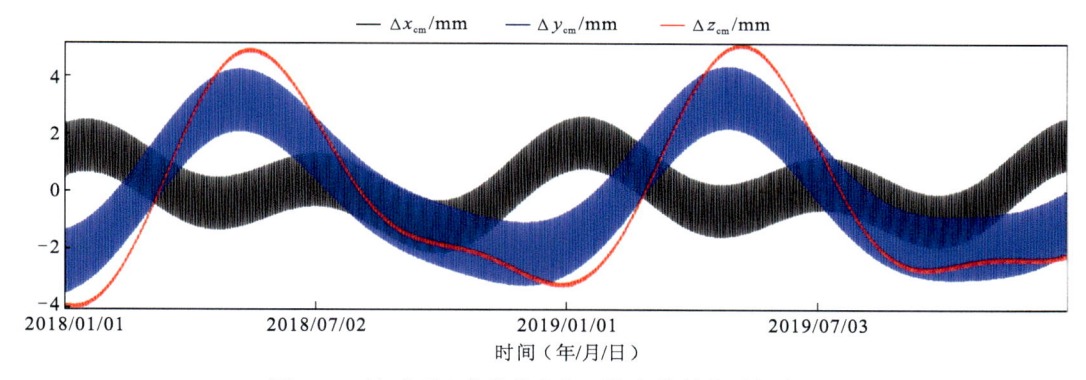

图 5.15　地球质心变化的大气压潮负荷效应时间序列

海潮与大气压潮，由于其潮汐调和常数模型分别基于海平面和地面大气压直接观测数据构造，一般都会包含地球质心变化的负荷潮效应。不同来源观测数据构造的海潮或大气压潮模型，地球质心变化的负荷潮效应存在差异。固体潮理论基于天体引力与公转离心力平衡理论推导，地球质心处天体的引潮力恒等于零，见 1.3 节，大地测量学因此不具体研究固体潮产生的地球质心变化。

2. 形状极移各种潮汐效应预报计算

由式（1.2.133），可得二阶一次重力位系数变化 $(\Delta \bar{C}_{21}, \Delta \bar{S}_{21})$，结合位系数 $(\bar{C}_{20}, \bar{S}_{22})$，测定形状极移 $(\Delta x_{\text{sfp}}, -\Delta y_{\text{sfp}})$ 的算法公式为

$$\Delta x_{\text{sfp}} = -\frac{\sqrt{3}b}{\bar{C}_{20}} \Delta \bar{C}_{21} - \frac{6\bar{S}_{22}b}{(\bar{C}_{20})^2} \Delta \bar{S}_{21}, \quad \Delta y_{\text{sfp}} = +\frac{\sqrt{3}b}{\bar{C}_{20}} \Delta \bar{S}_{21} - \frac{6\bar{S}_{22}b}{(\bar{C}_{20})^2} \Delta \bar{C}_{21} \quad (5.3.2)$$

式中：b 为地球椭球短半轴；$\bar{C}_{20}, \bar{S}_{22}$ 取近似平均值；形状极坐标变化 $(\Delta x_{\text{sfp}}, \Delta y_{\text{sfp}})$ 在地固空间

直角坐标系（如 ITRS）中表示。

5.1 节中二阶一次位系数的周日固体潮效应 $(\Delta\bar{C}_{21},\Delta\bar{S}_{21})$，表征形状极的固体潮效应。二阶周日位勒夫数存在频率相关性，因而需要由 48 个周日分潮的二阶一次位系数固体潮效应，分别计算其形状极移效应，再将这些分潮的形状极移效应累加，得到形状极固体潮效应。

与地球质心负荷潮效应相同，可以导出由二阶一次负荷潮球谐系数，直接预报形状极移负荷潮效应的算法公式：

$$\Delta x_{\text{sfp}} = -\frac{3\rho_w}{5\rho_e}\frac{b(1+k_2')}{\bar{C}_{20}}\left(\sqrt{3}\sum_{j=1}^{n}[\Delta\bar{C}_{21}^{j+}\cos(\phi_j(t)+\varepsilon_j)+\Delta\bar{C}_{21}^{j-}\sin(\phi_j(t)+\varepsilon_j)]\right.$$
$$\left.+\frac{6\bar{S}_{22}}{\bar{C}_{20}}\sum_{j=1}^{n}[\Delta\bar{S}_{21}^{j+}\cos(\phi_j(t)+\varepsilon_j)+\Delta\bar{S}_{21}^{j-}\sin(\phi_j(t)+\varepsilon_j)]\right) \quad (5.3.3)$$

$$\Delta y_{\text{sfp}} = \frac{3\rho_w}{5\rho_e}\frac{b(1+k_2')}{\bar{C}_{20}}\left(\sqrt{3}\sum_{j=1}^{n}[\Delta\bar{S}_{21}^{j+}\cos(\phi_j(t)+\varepsilon_j)+\Delta\bar{S}_{21}^{j-}\sin(\phi_j(t)+\varepsilon_j)]\right.$$
$$\left.-\frac{6\bar{S}_{22}}{\bar{C}_{20}}\sum_{j=1}^{n}[\Delta\bar{C}_{21}^{j+}\cos(\phi_j(t)+\varepsilon_j)+\Delta\bar{C}_{21}^{j-}\sin(\phi_j(t)+\varepsilon_j)]\right) \quad (5.3.4)$$

式中：$\Delta\bar{C}_{21}^{j+},\Delta\bar{C}_{21}^{j-},\Delta\bar{S}_{21}^{j+},\Delta\bar{S}_{21}^{j-}$ 分别为第 j 个分潮二阶一次负荷球谐系数的同相幅值和异相幅值。

按 5.2.2 小节完全相同的数值标准与位系数海潮负荷效应算法，由 FES2014b720cs.dat 海潮负荷模型（36 个分潮）中的二阶一次负荷球谐系数，计算 2020 年 1 月 1～31 日形状极移的海潮负荷效应时间序列（单位为 m），时间间隔为 30 min，如图 5.16 所示。

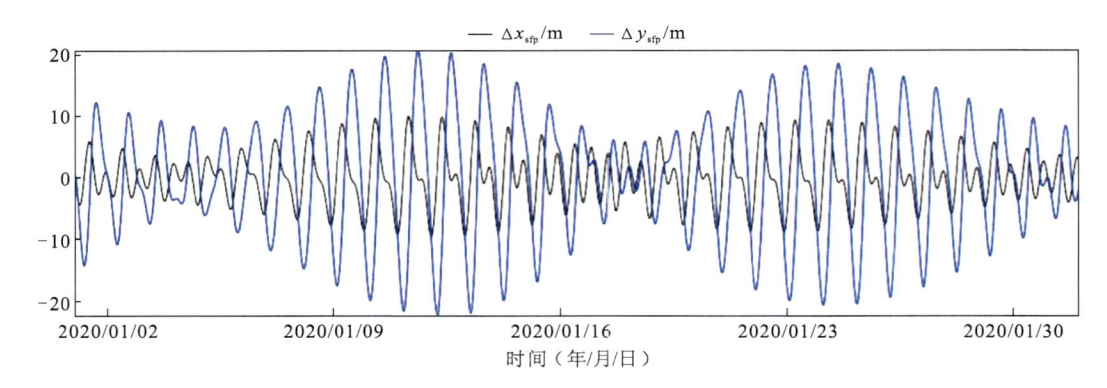

图 5.16　形状极移的海潮负荷效应时间序列

图 5.16 显示，地球形状极移的海潮负荷效应，以周日变化为主，1 个月时间内，最大值最小值之差超过 40 m。

按 5.2.2 小节相同的数值标准与位系数地面大气压潮负荷效应算法，由地面大气压潮负荷球谐系数模型 ECMWF2006n360cs.dat（半日、周日、半年、周年 4 个分潮）的二阶一次负荷球谐系数，计算 2018 年 1 月 1 日～2019 年 12 月 31 日（2 年）形状极移的地面大气压潮负荷效应时间序列（单位为 m），时间间隔为 30 min，如图 5.17 所示。

图 5.17 显示，地球形状极移的地面大气压潮负荷效应，短期内以周日变化为主，幅值为分米量级，年周期幅值大，最大值最小值之差超过 7 m。

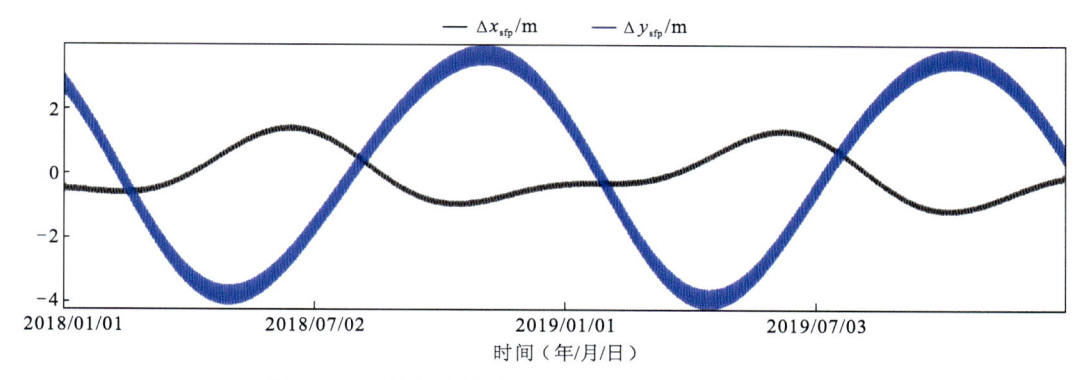

图 5.17　形状极移的地面大气压潮负荷效应时间序列

5.3.2　地球质心与形状极非潮汐负荷效应

3.2 节介绍了非潮汐负荷球谐分析与负荷效应球谐综合算法公式，包括海平面变化、地面大气压变化和陆地水变化负荷效应计算。其中：非潮汐负荷球谐模型中的一阶负荷球谐系数变化，可用于计算非潮汐负荷产生的地球质心变化；二阶一次负荷球谐系数变化，可用于计算非潮汐负荷产生的地球形状极移。

1. 地球质心变化非潮汐负荷效应计算

设一阶非潮汐负荷球谐系数变化为 $(\Delta \bar{C}_{10}^w, \Delta \bar{C}_{11}^w, \Delta \bar{S}_{11}^w)$，将规格化非潮汐负荷球谐系数与重力位系数变化关系式（3.2.6）代入式（1.2.112），取 $k_1' = 0$，可得地球质心变化的非潮汐负荷效应为

$$\Delta x_{cm} = \sqrt{3} R \frac{\rho_w}{\rho_e} \Delta \bar{C}_{11}^w, \quad \Delta y_{cm} = \sqrt{3} R \frac{\rho_w}{\rho_e} \Delta \bar{S}_{11}^w, \quad \Delta z_{cm} = \sqrt{3} R \frac{\rho_w}{\rho_e} \Delta \bar{C}_{10}^w \quad (5.3.5)$$

直接由 3.2.3 小节 2018 年 1 月～2020 年 12 月海平面周变化负荷球谐系数模型时间序列中的一阶负荷球谐系数周变化 $(\Delta \bar{C}_{10}^{sea}, \Delta \bar{C}_{11}^{sea}, \Delta \bar{S}_{11}^{sea})$ 时间序列，按式（5.3.5）计算地球质心周变化时间序列（单位为 mm，相对于 2018 年平均质心），结果如图 5.18 所示。

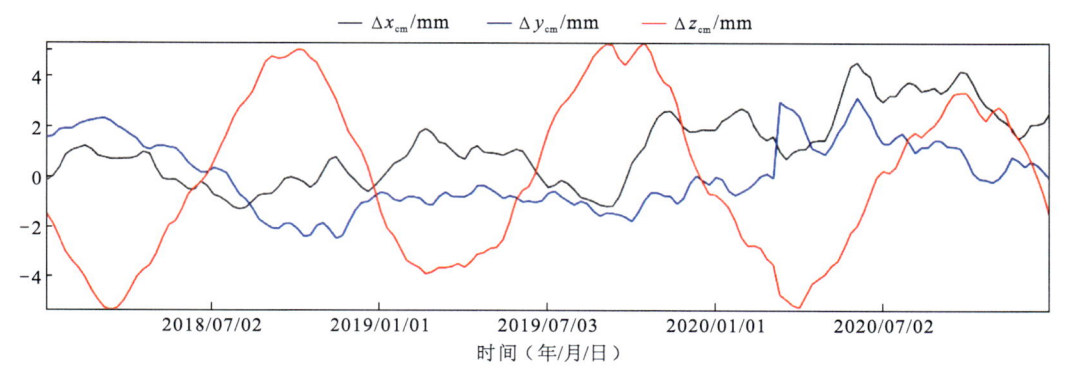

图 5.18　地球质心变化的海平面变化负荷效应（相对于 2018 年平均质心）

直接由 3.2.3 小节 2018 年 1 月～2020 年 12 月地面大气压周变化负荷球谐系数模型时间

序列中的一阶负荷球谐系数周变化 ($\Delta \bar{C}_{10}^{\text{air}}, \Delta \bar{C}_{11}^{\text{air}}, \Delta \bar{S}_{11}^{\text{air}}$) 时间序列，按式（5.3.5）计算地球质心周变化时间序列（单位为 mm，相对于 2018 年平均质心），结果如图 5.19 所示。

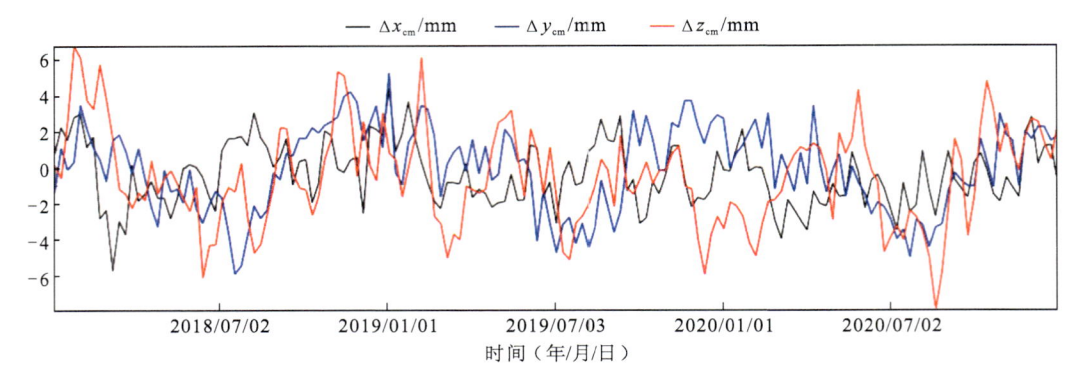

图 5.19　地球质心变化的地面大气压变化负荷效应（相对于 2018 年平均质心）

直接由 3.2.3 小节 2018 年 1 月～2020 年 9 月全球陆地水周变化负荷球谐系数模型时间序列中的一阶负荷球谐系数周变化 ($\Delta \bar{C}_{10}^{\text{lnd}}, \Delta \bar{C}_{11}^{\text{lnd}}, \Delta \bar{S}_{11}^{\text{lnd}}$) 时间序列，按式（5.3.5）计算地球质心周变化时间序列（单位为 mm，相对于 2018 年平均质心），结果如图 5.20 所示。

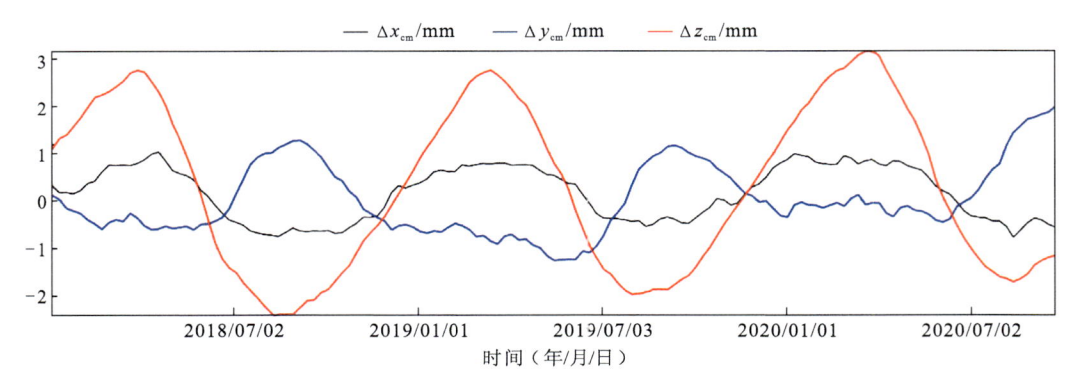

图 5.20　地球质心变化的陆地水变化负荷效应（相对于 2018 年平均质心）

统计结果显示，地球质心变化负荷效应中，海平面变化负荷效应最大值最小值之差达到 10 mm，地面大气压负荷效应最大值最小值之差超过 10 mm，陆地水负荷效应最大值最小值之差达到 5 mm。

2. 形状极移非潮汐负荷效应计算

由规格化非潮汐负荷球谐系数与重力位系数变化关系式（3.2.6），可得由二阶一次非潮汐负荷球谐系数变化 ($\Delta \bar{C}_{21}^{\text{w}}, \Delta \bar{S}_{21}^{\text{w}}$) 表示的二阶一次重力位系数变化 ($\Delta \bar{C}_{21}, \Delta \bar{S}_{21}$)：

$$\Delta \bar{C}_{21} = \frac{3\rho_{\text{w}}}{5\rho_{\text{e}}}(1+k_2')\Delta \bar{C}_{21}^{\text{w}}, \quad \Delta \bar{S}_{21} = \frac{3\rho_{\text{w}}}{5\rho_{\text{e}}}(1+k_2')\Delta \bar{S}_{21}^{\text{w}} \qquad (5.3.6)$$

代入式（5.3.2），可得由二阶一次非潮汐负荷球谐系数变化 ($\Delta \bar{C}_{21}^{\text{w}}, \Delta \bar{S}_{21}^{\text{w}}$) 计算形状极移的非潮汐负荷效应算法公式为

$$\Delta x_{\text{sfp}} = -\frac{3\rho_{\text{w}}}{5\rho_{\text{e}}}\frac{b}{\overline{C}_{20}}(1+k'_2)\left(\sqrt{3}\Delta \overline{C}^{\text{w}}_{21} + \frac{6\overline{S}_{22}}{\overline{C}_{20}}\Delta \overline{S}^{\text{w}}_{21}\right) \quad (5.3.7)$$

$$\Delta y_{\text{sfp}} = +\frac{3\rho_{\text{w}}}{5\rho_{\text{e}}}\frac{b}{\overline{C}_{20}}(1+k'_2)\left(\sqrt{3}\Delta \overline{S}^{\text{w}}_{21} - \frac{6\overline{S}_{22}}{\overline{C}_{20}}\Delta \overline{C}^{\text{w}}_{21}\right) \quad (5.3.8)$$

由 3.2.3 小节 2018 年 1 月～2020 年 12 月海平面周变化负荷球谐系数模型中的二阶一次负荷球谐系数 ($\Delta \overline{C}^{\text{sea}}_{21}, \Delta \overline{S}^{\text{sea}}_{21}$) 周变化时间序列，按式（5.3.7）和式（5.3.8），计算形状极移海平面变化负荷效应时间序列（单位为 m，相对于 2018 年平均形状极），如图 5.21 所示。

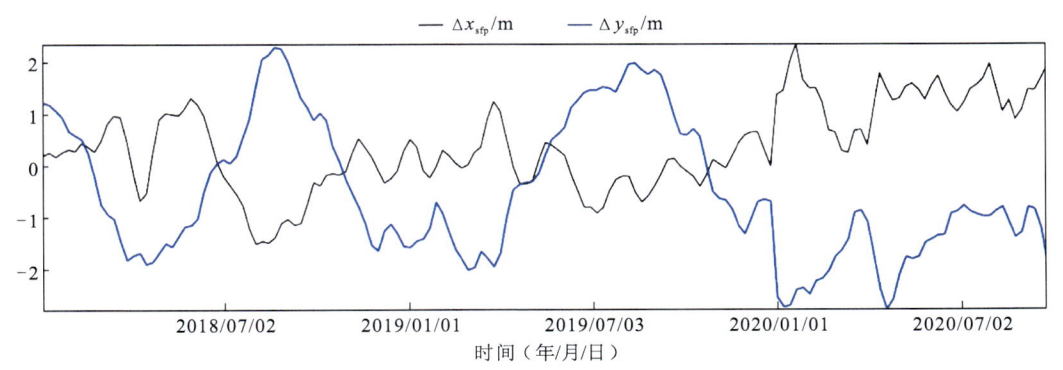

图 5.21　形状极移的海平面变化负荷效应（相对于 2018 年平均形状极）

由 3.2.3 小节 2018 年 1 月～2020 年 12 月全球地面大气压周变化负荷球谐系数模型中的二阶一次负荷球谐系数变化 ($\Delta \overline{C}^{\text{air}}_{21}, \Delta \overline{S}^{\text{air}}_{21}$) 周变化时间序列，按式（5.3.7）和式（5.3.8），计算形状极移地面大气压负荷效应时间序列（单位为 m，相对于 2018 年平均形状极），如图 5.22 所示。

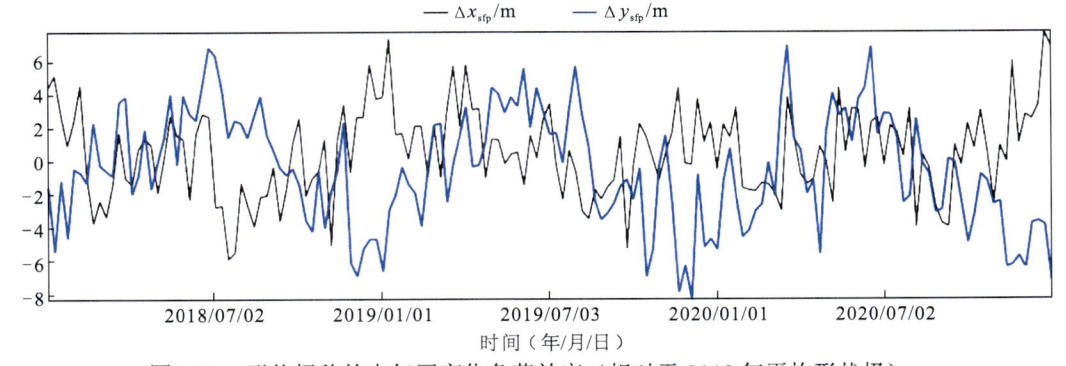

图 5.22　形状极移的大气压变化负荷效应（相对于 2018 年平均形状极）

由 3.2.3 小节 2018 年 1 月～2020 年 9 月全球陆地水周变化负荷球谐系数模型中二阶一次负荷球谐系数 ($\Delta \overline{C}^{\text{lnd}}_{21}, \Delta \overline{S}^{\text{lnd}}_{21}$) 周变化时间序列，按式（5.3.7）和式（5.3.8），计算形状极移陆地水变化负荷效应时间序列（单位为 m，相对于 2018 年平均形状极），如图 5.23 所示。

统计结果显示，形状极移负荷效应中，海平面变化负荷效应最大值最小值之差超过 4 m，地面大气压负荷效应最大，其最大值最小值之差超过 14 m，陆地水负荷效应最大值最小值之差可达 1.2 m。

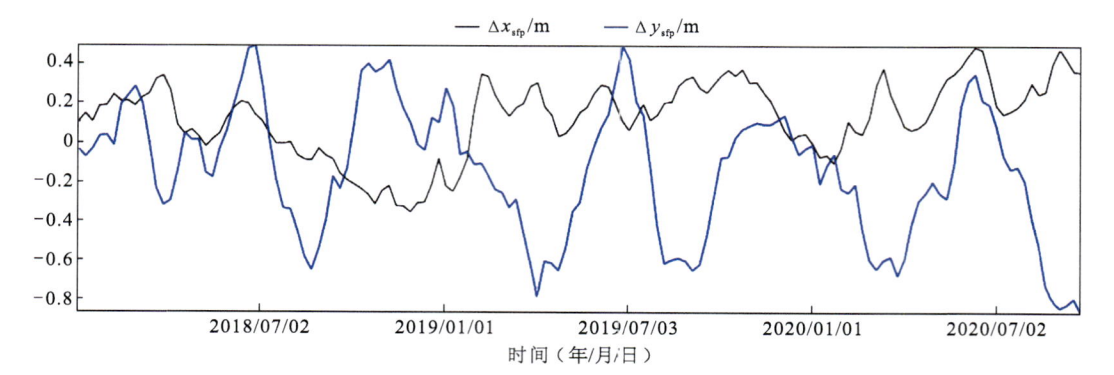

图 5.23 形状极移的陆地水变化负荷效应（相对于 2018 年平均形状极）

5.4 自转极移效应与自转参数潮汐效应

瞬时自转轴与平均形状轴不一致，导致地球自转的离心力位变化（直接影响），离心力位变化激发固体地球形变，引起地球内部质量重新分布，产生附加位（间接影响）。大地测量要素的自转极移效应等于离心力位的直接影响与间接影响之和。

5.4.1 大地测量要素自转极移形变效应

由 4.2.1 小节可知，地球自转极移伴随的离心力位变化，可用自转极移对二阶田谐位系数变化的直接影响表示，顾及长期勒夫数 k_0 与二阶带谐位系数 $\overline{C}_{20}$ 关系式（4.2.9），有

$$\Delta \overline{C}_{21}^{\mathrm{dr}} + \mathrm{i}\Delta \overline{S}_{21}^{\mathrm{dr}} = \frac{\sqrt{3}}{k_0}\overline{C}_{20}(m_1+\mathrm{i}m_2) = -\frac{1}{\sqrt{15}}\frac{\omega^2 a^3}{GM}m \tag{5.4.1}$$

式中：$m = m_1 + \mathrm{i}m_2$ 为自转极移复数形式（弧度单位）；ω 为地球自转角速率。

自转极移伴随的离心力位变化，进一步激发固体地球形变，产生附加位，通常由二阶周日体潮勒夫数表征，可用自转极移离心力位对二阶田谐位系数的间接影响表示为

$$\Delta \overline{C}_{21}^{\mathrm{in}} + \mathrm{i}\overline{S}_{21}^{\mathrm{in}} = \frac{\sqrt{3}k_{21}}{k_0}\overline{C}_{20}m = -\frac{1}{\sqrt{15}}\frac{\omega^2 a^3}{GM}k_{21}m \tag{5.4.2}$$

二阶田谐位系数的自转极移形变效应等于离心力位的直接影响（非保守力位）与间接影响（保守力位）之和，即式（4.2.7），重写如下：

$$\Delta \overline{C}_{21} + \mathrm{i}\Delta \overline{S}_{21} = (\Delta \overline{C}_{21}^{\mathrm{dr}} + \Delta \overline{C}_{21}^{\mathrm{in}}) + \mathrm{i}(\overline{S}_{21}^{\mathrm{dr}} + \overline{S}_{21}^{\mathrm{in}}) = -\frac{1}{\sqrt{15}}\frac{\omega^2 a^3}{GM}(1+k_{21})m \tag{5.4.3}$$

类似于固体潮效应算法推导过程，可得各种大地测量要素的地球自转形变效应算法公式。顾及 $\overline{P}_{21}(\cos\theta) = \sqrt{15}\sin\theta\cos\theta$，地面或固体地球外部高程异常自转极移形变效应的算法公式为

$$\Delta \zeta(r,\theta,\lambda) = \frac{GM}{\gamma r}\left(\frac{a}{r}\right)^2(1+k_{21})(\Delta \overline{C}_{21}^{\mathrm{dr}}\cos\lambda + \Delta \overline{S}_{21}^{\mathrm{dr}}\sin\lambda)\overline{P}_{21}(\cos\theta)$$

$$= -\frac{\omega^2 a^5}{2\gamma r^3}(1+k_{21})m^* \mathrm{e}^{\mathrm{i}\lambda}\sin 2\theta \tag{5.4.4}$$

式中：γ 为计算点 (r,θ,λ) 正常重力；$e^{i\lambda}=\cos\lambda+i\sin\lambda$；$m^*=m_1-im_2$ 为自转极移 m 的复共轭。

同理，地面重力自转极移形变效应算法公式为

$$\Delta g^s = -\frac{3}{2}\frac{\omega^2 a^5}{r^4}\left(1-\frac{3}{2}k_{21}+h_{21}\right)m^*e^{i\lambda}\sin2\theta \quad \odot \tag{5.4.5}$$

地面或固体地球外部扰动重力自转极移形变效应的算法公式为

$$\Delta g^\delta = -\frac{3}{2}\frac{\omega^2 a^5}{r^4}(1+k_{21})m^*e^{i\lambda}\sin2\theta \tag{5.4.6}$$

地倾斜自转极移形变效应算法公式为

南向：

$$\delta\xi^s = -\frac{\omega^2 a^5}{\gamma r^4}(1+k_{21}-h_{21})m^*e^{i\lambda}\sin\theta\cos2\theta \quad \odot \tag{5.4.7}$$

西向：

$$\delta\eta^s = -\frac{\omega^2 a^5}{\gamma r^4}(1+k_{21}-h_{21})m^*e^{i(\lambda-\pi/2)}\cos\theta \quad \odot \tag{5.4.8}$$

地面或固体地球外部垂线偏差自转极移形变效应算法公式为

南向：

$$\Delta\xi = -\frac{\omega^2 a^5}{\gamma r^4}(1+k_{21})m^*e^{i\lambda}\sin\theta\cos2\theta \tag{5.4.9}$$

西向：

$$\Delta\eta = -\frac{\omega^2 a^5}{\gamma r^4}(1+k_{21})m^*e^{i(\lambda-\pi/2)}\cos\theta \tag{5.4.10}$$

地面站点位移自转极移形变效应算法公式为

东向：

$$\Delta e = \frac{\omega^2 a^5}{\gamma r^3}l_{21}m^*e^{i(\lambda-\pi/2)}\cos\theta \quad \odot \tag{5.4.11}$$

北向：

$$\Delta n = \frac{\omega^2 a^5}{\gamma r^3}l_{21}m^*e^{i\lambda}\sin\theta\cos2\theta \quad \odot \tag{5.4.12}$$

径向：

$$\Delta r = -\frac{\omega^2 a^5}{2\gamma r^3}h_{21}m^*e^{i\lambda}\sin2\theta \quad \odot \tag{5.4.13}$$

地面或固体地球外部重力梯度径向自转极移形变效应算法公式为

$$\Delta T_{rr} = -\frac{6\omega^2 a^5}{r^5}(1+k_{21})m^*e^{i\lambda}\sin2\theta \tag{5.4.14}$$

地面或固体地球外部水平重力梯度自转极移形变效应算法公式为

北向：

$$\Delta T_{NN} = \frac{2\omega^2 a^5}{r^5}(1+k_{21})m^*e^{i\lambda}\sin2\theta \tag{5.4.15}$$

西向：

$$\Delta T_{WW} = -\frac{\omega^2 a^5}{r^5}(1+k_{21})m^*e^{i\lambda}\cot\theta \tag{5.4.16}$$

与固体潮效应算法一样，上述标注 $\odot$ 的大地测量要素（观测量或参数），只有在其点位

与地球固连情况下有效。自转极移形变效应计算结果取上述算法公式右边复数结果的实部。

下面采用 IERS 地球定向参数产品 EOPC04，按式（5.4.4）～式（5.4.16），计算地面点 $(105°\text{E}, 32°\text{N}, H72\text{ m})$ 处，各种大地测量要素的自转极移效应时间序列，如图 5.24 所示。时间跨度为 2018 年 1 月 1 日～2022 年 12 月 31 日（5 年），时间间隔为 6 h。取周日体潮勒夫数 $k_{21} = 0.3077 + 0.0036\text{i}$，$h_{21} = 0.6207$，$l_{21} = 0.0836$。图中移去了自转极移 5 年平均值，并将自转极移 (m_1, m_2) 转换为地固空间直角坐标系（ITRS）中 x, y 轴方向的自转极坐标变化 $(\Delta x_p = m_1 b, \Delta y_p = -m_2 b)$，单位为 m。

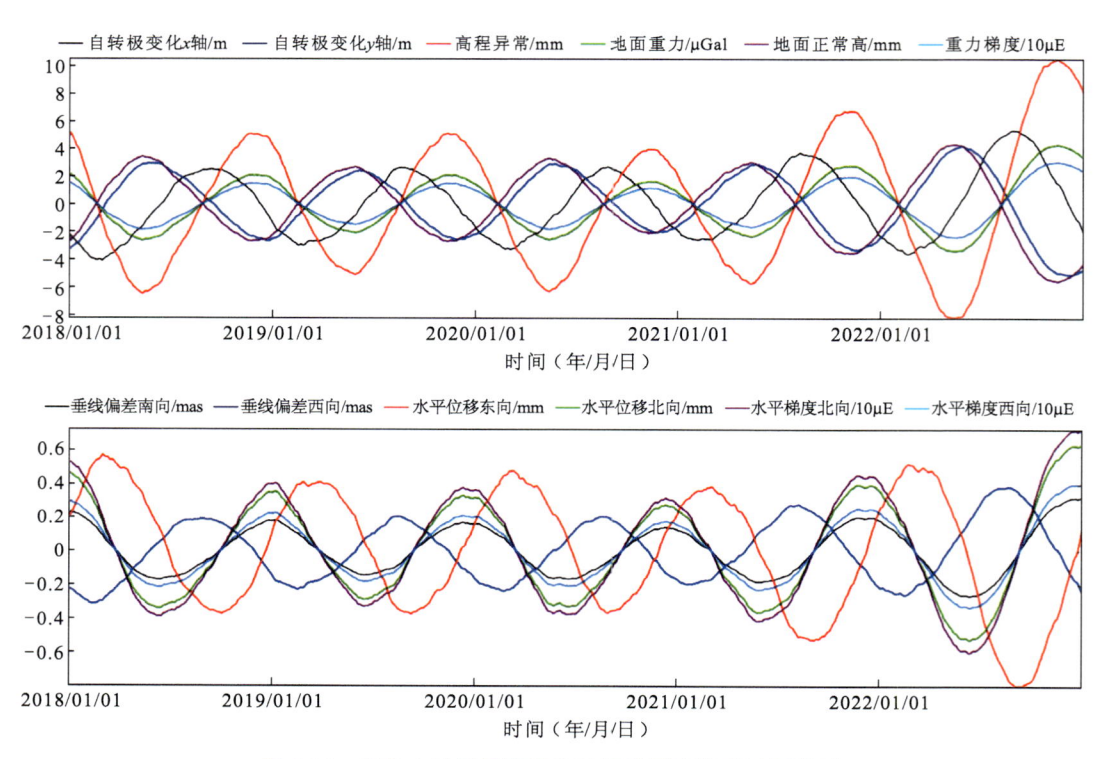

图 5.24　各种大地测量要素自转极移形变效应时间序列

图 5.24 显示，虽然自转极移的量级达米级，但对高程异常、地面正常高的影响也只有毫米量级，对重力的影响为 μGal 级，对径向重力梯度的影响在 10 μE 级。自转极移对大地测量水平向量的影响很小，一般情况下可以忽略。

5.4.2　自洽平衡海洋极潮效应及其算法

海洋极潮是极移离心力在海洋上的表现形式，其主要周期成分是约 430 天钱德勒摆动和年周期变化。在这些长周期上，海洋极潮负荷被期望有均衡响应，即期望海洋表面的位移与极移离心力相均衡。类似于自转极移形变效应，海洋极潮可通过将海潮理论推广到极移离心力位而得到。

1. 径向位移、海面高与重力位极移效应

极移离心力位 $\Delta\Psi_c$ 在径向勒夫数 h_2 作用下，导致的地面径向位移可表达为

$$r_p(\theta,\lambda,t) = \frac{h_2}{g_0}\Delta\Psi_c = H_p \text{Re}[m^*(t)h_2\overline{P}_{21}(\cos\theta)e^{i\lambda}] \tag{5.4.17}$$

$$H_p = \frac{\sqrt{8\pi}}{\sqrt{15}}\frac{\omega^2 R^4}{GM} = \frac{\sqrt{8\pi}}{\sqrt{15}}\frac{\omega^2 R^2}{g_0} \tag{5.4.18}$$

式中：H_p 为径向位移的自转极移效应尺度因子；$g_0 = GM/R^2$ 为地面平均重力。当自转极移参数 m 以角秒（as）为单位时，$H_p = 0.1385$ m。

采用海洋空间导纳函数 $Z(\theta,\lambda)$，可将海面高的极移效应 $h_o(\theta,\lambda,t)$ 表示为

$$h_o(\theta,\lambda,t) = H_p\text{Re}[m^*(t)Z(\theta,\lambda)] \tag{5.4.19}$$

引入自转极移效应的尺度因子 H_p 后，海洋导纳函数 $Z(\theta,\lambda)$ 就变成了无量纲的空间谐函数，可将其分解为 n 阶球谐级数形式：

$$Z(\theta,\lambda) = \sum_{n=0}^{\infty}Z_n(\theta,\lambda) \tag{5.4.20}$$

海面高的极移效应 $h_o(\theta,\lambda,t)$ 会伴随离心力位变化，这是海面高极移效应对地球重力位的直接影响，可表示为

$$U(\theta,\lambda,t) = \sum_{n=0}^{\infty}U_n(\theta,\lambda,t) = H_p g_0 \text{Re}\left[m^*(t)\sum_{n=0}^{\infty}\alpha_n Z_n(\theta,\lambda)\right] \tag{5.4.21}$$

式中：$\alpha_n = \frac{3}{2n+1}\frac{\rho_w}{\rho_e}$。

海面高极移效应对地球重力位的直接影响 U_n，通过位负荷勒夫数 k'_n 作用，引起固体地球形变，产生附加位，因此有

$$U_o^a(\theta,\lambda,t) = \sum_{n=0}^{\infty}k'_n U_n(\theta,\lambda,t) = H_p g_0 \text{Re}\left[m^*(t)\sum_{n=0}^{\infty}k'_n\alpha_n Z_n(\theta,\lambda)\right] \tag{5.4.22}$$

重力位的海洋极潮效应，等于海面高极移效应对重力位的直接影响与附加位之和：

$$U_o(\theta,\lambda,t) = \sum_{n=0}^{\infty}(1+k'_n)U_n(\theta,\lambda,t) = H_p g_0 \text{Re}\left[m^*(t)\sum_{n=0}^{\infty}(1+k'_n)\alpha_n Z_n(\theta,\lambda)\right] \tag{5.4.23}$$

2. 重力位系数自洽平衡的海洋极潮效应

平衡海洋极潮效应假设瞬时海面为重力等位面，即瞬时海面始终处于等位面的平衡状态，因而通过从等位的瞬时海面减去极潮效应，可获得瞬时海面相对于海底的平衡位移。经典的平衡海洋极潮导纳函数 $\overline{Z}^c$ 与地倾斜潮汐因子（海面高体潮因子）$\gamma_2 = 1 + k_2 - h_2$ 成正比，可表示为与体潮勒夫数无关的归一化平衡导纳函数 $\overline{E}^c$ 和地倾斜潮汐因子 γ_2 的乘积：

$$\overline{Z}^c(\theta,\lambda) = \gamma_2\overline{E}^c(\theta,\lambda) \tag{5.4.24}$$

$$\overline{E}^c(\theta,\lambda) = \sum_{n=0}^{\infty}\overline{E}_n^c(\theta,\lambda) = \mathcal{O}(\theta,\lambda)[\overline{P}_{21}(\cos\theta)e^{i\lambda} + K^c] \tag{5.4.25}$$

式中：$\mathcal{O}(\theta,\lambda)$ 为海洋函数，(θ,λ) 位于海洋区域时 $\mathcal{O}(\theta,\lambda) = 1$，$(\theta,\lambda)$ 位于陆地时 $\mathcal{O}(\theta,\lambda) = 0$。

式（5.4.25）引入复常数 K^c，以维持经典平衡海洋极潮质量守恒。假设海洋具有常数密

度，则海洋极潮的零阶球谐分量应等于零，$\bar{Z}_0^c = \bar{E}_0^c = 0$。

考虑极移离心力位及其附加位后的自洽平衡海洋极潮响应函数 $\bar{Z}^s(\theta,\lambda)$，也与地倾斜潮汐因子 $\gamma_2 = 1 + k_2 - h_2$ 成正比，可用归一化自洽平衡导纳函数 $\bar{E}^s$ 表示为

$$\bar{Z}^s(\theta,\lambda) = \gamma_2 \bar{E}^s(\theta,\lambda) \tag{5.4.26}$$

$$\bar{E}^s(\theta,\lambda) = \sum_{n=0}^{\infty} \bar{E}_n^s = \mathcal{O}(\theta,\lambda)\left[\bar{P}_{21}(\cos\theta)e^{i\lambda} + \sum_{n=0}^{\infty}\gamma'_n \alpha_n \bar{E}_n^s + K^s\right] \tag{5.4.27}$$

式中：K^s 为复常数，用于维持自洽平衡极潮质量守恒。$\gamma'_n = 1 + k'_n - h'_n$ 为 n 阶地倾斜负荷潮因子。

归一化导纳函数 $\bar{E}_n^c$ 和 $\bar{E}_n^s$ 的球谐分量由系数 $(\bar{A}_{nm} + i\bar{B}_{nm})$ 按如下球谐级数形式定义：

$$\bar{E}(\theta,\lambda) = \sum_{n=0}^{\infty}\sum_{m=-n}^{n} \bar{P}_{|n|m}(\cos\theta)(\bar{A}_{nm} + i\bar{B}_{nm})e^{i\lambda} \tag{5.4.28}$$

式（5.4.27）的第一项和第二项可以认为是自洽平衡极潮的第一项和第二项，因此这个归一化导纳函数可通过在第一次迭代中令 $\bar{E}_n^s = \bar{E}_n^c$ 的迭代方案来计算。

令 $\bar{A}_{nm} = \bar{A}_{nm}^R + i\bar{A}_{nm}^I$，$\bar{B}_{nm} = \bar{B}_{nm}^R + i\bar{B}_{nm}^I$ 为自洽平衡态的 n 阶 m 次海洋极潮负荷系数，则海洋极潮负荷对规格化位系数的直接影响可用极移参数 (m_1, m_2) 表示（Desai，2002）为

$$\begin{bmatrix}\Delta\bar{C}_{nm}\\ \Delta\bar{S}_{nm}\end{bmatrix} = R_n\left\{\begin{bmatrix}\bar{A}_{nm}^R\\ \bar{B}_{nm}^R\end{bmatrix}(m_1\gamma_2^R + m_2\gamma_2^I) + \begin{bmatrix}\bar{A}_{nm}^I\\ \bar{B}_{nm}^I\end{bmatrix}(m_2\gamma_2^R - m_1\gamma_2^I)\right\} \tag{5.4.29}$$

$$R_n = \frac{\omega^2 R^4}{GM}\frac{4\pi G\rho_w}{g_0(2n+1)} = \frac{\omega^2 R^2}{g_0^2}\frac{4\pi G\rho_w}{2n+1}, \quad \gamma_2 = \gamma_2^R + i\gamma_2^I \tag{5.4.30}$$

本小节采用 IERS 产品 EOPC04 和 IERS 协议 2010 中 360 阶自洽平衡态海洋极潮负荷系数（Desai，2002），取体潮因子 $\gamma_2 = 0.687 + i0.0036$，计算（程序可从 IERS 网站获得）位于海岸带区域的 $(121.3°E, 28.8°N, h11 \text{m})$ 点处，大地测量要素的海洋极潮效应时间序列（ITRF2014 参考框架），如图 5.25 所示。时间跨度为 2018 年 1 月 1 日～2022 年 12 月 31 日（5 年），时间间隔为 6 h。

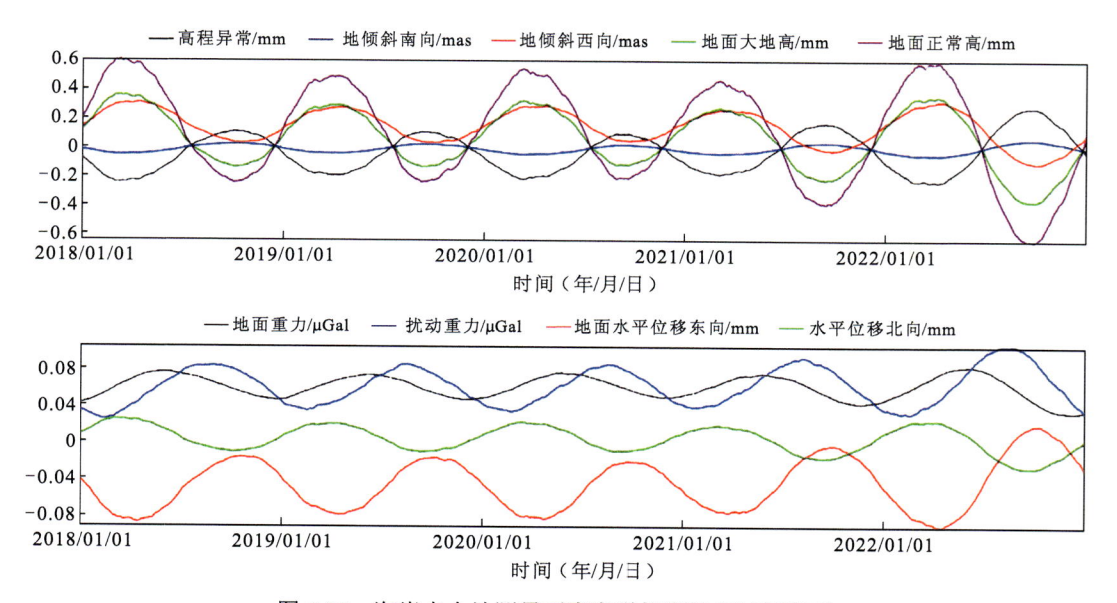

图 5.25 海岸点大地测量要素海洋极潮效应时间序列

海洋极潮效应量级很小，对于一般性大地测量应用，可以忽略。其中，二阶田谐位系数变化包含了近 90% 的海洋极潮效应。

5.4.3 地球自转参数潮汐效应及其计算

1. 日长及自转速率的带谐潮汐效应

固体地球对带谐引潮位的响应引起主惯性矩的周期性变化，按角动量守恒原则放大自转极移振幅（4.2.3 小节），改变自转速率的尺度因子（4.2.5 小节）。

利用勒让德多项式，可以将地面点 $P(\theta,\lambda)$ 的天体引潮位 V_G 展开为球谐函数级数形式：

$$V_G(P) = GM \sum_{n=2}^{\infty} \frac{a^n}{r^{n+1}} P_n(\cos\psi) \tag{5.4.31}$$

式中：ψ 为地固坐标系中地面点 $P(\theta,\lambda)$ 与引潮天体 (r,Θ,Λ) 的地心角距；(r,Θ,Λ) 为引潮天体在地固坐标系中的球坐标，随时间变化。将其中二阶引潮位（$n=2$）分解为以下 3 组球谐函数形式：

$$V_{G,20}(P) = GM \frac{a^2}{r^3} P_{20}(\cos\theta) P_{20}(\cos\Theta) \tag{5.4.32}$$

$$V_{G,21}(P) = \frac{1}{3} GM \frac{a^2}{r^3} P_{21}(\cos\theta) P_{21}(\cos\Theta) \cos(\Lambda - \lambda) \tag{5.4.33}$$

$$V_{G,22}(P) = \frac{1}{12} GM \frac{a^2}{r^3} P_{22}(\cos\theta) P_{22}(\cos\Theta) \cos 2(\Lambda - \lambda) \tag{5.4.34}$$

式（5.4.32）包含带谐函数，仅依赖引潮天体地心余纬 Θ 而缓慢变化，因而用于描述长周期潮波；式（5.4.33）包含田谐函数，用于描述周日变化的短周期潮波；式（5.4.34）包含扇谐函数，用于描述半日变化的短周期潮波。

月球带谐引潮位的主要周期是 14 天 M_f 和 28 天 M_m，太阳带谐引潮位的主要周期是半年 S_{sa} 和周年 S_a，这些带谐潮汐形变是引起日长变化的最大项。取尺度因子 $k/c_m = 0.94$，顾及地幔黏滞性长周期勒夫数 $k_{20}(\sigma)$ 的频率相关性式（5.1.26），周期为 5 天～18.6 年的地球自转长周期潮汐变化改正算法公式（IERS 协议 2010）为

$$\Delta UT1 = m_3 \Lambda_0 - \sum_{i=1}^{62} (A_i \sin\phi_i - B_i \cos\phi_i) \tag{5.4.35}$$

$$\Delta LOD = \sum_{i=1}^{62} (A'_i \cos\phi_i - B'_i \sin\phi_i) \tag{5.4.36}$$

$$\Delta\omega = \sum_{i=1}^{62} (A''_i \cos\phi_i - B''_i \sin\phi_i) \tag{5.4.37}$$

式中：A_i、B_i，A'_i、B'_i，A''_i、B''_i 分别为长周期分潮 σ_i 的同相幅值（余弦项系数）和异相幅值（正弦项系数）；ϕ_i 为长周期分潮 σ_i 的天文辐角，由 Delaunay 变量或 Doodson 数计算。

2. 自转极移及有效激发的长周期海潮效应

自转极移的长周期项，主要包括半钱德勒周期项、半周年项、季节性周期、1 月周期、半月周期等，以及准两年周期及 300 天周期项。以有效角动量函数表示的无受迫自转运动方程为

$$\chi(t) = m^*(t) + \frac{i}{\sigma_c}\dot{m}^*(t), \quad \psi_3(t) = -m_3(t) = \frac{\Delta\text{LOD}(t)}{\varLambda_0} \tag{5.4.38}$$

$$\chi(t) = \chi_1(t) + i\chi_2(t), \quad m(t) = m_1(t) + im_2(t) \tag{5.4.39}$$

$$\begin{cases} \chi_1(t) = \dfrac{1.608}{(C-A)\omega}[h_1(t) + (1+k_2')\omega I_{13}(t)] \\ \chi_2(t) = \dfrac{1.608}{(C-A)\omega}[h_2(t) + (1+k_2')\omega I_{23}(t)] \\ \chi_3(t) = \dfrac{0.997}{C\omega}[h_3(t) + 0.750\omega I_{33}(t)] \end{cases} \tag{5.4.40}$$

式中：$m^*(t)$ 为自转极移 $m(t)$ 的复共轭；σ_c 为钱德勒摆动的复值频率；$\varLambda_0$ 为日长的平均值 86 400 s；$\boldsymbol{h}(t) = [h_1(t), h_2(t), h_3(t)]$ 为物质运动相对角动量。

式（5.4.40）引入了 3 个系数，1.608 为顾及地幔黏滞性和液核效应的振幅放大因子，0.750 为考虑海潮摩擦和地幔黏滞性拖曳效应的自转速率变化尺度因子，0.997 表示自转形变耦合使自转速率减小 0.3%，取 $k_2' = -0.3058$，各系数的地球物理学意义参考 4.2 节。

周期为 9 天～18.6 年的自转极移和有效角动量潮汐改正算法如下（IERS 协议 2010，计算程序可从 IERS 网站获得）：

$$m^*(t) = m_1(t) - im_2(t) = A_\text{p}e^{i[\phi(t)+g_\text{p}]} + A_\text{r}e^{i[-\phi(t)+g_\text{r}]} \tag{5.4.41}$$

$$\chi(t) = \chi_1(t) + i\chi_2(t) = A_\text{p}e^{i[\phi(t)+g_\text{p}]} + A_\text{r}e^{i[-\phi(t)+g_\text{r}]} \tag{5.4.42}$$

式中：$\phi(t)$ 为天文辐角（理论相位）；A_p、g_p 分别为自转极移或有效角动量长周期海潮效应的正向前行调和振幅与相位延迟；A_r、g_r 分别为自转极移或有效角动量长周期海潮效应的逆向后退调和振幅与相位延迟。

图 5.26 按式（5.4.35）～式（5.4.37）、式（5.4.41）和式（5.4.42），预报 2026 年 1 月 1 日～2028 年 12 月 31 日（3 年）地球自转运动的长周期潮汐效应时间序列，时间序列采样间隔 4 h。

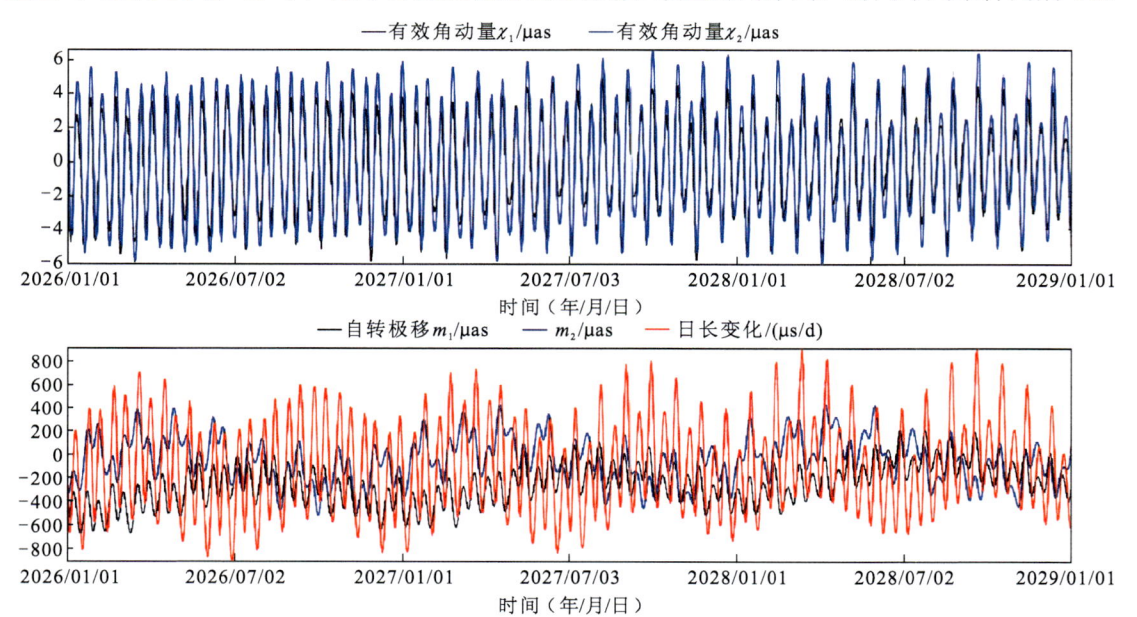

图 5.26 地球自转运动的长周期潮汐效应预报时间序列

3. 地球自转参数周日半日海潮影响

目前的主流观点认为，地球自转周日、半日变化主要是固体地球对海洋潮汐和洋流作用的响应。自转离心力位引起固体地球形变，导致地球惯性张量变化，由 1.2.6 小节可知，周日和半日的高频力矩主要来自三轴地球（主惯性轴坐标系）的主惯量差 $I_{22}-I_{11}$，记 $A=I_{11}$，$B=I_{22}$。由式（1.2.137）可得，非规格化二阶二次位系数 C_{22} 为

$$C_{22} = \frac{1}{4}MR^2(B-A) \tag{5.4.43}$$

一般地固坐标系的主轴与地球主惯性轴不重合，此时，赤道面主惯量差 $B-A$ 变为

$$B-A = 4MR^2\sqrt{C_{22}^2+S_{22}^2} \tag{5.4.44}$$

由此导致极移和 UT1 变化为

$$m(t) = -\frac{0.36GM}{\omega^2 R^3}\frac{B-A}{A}\sin 2\Theta e^{-i(\Lambda-2\lambda)} \tag{5.4.45}$$

$$\mathrm{UT1}(t) = -\frac{0.3GM}{8\omega^2 R^3}\frac{B-A}{C_m}\sin^2\Theta\sin 2(\Lambda-2\lambda) \tag{5.4.46}$$

式中：Θ、Λ 分别为引潮天体在地固坐标系中的余纬和经度。

由式（5.4.44）～式（5.4.46）可以看出，C_{22} 激发了周期为半日的地球自转变化，Chao 等（1996）的理论计算表明其量级为 0.06 mas 左右（1 mas 地心角距对应地面位移约为 3 cm）。液核地球和核幔边界微椭使得旋转地球产生一个自转逆向简正模，呈现近周日自由摆动。

类似于式（5.4.40）海潮对极移和地球自转速率变化的激发，由海洋潮汐引起的地球自转周日、半日变化可以用谐波函数级数表示为

$$m_1 = \sum_{i=1}^n (-A_i^c \cos\phi_i + A_i^s \sin\phi_i) \tag{5.4.47}$$

$$m_2 = \sum_{i=1}^n (A_i^c \sin\phi_i + A_i^s \cos\phi_i) \tag{5.4.48}$$

$$\Delta\mathrm{UT1} = m_3 A_0 = \sum_{i=1}^n (B_i^c \cos\phi_i + B_i^s \sin\phi_i) \tag{5.4.49}$$

图 5.27 按式（5.4.47）～式（5.4.49），预报 2026 年 3 月 1 日～2026 年 4 月 30 日（2 个月）地球自转参数的周日/半日潮汐效应时间序列，时间序列采样间隔为 15 min。

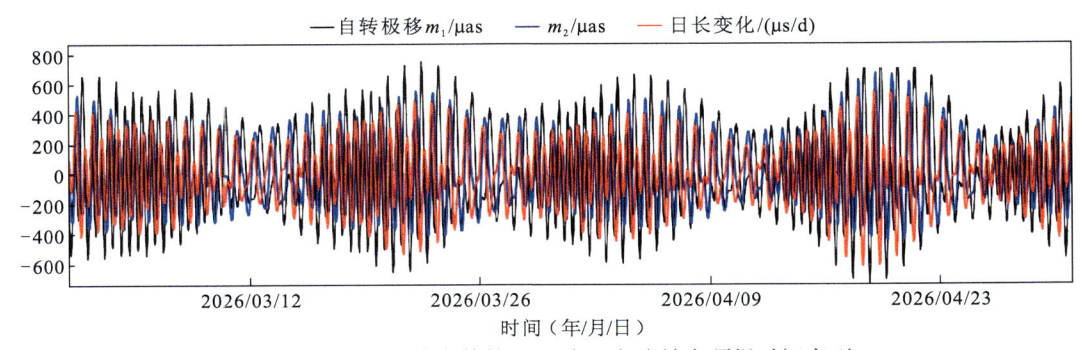

图 5.27 地球自转参数的周日/半日潮汐效应预报时间序列

5.4.4 ITRS 中 CIP 瞬时地极坐标的计算

按照 IERS 协议 2010，天球中间极（CIP）在 ITRS 中的瞬时坐标采用地极坐标系表示，其单位和方向与自转极移 (m_1,m_2) 相同，即 y 轴方向与地固空间直角坐标系 ITRS 的 y 轴方向相反，记为 (p_1,p_2)。由于周期小于 2 天的 GCRS 中外部天体受迫章动不包括在 IAU2000/IAU2006 章动模型中，需要在 ITRS 中考虑地极的相应运动模型。(p_1,p_2) 由 IERS 公报 A 与公报 B 提供的 $(m_1,m_2)_{\text{IERS}}$，加上海洋潮汐和在 GCRS 中周期小于 2 天的外部天体受迫章动项（即 ITRS 中周期小于 1 天的受迫极移项）构成

$$(p_1,p_2) = (m_1,m_2)_{\text{IERS}} + (m_1,m_2)_{\text{OT}} + (m_1,m_2)_{\text{LIB}} \qquad (5.4.50)$$

式中：$(m_1,m_2)_{\text{OT}}$ 为海潮引起的高频自由极移；$(m_1,m_2)_{\text{LIB}}$ 为非带谐受迫极移项，描述了引潮天体外部力矩的非带谐项引起的周日与半日受迫极移。

海潮高频极移项 $(m_1,m_2)_{\text{OT}}$，主要包括由海潮引起的周日变化和半日变化，可按 5.4.3 小节给出的 Chao 等（1996）算法模型计算，计算程序也可从 IERS 网站获得。

非带谐受迫极移项 $(m_1,m_2)_{\text{LIB}}$，包括周日和半日的受迫极移项，以前被看成章动，现在归为极移。非带谐受迫极移项（Chao et al.，1996），是由于外部天体引潮位的周日、半日 $(n\geqslant 2, 0<m\leqslant 2)$ 项，导致地球惯性张量变化 ΔI，进而按式（5.4.47）和式（5.4.48）产生的自转极移。$(m_1,m_2)_{\text{LIB}}$ 计算程序可从 IERS 网站获得。

长周期项与引潮天体外力矩引起的长期变化，一般认为已包含在观测到的极移中，不需要加入 $(m_1,m_2)_{\text{IERS}}$ 中。

本章全部算法的软件实现见附录 1，所有实例也都由 ETideLoad4.5 软件计算和绘图。

第6章 地球形变监测的大地测量方法

地球各圈层及相互之间，在内力、外力作用下产生物质运动和能量交换，表现为各种地球动力学现象，包括地球自转状态的变化、地球重力场变化、海洋潮汐与固体地球潮汐形变、全球板块运动和板内形变、冰后期回弹与地面沉降、极地冰原和陆地冰川的运动变化及海平面变化等。现代大地测量已广泛用于各种地球动力学现象的监测与研究。

6.1 地球形变监测大地测量技术

地球形变监测一般采用大地测量重复或连续观测方法。随着空间大地测量技术迅速发展，地球形变监测不论是从时空分辨率、空间范围、监测精度还是监测内涵方面都得到迅速发展。当前用于监测地球形变的大地测量技术主要包括卫星激光测距（SLR）、甚长基线干涉测量（VLBI）测量和全球导航卫星系统（GNSS）连续观测，低轨卫星大地测量监测，地面定点的连续运行基准站（CORS）、重力固体潮、地倾斜与应变台站连续监测，地面 GNSS、重力和水准网重复观测，差分合成孔径雷达干涉（differential interferometric synthetic aperture radar，DInSAR）测量，卫星激光测高（LiDAR），验潮站、GNSS 浮标与卫星测高海平面观测技术。

6.1.1 空间大地测量监测技术

1. 地面卫星激光测距技术

地面卫星激光测距（SLR）是利用安置在地面上的激光测距系统所发射的激光脉冲，跟踪观测装有激光反射棱镜的地球卫星，以测定测站到卫星之间距离的技术。由安置于地面的激光测距仪，向配备了后向反射棱镜的地球卫星发射激光脉冲，经被测卫星反射后，激光脉冲信号回到测距仪接收系统，从而测出发射和接收该激光脉冲信号的时间差 Δt，并按式（6.1.1）计算卫星至地面站的距离：

$$\rho = \frac{1}{2}c\Delta t \tag{6.1.1}$$

式中：c 为光速。基于卫星测距观测量 $L = \rho$ 可建立以下观测方程：

$$L = \|\boldsymbol{X} - \boldsymbol{R}\|_2 + \delta + \varepsilon, \quad \boldsymbol{R} = \boldsymbol{PNS}\boldsymbol{r} \tag{6.1.2}$$

式中：$\boldsymbol{R}$ 和 $\boldsymbol{r}$ 分别为地面 SLR 测站在地心天球参考系和地固参考系中的位置；$\boldsymbol{P}$、$\boldsymbol{N}$、$\boldsymbol{S}$ 分别为岁差矩阵、章动矩阵和地球自转矩阵；δ 为各种大气延迟误差；$\boldsymbol{X}$ 为 t 时刻卫星在地心

天球参考系中状态向量，可表示为
$$X = Q(R, P_d, t) \tag{6.1.3}$$
式中：P_d 为决定卫星运动状态的各种物理参数。

在利用 SLR 观测量建立地球坐标参考框架时，选取测站位置 R 作为未知数平差量，其他参数可采用理论值。在利用 SLR 观测进行卫星精密定轨时，选择卫星位置 X 作为未知数平差量。

SLR 技术是现代大地测量学中地固参考系定位定向的关键核心技术，可精确测定长达几千千米的基线及其变化、卫星轨道参数、地心引力常数、潮汐及地球物理参数，精密测定地球质心、形状极与低阶重力位系数及其变化。SLR 已广泛用于高精度时间传递和广义相对论验证。

2. 甚长基线干涉测量技术

甚长基线干涉测量（VLBI），是射电天文学中一种射电干涉测量技术。这种技术将来自不同天文望远镜的河外射电观测信号，送往相关器进行联合处理，使其组成一台口径相当于多台望远镜之间距离的虚拟射电望远镜。通过对同一射电源进行测量，精密确定两台望远镜之间的距离和方向。

VLBI 观测的天体是距地球非常遥远的河外射电源，它们一般都在距离地球一亿光年以外的宇宙空间。当天体辐射电磁波到达地球表面时，由于传播距离远远大于 VLBI 的基线长度，射电源可近似为平面波。两天线到某射电源的距离不同，有一路程差 L，射电信号的同一波面到达两个天线的时间存在时间延迟 τ，因而存在以下观测方程：
$$L = c\tau \tag{6.1.4}$$
设 B 为两天线间的基线矢量，K 为射电源观测方向，则
$$\tau = \frac{1}{c}(B \cdot K) \tag{6.1.5}$$
由于地球自转运动，观测方向 K 为变量，是时间延迟观测量 τ 的函数。时间延迟率 $\dot{\tau}$ 为延迟观测量 τ 对时间的偏导数，即
$$\dot{\tau} = \frac{1}{c}\frac{\partial}{\partial t}(B \cdot K) \tag{6.1.6}$$
地心天球参考系中的基线向量 B，在国际地球参考系中为 b，因此有
$$B = PNSb \tag{6.1.7}$$
时间延迟 τ 和时间延迟率 $\dot{\tau}$ 是 VLBI 的两种基本观测量。式（6.1.5）和式（6.1.6）是 VLBI 建立天球和地球参考系的基本观测方程。

VLBI 具有很高的测量精度，用这种方法可实现射电源的精确定位，测量数千千米范围内基线距离和方向的变化，用于建立以河外射电源为基准的天球参考框架，控制地球坐标参考框架空间尺度，以毫米级精度测定板块间的运动参数。VLBI 技术可对地球自转运动进行运动学监测，分析其监测数据频谱，可揭示地球自转变化的精细结构，研究和解释不同频谱成分的激发机制。

3. 全球导航卫星系统技术

全球导航卫星系统（GNSS）主要由 GPS、GLONASS、BDS、GALILEO 及区域增强系

统等构成。GNSS 观测有两种基本观测量，即码观测和相位观测。高精度 GNSS 一般采用载波相位观测值，其观测模型为

$$\lambda N_r^s + \lambda \phi_r^s(t_r) = \| \bm{r}^s(t_s) - \bm{r}(t_r) \|_2 - c(\delta t_r - \delta t_s) + \delta + \varepsilon \tag{6.1.8}$$

式中：N_r^s 为整周模糊度；$\phi_r^s(t_r)$ 为相位观测值；λ 为信号波长；c 为真空光速常数；$\bm{r}^s(t_s)$ 为信号发射时刻卫星的位置，$\bm{r}(t_r)$ 为信号接收时刻接收机的位置；δt_r 和 δt_s 分别为接收机钟差和卫星钟差；$\delta = \delta_{ion} + \delta_{tro} + \delta_{mul} + \delta_{rel} + \delta_{tide} + \delta_{load} + \delta_{rpsh}$；$\delta_{ion}, \delta_{tro}, \delta_{mul}, \delta_{rel}, \delta_{tide}, \delta_{load}, \delta_{rpsh}$ 分别为载波相位观测量的电离层延迟、对流层延迟、多路径效应、相对论效应、潮汐效应、非潮汐负荷效应和自转极移形变效应；ε 为观测误差。

GNSS 卫星位置一般在地心天球参考系中表示，其运动方程满足以下微分方程：

$$\frac{\mathrm{d}}{\mathrm{d}t}\bm{r}^s = \dot{\bm{r}}^s, \quad \frac{\mathrm{d}}{\mathrm{d}t}\dot{\bm{r}}^s = \frac{GM}{r^3}\bm{r}^s + \bm{a}_p^s + \bm{a}_n^s \tag{6.1.9}$$

式中：$\bm{a}_p^s$ 为卫星的各种保守摄动力之和；$\bm{a}_n^s$ 为各种非保守力之和。

GNSS 属于动力学技术，可用于改善地球质心变化、形状极移和自转极移监测（动力法）的性能和时间分辨率，用于地固参考系的定位定向，实时传递地固参考系基准（见 7.3.3 小节）；GNSS 空间覆盖性好，可精确测定板块运动、电离层参数、对流层天顶延迟等；GNSS 接收机终端机动、便捷，定位速度快，可在全球范围内提供实时高精度服务。

6.1.2　卫星重力场监测技术

利用卫星重力场测量技术，可以有效观测全球重力场及其随时间变化，反演地球水圈质量变化及由地球内部质量调整引起的地球形变。

1. 卫星地面跟踪技术

人造地球卫星在围绕地球运动过程中会受到各种作用力的影响，这些作用力可分为两大类：一类是保守力，另一类是非保守力（发散力）。保守力包括外部天体引潮力、地球负荷调整产生的引力，及其激发地球形变而产生的附加引力等。这些保守力可用位函数的梯度描述。非保守力，如太阳光压、地球红外辐射、大气阻力及卫星姿态控制力等，则不存在位函数，一般使用这些力的模型化表达。在地心天球参考系（GCRS）中，应用牛顿第二定律，可得卫星运动方程为

$$\ddot{\bm{R}} = -\frac{\mu}{R^3}\bm{R} + \bm{F}(\bm{R}, \dot{\bm{R}}) \tag{6.1.10}$$

式中：$\bm{R}$ 为卫星在 GCRS 中的位置矢量；$\mu = G(M + m) \approx GM$，$m$ 为卫星的质量。

式（6.1.10）右端为作用在卫星单位质量上的力，第一项为二体问题的作用力，即地球对卫星的球形引力。第二项 $\bm{F}$ 主要是卫星所受作用力与地球的球形引力之差，称为摄动力。在 GCRS 中，卫星所受摄动力 $\bm{F}$ 包括地球的非球形引力，潮汐效应（固体潮、海潮和大气压潮效应），非潮汐负荷效应和非保守力（大气阻力，太阳/地球辐射压等）。

在不考虑摄动力的情况下，式（6.1.10）变为 $\ddot{\bm{R}} = -\mu\bm{R}/R^3$，是一个二阶非线性常微分方程，卫星运动变成二体运动，解有 6 个独立常数，这组常数通常用 6 个开普勒轨道根数 $(a, e, i, \omega, \Omega, \tau)$ 表示，它们唯一确定了卫星在无摄动力情况下运动轨道与时刻的对应关系。由

二体问题解与轨道根数的关系，可以写出卫星在地心天球参考系 GCRS 中的位置矢量：

$$\begin{cases} X = R[\cos\Omega\cos(\omega+f) - \sin\Omega\sin(\omega+f)\cos i] \\ Y = R[\sin\Omega\cos(\omega+f) + \cos\Omega\sin(\omega+f)\cos i] \\ Z = R\sin(\omega+f)\cos i \end{cases} \quad (6.1.11)$$

式中：R 为卫星的地心向径，是卫星轨道长半轴 a、轨道偏心率 e 和真近点角 f（或偏近点角 E）的函数；Ω 为轨道升交点赤经，i 为轨道倾角，ω 为近地点角距。

对（6.1.11）式求导，得卫星在无摄动力情况下的速度计算公式：

$$\begin{cases} \dot X = \frac{\dot R}{R}X - R\dot f[\cos\Omega\sin(\omega+f) + \sin\Omega\cos(\omega+f)\cos i] \\ \dot Y = \frac{\dot R}{R}Y - R\dot f[\sin\Omega\cos(\omega+f) - \cos\Omega\cos(\omega+f)\cos i] \\ \dot Z = \frac{\dot R}{R}Z + R\dot f\sin(\omega+f)\cos i \end{cases} \quad (6.1.12)$$

在有摄动力作用的情况下，式（6.1.10）的解也可用 6 个开普勒轨道根数表示，但它们不再是常数，而是随时间变化。瞬时卫星轨道可用该时刻的 6 个轨道根数所确定的椭圆轨道表示，这个椭圆与实际卫星轨道相切，称为密切椭圆。式（6.1.11）和式（6.1.12），也适用于受摄运动。在一般情况下，将真近点角 f 用平近点角 M 代替，则式（6.1.11）和式（6.1.12）可表示为

$$\boldsymbol{R} = \boldsymbol{R}(t;a,e,i,\omega,\Omega,M_0), \quad \dot{\boldsymbol{R}} = \dot{\boldsymbol{R}}(t;a,e,i,\omega,\Omega,M_0) \quad (6.1.13)$$

式中：M_0 为 $t=0$ 时刻的平近点角；密切轨道根数 $\boldsymbol{\sigma} = (a,e,i,\omega,\Omega,M_0)$ 为式（6.1.10）的解，也是时刻 t 的函数。将密切轨道根数对时刻 t 求导，得

$$\frac{\mathrm{d}a}{\mathrm{d}t} = \frac{2}{na}\boldsymbol{F}\cdot\frac{\partial}{\partial M_0}\boldsymbol{R} = \frac{2}{na}\boldsymbol{F}\cdot\frac{\partial}{\partial M}\boldsymbol{R} \quad (6.1.14)$$

$$\frac{\mathrm{d}e}{\mathrm{d}t} = \frac{1-e^2}{na^2 e}\boldsymbol{F}\cdot\frac{\partial}{\partial M_0}\boldsymbol{R} - \frac{\sqrt{1-e^2}}{na^2 e}\boldsymbol{F}\cdot\frac{\partial}{\partial \omega}\boldsymbol{R} \quad (6.1.15)$$

$$\frac{\mathrm{d}i}{\mathrm{d}t} = \frac{\cot i}{na^2\sqrt{1-e^2}}\boldsymbol{F}\cdot\frac{\partial}{\partial \omega}\boldsymbol{R} - \frac{\csc i}{na^2 e}\boldsymbol{F}\cdot\frac{\partial}{\partial \Omega}\boldsymbol{R} \quad (6.1.16)$$

$$\frac{\mathrm{d}\Omega}{\mathrm{d}t} = \frac{\csc i}{na^2\sqrt{1-e^2}}\boldsymbol{F}\cdot\frac{\partial}{\partial i}\boldsymbol{R} \quad (6.1.17)$$

$$\frac{\mathrm{d}\omega}{\mathrm{d}t} = \frac{\sqrt{1-e^2}}{na^2 e}\boldsymbol{F}\cdot\frac{\partial}{\partial e}\boldsymbol{R} - \frac{\cot i}{na^2\sqrt{1-e^2}}\boldsymbol{F}\cdot\frac{\partial}{\partial t}\boldsymbol{R} \quad (6.1.18)$$

$$\frac{\mathrm{d}M}{\mathrm{d}t} = n - \frac{\mathrm{d}M_0}{\mathrm{d}t} = n - \frac{2}{na}\boldsymbol{F}\cdot\frac{\partial}{\partial a}\boldsymbol{R} - \frac{1-e^2}{na^2}\boldsymbol{F}\cdot\frac{\partial}{\partial e}\boldsymbol{R} \quad (6.1.19)$$

式（6.1.14）～式（6.1.19）为式（6.1.10）的基本解。式中：·表示内积运算；n 为平均角速度。当摄动力解析函数形式已知，就可按式（6.1.14）～式（6.1.19）研究卫星有摄运动密切轨道根数的变化规律。

为了能真实地解算各阶次地球引力场，需要选择具有不同倾角、不同高度的多颗卫星资料求解引力场位系数。选择的卫星应尽可能受到非精确模型化的摄动（如非保守力摄动）较小，避免吸收由引力场产生的长期和长周期摄动。这种利用卫星跟踪观测量测定地球重力场

的方法称为动力学方法。它不仅适合地面卫星跟踪，也适合卫星对地观测。

2. 卫星跟踪卫星技术

卫星跟踪卫星技术（satellite-to-satellite tracking，SST）是指两颗卫星之间的精密测距测速跟踪，由 GPS 技术的发展演化为高低卫-卫跟踪（SST-hl）和低低卫-卫跟踪（SST-ll），如图 6.1 所示。高低卫-卫跟踪利用低轨卫星（高度为 400～500 km）上的星载 GNSS 接收机与 GNSS 卫星星座构成对低轨卫星的空间跟踪网，同时在低轨卫星上载有高精度加速计，补偿低轨卫星的非保守力摄动，以提高低阶重力场恢复精度。低低卫-卫跟踪技术是指两颗相距两三百千米的低轨卫星，以优于微米级的测距测速精度相互跟踪（微波或激光测距），同时与 GNSS 卫星星座构成空间跟踪网，因此低低卫-卫跟踪相当于多方向高低卫-卫跟踪再加上两颗低轨卫星之间的跟踪。

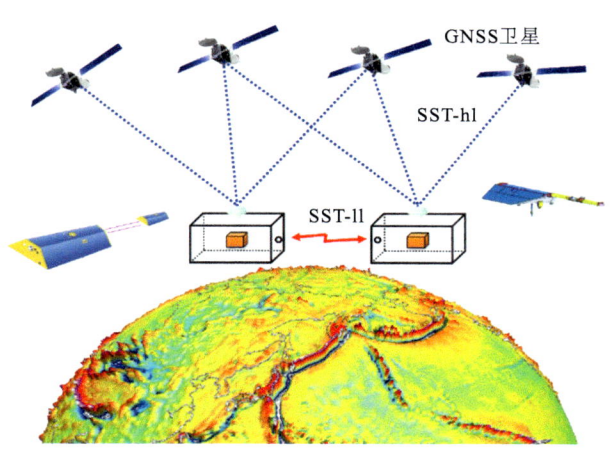

图 6.1 卫星跟踪卫星技术

卫星跟踪卫星技术测量的是星间距离和星间距离变率。设 $\boldsymbol{X}_i$ 为卫星位置向量（$i=1,2$），$\dot{\boldsymbol{X}}_i$ 为卫星速度向量，$\ddot{\boldsymbol{X}}_i$ 为卫星加速度向量；$\boldsymbol{X}$ 为星间位置差向量，$\boldsymbol{e}$ 为星间位置差单位向量，$\dot{\boldsymbol{X}}$ 为两个卫星的速度差向量，$\ddot{\boldsymbol{X}}$ 为两个卫星的加速度差向量；ρ 为星间距离，$\dot{\rho}$ 为星间距离变率，$\ddot{\rho}$ 为星间距离二次变率。不论是 SST-hl 模式，还是 SST-ll 模式，都有

$$\boldsymbol{X} = \rho \boldsymbol{e}, \quad \dot{\boldsymbol{X}} = \rho \dot{\boldsymbol{e}} \tag{6.1.20}$$

$$\ddot{\rho} = \ddot{\boldsymbol{X}} \cdot \boldsymbol{e} + \frac{\dot{\boldsymbol{X}} \cdot \dot{\boldsymbol{X}} - \dot{\rho}^2}{\rho} \tag{6.1.21}$$

式（6.1.21）中右端第二项仅是第一项的 10^{-7}，与测量误差相比可以忽略，这主要是因子 $1/\rho$ 的作用，从而有

$$\ddot{\rho} = \ddot{\boldsymbol{X}} \cdot \boldsymbol{e} = (\ddot{\boldsymbol{X}}_1 - \ddot{\boldsymbol{X}}_2) \cdot \boldsymbol{e} = (\nabla V_1 - \nabla V_2) \cdot \boldsymbol{e} \tag{6.1.22}$$

式中：V_i 为卫星 i 质心处的引力位，∇ 为梯度算子。

顾及重力卫星轨道的近圆特征，选择参考重力位系数模型，引入参考轨道，可得与式（6.1.22）对应的剩余量之间的关系为

$$\Delta \ddot{\rho} = (\nabla T_1 - \nabla T_2) \cdot \boldsymbol{e} \tag{6.1.23}$$

式中：T_i 为卫星 i 质心处移去扰动位参考模型值后的剩余扰动位；∇T_i 为剩余扰动重力向量，

在地固坐标系中可表示为

$$\nabla \boldsymbol{T}(r,\theta,\lambda) = \left[\frac{\partial \boldsymbol{T}}{\partial r}, -\frac{\partial \boldsymbol{T}}{r\partial \theta}, \frac{\partial \boldsymbol{T}}{r\sin\theta\partial\lambda}\right]^{\mathrm{T}} \quad (6.1.24)$$

将式（6.1.24）代入式（6.1.23）得

$$\Delta\ddot{\rho} = \left[\left.\frac{\partial T}{\partial r}\right|_1 + \left.\frac{\partial T}{\partial r}\right|_2\right]\sin\frac{\psi}{2} - \left[\left.\frac{\partial T}{r\partial\theta}\right|_1 - \left.\frac{\partial T}{r\partial\theta}\right|_2\right]\cos\frac{\psi}{2} \quad (6.1.25)$$

式中：ψ 为两卫星之间的地心角距。由物理大地测量学可知

$$\frac{\partial T}{\partial r} = -\frac{GM}{r^2}\sum_{n=1}^{\infty}(n+1)\left(\frac{a_e}{r}\right)^n\sum_{m=0}^{n}(\delta\bar{C}_{nm}\cos m\lambda + \delta\bar{S}_{nm}\sin m\lambda)\bar{P}_{nm}(\cos\theta) \quad (6.1.26)$$

$$\frac{\partial T}{r\partial\theta} = \frac{GM}{r}\sum_{n=1}^{\infty}\left(\frac{a_e}{r}\right)^n\sum_{m=0}^{n}(\delta\bar{C}_{nm}\cos m\lambda + \delta\bar{S}_{nm}\sin m\lambda)\frac{\partial}{\partial\theta}[\bar{P}_{nm}(\cos\theta)] \quad (6.1.27)$$

式中：a_e 为地球长半轴；$(\delta\bar{C}_{nm}, \delta\bar{S}_{nm})$ 是完全规格化的剩余位系数。

将式（6.1.26）和式（6.1.27）代入式（6.1.25），可得由卫-卫跟踪观测量（星间距的二次变率），估计地球重力场位系数的基本关系式。

在 SST-hl 模式中，由于高轨卫星的飞行轨道很高（上万千米），几乎只受重力场长波部分作用，移去参考重力场后，可认为 $\nabla \boldsymbol{T}_2 = 0$，此时式（6.1.23）简化为

$$\Delta\ddot{\rho} = \nabla \boldsymbol{T}_1 \cdot \boldsymbol{e} \quad (6.1.28)$$

可见，SST-hl 模式测量的是低轨卫星处引力位的一阶导数在高低卫星连线方向上的投影。

在 SST-ll 模式中，由于 ρ 较小，式（6.1.23）可进一步简化为

$$\Delta\ddot{\rho} = (\nabla\nabla \boldsymbol{T} \cdot \Delta \boldsymbol{r}) \cdot \boldsymbol{e} \quad (6.1.29)$$

式中：$\nabla\nabla \boldsymbol{T}$ 为扰动重力梯度张量。这表明，相距很近的 SST-ll 模式相当于一个重力梯度仪，所测量的是卫星连线方向上的重力梯度分量。

3. 卫星重力梯度测量

测量重力位的二阶导数可有效补偿由卫星高度增加带来的重力场信号衰减影响，相比于地面跟踪观测卫星轨道摄动和卫星跟踪卫星测量技术，卫星重力梯度测量（satellite gravity gradiometry，SGG）（图 6.2）对地球重力场中短波信号更加敏感，可用于反演更高空间分辨率和精度的地球重力场。

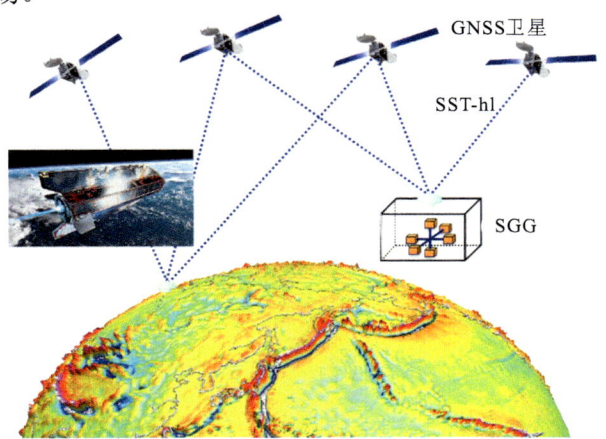

图 6.2 卫星重力梯度测量技术

全张量重力梯度 $\nabla\nabla V = \dfrac{\partial^2 V}{\partial x_i \partial x_j} = V_{ij}$ ($i,j = x,y,z$ 或 $1,2,3$) 由 9 个分量组成：

$$\nabla\nabla V = V_{ij} = \begin{bmatrix} V_{xx} & V_{xy} & V_{xz} \\ V_{yx} & V_{yy} & V_{yz} \\ V_{zx} & V_{zy} & V_{zz} \end{bmatrix} \tag{6.1.30}$$

矩阵 $\nabla\nabla V$ 是对称矩阵，由于卫星重力梯度仪处在地球外近真空环境下（密度 $\rho = 0$），矩阵 $\nabla\nabla V$ 的迹满足 Laplace 方程 $V_{xx} + V_{yy} + V_{zz} = 0$，矩阵 $\nabla\nabla V$ 的 9 个元素只有 5 个是独立的。

2009 年 3 月 17 日，欧洲航天局 GOCE 卫星升空，GOCE 任务同时采用高低卫-卫跟踪技术（SST-hl）、卫星重力梯度测量（SGG）技术和无拖曳（drag-free）技术，用于获取高精度高分辨率全球地球重力场、探测地核结构和海洋环流，为全面提高地球内部精细结构探测、全球气候变化及海洋监测与全球高程基准统一提供科学支撑。

6.1.3 星载雷达对地监测技术

1. 海洋卫星测高技术

海洋卫星测高是利用安装在卫星上的雷达测高仪，以一定的采样时间间隔，通过对海洋表面发射预制波长的窄电磁脉冲，来测量测高仪到海面的往返时间，经仪器延迟改正、海况改正、对流层和电离层改正、固体潮改正、负荷潮改正、极移形变效应改正和海面潮高改正等，从而获得瞬时海面高。海洋卫星测高技术（图 6.3）具有全天候、长时间历程、大观测面积、高观测精度、准时间同步与大信息量等特点。作为 20 世纪 70 年代发展起来的一项卫星大地测量技术，已由最初的单一从空中遥测的方法确定海面状况，发展到监测海平面变化、海洋潮汐与重力场、海洋环流，河流和湖泊水位监测，极地测高，海冰和冰川探测、气候变化等地球物理和大地测量学领域。

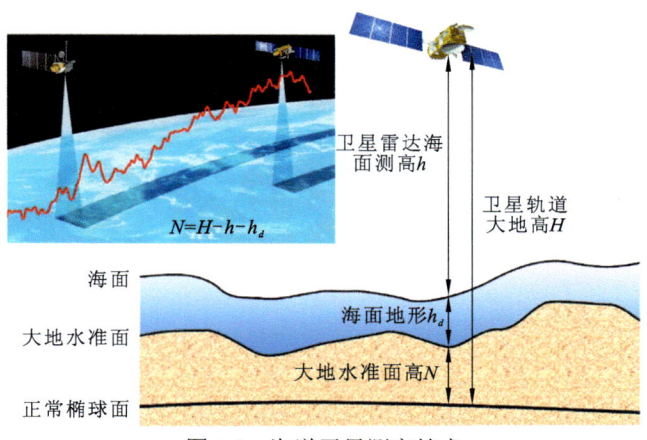

图 6.3 海洋卫星测高技术

1973 年以来，各国发射的测高卫星包括 Skylab、Geos-3、Seasat、Geosat、ERS-1、ERS-2、TOPEX/Poseidon、GFO、Envisat-1、Envisat-2、Jason-1、Jason-2、Jason-3 和中国的海洋 2 号与高分六号。这些海洋测高计划积累了一个十分庞大的测高数据集，为全球海平面变化、地球重力场、海底地形、海洋岩石圈、海洋环流等研究提供了丰富的信息源。

2. 星载激光测高技术

星载激光测高技术的照射光斑小,测量分辨率高,有利于反射点的精确定位。波形信息可用于云层识别,植被类型、密度和树冠高度等的鉴别或测定,以及陆地、水和冰表面的测量等。

星载激光测高技术具有覆盖范围广和运行轨道高的特点,被广泛应用于制作全球卫星影像控制点库、监测极地冰川和湖库水位的变化,以及估算森林生物量、碳储量等。目前已有多颗对地观测卫星搭载了激光测高系统。2003 年,NASA 发射 ICESat,其上搭载的地球科学激光测高系统(GLAS),是世界上第一个对地球进行连续观测的激光系统,2019 年中国发射的高分七号卫星同时搭载了全波形激光测高仪和双线阵立体相机。

3. 合成孔径雷达干涉测量技术

合成孔径雷达干涉测量(interferometric synthetic aperture radar,InSAR)是一种应用于测绘和遥感的雷达技术。这种测量方法使用两幅或多幅合成孔径雷达影像图,根据卫星或飞机接收到的回波的相位差,来生成数字高程模型,测量地表面变化。星载合成孔径雷达干涉测量技术具有覆盖范围广、点位密度高、观测精度高的特点,是以遥感方式实现几何测量的新型卫星大地测量技术。

InSAR 数据处理通常有差分合成孔径雷达干涉测量(differential interferometric synthetic aperture radar,DInSAR)与永久散射体合成孔径雷达干涉测量(persistent scatterer interferometric synthetic aperture radar,PSInSAR)两类,以 PSInSAR 测量为代表的相干目标时间序列分析技术应用广泛,其核心是利用监测区一定时期内积累的多期 SAR 数据,基于相干目标差分干涉相位各分量时空频率特征分析进行地面变化参数估计,得到相干目标的变化速率、累积变化量并转换为地面变化信息。利用多轨道、长条带的 PSInSAR 测量集成方法,可实现区域性大范围、同时相、高精度的地面变化监测。

6.1.4 高精度地面重力测量

几何大地测量技术可以监测地面形变,重复或连续重力观测可以监测地面重力变化,两者结合不但能揭示地面相对于大地水准面的变化,还能有效分离构造形变、均衡形变与负荷形变。地面重力测量按功能可分为绝对重力测量和相对重力测量两种方法,前者直接测量重力加速度 g 值,后者测量两点间的重力差。

1. 绝对重力测量原理

绝对重力仪主要基于自由落体的运动原理,测量时有单程下落和上抛下落两种行程,自由落体为一光学棱镜,利用氦氖激光束的波长作为迈克耳孙干涉仪的光学尺,直接测量空间距离。时间标准一般采用国际上通用的原子频标,如铷、铯原子钟。

1)自由落体重力测量原理

(1)自由下落单程观测。图 6.4(a)所示为自由落体在真空中的下落,落体质心在时刻 t_1、t_2、t_3 经过的位置分别为 h_1、h_2、h_3,时间间隔为 T_1、T_2,经过的距离为 S_1、S_2,由自由

落体运动方程可导出重力加速度为

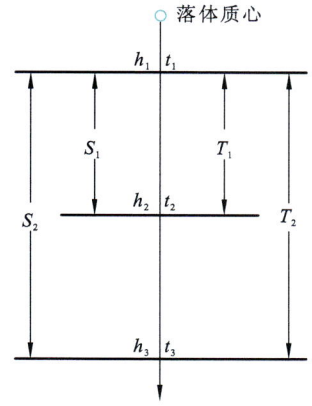

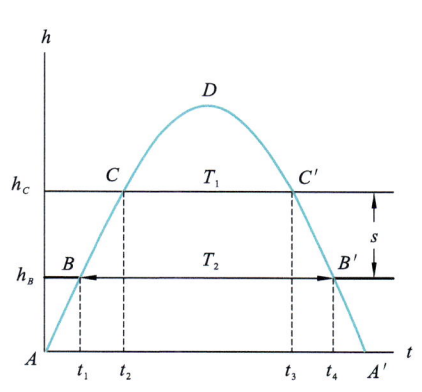

$$g = 2\left(\frac{S_2}{T_2} - \frac{S_1}{T_1}\right) / (T_2 - T_1) \tag{6.1.31}$$

（a）自由下落单程观测　　　　（b）上抛下落双程观测

图 6.4　绝对重力测量原理图

精确测定 S_1、S_2 是迈克耳孙干涉仪的原理。当落体光心在光线方向上移动半波长 $\lambda/2$ 时，干涉条纹就产生一次明暗变化，干涉条纹数目 N 直接代表了落体的下落距离 $S = N\lambda/2$。这些干涉条纹信号通过光电倍增管接收，转化成电信号，放大后与标准频率信号同时送入高精度的电子系统，以便计算时间间隔与条纹数目，从而精确得到 S_1、S_2、T_1、T_2。

（2）上抛下落双程观测。上抛下落观测可抑制残存空气阻力、时间测量与电磁等影响带来的误差，物体被垂直上抛后，其质量中心所走的路程先垂直向上，达到顶部后再垂直向下，其时间与距离的关系如图 6.4（b）所示。图中 A 和 A'、B 和 B'、C 和 C' 在空间上分别是同一点。

由运动学公式可得

$$S = 8s / (T_2^2 - T_1^2), \quad T_1 = t_3 - t_2, \quad T_2 = t_4 - t_1 \tag{6.1.32}$$

式中：$s = h_C - h_B$ 为已知的仪器参数。

2）绝对重力仪的观测方程

自由落体重力仪使用激光干涉仪来监测自由下落物体（即落体）的运动轨迹。由自由落体公式可知，落体位置与其重力加速度 g 具有如下关系：

$$x_i = x_0 + v_0 t_0 + \frac{1}{2} g t_i^2 + \frac{1}{6} \dot{\gamma} v_0 t_i^3 + \frac{1}{24} \dot{\gamma} g t_i^4 \tag{6.1.33}$$

FG5 型绝对重力仪就是根据式（6.1.33）制成的，其绝对重力观测方程为

$$x_i = x_0 + v_0 t_0 + \frac{1}{2} g_0 \left(t_i^2 + \frac{1}{12} \dot{\gamma} t_i^4\right), \quad t = t_i - (x_i - x_0)/c \tag{6.1.34}$$

式中：x_0、v_0、g_0 分别为 $t = 0$ 时物体的初始位置、速度和重力；$\dot{\gamma}$ 为垂直重力梯度；c 为光速；t_i 为第 i 次测量中落体所经历的时间；x_i 为第 i 次测量时落体的末位置。

3）落体轨迹激光干涉测量

绝对重力仪利用激光干涉测量系统，测量真空中的自由落体（自由棱镜、质量块）在某

个时刻相对于参考棱镜的位移信息。自由棱镜在运动过程中,干涉测量系统会通过分光镜,将经过准直镜后的激光束分成测量光束和参考光束两束相干光,测量光束分别通过自由棱镜与参考棱镜的反射后与参考光束叠加,形成干涉条纹被光电接收器接收,通过处理干涉带信号,提取多组自由棱镜运动的时间位移和坐标(T_i, D_i),通过拟合这些坐标,计算测点的重力,如图 6.5 所示。

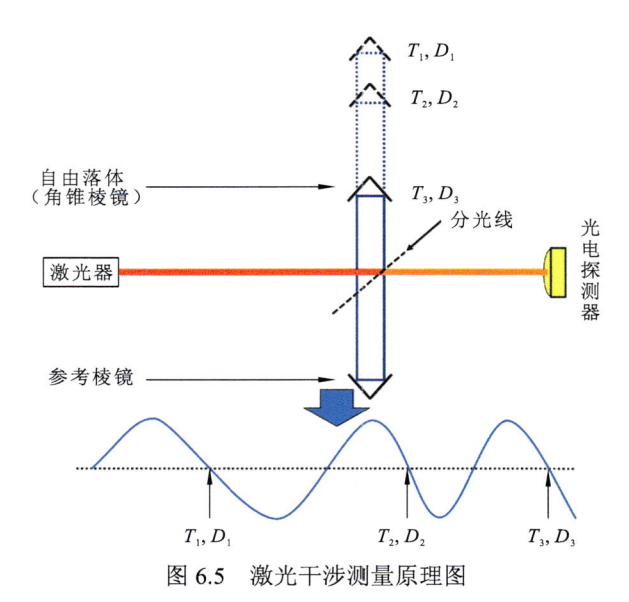

图 6.5 激光干涉测量原理图

影响激光干涉测量精度的器件主要有真空舱、激光器、原子频标和隔离装置。自由棱镜要在真空舱中移动,以避免气体阻力影响重力观测值。激光器提供激光干涉测量的长度基准,激光频率的稳定性决定长度基准的准确性。原子频标提供激光干涉测量的时间基准,频标的稳定性决定时间基准的准确性。隔离装置用于隔绝地面振动影响,保证测量光束长度的改变仅受重力加速度的影响。为使绝对重力测量达到微伽级的观测精度,要求用于长度基准的激光频率和用于时间基准的频标均超过 10^{-9} 的准确性。

4)原子干涉测量绝对重力

随着激光冷却、磁光阱和原子干涉技术的发展,近 20 年发展起来一种原子干涉法来测量绝对重力,原子干涉法原则上具有 10^{-12} 稳定度的绝对重力测量潜力。

美国斯坦福大学朱棣文教授因成功研究激光冷却囚禁原子的方法,于 1997 年获得了诺贝尔物理学奖,并将此方法用于测量单个原子的重力加速度,也获得了成功,估算的测量准确度可达 3 μGal。1997 年,原子干涉重力仪的测量结果直接与准确度为 2 μGal 的激光绝对重力仪 FG5 的测量结果进行了比对,结果显示,作用在原子上的地球引力与作用在宏观物体上的引力没有明显的差别,即重力对原子的作用与对棒球的作用是相同的。这就是著名的现代比萨斜塔实验。这种原子干涉测量方法已开始用于绝对重力测量,测量准确度还在不断提高。

原子干涉测量的方法利用了原子探测团的独特优势,引导并控制它们内部各种状态的可能性。原子干涉仪又称拉曼型激光干涉仪。在一个垂直拉曼原子干涉仪中,自由落体原子被两束频率分别为 ω_1、ω_2 的激光脉冲照亮,如图 6.6(a)所示。两束光沿 z 轴反向传播,其波矢分别为 $\boldsymbol{k}_1 = k_1 \boldsymbol{e}_z$ 和 $\boldsymbol{k}_2 = k_2 \boldsymbol{e}_z$($k_i = \omega_i / c$,$c$ 为光速)。ω_1、ω_2 与一个三能级体系的原子跃迁

密切相关。其中有两个基态或亚稳态$|a\rangle$和$|b\rangle$而共有一个激发态$|e\rangle$。发射脉冲时，激光在$|a\rangle$态和$|b\rangle$态间产生双光子拉曼跃迁，如图 6.6（b）所示。图中显示了找到某种特定状态原子的概率，其值在 0～1 做周期性振荡。特征拉比频率Ω仅取决于光参量。

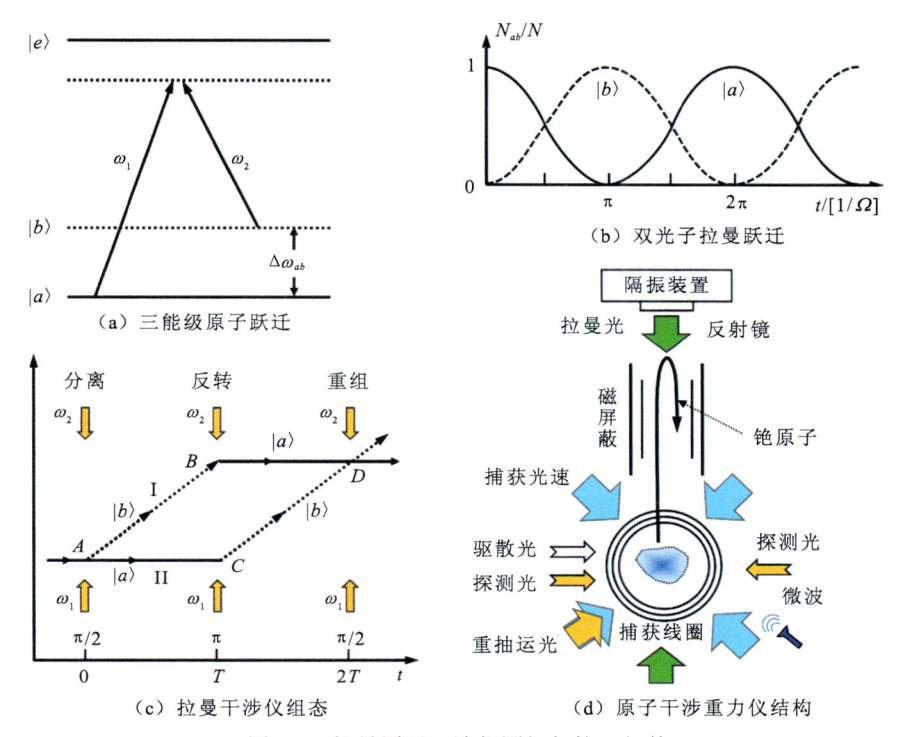

图 6.6　拉曼原子干涉仪图解与核心部件

首先外加一个π/2脉冲，然后加π脉冲，最后再加另一个π/2脉冲，每次间隔时间T，便产生原子的干涉仪组态，这种拉曼干涉仪如图 6.6（c）所示。第一束脉冲作为原子在A点的分束器，B点和C点所加的π脉冲相当于经典迈克耳孙干涉仪中的反射镜面，最后位于D点的π/2脉冲作为第二个分束器，它重组了来自不同路径的原子（路径 I＝ABD，路径 II＝ACD）。通过有关相位计算，用该方法可扫描干涉条纹来证明$\dot{\gamma} - k_{\text{eff}} g = 0$（对正确的$\dot{\gamma}$而言，$k_{\text{eff}} = k_1 + k_2$）或揭示相位补偿为$(\dot{\gamma} - k_{\text{eff}} g)T^2$（对于不完全的多普勒补偿）。在这两种情况下，$g$值可通过联合测量的相位补偿和$\dot{\gamma}$值得到，$\dot{\gamma}$则可通过频率发生器得到。这套原子干涉仪系统（在保持均匀加速度的情况下）对原子的初始条件不敏感。基于垂直方向的拉曼原子干涉测量法已经被证明，用铯原子测定g值，得出$\Delta g / g$的准确度约为10^{-9}的量级。

用于测量重力加速度的原子干涉仪，其核心部分如图 6.6（d）所示。原子被捕集于磁光阱之后，关掉黏胶光束，用调谐到共振频率的一束向上的短脉冲照射原子，原子向上发射，便形成原子喷泉。

2. 高精度重力测量设备

1）FG5 型绝对重力仪

FG5 型绝对重力仪（图 6.7）由 Micro-g 公司生产，是目前测量精度较高的商业化绝对重

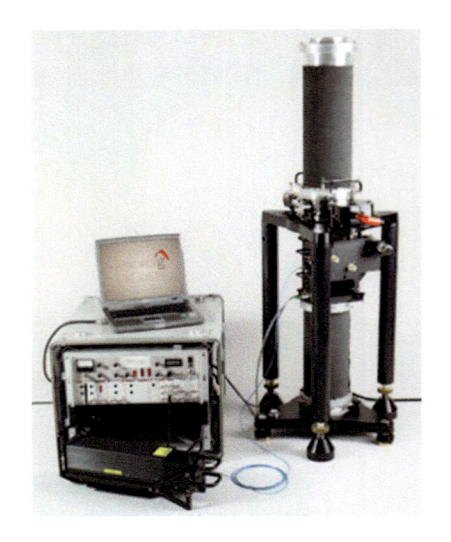

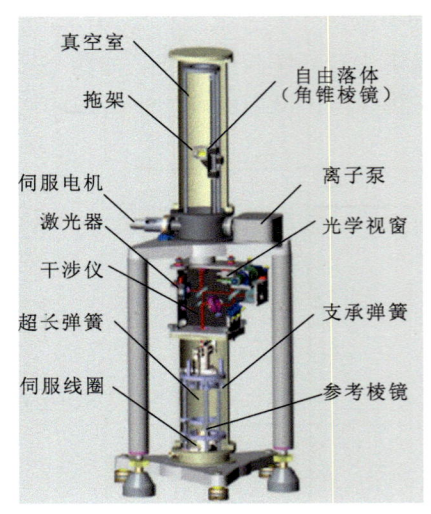

图 6.7　FG5 型绝对重力仪及结构示意图

力仪，采用下落法测量。质量块下落的高度为 20 cm，在 0.2 s 内完成一次测量。每次测量记录 700 个时间-位置，利用最小二乘法求解 g。10 s 重复一次测量过程，100 次测量成为一组，标准差为 4~15 μGal，最终精度可以达到 1~2 μGal。

FG5 型绝对重力仪的结构如图 6.7 所示。时间标准由铷原子钟提供，长度标准采用碘稳频激光。质量块被放置在拖架内，有三方面的考虑：①减小真空室内残余空气分子在质量块自由下落过程中对质量块的阻力；②跟踪质量块的自由下落过程，在质量块完成自由下落过程后能以较小的碰撞力与拖架接触，最后停止；③质量块下落过程中将质量块屏蔽在环境电磁场之外，避免因电磁感应而产生阻力作用。

FG5 型绝对重力仪对参考棱镜的隔振技术体现在一个超长弹簧的设计上。一个长周期（30~60 s）的活动超长弹簧被设计用来安装参考棱镜，以隔离地面振动，从而使最终测量到的位移差仅来自质量块的加速运动，从而消除由地面的振动带来的系统误差。

2）CG-X 型相对重力仪

CG-X 型相对重力仪是加拿大先达利（Scintrex）公司推出的自动化程度较高的弹性相对重力仪，传感器采用整体熔凝石英弹簧。其核心部件是在一个电容器极板之间用石英弹簧吊着重荷，重荷的位置受重力作用而离开"零点"。仪器自动调整电容器极板上的电压使重荷位置"回零"，测出电压的变化值即可算出重力值。

CG-5 读数分辨率为 1 μGal，标准重复性精度优于 5 μGal，长期漂移小于 20 μGal/d，标称环境温度系数 0.2 μGal/℃，压力系数 1.5 μGal/hPa，磁场系数为 10^4 μGal/T。不大于 $20\,g$ 的轻微振动所引起的误差小于 5 μGal，可对潮汐、仪器倾斜、温度、噪声采样等进行自动补偿，自动倾斜补偿范围为 ±200″，量程为 8000 mGal，工作温度为-40~45 ℃，基本能适应全球地面环境的工作需要。

3）gPhone 相对重力仪

gPhone 相对重力仪是 Micro-g LaCoste 公司生产的一种便携式固体潮重力仪。其前身是 LaCoste-Romberg ET 型重力仪，目前的最新型号为 gPhoneX。该仪器是相对重力仪，其输出量为电压，反映了重力的相对变化。传感器采用"零长金属弹簧"，全球范围内的调整量程为 7000 mGal，动态量程为±50 mGal。gPhone 重力仪的特点是体积小、重量轻、零漂小、灵敏度高、精度高，广泛应用于台站重力变化连续观测。

gPhone 传感器封装在双层隔热装置中，确保了精密的温度恒定，采用三层密封装置来保证传感器不受湿度及压力的变化影响。gPhone 拥有铷时钟同步的数据采集系统，可与 GPS 时间同步，其精密电子反馈系统使数字测量分辨率达 0.1 μGal。观测精度为 1 μGal，每月零漂小于 1 mGal，可连续采集重力变化信号，如重力固体潮信号。gPhone 具有优异的高频响应，使其可以用来监测频率较高的非周期事件，如地震活动。

4）超导重力仪

超导重力仪（superconducting gravimeter，SG）（图 6.8）是一种利用超导体产生的磁场来平衡悬浮超导球以测量重力变化的仪器。它利用超导体在超导转变之后的无限导电性和完全抗磁性，建立起超导磁悬浮系统，以代替常规重力仪的弹簧支撑机构；用电容电桥或磁通探测器来检测由重力变化而引起的超导悬浮体的位置变化，以达到测量重力变化的目的。

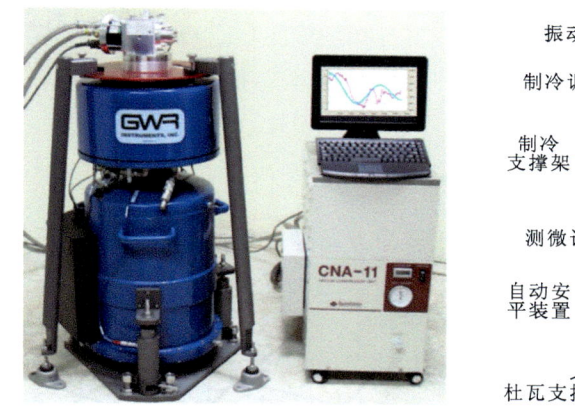

图 6.8 超导重力仪及内部结构示意图

超导重力仪采用磁悬浮测试感应体，从根本上解决了机械弹簧重力仪的漂移问题，是目前世界上最灵敏的相对重力仪，其测量精度可达 10 nGal（0.01 μGal），因而广泛用于时变重力、固体潮及地壳形变观测等。

超导重力仪主要由超导小球、磁悬浮架、超导检流计、超导屏蔽、液核杜瓦瓶 5 部分组成，如图 6.8 所示。美国 GWR 仪器有限公司的台站型超导重力仪采用了超导恒流技术，具有纳伽级的精度，1 min 窗口的平均观测达 10~40 nGal，比例因子系数恒定在万分之一且长期稳定（数十年以上），漂移率每年通常低于 2 μGal 且长期保持线性，受外部的温度、压力和磁场的影响微小，是非常稳定的相对重力仪。

iGrav 型超导重力仪是美国 GWR 仪器有限公司推出的简单轻便超导重力仪。iGrav 漂移率每月小于 0.5 μGal，其余主要性能指标与其台站型超导重力仪基本接近。

6.1.5 定点连续形变监测技术

定点形变监测通过地面固定台站大地测量要素的连续观测，测定固体地球形变及其多种性质、多种时空尺度的地球动力学效应。常见的大地测量定点形变监测包括 GNSS/SLR/VLBI

站连续观测、重力固体潮站连续观测、倾斜台站连续观测及应变台站连续观测。

1. GNSS/SLR/VLBI 站连续观测技术

GNSS、SLR 和 VLBI 等现代空间大地测量技术，为大范围、高精度、全天候的三维地壳运动与地球形变观测提供了革命性的技术手段。与传统方法相比，不仅观测效率提高了数十倍，而且精度也提高了近 3 个数量级，使上千千米长的基线观测精度达毫米量级。

在全球各大板块上设置若干 VLBI、SLR 或 GNSS 连续运行基准站，通过连续观测，能够以毫米级的精度测定板块的运动速率，由此可建立以欧拉向量（板块间绕定轴旋转的相对角速度向量）表示的全球板块运动模型，用以描述板块的运动模式，并可同时测定板块内部形变的时空演变状态，给出区域动力学边界条件，刻画区域构造形变场变化过程的总体和分区特征。

高频 GNSS 监测通过及时捕获异常地球物理和地球动力学信号，可研究地质灾害灾变、地震破裂过程及机理，通过固体潮、负荷潮、地球自转与自由振荡等分析，可研究固体地球内部结构，反演多种地球动力学参数。基于空间大地测量站点的连续观测数据，可有效分离出各种周期性、长期性和非线性地球形变及其空间分布演变过程。以这些站点连续观测为边界条件，可按固体地球力学原理，约束反演高时间分辨率的全球或区域地面形变场与时变重力场。

2. 重力固体潮站连续观测技术

连续重力观测是通过固定或定点台站上的连续观测，获得台站的重力时间变化信号，台站连续观测的重力时间变化是地质灾害及地震预测研究的基础信息。1959 年，国际大地测量协会（IAG）成立地球潮汐委员会，在比利时 Brussels 皇家天文台设立地球潮汐数据库，收集、处理和分析国际地球潮汐中心（International Center of the Earth's Tides，ICET）分布在全球的 352 个重力台站观测数据，研究和发展连续重力观测资料分析方法，供全球大地测量和地球物理活动共享。

1997 年，国际大地测量和地球物理联合会（IUGG）下属的地球深内部委员会和 IAG 地球潮汐委员会联合实施全球地球动力学计划（global geodynamic project，GGP），采用相同的数据采集格式和分析软件，统一处理与共享自 1995 年以来遍布全球的超导重力仪长期、连续、稳定的同步观测资料。GGP 的主要目标是精密确定地面站点的地球动力学效应，改善全球和区域地球参考框架，改善全球和区域绝对海平面变化与动力学模型，统一全球重力场变化监测基准，推进地球潮汐与近周日摆动、地球自转动力学、内核动力学与核幔耦合、固体地球的大气效应、构造运动效应、地震监测与地球自由振荡、固体地球长周期形变等方面的研究不断深入。现在，越来越多超导重力仪被安装在全球各地，台网建设正逐步完善，截至 2020 年 GGP 网络的超导重力仪（SG）台站已超过 40 个。

时变地球重力场包含地球系统物质分布及质量运动的丰富信息，直接反映地球各圈层最基本的物质及其变化特性，是各种环境变化作用于固体地球最基本、最直接和最重要的物理量之一。时变重力场观测信号是深入研究、详细了解全球和局部动力学特征、固体地球内部的构造和运动特征、各圈层的相互作用和耦合机制的重要信息源。时变重力场有很宽的频谱，周期变化范围从几秒（地震、地球自由振荡等）到一年以上（如钱德勒摆动、内核晃动、内核超速旋转等），其中大部分地球动力学效应引起的重力场微弱变化都可通过超导重力仪观测到，Crossley 等（2013）用图 6.9 直观地描述了动力学效应引起的地表重力变化。GGP 的实施及全球超导重力仪观测资料的积累和共享，将对未来各种地球动力学现象的研究持续发挥重要的作用。

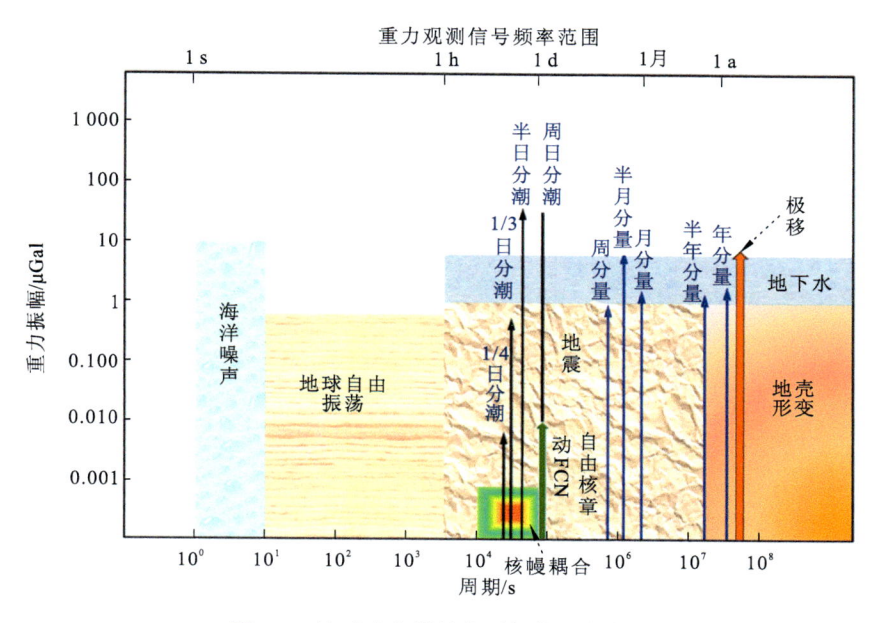

图 6.9 地球动力学效应引起的重力变化

3. 倾斜台站连续观测技术

倾斜台站类型通常有洞体观测和钻孔井下观测两类，用于观测地面与当地水平面的夹角（也等于地面法线与铅垂线夹角）随时间的变化，单位为角秒（″）。高分辨率倾斜仪一般安装在山洞或地下室中，如 SQ 水平摆、VS 垂直摆和 DSQ 水管倾斜仪，并配有数据采集设备记录地倾斜固体潮汐形态数据曲线。

1）摆式倾斜仪

根据摆的铅垂原理，当地面局部倾斜时，摆架同时随之发生倾斜，但摆仍然处于垂直悬挂状态（即摆仍在铅垂线方向上），因此摆架倾斜的角度即为地倾角 ψ，按照这种原理研制的倾斜仪称为垂直摆倾斜仪。

水平摆是由铅垂摆演变而来。当将铅垂摆的摆杆直立起来但又不在铅垂线上时，通过测量铅垂线间极微小角度差的仪器称为水平摆倾斜仪。

2）水管式倾斜仪

当连通管两端地基出现相对垂直位移时，两端盛水本体中的水位液面发生的相对变化与地面倾斜成正比，将测得的垂直高差换算成相应的地倾角 $\Delta\psi$（″）为

$$\Delta\psi = \rho'' \frac{\Delta h}{L}, \quad \rho'' = 206\,264.8 \tag{6.1.35}$$

式中：Δh 为测得的垂直高差；L 为两端钵体中心距离。

目前，中国地震系统地倾斜潮汐观测工作基本以摆式和水管式两种类型的倾斜仪为主。

4. 应变台站连续观测技术

1）洞体应变观测

洞体应变观测在岩体完整、温度恒定、结构稳定的山洞中，采用机械伸缩应变计或激光干涉应变计测量。前者利用长度稳定性良好的基准杆，比较两个基墩间的距离变化来计算地应变，其基线长度可达数十米至上百米，测量精度优于 1 纳应变（$1\times10^{-9}\varepsilon$）。后者利用稳频激光干涉，测量两个岩石基墩的距离变化，基墩距离可达上百米。

SS-Y 型伸缩仪是安装在有一定岩土覆盖的山洞洞体中，对地球表层应变的变化进行观测的洞体伸缩仪，以线膨胀系数极小的含铜特种因瓦材料为基线，观测对象是洞体内两基点之间水平距离随时间的相对变化。

在山洞中按照指定方向在水平面上 A、B 两点间设置长度为 L 的测量基线，通过观测 A、B 两点间距离的变化量 ΔL，确定其水平线应变 $\varepsilon = \Delta L / L$。其中，$L$ 为基线长度；ΔL 为基线的绝对变化量；ε 为应变量，即单位长度变化量。约定压缩为负、伸张为正。

2）钻孔应变观测

为了观测地壳应变状态随时间的微小连续变化，在钻孔中装入专用的应变传感器进行测量，该传感器称为钻孔应变仪，钻孔应变仪的井下部分称为探头。

钻孔应变仪大体分为三种类型。第一类是体积式钻孔应变仪，根据安装在钻孔仪器中腔体的体积变化，获得岩体体积的相对变化；第二类为剪应变式钻孔应变仪，根据安装在钻孔仪器中几个分量元件的组合观测，得到最大和最小主应变值之差，即岩体最大剪应变状态的相对变化；第三类是分量式钻孔应变仪，根据安装在钻孔应变仪中三个分量以上的元件给出的信息量，获得岩体最大与最小主应变值及最大主应变轴的方向。

定点连续形变观测在地质环境与地球自然灾害监测中具有重大的应用潜力。利用由多个站点构成区域监测网的地面形变、重力变化、地倾斜和地应变高精度高灵敏度连续观测，通过提取非潮汐变化信号、识别突变信号或暂态事件，可以捕捉各种地球自然灾害孕育过程中多种大地测量要素时空变化的微动态信息。当前，定点形变观测的采样率发展到小时、分钟甚至秒，已成为监测研究多种自然灾害或地震同震信号的重要技术手段。

6.1.6 重复大地测量监测技术

重复大地测量形变监测网可在各种不同的距离上（百米到几十千米），测量各点之间的水平位置、高差与重力变化，以获得区域或局部地区的地球形变、构造活动与重力场变化。常见的重复大地测量监测技术，主要包括 GNSS 精密定位、水准测量、重力测量与差分雷达干涉测量技术。

1）垂直形变测量

垂直形变测量的主要方法是精密水准测量。在地形变监测区按一定计划布点，在每个观测点将水准标石（水准点）牢固地埋在地下或出露于地表的基岩上，从而组成垂直形变网（流动水准监测网）。定期测量各条水准线上水准点之间的高差，经过适当处理，获得地壳垂直形变信息。

中国已先后建立了 20 个垂直形变监测网，覆盖面积达 178 万 km²。各监测网定期进行复测，复测周期在一般监视区为 5 年，在重点监视区为 2～3 年，加强监视区为 1 年。

2）水平形变测量

多年的大震资料表明，绝大多数浅源地震震源区均以水平错动为主，水平位移的幅度往往比垂直形变大。因此，研究水平位移和水平形变也具有重要意义。

地壳的水平运动是通过测定地面上一些点的平面位置变化来描述的，为此需要布设水平形变观测网。传统的水平形变网的基本图形是三角形，所以又称三角网。随着 GNSS 精密定位技术快速发展，目前基本上用流动 GNSS 形变监测网代替，观测元素也实现水平、垂直形变同步监测。监测网的布设原则和复测周期与垂直形变网类似。

3）地面重力变化重复监测

地面重力测量具有布局机动、易操作、精度高的特性，通常用来观测地球表面区域或局部地区的时变重力场。用重复重力观测得到的重力场时间变化，能够反映出区域地球形变，同时为获得区域时变重力场提供重力绝对变化基准和控制。已有的多种地面重力仪，可以测出高精度绝对重力和相对重力的时间变化，以反映各种地球物理现象的时间变化特性，研究和揭示这些物理问题的机理、特征和规律，研究水储量变化、构造运动和冰后回弹等地球物理或地球动力学问题。

中国地震局于 2018 年建成全国统一的重力监测网，由全国合理分布的 101 个绝对重力点和 4000 余个相对重力点构成。2019 年开始实测，绝对重力测量主要采用 FG5 型重力仪，相对重力联测采用 LCR-G 型、CG5/CG6 型和 Burris 型相对重力仪，测量成果精度在绝对基准控制下一般优于 15 μGal。全网分为重点监视区和一般监视区两大部分。重点监视区包括南北地震带、大华北地区和新疆等地区，平均测点间距 20～50 km，每年观测 2 期。一般监视区包括西部、东北和华南部分地区，测点平均间距 50～100 km，东北地区每年观测 1 期，西部和华南地区每一两年观测 1 期。

4）跨断层形变测量

相对于板块边界地区，板块内部地质构造复杂，断层活动相对微弱，跨断层形变监测作为板块或块体内部断层的高精度形变观测手段，目前仍是不可替代的技术方法，是断层近场活动的重要监测手段之一。通过重复测定已布设的网、线所跨活动断层的三维向量，为监测现代活动断裂构造的运动特征、断裂两侧的位移分布，研究地球形变提供精确的资料，可在断层分段、块体运动建模的联合反演中发挥重要的作用。

跨断层形变测量包含跨断层水准、跨断层基线、跨断层流动重力、跨断层水管仪、跨断层蠕变仪等多种观测手段。测线长度从几米、几十米、几百米到几千米，重复观测时间间隔从小时到日、月、季、年甚至数年不等。其测量方法主要沿用传统高精度大地测量技术，包括小三角测量、短基线测量和短水准测量。断层形变测量是在时空尺度上介于区域形变测量和定点连续形变观测（倾斜、应变和重力固体潮）之间的地形变测量方法。

跨断层形变测量的布局通常有两类情况。一类是布设在块体边界的主要活动断裂带上，这些断裂带是发生大地震的场所，通过测量可了解断裂带的应变积累和释放状况，判断未来大地震的危险地段，捕捉中短期地震前兆，研究地震的断层力学过程。另一类则布设在块体内部规模较小的活动断层上，其活动可以灵敏地反映区域构造活动和应力场的变化，在附近发生大地震前，这些小断层往往出现异常活动，有可能作为预报地震的依据。

6.2 全球重力场及负荷形变协同监测

任意类型的大地测量监测量，只要存在负荷形变效应，当其灵敏度达到一定程度时，都可用于监测负荷形变场。地面卫星跟踪、卫星跟踪卫星、卫星重力梯度，地面重力固体潮站，地面 GNSS CORS、SLR 站与 VLBI 站的径向位移，都可以敏感捕获固体地球负荷形变效应，因此，都能有效用于监测负荷形变场及时变重力场。

6.2.1 卫星重力场观测模型构建

如 3.2.1 小节所述，全球地面负荷形变场可表示为重力位系数的非潮汐负荷效应 $\{\Delta \bar{C}_{nm}, \Delta \bar{S}_{nm}\}$，即重力位系数随时间变化。反之，若采用大地测量方法监测重力位系数变化 $\{\Delta \bar{C}_{nm}, \Delta \bar{S}_{nm}\}$，就可按式（3.2.6），获得全球地面等效水高球谐系数 $\{\Delta \bar{C}_{nm}^w, \Delta \bar{S}_{nm}^w\}$，进而按负荷形变场球谐综合算法[式（3.2.8）～式（3.2.20）]，确定地面及地球外部全要素负荷形变场及时变重力场。

1. 卫星地面跟踪观测方程

卫星地面跟踪观测量主要是地面观测站至卫星的方向、距离、距离变化率与相位等，它们建立了卫星轨道与地面观测站间的某种几何或运动约束。由于卫星轨道是地球重力场等摄动因素的隐函数，观测量与重力位系数之间存在函数关系，这种关系一般是隐函数形式的非线性方程。设任一卫星跟踪观测量的观测方程可写为

$$L = G(\boldsymbol{R}', \boldsymbol{R}, \dot{\boldsymbol{R}}) + \varepsilon \tag{6.2.1}$$

式中：L 为任一观测量；$\boldsymbol{R}'$ 为地面跟踪站在地心天球参考系（GCRS）中的位置矢量；G 为跟踪站与卫星状态向量 $\boldsymbol{R}$ 和 $\dot{\boldsymbol{R}}$ 间的几何或运动约束函数关系；ε 为观测噪声。

设动力学参数向量 $\boldsymbol{p}_d$ 和几何参数向量 $\boldsymbol{p}_g$ 分别为

$$\boldsymbol{p}_d = [(\bar{C}_{nm}, \bar{S}_{nm}), \boldsymbol{\alpha}_{cns}, \boldsymbol{\alpha}_{non}], \quad \boldsymbol{p}_g = [\boldsymbol{r}'^T, \boldsymbol{\beta}] \tag{6.2.2}$$

式中：$\boldsymbol{\alpha}_{cns}$ 为除地球引力场非球形摄动外的其他保守力参数向量；$\boldsymbol{\alpha}_{non}$ 为非保守力参数向量；$\boldsymbol{r}'$ 为地面跟踪站在地固参考系中的位置向量，$\boldsymbol{r}' = \boldsymbol{PNSR}'$；$\boldsymbol{\beta}$ 为其他待估的几何参数向量。

定义状态向量：

$$\boldsymbol{X} = [\boldsymbol{R}^T, \boldsymbol{V}^T = \dot{\boldsymbol{R}}^T, \boldsymbol{p}_d, \boldsymbol{p}_g]^T \tag{6.2.3}$$

考虑卫星在地心天球参考系（GCRS）中的运动方程为（叶叔华 等，2000）

$$\begin{cases} \dot{\boldsymbol{V}} = -\dfrac{GM}{R^3}\boldsymbol{R} + Q(\boldsymbol{R}, \boldsymbol{V}, \boldsymbol{p}_d, \boldsymbol{p}_g) \equiv \boldsymbol{a} \\ \boldsymbol{R}(t_0) = \boldsymbol{R}_0, \dot{\boldsymbol{R}}(t_0) = \boldsymbol{V}(t_0) = \dot{\boldsymbol{R}}_0 \end{cases} \tag{6.2.4}$$

式中：Q 为卫星所受的地球非球形引力摄动加速度。对 $\boldsymbol{p}_d, \boldsymbol{p}_g$ 有

$$\dot{\boldsymbol{p}}_d = 0, \quad \boldsymbol{p}_d(t_0) = \boldsymbol{p}_{d0}; \quad \dot{\boldsymbol{p}}_g = 0, \boldsymbol{p}_g(t_0) = \boldsymbol{p}_{g0} \tag{6.2.5}$$

由式（6.2.3）～式（6.2.5）可得状态方程：

$$\dot{\boldsymbol{X}} = F(X, t), \quad \boldsymbol{X}(t_0) = X_0 \tag{6.2.6}$$

式中，状态函数为

$$F(X,t)=[\boldsymbol{V}^{\mathrm{T}},\boldsymbol{a}^{\mathrm{T}},\boldsymbol{0}^{\mathrm{T}},\boldsymbol{0}^{\mathrm{T}}] \tag{6.2.7}$$

式（6.2.1）与式（6.2.6）即为由卫星跟踪观测量测定引力场位系数的基本方程。

2. 低低卫星跟踪观测方程

将式（6.1.26）和式（6.1.27）代入式（6.1.25），利用参考地球重力位系数模型 $\boldsymbol{Y}_0=(\bar{C}_{nm}^0,\bar{S}_{nm}^0)$ 移去低低卫星跟踪二次变率的参考模型值 $\ddot{\rho}_0$，可得以剩余重力位系数 $\delta \boldsymbol{Y}=(\delta\bar{C}_{nm},\delta\bar{S}_{nm})$、位系数变化 $\Delta \boldsymbol{Y}=\{\Delta\bar{C}_{nm},\Delta\bar{S}_{nm}\}$ 为待估未知参数，以二次变率剩余值 $\delta\ddot{\rho}=\ddot{\rho}-\ddot{\rho}_0$ 为观测量 $\boldsymbol{L}_{\mathrm{sst}}=(\delta\ddot{\rho})$ 的低低卫星跟踪观测方程为

$$\boldsymbol{L}_{\mathrm{sst}}=(\delta\ddot{\rho})=\boldsymbol{A}_{\mathrm{sst}}(\delta\boldsymbol{Y}+\Delta\boldsymbol{Y})+(\ddot{\rho}_{\mathrm{tide}})+(\ddot{\rho}_{\mathrm{rpsh}})+(\ddot{\rho}_{\mathrm{optd}})+(\ddot{\rho}_{\mathrm{nonp}})+\boldsymbol{\varepsilon}_{\mathrm{sst}} \tag{6.2.8}$$

式中：$\boldsymbol{A}_{\mathrm{sst}}$ 为设计矩阵，由每一观测历元 t 低低卫星1、2的瞬时坐标 $(r_1,\theta_1,\lambda_1)_t$ 和 $(r_2,\theta_2,\lambda_2)_t$ 逐一按式（6.1.25）计算；$\boldsymbol{\varepsilon}_{\mathrm{sst}}$ 为二次变率观测误差向量；$\ddot{\rho}_{\mathrm{tide}}$ 为低低卫星跟踪二次变率的潮汐效应，等于其固体潮效应、海潮负荷效应与大气压潮负荷效应之和，可先按5.1节、5.2节算法，计算卫星1、卫星2扰动重力向量的潮汐效应，再按式（6.1.25）计算；$\ddot{\rho}_{\mathrm{rpsh}}$ 为低低卫星跟踪二次变率的地球自转极移形变效应，可先按5.4.1小节算法，计算卫星1、卫星2扰动重力向量的自转极移形变效应，再按式（6.1.25）计算；$\ddot{\rho}_{\mathrm{optd}}$ 为海洋极潮效应；$\ddot{\rho}_{\mathrm{nonp}}$ 为低低卫星跟踪二次变率的非保守力效应。当有星载加速度计观测时，用加速度计观测量计算；当卫星跟踪装置采用无拖曳（drag-free）技术屏蔽时，$\ddot{\rho}_{\mathrm{nonp}}=0$。其他情况需由卫星平台参数按经验模型近似计算。

参考模型值 $\ddot{\rho}_0$ 由参考重力位系数 $\boldsymbol{Y}_0$ 和卫星精密定轨结果，按更严密的式（6.1.21）计算。观测方程式（6.2.8）中，剩余重力位系数 $\delta\boldsymbol{Y}$ 是稳态的，位系数变化 $\Delta\boldsymbol{Y}$ 是时变的。观测量相对剩余位系数 $\delta\boldsymbol{Y}$ 和位系数变化 $\Delta\boldsymbol{Y}$ 的设计矩阵相同。这是因为负荷形变场本身就是时变重力场的一种表示形式。

3. 卫星重力梯度观测方程

GOCE重力卫星中重力梯度仪（由三对加速度计通过旋转实现）测量的是梯度仪坐标系 xyz 中的地球引力位梯度张量 $(V_{ij})_{i=x,y,z;j=x,y,z}$，可用球坐标系中引力位 V 一阶、二阶偏微分量表示为

$$V_{xx}=\frac{1}{r}\frac{\partial V}{\partial r}+\frac{1}{r^2}\frac{\partial^2 V}{\partial\theta^2} \tag{6.2.9}$$

$$V_{xy}=\frac{1}{r^2\sin\theta}\frac{\partial^2 V}{\partial\lambda\partial\theta}-\frac{\cos\theta}{r^2\sin^2\theta}\frac{\partial V}{\partial\lambda} \tag{6.2.10}$$

$$V_{xz}=\frac{1}{r^2}\frac{\partial V}{\partial\theta}-\frac{1}{r}\frac{\partial^2 V}{\partial r\partial\theta} \tag{6.2.11}$$

$$V_{yy}=\frac{1}{r}\frac{\partial V}{\partial r}+\frac{1}{r^2\tan\theta}\frac{\partial V}{\partial\theta}+\frac{1}{r^2\sin^2\theta}\frac{\partial^2 V}{\partial\lambda^2} \tag{6.2.12}$$

$$V_{xz}=\frac{1}{r^2\sin\theta}\frac{\partial V}{\partial\lambda}-\frac{\cos\theta}{r\sin\theta}\frac{\partial^2 V}{\partial r\partial\lambda} \tag{6.2.13}$$

$$V_{zz} = \frac{\partial^2 V}{\partial r^2} \tag{6.2.14}$$

卫星重力梯度仪的旋转大幅降低了梯度仪旋转框架的精度，交叉项 V_{xy} 和 V_{yz} 的精度因此一般远低于主对角线分量的精度。考虑到 $V_{xx}+V_{yy}+V_{zz}=0$，故地球重力场反演计算时，可选择其中两个线性独立的观测量 V_{xx},V_{zz} 或 V_{yy},V_{zz}。下面选择 V_{xx},V_{zz} 为观测量。

对引力位完全规格化球谐展开式［式（1.2.57）］进行偏微分，得

$$\frac{\partial V}{\partial r} = -\frac{GM}{r^2}\sum_{n=1}^{\infty}(n+1)\left(\frac{a}{r}\right)^n\sum_{m=0}^{n}(\bar{C}_{nm}\cos m\lambda + \bar{S}_{nm}\sin m\lambda)\bar{P}_{nm}(\cos\theta) \tag{6.2.15}$$

$$\frac{\partial^2 V}{\partial r^2} = \frac{GM}{r^3}\sum_{n=1}^{\infty}(n+1)(n+2)\left(\frac{a}{r}\right)^n\sum_{m=0}^{n}(\bar{C}_{nm}\cos m\lambda + \bar{S}_{nm}\sin m\lambda)\bar{P}_{nm}(\cos\theta) \tag{6.2.16}$$

$$\frac{\partial^2 V}{\partial \theta^2} = \frac{GM}{r}\sum_{n=1}^{\infty}\left(\frac{a}{r}\right)^n\sum_{m=0}^{n}(\bar{C}_{nm}\cos m\lambda + \bar{S}_{nm}\sin m\lambda)\frac{\partial^2}{\partial\theta^2}\bar{P}_{nm}(\cos\theta) \tag{6.2.17}$$

分别代入式（6.2.9）和式（6.2.14），得

$$V_{xx} = \frac{GM}{r^3}\sum_{n=1}^{\infty}\left(\frac{a}{r}\right)^n\left[\sum_{m=0}^{n}(\bar{C}_{nm}\cos m\lambda + \bar{S}_{nm}\sin m\lambda)\frac{\partial^2}{\partial\theta^2}\bar{P}_{nm} - (n+1)\bar{P}_{nm}\right] \tag{6.2.18}$$

$$V_{zz} = \frac{GM}{r^3}\sum_{n=1}^{\infty}(n+1)(n+2)\left(\frac{a}{r}\right)^n\sum_{m=0}^{n}(\bar{C}_{nm}\cos m\lambda + \bar{S}_{nm}\sin m\lambda)\bar{P}_{nm}(\cos\theta) \tag{6.2.19}$$

利用参考重力位系数模型 $\mathbf{Y}_0=(\bar{C}_{nm}^0,\bar{S}_{nm}^0)$ 移去重力梯度观测量的参考模型值，可得以剩余位系数 $\delta\mathbf{Y}=\{\delta\bar{C}_{nm},\delta\bar{S}_{nm}\}$、位系数变化 $\Delta\mathbf{Y}=\{\Delta\bar{C}_{nm},\Delta\bar{S}_{nm}\}$ 为待估未知参数，以剩余重力梯度 $\Delta V_{xx},\Delta V_{zz}$ 为观测量 $\mathbf{L}_{\text{goce}}=(\Delta V_{xx}\text{ or }\Delta V_{zz})$ 的卫星重力梯度观测方程为

$$\mathbf{L}_{\text{goce}} = \mathbf{A}_{\text{goce}}(\delta\mathbf{Y}+\Delta\mathbf{Y}) + (\nabla^2_{\text{tide}}) + (\nabla^2_{\text{rpsh}}) + (\nabla^2_{\text{optd}}) + (\nabla^2_{\text{nonp}}) + \boldsymbol{\varepsilon}_{\text{goce}} \tag{6.2.20}$$

式中：$\mathbf{A}_{\text{goce}}$ 为设计矩阵，由每一观测历元 t 重力卫星的瞬时坐标 (r,θ,λ)，逐一按式（6.2.18）和式（6.2.19）计算；$\boldsymbol{\varepsilon}_{\text{goce}}$ 为重力梯度观测误差向量；∇^2_{tide} 为卫星重力梯度 V_{xx} 或 V_{zz} 的潮汐效应，等于其固体潮效应、海潮负荷效应与大气压潮负荷效应之和，按 5.1 节、5.2 节算法计算；∇^2_{rpsh} 为卫星重力梯度 V_{xx} 或 V_{zz} 的地球自转极移形变效应，按 5.1.4 小节算法计算；∇^2_{optd} 为海洋极潮效应；∇^2_{nonp} 为 V_{xx} 或 V_{zz} 的非保守力效应。GOCE 卫星重力梯度仪采用无拖曳（drag-free）技术屏蔽，$\nabla^2_{\text{nonp}}=0$。

6.2.2 地面监测站观测模型构建

1. 重力固体潮站观测方程

将式（3.2.6）代入式（3.2.9），可得由位系数非潮汐负荷效应 $\{\Delta\bar{C}_{nm},\Delta\bar{S}_{nm}\}$ 表示的任意地面站点重力观测量的非潮汐负荷效应算法公式：

$$\Delta g^s(r,\theta,\lambda) = \frac{GM}{r^2}\sum_{n=1}^{\infty}\frac{n+1}{1+k'_n}\left(1+\frac{2}{n}h'_n - \frac{n+1}{n}k'_n\right)\left(\frac{a}{r}\right)^n$$
$$\cdot\sum_{m=0}^{n}(\Delta\bar{C}_{nm}\cos m\lambda + \Delta\bar{S}_{nm}\sin m\lambda)\bar{P}_{nm}(\cos\theta) \tag{6.2.21}$$

将地面重力固体潮观测量 g，减去其正常重力 γ，得扰动重力观测量 δg，再由参考重力位系数模型 $Y_0 = (\overline{C}_{nm}^0, \overline{S}_{nm}^0)$ 计算并移去扰动重力模型值 δg_0，得剩余扰动重力观测量 $\delta g^\delta = \delta g - \delta g_0$，联合扰动重力球谐综合算法公式[式（1.1.74）]与地面重力负荷效应球谐综合算法公式[式（6.2.21）]，可得以剩余重力位系数 $\delta Y = (\delta \overline{C}_{nm}, \delta \overline{S}_{nm})$、位系数变化 $\Delta Y = (\Delta \overline{C}_{nm}, \Delta \overline{S}_{nm})$ 为待估未知参数，以剩余扰动重力 δg^δ 为观测量的地面重力固体潮站观测方程为

$$L_{\text{gtd}} = (\delta g^\delta) = A_{\text{gtd}} \delta Y + B_{\text{gtd}} \Delta Y + (g_{\text{tide}}) + (g_{\text{rpsh}}) + (g_{\text{optd}}) + (g_{\text{nonl}}) + \varepsilon_{\text{gtd}} \quad (6.2.22)$$

式中：A_{gtd} 为观测量相对剩余位系数 δY 的设计矩阵，由重力固体潮站点坐标 (r, θ, λ) 按式（1.2.74）计算；ε_{gtd} 为观测误差向量；B_{gtd} 为观测量相对位系数变化 ΔY 的设计矩阵，由站点坐标 (r, θ, λ) 按式（6.2.21）计算；一般地，$A_{\text{gtd}} \neq B_{\text{gtd}}$；$g_{\text{tide}}$ 为地面重力的潮汐效应，等于其固体潮效应、海潮负荷效应与大气压潮负荷效应之和，按 5.1 节、5.2 节算法计算；g_{rpsh} 为地面重力的自转极移形变效应，按 5.1.4 小节算法计算；g_{optd} 为海洋极潮效应；g_{nonl} 为构造、均衡形变及地震影响等非负荷效应。

2. 地面连续运行站观测方程

大气、海平面与陆地水等非潮汐负荷变化，通过径向负荷勒夫数 h_n' 作用，激发固体地球形变，同时能被地面 GNSS CORS（基线）、SLR 跟踪站和 VLBI 测量站（基线）定量捕获，因此，若能有效抑制或分离，或通过站点选择降低径向位移的非负荷效应，这些全球规模化分布的地面站点就可用于监测时变重力场或负荷形变场。

将式（3.2.6）代入式（3.2.17），可得由位系数非潮汐负荷效应 $\{\Delta \overline{C}_{nm}, \Delta \overline{S}_{nm}\}$ 表示的任意地面站点径向位移的非潮汐负荷效应算法公式：

$$\Delta r(r, \theta, \lambda) = \frac{GM}{r\gamma} \sum_{n=1}^{\infty} \frac{h_n'}{1 + k_n'} \left(\frac{a}{r}\right)^n \sum_{m=0}^{n} (\Delta \overline{C}_{nm} \cos m\lambda + \Delta \overline{S}_{nm} \sin m\lambda) \overline{P}_{nm}(\cos\theta) \quad (6.2.23)$$

可见，以位系数变化 $\Delta Y = \{\Delta \overline{C}_{nm}, \Delta \overline{S}_{nm}\}$ 为未知参数，以地面各种连续运行跟踪站的径向变化为观测量 $L_{\text{cors}} = (\Delta r)$ 的负荷形变场观测方程可统一表示为

$$L_{\text{cors}} = A_{\text{cors}} \Delta Y + (\Delta h_{\text{tide}}) + (\Delta h_{\text{rpsh}}) + (\Delta h_{\text{optd}}) + (\Delta h_{\text{nonl}}) + \varepsilon_{\text{cors}} \quad (6.2.24)$$

式中：A_{cors} 为设计矩阵，直接按式（6.2.23）计算；$\varepsilon_{\text{cors}}$ 为地面站点径向变化观测误差；Δh_{tide} 为站点径向位移观测量的潮汐效应；Δh_{rpsh} 为自转极移形变效应，按 5.1.4 小节算法计算；Δh_{optd} 为海洋极潮效应；Δh_{nonl} 为构造、均衡形变及地震影响等非负荷效应。

地面 CORS、SLR 跟踪站和 VLBI 测量站的径向变化，对稳态地球重力场位系数无贡献，因此观测方程式（6.2.24）不含待估剩余位系数 δY。

6.2.3 多组观测融合与参数估计方法

为不失一般性，总可以将所有卫星和地面观测量分成若干组，各组观测量相互之间统计独立。若类型相同的两组观测量分属不同的观测系统，则两组观测量之间也是统计独立的，在这种情况下，可根据需要将两组观测量配置合适的权值后，合并成一组，也可直接按独立

的两组处理。

1. 多源异质观测系统深度融合原理

通常可采用如下两种组合平差方案进行参数估计。第一种先按统计学原理为每组观测量配置合适的权重，再由全部观测量按最小二乘原理组成法方程后，计算未知参数估值；第二种先由每组观测量按最小二乘原理组成各自的法方程，对法方程进行规范化处理，然后按不同组的观测质量进行配权，对规范后的法方程加权求和，生成组合后的法方程，求解未知参数估值。

第一种方案不考虑观测量相对于未知参数的协方差结构，采用统计优化方法对不同组的观测量配置合适的权。当观测点的空间分布差异大，或存在多种类型观测量时，不同组的协方差（观测系统结构）会存在明显差异，一般很难稳定有效地配权，且需要多次迭代估计，有难以获得稳定解的风险；第二种方案通过归一化不同组的协方差结构（体现多种异构观测系统结构），可有效控制各组观测系统在结构上的深度融合。

多种异构大地测量系统协同监测可采用第二种方案，组合后的法方程可表示为

$$\sum_s \left(\frac{w_s}{Q_s} \boldsymbol{A}_s^{\mathrm{T}} \boldsymbol{P}_s \boldsymbol{A}_s \right) \boldsymbol{X} = \sum_s \left(\frac{w_s}{Q_s} \boldsymbol{A}_s^{\mathrm{T}} \boldsymbol{P}_s \boldsymbol{L}_s \right) \quad (6.2.25)$$

式中：$s = 1, \cdots, S$，S 为观测量分组数；$\boldsymbol{X}$ 为待估大地测量参数向量；$\boldsymbol{A}_s$、$\boldsymbol{L}_s$、$\boldsymbol{P}_s$ 分别为第 s 组观测方程的设计矩阵、观测向量与观测量权阵，第 s 组观测量的 $\boldsymbol{P}_s$ 仅用于区别第 s 组内观测量之间的精度差异，与其他组观测量误差完全无关；Q_s 为第 s 组法方程规范化参数，取第 s 组法方程系数阵 $\boldsymbol{A}_s^{\mathrm{T}} \boldsymbol{P}_s \boldsymbol{A}_s$ 对角线非零元素均方根；w_s 为第 s 组权值，仅用于区别不同组的观测质量。

组合参数 $\delta_s = Q_s / w_s$，将观测系统模型（协方差阵）与观测质量 w_s 对组合参数 δ_s 的影响完全分离，使得协同监测性质与观测质量（误差、粗差或可靠性）无关，融合过程不受观测类型和测点空间分布差异的影响，因而有利于深度融合观测量空间分布与观测系统结构迥异的空天地海各种类型观测数据，组合后的法方程一般无须迭代计算。

2. 分步估计方案与剩余位系数估计

考察卫星轨道摄动、低低卫星跟踪和卫星重力梯度观测模型式（6.2.4）、式（6.2.8）和式（6.2.20），剩余重力位系数 $\delta \boldsymbol{Y}$ 和重力位系数变化 $\Delta \boldsymbol{Y}$ 分别是位系数的稳态改正数和时变改正数，所遵循的重力场解析关系完全一致，因此观测量相对 $\delta \boldsymbol{Y}$ 和 $\Delta \boldsymbol{Y}$ 的设计矩阵相同。这意味着无法同步解算 $\delta \boldsymbol{Y}$ 和 $\Delta \boldsymbol{Y}$。此时，可先估计指定参考历元 t_0 的剩余位系数 $\delta \hat{\boldsymbol{Y}}$，再用 $\boldsymbol{Y}_0 + \delta \hat{\boldsymbol{Y}}$ 替换 $\boldsymbol{Y}_0$，逐一估计每个采样历元 t_k 的位系数变化 $\Delta \hat{\boldsymbol{Y}}_k (= \Delta \hat{\boldsymbol{Y}}(t_k))$。

考察地面连续运行站径向位移观测方程式（6.2.24）可以看出，CORS、SLR 跟踪站和 VLBI 测量站径向位移观测模型不含剩余重力位系数 $\delta \boldsymbol{Y}$，径向位移观测量对参考历元 t_0 的（稳态）剩余重力位系数 $\delta \boldsymbol{Y}$ 没有贡献，不参与剩余位系数法方程组合与参数估计。

在组建用于稳态剩余重力位系数 $\delta \boldsymbol{Y}$ 参数估计的观测方程时，通常令 $\Delta \boldsymbol{Y} \equiv \boldsymbol{0}$。这种情况下，相当于将整个观测时段内位系数变化 $\Delta \boldsymbol{Y}$（非潮汐负荷效应）的平均值 $\Delta \bar{\boldsymbol{Y}}$（其量级一般远小于剩余位系数，$\Delta \bar{\boldsymbol{Y}} \ll \delta \boldsymbol{Y}$）作为稳态剩余位系数的组成部分，即相当于用 $\delta \boldsymbol{Y} + \Delta \bar{\boldsymbol{Y}}$ 代替

各组观测方程中的 δY。由于平均值 $\Delta \bar{Y}$ 的参考历元随实际观测时间和测点空间分布不同，难以准确估计，所以参数估计获得的剩余位系数也无法准确给出参考历元，一般近似取观测时间跨度的中间时刻，作为这种情况下稳态位系数的参考历元 t_0。

由 3.2 节可知，若已知地表环境负荷变化，可按球谐分析与综合方法，计算全要素大地测量的非潮汐负荷效应，进而采用非潮汐效应历元归算方法，将观测量统一归算到设计参考历元 t_0，从而可得稳态位系数估计的一般方案：①首先计算并移去各组观测量在实际观测历元 t 的负荷效应 $L_{\text{load}}(t)$；②组合法方程并进行参数估计，获得剩余位系数估值 $\delta \hat{Y}$；③恢复位系数模型参考值 Y_0，获得位系数估值 $Y_0 + \delta \hat{Y}$；④最后计算并恢复参考历元 t_0 的位系数负荷效应 $Y_{\text{load}}(t_0)$，获得参考历元 t_0 稳态位系数估值 $Y(t_0) = Y_0 + \delta \hat{Y} + Y_{\text{load}}(t_0)$。

若不对观测量进行非潮汐历元归算，等效于将观测量在实际观测历元相对于参考历元的非潮汐效应之差，也作为随机观测误差。

3. 时变监测模型构建及其参数估计

当前历元 t 待估位系数变化 $\Delta Y(t)$，可用当前历元 t 位系数 $Y(t)$ 与监测基准历元 t'_0 位系数 $Y(t'_0)$ 之差表示，即 $\Delta Y(t) = Y(t) - Y(t'_0)$。分析重力场时变监测能力，将各种观测量按时间分割成 $K-1$ 个时间段 $\{[t_{k-1}, t_k), k=1,\cdots,K-1\}$，由每个时间段 $[t_{k-1}, t_k)$ 内的观测量，逐一估计指定历元 t'_k ($t_{k+1} < t'_k < t_k$) 的位系数变化 $\Delta Y(t'_k)$，从而用位系数变化时间序列 $\{\Delta Y(t'_k)\}$ 定量表示全球重力场（负荷形变场）随时间的变化，实现全球重力场（负荷形变场）的时变监测。

不难看出，待估参数为离散的位系数变化时间序列，其时间序列长度等于观测时段数 $K-1$，第 k 个观测时段的时间跨度为 $\Delta t_k = t_k - t_{k-1}$。历元 t'_k 既是待估位系数变化时间序列中第 k 个采样的历元，也是第 k 段 $[t_{k-1}, t_k)$ 观测量非潮汐历元归算的参考历元。

1）监测时空分辨率与时变监测基准设计

全球时变重力场的监测能力与大地测量观测量的类型及其时空分布情况紧密相关，因此一般不能随意指定，在这种情况下，可通过模拟和分析法方程协因数阵结构，以能稳定估计位系数变化参数为原则，优化设计观测时段 $\{\Delta t_k\}$ 和位系数变化最大阶数 N。$\{\Delta t_k\}$ 和 N 分别代表全球时变重力场监测的时间分辨率和空间分辨率。

K 期全球时变重力场（负荷形变场），可表示为 $K-1$ 个历元的位系数变化时间序列。可见，首先要为待监测的整个位系数变化时间序列指定一个参考历元 t'_0，称其为监测基准历元。监测基准历元 t'_0 与稳态重力位系数参考历元 t_0 一般是有区别的；同时，还要为每个观测时段内 $[t_{k-1}, t_k)$ 的观测量和位系数变化值指定一个参考历元 t'_k ($t_{k+1} < t'_k < t_k$, $k=1,\cdots,K-1$)。因此，时变监测基准需要指定 K 个参考历元。

时变监测基准用于描述大地测量要素的运动学状态和动力学行为，注意区分时变监测基准与时间基准概念。

2）卫星和地面观测量的时变监测基准统一

不难理解，不同历元获取的卫星重力场观测量，由于没有固定的测点位置，只能依靠稳态参数估计结果，推算监测基准历元 t'_0 的卫星重力场观测量。在上述稳态参数估计后的第④

步中,计算并恢复监测基准历元 t'_0 的位系数负荷效应 $\Delta Y_{\text{load}}(t'_0)$,得到的就是监测基准历元 t'_0 位系数估值 $Y(t'_0)$,再将其作为已知量,分别代入卫星轨道摄动观测方程式（6.2.4）、低低卫星跟踪观测方程式（6.2.8）和卫星重力梯度观测方程式（6.2.20）,计算并移去卫星观测量在监测基准历元时刻 t'_0 的观测值,就可获得相对于监测基准历元 t'_0 的卫星重力场监测量。

对于地面站点位置固定的连续观测量,可直接移去其在监测基准历元 t'_0 的观测值,得到相对于监测基准历元 t'_0 的重力固体潮和地面径向位移监测量。

不难发现,由于重力固体潮观测方程本身也含有稳态重力位系数,可将计算得到的稳态位系数估值 $Y(t'_0)$ 代入观测方程,求得监测基准历元 t'_0 的重力固体潮监测量。当在监测基准历元 t'_0 前后一段时间内连续缺少重力固体潮有效观测时,可采用此方案。

3）监测量非潮汐历元归算与参数估计

以每个观测时间段内的监测量为单元,针对观测时间段内的每种监测量（5 种类型）,逐一计算并移去该类型监测量在实际观测历元 t 的非潮汐负荷效应,计算并恢复监测量在该观测时段参考历元时刻 t'_k 的非潮汐负荷效应。从而将全部观测量由实际观测时间 t,按观测时段将属于该时段内的监测量分别归算到 $k-1$ 个参考历元。

历元归算后,全部监测量的监测基准历元统一到 t'_0,第 k 组观测时段内的 5 种监测量都统一到该时段对应的参考历元 t'_k,其观测模型分别为

$$\Delta L_{\text{orb}}(t'_k) = A_{\text{orb}} \Delta Y(t'_k) + \Delta \varepsilon_{\text{orb}} \quad (6.2.26)$$

$$\Delta L_{\text{sst}}(t'_k) = A_{\text{sst}} \Delta Y(t'_k) + \Delta \varepsilon_{\text{sst}} \quad (6.2.27)$$

$$\Delta L_{\text{goce}}(t'_k) = A_{\text{goce}} \Delta Y(t'_k) + \Delta \varepsilon_{\text{goce}} \quad (6.2.28)$$

$$\Delta L_{\text{gtd}}(t'_k) = B_{\text{gtd}} \Delta Y(t'_k) + \Delta \varepsilon_{\text{gtd}} \quad (6.2.29)$$

$$\Delta L_{\text{cors}}(t'_k) = A_{\text{cors}} \Delta Y(t'_k) + \Delta \varepsilon_{\text{cors}} \quad (6.2.30)$$

式中：$\Delta \varepsilon_*$ 为监测量 * 的观测误差,一般情况下远小于相应观测量的观测误差,即 $\Delta \varepsilon_* \ll \varepsilon_*$。

接下来,以每组监测时段对应的参考历元 t'_k 为单元,按上述方案,逐一估计参考历元时刻 t'_k 的重力位系数变化估值 $\Delta \hat{Y}(t'_k)$,获得重力位系数变化时间序列 $\{\Delta \hat{Y}(t'_k)\}$,对应的监测历元序列为 $\{t'_k, k=1,\cdots,K-1\}$。

监测量非潮汐历元归算的最大时间间隔,等于监测时段长度 Δt（$= t_{k+1} - t_k$）的一半,非潮汐历元归算误差随归算时间间隔减小而降低。当监测时段不大,非潮汐负荷效应对监测量的影响可以忽略时,可省略非潮汐历元归算过程。

4）监测基准历元的变换与使用

大地测量监测量时间序列可通过移去其在监测基准历元的监测量,实现时变监测基准统一。具有固定点位的大地测量监测量时间序列,可通过统一移去其在基准历元的监测量,也可通过统一移去监测量时间序列的平均值,实现时变监测基准统一。

任意两个时刻监测量的差值大小,与监测基准历元无关。这表明,监测基准历元（多次）变换,不改变任何监测量时间序列的时变信息量。可见,只要能保证所有监测量时间序列的监测基准历元相同,就可按计算方案的需要,灵活（多次）变换监测基准历元。

当地面重力固体潮站或连续运行站达到一定规模后,期待所有站点在全部观测时间跨度内都有连续有效观测是不现实的。通常期望整个区域范围内监测基准历元的有效观测站点数

多、观测质量好，但也不能保证一次性能将全部站点监测量时间序列统一到某个监测基准历元。为充分利用全部地面站点在整个监测时段内的全部有效监测量，可根据需要，采用多个监测基准历元，分别估计不同监测历元（至少两个）的位系数变化，在获得全部监测历元位系数变化时间序列后，采用监测基准历元变换，统一位系数变化时间序列的监测基准历元。

由重力位系数变化时间序列，计算并移去时间序列的平均值，可获得以平均稳态重力场为监测基准的重力位系数变化时间序列。已知重力位系数变化时间序列，就可按 3.2.1 小节方法，计算地面及地球外部任意空间点的全要素负荷形变场。

4. 稳态与时变参数的迭代估计方案

在上述"2. 分步估计方案与剩余位系数估计"提及的稳态重力位系数估计中，需要采用非潮汐负荷效应，将卫星重力场观测量归算至参考历元 t_0。若采用"3. 时变监测模型构建及其参数估计"中估计的位系数变化时间序列，计算观测量的非潮汐负荷效应，代替已知地面环境负荷非潮汐效应，可明显提高稳态重力位系数的参数估计性能。与此同时，在重力位系数变化时间序列估计中，也需利用稳态位系数的估计结果，求得监测基准历元 t_0' 的卫星重力场观测量，以有效改善卫星重力场观测量时变监测基准统一水平。因此，为充分提高稳态与时变位系数的估计性能，一般可采用稳态位系数与位系数变化时间序列交叉迭代估计方案：①由地面环境负荷球谐系数模型，计算重力位系数的非潮汐负荷效应，实现卫星重力场观测量的各种历元归算，分别估计稳态位系数和位系数变化时间序列；②用位系数变化时间序列代替重力位系数的非潮汐负荷效应，实施卫星重力场观测量的各种历元归算，进而提高稳态位系数和位系数变化时间序列的参数估计性能；③采用最新的位系数变化时间序列估值，迭代第二步，直到稳态位系数和位系数变化时间序列残差标准差小于某个指定阈值，终止迭代。一般情况下，迭代 1~3 次可获得稳定解。

稳态重力位系数参数估计一般采用整个观测周期中全部时间的各种观测量数据，设其能恢复的位系数最大阶数为 N_0；而某一监测历元的位系数变化参数估计只能采用对应监测时段内的观测量数据，设其能监测的位系数变化最大阶数为 N_Δ。显然，有 $N_0 > N_\Delta$。

6.2.4 地表负荷中短波联合监测原则

地球重力场变化是地球负荷质量在地球内部空间中重新调整的综合响应。大地测量只能捕获地球内部各种负荷变化的总效应，无法直接监测由某一种负荷（如海平面变化或地面大气压变化）作用于固体地球后的负荷形变效应。海平面变化、地面大气压变化或陆地水变化观测，因此都无法单独成为时变重力场的监测量。

时间尺度小于数十年的地球负荷变化，主要包括地表环境负荷变化，以及核幔地形耦合、液核与地幔对流等地球内部负荷效应。其中，地表环境负荷变化占总负荷变化的 98%以上，地球核幔负荷效应很小，不到总负荷效应的 2%，且长波绝对占优。若采用球谐综合法，移去地表环境负荷变化的长波成分，得到剩余地表负荷变化，则剩余地表负荷变化由于不含长波占优的地球核幔负荷变化，可作为时变重力场的监测量。

地表环境负荷变化一般可用地面大气压、海平面与陆地水等效水高变化之和来定量表示，

记为 h_w。由全球负荷球谐系数模型计算等效水高变化的低阶模型值（$n \leqslant N_0$），将等效水高观测量 h_w 减去低阶模型值（移去长波部分），得到剩余等效水高变化，记为 δh_w。若假设地球核幔负荷变化的阶数不大于 N_0，则 δh_w 不包含地球核幔负荷变化，从而满足作为时变重力场监测量的要求。

将地面负荷等效水高变化规格化球谐系数与重力位系数变化关系式（3.2.6）代入负荷等效水高变化球谐展开式（3.2.4），可得由位系数变化 $\{\Delta \bar{C}_{nm}, \Delta \bar{S}_{nm}\}$ 表示的任意地面点 (r, θ, λ) 处剩余等效水高变化观测模型为

$$\delta h_\mathrm{w}(r,\theta,\lambda) = \frac{3a\rho_\mathrm{e}}{\rho_\mathrm{w}} \sum_{n=N_1}^{N_2} \frac{2n+1}{1+k'_n} \sum_{m=0}^{n} (\Delta \bar{C}_{nm}\cos m\lambda + \Delta \bar{S}_{nm}\sin m\lambda) \bar{P}_{nm}(\cos\theta) \quad (6.2.31)$$

式中：δh_w 为移去 $n \leqslant N_0$ 阶等效水高模型值后的剩余等效水高变化观测量；N_1 为待估位系数变化的最低阶数，且 $N_1 < N_0$；N_2 为待估位系数变化的最高阶数。

这样，可将以 N_1 到 N_2 阶位系数变化 $\Delta \boldsymbol{Y}_{N_1}^{N_2} = \{\Delta \bar{C}_{nm}, \Delta \bar{S}_{nm}\}_{N_1}^{N_2}$ 为未知参数，以地面剩余等效水高变化为观测量 $\boldsymbol{L}_{\delta\mathrm{ewh}} = (\delta h_\mathrm{w})$ 的观测方程表示为

$$\boldsymbol{L}_{\delta\mathrm{ewh}} = (\delta h_\mathrm{w}) = \boldsymbol{A}_{\delta\mathrm{ewh}} \Delta \boldsymbol{Y}_{N_1}^{N_2} + \boldsymbol{\varepsilon}_{\delta\mathrm{ewh}} \quad (6.2.32)$$

式中：$\boldsymbol{A}_{\delta\mathrm{ewh}}$ 为设计矩阵，按式（6.2.31）计算；$\boldsymbol{\varepsilon}_{\delta\mathrm{ewh}}$ 为地面剩余等效水高变化观测误差向量，本小节将阶数大于 N_2 的剩余负荷变化并入观测误差。

组合剩余等效水高变化观测模型后，可明显改善 N_1 到 N_2 阶位系数变化时间序列的参数估计性能，而其他阶位系数变化估计性能，也会因组合协因数阵的增强而有所改善。

剩余等效水高观测模型中，位系数变化阶数 $N_1 < N_0 < N_2$ 选择的技术要求是，保证剩余等效水高变化观测量完全覆盖 N_1 到 N_2 阶的地球负荷变化信号。可见，阶数选取与地表环境负荷变化观测量 h_w 的谱域结构有直接关系。目前，在地面大气压、海水和陆地水三种负荷变化组成的地表环境负荷等效水高变化观测量中，地面大气压与海平面变化观测充分且负荷效应精度高，而受地下水或其他监测不确定性因素影响，陆地水变化监测的精度水平一般不高。为获得足够精度和可靠性的陆地剩余等效水高变化观测量，在选择地面监测站点时，应避开地下水变化显著或陆地水变化观测不充分的站点，以便多种异构监测组合时，发挥其他类型监测量的互补优势。

多种异构协同监测性能改善的主要技术途径：①依据大地测量原理和监测对象的地球动力学规律，增加监测量之间、待估参数之间或相互之间的几何物理约束；②以改善组合后的协因数阵为目标，优化监测量谱域结构及空间分布；③优化地面站点布局，提升监测量与未知参数的确定性函数关系，满足大地测量监测量技术要求。

6.3 固体地球形变参数大地测量方法

固体地球（岩石圈、地幔、地核）、大气和海洋的运动变化，与人类生存环境密切相关。地球环境变化除人类活动影响外，主要受地球各圈层相互作用及所在空间环境影响。地球板块运动、地球质心变化、形状极移与地球自转变化等，与大气、海洋和地震的活动密切关联，是地球各圈层运动的重要表征。

6.3.1 全球板块运动模型空间大地测量方法

空间大地测量 VLBI、SLR 和 GNSS 技术测定的是最近几年至几十年时间尺度内的板块运动，与漫长的地质时间尺度相比，可认为是现时的板块运动，而且利用空间技术还可以直接测定板块的活动边界和板内局部形变，甚至冰后回弹，这是地学方法难以做到的。

利用 ITRF 测站速度场，可建立以 ITRF 为参考框架的绝对板块运动模型。当 ITRF 中的站坐标遵守岩石圈相对地球内部无净旋转（no net rotation，NNR）的条件时，由 ITRF 速度场求得的绝对板块运动模型的参考框架为 NNR 框架。NNR 条件又称 Tisserand 条件。

Tisserand 条件可表示为整个岩石圈 C 的角动量和为零，即 $h = \int_C r \times v \mathrm{d}m = 0$，其中 r、v 分别为岩石圈内质量体元 $\mathrm{d}m$ 的位置矢量和速度向量。对于刚性构造板块，其离散化的形式为

$$h = \sum_{k=1}^{N} Q_k \omega_k = 0 \tag{6.3.1}$$

式中：Q_k 为板块 k 的惯性张量；ω_k 为板块 k 的欧拉向量，即角速度；N 为总的板块数目。

若岩石圈所有板块密度均匀且已知，则 Q_k 可根据板块的几何形状估算。可见，由式(6.3.1)实现的 NNR 框架依赖所采用板块的几何形状及板块的欧拉向量估值。两个不同的 NNR 框架之间的差别可以用全球旋转速率来描述。

板块运动特指较大时空尺度的岩石圈运动。考虑到固体地球在大时间尺度上膨胀甚微的现实，通常令板块运动在径向方向上为零。设板块运动对板块 k 上 ITRF 点水平速度的贡献 v_{te} 为

$$v_{te} = \omega_k \times r, \quad v = v_t + v_r = v_{te} + v_{ti} + v_r \tag{6.3.2}$$

式中：v_{te} 为板块运动对 ITRF 点水平速度的贡献；v_{ti} 为板内形变对 ITRF 点水平速度的贡献；v_r 为 ITRF 点径向（或垂直）方向的运动（或形变）；v_t 为 ITRF 点的总水平运动速度，可根据 ITRF 点的速度 v 和位置 r 按式（6.3.3）直接计算：

$$v_t = v - v_r = v - \frac{v \cdot r}{r^2} r \tag{6.3.3}$$

在 ITRF 中确定板块 k 绝对运动模型就是：以板块 k 上 ITRF 点的水平速度 v_{te} 为观测量，以板块 k 的欧拉向量 ω_k 为待估未知参数，以式（6.3.2）为观测方程，按最小二乘法估计该板块的欧拉向量参数 ω_k。

由于无法从总水平运动速度 v_t 中分离板块水平运动速度 v_{te} 和板内水平形变速度 v_{ti}，实际参数估计时，通过选择合适空间分布的框架点（不一定是越多越好），取足够长时间的观测数据，使板内形变速度在空间和时间上都呈现统计特性，以至于能将 v_{ti} 作为噪声处理，从而将观测方程变为

$$v_t^j = \omega_k \times r^j + \varepsilon^j, \quad j = 1, 2, \cdots, n \tag{6.3.4}$$

式中：v_t^j 为第 j 个框架点的水平速度，由该框架点的速度 v 和位置 r 按式（6.3.3）计算；ε^j 为包含板内水平形变在内的观测噪声向量；n 为参与估计的框架点数目。

这样就可按上述方法逐个估计出全球 N 个板块的欧拉向量，从而得到 ITRF 的全球板块绝对运动模型。由于 ITRF 本身是 NNR 框架，由 ITRF 速度场按上述逐个板块估计方法得到绝对运动模型原则上也属于 NNR 框架。

不难看出，除 ITRF 速度场误差外，板内水平形变能否作为噪声处理，决定了板块绝对运动模型的准确性，因此，利用 ITRF 速度场建立板块绝对运动模型的关键是：选取空间分布合理的框架点；截取足够时间长度的速度场观测数据。前者可称为空间代表性误差，后者可称为时间代表性误差。

为进一步削弱 ITRF 速度场误差、框架点选取的空间代表性误差、时间长度截取的时间代表性误差对框架的 NNR 性质和不同板块欧拉参数之间自洽性的影响，可将式（6.3.1）作为附加条件，将全球所有板块的观测方程合并，按附有条件的最小二乘法一次性估计全球板块的 N 组欧拉向量。

6.3.2 地球质心变化与形状极移的监测方法

地球质心与形状极表征了地球力学平衡形状一阶、二阶空间几何形态（球形、三轴椭球形）。由 1.2.6 小节理论可知，地球质心与形状极定位，可完全依据地固参考系和地球重力场理论实现，与地球自转运动及自转的激发动力学机制无关。

1. 质心变化与形状极移卫星动力学监测

由式（1.2.112）可知，地球质心变化 $(\Delta x_{cm}, \Delta y_{cm}, \Delta z_{cm})$ 可通过测定一阶重力位系数变化 $(\Delta \bar{C}_{10}, \Delta \bar{C}_{11}, \Delta \bar{S}_{11})$ 按式（6.3.5）确定：

$$\Delta x_{cm} = \sqrt{3} R \Delta \bar{C}_{11}, \quad \Delta y_{cm} = \sqrt{3} R \Delta \bar{S}_{11}, \quad \Delta z_{cm} = \sqrt{3} R \Delta \bar{C}_{10} \quad (6.3.5)$$

由式（1.2.133）可知，形状极移 $(\Delta x_{sfp} = b\Delta\mu_1, \Delta y_{sfp} = -b\Delta\mu_2)$ 可通过测定二阶一次重力位系数变化 $(\Delta \bar{C}_{20}, \Delta \bar{C}_{21})$ 按式（6.3.6）确定：

$$\begin{aligned}\Delta \mu_1 &= \frac{\Delta x_{sfp}}{b} = -\frac{\sqrt{3}}{\bar{C}_{20}} \Delta \bar{C}_{21} - \frac{6\bar{S}_{22}}{(\bar{C}_{20})^2} \Delta \bar{S}_{21} \\ \Delta \mu_2 &= -\frac{\Delta y_{sfp}}{b} = -\frac{\sqrt{3}}{\bar{C}_{20}} \Delta \bar{S}_{21} + \frac{6\bar{S}_{22}}{(\bar{C}_{20})^2} \Delta \bar{C}_{21}\end{aligned} \quad (6.3.6)$$

式中：位系数 $\bar{C}_{20}$、$\bar{S}_{22}$ 取一段时间的平均值。

设地固坐标系 $O\text{-}xyz$ 原点位于平均地球质心，z 轴指向平均形状极（平形状极 U），令任意历元 t_k 的地球质心变化为 $(\Delta x_{cm}^k, \Delta y_{cm}^k, \Delta z_{cm}^k)$，形状极移为 $(\Delta x_{sfp}^k, \Delta y_{sfp}^k)$，一阶、二阶一次规格化位系数分别为 $(\Delta \bar{C}_{10}^k, \Delta \bar{C}_{11}^k, \Delta \bar{S}_{11}^k)$ 和 $(\Delta \bar{C}_{21}^k, \Delta \bar{S}_{21}^k)$，则由式（6.3.5）和式（6.3.6）可得

$$\Delta x_{cm}^k = \sqrt{3} R \Delta \bar{C}_{11}^k, \quad \Delta y_{cm}^k = \sqrt{3} R \Delta \bar{S}_{11}^k, \quad \Delta z_{cm}^k = \sqrt{3} R \Delta \bar{C}_{10}^k \quad (6.3.7)$$

$$\Delta x_{sfp}^k = -\frac{\sqrt{3}b}{\bar{C}_{20}} \Delta \bar{C}_{21}^k - \frac{6b\bar{S}_{22}}{(\bar{C}_{20})^2} \Delta \bar{S}_{21}^k, \quad \Delta y_{sfp}^k = \frac{\sqrt{3}b}{\bar{C}_{20}} \Delta \bar{S}_{21}^k - \frac{6b\bar{S}_{22}}{(\bar{C}_{20})^2} \Delta \bar{C}_{21}^k \quad (6.3.8)$$

采用与 6.2.3 小节相同的技术方案，可将大地测量卫星按 GNSS 星座、高轨 SLR 系列卫星、中轨 SLR 系列卫星、低轨 SLR 系列卫星和 Lageos 系列卫星分成 5 组（$S=5$），将用于跟踪卫星的全部地面站在地球参考框架中的坐标作为已知量，分别构建历元 t_k 以 $(\Delta \bar{C}_{10}^k, \Delta \bar{C}_{11}^k, \Delta \bar{S}_{11}^k, \Delta \bar{C}_{20}^k, \Delta \bar{C}_{21}^k, \Delta \bar{S}_{21}^k)$ 为未知数的观测方程。记 6×1 待估未知数向量为

$$\boldsymbol{Y} = (\Delta \bar{C}_{10}^k, \Delta \bar{C}_{11}^k, \Delta \bar{S}_{11}^k, \Delta \bar{C}_{20}^k, \Delta \bar{C}_{21}^k, \Delta \bar{S}_{21}^k)^{\mathrm{T}} \quad (6.3.9)$$

若第 s 组 $(s=1,2,\cdots,S)$ 观测方程中存在与式（6.3.10）不一样的未知数，可先按合适的算

法解算该组全部未知数，进而将不一样的未知数作为已知量，代入观测方程，再构建以 Y 为未知数的法方程。当第 k 组观测方程中的未知数不包含 Y 中全部未知数时，可先直接按最小二乘法构建法方程，然后将未知数向量扩展成 Y，生成新的法方程，将观测方程中没有未知数对应的新法方程系数阵元素（含交叉项）和常数阵元素全部置零，从而得到 S 组均以 Y 为未知数向量 6×1 的法方程，记为

$$N_s Y = L_s, \quad Y = (\Delta \overline{C}_{10}^k, \Delta \overline{C}_{11}^k, \Delta \overline{S}_{11}^k, \Delta \overline{C}_{20}^k, \Delta \overline{C}_{21}^k, \Delta \overline{S}_{21}^k)^T \tag{6.3.10}$$

式中：N_s、L_s 分别为第 s 组方程的系数阵和常数阵。

将 S 组法方程进行组合，得到组合法方程：

$$\sum_s \left(\frac{w_s}{Q_s} N_k\right) Y = \sum_s \left(\frac{w_s}{Q_s} L_k\right), \quad Q_s = \sqrt{\frac{1}{M_s} \sum_i (N_s^i)^2} \tag{6.3.11}$$

式中：N_s^i 为第 s 组法方程系数阵对角线第 $i(\leqslant M_s)$ 个非零元素，其中 $M_s(\leqslant 6)$ 是非零元素个数；w_s 为第 s 组大地测量技术的组合权，用于区别不同组的观测质量；Q_s 为第 s 组法方程系数阵对角线非零元素的均方根，其作用是规范化（归一化）多种异构大地测量技术。

求解法方程式（6.3.11），得到一阶、二阶位系数变化 $(\Delta \overline{C}_{10}^k, \Delta \overline{C}_{11}^k, \Delta \overline{S}_{11}^k, \Delta \overline{C}_{20}^k, \Delta \overline{C}_{21}^k, \Delta \overline{S}_{21}^k)$ 估值。之后，利用一阶、二阶位系数变化与地球质心变化和形状极移的关系式（6.3.7）和式（6.3.8），就可获得历元 t_k 时刻地球质心变化与形状极移的最优组合解。

地球质心变化与形状极移监测，需要在全球统一、参考系唯一不变的地球坐标参考框架中实现。

2. 大地测量要素地球质心变化效应计算

地球质心坐标是具有全球空间尺度的大地测量要素。由 SLR 测定的地球质心变化，一般移去了海潮负荷效应与地面大气压负荷潮效应，见 5.3.1 小节，代表了地球内部非潮汐负荷变化导致的整个地球系统形变，因而影响地面及其外部各种几何物理大地测量要素，而不是简单地表现为纯几何量的站点位移。

将式（6.3.5）代入地球重力场变化量的位系数展开式，令 $n=1$，顾及 $\overline{P}_{10}(\cos\theta) = \sqrt{3}\cos\theta$，$\overline{P}_{11}(\cos\theta) = \sqrt{3}\sin\theta$，可得由实测地球质心变化，计算各种大地测量要素地球质心变化效应的算法公式。其中，地面或地球外部空间点 (r,θ,λ) 处高程异常地球质心变化效应算法公式为

$$\Delta \zeta(r,\theta,\lambda) = \frac{GM}{\gamma r^2} \frac{a}{R} (\Delta x_{cm} \cos\lambda \sin\theta + \Delta y_{cm} \sin\lambda \sin\theta + \Delta z_{cm} \cos\theta) \tag{6.3.12}$$

地面重力地球质心变化效应算法公式为

$$\Delta g^s(r,\theta,\lambda) = \frac{2GM}{r^3} \frac{a}{R} (1+2h_1') (\Delta x_{cm} \cos\lambda \sin\theta + \Delta y_{cm} \sin\lambda \sin\theta + \Delta z_{cm} \cos\theta) \odot \tag{6.3.13}$$

式中：h_1' 为一阶径向负荷勒夫数。

地面或地球外部空间点 (r,θ,λ) 处扰动重力地球质心变化效应算法公式为

$$\Delta g^\delta(r,\theta,\lambda) = \frac{2GM}{r^3} \frac{a}{R} (\Delta x_{cm} \cos\lambda \sin\theta + \Delta y_{cm} \sin\lambda \sin\theta + \Delta z_{cm} \cos\theta) \tag{6.3.14}$$

地倾斜地球质心变化效应算法公式为

南向：

$$\Delta \xi^s(r,\theta,\lambda) = \frac{GM}{\gamma r^3}\frac{a}{R}\sin\theta(1-h_1')(\Delta x_{cm}\cos\theta\cos\lambda + \Delta y_{cm}\sin\theta\sin\lambda - \Delta z_{cm}\sin\theta) \odot \quad (6.3.15)$$

西向：
$$\Delta \eta^s(r,\theta,\lambda) = \frac{GM}{\gamma r^3}\frac{a}{R}(1-h_1')(\Delta x_{cm}\sin\lambda - \Delta y_{cm}\cos\lambda) \odot \quad (6.3.16)$$

垂线偏差地球质心变化效应算法公式为

南向：
$$\Delta \xi^s(r,\theta,\lambda) = \frac{GM}{\gamma r^3}\frac{a}{R}\sin\theta(\Delta x_{cm}\cos\theta\cos\lambda + \Delta y_{cm}\sin\theta\sin\lambda - \Delta z_{cm}\sin\theta) \quad (6.3.17)$$

西向：
$$\Delta \eta^s(r,\theta,\lambda) = \frac{GM}{\gamma r^3}\frac{a}{R}(\Delta x_{cm}\sin\lambda - \Delta y_{cm}\cos\lambda) \quad (6.3.18)$$

地面站点 (r,θ,λ) 位移地球质心变化效应算法公式为

东向：
$$\Delta e(r,\theta,\lambda) = -\frac{GM}{r^2\gamma}\frac{a}{R}l_1'(\Delta x_{cm}\sin\lambda - \Delta y_{cm}\cos\lambda) \odot \quad (6.3.19)$$

北向：
$$\Delta n(r,\theta,\lambda) = \frac{GM}{r^2\gamma}\frac{a}{R}l_1'\sin\theta(\Delta x_{cm}\cos\theta\cos\lambda + \Delta y_{cm}\cos\theta\sin\lambda - \Delta z_{cm}\sin\theta) \odot \quad (6.3.20)$$

径向：
$$\Delta r(r,\theta,\lambda) = \frac{GM}{r^2\gamma}\frac{a}{R}h_1'(\Delta x_{cm}\cos\lambda\sin\theta + \Delta y_{cm}\sin\lambda\sin\theta + \Delta z_{cm}\cos\theta) \odot \quad (6.3.21)$$

式中：l_1' 为一阶水平负荷勒夫数。

地面或固体地球外部径向重力梯度地球质心变化效应表达式为
$$\Delta T_{rr}(r,\theta,\lambda) = \frac{6GM}{r^4}\frac{a}{R}(\Delta x_{cm}\cos\lambda\sin\theta + \Delta y_{cm}\sin\lambda\sin\theta + \Delta z_{cm}\cos\theta) \quad (6.3.22)$$

地面或固体地球外部水平重力梯度地球质心变化效应表达式为

北向：
$$\Delta T_{NN}(r,\theta,\lambda) = \frac{GM}{r^4}\frac{a}{R}(\Delta x_{cm}\cos\lambda\sin\theta + \Delta y_{cm}\sin\lambda\sin\theta + \Delta z_{cm}\cos\theta) \quad (6.3.23)$$

西向：
$$\Delta T_{WW}(r,\theta,\lambda) = \frac{GM}{r^4}\frac{a}{R}(\Delta x_{cm}\sin\lambda + \Delta y_{cm}\cos\lambda) \quad (6.3.24)$$

式（6.3.12）～式（6.3.24）中，凡标注 $\odot$ 的大地测量要素（观测量或参数），只有在其点位与地球固连情况下有效。

本小节利用美国得克萨斯大学空间研究中心采用的 LAGEOS-1、LAGEOS-2、Stella、Starlette、AJISAI、BEC 和 LARES 共 7 颗激光测距卫星实际测定的地球质心月变化时间序列（采用一维样条插值），取地球平均半径 $R=6\,371\,000$ m，$h_1'=-0.2871$，$l_1'=0.1045$，按式（6.3.12）～式（6.3.24）计算地面点 $P(105°\text{E}, 32°\text{N}, H72\text{ m})$ 处，各种大地测量要素地球质心变化效应时间序列，如图 6.10 和图 6.11 所示。时间跨度为 2018 年 1 月～2022 年 12 月（共 5 年）。

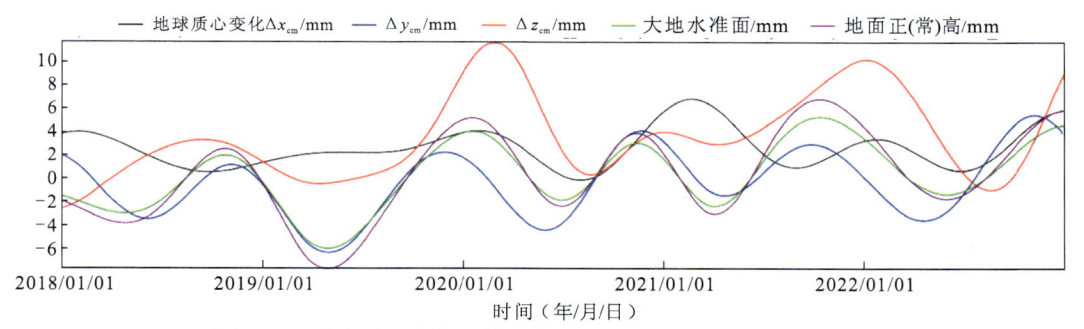

图 6.10　地球质心变化及其对大地水准面与地面正常高的影响

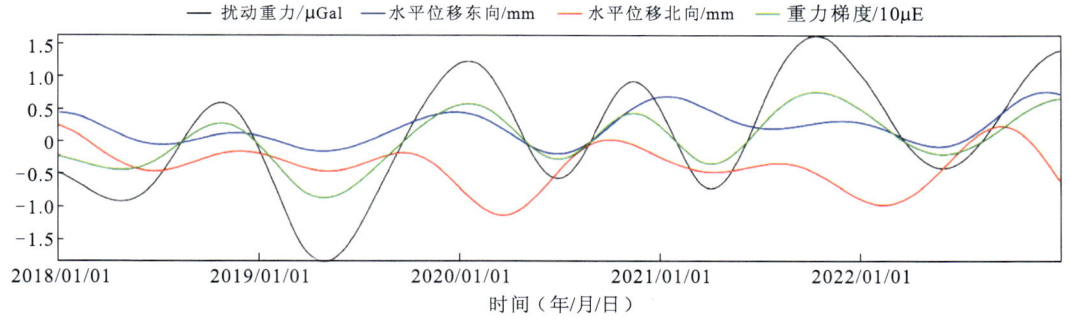

图 6.11　各种大地测量要素地球质心变化效应时间序列

图 6.10 显示，地球质心变化对大地水准面和地面正（常）高的影响显著，最大值最小值之差可达 10 mm。表现在数值上，地球质心变化与其对大地水准面的影响一般有近似的数量级，而对地面站点水平位移的影响一般不大于地球质心变化的 1/5。

地球质心在现实地球本体中自然客观存在且唯一，是典型的大地测量要素，可以直接测定其在地固坐标系中的坐标。一些文献中常见的地壳形状中心（地面参考框架网中心）与固体地球质心概念，存在假设或约定性质，不具有唯一性与可测性，不符合作为地固参考系基准的技术条件，也不满足大地测量学的计量学要求（见第 7 章）。

特别地，地球质心变化效应客观存在于各种大地测量要素的监测量中，而地壳形状中心是虚构的，大地测量要素不受这种约定概念的影响。因此，建议在大地测量学研究和应用中，淡化或尽量少用地壳形状中心和固体地球质心概念，只保留（瞬时、平均）地球质心概念。在负荷格林函数积分与负荷形变球谐综合计算时，也只考虑客观存在的地球质心负荷效应，一阶位负荷勒夫数因此恒等于零，即 $k_1' \equiv 0$。

3. 大地测量要素地球形状极移效应计算

由式（1.2.134）可得

$$\Delta \overline{C}_{21} = -\frac{\overline{C}_{20}}{\sqrt{3}b}\Delta x_{\text{sfp}}, \quad \Delta \overline{S}_{21} = \frac{\overline{C}_{20}}{\sqrt{3}b}\Delta y_{\text{sfp}} \quad （6.3.25）$$

将式（6.3.25）代入式（5.3.6），并整理得

$$\Delta \overline{C}_{21}^{\text{w}} = -\frac{5\overline{C}_{20}}{3\sqrt{3}b}\frac{\rho_{\text{e}}}{(1+k_2')\rho_{\text{w}}}\Delta x_{\text{sfp}}, \quad \Delta \overline{S}_{21}^{\text{w}} = \frac{5\overline{C}_{20}}{3\sqrt{3}b}\frac{\rho_{\text{e}}}{(1+k_2')\rho_{\text{w}}}\Delta y_{\text{sfp}} \quad （6.3.26）$$

再将式（6.3.26）代入式（3.2.8）~式（3.2.20），并令 $n=2$，$m=1$，顾及 $\overline{P}_{21}(\cos\theta)=$

$\sqrt{15}\sin\theta\cos\theta$，可得由实测形状极移$(\Delta x_{\text{sfp}},\Delta y_{\text{sfp}})$计算大地测量要素形状极移效应的公式。其中，地面或固体地球外部高程异常形状极移效应算法公式为

$$\Delta\zeta(r,\theta,\lambda)=-\frac{\sqrt{5}GMa^2}{2\gamma r^3}\frac{\overline{C}_{20}}{b}(\Delta x_{\text{sfp}}\cos\lambda-\Delta y_{\text{sfp}}\sin\lambda)\sin 2\theta \qquad (6.3.27)$$

式中：GM为地心引力常数；γ为计算点(r,θ,λ)的正常重力；b为椭球短半轴；$\overline{C}_{20}$为二阶带谐位系数，取近似平均值。

地面站点重力形状极移效应算法公式为（标注⊙表示其点位与地球固连）

$$\Delta g^s(r,\theta,\lambda)=-\frac{3\sqrt{5}GMa^2}{2r^4}\frac{\overline{C}_{20}}{b}\frac{1-\frac{3k_2'}{2}+h_2'}{1+k_2'}(\Delta x_{\text{sfp}}\cos\lambda-\Delta y_{\text{sfp}}\sin\lambda)\sin 2\theta \quad \odot \qquad (6.3.28)$$

式中：k_1'，h_2'分别为二阶位负荷勒夫数和二阶径向负荷勒夫数。

地面或固体地球外部扰动重力形状极移效应算法公式为

$$\Delta g^\delta(r,\theta,\lambda)=-\frac{3\sqrt{5}GMa^2}{2r^4}\frac{\overline{C}_{20}}{b}(\Delta x_{\text{sfp}}\cos\lambda-\Delta y_{\text{sfp}}\sin m\lambda)\sin 2\theta \qquad (6.3.29)$$

地倾斜形状极移效应算法公式为

南向：

$$\Delta\xi^s(r,\theta,\lambda)=-\frac{\sqrt{5}GMa^2}{\gamma r^4}\frac{\overline{C}_{20}}{b}\frac{1+k_2'-h_2'}{1+k_2'}(\Delta x_{\text{sfp}}\sin\lambda+\Delta y_{\text{sfp}}\cos\lambda)\cos\theta \quad \odot \qquad (6.3.30)$$

西向：

$$\Delta\eta^s(r,\theta,\lambda)=-\frac{\sqrt{5}GMa^2}{\gamma r^4}\frac{\overline{C}_{20}}{b}\frac{1+k_2'-h_2'}{1+k_2'}(\Delta x_{\text{sfp}}\cos\lambda-\Delta y_{\text{sfp}}\sin\lambda)\sin\theta\cos 2\theta \quad \odot \qquad (6.3.31)$$

地面或固体地球外部垂线偏差形状极移效应算法公式为

南向：

$$\Delta\xi(r,\theta,\lambda)=-\frac{\sqrt{5}GMa^2}{\gamma r^4}\frac{\overline{C}_{20}}{b}(\Delta x_{\text{sfp}}\sin\lambda+\Delta y_{\text{sfp}}\cos\lambda)\cos\theta \qquad (6.3.32)$$

西向：

$$\Delta\eta(r,\theta,\lambda)=-\frac{\sqrt{5}GMa^2}{\gamma r^4}\frac{\overline{C}_{20}}{b}(\Delta x_{\text{sfp}}\cos\lambda-\Delta y_{\text{sfp}}\sin\lambda)\sin\theta\cos 2\theta \qquad (6.3.33)$$

地面站点位移形状极移效应算法公式为

东向：

$$\Delta n(r,\theta,\lambda)=\frac{\sqrt{5}GMa^2}{\gamma r^3}\frac{\overline{C}_{20}}{b}\frac{l_2'}{1+k_2'}(\Delta x_{\text{sfp}}\cos\lambda-\Delta y_{\text{sfp}}\sin\lambda)\sin\theta\cos 2\theta \quad \odot \qquad (6.3.34)$$

北向：

$$\Delta e(r,\theta,\lambda)=\frac{\sqrt{5}GMa^2}{\gamma r^3}\frac{\overline{C}_{20}}{b}\frac{l_2'}{1+k_2'}(\Delta x_{\text{sfp}}\sin\lambda+\Delta y_{\text{sfp}}\cos\lambda)\cos\theta \quad \odot \qquad (6.3.35)$$

径向：

$$\Delta r(r,\theta,\lambda)=-\frac{\sqrt{5}GMa^2}{2\gamma r^3}\frac{\overline{C}_{20}}{b}\frac{h_2'}{1+k_2'}(\Delta x_{\text{sfp}}\cos\lambda-\Delta y_{\text{sfp}}\sin\lambda)\sin 2\theta \quad \odot \qquad (6.3.36)$$

式中：l_2'为二阶水平负荷勒夫数。

地面或固体地球外部径向重力梯度形状极移效应算法公式为

$$\Delta T_{rr}(r,\theta,\lambda) = -\frac{6\sqrt{5}GMa^2}{r^5}\frac{\overline{C}_{20}}{b}(\Delta x_{\text{sfp}}\cos\lambda - \Delta y_{\text{sfp}}\sin\lambda)\sin 2\theta \qquad (6.3.37)$$

地面或地球外部水平梯度形状极移效应算法公式为
北向：

$$\Delta T_{NN}(r,\theta,\lambda) = \frac{2\sqrt{5}GMa^2}{r^5}\frac{\overline{C}_{20}}{b}(\Delta x_{\text{sfp}}\cos\lambda - \Delta y_{\text{sfp}}\sin\lambda)\sin 2\theta \qquad (6.3.38)$$

西向：

$$\Delta T_{WW}(r,\theta,\lambda) = -\frac{\sqrt{5}GMa^2}{r^5}\frac{\overline{C}_{20}}{b}(\Delta x_{\text{sfp}}\cos\lambda - \Delta y_{\text{sfp}}\sin\lambda)\cot\theta \qquad (6.3.39)$$

继续利用美国得克萨斯大学空间研究中心采用的 7 颗激光测距卫星实际测定的二阶一次位系数月变化时间序列（一维样条插值，移去 5 年平均值），按式（1.2.133）计算地球形状极坐标变化 $(\Delta x_{\text{sfp}}, \Delta y_{\text{sfp}})$ 时间序列（单位为 m），如图 6.12 所示。

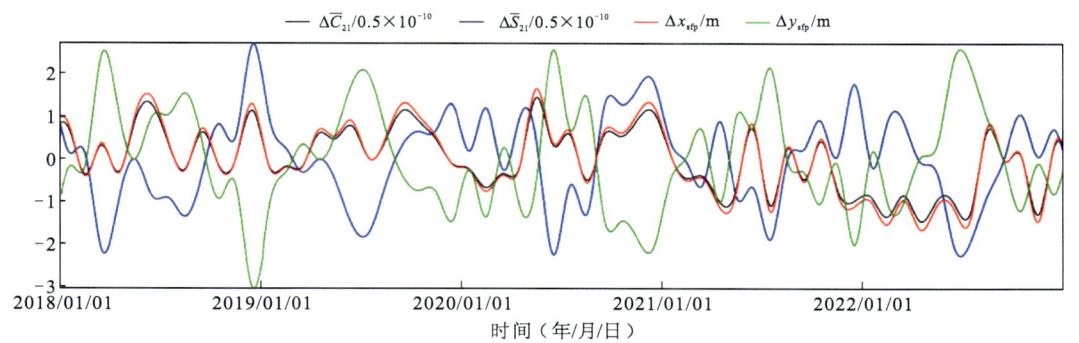

图 6.12 SLR 实测二阶一次位系数变化与形状极坐标变化时间序列

取二阶负荷勒夫数 $k'_2 = -0.3058$，$h'_2 = -0.9946$，$l'_2 = 0.0241$，椭球短半轴 $b = 6\,356\,751.655$ m，二阶带谐位系数 $\overline{C}_{20} = -4.841\,65\times 10^{-4}$。由形状极坐标变化 $(\Delta x_{\text{sfp}}, \Delta y_{\text{sfp}})$ 时间序列，按式（6.3.27）～式（6.3.39），计算地面点 $P(105.0°\text{E}, 32.0°\text{N}, H\,72\,\text{m})$ 处，各种大地测量要素的形状极移效应时间序列，如图 6.13 所示。时间跨度为 2018 年 1 月～2022 年 12 月（共 5 年）。

图 6.13 显示，虽然地球形状极移本身可达米级，但由此导致的大地水准面形状极移效应也不大于 2 mm。形状极移对地面站点水平位移、垂线偏差或水平梯度等水平大地测量要素的影响很小，一般可以忽略。

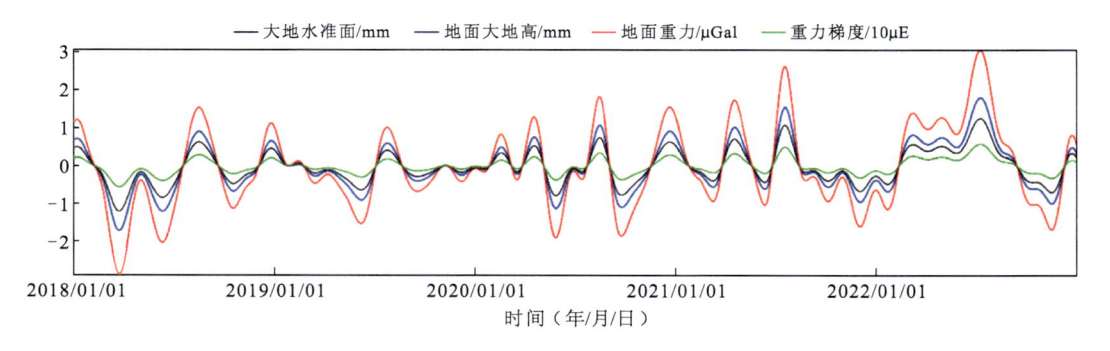

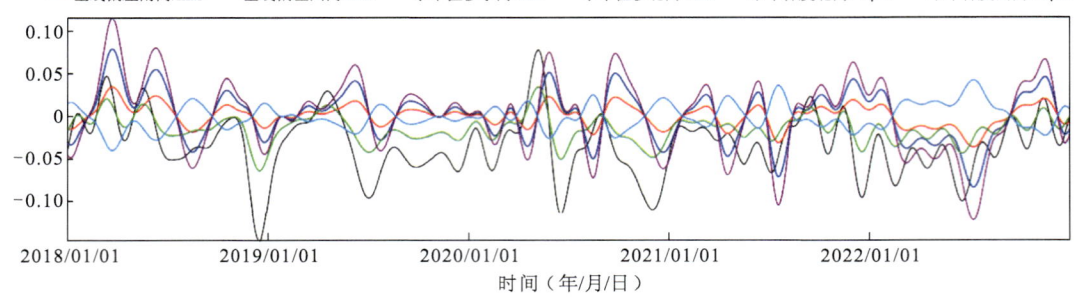

图 6.13 各种大地测量要素形状极移效应时间序列

6.3.3 地球自转参数的大地测量监测方法

1. 地球自转参数 VLBI 技术运动学测定方法

地球自转参数（ERP）运动学观测方程，可通过线性化地心天球参考系（GCRS）与国际地球参考系（ITRS）转换矩阵导出。设岁差章动模型的参考历元为 t_0，观测历元 t 地面 VLBI 测站在国际地面参考框架（ITRF）和地心天球参考框架（GCRF）中的坐标分别为 x、X，由 IERS 协议 2010 可知：

$$X = Q(t)R(t)W(t)x \tag{6.3.40}$$

式中：$Q(t)$ 为描述天球中间极（CIP）在 GCRS 中运动的岁差章动矩阵；$R(t) = R_3(-\text{ERA})$ 为地球中间零点（TIO）绕 CIP 轴的旋转矩阵，ERA 为地球自转角；$W(t)$ 为极移矩阵。

令 $(x_{\text{cip}}, y_{\text{cip}}, b)$ 为天球中间极（CIP）在国际地球参考系（ITRS）中的直角坐标，$p_1 = x_{\text{cip}}/b$，$p_2 = -y_{\text{cip}}/b$，b 为地球椭球短半轴，则 CIP 极移矩阵可表示为

$$W(t) = R_3(-s)R_2(p_1)R_1(p_2) \tag{6.3.41}$$

式中：$R_i, i=1,2,3$ 为绕 ITRS 三个坐标轴的基本旋转矩阵；s 为在 CIP 赤道上 TIO 与无旋转原点（NRO）的差别，可用天球中间极（CIP）极移参数 (p_1, p_2) 表示为

$$s(t) = \frac{1}{2}\int_{t_0}^{t}(p_1\dot{p}_2 + \dot{p}_1 p_2)\mathrm{d}t \tag{6.3.42}$$

设 $Q(t)$ 可以用岁差章动模型准确计算，将式（6.3.41）代入式（6.3.40）得

$$X = QR_3(-\text{ERA})R_3(-s)R_2(p_1)R_1(p_2)x \tag{6.3.43}$$

式（6.3.43）就是以 (p_1, p_2, ERA) 为未知参数的地球自转参数运动学观测方程。

由于地球自转角（ERA）的定义与地球恒星自转严格一致，且保持了与世界时（UT1）的连续性，因此，通常用 UT1-UTC 代替 ERA。

令 $(p_1^0, p_2^0, (\text{UT1}-\text{UTC})^0)$ 为观测历元 t 地球自转参数（ERP）的近似值，将式（6.3.43）按泰勒级数展开，取一次项，得到以地球自转参数改正数 $\delta z_i (i=1,2,3)$ 为未知参数的误差方程

$$v = \frac{\partial X}{\partial z_1}\delta z_1 + \frac{\partial X}{\partial z_2}\delta z_2 + \frac{\partial X}{\partial z_3}\delta z_3 + N^0 \tag{6.3.44}$$

式中：N^0 为可计算的常数项；$z_1 = p_1 = p_1^0 + \delta z_1$；$z_2 = p_2 = p_2^0 + \delta z_2$；$z_3 = \text{UT1}-\text{UTC} = (\text{UT1}-\text{UTC})^0 + \delta z_3$。

地球自转参数 VLBI 运动学测定方案可按三个步骤实现：①在全球合适分布的地面 VLBI 站网（$j=1,2,\cdots,n$）上，用空间大地测量方法（VLBI、GNSS、SLR 或 DORIS）测定其在历元 t_j 国际地面参考框架（ITRF）坐标 x_j；②用 VLBI 技术测定这些地面 VLBI 站在历元 t_j 地心天球参考框架（GCRF）坐标 X_j；③由多个 VLBI 站点同步历元的 ITRF 坐标 x_j 和 GCRF 坐标 X_j，按式（6.3.44）构成误差方程，利用最小二乘法确定 CIP 地球自转参数（p_1, p_2, UT1−UTC）的估值。

不难发现，上述 ERP 空间大地测量测定方法，是以甚长基线干涉测量（VLBI）为核心的纯运动学意义上的几何测量方法，其测定结果是严格意义上的天球中间轴相对于 ITRS z 轴的地球自转变化。

地球自转参数 VLBI 测定方案的三个步骤，也决定了影响 ERP 测定精度水平的三种因素：①地面 VLBI 站 GCRF 坐标的测定精度；②天球参考轴的基准性；③地面 VLBI 站网 ITRF 坐标的测定精度水平。

VLBI 站 GCRF 坐标的测定误差和 ITRF 定位误差取决于当前空间大地测量水平，天球参考轴基准性可通过选择天球中间极（CIP）（见 4.4 节）实现。VLBI 站 ITRF 坐标的测定误差由两部分构成：一部分是站点的定位误差，另一部分是地固坐标系基准传递误差，而 VLBI 站地固坐标系基准传递误差，会等量地叠加到地球自转参数解上，而无法通过数学模型分离。VLBI 站地固坐标系基准传递的稳定性是空间大地测量方法精密测定地球自转参数的基本条件和重要保证。

目前，ITRS 基准传递，主要通过地面参考框架网无整体旋转 NNR 约束来实现，但其稳定性、可靠性和精度水平还未能得到有效验证。地固坐标系基准传递的功能是，实时将不同历元时刻的 ITRF 坐标纳入稳定唯一的 ITRS 中，以保证地固坐标系 z 轴和零点（地球中间零点）不随时间变化。第 7 章将进一步介绍地固参考系定位定向和地固坐标系基准单历元传递的理论和方法。

不难理解，对于没有地面 VLBI 站并置的 GNSS、SLR 或 DORIS 站，由于无法直接测定地心天球参考框架（GCRF）坐标，不适合直接采用上述运动学坐标转换方法测定地球自转参数，而需按下述动力大地测量方法监测自转极移。

2. 自转极移的动力大地测量监测基本方案

地球自转极移与形状极移分别表征整个地球系统的运动学状态和力学形状随时间变化的行为，都是自然客观存在的。两者都会引起地球空间各种大地测量要素随时间变化，需要分别监测，再综合处理。然而地球形状极移与自转极移存在一定的动力学联系，如图 4.3 所示。

地球形状极移的大地测量监测，基于负荷形变理论，以各种大地测量观测量的负荷效应为观测方程，以形状极移（二阶一次位系数变化）为待估未知数，构成监测系统模型（见 6.3.2 小节）。而从自转动力学角度看，形状极移是一种归一化的角动量，等于地球物质负荷激发，$\Delta\mu = \psi^m$（见 4.2.2 小节）。可见，监测形状极移 $\Delta\mu = \Delta\mu_1 + \mathrm{i}\Delta\mu_2$，就是监测地球物质负荷激发 $\psi^m = \psi_1^m + \mathrm{i}\psi_2^m$。

而自转极移的大地测量监测，基于自转形变狄利克雷（Dirichlet）原理，以各种大地测量观测量的自转形变效应（算法公式见 5.4.1 小节）为观测方程，以地球自转极移 $m = m_1 + \mathrm{i}m_2$

为待估未知数，构成监测系统模型。由 5.4.1 小节不难发现，具有全球空间代表性的各种大地测量观测量，包括地面几何物理大地测量监测、卫星跟踪观测和卫星重力监测，都存在地球自转形变效应，采用合理的系统设计与技术策略，都可用于监测地球自转极移。

在 6.2 节全球时变重力场协同监测方案中，将各种地面和卫星观测方程中的自转极移形变效应 p_{rpsh}（p 为地面或卫星观测量），用 5.4.1 小节相应算法公式替换，从而将地球自转极移 (m_1, m_2) 变成待估未知参数，就可按与 6.2 节完全相同的技术方案，估计地球自转极移时间序列。结合 6.2 节内容，可直接给出自转极移的动力大地测量监测方案，这里不再重复。

由于地球质心变化、自转极移与形状极移都是客观存在的自然现象，且分别对各种大地测量要素产生影响，而出现在各种大地测量监测量中。考察 6.3.2 小节地球质心变化与形状极移动力大地测量监测的观测方程，不难发现，可将地球质心变化、形状极移与自转极移同时作为待估未知参数，按完全相同的方案和技术流程，实现地球质心变化、形状极移和自转极移时间同步的大地测量监测。如前所述，形状极移 $\Delta\mu$ 等于地球物质负荷激发 ψ^m，因此，大地测量具备地球物质负荷激发和自转极移的完全时间同步的监测能力。

6.4　区域与局部形变场大地测量分析

区域与局部形变场大地测量计算分析，主要包括地壳水平运动速度场计算与构造活动分析，活动地块及其大地测量划分，大地测量地应变分析与地球物理场反演，地面沉降、构造与均衡垂直形变分析及各种专题性大地测量监测应用分析等，这些大地测量分析方法需要以应用需求为目标，以适应当地区域地球物理场和环境地质特点为原则，进行优化设计。本节介绍其中几个具有一般性原则的技术方法或方案。

6.4.1　水平地应变分析与动力学特点

受板块运动影响，板块内部的地壳在构造应力和自身重力作用下，发生不超过岩石破裂强度的变形，这种变形可以分为不可恢复的塑性永久变形和可恢复的弹性变形，其中弹性变形会在板块或块体内部造成应变的积累，称为地应变。地球在地幔对流、板块运动、地震活动及地表各类负荷作用下发生变形，伴随地应变。

1. 位移（形变）与地应变分析

地应变是连续固体介质中的应变概念在地学上的直接应用。

（1）线应变。设直线 L 形变后长度为 L'，则直线的长度变化量 $\Delta L = L' - L$ 与直线本身长度之比 $\varepsilon_L = \Delta L / L$。$\varepsilon_L$ 称为直线的线应变。

如图 6.14（a）所示，在当地水平坐标系 $A\text{-}xy$ 中，地面 A 点在 x 方向和 y 方向上的位移分量分别为 Δu 和 Δv（A-表示坐标系原点位于 A），顾及应变是微小量，则该点的线应变为

$$\varepsilon_x = \frac{\Delta u}{\Delta x} = \frac{\partial u}{\partial x}, \quad \varepsilon_y = \frac{\Delta v}{\Delta y} = \frac{\partial v}{\partial y} \tag{6.4.1}$$

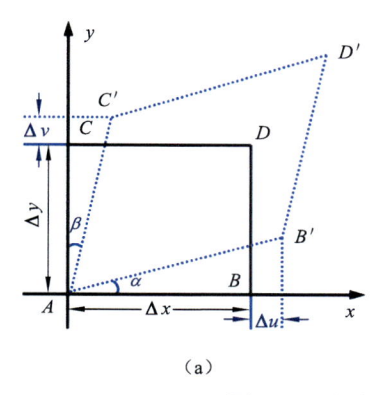

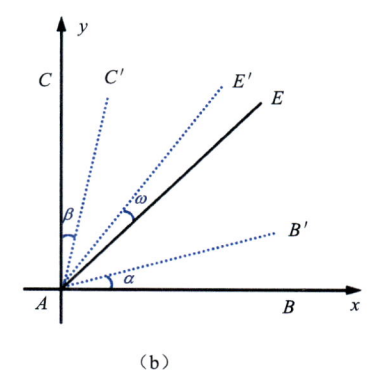

图 6.14　由地面点位移（形变）到地应变

线应变 ε_x 和 ε_y 都是微小量，这就是弹性力学中假设的小变形情况。$\varepsilon_x(\varepsilon_y)$ 可正可负，$\varepsilon_x(\varepsilon_y) > 0$ 为张应变，$\varepsilon_x(\varepsilon_y) < 0$ 为压应变。

（2）剪应变。如图 6.14（a）所示，AB 和 AC 原是垂直的，夹角为 $90°$，形变后这个角度减小了 $\alpha + \beta$，令 γ_{xy} 表示这个角度变化量的正切，顾及小应变情况（即 α, β 都很小），因而有 $\gamma_{xy} = \tan(\alpha + \beta) = \tan\alpha + \tan\beta = \alpha + \beta$。$\gamma_{xy}$ 称为 x 和 y 方向间的剪应变。

设地面 A 点在 x 方向和 y 方向上的位移分量分别为 Δu 和 Δv，则该点的剪应变为

$$\gamma_{xy} = \alpha + \beta = \frac{\partial v}{\partial x} + \frac{\partial u}{\partial y}, \quad \alpha = \frac{\partial v}{\partial x}, \quad \beta = \frac{\partial u}{\partial y} \tag{6.4.2}$$

规定形变后的角度小于 $90°$ 时 γ_{xy} 为正，大于 $90°$ 时 γ_{xy} 为负。

（3）面膨胀。如图 6.14（a）所示，四边形 $ABCD$ 的面积 $F = \Delta x \Delta y$，形变后 $A'B'C'D'$ 的面积变为 $F' = (\Delta x + \Delta u)(\Delta y + \Delta v) = (\Delta x + \varepsilon_x \Delta x)(\Delta y + \varepsilon_y \Delta y) = \Delta x \Delta y (1 + \varepsilon_x)(1 + \varepsilon_y)$，舍去微小量的二次项后得 $F' = \Delta x \Delta y (1 + \varepsilon_x + \varepsilon_y)$，因此，面膨胀可表示为

$$\Delta = \frac{\mathrm{d}F}{F} = \frac{F' - F}{F} = \frac{\Delta x \Delta y (1 + \varepsilon_x + \varepsilon_y) - \Delta x \Delta y}{\Delta x \Delta y} = \varepsilon_x + \varepsilon_y \tag{6.4.3}$$

即面膨胀 Δ 等于 x、y 两方向线应变之和。

（4）转动量。如图 6.14（b）所示，AE 为直角 A 的平分线，故 $\angle EAB = 45°$，AE' 为形变后 $\angle C'A'B'$ 的角平分线，故 $\angle E'AB' = (90° - \alpha - \beta)/2$。对角线 AE 经过形变转动至 AE'，其夹角称为转动量，$\omega = (90° - \alpha - \beta)/2 - (45° - \alpha) = \alpha - \beta$，即

$$\omega = \alpha - \beta = \frac{1}{2}\left(\frac{\partial v}{\partial x} - \frac{\partial u}{\partial y}\right) \tag{6.4.4}$$

（5）主应变与主方向。前面用 ε_x、ε_y 和 γ_{xy} 表示地面点的在 x、y 方向上的线应变和 x、y 方向间的剪应变。这里的坐标轴 x 和 y 任意，只要求相互垂直。因此，对某地面点而言，任意方向上都存在这样一组应变量。例如，若 x 轴指向东方向（E），y 轴指向北方向（N），存在一组应变量为 ε_E、ε_N 和 γ_{EN}，它表示该点在东方向（E）、北方向（N）上的线应变和它们之间的剪应变，称为任意方向上的线应变和剪应变。

弹性力学的理论证明，在众多任意方向上，存在一对互相垂直的特殊方向，它们经形变后只表现为原来方向上的伸缩，而相互间角度不发生变化，即只产生线应变而不存在剪应变。这样一对轴线称为主应变轴，其线应变称为主应变，主应变的方向称为主轴方向或主方向，

而且一对主应变必是任意方向线应变中的最大值和最小值。

虽然在计算地应变时，需要找出任意方向及其垂直方向的线应变和剪应变，再计算主应变和主方向。但如果找出了其中一组应变量，如 ε_x、ε_y 和 γ_{xy}，就能计算出该点与其任意邻近点间的方向和长度的应变量，包括主应变和主方向。

这里延续大地测量习惯，并顾及符号的一致性，在表示地面点 P 的地应变时，采用与地面点形变（位移）相同的当地东北天坐标系 P-ENU（对应 P-xyz 坐标系），而地面点的位置采用地心天球坐标 (r,θ,λ) 表示。地面点 P 在 P-ENU 中的三维位移向量，分别指向东方向 E（经度增加方向），北方向 N（纬度增加方向）和天顶方向 U（大地高增大方向）；P-表示坐标系的原点为 P 点。

（6）应变张量。应变是位移的梯度，在数学上是二阶张量。地面点 P 在应力作用下发生位移 $\boldsymbol{u}$，P 点附近地球介质的变形可以通过 $\boldsymbol{u}$ 的空间梯度来反映。在小变形假定下，P 点的应变张量为

$$\varepsilon = \frac{1}{2}[\nabla \boldsymbol{u} + (\nabla \boldsymbol{u})^{\mathrm{T}}] \tag{6.4.5}$$

式中：∇ 为梯度运算符；上标 T 为转置符号。

由于本身的对称性，在当地平面坐标系 P-xy 中，$\boldsymbol{u}=(u,v)$，$\gamma_{xy}=\gamma_{yx}$，应变张量为二阶对称矩阵，有 3 个独立的应变分量 $(\varepsilon_x,\varepsilon_y,\gamma_{xy}/2)$，用于描述 P 点水平应变：

$$\varepsilon = \begin{bmatrix} \varepsilon_x & \frac{1}{2}\gamma_{xy} \\ \frac{1}{2}\gamma_{xy} & \varepsilon_y \end{bmatrix} = \begin{bmatrix} \frac{\partial u}{\partial x} & \frac{1}{2}\left(\frac{\partial v}{\partial x}+\frac{\partial u}{\partial y}\right) \\ \frac{1}{2}\left(\frac{\partial v}{\partial x}+\frac{\partial u}{\partial y}\right) & \frac{\partial v}{\partial y} \end{bmatrix} \tag{6.4.6}$$

在当地东北天坐标系 P-xyz 中，应变张量为三阶对称矩阵，有 6 个独立的应变分量，用于描述 P 点的三维应变：

$$\varepsilon = \begin{bmatrix} \varepsilon_x & \frac{1}{2}\gamma_{xy} & \frac{1}{2}\gamma_{xz} \\ \frac{1}{2}\gamma_{xy} & \varepsilon_y & \frac{1}{2}\gamma_{yz} \\ \frac{1}{2}\gamma_{xz} & \frac{1}{2}\gamma_{yz} & \varepsilon_z \end{bmatrix} \tag{6.4.7}$$

（7）应变椭圆及主应变与主方向计算。应变张量矩阵的特征值就是主应变，特征向量就是主方向。P 点处的水平应变有两个特征值 ε_1 和 ε_2，分别表示最大应变和最小应变，两个特征向量表示两个正交的主轴方向。以 P 为中心，最大应变 ε_1 为长半轴，最小应变 ε_2 为短半轴，特征值 ε_1 对应的特征向量为长轴方向，特征值 ε_2 对应的特征向量为短轴方向，形成的椭圆称为 P 点处的应变椭圆。

由线性代数知识可得，由水平应变计算主应变的公式为

$$\varepsilon_1 = \frac{1}{2}(\varepsilon_x+\varepsilon_y)+\frac{1}{2}\sqrt{(\varepsilon_x-\varepsilon_y)^2+\gamma_{xy}^2} \tag{6.4.8}$$

$$\varepsilon_2 = \frac{1}{2}(\varepsilon_x+\varepsilon_y)-\frac{1}{2}\sqrt{(\varepsilon_x-\varepsilon_y)^2+\gamma_{xy}^2} \tag{6.4.9}$$

应变椭圆长轴 ε_1 方向的大地方位角 α 计算式为

$$\alpha = \frac{1}{2}\arctan\frac{\gamma_{xy}}{\varepsilon_x - \varepsilon_y} \tag{6.4.10}$$

（8）应变率。应变率是指单位时间内发生的线应变、剪应变、旋转量或面膨胀的量。当用地面点的水平速度代替水平位移，由上述公式计算得到的就是对应的地应变速率，即应变率。

2. 地应变的时空动力学特点

固体地球在各种物理因素的作用下产生形变，表现为地应变。这些形变由于物理因素不同而表现出不同的时空特征。由于地壳物质组成、构造环境、温压条件与地表负荷等的空间差异性，不同位置的地壳处于不同的地应力场中，表现出差异性的应变分布。全球各大板块处于不同的构造运动和地应力环境中，表现为不同的相对运动特征和大尺度地应变空间分布。板块边界的地壳运动更为活跃，地应力水平高，地应变量值大，发育着主要的断裂带，孕育大多数地震和火山活动。断裂带处的断层运动和地震活动主导区域性的地应变，陆地水与冰雪及历史冰川的负荷效应对区域地应变产生重要影响，水库蓄水、隧道开凿、地下水开采等也影响局部范围的地应变水平。这些效应的综合作用使地应变呈现复杂的时空特征。

产生地应变的最主要原因是全球板块构造运动。全球构造运动在地质时间尺度上引起地壳乃至岩石圈的变形、洋底的增生消亡、地震活动、岩浆活动和变质作用等。在地应力上表现为板块增生处发生强烈的拉张作用，如大洋中脊发育大量的张性断裂，伴随大量的地震活动和岩浆喷发；而在板块俯冲、碰撞带发生强烈的压缩，积累大量的应变能，又以造山运动或者地震活动等方式释放。重力位能和地热驱动着地幔对流和板块运动，地幔对流在岩石圈底部施加拖曳力，加上有着横向密度和纵向厚度差异的岩石圈本身的自重效应，产生全球构造应力场。

大陆和大洋中的断裂活动是区域性地应变分布状态的主要原因。在全球地应力场的背景下，断层系统通过缓慢滑动和地震活动来积累和释放弹性岩石圈的应变能。在地震孕育发生的整个周期中均伴随地应变的改变。孕震期积累弹性应变能，应力向震源区集中；待应变能积累到一定强度时断层发生快速破裂和滑动，伴随介质的弹性变形和物质迁移，应力场发生阶跃性的改变，产生同震位移、重力等地球物理场的变化。断层上的低频慢滑也对地应变有缓慢的调整作用，低频的缓慢运动在积累和释放应变能中占有不可忽视的作用。断层的快速滑动、破裂和缓慢滑动一起组成了完整的断层运动模式，它们同受断层的摩擦定理控制，决定了区域性地应变的主要特征。

地球表面各种负荷产生区域或局部地应变的变化。冰川消融或增长、降雨和降雪载荷、地表和地下水的迁移、海平面及大气压力变化等，这些物理现象都等价于地表面质量加载，产生的负荷效应，使地应变发生变化。这些质量加载的空间尺度不同，所产生的地应变场变化可从局部分布直到几百千米甚至几千千米的大尺度空间分布。地球上曾经历的多次冰期和暖期气候交替所导致的冰川加载和卸载，致使地球产生长趋势的冰后期回弹，超大俯冲地震、大型泥石流与火山喷发造成地球质量迁移和重新分布。

6.4.2 地面垂直形变及局部定量特征

1. 固体地球潮汐形变及其大地测量潮汐效应

地球外部天体引潮位、海潮及大气潮，引起周期性的固体地球形变和地球重力场随时间变化，称为固体地球的潮汐形变。通常将地球外部天体引潮位、海潮负荷及大气潮负荷引起的大地测量观测量或参数的周期性变化，称为该观测量或参数的潮汐效应，包括固体潮效应和负荷潮效应。

大地测量潮汐效应可以模型化，能够随时随地精确地移去、恢复或预报。只进行潮汐效应改正，而不考虑非潮汐效应的大地测量参考框架，仍是静态或稳态的。例如传统的水准控制网和重力控制网，虽然其观测量都经过潮汐改正，但它们仍然只是稳态的大地测量框架。

2. 固体地球非潮汐形变形式及大地测量影响

地球表层系统（简称地表）中的土壤及植被水、江河湖库水、冰川冰盖雪山、地下水、大气与海平面等环境负荷非潮汐变化，引起地球重力位变化（直接影响），同步激发固体地球形变，产生附加位（间接影响），综合表现为地面形变、地面重力及地倾斜变化，称为固体地球的非潮汐负荷形变，包括地球重力场随时间变化。

地下水利用、地下资源开采、地下工程建设与冰川冰盖消融等，致使地球表层岩土失去原有的平衡，进而在自身重力或内应力作用下，又缓慢趋向另一平衡状态，引起地面塑性均衡垂直形变。地面负荷垂直形变由地表环境负荷质量变化（或重新分布）激发，作用于整个固体地球，属于弹性形变，可用负荷勒夫数定量表征；地面塑性垂直形变由人类活动或自然环境地质因素诱发，动力作用位于地下岩土，并以岩土自身为力学介质传递，属于一种缓慢的塑性均衡垂直形变。

非潮汐效应难以模型化，一般采用重复或连续大地测量技术测定。顾及非潮汐效应的大地测量参考框架只能是动态的，动态参考框架基准值对应具体唯一的参考历元时刻。当前历元参考框架点的基准值，需在其参考历元基准值的基础上，增加一项当前历元非潮汐效应相对于参考历元非潮汐效应的差异的校正，这项校正又称（非潮汐效应）历元归算。

3. 地面垂直形变的形式及其一般定量特征

地面垂直形变（地面沉降）有 3 种形式，即弹性负荷垂直形变、塑性均衡垂直形变与局部构造垂直形变。后两者又称非负荷垂直形变，都属于塑性形变。

弹性负荷垂直形变，由地表环境负荷质量变化激发，引起地球重力位变化（直接影响），经固体地球的弹性动力作用，导致固体地球形变（间接影响），在监测区内表现为与负荷变化时间同步的地面垂直形变和重力场变化。其时变特征与地表环境负荷变化相似，表现为复杂的非线性和准周期性。

塑性均衡垂直形变，通常表现为环境地质动力作用破坏地下岩土原有的平衡状态后，岩土在自身重力或内应力作用下，缓慢趋近于另一平衡状态的动力学过程。例如，地下空隙岩土失水后的压实效应与渗/注水后的膨胀效应，地下工程建设引发的上方围岩形变，以及地表质量迁移（冰雪消融、水土流失和地基开挖）后的地面塑性回弹。

地面均衡垂直形变的典型空域动力学定量特征为：动力作用点位于地下岩土内部，均衡调整对象为动力作用点上方的岩土层，均衡空间调整的岩层影响角约为 45°，因而地面形变的空间影响半径约等于地下作用点的埋藏深度。地面均衡垂直形变的典型时域动力学定量特征为：均衡调整持续时间与动力作用点埋藏深度近似成正比，在数年时间尺度上均衡垂直形变量与其加速率符号相反，在数月内表现为短期线性时变。

局部构造垂直形变，由板块水平运动驱动，主要作用于聚合性板块边界和压缩性断裂带附近。局部构造垂直形变大小随离开构造带的距离快速衰减至零，空间影响半径与构造深度相当。在数十年时间尺度上，局部构造垂直形变速率基本保持不变。

6.4.3 区域负荷形变场多种异构监测

地球表层大气、海平面、土壤水、地下水、江河湖库水和冰川冰盖雪山等环境负荷非潮汐变化，导致固体地球形变，既引起所有类型几何物理大地测量观测量和参数随时间变化，又能被空天地海多种大地测量监测技术定量捕获。因此，以大地测量原理与固体地球形变动力学为约束，同化各种能捕获这种信号的几何物理大地测量观测量，可实现负荷形变场及时变重力场的高性能监测。

本小节以某区域为例，通过深度融合 CORS、重力固体潮站、水文监测站与地表环境负荷等数据，组合已知地表负荷移去恢复、监测量 SRBF 参数解析与局部重力场逼近性质约束等方法，介绍高分陆地水及其全要素负荷形变场的多种异构大地测量协同连续监测的一般方案。

1. 多种大地测量及地表环境负荷观测数据准备与预处理

区域范围为 3°×2.5°；监测数据分布为 4°×3.5°；时间跨度为 2018 年 1 月～2020 年 12 月；监测时间分辨率为 1 周；空间分辨率为 1′×1′。主要技术流程如图 6.15 所示。

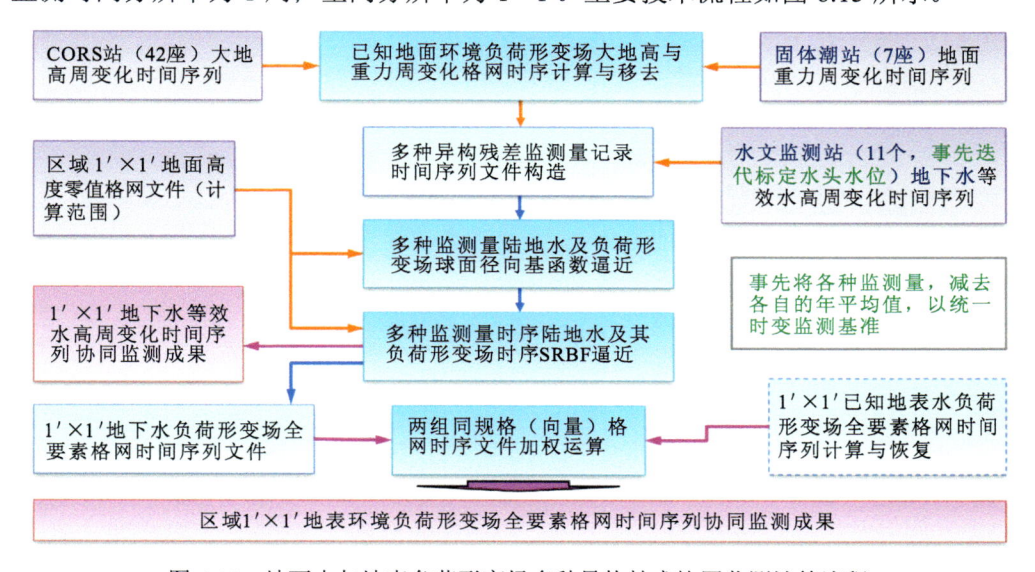

图 6.15 地下水与地表负荷形变场多种异构技术协同监测计算流程

（1）42 座 CORS 网数据处理与 CORS 大地高周变化时间序列计算，7 座固体潮站网数据处理与固体潮站重力周变化时间序列计算。

（2）统一时变监测基准。将全部大地测量和地表环境监测量时间序列分别减去各自的年平均值，以统一全球和区域地面监测量时间序列的监测基准。

（3）11 个水文监测站地下水等效水高周变化时间序列计算。事先仅由 CORS 和固体潮站监测数据，按照后续作业流程，计算不少于两年的区域地下水等效水高周变化格网时间序列，之后，内插至水文监测站点，标定地下水监测站导纳参数，从而将（水头）水位变化转换为地下水等效水高变化。类似地，可迭代标定或分离重力固体潮站观测时间序列中与负荷形变场空域或谱域不相关的仪器参数（如非线性漂移、温控参数等），以提高固体潮站的中长期监测能力。

（4）地表水文监测数据。收集并计算地面大气压、江河湖库水、土壤植被水（4 m 以浅陆地水）与海平面周变化格网时间序列，统一时变监测基准。

2. 计算并移去各种监测量时序的已知环境负荷形变效应

按照 3.2.2 小节有关算法，计算地面大气压、土壤植被水、江河湖库水、海平面变化等已知地面负荷形变场的大地高周变化和地面重力周变化格网时间序列。地面大地高的大气压非潮汐负荷效应大，需要准确计算并移去。本小节省略此过程。

利用地面负荷形变场中的重力周变化格网时间序列，移去固体潮站重力周变化时间序列中的地面负荷形变效应，生成固体潮站残差重力周变化时间序列文件。采用相同的计算流程，利用地面负荷形变场中的地面大地高周变化格网时间序列，移去 CORS 大地高周变化时间序列中的地面负荷形变效应，生成 CORS 残差大地高周记录时间序列文件。

将水文监测站地下水等效水高周变化、固体潮站残差重力周变化和 CORS 残差大地高周变化时间序列合并，生成多种异构残差监测量周变化时间序列，如图 6.16 所示。

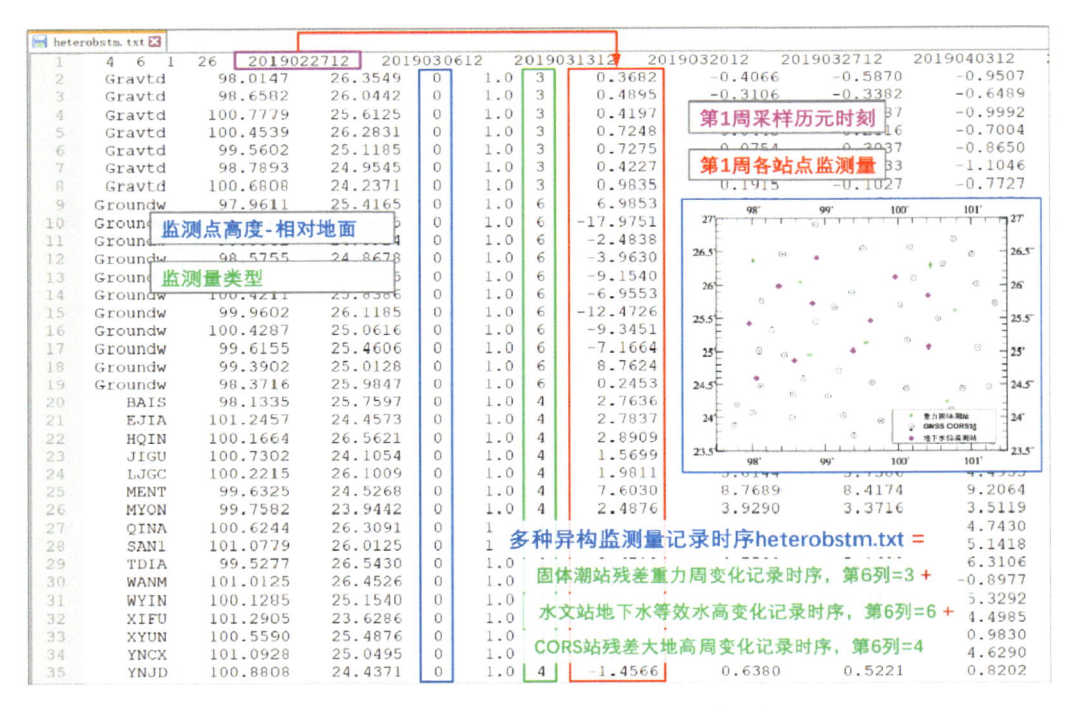

图 6.16 多种异构残差监测量周变化时间序列构造

3. 估计地下水等效水高及其负荷形变场全要素格网时序

采用 SRBF 逼近方案，结合局部重力场逼近性质约束方法，由多种异构残差监测量周变化时间序列，估计地下水等效水高变化格网时间序列，进而按 3.4 节负荷效应 SRBF 综合算法，计算区域地下水负荷形变场全要素时间序列，如图 6.17 所示。

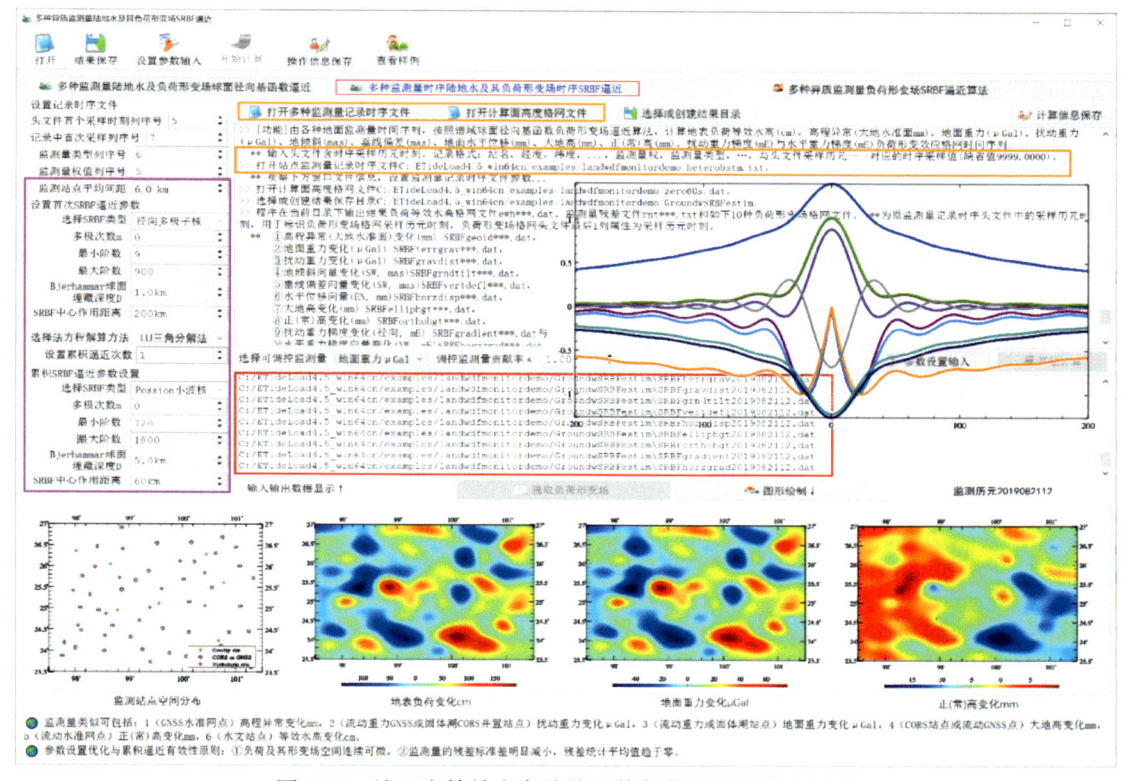

图 6.17 地下水等效水高估计及其负荷形变场综合计算

地下水负荷形变场类型有 10 种，包括地面高程异常（大地水准面）变化、地面重力变化、扰动重力变化、地倾斜变化、垂线偏差变化、地面水平位移、地面大地高变化、地面正（常）高变化、径向重力梯度变化与水平重力梯度变化。其中，地下水等效水高及其地面正常高负荷效应结果如图 6.18 和图 6.19 所示。

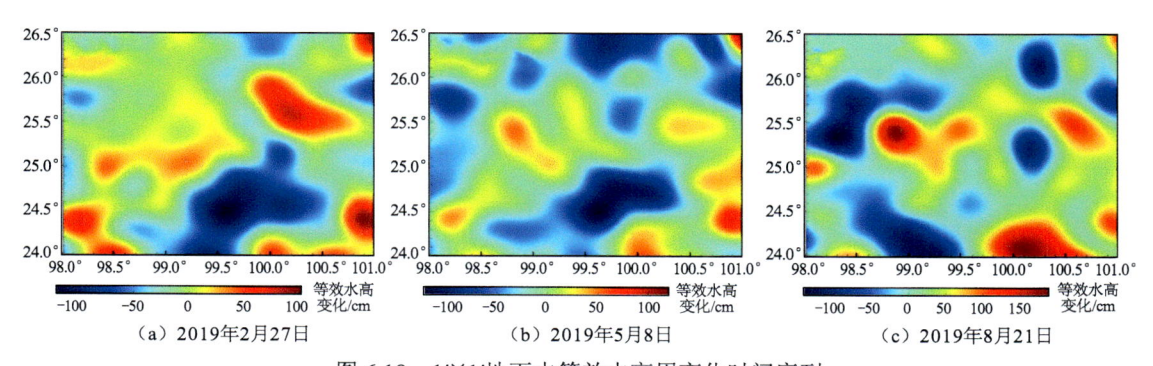

(a) 2019年2月27日　　(b) 2019年5月8日　　(c) 2019年8月21日

图 6.18　1′×1′地下水等效水高周变化时间序列

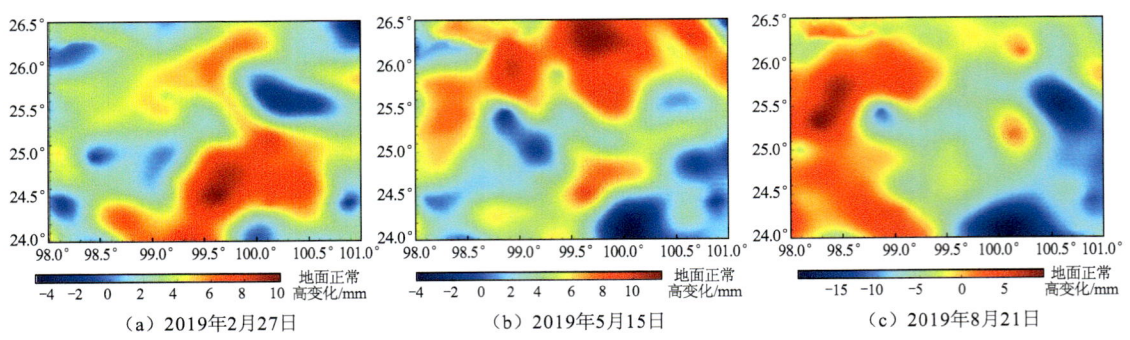

(a) 2019年2月27日　　　(b) 2019年5月15日　　　(c) 2019年8月21日

图 6.19　1′×1′地下水负荷形变场地面正常高变化时间序列

4. 恢复已知负荷形变场，生成区域负荷形变场协同监测成果

按照 3.2.3 小节流程，计算 1′×1′地面大气压、土壤植被水、江河湖库水、海平面变化等已知地面负荷形变场全要素（10 种）周变化格网时间序列。本小节省略此过程。

分别将 10 种 1′×1′已知地面负荷形变场周变化格网时间序列与地下水负荷形变场周变化格网时间序列相加，生成 1′×1′地表环境负荷形变场全要素格网时间序列协同监测成果，如图 6.20～图 6.23 所示。

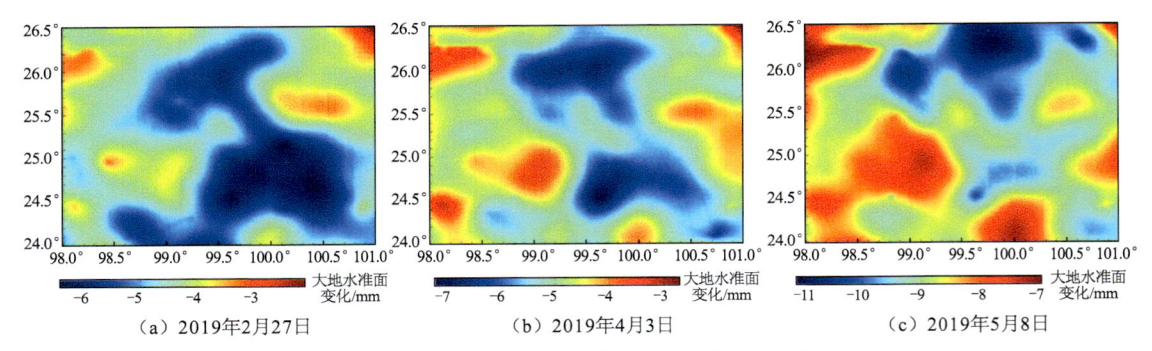

(a) 2019年2月27日　　　(b) 2019年4月3日　　　(c) 2019年5月8日

图 6.20　1′×1′地表负荷形变场大地水准面周变化时间序列

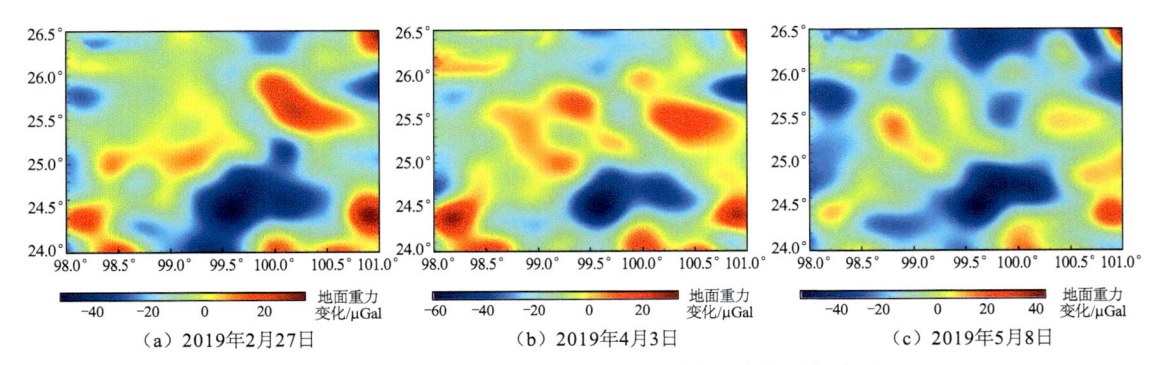

(a) 2019年2月27日　　　(b) 2019年4月3日　　　(c) 2019年5月8日

图 6.21　1′×1′地表负荷形变场地面重力周变化时间序列

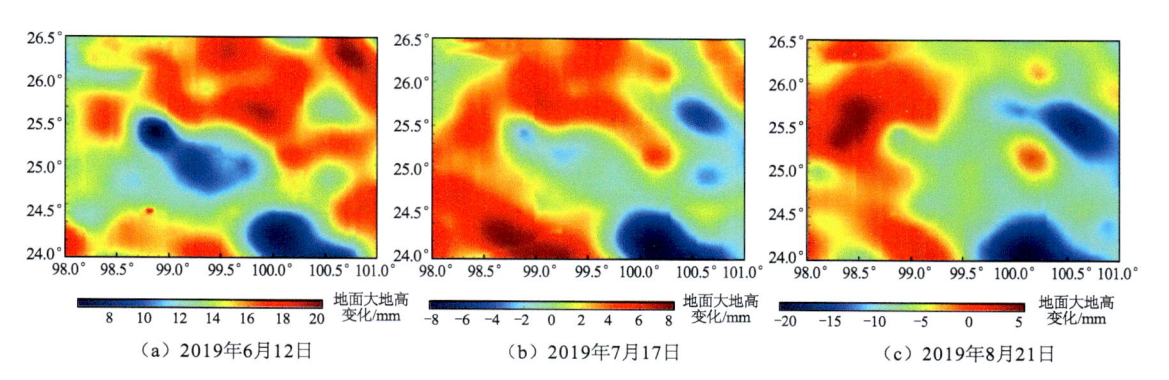

(a) 2019年6月12日　　　　(b) 2019年7月17日　　　　(c) 2019年8月21日

图 6.22　1′×1′地表负荷形变场地面大地高周变化时间序列

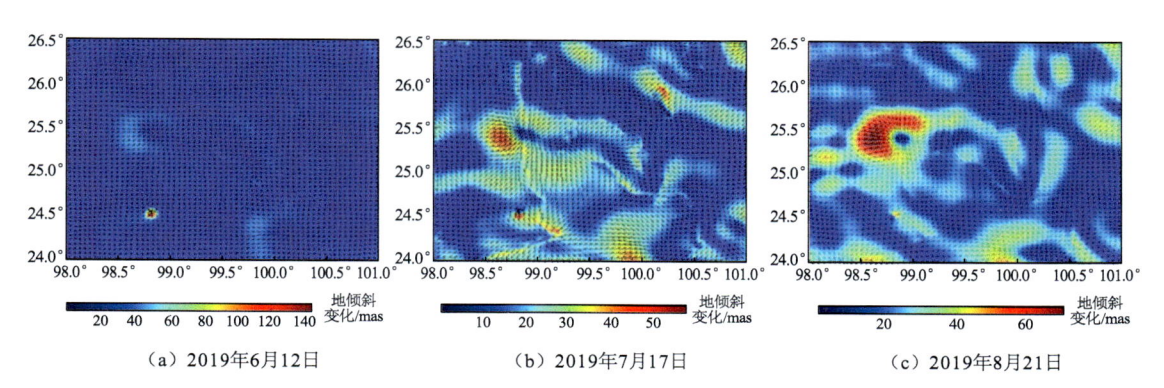

(a) 2019年6月12日　　　　(b) 2019年7月17日　　　　(c) 2019年8月21日

图 6.23　1′×1′地表负荷形变场地倾斜周变化向量时间序列

第 7 章　形变地球一体化大地测量基准

地球作为大地测量观测和研究对象，本身客观存在；在地球空间中，不同质点间的空间位置之间、高程之间、重力场量之间及其相互之间的关系客观存在；各种大地测量要素随时间的变化量，是形变地球以不同形式的定量响应，这些时变量自身及其相互之间的空间关系，也遵循相同的大地测量原理与地球形变动力学规律。所有这些客观自然属性，理应成为形变地球大地测量基准及其一体化实现，乃至所有地球空间大地测量活动都应遵循的基本原则。本章严格依据大地测量学原则和计量学精密可测性要求，通过简化技术细节，集中梳理形变地球大地测量基准一体化的概念、理论与技术方法，重点阐述极大化大地测量基准性能水平与应用潜力的大地测量学理论依据、原则要求、实现方法与技术措施。

7.1　地球大地测量基准一体化科学背景

地球各圈层及其相互之间，在内外力作用下，时刻进行物质运动和能量交换，引起固体地球形变与各种动力学时空变化，从而按相同的动力学机制，影响地球空间中所有大地测量要素。因此，地球空间中的各种大地测量要素（观测量、基准值、参数或模型），都存在机制相同、协调统一的地球动力学效应。形变地球大地测量基准是理论定义或约定的大地测量参考系统与具体实现和应用的形变地球大地测量参考框架的统称。

1. 形变地球各种大地测量的时变相容性要求

地球本体时刻存在相对运动与内部形变，地球空间中的各种大地测量要素，本质上是对其唯一观测对象——形变地球，以不同形式的定量体现，只能测定或实现，而不能引入假设或约定而扭曲客观信息。这些大地测量要素随时间的变化量，无论是相互之间的空间关系，还是相互之间空间关系随时间的变化，受相同的大地测量原理、地球物理规律和形变动力学机制约束，只能客观描述，这是表达地球空间所有大地测量要素及其相互之间时空关系都应遵循的大地测量原则。

第 5 章显示，地面及其外部各种大地测量要素的潮汐效应，相互之间具有严格解析函数关系（特指确定性的函数关系），见式（5.1.3）～式（5.1.16）。由第 3 章可知，地面及其外部各种要素的非潮汐负荷效应，相互之间也有类似的解析函数关系。实现和维持这些解析关系，是形变地球大地测量学的基本原则和技术要求。为此，首先需要研制一套科学统一的数值标准，如地球椭球常数、勒夫数等；其次，需要构造协调一致的地球物理模型，如地球参考模型、海潮及大气压潮模型及海平面变化模型等；最后，还需配置一套解析相容的大地测量和形变地球动力学算法，如第 3 章和第 5 章中的各种算法公式，以协调统一各种大地测量要素的形变动力学效应。不难看出，这三个条件只要其中之一得不到满足时，都会破坏形变地球大地测量要素之间的解析相容性。

大地测量学通过直接监测各种大地测量要素变化，实现地球时空变化监测，研究监测对象的动力学效应。形变地球上不存在稳定不变的参考点位，形变地球空间也不存在不随时间变化的大地测量要素。在形变地球大地测量参考系统实现与更新的全流程各个环节中，严格维持大地测量要素的协调统一性和解析相容性，是形变地球大地测量参考系统中坐标基准、高程基准和地球重力场一体化实现的基本要求，也是形变地球多种几何物理大地测量技术协同的必要条件。

2. 地球几何空间与重力场空间的统一性要求

实现地球参考系所需的全部大地测量观测量都是在地球重力场环境中获取的。地球外部重力场在地固坐标系中求解，如 1.2.4 小节和 1.2.5 小节，地球重力场参数与其所在地固坐标系中的坐标，存在解析函数关系（显函数或隐函数形式）。因此，地球几何空间与重力场空间之间统一性，是大地测量学客观存在的内禀属性，是实现地球大地测量基准的约束性要求。

天体质心引力常数，可理解为度量天体重力场强度的尺度因子，地心引力常数 GM 是度量地球重力场强度的尺度因子。一些地球重力场要素，不含地心引力常数 GM，具有典型的几何性质，可在地固坐标系中精密表达，如大地水准面与地球质心，分别代表地球力学平衡形状和力学形状的一阶项（球形），还有垂线偏差和正（常）高也不含 GM，它们的度量尺度就是地固空间的空间尺度。这些不含 GM 的要素，表征了地球重力场的空间几何结构，兼备几何物理性质，是地球几何空间与重力场空间统一的重要理论支柱。这个性质适用于其他天体，如正（常）高、高程异常（布隆斯公式）、垂线偏差（水准面水平导数）定义同样适合月球与类地行星。

由大地测量学基本原理，地面点的大地高 H 等于地面点的正高 h^* 与大地水准面高 N 之和，也等于地面点的正常高 h 与该点的高程异常 ζ 之和：

$$H = h^* + N = h + \zeta \tag{7.1.1}$$

大地水准面高 N、地球外部高程异常 ζ 是地球重力场边值问题在地固坐标系中的解，因此，大地水准面高 N 和高程异常 ζ 的度量尺度，就是地固坐标系的坐标轴尺度（地固空间的空间尺度）。由式（7.1.1）可知，由于大地高采用坐标轴尺度，正（常）高 $h^*(h)$ 的度量尺度也必然是地固坐标系的坐标轴尺度。大地水准面及其他各种地球重力场参数，既属于地球重力场空间，又在地固坐标系中表示。

式（7.1.1）是 GNSS 代替水准测量技术，测定地面点高程的大地测量依据。显然，实施这种大地测量技术的前提是，地球坐标基准、高程基准与重力场之间具有高度统一性。

地球自转方向和赤道面位置能用天文大地测量方法测定，见 1.1.2 小节的天文大地坐标系。地面点 P 的天文纬度 Φ 是 P 点天顶方向（铅垂线反向）和赤道面的夹角，天文经度 Λ 为首子午面到过 P 点天文子午面的角度。天文纬度 Φ 和天文经度 Λ 构成地固空间中的两个坐标，若第三个坐标采用重力位 W，则 (Φ, Λ, W) 构成地固空间坐标系。重力位 W 是标量，可直接在地固坐标系中表示为 $W = W(x, y, z)$，铅垂线单位向量 $\boldsymbol{n}$（方向余弦）和重力向量 $\boldsymbol{g}$ 在地

固坐标系中的 x, y, z 分量分别为

$$\boldsymbol{n} = -(\cos\varPhi\cos\varLambda, \cos\varPhi\sin\varLambda, \sin\varPhi), \quad \boldsymbol{g} = g\boldsymbol{n} = (W_x, W_y, W_z) \quad (7.1.2)$$

式（7.1.2）中的铅垂线和重力向量的方向指向地球内部，g 为重力标量值，重力位 W 梯度在地固直角坐标系分量表示为

$$W_x = -g\cos\varPhi\cos\varLambda, \quad W_y = -g\cos\varPhi\sin\varLambda, \quad W_z = -g\sin\varPhi \quad (7.1.3)$$

地固坐标系中的大地坐标 (B, L) 和天文大地坐标 $(\varPhi, \varLambda)$，通过地球重力场空间中的垂线偏差向量 (ξ, η) 相联系：

$$B = \varPhi - \xi, \quad L = \varLambda - \eta\sec\varPhi = \varLambda - \eta\sec(B + \xi) \quad (7.1.4)$$

地固坐标系的几何空间与地球重力场空间的统一性要求，地球坐标基准、高程基准与地球重力场之间应协调统一，客观存在于各种基准值之间的空间解析关系应当在大地测量参考系统实现过程中，通过有效约束，体现到大地测量参考框架产品中。

7.2 形变地球一体化大地测量参考系统

形变地球大地测量参考系统，是以时刻形变的地球本体为参考体、地球几何空间与重力场空间有机统一的大地测量参考系统，它规定了以形变地球为对象的大地测量起算基准、尺度标准及一体化实现的原则、方法、约定与技术要求，以便在受地球重力场束缚的地固空间中，连续定量地测定重力场及其变化，描述质点的位置、高程及其运动和动力学状态。形变地球大地测量参考系统一般是理论和概念层面上的。

7.2.1 基于力学平衡形状的地球参考系定位定向

由时空坐标参考系理论可知，参考体和坐标系的选择可有一定的随意性，这是力学参考系的基本性质。类似地，选择用于地固坐标系的参考体，也容许有一定的灵活性。但是，力学参考系要成为支撑大地测量学的坐标参考系，理论和技术上都要求空间质点相对于参考系的坐标，或者说，质点相对于形变地球本体的位置，必须能够通过大地测量学方法精密可测。不难理解，这个要求体现为作为支撑地固坐标系的参考体，选择时可灵活，但一旦选定，则由该参考体描述的地固坐标系必须是唯一且可测的。

1. 地固坐标参考系的定位定向与基准性

地固空间中的质点，在不同地固坐标系（原点或坐标轴不同）中，有不同的坐标值，地球重力位系数在不同地固坐标系中有不同的表现值。大地测量学因此要求地固坐标系一经定义及实现，必须在较长时期内（如10~20年）稳定不变，以保持多年的、各种时空尺度的几何物理大地测量及参考框架成果，都能严格地同属于这个唯一不变的地固坐标参考系。地固坐标系的唯一性是大地测量基准及其一体化实现的约束性要求。

地固坐标参考系由其相对于地球本体的定位定向来实现。地固参考系定位是确定坐标系原点在地球本体（形变参考体）中的相对位置，地固参考系定向是确定参考轴（z 轴）或参考极在地球本体中的相对方向或相对位置。可见，地固坐标系以地球本体为参考体，其定位

定向一般需要具有全球空间尺度的大地测量技术实现。

传统地面大地测量时代以三角测量和水准测量为主，由于难以获得全球尺度的地球相对运动信息，需要借助天文大地测量方法（地球自转运动）进行地球定向，并通过确定地球椭球形状及其中心实现地球定位。随着空间大地测量技术发展，全球尺度的地球相对运动与形变信息可以精准快速获取，地固参考系定位定向不再依赖传统的参考椭球定位和地球自转定向方法，由参考椭球定义和实现的参心坐标系大地基准已成为历史。

20世纪70年代以来，具有全球空间尺度的卫星大地测量技术迅速发展，以参考椭球为原点的参心坐标系，也随之迅速向以地球质心为原点的地心坐标系过渡。目前，全球在轨运行的大地测量卫星已达数百颗，联合这些大地测量卫星全天候连续观测数据，可持续有效地测定一阶、二阶位系数，实现精度匹配于卫星大地测量技术的地球质心与形状极定位及时变监测（方案见6.3.2小节）。这表明地球质心和形状极已具备直接作为地固坐标系参考体的大地测量技术条件。

精密测定地球形状及其变化一直是大地测量学的核心任务。大地测量学中的地球形状是大地水准面，表达的是整个地球系统的力学平衡形状。在任一地固坐标系中，都可将大地水准面高表达成球谐函数级数，其中，一阶项代表地球质心在该地固坐标系中的坐标，二阶一次项代表形状极在该地固坐标系的坐标。

由6.3.2小节可知，地球质心和形状极可依据物理大地测量理论，按动力卫星大地测量方法精密定位。地球质心和形状极是典型的大地测量要素，兼备几何大地测量（坐标）和物理大地测量（重力场量）性质，基于力学平衡形状的地球质心和形状极定位，既不依赖任何地球物理或地球动力学协议，也不依据地球自转及其动力学原理。这表明可以完全独立地依据大地测量学理论，科学自洽、解析相容地定义和实现地固坐标参考系。

由于力学参考系的选择具有一定随意性，大地测量学据此并未对地固坐标系的定位定向有精度上的要求，地固坐标系的原点和坐标轴也没有历元概念。然而，大地测量学严格要求地固参考系唯一，其原点和坐标轴不随时间变化，且精密可测，否则就无法描述参考系中质点的位置和运动状态，也就没有存在的现实意义。地固参考系的唯一性和可测性表现为，当参考框架站点的实际位置移动后，其坐标也要随之发生等量变化，以确保移动前后的两个点位坐标同属于唯一不变的参考系。本书将地固参考系及其定位定向的唯一性和可测性，统称为地固参考系的基准性。

2. 国际地球参考系定位定向实现及分析

1）国际地球参考系定位定向协议

国际地球参考系（ITRS）是一种协议的地固坐标参考系。IERS协议2010推荐的ITRS定位定向协议可概括为：①原点位于包括海洋与大气在内的地球系统质量中心，即地球质心；②IERS参考极位于1900～1905年平均自转极5 mas（毫角秒，1 mas地心角距对应地面距离约3 cm）以内，z轴指向IERS参考极；③基本平面即xy平面垂直于z轴，x轴位于BIH1984.0参考子午面5 mas以内，指向格林尼治零子午线以东约100 m处。y轴满足右手直角坐标系法则；④定向随时间演化满足无净旋转（NNR）条件，即要求全球地壳水平运动不存在整体旋转。

不难发现，ITRS参考轴和参考子午面被约定在5 mas小范围内。这符合参考体和坐标系可选择的坐标参考系要求。首先，ITRS 原点笼统地约定为地球质心，并没有严格要求是瞬时地球质心；其次，z 轴和 x 轴指向都只给出了 5 mas 地心角距的建议范围，对应地面 15 cm 范围。

大地测量学要求选定后的原点和坐标轴指向必须在今后一段时期（如 20 年）保持稳定（唯一不变），且精密可测。然而，目前的 IERS 参考极与参考子午面只能通过国际地面参考框架（ITRF）的地面站坐标解间接实现。IERS 协议 2010 中，国际地球参考系的定位定向参数与 ITRF 地面站坐标，在一组大地测量系统数学模型约束下，一次性整体实现。每个 ITRF 只对应一个特定的地固参考系，不同 ITRF 坐标需要通过相应参考系之间的坐标转换才能比较。

2）ITRS 定向随时间演变约束

ITRS 定向约束基于蒂塞朗（Tisserand）条件。严格的 Tisserand 条件要求地球总角动量为零（McCarthy et al., 2004），体现为地固参考系中地球本体的线性动量和角动量为零，即

$$\boldsymbol{p} = \iiint_V \dot{\boldsymbol{x}} \mathrm{d}m = \boldsymbol{0}, \quad \boldsymbol{h} = \iiint_V \boldsymbol{x} \times \dot{\boldsymbol{x}} \mathrm{d}m = \boldsymbol{0} \tag{7.2.1}$$

式中：$\boldsymbol{x}$ 和 $\dot{\boldsymbol{x}}$ 分别为地球内部质量体元 $\mathrm{d}m$ 在地固参考系中的位置向量和速度向量。

由于难以获知地球内部物质运动信息，Tisserand 条件无法准确实现。为此 IERS 采用简化的协议 Tisserand 条件约束地固坐标参考系定向：

$$\boldsymbol{p} = \iiint_C \dot{\boldsymbol{x}} \mathrm{d}m = \boldsymbol{0}, \quad \boldsymbol{h} = \iiint_C \boldsymbol{x} \times \dot{\boldsymbol{x}} \mathrm{d}m = \boldsymbol{0} \tag{7.2.2}$$

此时，积分区域由式（7.2.1）中的整个地球 V 变为式（7.2.2）的全球地壳 C，$\mathrm{d}m$ 变为地壳内部的质量体元。

近似条件式（7.2.2）基于两个地球物理假设：①在地壳内部，物质运动满足 Tisserand 条件；②地壳相对于地球内部无整体旋转和平移。由于引入了两个地球物理假设，ITRS 只能是一种协议的地固坐标参考系。

3）ITRS 相对定位定向方法

为协调多年来的系列 ITRF 产品及基于 ITRF 大地测量应用成果，IERS 利用公共框架点在不同版本 ITRF 中的坐标解，以 Helmert 变换为估计模型（IERS 也称为相对定位定向参数），确定不同版本 ITRS 之间的坐标转换关系。对于任意给定的两个国际地球参考系 ITRS(1) 和 ITRS(2)，通过三维相似变换互相转换（Petit et al., 2010）：

$$\boldsymbol{x}^{(2)} = \boldsymbol{T}_{1,2} + \lambda_{1,2} \boldsymbol{R}_{1,2} \boldsymbol{x}^{(1)} + \delta \boldsymbol{x}^{(1,2)} \tag{7.2.3}$$

式中：$\boldsymbol{T}_{1,2}$ 为平移矩阵；$\boldsymbol{R}_{1,2}$ 为旋转变换矩阵；$\lambda_{1,2}$ 为尺度参数；$\boldsymbol{x}^{(1)}$ 和 $\boldsymbol{x}^{(2)}$ 分别为点位在 ITRS(1) 和 ITRS(2) 中的坐标向量；$\delta \boldsymbol{x}^{(1,2)}$ 为非线性改正项和相对论改正项。

对式（7.2.3）进行线性近似，有

$$\boldsymbol{x}^{(2)} = \boldsymbol{x}^{(1)} + \boldsymbol{T}_{1,2} + D\boldsymbol{x}^{(1)} + \boldsymbol{S}\boldsymbol{x}^{(1)} + \delta \boldsymbol{x}^{(1,2)} \tag{7.2.4}$$

式中：D 为尺度参数；$\boldsymbol{S}$ 为旋转矩阵（定向参数），且有

$$D = \lambda_{1,2} - 1, \quad \boldsymbol{S} = \boldsymbol{R}_{1,2} - \boldsymbol{I} = \begin{bmatrix} 0 & -R_3 & R_2 \\ R_3 & 0 & -R_1 \\ -R_2 & R_1 & 0 \end{bmatrix} \tag{7.2.5}$$

式中：R_1、R_2、R_3 分别为绕 x、y、z 轴的旋转角（弧度单位，逆时针旋转）。

平移矩阵代表两个 ITRS 的原点差异，旋转矩阵代表两个 ITRS 的定向差异。

对式（7.2.4）求时间导数，得

$$\dot{\boldsymbol{x}}^{(2)} = \dot{\boldsymbol{x}}^{(1)} + \dot{\boldsymbol{T}}_{1,2} + \dot{D}\boldsymbol{x}^{(1)} + D\dot{\boldsymbol{x}}^{(1)} + \dot{\boldsymbol{S}}\boldsymbol{x}^{(1)} + \boldsymbol{S}\dot{\boldsymbol{x}}^{(1)} \tag{7.2.6}$$

尺度和定向参数 D、$\boldsymbol{S}$ 约在 10^{-5} 量级，$\dot{\boldsymbol{x}}$ 约为 10 cm/a，可见，$D\dot{\boldsymbol{x}}^{(1)}$、$\boldsymbol{S}\dot{\boldsymbol{x}}^{(1)}$ 的量级仅为 0.001 mm/a（Petit and Luzum，2010），忽略后有

$$\dot{\boldsymbol{x}}^{(2)} = \dot{\boldsymbol{x}}^{(1)} + \dot{\boldsymbol{T}}_{1,2} + \dot{D}\boldsymbol{x}^{(1)} + \dot{\boldsymbol{S}}\boldsymbol{x}^{(1)} \tag{7.2.7}$$

结合式（7.2.4）和式（7.2.7）不难看出，IERS 通过平移向量 $\boldsymbol{T}_{1,2}$、旋转矩阵 $\boldsymbol{S}$、尺度参数 D 组成的 7 个参数，实现国际地球参考系（ITRS）的相对定位和定向，而通过 $\dot{\boldsymbol{T}}_{1,2}$、$\dot{\boldsymbol{S}}$、$\dot{D}$ 组成的 7 个参数，实现 ITRS 定向时间演化的约束条件。

通过比较目前已有 9 组 ITRS 之间转换参数值不难发现，IERS 参考极与 1900～1905 年平均自转极的一致性约为 5 mas 的水平，IERS 参考子午面与 BIH1984.0 参考子午面的一致性约为 30 mas（1 mas 地心角与对应地面距离约为 3 cm）。

4）从参考系理论分析 ITRS 定位定向问题

ITRS 的定位定向只能通过 ITRF 的地面站坐标来间接实现，一个版本 ITRF 对应一个版本 ITRS。显然，这违背了地固坐标参考系唯一性这个至关重要的大地测量学约束性原则，也给 ITRF 应用带来诸多不便和认识上的困惑。

ITRF 解采用了式（7.2.7）进行约束，其中平移速度参数 $\dot{\boldsymbol{T}}$ 表示坐标系原点存在线性运动速度，旋转速度参数 $\dot{\boldsymbol{S}}$ 表示坐标轴旋转也随时间变化，导致 ITRF 在所有历元的解（坐标和参数）都与坐标参考系时变速度耦合。任意两个牛顿力学参考系，坐标转换都应严格遵循伽利略变换，即有且仅有平移和旋转。地固参考系不应出现平移速度参数、旋转速度参数这样的概念，ITRS 第④条约定 ITRS 随时间的演化方式，在表述上也不严密。

3. 地固坐标参考系定位定向原理与方法

地球外部引力位 V 这个物理量客观存在，其数值大小（测定值）与地固坐标参考系的选择无关。在某个地固坐标系中，构造以球面坐标 (θ,λ) 为自变量的面球函数基 $\{Y_n(\theta,\lambda)\}$，将引力位 V 表达为面球函数基的泛函级数，即式（1.2.57）。改变地固坐标系的原点或坐标轴后，整个面谐函数基取值也会随之改变，若要维持客观存在的引力位 V 测定值不变，位系数 $\{\bar{C}_{nm},\bar{S}_{nm}\}$（Stokes 系数）必然要随面球函数基 $\{Y_n(\theta,\lambda)\}$ 的取值不同而改变。

选择某地固坐标系 $O\text{-}xyz$，令任意历元 t_k，地球质心坐标为 $(x_{\mathrm{cm}}^k, y_{\mathrm{cm}}^k, z_{\mathrm{cm}}^k)$，形状极坐标为 $(x_{\mathrm{sfp}}^k, y_{\mathrm{sfp}}^k)$，一阶、二阶规格化位系数分别为 $(\bar{C}_{10}^k, \bar{C}_{11}^k, \bar{S}_{11}^k)$ 和 $(\bar{C}_{20}^k, \bar{C}_{21}^k, \bar{S}_{21}^k, \bar{C}_{22}^k, \bar{S}_{22}^k)$，则由式（1.2.112）、式（1.2.131）和式（1.2.132），可得

$$x_{\mathrm{cm}}^k = \sqrt{3}R\bar{C}_{11}^k, \quad y_{\mathrm{cm}}^k = \sqrt{3}R\bar{S}_{11}^k, \quad z_{\mathrm{cm}}^k = \sqrt{3}R\bar{C}_{10}^k \tag{7.2.8}$$

$$\frac{x_{\mathrm{sfp}}^k}{b} = -\frac{\sqrt{3}}{\bar{C}_{20}^k}\bar{C}_{21}^k - \frac{12}{(\bar{C}_{20}^k)^2}\bar{S}_{22}^k\bar{S}_{21}^k, \quad \frac{y_{\mathrm{sfp}}^k}{b} = +\frac{\sqrt{3}}{\bar{C}_{20}^k}\bar{S}_{21}^k - \frac{12}{(\bar{C}_{20}^k)^2}\bar{S}_{22}^k\bar{C}_{21}^k \tag{7.2.9}$$

由物理大地测量学可知，式（7.2.8）和式（7.2.9）成立的必要条件是，地球质心坐标、形状极坐标和位系数（面球函数基）同属于某个事先给定的唯一不变的地固坐标参考系。本小节参考 6.3.2 小节方案，先简要介绍瞬时地球质心与形状极定位的动力卫星大地测量技术流程。

（1）选择全球适当分布的卫星跟踪观测地面站点，由大地测量观测数据解算这些站点在

历元 t_k 的三维坐标,从而将全部站点统一纳入地固坐标参考系 O-xyz 中,以便将地球重力位的面球函数基严格表达于 O-xyz 中。

(2)综合多颗大地测量卫星地面跟踪或卫星观测数据,由实际用于卫星跟踪观测的地面站点在历元 t_k 时的坐标解(O-xyz 坐标系基准传递),按卫星动力学方法,在 O-xyz 中解算历元 t_k 的位系数 ($\bar{C}_{10}^k, \bar{C}_{11}^k, \bar{S}_{11}^k, \bar{C}_{20}^k, \bar{C}_{21}^k, \bar{S}_{21}^k, \bar{C}_{22}^k, \bar{S}_{22}^k$)。

(3)将 O-xyz 中的一阶、二阶位系数解算结果,代入式(7.2.8)和式(7.2.9),获得历元 t_k 地球质心与形状极在 O-xyz 中的坐标解 ($x_{cm}^k, y_{cm}^k, z_{cm}^k$) 和 ($x_{sfp}^k, y_{sfp}^k, b$)。

步骤(1)以卫星地面站网为参考框架,由历元 t_k 参考框架三维坐标解,实现地固坐标参考系。可选的观测技术可以是 GNSS、SLR、VLBI、DORIS 或其他各种大地测量技术。

步骤(2)从上述全部地面站中选择其中用于跟踪大地测量卫星的地面站,这些跟踪站的坐标解用于传递地固坐标系基准,通过将卫星地面跟踪观测量或卫星观测量,表达成地固坐标系中以面球函数为基底、以位系数为参数的观测方程,求解位系数估值。动力卫星大地测量技术可以是 GNSS、SLR、DORIS 或其他卫星重力测量技术,但不包括 VLBI 技术。

本小节将上述空间几何物理大地测量协同的地球质心与形状极定位方法,称为地球质心与形状极定位的动力卫星大地测量方法。

若以一定时间间隔 Δt(如 1 周或 28 天),按上述流程分别在序列 $\{t_k\},(k=1,2,\cdots)$ 每个历元时刻,依次进行瞬时地球质心和形状极定位,就可实现地球质心和形状极的大地测量监测。不难理解,在整个监测期间,需保证所有历元 t_k 地面跟踪站坐标解,同属于事先给定的地固坐标参考系 O-xyz,即需维持坐标参考系的唯一性(或坐标参考系基准传递的稳定性,方案见 7.3.3 小节)。之后,可计算平均地球质心和平均形状位置坐标,通过对当前地固坐标系进行平移和旋转运算,就可将地固坐标系原点准确定位到平均地球质心,让其 z 轴准确指向平均形状极。

4. 地球质心与形状极定位精度要求分析

地球质心变化和形状极移是地球内部质量负荷重新分布在全球空间尺度上的响应。由第 3 章、第 5 章和第 6 章内容可知,地球质心变化与形状极移仅存在负荷形变效应,而不受其他地球物理因素或动力学效应影响。与一般大地测量技术精度要求分析原理相同,地球质心与形状极定位精度要求取决于其所影响的各种大地测量要素的设计精度要求,而不是简单地依赖地球质心变化或地球形状极移的本身量级。

地球质心变化与形状极移分别属于全球负荷形变场的一阶项和二阶项,对具有长波性质的大地测量要素影响明显,如大地水准面变化或地面大地高变化,而对中短波性质的大地测量要素(如重力、垂线偏差)影响要小得多。因此,地球质心与形状极的定位精度只要满足长波性质大地测量要素的精度要求后,中短波性质的大地测量要素精度要求也就自然得到满足。下面先来分析地球质心定位的精度要求。

将高程异常的地球质心变化效应算法公式[式(6.3.12)]进行简化,$GM/r^2 \approx \gamma$,$a \approx R$,从而将地球质心变化引起的大地水准面变化 ΔN 近似为

$$\Delta N(R,\theta,\lambda) = \Delta z_{cm}\cos\theta + \Delta y_{cm}\cos\lambda\sin\theta + \Delta x_{cm}\sin\lambda\sin\theta \qquad (7.2.10)$$

顾及 (θ,λ) 取值的全球任意性,由式(7.2.10)可知,地球质心变化引起大地水准面变化在全球范围内的最大值 δN_{max} 可表示为

$$\delta N_{\max} = \sqrt{\Delta x_{\mathrm{cm}}^2 + \Delta y_{\mathrm{cm}}^2 + \Delta z_{\mathrm{cm}}^2} \leqslant \delta r_{\mathrm{cm}} \quad (7.2.11)$$

式中：δr_{cm} 为地球质心变化最大值。

同理，将地面站点位移的地球质心变化效应算法公式[式（6.3.19）～式（6.3.21）]进行简化，可得地球质心变化引起地面大地高变化和水平位移在全球范围内的最大值分别为

$$\delta H_{\max} \leqslant h_1' \delta r_{\mathrm{cm}}, \quad \delta S_{\max} \leqslant l_1' \delta r_{\mathrm{cm}} \quad (7.2.12)$$

取一阶位移负荷数 $h_1' = -0.2871$，$l_1' = 0.1045$，由式（7.2.11）和式（7.2.12）可知，要满足 1 mm 全球定位和毫米级大地水准面精度要求，地球质心定位精度要求达到 3 mm。再由式（7.2.8）可知，规格化一阶位系数测定精度要求达到 2.7×10^{-10}。

类似地，将高程异常的形状极移效应算法公式[式（6.3.27）]进行简化，$GM/r^2 \approx \gamma$，$a \approx b \approx R$，从而将形状极移引起的大地水准面变化 ΔN 近似为

$$\Delta N(R,\theta,\lambda) = -\sqrt{5}\overline{C}_{20}\cos\theta\sin\theta(\Delta x_{\mathrm{sfp}}\cos\lambda - \Delta y_{\mathrm{sfp}}\overline{C}_{20}\sin\lambda) \quad (7.2.13)$$

顾及 (θ,λ) 取值的全球任意性，由式（7.2.13）可知，形状极移引起大地水准面变化在全球范围内的最大值 $\delta N_{\max}$ 可表示为

$$\delta N_{\max} = \frac{\sqrt{5}\overline{C}_{20}}{2}\sqrt{\Delta x_{\mathrm{sfp}}^2 + \Delta y_{\mathrm{sfp}}^2} \leqslant 1.2\overline{C}_{20}\delta T_{\mathrm{sfp}} \quad (7.2.14)$$

式中：δT_{sfp} 为地球形状极移最大值。

同理，将地面站点位移的地球形状极移效应算法公式[式（6.3.34）～式（6.3.36）]进行简化，可得地球形状极移引起地面大地高变化和水平位移在全球范围内的最大值分别为

$$\delta H_{\max} \leqslant \frac{1.2 h_2'}{1+k_2'}\overline{C}_{20}\delta T_{\mathrm{sfp}}, \quad \delta S_{\max} \leqslant \frac{1.2 l_2'}{1+k_2'}\overline{C}_{20}\delta T_{\mathrm{sfp}} \quad (7.2.15)$$

取二阶负荷数 $k_2' = -0.3058$，$h_2' = -0.9946$，$l_2' = 0.0241$，$\overline{C}_{20} = -4.842 \times 10^{-4}$，由式（7.2.14）和式（7.2.15）可知，要满足 1 mm 全球定位和 2 mm 大地水准面精度要求，地球形状极定位精度要求达到 3.4 m。再由式（7.2.9）可知，规格化二阶一次位系数测定精度要求达到 1.4×10^{-10}。

7.2.2 协调统一的时空尺度标准及同步归算方法

地球空间中质点（粒子）的运动和动力学状态，需要在准惯性空间坐标参考系中描述。地心天球参考系理应成为地球大地测量参考系统不可或缺的重要组成部分。

1. 地固参考系中的时空度规计算方法

依据 IAU2000/IAU2006 决议，地心天球参考系（GCRS）的空间坐标轴与质心天球参考系（BCRS）的空间定向保持一致，在运动学上无空间旋转，同时要求 GCRS 的时空度规（$g_{\alpha\beta}$）在表达形式上与 BCRS 一致（$\alpha,\beta = 0,1,2,3$），用时空笛卡儿坐标系 $(X^0 = ct, X^1, X^2, X^3)$ 表示的地心天球参考系 GCRS 中 2PN 时空度规为

$$\begin{aligned} g_{00} &= -(1 - 2c^{-2}\tilde{W} + 2c^{-4}\tilde{W}^2) + O(c^{-6}) \\ g_{0i} &= g_{i0} = -4c^{-3}W^i + O(c^{-5}) \\ g_{ij} &= \delta_{ij}(1 + 2c^{-2}\tilde{W}) + O(c^{-4}) \end{aligned} \quad (7.2.16)$$

式中：δ_{ij} 为克罗内克符号，$\delta_{ij} = 1 (i = j), \delta_{ij} = 0 (i \neq j)$，$i,j = 1,2,3$；$t$ 为地心坐标时 TCG；

$\boldsymbol{W}=(W^1,W^2,W^3)$ 为矢量位；$\tilde{W}$ 为标量位势函数，是满足泊松方程[式（1.2.16）]的牛顿引力位，等于地球本体引力位 V_e 和地球外部太阳系天体引潮位 Φ 之和：

$$\tilde{W}=V_e+\Phi \tag{7.2.17}$$

标量位势函数 $\tilde{W}$ 的时变部分，主要包括地球引力位的全部潮汐效应和非潮汐负荷形变效应，这些时变效应计算方法见第 3 章和第 5 章。需要注意的是，这里的标量位势函数 $\tilde{W}$ 是牛顿引力位，而不是地球重力位，即不含地球自转离心力位 Ψ。

式（7.2.17）忽略了太阳系外部其他遥远宇宙天体的微弱引力位影响，此项影响导致地心天球参考系有一个缓慢旋转，称为测地岁差。忽略测地岁差后，GCRS 时空度规中的牛顿引力位 $\tilde{W}$ 等于太阳系中全部物质（含地球本体）对质点产生的牛顿引力位。

矢量位 $\boldsymbol{W}$ 用于表达 Lense-Thirring 效应（韩春好，2017），有

$$\boldsymbol{W}=\frac{G}{2a^3}(\boldsymbol{H}\times\boldsymbol{X}) \tag{7.2.18}$$

式中：$\boldsymbol{H}$ 为 4.1 节中的地球自转角动量向量（广义相对论中称为自旋矢量）；$\boldsymbol{X}=(X^1,X^2,X^3)^{\mathrm{T}}$ 为地心天球参考系（GCRS）三维空间坐标；a 为地球椭球长半轴；$(\times)$ 表示两个向量的外积运算。在地球质心处，$\boldsymbol{X}=0$，因此，矢量位 $\boldsymbol{W}=0$。

大地测量活动重点涉及大地水准面及其外部空间，对于二轴旋转地球椭球，令地球自转角速度 $\boldsymbol{\Omega}=(0,0,\omega)^{\mathrm{T}}$，当质点位于大地水准面及其外部空间，地球惯性张量 $\boldsymbol{I}_{3\times 3}$ 可用地球椭球常数计算，而地球自转角动量向量 $\boldsymbol{H}$ 按物理学定义可表达为

$$\boldsymbol{H}=\boldsymbol{I}\boldsymbol{\Omega}=\begin{bmatrix}A&0&0\\0&A&0\\0&0&C\end{bmatrix}\begin{bmatrix}0\\0\\\omega\end{bmatrix}=C\boldsymbol{\Omega}=Ma^2\frac{J_2}{H}\boldsymbol{\Omega}=M\tilde{\boldsymbol{H}},\quad \tilde{\boldsymbol{H}}=\frac{J_2}{H}a^2\boldsymbol{\Omega} \tag{7.2.19}$$

式中：$C=Ma^2J_2/H$ 为地球的极惯性矩；$A=C(1-H)$ 为赤道惯性矩；$J_2=(C-A)/(Ma^2)$ 为地球动力学形状因子；$H=(C-A)/C$ 为极动力学扁率；M 为地球总质量；$\tilde{\boldsymbol{H}}$ 为单位质量角动量向量；ω 为地球自转角速率。A,C,a,J_2,H,ω 都可用数值标准予以约定，其主要算法见 1.2.6 小节。

将式（7.2.19）代入式（7.2.18），得

$$\boldsymbol{W}=\frac{G}{2a^3}Ma^2\frac{J_2}{H}(\boldsymbol{\Omega}\times\boldsymbol{X})=\frac{J_2}{H}\frac{GM}{a}\frac{\omega}{2}(-X^2\quad X^1\quad 0)^{\mathrm{T}} \tag{7.2.20}$$

式中：GM 为地心引力常数。

综合上述推导过程，可得在大地水准面及其外部地球空间，用 GCRS 时空笛卡儿坐标系 $(ct,X=X^1,Y=X^2,Z=X^3)$ 表示的 2PN 时空度规张量 $(g_{\alpha\beta})$ 各元素算法公式如下：

$$(g_{\alpha\beta})=\begin{bmatrix}-1+\dfrac{2}{c^2}\tilde{W}-\dfrac{2}{c^4}\tilde{W}^2 & \dfrac{2}{c^3}\dfrac{J_2}{H}\dfrac{GM}{a}\omega Y & -\dfrac{2}{c^3}\dfrac{J_2}{H}\dfrac{GM}{a}\omega X & 0 \\ \dfrac{2}{c^3}\dfrac{J_2}{H}\dfrac{GM}{a}\omega Y & -1+\dfrac{2}{c^2}\tilde{W} & 0 & 0 \\ -\dfrac{2}{c^3}\dfrac{J_2}{H}\dfrac{GM}{a}\omega X & 0 & 1+\dfrac{2}{c^2}\tilde{W} & 0 \\ 0 & 0 & 0 & 1+\dfrac{2}{c^2}\tilde{W}\end{bmatrix} \tag{7.2.21}$$

可见，在大地水准面及其外部地球空间中，GCRS 时空度规只有 4 个独立元素，且

$$g_{00} = -1 + \frac{2}{c^2}\tilde{W} - \frac{2}{c^4}\tilde{W}^2 \quad g_{11} = g_{22} = g_{33} = 1 + \frac{2}{c^2}\tilde{W}$$
$$g_{01} = g_{10} = \frac{2}{c^3}\frac{J_2}{H}\frac{GM}{a}\omega Y \quad g_{02} = g_{20} = -\frac{2}{c^3}\frac{J_2}{H}\frac{GM}{a}\omega X \tag{7.2.22}$$

顾及式（7.2.17）不难看出，GCRS 度规张量的自变量只有质点空间坐标 X、地球引力位 V_e 和外部天体引潮位 Φ。其中，稳态地球引力位 V 可用地球重力位系数模型计算，见 1.2.4 小节；地球外部太阳系天体引潮位 Φ 可由质点的空间坐标 X 按太阳系星历表计算，见 5.1.1 小节。

利用式（7.2.22），由地球重力位系数模型和太阳系历表，可编程实现并计算大地水准面及其外部地球空间中，任意空间点 X、在任意时刻 $t = \mathrm{TCG}$ 的 2PN 时空度规值 $g_{\alpha\beta}(\mathrm{TCG}, X)$。式（7.2.22）是地球外部空间相对论大地测量的理论基础与算法依据。

2. TCG 与 TT 实现算法及空间尺度问题

1）地心坐标时（TCG）时间尺度计算

坐标时非常重要，它能作为时间同步标准，分离引力场弯曲时空中的空间坐标。地心坐标时（TCG）在数值上等于地球质心处原时钟记录的原时（固有时）。原时与坐标时之间由时空度规相连，两者之间的转换关系涉及质点的运动效应（狭义相对论效应）和引力场效应（广义相对论效应）。

在地心天球参考系中，时空线元 $\mathrm{d}s$（不变量）可用时空度规 ($g_{\alpha\beta}$) 表示为

$$(\mathrm{d}s)^2 = -(c\mathrm{d}\tau)^2 = \sum_{\alpha,\beta=0}^{3} g_{\alpha\beta}\mathrm{d}X^\alpha \mathrm{d}X^\beta \tag{7.2.23}$$

由此可得

$$\left(\frac{\mathrm{d}\tau}{\mathrm{d}t}\right)^2 = -\frac{1}{c^2}\sum_{\alpha,\beta=0}^{3} g_{\alpha\beta}\frac{\mathrm{d}X^\alpha}{\mathrm{d}t}\frac{\mathrm{d}X^\beta}{\mathrm{d}t} \tag{7.2.24}$$

在大地水准面及其外部地球空间，GCRS 的时空度规按式（7.2.21）计算，将其代入式（7.2.24）并展开，有

$$\left(\frac{\mathrm{d}\tau}{\mathrm{d}t}\right)^2 = -\left(g_{00} + \frac{2}{c}g_{01}V_X + \frac{2}{c}g_{02}V_Y + \frac{1}{c^2}g_{11}V^2\right) \tag{7.2.25}$$

式中：$V_X = \mathrm{d}X/\mathrm{d}t, V_Y = \mathrm{d}Y/\mathrm{d}t$，$(V_X, V_Y)$ 为地心天球参考系 GCRS 中观测者在 XY 平面的速度分量，垂直于天球参考轴；$V^2 = V \cdot V$ 为 GCRS 中观测者速度 V 的平方。令

$$\tilde{K} = \frac{1}{2}\left(1 + g_{00} + \frac{1}{c^2}g_{11}V^2 + \frac{2}{c}g_{01}V_X + \frac{2}{c}g_{02}V_Y\right) \tag{7.2.26}$$

式中：$\tilde{K}$ 为时间秒长收缩系数，则式（7.2.25）可简化为

$$(\mathrm{d}\tau)^2 = (1 - 2\tilde{K})(\mathrm{d}t)^2 \tag{7.2.27}$$

将式（7.2.22）代入式（7.2.26），可得秒长收缩系数为

$$\tilde{K} = \frac{1}{c^2}\tilde{W} - \frac{1}{c^4}\tilde{W}^2 + \frac{1}{2c^2}V^2 + \frac{1}{c^4}\tilde{W}V^2 + \frac{2}{c^4}\frac{J_2}{H}\frac{GM}{a}(\boldsymbol{\Omega} \times \boldsymbol{X}) \cdot \boldsymbol{V} \tag{7.2.28}$$

式（7.2.28）中，与牛顿引力位 $\tilde{W}$ 有关的项为地心坐标时（TCG）的广义相对论效应（引

力效应），与 GCRS 中 V 速度有关的项为 TCG 的狭义相对论效应（运动效应），两者之间在 2PN 后牛顿近似下还存在耦合效应，表现为时空度规的交叉项，如式（7.2.21）所示。

忽略岁差章动与自转极移，则地心天球参考系中质点的速度 V 可用地固参考系中质点坐标 x 和速度 v 表示为（两参考系的 z 轴和原点都重合）

$$V = \Omega \times x + v \tag{7.2.29}$$

因此有

$$\begin{aligned}V^2 &= V \cdot V = (\Omega \times x + v) \cdot (\Omega \times x + v) = (\Omega \times x)^2 + (\Omega \times x) \cdot v + v^2 \\ &= 2\Psi + \omega(xv_y - v_x y) + v^2 = 2\Psi + k_e \end{aligned} \tag{7.2.30}$$

式中：Ψ 为地固坐标系中的地球自转离心力位；ω 为地球自转速率；(x,y)、(v_x, v_y) 分别为地固坐标系中观测者在 xy 平面（平行于赤道面）的坐标和速度。记

$$k_e = \omega(xv_y - v_x y) + v^2, \quad V^2 = 2\Psi + k_e \tag{7.2.31}$$

令

$$K_E = (\Omega \times X) \cdot V = \omega(XV_X - V_x Y) \tag{7.2.32}$$

将式（7.2.31）和式（7.2.32）代入式（7.2.28），得秒长收缩系数算法公式为

$$\tilde{K} = \frac{1}{c^2}(\tilde{W} + \Psi) + \frac{k_e}{2c^2} - \frac{1}{c^4}\tilde{W}^2 + \frac{2}{c^4}\tilde{W}\Psi + \frac{1}{c^4}\tilde{W}k_e - \frac{2}{c^4}\frac{J_2}{H}\frac{GM}{a}K_E \tag{7.2.33}$$

不难看出，秒长收缩系数 $\tilde{K}$ 是微小量。2PN 后牛顿近似下有

$$d\tau \approx (1-\tilde{K})dt, \quad dt \approx (1+\tilde{K})d\tau \tag{7.2.34}$$

式中：$\tilde{K} \geq 0$，因此 $d\tau < dt$。可见，静止于地心天球参考系的原时钟，由于引力场存在，秒长减小。这是称 $\tilde{K}$ 为秒长收缩系数的物理意义。

对于地球外部，式（7.2.33）中的重力位 $W = \tilde{W} + \Psi$ 主要由三部分组成：①不随时间变化的稳态重力位 $\bar{W}$（包含离心力位 Ψ）；②引力位的固体潮和负荷潮效应 ΔW_{tide}（计算方法见第 5 章，天体引潮位 Φ 包含在 ΔW_{tide} 中）；③引力位的非潮汐负荷效应 ΔW_{load}（监测方法见第 6 章）。因此，任意历元 t 的地球外部重力位 $W = \bar{W} + \Delta W_{tide} + \Delta W_{load}$。

式（7.2.33）为地球空间时间同步与空间尺度统一算法的基础公式。将式（7.2.28）中与惯性张量 $I_{3\times3}$ 有关的项，恢复为地球内部体元质量的积分形式（见 1.2.6 小节）后，则秒长收缩系数 $\tilde{K}$ 算法适合地球内部空间。不难看出，在地球质心处有 $\tilde{K}=0$。这表明，用 TCG 为坐标时，则远离引力源处坐标钟的钟速和那里的静止原时钟的钟速相同，即 TCG 的秒长是远离引力源处的 SI 秒。

2）地面时（TT）与地心坐标时实现算法

通常认为，地球时（TT）的秒长是在地固参考系中静止于大地水准面上原时钟的秒长，由国际原子时（TAI）实现。大地测量活动多数集中于近地空间，因此目前的几何和物理大地测量技术大都采用地球时（TT）。为避免与地心坐标时（TCG）概念混淆，本书又称地面时。

用于实现地面时（TT）的原时钟，在地固参考系中相对于大地水准面静止，可见，原时钟的重力位 $W = \tilde{W} + \Psi$ 等于大地水准面重力位，原时钟在地固参考系中的速度为零，即 $v=0$，由此可得，$k_e = 0$，$K_E = (\Omega \times X) \cdot V = 2\Psi$，代入式（7.2.33），得地面时（TT）秒长收缩系数

（又称 TT 比例系数）L_G 的 2PN 后牛顿近似算法公式：

$$L_G = \tilde{K}\Big|_{W_0}^{v=0} = \frac{1}{c^2}(\tilde{W}+\varPsi) - \frac{1}{c^4}\tilde{W}^2 + \frac{2}{c^4}\tilde{W}\varPsi - \frac{4}{c^4}\frac{J_2}{H}\frac{GM}{a}\varPsi \qquad (7.2.35)$$

式中：右边第一项中 $\tilde{W}+\varPsi$ 即为大地水准面的重力位 W_0，$(\tilde{W}+\varPsi)/c^2 = W_0/c^2 = 6.969\,290\,134\times10^{-10}$，IERS 协议 2010 约定 $W_0 = 62\,636\,856.0\,\text{m}^2/\text{s}^2$；第二项，令 $\tilde{W} \approx W_0$，则 $\tilde{W}^2/c^4 \approx W_0^2/c^4 \approx 4.8566\times10^{-19}$；第三项，取最大离心力位值，$\varPsi = (\omega a)^2/2 = (7.292\,115\times6\,378\,137\times10^{-5})^2/2 \approx 108\,159.5\,\text{m}^2/\text{s}^2$，则 $2\tilde{W}\varPsi/c^4 \approx W_0(\omega a)^2/c^4 \approx 1.677\times10^{-21}$；第四项中的 GM/a 为地球引力位零阶项，量级与 W_0 相当，因此第四项的量级与第三项相当。

若仅保留式（7.2.35）右边的第一项，对应 1PN 后牛顿近似下 TT 秒长收缩系数。分析结果显示，1PN 的 TT 秒长误差约 10^{-17} 量级，2PN 的 TT 秒长误差约 10^{-25} 量级。将式（7.2.34）中的系数 $\tilde{K}$ 直接用 TT 秒长收缩系数 L_G 代替，可得地面时速率 $d(\text{TT})$ 和地心坐标时速率 $d(\text{TCG})$ 之间的转换关系为

$$d(\text{TT}) = (1-L_G)d(\text{TCG}), \quad d(\text{TCG}) = (1+L_G)d(\text{TT}) \qquad (7.2.36)$$

IAU2000 决议 B1.9 采用式（7.2.36）定义地面时（TT），TT 与 TCG 相差的比例常数即 TT 秒长收缩系数采用 $L_G = 6.969\,290\,134\times10^{-10}$，为 1PN 近似值，TCG 与 TT 之间转换关系式为

$$\text{TCG} - \text{TT} = \frac{L_G}{1-L_G}\times(\text{JD}-T_0)\times86\,400\,\text{s} \qquad (7.2.37)$$

式中：JD 是以儒略日为单位的 TAI 时间；$T_0 = 2\,443\,144.500\,372\,5$ 对应 1977 年 1 月 1 日 00:00:00。在 T_0 时刻，TT 和 TCG 的读数都是 1977 年 1 月 1 日 00:00:32.184。

由国际原子时（TAI）实现地面时（TT）的算法公式为

$$\text{TT} = \text{TAI} + 32^\text{s}.184 \qquad (7.2.38)$$

将式（7.2.38）代入式（7.2.37），得到由 TAI 实现 TCG 的算法公式为

$$\text{TCG} = \text{TAI} + \frac{L_G}{1-L_G}\times(\text{JD}-T_0)\times86\,400\,\text{s} + 32^\text{s}.184 \qquad (7.2.39)$$

目前，国际原子时（TAI）实现时，只移去了日月引潮位的广义相对论效应，简单分析显示，秒长实现误差约为 10^{-16} 量级。要想达到全面支撑相对论大地测量的技术要求，需要采用与大地测量学完全一致且解析相容的数据处理算法，由 TAI 实现 TT 或 TCG。其数据预处理技术与一般大地测量观测数据处理思路相同，其要点包括：①移去原子钟重力位的全部固体潮与负荷潮效应；②计算重力位的时变非潮汐效应，将位于不同地方原子钟读数由各自实际观测历元统一归算至某一指定的参考历元；③将原子钟所处位置的地面重力位归算至约定不变的全球大地位 W_0（即大地水准面重力位）。

3）空间尺度及其与时间尺度协调统一性

引力场空间分布不均匀，为将空间坐标从四维弯曲时空坐标系分离出来，理论上需要有一个不受引力场作用的空间尺（坐标尺）来作为长度度量的标准，这就是静止于惯性系中的标准尺。将尺子放置于局域惯性系中，当它经过引力场的每一点时，用标准尺对该点的尺子进行调整，各点的尺子就是同一标准了。由于地球质心处重力位等于零，与地心坐标时 TCG 协调一致的空间尺度，可理解为地心处空间尺的固有长度。

地球重力场中的空间尺度由时间尺度、光速 c 和地球空间重力场在相对论框架中导出，

是导出量。可见,地球坐标参考系空间尺度可用地心天球参考系度规空度规(g_{ij})表达,原则上应与地心坐标时 TCG 协调一致,长度单位为 m。

类似于原时与坐标时关系推导过程,固有长度 dL 与坐标长度 dl 之间也由时空度规相连。广义相对论中,固有长度 dL 是指静止观测者测量引力场中无限邻近的两时空点之间长度,这里的无限邻近表示坐标时同步后 d$t = 0$,由 GCRS 时空度规($g_{\alpha\beta}$)得

$$(\mathrm{d}L)^2 = -(\mathrm{d}s)^2\big|_{\mathrm{d}t=0} = \sum_{i,j=1}^{3} g_{ij}\mathrm{d}X^i\mathrm{d}X^j = \left(1+\frac{2}{c^2}\tilde{W}\right)(\mathrm{d}l)^2 \qquad (7.2.40)$$

由此可得

$$\mathrm{d}L = \sqrt{1+\frac{2}{c^2}\tilde{W}}\,\mathrm{d}l \approx \left(1+\frac{1}{c^2}\tilde{W}\right)\mathrm{d}l = (1+\tilde{K}_s)\mathrm{d}l \qquad (7.2.41)$$

式中:$\tilde{K}_s$ 为长度膨胀系数。转换到地固参考系中,有

$$\tilde{K}_s = \frac{1}{c^2}(\tilde{W}+\Psi) \qquad (7.2.42)$$

对比式(7.2.35)和式(7.2.42)可以发现,在大地水准面上,或在重力位等于 W_0 的局域时空,2PN 近似下的长度膨胀系数 $\tilde{K}_s$ 等于 1PN 近似下的时间收缩系数 L_G。

例如,忽略重力位固体潮与负荷潮效应,地固坐标参考系中静止于大地水准面的观测者,观测长度 dL 与 TCG 坐标长度 dl 之比 $\mathrm{d}L/\mathrm{d}l \approx \sqrt{1+2W_0/c^2} = 1+6.969\,290\,134\times10^{-10}$,即长度膨胀系数等于 1PN 近似下的 TT 秒长收缩系数 L_G。2PN 近似下,$\tilde{K}_s - L_G \approx 5\times10^{-19}$。

式(7.2.42)就是 2PN 后牛顿近似下与地心坐标时(TCG)协调统一的地固坐标参考系空间尺度(坐标轴长度)基本归算公式。

目前,GNSS、SLR、VLBI、DORIS 等空间大地测量技术的观测和解算中,普遍采用的时间尺度是地面时(TT)。TCG 与 TT 不同引起的空间尺度偏差为 $K_s = L_G = 6.969\,290\,134\times10^{-10}$,相当于对测站和 GNSS 卫星高度的偏差分别约为 4.5 mm 和 18 mm。

4)地球空间的时间与空间尺度同步归算方案

采用地心坐标时(TCG)时,地球空间中的时钟(无论运动或静止状态)按式(7.2.28)中的秒长收缩系数 $\tilde{K}$ 同步;采用地面时(TT)时,地球空间中的时钟按秒长收缩系数 $\tilde{K}-L_G$ 同步。同理,与地心坐标时(TCG)协调一致的空间尺度按式(7.2.42)中长度膨胀系数 $\tilde{K}_s$ 同步,与地面时(TT)协调一致的空间尺度按长度膨胀系数 $\tilde{K}_s - L_G$ 同步。

7.2.3 地球重力场与高程基准起算值及高程尺度

大地测量学中,地球重力场用其相对于正常重力场的差异表达,正常重力场是地球重力场的起算参考基准。正常重力场由正常地球椭球的 4 个基本参数唯一表达,正常椭球不同,扰动地球重力场的表现值不同。与此同时,为保持高程基准与地球重力场的协调一致性,需要将正常椭球面的正常重力位,作为高程基准的起算值,而令大地水准面重力位(全球大地位)等于正常椭球面的正常重力位,这些都是物理大地测量学的约束性要求。

1. 适应大地测量基准一体化的正常椭球

在用于表达正常重力场的正常椭球 4 个基本参数中，地心引力常数 GM 和平均自转角速度 ω 是实测量，不可约定；另外两个参数，一个是椭球长半轴 a，另一个可从地球动力学形状因子 J_2、椭球面正常重力位 U_0 或椭球几何扁率 f 中选择一个。后两个参数中，需要约定其中一个后，另一个参数才有可测性。

由经典的高斯定义，大地水准面是与全球长期平均海面最佳吻合的重力等位面。这个定义本质上是一个经验约定，由此导出的量，也具有约定性质，没有精度和历元概念。随着全球平均海面与全球重力场确定水平的显著提升，我们有条件依据高斯大地水准面定义，直接确定高斯大地水准面的重力位，并将其选定为全球高程基准的起算值，即全球大地位 W_0。显然，W_0 一旦选定，也应作为常数长期不变，以维持全球高程基准的唯一性。因此，选定后的常数 W_0 不再有精度和历元概念，全球大地位 W_0 因此具有约定性质。例如，IERS 协议 2010 数值标准中的全球大地位值 $W_0 = 62\,636\,856.0\ \text{m}^2/\text{s}^2$，是由 EGM2008 地球重力位系数模型，联合卫星测高确定的平均海面高模型，按高斯大地水准面约定计算的全球大地位 W_0。

此外，每个地球重力位系数模型，对应一个椭球长半轴 a 约定值。选择不同的 a 值，位系数的数值也不同。这里选择 5 个地球重力位系数模型，其中两个可测的参数取相同值，$GM = 3.986\,004\,418 \times 10^{14}\ \text{m}^3/\text{s}^2$，$\omega = 7.292\,115 \times 10^{-5}\ \text{rad/s}$，正常椭球分别由每个位系数模型的实测 $\bar{C}_{20}$ 和约定的 a 值，与 GM、ω 一起组成正常椭球的 4 个基本参数，计算该位系数模型对应的大地水准面重力位 W_G，结果如表 7.1 所示。

表 7.1　地球重力位系数模型及其长半轴约定值与全球大地位测定值

地球重力位模型	约定值 a /m	$\bar{C}_{20} / \times 10^{-4}$	$W_G = U_0 / (\text{m}^2/\text{s}^2)$	潮汐系统
EGM2008	6 378 136.3	−4.841 651 437 91	62 636 858.392	无潮汐
EIGEN-6C4	6 378 136.46	−4.841 652 170 61	62 636 856.834	零潮汐
SGG-UGM2	6 378 136.3	−4.841 687 322 75	62 636 858.644	零潮汐
GOCO05c	6 378 136.3	−4.841 694 588 43	62 636 858.694	零潮汐
XGM2019	6 378 136.3	−4.841 694 947 48	62 636 858.697	零潮汐

可以验证，大地水准面重力位 W_G 等于正常椭球面的正常重力位 U_0，而按照物理大地测量学要求，全球大地位 W_0 应等于 W_G，即 $W_0 = W_G = U_0$。然而表 7.1 显示，由 EGM2008 模型计算的 W_G，与按高斯大地水准面约定计算的 W_0，两者差异为 $W_G - W_0 = 2.392\ \text{m}^2/\text{s}^2$，因而 $W_G \neq W_0$。

出现这种矛盾原因是，按重力位系数模型计算 W_G 时，需事先给定正常椭球，因而椭球面正常重力位 U_0 已知。由于不知道该正常椭球与按高斯定义约定的大地水准面是否最佳密合，才导致高斯约定大地水准面与重力场逼近的大地水准面无关，因而产生 $W_0 \neq W_G = U_0$。

为解决 $W_0 \neq W_G$ 的矛盾，本小节推荐一种与高斯大地水准面约定相容的全球大地位 W_0 确定方法：①由地球重力位系数模型约定的长半轴 a_0 和实测的二阶带谐位系数 $\bar{C}_{20}$（$= -J_2/\sqrt{5}$），联合地心引力常数 GM 和平均自转角速度 ω，构成正常椭球参数；②由地球重力位系数模型计算全球大地水准面高（大地水准面相对于正常椭球面的大地高），并将平均海面高模型的大地高变换为正常椭球面大地高；③选择纬度±60°且水深不小于3000 m的全球大洋区域，按一定空间分辨率将大洋海面区域分割成K个经纬度格网，计算每个单元格网k的平均海面高与大地水准面高之差δN_k，按如下面积加权平均法，计算符合高斯大地水准面约定的正常椭球长半轴约定值a：

$$a = a_0 + \Delta a, \quad \Delta a = -\left(\sum_{k=1}^{K} S_k\right)^{-1} \sum_{k=1}^{K} (\delta N_k S_k \sqrt{1 - e^2 \sin^2 \varphi_k}) \quad (7.2.43)$$

式中：S_k为第k个单元格网的面积，单位可取10^4km^2；φ_k为第k个单元格网中心的地心纬度；e^2为正常椭球第一偏心率的平方。

约定椭球长半轴a后，用于大地测量参考系统约定的全球重力位系数模型需按式（7.2.44）进行变换：

$$\bar{C}_{nm} = \left(\frac{a_0}{a}\right)^n \bar{C}_{nm}^0, \quad \bar{S}_{nm} = \left(\frac{a_0}{a}\right)^n \bar{S}_{nm}^0; \quad J_2 = -\sqrt{5}\bar{C}_{20} = -\sqrt{5}\left(\frac{a_0}{a}\right)^2 \bar{C}_{20}^0 \quad (7.2.44)$$

式中：$\bar{C}_{nm}^0$、$\bar{S}_{nm}^0$、a_0为变换前的重力位系数和椭球长半轴；$\bar{C}_{nm}$、$\bar{S}_{nm}$、a、J_2为变换后用于全球大地测量参考系统约定的位系数、椭球长半轴和地球动力学形状因子。

由变换后的正常椭球参数GM、ω、a、J_2，计算椭球面的正常重力位U_0，将其作为约定的全球大地位W_0，显然$W_0 = W_G = U_0$，从而保证高斯约定的大地水准面与重力大地水准面的协调一致性。

按上述方案得到的正常椭球参数GM、ω、a、J_2，应作为大地测量参考系统数值标准予以规范。该正常椭球生成的正常重力场就是地球重力场的起算基准。形变地球一体化大地测量基准要求，大地测量参考系统的起算基准和尺度标准应协调一致，地固参考系定位定向参数、时间尺度、空间尺度、正常椭球、全球大地位等基准参数，相互之间的解析关系应协调统一。

2. 高程基准起算值测定与高程严密表达

任意地面点的高程（重力位）客观存在，其实现值必须满足高程系统定义式。大地测量高程由其重力位数唯一定义，即质点的重力位数等于大地水准面重力位与质点重力位之差。对于形变地球，质点的重力位客观上随时间变化，因而，重力位数和高程也随时间变化。

全球大地位W_0通过式（7.2.33）决定了地面时（TT）的秒长，也就决定了TT和地心坐标时（TCG）之间转换的比例系数L_G。由7.2.2小节可知，L_G是地球参考系空间尺度和时间尺度协调统一的基础，将全球大地位W_0约定为高程基准起算值和大地水准面重力位值，有利于在更高水平和要求下，解决高程、空间坐标、时间坐标与地球重力场的协调统一问题。

对于形变地球，虽约定大地水准面重力位W_0不变，但大地水准面高仍然会因地球形变而随时间变化。理解它，对于认识形变地球和物理大地测量学具有重要意义。形变地球大地水准面重力位约定为全球大地位W_0，是不变的约定常数，但大地水准面在地固空间中的位置会随地球本体内部形变而变化。

设t_1历元地球位系数模型为$\{(\bar{C}_{nm}^1, \bar{S}_{nm}^1)\}$，$t_2$历元地球位系数模型为$\{(\bar{C}_{nm}^2, \bar{S}_{nm}^2)\}$，两个历

元时刻的大地水准面重力位都是这个唯一不变的常数W_0，但由于两个历元时刻地球重力位的空间分布不同，重力位等于W_0的大地水准面高（即在坐标参考系中的位置）在t_1、t_2历元存在差异，这种差异就是（或定义为）地球形变引起实际地球重力位变化导致的大地水准面高变化。

可以用地球重力位系数模型时间序列$\{\bar{C}_{nm}^k, \bar{S}_{nm}^k\}, (k=1,\cdots,N)$来验证大地水准面重力位的唯一性。验证方案（章传银，2020b）如下：保持正常椭球不变，设其椭球面正常重力位为U_0，由历元t_k地球重力位系数模型，计算大地水准面高及大地水准面上的重力位W_k。结果显示，所有历元的大地水准面重力位值，大地水准面上不同位置处的重力位值都恒等于$W_G = W_0$。这是将$W_0 = W_G$作为参考系统基准参数的大地测量学依据。

7.2.4　坐标参考系唯一性与参考框架运动学要求

一方面，大地测量学要求地球坐标参考系唯一不变，即由任意历元坐标参考框架实现的坐标参考系，在精度要求范围内是等效的；另一方面，理想的坐标参考框架，仅依据运动学和几何网形约束，使坐标解能有效排除各种动力学效应影响，极大化坐标参考框架的直接大地测量性能和水平，这是参考框架的运动学概念。

1. 坐标参考系唯一性与参考框架现势性概念

坐标参考系的唯一性，是大地测量学约束性原则，由此导出坐标参考框架的实现与维持应满足两个约束性要求：①坐标参考系一旦被定义，应在较长时期（如10~20年）内保持稳定不变，以保证连续多年的、各种时空尺度的参考框架成果，同属于这个唯一不变的坐标参考系；②若坐标参考框架中某个点位发生变动，无论是由地球形变还是其他原因导致的，只要变动量接近或超出精度要求（实际已变为两个点位），就应重新测定其在参考系中的坐标，以保证该框架点坐标的现势性，或等价地说，保证框架点的当前坐标仍属于该坐标参考系。

坐标参考系的唯一性是大地测量学概念，是坐标参考框架实现、维持与应用的约束性要求；而参考框架站点（位置）的稳定性是动力学或环境地质领域的概念，站点（位置）的不稳定影响（变动）可通过大地测量定位直接消除，站点定位本身是参考框架构建维持的核心工作，而站点的稳定性本质上并不属于大地测量学概念。

坐标参考框架点位实际发生变动后，为保证其代表的地固坐标系不变，框架点坐标需要更新，维持这种状态的大地测量工作称为坐标参考框架的现势性维护。坐标参考框架的现势性，本质上是要求任意历元参考框架坐标的正确性，从而保证其实现的坐标参考系始终唯一不变。

地固坐标参考系的唯一不变性，可通过参考系基准传递的稳定性和坐标参考框架的现势性来体现和维持。换句话说，实现参考系基准传递的稳定性和维持坐标参考框架的现势性，是保证坐标参考系唯一不变性的主要技术途径。

2. 参考框架运动学性质与直接大地测量性能

地固坐标参考系的定位定向，可事先通过全球分布的基准网，按动力卫星大地测量方法实现。此后可通过如下两个技术环节，获取所需历元地面参考框架在该地固参考系中的坐标解。一是采用与参考系基准网的同步大地测量数据，通过基准网整体无平移和无旋转的几何运动学约束（拟稳基准约束），将坐标参考系基准动态传递到参考框架中；二是以参考框架网形为唯一的几何大地测量约束，解算参考框架在地固参考系中的坐标。

理想的坐标参考框架，当且仅当按几何大地测量学原理约束解算，以极大化参考框架的运动学性质和直接大地测量性能，有效实现参考框架对各种影响因素和动力学效应的直接测定和监测能力。如最新的国际天球参考框架（ICRF）就是运动学参考框架。在参考框架实现的数学模型中，引入任何偏离几何大地测量原理的约束，如地球形变动力学或地球物理假设等动力学约束，都会削弱坐标参考框架的运动学性质与直接大地测量性能和水平，也必然以降低坐标参考框架在该动力学领域的监测水平和应用能力为代价。

大地测量学中，地球坐标参考框架与地球形变监测参考框架本身是等价的，原则上无区别或无须区分。如果某种地面坐标参考框架，难以直接用作地球形变监测参考框架，则唯一的可能是，在实现该坐标参考框架时，偏离了几何大地测量原则，导致该参考框架的运动学性质或直接大地测量性能受到了不同程度的限制。

7.2.5 大地测量形变效应处理约定与计量学要求

为方便表达大地测量要素随时间的变化，习惯上将大地测量要素的地球形变效应分解为潮汐效应与非潮汐效应。大地测量形变效应是高精度大地测量数据处理的重要内容，形变效应处理看起来界定清楚，然而，以往长期的大地测量实践告诫我们，要科学、正确、完备地处理大地测量潮汐效应和非潮汐效应，同样具有挑战性，需高度重视。

1. 大地测量要素形变效应的处理习惯与技术要求

1）大地测量要素形变效应处理习惯

大地测量潮汐效应，包括固体潮效应、海潮负荷效应和地面大气压潮负荷效应，地球空间中任意大地测量要素的潮汐效应都可随时随地计算（预报）、移去或恢复。

各种大地测量成果和大地测量参考框架产品习惯上都移去了其潮汐效应。例如，地面框架站点的坐标产品，实际上是移去了地面站点潮汐效应后的坐标，并不是真实的瞬时坐标。地面点的重力测量成果也是移去潮汐效应后的重力，而不是真实的瞬时重力。应用中若需瞬时真值，用户得自行按规范要求计算并恢复潮汐效应。

基于这个原因，用于计算潮汐效应所用的数值标准、地球物理模型和系列算法，应是大地测量参考系统的组成部分，予以明确规范，并作为参考框架产品提供应用。

大地测量要素的非潮汐效应，通常是指移去其潮汐效应后的其他各种时变效应总和。地球自转极移效应、质心变化效应，以及其他非潮汐负荷形变及重力场变化，板块运动与构造形变，地面均衡形变，都是非潮汐效应的表现形式，见6.2～6.4节。

习惯上省略"非潮汐"字样，将大地测量要素的非潮汐变化，表述为大地测量要素变化。如重力场变化是指重力场随时间的非潮汐变化，海平面变化是指海平面随时间的非潮汐变化。

2）大地测量形变效应处理的协调统一性要求

显然，无论是大地测量基准实现、维持还是大地测量产品和技术应用都要求：计算不同要素潮汐效应所用的数值标准、数值模型与相关算法应协调统一；计算潮汐效应与计算非潮汐效应所用的数值标准与算法，相互之间解析相容；潮汐效应与非潮汐效应之和等于总的地球形变效应。这些技术要求应作为参考系统不可或缺的内容，予以明确详尽规范。

大地测量学具有计量科学性质，精度或误差是所有大地测量观测和成果产品不可或缺的重要组成部分。显然，大地测量要素形变效应的精度水平，只有在明显优于（至少不低于）某一历元时刻该要素实测精度水平的情况下，才能满足形变地球大地测量学的技术要求。大地测量学将地球形变效应分解为潮汐效应和非潮汐效应，其中，潮汐效应采用模型计算，而将非潮汐效应以及潮汐模型的误差部分，交给实测处理，一般采用多种大地测量实测数据，进行建模、精化和持续更新，这也是形变地球大地测量参考框架构建维持的重要内容之一。

2. 地球质心变化效应与形状极移效应的处理

地球系统内部质量不断调整产生负荷形变，其中一阶位系数的负荷效应，代表地球质心变化。因此，地球质心变化是地球重力位变化的一阶谱域分量（三个一阶位系数变化），是地球重力场量（力学量）。地球质心变化本质上是，地球系统内部质量调整产生的负荷效应，而不仅仅是地固坐标系原点的简单几何平移。地球质心变化基于负荷形变理论，影响地固空间中所有可能存在的大地测量要素，包括地球卫星轨道、地面和地球外部各种大地测量要素。大地测量全要素地球质心变化效应算法如式（6.3.12）～式（6.3.24）所示。

同理，地球形状极移是重力位变化的二阶谱域分量（5 个二阶负荷位系数变化，但独立变量数仅为 2），也是地球重力场量（力学量）。地球形状极移同样基于负荷形变理论，影响地固空间中所有可能存在的大地测量要素，大地测量全要素形状极移效应算法如式（6.3.27）～式（6.3.39）所示。

地球质心变化与形状极移，也有潮汐效应和非潮汐负荷效应。实际大地测量数据处理过程中，通常将地球质心变化与形状极移的潮汐效应，直接合并到大地测量要素潮汐效应中，而将地球质心变化和形状极移的非潮汐负荷效应，直接合并到大地测量非潮汐负荷效应中，以避免重复处理。例如：5.2 节负荷潮效应公式，已完整包含了地球质心变化和地球形状极移的负荷潮效应；3.2 节非潮汐负荷效应公式，完整包含了地球质心变化和形状极移的非潮汐负荷效应；同样地，6.2 节全球重力场及负荷形变协同监测成果，也完整包含了地球质心变化和形状极移的实测非潮汐负荷效应。

3. 形变效应处理的大地测量场景与计量学要求

不难理解，实测的大地测量要素不涉及非潮汐效应问题，只有观测历元概念。例如，某地面点在历元 t_k 的实测重力值，就是该历元时刻重力真值的直接测量结果。进一步，形变地球的瞬时大地测量要素（观测量、参数或基准值产品）都不涉及非潮汐效应问题，但需明确大地测量要素对应的历元时刻。不失一般性，通常只有如下两类场景，需要处理大地测量非潮汐效应问题。

（1）大地测量观测量的非潮汐历元归算。目前，大地测量和固体地球物理学大都基于瞬时稳态理论，不同时刻（当前历元）获取的大地测量观测量，只有统一归算到某一指定历元时刻（参考历元）后，才能运用大地测量学理论（如观测量空间构网、重力场量解析关系）解决有关问题。非潮汐历元归算一般采用基于非潮汐效应模型的移去恢复法，即先移去观测历元的非潮汐效应，再恢复参考历元的非潮汐效应。

（2）获取非实测时刻的大地测量要素，需要非潮汐历元归算。所有大地测量参考框架和测量成果，包括非潮汐效应模型自身，只会是离散历元的，且最新时间不会超过产生成果的参考历元时刻。为得到成果历元之外的某一指定历元（当前历元）的大地测量成果，需要对非潮汐效应模型进行时间内插或外推，将成果由参考历元归算到当前历元。

上述两种情况下，若不进行非潮汐历元归算，意味着忽略非潮汐形变效应影响，而直接将其转变为测量误差。不难理解，非潮汐历元归算的精度水平，主要取决于非潮汐效应模型的精度水平、当前历元与参考历元的时间差，以及当前当地非潮汐形变效应的时变性质。

连续观测的大地测量系统（如全球地面参考框架、区域 GNSS CORS 网或动力卫星大地测量），采用单历元解算时，若前后历元间隔时间不长（如小于半月），观测历元与单历元解算对应的参考历元时间差较短，非潮汐效应量级小，通常可以忽略，单历元解的时间序列本身就是非潮汐效应的直接实测结果。当观测时间跨度较长，如区域 GNSS 控制网、精密水准网、重力控制网，观测周期一般大于数月，甚至 1 年以上，非潮汐效应较大，高精度解算前需要进行非潮汐历元归算。非潮汐历元归算（或忽略）的误差会依据其量级大小，直接影响各种大地测量的精度水平。

为简化和规范形变效应数据处理流程，通常选择某个时刻为参考历元 t_0，将瞬时（当前历元 t_k）大地测量要素直接表达成参考历元大地测量要素 L_0 与当前历元相对于参考历元要素 L_0 的形变效应之差 ΔL_k 之和，即 $L_k = L_0 + \Delta L_k$。

大地测量要素的地球形变效应也是客观存在的时变大地测量要素，等于多项形变效应的总和，其表达方式与处理方法也应符合计量学要求。对于特定应用场景，形变效应总和的精度水平应满足对应场景的大地测量精度要求，当且仅当其中某项形变效应的量级远小于大地测量精度要求水平时，才可忽略该项形变效应。

为不失一般性，形变地球上的瞬时 t_k 地面大地测量要素 L_k 可统一表示为

$$L_k = L_0 + \Delta L_k = L_0 + \Delta L_{\text{stide}}^k + \Delta L_{\text{otide}}^k + \Delta L_{\text{atide}}^k + \Delta L_{\text{load}}^k + \Delta L_{\text{rpsh}}^k + \Delta L_{\text{nonl}}^k + \varepsilon_k \quad (7.2.45)$$

式中：L_0 为参考历元 t_0 大地测量要素；$\Delta L_{\text{stide}}^k$、$\Delta L_{\text{otide}}^k$、$\Delta L_{\text{atide}}^k$、$\Delta L_{\text{load}}^k$、$\Delta L_{\text{rpsh}}^k$、$\Delta L_{\text{nonl}}^k$ 分别为瞬时 t_k 大地测量要素的固体潮效应、海潮负荷效应、地面大气压潮负荷效应、（非潮汐）负荷效应、自转极移形变效应（含海洋极潮效应）和非负荷形变效应；ε_k 为瞬时误差。

对于瞬时 t_k 地面站点坐标，非负荷形变效应 ΔL_{nonl}^k 一般包括由板块运动、构造形变与均衡形变引起的综合效应。

在地面外部或卫星轨道空间，瞬时 t_k 大地测量要素 R_k 可统一表示为

$$R_k = R_0 + \Delta R_k = R_0 + \Delta R_{\text{stide}}^k + \Delta R_{\text{otide}}^k + \Delta R_{\text{atide}}^k + \Delta R_{\text{load}}^k + \Delta R_{\text{rpsh}}^k + \Delta R_{\text{nonp}}^k + \varepsilon_k \quad (7.2.46)$$

式中：R_0 为参考历元 t_0 大地测量要素；ΔR_{nonp}^k 为瞬时 t_k 大地测量要素的非保守力效应，与地面要素的非负荷效应性质类似。

式（7.2.45）和式（7.2.46）中，没有显式出现地球质心变化效应项和形状极移效应项，是因为各项潮汐和非潮汐负荷效应中，已完整包含这两项形变效应，不可重复改正。

7.2.6 形变地球大地测量参考系统定义及其内涵

地球大地测量基准是地球坐标基准、高程基准、重力测量基准、地球重力场及其一体化

实现的统称。形变地球大地测量参考系统用于规范形变地球大地测量基准实现和更新的原则、方法、约定和技术要求。本节在前面分析的基础上，尽可能兼容 IERS 协议 2010 中的可用约定和要求，给出形变地球大地测量参考系统的科学定义和技术内容。

1. 大地测量参考系统起算基准与尺度标准

综上所述，可将形变地球大地测量参考系统基本定义（起算基准与尺度标准）概括如下。

（1）地球坐标参考系统至少应由地固坐标参考系、地心天球参考系以及这两个参考系之间的空间坐标转换关系构成。

（2）地固坐标参考系的原点为平地球质心，非常接近地球系统的质量中心；参考轴（z轴）指向平形状极，非常接近于力学形状轴；基本平面（xy 平面/赤道面）垂直于参考 z 轴，x 轴为基本平面与 IERS 参考子午面交线。

（3）时间尺度及其同步归算方法，按地心天球参考系（GCRS）的时空度规计算。时间尺度可约定为地面时（TT）[或地心坐标时（TCG）]；空间尺度与时间尺度在 GCRS 中协调一致。

（4）扰动地球重力场的起算基准为正常重力场（正常椭球），高程基准的起算值约定为全球大地位 W_0，等于正常椭球面正常重力位 U_0，等于大地水准面重力位 W_G。

（5）大地测量学中的高程、重力和地球重力场量，严格依据物理大地测量学理论定义，按其客观存在的自然值测定和实现。

形变地球大地测量参考系统起算基准，有且仅有由地固参考系定位定向和正常椭球构成。起算基准是地固空间大地测量基准的"基准"，一经定义，应在较长时期（如 20 年）内保持不变，且没有精度和历元概念。所有大地测量基准参数，都通过地固空间的一阶、二阶重力位系数（地球力学平衡形状的一、二阶）这种兼备几何物理性质的大地测量要素，构成科学严密的大地测量解析函数关系。

鉴于时频测量与星间及星地测距测速在当前及今后几何物理大地测量中的极其重要地位，推荐将地固空间的时间尺度约定为地面时（TT），即重力位为 W_0 处原时钟的原时，空间尺度与地面时（TT）在 GCRS 中协调一致。这样，通过全球大地位 W_0 这个起算基准值，能将地固空间中的时频测量与测距测速，按大地测量学原则，解析严密地纳入形变地球大地测量参考系统。

大地测量参考系统的起算基准与尺度标准，一经定义，都具有唯一不变性，既与时间历元无关，也没有误差或精度概念，但具有精密可测性。形变地球大地测量参考系统，不再依赖于任何地球物理、天文学或地球动力学协议，完全独立于地球自转及其动力学原理，仅依据大地测量学理论，科学解析、自洽相容、确定性地定义和实现。

可以这样理解，形变地球大地测量基准，是地固空间所有大地测量活动的基准，而地球质心和形状极是形变地球大地测量基准的"基准"。

2. 空间统一性约束与时变相容性技术要求

空间统一性是将地球空间中质点的坐标、高程与重力场量之间的大地测量学原理（如解析函数关系），实现到大地测量基准产品中；时变相容性是将形变地球动力学规律与空间统一性不随时间变化的技术要求，按精度要求体现到形变地球大地测量基准中。空间统一性和时变相容性是形变地球大地测量基准一体化的典型特征与基本原则，也是形变地球大地测量参考框架并置、连接、观测与解算方案设计的基本依据。

作为实现大地测量参考系统的参考体，一旦选定，本身客观存在。换句话说，参考框架本质上也是实际客观存在的大地测量观测对象，给定起算基准后，参考框架的基准值和参数也客观存在，只能按大地测量要求观测或测定其自然值，而不能附加人为约定或假设。因此，技术上要求，应充分发挥大地测量理论的约束和支撑作用，尽可能将更多的空间解析关系实现到形变地球大地测量基准中，以有效提升其大地测量科学水平与应用能力。与此同时，还要采用相同的数值标准，一致的地球物理模型，构造解析相容的大地测量与形变地球动力学算法，统一处理各种大地测量多种潮汐与非潮汐效应，并依据大地测量与固体地球动力学原理，约束多种大地测量观测量（监测量）的组合或融合，才能有效地控制实现大地测量参考框架的协调统一性、解析相容性以及几何空间与重力场空间一体化。

空间统一性和时变相容性实现到参考框架解后，直接蕴含到大地测量参考框架数据产品中，在形式上或应用层面，一般是看不出甚至感觉不到与传统参考框架产品的区别。

3. 数值标准、地球物理与大地测量模型

大地测量参考系统实现的基本原则和方法，参考框架的空间统一性约束和时变解析相容性要求，都需要一套科学统一的数值标准，完备一致的地球物理模型，与解析相容的大地测量与形变动力学算法体系来实现和维持，这些技术要求通常以技术规范形式体现。

1）形变地球参考系统数值标准

形变地球参考系统数值标准包括参考系统起算基准、尺度标准（基准参数）以及实现参考系统所需的大地测量、天文和地球物理常数集合。这些常数一方面用于描述大地测量参考系统，另一方面在大地测量参考系统实现中当作不变常数值。数值标准一般还用于进一步约定有关地球（物理）模型和形变地球动力学算法，以有效维持参考系统的空间统一性和时变相容性。

基本几何与物理常数，包括时间单位 SI 秒（s）、长度单位 SI 米（m）和质量单位 SI 千克（kg）等基本单位（尺度）常数，以及万有引力常数 G、光在真空中的速度 c（m/s）和标准大气压 P_0（hPa）等基本物理常数。

扰动地球重力场起算基准与高程基准起算值。正常地球椭球基本参数 GM、ω、a、J_2，与大地水准面重力位（全球大地位）W_0，以及与 J_2 协调一致的长期勒夫数 k_0 等。

协议常数或参数。由大地测量观测技术确定（精化）或人为约定，在大地测量参考系统实现和维持过程中作为不变常数值的参数集合，如地球椭球导出常数，体潮勒夫数、负荷勒夫数，以及其他地球物理和天文常数系统等。

显然，技术上要求数值标准应满足形变地球大地测量参考系统规定和实现的精度要求，各种常数之间也应协调一致和解析相容。

2）地球物理模型与地球重力位模型

潮汐形变效应模型，包括参考地球模型、地面大气压潮模型、精密海潮模型及与固体地球形变效应有关的地球物理与地球动力学参数及模型。

非潮汐负荷模型，包括非潮汐海平面变化格网时间序列、地面大气压变化格网时间序列、

陆地水量变化格网时间序列模型等。

其他非潮汐动力学模型，包括全球板块划分与运动模型、已测定的地球质心变化与形状极移、地球自转参数时间序列，全球构造与均衡形变模型等。

地球重力位系数模型，构建地球坐标参考框架所需的全部观测量都是在地球重力场环境中获取的，统一处理需要指定某一满足技术要求的地球重力位系数模型。

7.3 形变地球大地测量框架一体化实现

大地测量参考框架是在地固空间中将唯一不变的大地测量参考系统，用大地测量技术方法动态实现，是大地测量基准的应用接口。形变地球大地测量参考框架主要由全球地面坐标参考框架、垂直参考框架与大地测量数值模型构成。参考框架受环境地质与地球动力学效应影响，需要及时维持更新，以随时随地满足大地测量参考系统的唯一性要求。本节介绍形变地球大地测量参考框架一体化实现的一般方案、理论依据与技术路线，简化技术细节。

7.3.1 形变地球大地测量参考框架一体化方案

全球大地测量参考框架构建工作主要包括，布设全球分布，便于应用、实现和更新的地面参考框架网，依据形变地球大地测量参考系统规定的原则和要求，按设计时间跨度（如 3 天、7 天或 28 天），由最近时段内各种几何物理大地测量数据，确定大地测量参考框架在当前历元的基准值（坐标、高程、重力及其他重力场量）与大地测量数值模型（如垂直参考面、地球重力场模型及非潮汐形变场模型等），获得全球大地测量参考框架在当前历元的解。经过持续更新，形成全球大地测量参考框架解时间序列。

1. 地固坐标参考系定位定向的实现方案

由 7.2 节可知，形变地球大地测量参考系统的起算基准由地固参考系的原点（平地球质心）、参考极（平形状极，z 轴指向）和正常地球椭球构成。起算基准之所以能支撑起形变地球大地测量学，是因为其自身唯一不变，与时间无关，且精密可测。7.2.3 小节介绍了正常椭球和全球大地位 W_0 的实现方法，本节介绍地固参考系定位定向的实现途径。

1）地固坐标参考系起算基准实现技术流程

鉴于地球质心和形状极自身也是兼备几何物理性质的大地测量要素，本小节综合 7.2.1 小节地固坐标系定位定向方法，归纳出地固参考系起算基准实现的技术流程，具体如下。

（1）从当前已有的全球地面坐标参考框架中，选择全球合理分布、站点稳定性高和观测质量好的若干 SLR、VLBI、GNSS 或 DORIS 站点，组成全球地面基准网，挑选数年（如 1～3 年）大地测量卫星观测和地面测量数据.

（2）依据观测条件，由一定时间间隔（如 7 天或 28 天）内的 SLR、VLBI、GNSS 或 DORIS 空间大地测量数据，采用拟稳基准运动学约束，按几何大地测量方法，解算并生成全球基准网站点的周（或月）坐标解时间序列。

（3）从全球基准站网中选择 SLR、GNSS 和 DORIS 地球卫星跟踪站点，将其坐标解时间序列作为已知量，由 SLR、GNSS 和 DORIS 卫星观测数据，按动力卫星大地测量方法，解算一阶、二阶重力位系数时间序列，确定平地球质心和平形状极坐标。

（4）计算全球基准网站点坐标集的平均值，进而以平地球质心坐标为坐标系转换的平移参数，以平形状极坐标为坐标系转换的旋转参数，转换全球基准网平均坐标集，生成新的参考系基准网平均坐标集。

全球参考系基准网及其站点新的平均坐标集，就是地固坐标参考系定位定向的实现。由这组基准网及其坐标集，可直接给出经度平均值等于零的位置（经度零点），该位置对应的子午面就是要实现的参考子午面。

2）基准网整体几何运动学拟稳约束方法

逐历元组合指定时段内（如 7 天或 14 天）的各种空间大地测量数据，以全球参考系基准网为整体几何运动学拟稳约束，解算对应历元的基准网点坐标、地球质心坐标和形状极坐标，最终生成基准网点坐标解、地球质心坐标解和形状极坐标解时间序列及其平均值。

设全球参考系基准网初始坐标值为 $\{\boldsymbol{x}_0^i\}, (i=1,2,\cdots,M)$，$M$ 为基准站点数量，以历元 t_k 基准站网坐标集 $\{\boldsymbol{x}_k^i\}, (k=1,2,\cdots,K)$ 为未知数，则几何运动学拟稳约束方程可表示为

$$\sum_{i=1}^{M_k} w_i^k (\boldsymbol{x}_k^i - \boldsymbol{x}_0^i) = \boldsymbol{0}, \quad \sum_{i=1}^{M_k} w_i^k \boldsymbol{x}_0^i \times (\boldsymbol{x}_k^i - \boldsymbol{x}_0^i) = \boldsymbol{0} \tag{7.3.1}$$

式中：w_i^k 为站点 i 在历元 t_k 时（第 k 段时间内）权值，可参考第 k 段时间内站点 i 的稳定性和数据质量粗估；M_k 为历元 t_k 实际用于运动拟稳约束的基准站点数，$M_k \leqslant M$。

式（7.3.1）中，第一式主要用于稳定约束地固坐标参考系原点，第二式主要用于稳定约束坐标参考轴旋转。对照 6.3 节全球负荷形变场协同监测方法，不难发现，地固参考系定位定向问题的本质上是确定以整个地球系统为监测对象的形变监测基准问题。

3）地固坐标参考系的定位定向实现方法

由参考系基准网点坐标、地球质心坐标和极坐标解时间序列，计算平地球质心坐标 $\bar{\boldsymbol{x}}_{cm} = (\bar{x}_{cm}, \bar{y}_{cm}, \bar{z}_{cm})$、平形状极坐标 $(\bar{x}_{sfp}, \bar{y}_{sfp})$ 和基准网点坐标的平均值 $\{\bar{\boldsymbol{x}}_0^i\}$。将全部基准网点坐标的平均值 $\{\bar{\boldsymbol{x}}_0^i\}$，进行如下坐标转换（坐标系之间的伽利略变换）：

$$\boldsymbol{x}_s^i = \boldsymbol{R}_1(\bar{x}_{sfp}/b)\boldsymbol{R}_2(-\bar{y}_{sfp}/b)\bar{\boldsymbol{x}}_0^i - \bar{\boldsymbol{x}}_{cm} \tag{7.3.2}$$

式中：$i=1,2,\cdots,M$，M 为全球基准站点数量；$\boldsymbol{R}_1$、$\boldsymbol{R}_2$ 为空间直角坐标系的基本旋转矩阵，见 1.1.1 小节；b 为地球椭球短半轴。

经式（7.3.2）坐标转换后，基准网点新的平均坐标集 $\{\boldsymbol{x}_s^i\}$ 实现了地固坐标系的定位定向，原点位于平地球质心，z 轴指向平形状极。

参考系基准站网坐标解时间序列的时间间隔，可由待估质心坐标解和形状极坐标解的精度要求（参考 7.2.1 小节）概略估计。显然，由基准站网点的平均坐标集，可直接在地球上放样出参考子午面（平面 $y_s=0$）和经度零点。由于经度零点（参考子午面）有一定随意性，没有精度概念，所以只要基准站网初始坐标集 $\{\boldsymbol{x}_0^i\}$ 对应的参考子午面在可接受的范围（如 10 mas），则基准网点平均坐标集 $\{\boldsymbol{x}_s^i\}$ 给出的参考子午面就能完全满足大地测量学要求。

2. 全球大地测量参考框架构建关键技术

全球大地测量参考框架由一系列全球分布、多种几何物理大地测量地面站点按适当并置方式组成的大地测量参考框架网与全球大地测量数值模型构成。全球大地测量参考框架网中的 SLR、VLBI、GNSS 或 DORIS 站点，构成全球地面坐标参考框架网。用于实现地固参考系的全球基准网站点，应作为全球坐标参考框架网的必要组成部分，以便通过与其他参考框架点的同步大地测量观测，动态传递地固参考系基准。全球大地测量参考框架中的 CORS、GGP 站、绝对重力站、区域水准原点、首级水准网或基本验潮站，构成全球地面垂直参考网。

1）地面坐标参考框架构建与持续更新

依据大地测量原则，地面坐标参考框架在某历元 t_k 的坐标集，可由该历元对应观测时段内（如 3 天、7 天或 28 天）的大地测量观测量，按参考系统要求，逐历元解算。历元地面坐标参考框架以全部框架点坐标解的时间序列形式体现，其中一些站点受不可预估的复杂环境地质影响，在一些历元上缺失有效的坐标解，应是大地测量参考框架的常态。适宜的历元步长（时间序列的时间间隔）可按参考框架坐标解精度要求和观测条件粗估。

理想的坐标参考框架应充分体现大地测量直接测量结果，如基于纯几何或运动学大地测量原理解算结果。这样的参考框架由于充分测定了各种影响因素和动力学效应，其普适性、应用范围和应用水平最高。可见，坐标参考框架解算的基本原则是，参考框架解有利于充分体现大地测量直接观测水平，尽量减少或抑制动力学效应的影响，让参考框架解时间序列能客观准确地记录所有动力学效应，从而全面提高坐标参考框架产品在解决地球科学和环境灾害等实际问题的科学水平、技术能力和应用潜力。

2）全球垂直参考框架的基本构成

全球垂直参考框架主要由全球地面垂直参考网、全球垂直参考面模型与全球垂直形变场时间序列构成。全球垂直参考网一般由全球合适分布的地面坐标参考框架站点、绝对重力点（重力测量基准点）与重力固体潮站网（如 GGP）、全球长期验潮站网（如全球海平面观测计划）、国家或地区水准原点及首级水准路线，采用部分站点并置技术构成。全球垂直参考网解算过程中，通过附加有关大地测量原理约束，实现地球几何空间与重力场空间的协调统一。垂直参考面主要包括大地水准面、平均海面和深度基准面等，这些垂直参考面都是地球重力场空间中的物理量，一般需要综合多种几何和物理大地测量数据来确定或精化。全球垂直参考面模型与垂直形变场时间序列确定，是垂直参考框架建立不可或缺的基础性工作。

按照大地测量学原则实现的形变地球大地测量参考框架，在大地测量参考系统重新定义前，任意历元的参考框架全要素解，或全要素解的任意子集，所代表的大地测量参考系统，在精度要求范围内都是等效且唯一的。大地测量参考系统全球唯一，不存在全球或区域之分，只有大地测量参考框架才有全球、区域或局部地区概念。

3. 国际地面坐标参考框架组合方案及分析

VLBI、SLR、GNSS 和 DORIS 等空间大地测量技术可独立实现地固坐标参考系。IERS 为建立国际地球参考系统（ITRS）专门制定了 IERS 协议，并组合多种大地测量技术建立国际地球坐标参考框架（ITRF）。

1）ITRS 定位定向实现

国际地球参考系统（ITRS）原点、尺度和定向，是在国际地面参考框架（ITRF）站坐标组合解算过程中，通过附加基准约束条件而间接实现的。

（1）原点约束。可由国际 VLBI 网解所得平移参数定义，或使用国际 VLBI 网解和国际 GNSS 网解的加权平均实现，即

$$\sum w_i T = 0 \tag{7.3.3}$$

式中：w_i 为不同技术对平移参数 T 的权重。

（2）尺度约束。由国际 VLBI 网解定义，或国际 VLBI 网解和国际 GNSS 网解的加权平均实现，即

$$\sum w_i D = 0 \tag{7.3.4}$$

式中：w_i 为不同技术对尺度参数 D 的权重。

（3）定向约束。ITRF 定向一般使用基准对接实现，即在特定参考历元，使得新旧两套参考框架的旋转参数为零。ITRF 定向约束条件通过无净旋转（NNR）条件实现，如基于 NNR-NUVEL-1A 模型所建立的约束条件为

$$(A^T A)^{-1} A^T (\dot{x}_{ITRF} - \dot{x}_{NNR\text{-}NUVEL\text{-}1A}) = 0 \tag{7.3.5}$$

式中：$\dot{x}_{ITRF}$ 和 $\dot{x}_{NNR\text{-}NUVEL\text{-}1A}$ 为测站分别在 ITRF 和 NNR-NUVEL-1A 绝对板块运动模型下的速率。

2）组合观测模型与参数估计

用单一技术建立地面坐标参考框架时，一般附加了不同的约束条件。在组合多种技术建立地面坐标参考框架前，需要从带有约束的解中移去先验约束得到无约束解。组合多种技术建立组合 ITRF 可构造以下观测方程：

$$x_s^i = x_c^i + (t_s^i - t_0)\dot{x}_c^i + T_k + D_k x_c^i + S_k x_c^i + (t_s^i - t_k)(\dot{T}_k + \dot{D}_k x_c^i + \dot{S}_k x_c^i) \tag{7.3.6}$$

$$\dot{x}_s^i = \dot{x}_c^i + \dot{T}_k + \dot{D}_k x_c^i + \dot{S}_k x_c^i \tag{7.3.7}$$

式中：上标 i 为框架解序列；x_s^i 和 $\dot{x}_s^i$ 分别为在某个给定 k 框架下相对于历元 t_s^i 的站坐标及变化率；x_s^i 和 $\dot{x}_s^i$ 分别为站点在组合框架 c 下相对于参考历元 t_0 的站坐标及其变化率；T_k、D_k、S_k 为组合框架 c 与框架 k 的 Helmert 转换参数；$\dot{T}_k$、$\dot{D}_k$、$\dot{S}_k$ 为组合框架 c 与框架 k 的 Helmert 转换参数的变化率。

对于每个解 s，组合观测模型式（7.3.6）和式（7.3.7），可得以下法方程：

$$\begin{pmatrix} A_{1s}^T \\ A_{2s}^T \end{pmatrix} P_s (A_{1s} \quad A_{2s}) \begin{pmatrix} x \\ T_k \end{pmatrix} = \begin{pmatrix} A_{1s}^T P_s B_s \\ A_{2s}^T P_s B_s \end{pmatrix} \tag{7.3.8}$$

$$A_{1s}^i = \begin{pmatrix} I & \Delta t_s^i I \\ 0 & I \end{pmatrix}, \quad A_{1s}^i = \begin{pmatrix} A_s^i & \Delta t_k^i A_s^i \\ 0 & A_s^i \end{pmatrix}; \quad \Delta t_s^i = t_s^i - t_0, \quad \Delta t_k^i = t_k^i - t_0 \tag{7.3.9}$$

式中：A_s^i 为第 i 个点对应的设计矩阵；P_s 为权阵。

基于基准约束条件和并置站约束条件，对观测方程进行最小二乘参数估计，即可组合多种技术建立统计最优的协议地球参考框架。

3）ITRF 实现 ITRS 的科学性分析

ITRS 采用了协议近似的 Tisserand 条件式（7.2.2），显然要使式（7.2.2）严格等价于式（7.2.1），须满足地壳相对于地球内部无整体平移和旋转的假设。事实上，这种假设不可

能完全成立。国际地面参考框架 ITRF 实现的 ITRS 参考轴最多是接近地壳的 Tisserand 轴，而不是整个地球系统的 Tisserand 轴。我们也无法证明其大地测量可测性，Tisserand 轴因此并不具备作为参考轴的基准性（唯一性和可测性）条件。

ITRF 在实现过程中，采用式（7.3.7）进行约束，其中平移速度参数 $\dot{T}$ 表示坐标系原点存在线性运动速度，旋转速度参数 $\dot{S}$ 表示坐标轴的方向随时间变化，导致 ITRF 在所有历元时刻的坐标解（包括地球质心和极坐标）都与坐标参考系时变速度耦合。地固参考系原点和坐标轴具有唯一不变性，不应随时间变化，否则，参考系就失去了存在的现实意义。地固参考系不应出现平移速度参数、旋转速度参数和尺度参数等这些明显不符合力学参考系理论和大地测量原则的概念。

按照 ITRS 空间尺度约定，空间尺度与地心坐标时（TCG）协调一致。这种约定可通过空间大地测量数据处理实现，或者依据式（7.2.28），将时钟同步到 TCG，或者依据式（7.2.42），调整地面站点间基线长度。ITRF 中不同技术获得的基线长度存在差异的原因，有两种可能，一种是精度不同，另一种是空间尺度或时间尺度没有严格统一。后者通过数据处理可有效解决，前者在组合平差中可通过配置合理的权值完善。坐标参考系理论不存在式（7.3.6）中的尺度参数 D 概念，尺度参数不宜作为参考系基准参数。尺度参数速率 $\dot{D}$ 的存在，意味着在参考框架观测期间，固体地球发生了明显的膨胀或收缩，这是不可能出现的地球动力学现象，只能通过扭曲参考框架网的几何网形结构来拟合基准约束。实际上，由各版本 ITRF 计算得到的 D 和 $\dot{D}$，其量级都是很微小的。

7.3.2 唯一参考系中历元坐标框架运动学组合

历元坐标参考框架运动学组合，采用纯运动学约束，按历元传递坐标参考系基准，进而完全基于参考框架几何网形约束，解算几何大地测量学意义上理想的历元坐标参考框架。其主要技术路线如下：①从已有坐标参考框架中构建参考系基准网，并实现地固参考系定位定向，一旦实现，多年不变；②选择合适时间间隔，由基准网同步连测，单历元传递参考系基准，由观测时段内参考框架大地测量数据，求解地面参考框架单历元坐标；③随着参考框架大地测量数据不断增加，当累计观测时间达到设计时间间隔，及时解算当前历元的坐标参考框架，逐步形成地面参考框架历元坐标解时间序列；④基于地面参考框架历元坐标解，测定地固参考系中一阶、二阶重力位系数、地球质心和形状极坐标，以及地球自转参数单历元解及其时间序列，该步骤工作本质上属于全球历元坐标参考框架成果的应用。

1. 地固坐标参考系基准网构造与定位定向实现

可充分利用已有全球参考框架及其多年成果，通过优选地面框架站点，构造地固参考系基准网，采用动力卫星大地测量方法，测定地球质心、形状极相对基准网（整体）的平均位置，进而通过平移和旋转，实现地固参考系的大地测量学定位定向。

1）地固坐标参考系全球基准网构建方案

全球参考系基准网主要由地面 SLR 站、GNSS 站、DORIS 站和 VLBI 站，采用部分并置方式构建。通常要求基准网站点全球分布、稳定性高、观测质量好。基准网构造和卫星动力学分析的优化目标是：地球卫星观测有利于测定一阶、二阶重力位系数时间序列 $\{\overline{C}_{nm}^k, \overline{S}_{nm}^k\}$ ($n=1,2; m=0,n$)；地面站点观测有利于精密确定基准网点的坐标解时间序列 $\{\boldsymbol{x}_k^i\}$。其中，$i=1,2,\cdots,M$，M 为基准站点数量；$k=1,2,\cdots,K$，K 为时间序列长度。

用于解算坐标集的基准站点，应有利于约束维持基准网的整体平移和旋转不变性的运动状态，属于几何大地测量学范畴，如用于解算坐标集的站点可包含 VLBI 站点；然而，用于地球质心和形状极坐标卫星动力学解算的站点，却不包含 VLBI 站（VLBI 对地球重力场参数不敏感）。不难理解，不同类型基准站点的并置（并址和连接）方案的主要考量，应是能同时实现基准站网这两大目标，且有利于维持基准网的平移和旋转不变性。

2）全球基准网站点坐标集时间序列解算

设全球基准网站点初始坐标集为 $\{\boldsymbol{x}_0^i\}$ ($i=1,2,\cdots,M$)，M 为全球基准网站点数，令其最优待估坐标集时间序列为 $\{\boldsymbol{x}_k^i\}$ ($k=1,2,\cdots,K$)，K 为时间序列长度。在第 k 个观测时段内，有 $M_k<M$ 个基准站的稳定性和观测质量满足技术要求，则参考历元 t_k 时刻，基准网无整网平移和旋转约束方程可用式（7.3.1）表示为

$$\sum_{i=1}^{M_k} w_i^k (\boldsymbol{x}_k^i - \boldsymbol{x}_0^i) = \boldsymbol{0}, \quad \sum_{i=1}^{M_k} w_i^k \boldsymbol{x}_0^i \times (\boldsymbol{x}_k^i - \boldsymbol{x}_0^i) = \boldsymbol{0} \quad (7.3.10)$$

式中：w_i^k 为站点 i 在第 k 段时间内的权值，可参考该段时间内站点 i 的稳定性和观测质量粗估。

任意历元 t_k，多种空间大地测量技术组合的基线尺度控制与坐标解观测方程可统一表示为

$$\sum_{\vartheta} \{w(\vartheta)[(\boldsymbol{x}_k^i - \boldsymbol{x}_k^j) - (\boldsymbol{x}_0^i - \boldsymbol{x}_0^j)]\} = \boldsymbol{0} \quad (7.3.11)$$

式中：$w(\vartheta)$ 为不同类型（用 ϑ 表示）空间大地测量技术的权重；$i=1,2,\cdots,M_k, j>i$。

观测方程式（7.3.11）中 $j>i$，即使输入的是站点坐标，式（7.3.11）实际上也仅以站点之间的基线构形为几何约束，以保证参考系基准传递式（7.3.10）的严密性。不难看出，若提高 VLBI 基线观测量的权值，就可通过 VLBI 基线控制，限制 SLR、DORIS 约束的负面影响。

按单历元联合约束方程式（7.3.10）和观测方程式（7.3.11），进行最小二乘参数估计，得到历元 t_k 多种技术组合的坐标集解 $\{\boldsymbol{x}_k^i\}$。

3）一阶、二阶重力位系数时间序列解算

低阶位系数解时间序列的采样间隔和时序长度，可以与基准网坐标解时间序列相同，也可以有所不同（需内插坐标解）。在参考历元 t_k，从 M_k 个地面基准网中选择其中 $N_k<M_k$ 个地面跟踪站，跟踪站坐标从 $\{\boldsymbol{x}_k^i\}$ 选取，针对每颗 SLR、GNSS 或 DORIS 跟踪卫星，由参考历元 t_k 对应时段内全部卫星跟踪观测量，按短弧法建立以一阶、二阶位系数为待估参数的卫星动力学模型，作为观测方程，并将观测方程按卫星高度分组，分别按最小二乘法，构建以该时段内某参考历元 t_k 一阶、二阶重力位系数为未知数的法方程：

$$\boldsymbol{N}_j \boldsymbol{Y} = \boldsymbol{L}_j, \quad \boldsymbol{Y} = [\overline{C}_{10}^k, \overline{C}_{11}^k, \overline{S}_{11}^k, \overline{C}_{20}^k, \overline{C}_{21}^k, \overline{S}_{21}^k, \overline{C}_{22}^k, \overline{S}_{22}^k; \boldsymbol{\beta}]^{\mathrm{T}} \quad (7.3.12)$$

式中：$j=1,2,\cdots,J$，其中 J 为大地测量卫星分组数，例如按 GNSS 星座、高轨 SLR 系列卫星、中轨 SLR 系列卫星、低轨 SLR 系列卫星、中轨星载 GNSS 系列、低轨星载 GNSS 系列、DORIS 卫星和 Lageos 系列卫星分组，$J=8$；$\boldsymbol{Y}$ 为包含一阶、二阶位系数的 $n\times 1$ 未知数向量，

其中 $\boldsymbol{\beta}$ 为其他未知数向量；$\boldsymbol{N}_j$ 为第 j 组 $n \times n$ 阶法方程系数阵；$\boldsymbol{L}_j$ 为第 j 组 $n \times 1$ 阶法方程常数阵。

由卫星动力学理论可知，尽可能改善大地测量卫星的非保守力建模水平（或非保守力实测水平）和在卫星参考系中卫星质心位置（质心校正水平），有利于提高 $\{\bar{C}_{nm}^k, \bar{S}_{nm}^k\}$ 的测定精度水平。进一步，可采用 6.2.3 小节的多种异构观测系统深度融合法，组合上述各组法方程，求解一阶、二阶位系数时间序列的最优解 $\{\bar{C}_{10}^k, \bar{C}_{11}^k, \bar{S}_{11}^k, \bar{C}_{20}^k, \bar{C}_{21}^k, \bar{S}_{21}^k, \bar{C}_{22}^k, \bar{S}_{22}^k\}$。

4）由基准网点平均坐标集定义地固坐标参考系

由上述基准网坐标解时间序列 $\{\boldsymbol{x}_k^i\}$，计算基准网点平均坐标集 $\{\bar{\boldsymbol{x}}_0^i\}$；由一阶位系数时间序列 $\{\bar{C}_{10}^k, \bar{C}_{11}^k, \bar{S}_{11}^k\}$，计算一阶位系数平均值 $(\bar{C}_{10}^0, \bar{C}_{11}^0, \bar{S}_{11}^0)$，进而按式（7.2.8）计算地球质心坐标平均值 $\bar{\boldsymbol{x}}_{\mathrm{cm}} = (\bar{x}_{\mathrm{cm}}, \bar{y}_{\mathrm{cm}}, \bar{z}_{\mathrm{cm}})$；由二阶位系数时间序列 $\{(\bar{C}_{20}^k, \bar{C}_{21}^k, \bar{S}_{21}^k, \bar{C}_{22}^k, \bar{S}_{22}^k)\}$，计算二阶位系数平均值 $(\bar{C}_{20}^0, \bar{C}_{21}^0, \bar{S}_{21}^0, \bar{C}_{22}^0, \bar{S}_{22}^0)$，进而按式（7.2.20）计算形状极坐标的平均值 $(\bar{x}_{\mathrm{sfp}}, \bar{y}_{\mathrm{sfp}})$。

进一步，由地球质心平均值 $\bar{\boldsymbol{x}}_{\mathrm{cm}}$ 和形状极坐标平均值 $(\bar{x}_{\mathrm{sfp}}, \bar{y}_{\mathrm{sfp}})$，按式（7.3.2）对基准网点平均坐标集 $\{\bar{\boldsymbol{x}}_0^i\}$ 进行平移和旋转运算，生成基准网新的平均坐标集 $\{\boldsymbol{x}_s^i\}$：

$$\boldsymbol{x}_s^i = \boldsymbol{R}_1(\bar{x}_{\mathrm{sfp}}/b)\boldsymbol{R}_2(-\bar{y}_{\mathrm{sfp}}/b)\bar{\boldsymbol{x}}_0^i - \bar{\boldsymbol{x}}_{\mathrm{cm}} \tag{7.3.13}$$

一般情况下，不是所有参与上述解算的基准网站点，都适合用于定义地固参考系（原点和坐标轴）和承担实时传递参考系基准的功能。分析解算过程中基准站点的稳定性，选择其中稳定性好的站点，作为今后可备选的站点，记站点数为 M_0，则有 $\min\{M_k\} < M_0 < \max\{M_k\}$。

通常需进一步由基准网点坐标时序分析方法评价站点的稳定性，优化全球基准站网。可将上述基准站网平均坐标集作为优化后的基准网初始坐标集，重新解算基准网坐标集和低阶位系数时间序列，分析前后差异，作为评价基准网坐标集与位系数时间序列解的稳定性和可靠性依据。最终获得由 M_0 个全球地面站点坐标集 $\{\boldsymbol{x}_s^i\}$ ($i = 1, 2, \cdots, M_0$) 构成的地固参考系基准网。地固参考系一经定义与实现，应在今后较长时期（如 20 年）固定不变。因此，参考系基准网在较长时期内只需一次实现。

2. 参考系传递与历元坐标参考框架运动学组合

全球地面坐标参考框架由分布全球的地面 VLBI 站、SLR 站、GNSS 站和 DORIS 站，采用并置技术构建。依据大地测量参考系统理论要求，全球地面坐标参考框架一般以一定的时间跨度（如 3 天、7 天或 28 天）为单元，由该段时间内空间大地测量数据，按单历元求解全球参考框架坐标解，参考框架成果以坐标集（及有关参数）时间序列形式体现。

给定历元 t_k，由该历元对应观测时段内（如 3 天、7 天或 28 天）全部框架点大地测量数据，通过与参考系基准网同步连测，单历元独立约束传递事先确定的参考系基准，进而在稳定不变的坐标参考系中，采用多种空间大地测量组合技术，独立解算历元 t_k 全球地面参考框架坐标解。

设历元 t_k 全球地面参考框架的待估坐标集为 $\{\boldsymbol{x}_k^i\}$ ($i = 1, 2, \cdots, N_k$)，N_k 为该历元对应观测时段内有效框架点数。设第 k 个时段内，有 $M_k < M_0$ 个基准站的稳定性和观测质量满足技术要求，M_0 为参考系基准网备选点的最大数量，则参考系基准网无整体平移和旋转约束方程可表示为

$$\sum_{i=1}^{M_k} w_i^k (\boldsymbol{x}_k^i - \boldsymbol{x}_s^i) = \boldsymbol{0}, \quad \sum_{i=1}^{M_k} w_i^k \boldsymbol{x}_s^i \times (\boldsymbol{x}_k^i - \boldsymbol{x}_s^i) = \boldsymbol{0} \tag{7.3.14}$$

式中：w_i^k 为基准网第 i 个站点在第 k 段观测时间内的权值，可由该时段内基准网站点 i 的稳定性和同步观测质量粗估；$\boldsymbol{x}_s^i$ 为第 i 个基准网点平均坐标，由式（7.3.13）计算，不随时间变化。

在历元 t_k，多种空间大地测量技术组合的基线尺度控制与坐标解观测方程可统一表示为

$$\sum_{\vartheta} \{w(\vartheta)[(\boldsymbol{x}_k^i - \boldsymbol{x}_k^j) - (\boldsymbol{x}_0^i - \boldsymbol{x}_0^j)]\} = \boldsymbol{0} \tag{7.3.15}$$

式中：$w(\vartheta)$ 为不同类型（用 ϑ 表示）空间大地测量技术的权重，完全取决于大地测量精度水平；$i=1,2,\cdots,N_k, j>i$；$\boldsymbol{x}_k^i$ 为历元 t_k 第 i 个框架点待估坐标；$\boldsymbol{x}_0^i$ 为第 i 个框架点的近似坐标（与历元无关），可取一段时期该框架点的平均坐标。

按单历元联合参考系基准传递约束方程式（7.3.14）和多种空间大地测量技术组合观测方程式（7.3.15），进行最小二乘参数估计，解算历元 t_k 多种技术组合的全球地面参考框架坐标集 $\{\boldsymbol{x}_k^i\}$。采用完全相同方案，依次构造下一个历元 t_{k+1} 的参考系基准传递约束方程和多种技术组合观测方程，联合解算历元 t_{k+1} 全球地面参考框架坐标集 $\{\boldsymbol{x}_{k+1}^i\}$。

值得注意的是，在任意历元 t_k，基准网备选站点，无论是否被选中用于参考系基准传递，都应作为参考框架点，参与构建观测方程式（7.3.15），历元地面坐标参考框架解完整包含历元基准网全部站点坐标解。基准网站点的历元坐标解时间序列，还是实时监测基准站点的稳定性，定量评估参考系基准传递稳定性的重要依据。

不难发现，当构建观测方程时，一般需要事先移去观测量的固体潮、海潮负荷与大气潮负荷效应，以满足式（7.3.15）构网条件（等效时间同步才能构形），因此，地面参考框架的坐标解时间序列不含潮汐形变效应。

3. 参考框架点的灵活选择与异常效应直接测定

形变地球不存在永远不动的站点，站点的各种类型大地测量要素随时间变化是常态，不应对站点的稳定性有不现实的额外要求。

地面坐标参考框架按单历元独立解算，因此，除基准网站点要求在一段时期内（如 1 年）相对稳定外，技术上对其他地面框架点的空间分布、点位密度和观测技术类型在不同历元是否一致，都没有也不应有任何要求。这意味，完全可以根据实际需要，灵活布设或选择地面框架点。特别地，只要当前历元对应观测时段内站点具有短时稳定性，在此之前该站点是否出现过异常变动（如地震、地质环境灾害），甚至在此历元之前或今后该站点是否存在，对当前历元参考框架解算结果的各项性能，都不会产生任何影响。跨越各种异常事件的参考框架点历元坐标解时间序列，必然能直接、自动、客观、精确地测定出异常事件的定量效应。这种对各种动力学效应的直接大地测量监测能力，也是高水平形变地球大地测量参考系统实现的典型特征。

基准网以外的其他参考框架点，在不同历元参考框架构建时，完全由该历元观测时段内的短时稳定性和数据质量，决定是否适合参与参考框架坐标解算，与该站点之前之后的稳定性无关。

4. 历元地面坐标参考框架现势性与连续性分析

坐标参考框架的现势性是坐标参考系唯一性要求的具体体现。在全球地面参考框架历元坐标解时间序列中，站点在不同历元的坐标值因其点位实际变动而不同，但所有历元坐标都应严格属于同一个稳定不变的地固参考系。当前历元的任意地面框架点，当且仅当点位发生明显变动，但其坐标没有来得及更新的情况下，才会产生现势性不足问题。

显然，以空间大地测量连续观测站构成的全球地面坐标参考框架，其框架点坐标成果直接体现为时间序列产品，当前历元参考框架点的坐标可按指定时间间隔，定时（定期）解算与更新，参考框架的现势性在当前历元已达到最优，因此，历元地面坐标参考框架不需要现势性维护。

全球地面参考框架的坐标解时间序列，用大地测量方法最大限度地实测导致点位变动的所有动力学效应，甚至人为移动效果（否则，参考框架的解算方案需要优化），能客观准确地体现点位的各种运动状态和时变性质。点位坐标的这种实测运动状态，显然难以用少量参数拟合模型（如线性或周期性时变）完整充分表达。为最大限度地体现全球地面坐标参考框架时间序列的大地测量实测水平，将时序参考框架作为连续参考框架的逼近形式，是自然实际和科学合理的。参考框架点在任意历元的坐标，都可由其时间序列按简单内插方法直接获取。近期未来的框架点坐标，也可采用时序分析方法（基于非潮汐效应的移去恢复法，见 6.3 节）进行短时推估，推估时间长度一般不宜超过坐标解时序时间间隔的 5 倍。

地面参考框架的地球动力学性质具有不可预测、不可控制的时空差异性，不同框架点的稳定性、同一框架点在不同时段的稳定性都各不相同、难以预测。因此，对于季度、年或长期参考框架，线性或非线性参考框架，原则上应基于单站历元坐标解时间序列分析结果，计算每个站点的季节性、周年、长期、线性或非线性坐标解。

7.3.3 参考系基准历元传递优化与稳定性监测

若基于全球板块划分，由板块质量（形状与惯性张量）估计基准站点的权值 w_i，则参考系基准网无整体平移和旋转约束方程[式（7.3.14）]，就变成地壳内部物质运动 Tisserand 条件[式（7.2.2）]，两式对应的数学模型相同。容易理解，采用式（7.3.14）约束参考系基准传递的长期稳定性，不会低于当前 ITRS 基准实现的稳定性水平。

1. 参考系基准单历元传递方案的多样性特点

地面参考框架的参考系基准，采用基准网站点与其他参考框架点之间的同步大地测量数据，按基准网无整体平移和旋转运动学约束方程[式（7.3.14）]，实现单历元动态传递。参考系基准历元传递的稳定性，只取决于单历元对应时间段内，所选基准站点的短期稳定性与大地测量同步观测质量。依据坐标系唯一性原理，采用下述方案中的任一种方案，来实现地固参考系基准的逐历元传递，若不考虑稳定性差异，在理论上是等效的。

（1）从全球基准站网（含 VLBI 站）及其平均坐标解中，选择任意全球分布的站点子集，都可组成等效的全球基准网，在表达地固参考系基准时是等效的，都可用于基准约束方程[式（7.3.14）]，按历元传递地固参考系基准。

（2）全球地面参考框架的单历元坐标解，也可独立组成等效的全球基准网，其任意全球分布的参考框架点子集，也能组成等效的全球基准网，这些基准网在表达地固参考系基准时是等效的，也都可用于基准约束方程[式（7.3.14）]。

（3）全球地面参考框架一段时期内的坐标解时间序列平均值，也可组成等效的全球基准网，其任意全球分布的参考框架点子集，也能组成等效的全球基准网，在表达地固参考系基准时是等效的，也都可用于基准约束方程[式（7.3.14）]。

2. 参考系基准单历元传递的性能控制及优化

在复杂的地球动力学环境中，要选出一组全球合理分布且具有长期（如20年）稳定性的地面基准站点，既不现实，也不是力学参考系理论所必需的。从地面参考框架中，任意选择多个框架站点在任一历元的坐标解，所实现的地固坐标系都是同一个不变的坐标系；地面参考框架在一段时期内坐标解时间序列的平均值，所实现的地固坐标系也是同一个不变的坐标系。这些地面站点可以是参考系定位定向时用于测定一阶、二阶位系数的卫星跟踪站（不含VLBI站），可以是用于解算基准网框架坐标的基准站（可含VLBI站），可以是已有历元坐标解的全球地面参考框架点，还可以是这几类站点的任意组合。

可见，实际用于参考系基准单历元传递的站点选择非常灵活，总可以通过地面框架坐标（基线）解时序分析、两种不同选择对应参考框架历元解之间空间差异的统计分析，控制基准传递性能，及时优化满足精度要求的参考系基准稳定性传递方案。

考察参考系基准单历元传递约束方程[式（7.3.14）]可知，基准站网本身也进行同步大地测量观测，以便通过直接大地测量，监测基准网的网形瞬时形变及其相对运动状态，以维持参考系基准稳定传递的性能和水平。综上所述，不难归纳出参考系基准单历元传递性能控制及优化的一般流程。

（1）由参考系定位定向实现与历元参考框架坐标解的已有成果，初步分析全球站点的稳定性，选择较为稳定的、全球合理分布的一组备选基准网站点，这组站点在后续历元地面坐标参考框架解算时，非必要不调整。

（2）将备选基准站点作为当前基准站点，构成全球基准网，将其平均坐标解作为参考系基准约束方程[式（7.3.14）]中 $\boldsymbol{x}_s^i$ 的已知值，解算全球地面参考框架历元坐标解，并进行参考系基准单历元传递稳定性监测评估。

（3）若参考系基准单历元传递的稳定性达不到精度要求，通过删除稳定性不足的当前基准站点，或增加基准站点，构成全球基准网，更新其平均坐标集 $\{\boldsymbol{x}_s^i\}$，重新解算全球地面参考框架历元坐标解，直到基准传递的稳定性满足要求。

不难理解，上述备选基准站，由于需要对一段时间内（如数月或1年）坐标解时间序列平均，要求该段时间内由这些站点组成的基准网整体上具有一定的稳定性（如没有整体平移或旋转）。然而，若其中个别站点在其他时间不稳定，甚至遭到破坏，不会影响参考系基准单历元传递性能。

3. 参考系基准传递的稳定性监测及评估方案

1）参考系基准单历元传递的稳定性定量评估一般方法

不失一般性，选择三组空间分布各异的全球基准站点，及其一段时期内历元坐标解时间序列的平均值，分别构成三组参考系基准网，记为 N_1、N_2 和 N_3；按7.3.2小节由基准网 N_1、

N_2、N_3 同步大地测量数据，分别解算某一指定历元的全球地面参考框架（设全球参考框架总点数为 M），获得三组单历元坐标解 $\{x_1^i\}$、$\{x_2^i\}$ 和 $\{x_3^i\}$ ($i=1,\cdots,M$)；计算三组参考框架坐标解之间的两两互差，得到三组坐标差集合 $\{x_{12}^i\}$、$\{x_{23}^i\}$ 和 $\{x_{31}^i\}$，分别统计这三组坐标差集合的标准差；取三个标准差中的最小值，如集合 $\{x_{31}^i\}$ 的标准差最小，则可认为基准网 N_2 所代表的参考系基准传递方案，单历元传递的稳定性最差，而基于基准网 N_1 和 N_3 方案的参考系基准单历元传递的稳定性相对较好。

类似地，选择 $K+2$ ($K \geqslant 1$) 组全球基准站点及其一段时期历元坐标解时间序列的平均值，采用完全相同的计算与统计分析方案，总可以找出其中两组参考系基准单历元传递稳定性最好的全球基准网方案。一般情况下，要求参考系基准传递的稳定性水平（如最好的两组基准网传递方案，对应的坐标差标准差），不大于坐标参考框架设计误差水平的 1/3，就可满足坐标参考系的唯一性要求，过高过分要求没有现实意义。

2）任意一段时期或长期稳定性定量评估的一般方法

不难理解，由当前一段时期（如 3 个月或以上）合理分布的全球基准站网历元坐标解时间序列平均值，组成全球基准网，可以等效地将参考系基准传递到历史指定历元（如 2 年以前的某个历元）的参考框架。重新解算该历元全球参考框架坐标解，将其与历史解算的已有坐标解比较，通过统计分析，可以评价从历史指定历元到当前这段时间内参考系基准单历元传递的稳定性。

进一步，由任意一段时期内基准站点历元坐标解时间序列平均值，构成参考系基准网，解算用于参考系定位定向的基准站点，将原观测时期的全部基准站点新坐标解时间序列，与基准网站点原坐标解时间序列进行比较，结合空间互差统计分析、站点时间序列互差分析，就可定量评价从参考系定位定向实现时，直到该段时期内，参考系基准传递的长期稳定性。

可见，参考系基准传递的稳定性，本身也是可控和可测的，这对保证地面坐标参考框架的实测性能和科学水平尤为重要。

4. 历元全球坐标参考框架大地测量性能小结

1）地固参考系的实现方案可无限逼近理想的大地测量坐标系

地固参考系采用地面基准网按纯大地测量方法实现。原点接近平均地球质心，参考轴接近平均形状轴，原点与参考轴都遵循力学参考系原则，无误差和无历元概念。实现后的地固参考系（基准网坐标集），是纯运动学意义上的大地测量坐标系，没有任何地球物理约定或地球动力学假设，参考系基准采用纯几何运动约束传递，如式（7.3.14）所示。这样的地固参考系既严格遵循了力学参考系原则，又充分发挥了大地测量的实测水平（无额外约束）；既能最大限度地逼近大地测量坐标系的理想状态，又实现了与传统大地测量坐标系理论（如天文大地坐标系）的一致性。

2）纯运动学连续全球地面坐标框架及其与时变监测基准统一

全球地面坐标参考框架采用参考系基准网整体无平移和旋转的纯几何运动约束，通过同步大地测量数据，传递坐标参考系基准，参考框架坐标解算完全基于参考框架网的几何构形，未附加任何非大地测量学约束（见 7.3.2 小节），因此，全球坐标参考框架解，严格遵循几何大地测量学原理，属于纯运动学框架，其成果既能最大限度地体现空间大地测量实测水平，又能完整无损地记录参考框架站点的各种动力学效应，从而严格实现了定位坐标基准与形变监测基准的高度统一。

全球地面参考框架的任意历元坐标集，仅采用该历元对应观测时段内（如 3 天、7 天或 28 天）的空间大地测量数据解算。参考框架站点（非基准网站点），只要在单历元观测时段内保持短时稳定性，就能满足大地测量要求；任何因素或异常事件导致参考框架点坐标的变化，都可以由参考框架历元坐标解时间序列直接定量测定，这些外部因素和异常事件对地面参考框架历元坐标解的质量和精度水平没有直接影响。

上述地固参考系实现及全球地面坐标参考框架构建方案，可基于目前 ITRF 设施和大地测量观测资源，严格依据力学参考系理论与大地测量学原则实现。该方案通过优化或简化技术路线，剥离非运动学约束，降低站点的稳定性要求，从而大幅提升点位布设的灵活性，有效增强地面参考框架适应复杂地质和动力学环境能力，以提升和拓展地面坐标参考框架支撑各种地球科学、全球变化和实际应用问题的科学水平。

7.3.4　形变地球垂直参考框架及全球实现方案

全球垂直参考框架是高程基准、重力测量基准与地球重力场典型特征在地固坐标系中的具体实现。全球垂直参考框架主要由全球垂直参考网（global vertical reference network，GVRN）、全球垂直参考面及有关几何物理大地测量模型构成。全球垂直参考网可由全球地面坐标参考框架网、若干绝对重力点与重力固体潮站网、全球长期验潮站网、国家或地区水准原点及首级水准路线，采用并置（并址与连接）技术构成。

（1）全球地面垂直参考网站点的主要作用。持续获取坐标参考框架点在不变地固坐标系中的坐标解时间序列 $\{x_k^i\}$；连续监测国家或区域水准原点与部分首级水准网点的高程随时间变化；连续监测重力固体潮站的重力变化；连续监测验潮站处的海平面变化；约束地面参考框架中站点坐标、高程与重力场之间的空间关系，维持多种基准量或参数随时间演变的解析相容性。

由大地高变化 $\dot{H}$ 和地面重力位变化 $\dot{W}$ 按式（7.3.16）确定高程随时间的变化：

$$\dot{h} = \dot{H} - \dot{N} = \dot{H} - \dot{W}/\gamma, \quad \dot{h}^* = \dot{H} - \dot{\zeta} = \dot{H} - \dot{W}/\gamma, \quad \dot{c} = -\dot{W} \quad (7.3.16)$$

（2）正常椭球（扰动地球重力场参考基准）与高程基准起算值确定。包括与大地测量参考系统中大地水准面重力位、时间尺度和空间尺度、长期勒夫数等解析统一的全球大地位（即高程基准起算值）确定，正常地球椭球常数计算。

（3）观测量的形变地球动力学效应计算与历元归算。垂直参考网大地测量观测量通常在不同时间观测，数据处理时，首先需要移去不同时刻观测量的形变动力学效应，恢复指定历元时刻即参考历元的形变动力学效应，从而将这些观测量统一归算到参考历元时刻。观测量的形变动力学效应由潮汐效应和非潮汐效应两部分构成：潮汐效应包括固体潮、海潮和大气潮负荷效应，应按形变地球参考系统约定的数值标准、地球物理模型和算法计算；非潮汐效应包括非潮汐负荷效应和非负荷形变效应（构造形变与均衡形变效应），需要事先构建或精化全球形变场及时变重力位系数模型时间序列支持。

（4）垂直参考网的基本观测方程。在参考历元 t_0，大地测量观测量与垂直参考网点的基准量（如高程、重力或重力位）之间具有确定性的大地测量解析函数关系：

$$L(t_0) = L(t) - \Delta L(t_0, t) = A(X_{t_0}) + F(\alpha_{t_0}) + \varepsilon \tag{7.3.17}$$

式中：A 为设计矩阵函数，体现垂直参考网的网形或大地测量几何物理约束；F 为垂直基准之间关系的转换矩阵函数；$L(t_0)$ 为参考历元 t_0 时观测量向量；$L(t)$ 为观测历元 t 的观测量向量；$\Delta L(t_0, t)$ 为观测量的非潮汐历元归算量，等于参考历元 t_0 与观测历元 t 的观测值之差，等于两个历元观测量非潮汐效应之差；X_{t_0} 为参考历元 t_0 的基准量向量，为待估未知数向量；α_{t_0} 为垂直基准参数向量，可以是待估未知参数，也可以是事先确定的已知参数；ε 为观测误差向量。

式（7.3.17）就是以参考历元 t_0 的基准量 X_{t_0} 和垂直基准转换参数 α_{t_0} 为待估未知数向量的垂直参考网观测方程。将形变地球参考系统约定的几何物理条件作为约束条件，这些约束条件与垂直参考网的观测方程一起，构成充分完整的垂直参考网测量平差数学模型。通过测量平差，就可确定参考历元 t_0 垂直量和垂直基准参数的最佳估值 $\hat{X}_{t_0}$ 和 $\hat{\alpha}_{t_0}$。

（5）全球垂直参考面模型确定与精化。垂直参考框架中的基本垂直参考面主要有三种，即大地水准面、平均海面和深度基准面（暴景阳 等，2001）。其中，大地水准面和深度基准面是地球重力场空间中的物理量，一般需要综合多源多代多种几何物理大地测量数据来确定或精化。垂直参考面模型确定或精化是垂直参考框架建立的基础性工作。

（6）全球重力场与形变场模型及其时间序列。全球重力场及形变场模型主要包括稳态地球重力位系数模型、全球重力位系数模型时间序列。全球非潮汐负荷球谐系数模型时间序列（非潮汐大气压变化、海平面变化和陆地水变化负荷效应）、全球板块运动模型与全球构造及均衡形变场模型等。

各种大地测量模型的建模与更新，一般需要全球地面坐标参考框架、垂直参考网的观测与成果数据，结合其他各种大地测量数据资源，进行综合建模与时变监测。其中一些大地测量模型与参考框架构建相互支撑，必要时需迭代改善或精化。

在形变大地测量参考框架数据处理中，应有效合理地利用这些大地测量模型，改善几何物理参考框架的空间统一性和时变相容性水平。此外，这些大地测量模型同时也是参考框架产品，用于优化大地测量基准的应用方案，提升其应用水平。

7.3.5 地球质心变化、形状极移与自转极移问题

由 6.3 节可知，任意陆海空天大地测量时变监测量，都同时存在地球质心变化效应、形状极移效应和自转极移形变效应，而形状极移与自转极移是两种不同性质的大地测量要素。

1. 质心变化、形状极移和自转极移及大地测量性质

地球质心变化与形状极移是典型的地球重力场时变量，由地球内部质量负荷重新分布激发，表征了全球空间尺度负荷形变随时间的变化，地球空间中任何大地测量时变量，都存在地球质心变化和形状极移效应。地球内部物质负荷激发及其导致的地球质心变化与形状极移，以及大地测量要素的质心变化效应与形状极移效应，都具有相同的频率和相位。

地球自转极移是反映地球自转运动状态的时变量，直接表现为地球空间的离心力位随时间变化，而离心力位变化进一步激发固体地球形变，产生形变附加位，引起全部类型大地测量要素随时间变化。因而，地球空间中任何大地测量时变量也都存在自转极移形变效应。

移去潮汐效应后的非潮汐地球质心变化和形状极移，受地球质量守恒规律约束，其变化幅值通常会明显小于其潮汐效应，且在较长时间内（如数十年）出现明显趋势性信号（如线性漂移）的可能性极小，质心变化和形状极移的半年周期、季节性年周期变化信号占优，并伴随与非潮汐地球物质负荷激发时间同步的其他长周期或准周期变化。

地球自转的短周期物质负荷和物质运动激发，作用于实际黏弹性多圈层地球后，自转极移振幅按比例因子 T/T_c（激发周期 T 与钱德勒摆动周期 T_c 的比值）衰减，见式（4.2.19）。如周期为半日（$T=0.5$）的内部物质负荷激发，对自转极移的贡献仅为 $T/T_c \approx 0.5/430 = 1/860$，然而，当激发周期接近钱德勒摆动周期时，自转极移振幅会显著增强，见式（4.2.17）。这种短周期激发大幅衰减，而长周期激发明显增强（共振放大）的自转激发动力学机制，导致季节性年周期和钱德勒摆动周期信号绝对占优。自转极移的宽带性质，还有可能放大多年以上的超长周期摆动信号。

由 4.2.1 小节可知，在数十年时间尺度上，瞬时自转极 R 绕平均形状极 U 旋转方向，与瞬时形状极 T 绕平均形状极旋转方向基本相反。地球内部物质激发无论是椭圆形周期，还是近圆形周期，都会产生近似圆形的自转极摆动曲线，因此长期以来自转极 R 总是围绕平均形状极 U 做近圆形旋转，而形状极摆动曲线受全球负荷时变规律控制表现出复杂的时变特征。

从 IERS 地球定向参数产品 EOPC04 中提取 2015 年 1 月～2022 年 12 月共 8 年的地球自转极移，移去 8 年平均值后，转换为 ITRS 地固坐标系中自转极坐标变化时间序列；同时，由美国得克萨斯大学空间研究中心的 SLR 二阶一次位系数变化时间序列产品，计算 2015 年 1 月～2022 年 12 月形状极坐标变化时间序列（移去 8 年平均值），一起绘制自转极坐标变化和形状极坐标变化时间序列曲线，以显示地球自转极移和形状极移的同步时变特征，如图 7.1 所示。绘图坐标系采用 ITRS 地固直角坐标系，极坐标变化单位为 m。

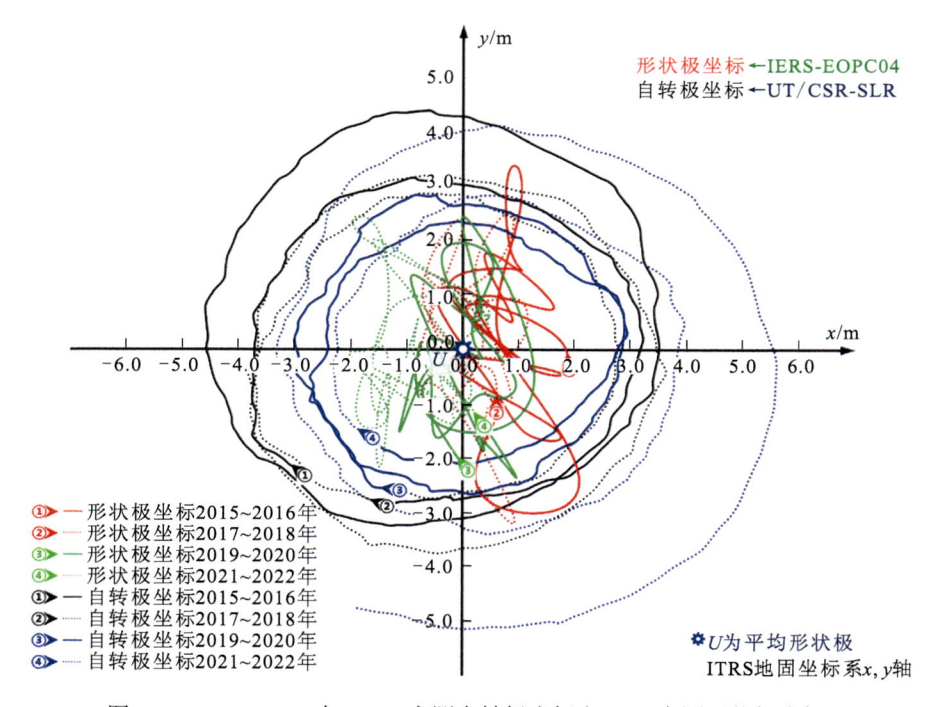

图 7.1 2015～2022 年 IERS 实测自转极坐标和 SLR 实测形状极坐标

图 7.1 的实测结果显示，自转极移振幅一般是形状极移振幅的数倍以上，形状极移与地球负荷变化一样，频谱分布广泛，形状极移时间序列曲线因此相当复杂，而自转极移信号长周期和超长周期占优，自转极移时间序列曲线要简单得多，自转极绕平均形状极 U（图中原点）近似圆形旋转。8 年期间，自转极在近 x 轴方向上有小量漂移现象。受地球质量守恒规律支配，形状极移一般不会有明显的趋势性信号（目前一些 SLR 实测结果显示形状极移略有线性变化趋势，有可能是 ITRF 参考系基准传递稳定性问题引起的）。

4.2.1 小节指出，周期接近自转极摆动周期的物质负荷激发（等于无量纲的形状极移），经自转动力学机制耦合作用后，振幅会显著增强，因此，自转极移的幅值一般可达到形状极移幅值的数倍（如周年物质负荷激发后，自转极移振幅放大 5 倍多），与此同时，短周期激发被自转动力学机制大幅抑制（如周日物质负荷激发后，自转极移振幅衰减到只剩 1/430），故自转极移时间序列的短周期信号不明显，正因如此，图 7.1 中自转极移曲线要比形状极移曲线简单得多。

值得关注的是，形状极移或自转极移，在数值上一般远大于其对各种大地测量要素的影响。地球形状极移的最大值最小值之差，可达大地水准面形状极移效应最大值最小值之差的数千倍，如图 6.12 和图 6.13 所示，而自转极移的最大值最小值之差，约为大地水准面自转极移形变效应最大值最小值之差的数百倍左右（<1000 倍），如图 5.24 所示。

地球质心变化、形状极移和自转极移都需要以全球地面坐标参考框架为基准才能有效测定，是全球坐标参考框架典型的应用成果。由 7.3.2 小节历元参考框架运动学数学模型 [式（7.3.14）和式（7.3.15）] 可知，历元地面参考框架坐标解不受地球质心变化、形状极移和自转极移影响，这是由于地固参考系唯一不变。也正因为地固参考系的不变性，全球参考框架坐标解时间序列中，包含了充分完整的地球质心变化效应、形状极移效应和自转极移形变效应信号。可见，全球历元参考框架可用于地球质心变化、形状极移和自转极移的高精度大地测量（动力学）监测。

理解上述形状极移和自转极移之间的差异，以及形状极移、自转极移与地球坐标参考框架解之间的关系，对提升大地测量学认知水平，提高大地测量数据处理与应用，以及形状极移与自转极移的大地测量监测能力，具有重要的科学意义。

2. 多种大地测量技术协同与时间严格同步监测潜力

地球空间中各种空天地海几何物理大地测量监测量，都包含充分完整的地球质心变化、形状极移和自转极移形变效应信号，原则上，只要某种或几种监测量具有全球空间代表性，都可有效用于监测地球质心变化、形状极移和自转极移。设在全球坐标参考框架基准统一控制下，历元 t_k 第 s 种大地测量监测量 L_k 的观测方程可表达为如下一般形式：

$$L_k^s = L_0^s + A^s \Delta Y_k + \Delta L_{\text{tide}}^{s,k} + \Delta L_{\text{load}}^{s,k} + \Delta L_{\text{nonl}}^{s,k} + \varepsilon_k^s \quad (7.3.18)$$

式中：L_0^s 为参考历元 t_0 监测量的参考值（用于统一时变监测基准）；$\Delta L_{\text{tide}}^{s,k}$ 为第 s 种监测量在历元 t_k 的全部潮汐效应（固体潮、海潮负荷和地面大气压潮负荷效应之和）；$\Delta L_{\text{load}}^{s,k}$ 为第 s 种监测量在历元 t_k 的非潮汐负荷效应（不含一阶和二阶一次项）；$\Delta L_{\text{nonl}}^{s,k}$ 为第 s 种监测量在历元 t_k 的非负荷形变效应（地面监测量）或非保守力影响（卫星监测量）；ε_k^s 为瞬时观测误差；ΔY_k 为历元 t_k 用于确定地球质心变化 $(\Delta x_{\text{cm}}^k, \Delta y_{\text{cm}}^k, \Delta z_{\text{cm}}^k)$、形状极移 (μ_1^k, μ_2^k) 和自转极移 (m_1^k, m_2^k) 的 8×1 待定未知数向量，可表示为

$$\Delta \boldsymbol{Y}_k = [\Delta \bar{C}_{10}^k, \Delta \bar{C}_{11}^k, \Delta \bar{S}_{11}^k, \Delta \bar{C}_{20}^k, \Delta \bar{C}_{21}^k, \Delta \bar{S}_{21}^k, m_1^k, m_2^k]^{\mathrm{T}} \qquad (7.3.19)$$

观测方程式（7.3.18）的 8×1 系数矩阵 $\boldsymbol{A}^s$，按其观测量类型，由 6.3.2 小节和 5.4.1 小节有关算法公式计算。例如：若监测量是全球超导重力监测站的重力变化监测量，系数矩阵中的第 1～3 个系数按式（6.3.14）计算，第 5～6 个系数按式（6.3.28）（形状极移转换为二阶一次位系数变化）计算，第 7～8 个系数按式（5.4.5）计算；若监测量是全球地面参考框架点的大地高变化监测量，第 1～3 个系数按式（6.3.21）计算，第 5～6 个系数按式（6.3.36）计算，第 7～8 个系数按式（5.4.13）计算。类似地，当监测量类型是动力卫星观测量，也可导出相应的观测方程。

多种类型大地测量协同监测时，不同类型观测方程的系数矩阵（协方差结构）一般差异很大，此时，可根据实际监测情况，将观测方程分成 S 组，分别组成法方程，对这些法方程进行归一化组合，再按最小二乘法，估计未知数向量 $\Delta \boldsymbol{Y}_k$。组合后的法方程可表示为

$$\sum_s \left(\frac{w_s}{Q_s} \boldsymbol{A}_{k,s}^{\mathrm{T}} \boldsymbol{P}_k^s \boldsymbol{A}_{k,s} \right) \Delta \boldsymbol{Y}_k = \sum_s \left(\frac{w_s}{Q_s} \boldsymbol{A}_{k,s}^{\mathrm{T}} \boldsymbol{P}_k^s \boldsymbol{L}_k^s \right) \qquad (7.3.20)$$

式中：$s = 1, \cdots, S$，S 为观测量分组数；$\boldsymbol{A}_{k,s}$、$\boldsymbol{L}_k^s$、$\boldsymbol{P}_k^s$ 分别为第 s 组观测方程的系数矩阵、监测向量与监测量权阵，$\boldsymbol{P}_k^s$ 仅用于区别组内监测量之间的精度差异；Q_s 为第 s 组法方程规范化参数，取第 s 组法方程系数阵对角线非零元素均方根；w_s 为第 s 组权值，用于区别不同组的监测量之间的质量与可靠性。

地球质心变化、形状极移和自转极移都是全球超长空间尺度的物理量，虽然需要在全球空间尺度下进行监测，但监测量的空间分布能满足全球空间代表性就够了。每种大地测量的监测技术方案，只需以有利于抑制或模型化方程式（7.3.21）中的非负荷效应 $\Delta L_{\mathrm{nonl}}^{s,k}$ 为优化目标。例如，以全球参考框架历元坐标解中的大地高变化为监测量，通常优先选择稳定性好、构造或均衡形变小（或可建模）的数百个（如 100～300 个）全球合适分布框架点（如用于参考系基准传递的全球基准网点），可满足要求，而非站点越多越有利。

容易理解，地球自转参数 VLBI 运动学观测方程式（6.3.45）可直接参与法方程组合，以实现 VLBI 协同监测。形状极移与自转极移的同步时间监测，可为深入揭示地球自转的激发动力学机制与地球各圈层相互作用，营造更为科学的实验条件和监测环境。

3. 地球质心绝对变化与形状极绝对变化的精密测定

准确测定地球质心和形状极相对于形变地球本体的位置变化，对地球物理学、大地测量学、地球动力学与天体测量学具有重大的科学意义和深远影响。

由于形变地球上不存在稳定不变的点位，一般无法用可见的实际参考体（地面点组），表达地球质心和形状极相对于形变地球本体随时间的变化。然而，7.2.1 小节指出，采用动力大地测量方法，确定地球质心和形状极相对于地球本体的相对位置，与选择的地固参考系无直接关系。这表明，地球质心和形状极都是唯一可测的大地测量要素，只是无法将其用绝对坐标定量表达在地固坐标系中，但可精密测定一段时期内地球质心与形状极位置的绝对变化量。下面假设全球参考框架单历元坐标解时间序列已达数年（如 3 年），介绍地球质心与形状极位置绝对变化的测定方案。

（1）对最近一段时间（如 3 月）内若干较为稳定站点的单历元坐标解时间序列进行平均，

设平均值历元为 t_k，组成参考系基准网，由数年以前某段时期内（如 3 年前某 3 个月）的单历元大地测量数据，按 7.3.3 小节的参考系基准传递方案，解算历史上全球地面参考框架坐标解时间序列。

（2）对历史上全球地面参考框架中较为稳定站点的坐标解时间序列进行平均，得到平均坐标集，记为 $\{x_k^i\}$；并对这些站点以前的坐标解时间序列也进行平均，得到另一组平均坐标集，记为 $\{x_0^i\}$，设平均值历元为 t_0。

（3）由相同站点的两组平均坐标集，以式（7.3.21）为观测方程，直接按最小二乘法，解算历元 t_0 到历元 t_k 这段时间，（本应保持不变的）地固参考系（实际解算）的平移 T 和旋转参数 S：

$$x_k^i = x_0^i + T + Sx_0^i \tag{7.3.21}$$

式中：$T = (T_x, T_y, T_z)^T$ 为平移量；S 为形如式（7.2.5）的旋转矩阵，其中，R_1、R_2、R_3 分别为绕 x、y、z 轴的旋转角（弧度单位，逆时针旋转）。

（4）按动力卫星大地测量方法，分别由以前和最近一段时期内的地面跟踪站坐标解，测定一阶、二阶重力位系数，计算历元 t_0、历元 t_k 的地球质心坐标解（平均值）和形状极坐标解（平均值），进而将历元 t_k 解减去历元 t_0 解，得到历元 t_0 到历元 t_k 这段时间的地球质心变化和形状极移估计值，分别记为 $(\delta x_{cm}, \delta y_{cm}, \delta z_{cm})$ 和 $(\delta \mu_1, \delta \mu_2)$。

（5）直接按式（7.3.22），计算从历元 t_0 到历元 t_k 这段时间的地球质心位置绝对变化量与形状极位置绝对变化量为

$$(\Delta x_{cm}, \Delta y_{cm}, \Delta z_{cm}) = (\delta x_{cm} + T_x, \delta y_{cm} + T_y, \delta z_{cm} + T_z) \tag{7.3.22}$$

$$(\Delta \mu_1, \Delta \mu_2) = (\delta \mu_1 + R_1, \delta \mu_2 + R_2) \tag{7.3.23}$$

不难看出，由于地球质心与形状极定位过程中，地面跟踪站的参考系基准传递约束方程式（7.3.10）与地面参考框架坐标解算时的参考系基准传递约束方程式（7.3.14）完全相同，因此地球质心绝对变化量 $(\Delta x_{cm}, \Delta y_{cm}, \Delta z_{cm})$ 和形状极绝对变化量 $(\Delta \mu_1, \Delta \mu_2)$ 的确定精度，与参数 (T_x, T_y, T_z) 和 (R_1, R_2) 的误差无关，这是因为式（7.3.22）和式（7.3.23）在求和时，其误差直接抵消了。可见，地固参考系基准的传递误差不影响地球质心与形状极绝对变化量的测定精度水平。

按式（7.3.21）估计出的旋转参数 R_3，表达了历元 t_0 到历元 t_k 这段时间，地固参考系经度零点（参考子午面，x 轴指向地球中间零点）的漂移量，该参数既是定量评价参考系基准传递稳定性的一项指标参数，还可用于改善地球自转速率变化的监测性能。

7.3.6 全球一体化大地测量基准的数据产品结构

1. 形变地球大地测量参考系统

（1）形变地球大地测量参考系统技术规范与技术说明资料。

（2）地固坐标参考系产品。包括全球地面基准网，基准网站点坐标集，地固参考系实现过程、技术特点与参考系基准传递技术方案。

（3）扰动地球重力场与高程起算基准。正常椭球与全球大地位数值标准，数据处理与实现技术方案，有关大地测量参数（常数）算法公式与数值标准。

（4）地固空间的时间尺度、空间尺度，时间同步、空间尺度归算数值标准与算法公式。
（5）大地测量形变效应处理约定与计量学要求。

2. 全球地面坐标参考框架产品

（1）全面地面参考框架历元坐标解（参数）时间序列。
（2）地固参考系基准网站点历元坐标解时间序列。
（3）地面坐标参考框架中参考系基准传递稳定性测评结果与技术资料。
（4）地球质心变化与形状极移长期稳定性监测及其可靠性检测评估报告。
（5）地球质心与形状极位置绝对变化量定期测定成果（如每年或每季度1次）。

3. 形变地球垂直参考框架产品

（1）全球垂直参考框架点的垂直量，用（基准值，历元）组表示，基准值类型包括大地高 H、正高 h^*、正常高 h、重力位数 c 或重力场参数值等。
（2）全球垂直参考面模型。地固坐标系中的全球地球重力位系数及大地水准面模型，全球平均海面高模型，全球深度基准面及转换模型。
（3）区域高程基准零点重力位（不变常数）。

4. 地球质心变化、形状极移与 ERP 产品

（1）动力大地测量方法监测的地球质心变化、形状极移和地球自转参数时间序列。
（2）以 VLBI 为核心的运动学实测地球自转参数 ERP（CIP 极移参数，日长变化）时间序列。
（3）基于全球参考框架的地球自转参数 ERP 与地球自转动力学分析产品。

主要监测计算方案见 6.3.3 小节和 7.3.5 小节。地球质心变化、形状极移与 ERP 产品基于历元地面坐标参考框架，属于坐标参考框架的应用产品。

5. 形变地球大地测量模型产品

（1）全球时变重力场与大地测量全要素非潮汐负荷形变效应模型时间序列。附属产品为多源数据同化后的全球海平面变化、全球地面大气压与全球陆地水变化模型时间序列。
（2）多种规格的超低阶地球重力位系数时间序列产品（如7天、1个月，小于7天时间间隔的一阶、二阶位系数时间序列）。
（3）空间大地测量实测的全球板块运动速度场与全球构造线性形变模型，全球构造形变场时间序列（如季节或年）。
（4）空间大地测量实测约束的全球性非潮汐非负荷线性垂直形变模型（包括构造垂直形变和均衡垂直形变）与全球水平构造形变场时间序列（如季节或年）。

7.4 区域大地测量参考框架一体化构建

区域一体化大地测量参考框架是形变地球大地测量参考系统在一个国家（地区）或局部区域的具体实现，是形变地球大地测量参考框架在区域的空间延伸、时空加密、局部精化和

功能拓展。区域一体化大地测量参考框架主要由区域地面坐标参考框架、陆海垂直参考框架与大地测量数值模型，采用并置技术构建。

7.4.1 区域大地测量参考框架的一体化方案

区域一体化大地测量参考框架，在实现形式上主要包括历元地面坐标框架网，坐标控制网、高程控制网、重力基本网（由若干绝对重力点与相对重力点构成的高精度重力控制网）、长期验潮站网、区域重力场全要素模型、垂直参考面与有关稳态和时变大地测量模型。

1. 区域坐标参考框架

区域坐标参考框架一般由历元地面坐标框架网与坐标控制网构成。区域历元地面坐标框架网，由区域合理分布的 GNSS、VLBI、SLR 或 DORIS 等地面 CORS 构成，至少应包含区域范围和周边地区恰当分布的全球地面坐标参考框架站点。坐标控制网一般根据应用需求布设，用于在区域范围内加密或拓展坐标框架，可采用 GNSS 或其他大地测量技术构建、观测或复测，控制点可延伸到室内、地下、海洋水下及海底空间。

2. 区域垂直参考框架

垂直参考框架网一般基于区域高程控制网、重力基本网、长期验潮站网和坐标参考框架网，经改造、扩展、连测及更新，采用并置技术建立这些控制网之间几何物理大地测量关系，进而按形变地球参考系统原则和要求，在坐标参考框架中，一体化实现垂直参考框架。区域垂直参考面主要由大地水准面、平均海面、深度基准面和平均大潮高潮面（或天文最高潮面）构成。

区域性垂直参考框架网与垂直参考面一起，构成区域垂直参考框架。区域性垂直参考框架网一般难以全面实现连续观测，维持区域性垂直参考框架的现势性，是区域垂直参考框架实现和应用的关键性问题。

3. 区域大地测量参考框架关键站点选择与并置

用于并置的区域参考框架关键站点，直接关系几何物理大地测量基准一体化、多源大地测量数据融合和技术协同，是提高垂直参考框架网可靠性和自动化维持性能和水平的重要支撑。

CORS、重力站、验潮站并置。为构建不同类型基准量之间的大地测量关系，维持垂直参考框架的稳定性，连续监测较大空间尺度的垂直形变，应有一定密度分布的 CORS、重力连续观测站、长期验潮站并置。

并置后的由 CORS 网、重力观测站网和验潮站网等有机构成的连续运行站网，是垂直参考网的基础框架。连续运行站的适宜平均间距一般为数十千米至数百千米。

水准点与 CORS 并置。与 CORS 并置的水准点应是精密高程控制网的水准节点。精密水准路线可布设成附合水准线路或闭合水准环。附合水准路线两端的水准点应与 CORS 并置；闭合水准环线上至少有两个水准点与 CORS 并置。

重力站与 CORS 并置。为将重力测量基准纳入统一的垂直参考框架，保证重力站网在观测时期和维持阶段能充分利用 CORS 网数据监测其重力值随时间的变化，应选择合适分布的

CORS 与重力连续观测站和重力基准点并置。

水准点与 GNSS 控制点并置。为确定正（常）高和大地高之间的关系，应有合适分布的 GNSS 控制点在高等级水准路线上。

7.4.2 区域地面坐标参考框架的运动学实现

区域地面坐标参考框架主要由区域历元坐标参考框架与坐标控制网构成，是地固坐标参考系在区域的具体实现，是区域坐标基准的应用接口。区域历元坐标参考框架一般通过区域内及其周边全球地面坐标框架中的一组站点在某历元（或一段时期平均值）的坐标集，实现地固参考系基准（全球范围内，地固参考系只有一个）的动态传递。

1. 区域运动学历元坐标参考框架解算

区域历元坐标参考框架由区域合理分布的 GNSS、VLBI、SLR、DORIS 等地面 CORS，联合区域及周边用于体现参考系基准的全球坐标参考框架点构成。区域及周边用于基准传递的全球框架点集，构成区域基准网。坐标解算的历元间隔一般依据观测条件和应用需求设计，如 1 天（3 天或 7 天）。科学的历元坐标参考框架解算方案，仅要求在历元时段内 CORS 的短时稳定性和观测质量，而对站点的长期稳定性不应有额外不现实的苛求。历元参考框架采用几何大地测量构形约束按纯运动学要求解算，以自动实现坐标基准与形变监测基准的高度统一。

1）历元 t_k 区域地面坐标参考框架组合解算

给定历元 t_k，由该历元对应观测时段内（如 1 天、3 天或 7 天）区域全部参考框架点的大地测量数据，通过与区域基准网同步连测，按区域基准网无整体平移和无整体旋转运动学约束，由历元 $t_n(\leqslant t_k)$ 区域基准网坐标集，动态传递地固参考系基准，进而在唯一坐标参考系中，采用多种大地测量组合技术，解算历元 t_k 区域地面参考框架坐标。

设区域基准网站点数为 M_0，区域地面参考框架点数为 N_0，一般有 $N_0 \gg M_0$。设区域地面坐标参考框架的待估坐标集为 $\{\boldsymbol{x}_k^i\}$ ($i=1,2,\cdots,N_k$)，$N_k(<N_0)$ 为历元 t_k 时的有效框架点数，k 为坐标解时间序列长度。令历元 t_k 有 $M_k < M_0$ 个区域基准站的稳定性和连测质量满足技术要求，则区域基准网无整体平移和旋转的几何运动学约束方程可表示为

$$\sum_{i=1}^{M_k} w_i^k (\boldsymbol{x}_k^i - \boldsymbol{x}_s^i) = \boldsymbol{0}, \quad \sum_{i=1}^{M_k} w_i^k \boldsymbol{x}_s^i \times (\boldsymbol{x}_k^i - \boldsymbol{x}_s^i) = \boldsymbol{0} \tag{7.4.1}$$

式中：w_i^k 为区域基准网第 i 个站点在第 k 段观测时间内的权值，可参考第 k 段观测时间内基准网站点 i 的稳定性和同步连测质量粗估；$\boldsymbol{x}_s^i$ 为第 i 个区域基准网点在全球地面坐标参考框架中的历元 $t_n(\leqslant t_k)$ 坐标解。

多种大地测量技术组合的基线尺度控制与坐标解观测方程可统一表示为

$$\sum_{\vartheta} \{w(\vartheta)[(\boldsymbol{x}_k^i - \boldsymbol{x}_k^j) - (\boldsymbol{x}_0^i - \boldsymbol{x}_0^j)]\} = \boldsymbol{0} \tag{7.4.2}$$

式中：$w(\vartheta)$ 为不同类型（用 ϑ 表示）大地测量技术的权重，完全取决于该类型大地测量的数据质量（与网形无关）；$i=1,2,\cdots,N_k, j>i$；$\boldsymbol{x}_k^i$ 为历元 t_k 第 i 个框架点待估坐标；$\boldsymbol{x}_0^i$ 为第 i 个

框架点的近似坐标（与历元无关），可用一段时期该框架点的平均坐标表示。

由于 $j>i$，即使输入的是站点坐标，式（7.4.2）实际上也仅以站点之间的基线网构形为几何约束，这种措施有利于解除各种技术观测量可能存在的剩余约束，以保证参考系基准传递式（7.4.1）在运动学意义上的严密性。

在历元 t_k，联合区域基准网参考系基准传递几何约束方程式（7.4.1）和多种技术组合观测方程式（7.4.2），按最小二乘参数估计，获得区域参考框架单历元坐标解 $\{\boldsymbol{x}_k^i\}$。采用完全相同方案，依次构造下一个历元 t_{k+1} 的参考系基准传递几何约束方程和多种技术组合观测方程，解算历元 t_{k+1} 区域参考框架坐标解 $\{\boldsymbol{x}_{k+1}^i\}$。

值得注意的是，构造观测方程式（7.4.2）前，应移去各种观测量的潮汐效应，包括固体潮、海潮负荷与大气潮负荷效应，以满足式（7.4.2）的构网条件。因此，区域参考框架的单历元坐标解时间序列不含潮汐效应。比较历元全球参考框架运动学数学模型［式（7.3.14）与式（7.3.15）］和历元区域参考框架运动学模型［式（7.4.1）与式（7.4.2）］，这两组数学模型完全一样，解算方案也完全相同，只是基准网和参考框架点所属空间范围不一样。

类似地，在区域范围内的局部地区，或因行业专题需求，可以进一步加密 CORS，从局部地区及周边的区域历元参考框架站点中，选择较为稳定性的站点构成局部基准网，采用完全相同的数学模型和解算方案，确定局部历元参考框架坐标解。

2）参考系基准传递原理与区域基准网选择

地固坐标参考系一经定位定向，全球唯一，保持不变，因此，无论是全球地面坐标参考框架，还是区域坐标参考框架，所依据的都是这个唯一不变的地固参考系。显然，在唯一的地固参考系中，全球坐标参考框架解和区域坐标参考框架解不存在坐标转换问题。

依据大地测量原则，区域参考框架的参考系基准，按纯运动学约束方式，由全球基准网，采用两级接力法传递：①在全球地面坐标框架解算时，参考系基准由全球基准网传递到区域基准网，由区域基准网在历元 t_n（或一段时期平均值）的全球坐标解实现；②由区域基准网的全球坐标解，按式（7.4.1）纯运动学约束，单历元传递到历元 t_k 区域参考框架中。

不难发现，上述第①步约束控制区域基准网相对于地固参考系无平移和无旋转，第②步用于约束控制区域参考框架相对于区域基准网整体无平移和无旋转。两步组合起来，实现地固参考系基准向区域参考框架的单历元传递。传递约束是纯几何运动学意义上的，整个参考系传递过程中没有任何站点坐标解强约束。这种完全以纯几何运动学约束基准传递和纯几何大地构形约束观测方程，联合求解的区域坐标参考框架，称为区域运动学历元参考框架。

显然，参考系基准传递的稳定性要求，区域基准网站点在历元 t_n 至当前历元 t_k 期间是稳定的。不同历元框架坐标解，是同一个参考系在历元时刻瞬时点位上的具体实现。可见，只要 $t_n \leq t_k$，区域基准网点在历元 t_n 存在全球参考框架坐标解，都可用于区域基准传递。因此，选择用于基准传递的区域基准网点具有较大的灵活性，其全球坐标解也有多个历元可选择。

不难理解，由于区域基准网已通过全球参考框架解控制了基准传递的系统误差，因此，通过缩短历元 t_n 至当前历元 t_k 时间跨度，可降低对区域基准网点的稳定性要求。在区域历元坐标参考框架解算时，全球坐标解时间序列与区域坐标解时间序列的规格无须一致。区域基准网点在历元 t_n 的全球参考框架坐标，可由该站点全球坐标解时间序列简单内插。

3）参考系基准单历元传递的稳定性定量测评方法

在历元 t_k 时，可选择用于实际基准传递的基准网点组有多个，可用的全球坐标解也有多个历元 $t_n(\leqslant t_k)$ 可供选择，但技术上要求传递到历元 t_k 区域参考框架坐标解的地固参考系是等效唯一的。这个技术要求同时也给出区域基准传递的稳定性统计方法：采用不同选择方案，分别解算历元 t_k 区域参考框架坐标，得到多组坐标解，这些解相互之间的不符值或离散度可用于定量评价历元 t_k 区域基准传递的稳定性。

经历 $t_k - t_n$ 时间后，历元 t_k 区域基准网站点将有两套坐标解，一套是全球参考框架中坐标解，另一套是区域参考框架中坐标解。由于这两套解所属的坐标参考系唯一，技术上要求同一区域基准站点中的两套坐标解相等。可见，同一历元时刻区域基准网两套坐标解之间的数值差异，可用于定量评价历元 t_k 区域基准传递的稳定性。

不难发现，类似于传统大地测量控制网逐级控制原则，历元坐标参考框架也是由全球到区域再到局部地区逐级布设，地固参考系基准由全球到区域再到局部地区，也按几何运动学约束逐级控制传递。然而，由于整个过程不存在站点坐标解的强约束，参考框架网完全没有逐级控制概念。这样设计的效果是，低一级参考框架坐标解的相对精度水平，与高一级参考框架坐标解的精度水平没有直接关系，甚至可以明显优于高一级参考框架的精度水平。参考框架的相对精度水平与基准网的精度水平也没有直接联系。

2. 区域坐标控制网的构建与解算方案

构建区域坐标控制网的基本目的是，实现坐标基准覆盖并延伸至整个区域，甚至室内、地下、水下或海底空间。区域坐标控制网原则上可采用任何能满足要求的大地测量技术，不同观测量的获取时间一般不一致，以优化作业效率和成本。坐标解算前，需将不同时间 t 的观测量统一归算到某一指定参考历元 t_0（t_0 一般按控制网的实际观测时间跨度粗估），才能达到几何构网条件。通过与区域历元参考框架站点（强约束基准点）同步连测，以历元 t_0 参考框架坐标解为控制基准约束，以控制网的大地测量构形为几何约束，按最小二乘法确定控制点在参考历元 t_0 的坐标解。下面以区域 GNSS 控制网为例，简要介绍形变地球中区域坐标控制网解算的一般方案。

1）区域 GNSS 控制网坐标解算一般方案

区域 GNSS 控制网一般由区域合理分布的 GNSS 控制点，并选择若干历元参考框架站点（CORS）联合构成。完成整个 GNSS 控制网的观测工作，通常需要一段时间（如 1 月～1 年），GNSS 基线同步观测时长（如 8 小时、1 天或 3 天）按技术要求设计。观测完成后，逐一对相同历元 t 的同步观测时段数据进行平差处理，得到多组不同历元 t 的基线解 $\boldsymbol{B}_{ij}(t)$。

按有利于抑制基线解非潮汐效应为原则，由实际观测历元和整个控制网观测时间跨度，选择参考历元 t_0，组成以参考历元 t_0 控制点坐标为未知数的基线观测方程

$$\boldsymbol{B}_{ij} = \boldsymbol{B}_{ij}(t_0) = \boldsymbol{x}_j - \boldsymbol{x}_i - \boldsymbol{\Delta}_{ij}, \quad \boldsymbol{\Delta}_{ij} = \boldsymbol{B}_{ij}(t) - \boldsymbol{B}_{ij}(t_0) \tag{7.4.3}$$

式中：$\boldsymbol{B}_{ij} = \boldsymbol{B}_{ij}(t_0)$ 为参考历元 t_0 时刻的基线观测量，$i < j$；$\boldsymbol{x}_i$、$\boldsymbol{x}_j$ 分别为第 i 个和第 j 个 GNSS 控制点在参考历元 t_0 时刻的待估坐标；$\boldsymbol{\Delta}_{ij}$ 为基线观测量在实际观测时刻 $\boldsymbol{B}_{ij}(t)$ 与参考历元时刻 $\boldsymbol{B}_{ij}(t_0)$ 之差，即基线 $\boldsymbol{B}_{ij}$ 的非潮汐历元归算量。

参与基线同步观测的历元参考框架点强基准约束条件为

$$x_k = x_i \quad (7.4.4)$$

式中：x_k 为第 k 个参与同步观测的基准站点在历元 t_0 的坐标解（已知值），一般由该站点历元参考框架坐标解时间序列经简单时间内插得到；第 k 个基准站点对应第 i 个 GNSS 控制点；x_i 为第 i 个 GNSS 控制点在参考历元 t_0 时刻的待估坐标。

联合全部基线观测方程式（7.4.3）和强基准约束条件方程式（7.4.4），按最小二乘法，确定 GNSS 控制网全部控制点在参考历元 t_0 的坐标解。若能在同步观测时段基线平差处理时，输出以基线为未知数的法方程，则可将基线观测方程式（7.4.3）直接代入基线法方程后，再联合强基准约束条件式（7.4.4）求解。全部基线法方程可不必包含全部 GNSS 控制点，一些未包含在基线法方程中的控制点，仍然用基线观测方程式（7.4.3）代替，参与平差计算。

2）GNSS 基线观测量非潮汐历元归算方案

受板块运动、构造形变、负荷形变与均衡形变等环境地质与地球动力学的非潮汐变化影响，移去全部潮汐效应后的基线观测量，仍然存在各种非潮汐效应，在厘米级精度水平上，这种非潮汐效应的空间分布和随时间变化都会表现出明显差异和不确定性。由于 GNSS 控制网中不同基线的观测时间不尽相同，差异有的数天，有的甚至超过数月，当非潮汐效应明显时，不同时间的基线观测量就无法构成 GNSS 控制网。因此，需分别移去全部基线观测量在观测历元的非潮汐效应，再统一恢复参考历元 t_0 基线观测量的非潮汐效应，从而将全部基线观测量由实际观测历元时刻 t 统一归算到参考历元时刻 t_0，以保证 GNSS 基线观测量满足大地测量构网条件。这个归算过程，称为基线观测量的移去恢复法非潮汐效应历元归算，简称非潮汐历元归算。

区域非潮汐效应模型一般需要联合历元坐标参考框架、全球或区域其他各种几何物理大地测量监测数据，按第 6 章介绍的有关方案构建，其成果可用区域非潮汐效应格网模型时间序列表示。建立非潮汐效应模型，是区域大地测量基准构建维持的基础性工作。如果忽略非潮汐历元归算，等效于将基线的非潮汐效应直接作为基线观测误差，并按数学模型对应的误差传播规律，叠加到 GNSS 控制网的坐标解中。因此，只要存在可能的数据条件，应尽可能地构建或改善非潮汐效应模型时间序列，进行非潮汐历元归算，以最大限度地改善 GNSS 控制网坐标解的性能。

区域历元参考框架坐标解时间序列，实际上由大地测量技术实测了历元框架点在任意历元的非潮汐效应，选择较多的历元参考框架站点作为 GNSS 控制网的基准站点，通过基准强约束式（7.4.4），明显有利于抑制 GNSS 控制网的剩余非潮汐效应影响，有利于提高 GNSS 控制网坐标解的运动学性质。这也是区域 GNSS 控制网尽量采用较多基准点并按历元参考框架基准强约束的重要依据。

3）基于区域历元参考框架的 GNSS 控制网精度评估

一般情况下，在 GNSS 控制网的作用范围及周边地区，有若干历元坐标参考框架站点，若在 GNSS 控制网基线观测过程中，基线同步观测包含了其中 N 个历元参考框架站点，而构建约束方程[式（7.4.4）]时，只将其中 $M(<N)$ 个历元框架点作为基准点，GNSS 控制网解算后，剩余 $N-M$ 个历元框架站点，将有两组坐标解：一组是历元参考框架坐标解，视为真值；

另一组是 GNSS 控制网坐标解，为平差值。显然，$N-M$ 个历元框架站点的坐标差，可用于定量评价 GNSS 控制网的精度水平。

不难理解，若忽略非潮汐历元归算过程，或采用不同的非潮汐历元归算或近似方案，同样按上述流程，获得 $N-M$ 个历元框架站点的坐标差，可用于评价 GNSS 控制网中非潮汐历元归算的贡献，分析估计不同精度水平下非潮汐历元归算的具体技术要求（不同区域或不同观测时段，非潮汐效应一般都有明显不同，相应的技术要求也不完全一样）。

7.4.3　与坐标框架并置的垂直参考框架构建

与坐标参考框架协调统一的区域垂直参考框架主要由三个部分构成，包括用于支撑垂直参考框架的垂直参考网、用于定量表达各种垂直量之间空间关系的稳态垂直参考面模型，以及用于表达区域范围内垂直量时变状态的垂直形变场模型时间序列。

1. 区域垂直参考网的组建、观测与解算

1）垂直参考网的改造与并置

垂直参考网的改造、升级与扩展，应在全面分析区域坐标参考框架、高程控制网、重力基本网、重力连续观测站网、长期验潮站网的稳定性与观测成果可用性的基础上进行，以便充分利用已有大地测量参考框架的基础设施和观测成果。

改造扩展后的垂直参考网，应保持区域坐标参考框架、高程控制网和重力基本网等各自网形的相对完整性和独立性。改造是在原有参考框架站点上并置其他类型参考框架站点，一般需要对站点基础设施升级，以满足垂直参考网的要求；扩展是通过新建垂直参考网站点，完善和优化垂直参考网的网形结构。

2）连续运行站网的运行与观测

连续运行站网的运行与观测包括 CORS 连续观测，重力连续观测站连续观测，长期验潮站（或 GNSS 浮标）水位连续观测；连续运行站的连续气象、水文等辅助观测。

为方便利用垂直形变信息提高垂直参考网中非连续观测量的观测质量和性质，可优先运行连续运行站网，即垂直参考网中其他测量工作，包括水准测量、GNSS 定位和重力控制测量等，在连续运行站网运行后实施。

3）垂直参考网复测与观测

（1）精密水准测量。观测过程中需记录测量时间信息，其他历元的水准高差观测值，能综合观测时刻的水准高差和垂直形变信息采用非潮汐历元归算得到。水准测量或者从一个与水准点并置的 CORS 起测，附合到另一个与水准点并置的 CORS 上，或者从并置的 CORS 起测，至少经过一个 CORS，再闭合到该 CORS 上。

（2）GNSS 定位测量。为最大限度地抑制外业观测期间 GNSS 水准实测高程异常随时间变化的影响，对于与水准点并置的 GNSS 控制点，其卫星定位观测时间与 CORS 水准路线观测时段的时间不宜相差太大，如时间相差不大于一季度时，这样可抑制周期不小于半年的大地水准面形变影响。

（3）重力控制测量。包括绝对重力测量和相对重力连测，观测过程中需记录测量时间信息，要求其他历元的绝对重力值和相对重力段差观测值，能结合垂直形变信息采用非潮汐历元归算得到。

4）垂直参考网的连测

（1）非共点的并置站点内部连测。对于非共点的并置站，应采用相应等级的 GNSS 定位、水准或重力控制测量方法连测不同属性的点位测量标志，包括 CORS（GNSS 控制点）卫星定位标志、水准标石、重力观测墩或验潮站基点等。

（2）区域形变监测网连测。采用同等级 GNSS 或重力控制测量的技术要求，连测各种规模的流动 GNSS 监测网、流动重力监测网、流动水准监测网、地倾斜固体潮站网和地下水监测网，以尽可能获取更丰富的非潮汐垂直形变信息。

在外业测量期间，应经常调用测区及周边 CORS、重力连续观测站、地倾斜固体潮站、地下水或气象监测站数据，分析测区地质和水文环境变化，优化外业观测方案。

5）垂直参考网数据处理与平差

（1）垂直参考网观测数据整理。整合历史和当前观测数据，经质量分析、归算等预处理，组成可靠有效的垂直参考网观测量数据集，并对每一观测量赋予观测时间信息。垂直参考网观测量的主要类型包括：水准观测高差或水准重力位差、绝对重力及相对重力段差、CORS 及 GNSS 控制点大地高（简称 GNSS 大地高）等。

（2）观测量非潮汐历元归算。去除潮汐效应后的观测量，还受各种垂直形变和时变重力场等非潮汐形变影响，随时间变化，因而需要确定一个合适的参考历元 t_0，利用区域垂直形变场模型时间序列（非潮汐效应），将这些观测量由实际不同观测时刻统一归算到参考历元。

（3）垂直参考网测量平差。历元统一后，垂直参考网中高程控制网、重力基本网的测量平差方法和相应的静态网平差方法相同。平差后即可得到垂直参考框架站点在参考历元 t_0 时垂直物理量的平差值，包括正（常）高、重力位数和重力的平差基准值。

2. 区域坐标框架中稳态垂直参考面精化

垂直参考面通常由参考椭球面、大地水准面、平均海面和深度基准面构成，其中，参考椭球面为垂直基准面的起算基准面。深度基准面可用平面海面和海潮模型表示，因此，垂直参考面精化与垂直量之间空间关系确定的关键是精化区域大地水准面、平均海面高和海潮模型，并将大地水准面和平均海面高在区域坐标参考框架中用相对于参考椭球面的大地高格网模型来表达。本小节简单介绍区域坐标框架中稳态垂直参考面精化的基本思路。

1）区域稳态大地水准面精化原则

由物理大地测量知识可知，地球重力场及大地水准面的波长越长（空间尺度越大），其谱域分量的精度水平一般越高。任意点的大地水准面高需要全球重力场数据综合解算，区域重力场数据无法完整包含中长波大地水准面信息。由此可得科学合理的区域重力大地水准面精化原则：以大地测量参考系统规定的全球重力场模型作为参考重力场，以控制中长波误差，在此基础上集成区域及周边重力场测量资源，以提高大地水准面中短波分量的精度水平，两者结合才能实现区域大地水准面高精度建模。同理，对于局部区域，同样应以区域重力场格网模型为参考重力场，控制中短波误差累积，集成局部地区及周边大地测量数据，提高大地水准面短波超短波成分的精度水平，实现局部地区大地水准面的精细建模。因此，按照大地测量学要求，重力大地水准面精化方案一般应遵循"小区域重力大地水准面精化，以较大区域重力场为参考重力场"的逐级控制原则。

大地水准面高由重力场数据按重力场积分算法间接确定，波长越短，短波高程异常差的相对误差越大。而水准测量采用水准高差逐站传递方式，本质上是实测两水准点间的重力位差，相对误差原则上与水准路线长度无关。因此，任何特定区域都会存在某个空间尺度，小于该空间尺度时，两点间重力高程异常差的相对精度会低于 GNSS 水准实测高程异常差的相对精度。可见，GNSS 水准多源数据融合的区域大地水准面精化技术要求是，能同时充分整合高精度重力高程异常中长波成分与高精度 GNSS 水准高程异常短波超短波成分。

大地水准面精化过程中，通过集成垂直参考网站点的 GNSS 水准数据，测定区域高程零点重力位 W_R，建立区域高程基准与全球高程基准的关系，将区域大地水准面，用其相对于参考椭球面的大地高表示，从而将其严格纳入区域坐标参考框架中。由于全球大地位 W_0 是约定常数，可通过精化区域高程基准零点在全球高程基准中的重力位数 c_R，由 $W_R = W_0 - c_R$，确定区域高程基准重力位。

2）区域全空间全要素重力场建模

在区域稳态大地水准面确定与精化的同时，按照局部重力场逼近方案（章传银，2020a），建立大地水准面及其外部全空间全要素重力场模型，包括高程异常、扰动重力、垂线偏差、重力梯度等模型，以支撑几何物理大地测量参考框架空间统一性的实现和应用。

3）平均海面高与深度基准面确定

联合多种海洋卫星测高、验潮站及其 GNSS 或水准连测、GNSS 浮标海平面观测等资源，以全球大地测量参考框架中的全球海潮模型、平均海面高为参考场，建立区域高分辨率精密海潮模型，精化区域坐标参考框架中的稳态平均海面高模型。采用约定的深度基准值算法，由精密海潮模型计算深度基准值格网模型，进而用坐标参考框架中的稳态平均海面高模型代替深度基准值定义中的当地平均海面，将深度基准面纳入区域坐标参考框架中（暴景阳 等，2001）。

3. 非潮汐形变场及重力场变化时序构建

区域非潮汐形变场及重力场变化时间序列用于表达参考框架要素随时间变化的非潮汐效应，主要包括非潮汐负荷形变场及时变重力场全要素模型时间序列、板块运动及构造与均衡形变场模型。区域非潮汐形变场及重力场模型时间序列在区域大地测量参考框架建设中具有重要的基础性地位，它既是支撑和改善几何物理参考框架的空间统一性和时变相容性水平的关键，也是提升一体化大地测量参考框架维持和应用水平的基础。

区域非潮汐形变场及重力场时间序列需要全面综合区域性和全球性大地测量参考框架连续监测和重复观测数据，并有效融合尽可能多的其他大地测量和地表环境监测资源，按第 6 章介绍的方案构建与更新。与此同时，在区域大地测量参考框架构建过程中，又需要充分利用非潮汐形变场及重力场时间序列，协调统一参考框架解算模型中各种几何物理大地测量要素（观测量、基准值或参数）的历元、运动状态及其时变行为。因此，非潮汐形变场及时变重力场模型构建更新与大地测量参考框架的构建维持，相互交叉、相辅相成，一般需采用迭代更新与不断完善的技术策略。

板块运动、构造形变与均衡形变主要表现为慢形变，可依据区域构造及环境地质特点与技术要求，或用线性变化格网模型表示，或用季节性变化或年变化格网模型时间序列表示。

7.4.4 区域大地测量参考框架的一体化维持

受复杂地球动力学与环境地质作用，参考框架站点位置时刻在变，形变地球上不存在稳定的地面站点，形变地球空间中也不存在不随时间变化的大地测量要素。如何基于当前有限实现的区域参考框架解，维持今后一段时期内大地测量基准的稳定性，是区域大地测量参考框架维持的根本目的。

1. 区域大地测量参考框架维持目标与主要任务

大地测量参考框架在形式上主要由参考框架站点几何物理基准值、稳态垂直参考面模型与地面形变场及时变重力场模型构成，参考框架中的这些要素，都是基于事先获取的各种大地测量观测量，按参考系统的原则和技术要求解算或构建的，因此，大地测量参考框架能给出的是其在观测量对应观测历元或观测时间跨度上（下文统称参考历元时刻）的各种大地测量要素基准值解。然而，参考框架实际应用中需要的是，参考历元以外的当前历元或用户指定历元时刻（下文统称当前历元时刻）的各种大地测量要素基准值。

1）区域大地测量参考框架维持的基本目标

理论定义或约定的大地测量参考系统唯一，要求稳定不变。区域大地测量参考框架维持的核心目标是，基于已构建的区域大地测量参考框架，充分利用区域或全球各种大地测量观测或监测资源，确定或更新参考框架要素在当前历元相对于参考历元的变化量，检核各种变化量之间的空间统一性与时变相容性，通过维持区域参考框架的现势性，保持大地测量参考系统的唯一性。

大地测量参考框架之所以需要维持的原因是，参考框架实体自身或参考框架中的某些要素，切实随时间发生了变化。无论导致这种变化的原因如何，只要参考框架中某种或某些大地测量要素的时变量达到或超出参考系统规定的精度要求后，参考框架的现势性就会下降，在这种情况下，就应确定或估计这些要素的时变量，更新区域大地测量参考框架中的相应要素值。

2）区域大地测量参考框架维持的主要任务

区域大地测量参考框架主要由区域坐标参考框架、区域垂直参考网、稳态垂直参考面模型与区域形变场及时变重力场模型4个部分构成。区域参考框架维持，就是维持这4个部分在当前历元的要素值及其相互之间的解析关系，以维持区域大地测量参考框架的现势性，从而维护大地测量参考系统的唯一性（或稳定性）。

区域坐标参考框架维持工作，包括区域历元地面参考框架坐标解与区域大地控制网坐标解的维护。区域历元地面坐标框架的坐标解按历元持续更新，不需要维护其现势性；区域坐标控制网只有参考历元 t_0 的坐标解，而实际应用时需要坐标控制网在当前历元 t（或用户指定历元）实际点位的坐标，因此需要维持 t 时刻相对于 t_0 时刻由点位实际变动而产生的坐标变化。

区域垂直参考网维护工作，包括区域高程控制网高程解、重力基本网重力解和连续运行站网基准值解的维护。类似地，重力连续观测站、长期验潮站等区域连续运行站网，其基准值解按历元持续更新，不需要维护其现势性；区域高程控制网和重力基本网中大部分站点，只有参考历元 t_0 的解，而实际应用时需要当前历元 t 的解，因此，需要维持历元 t 相对于参考历元 t_0 高程值（重力位数）和重力值的变化。与坐标控制网不同的是，这种物理量的变化是由站点位置变化或重力场时变综合导致的非潮汐效应。

稳态垂直参考面模型局部精化与更新。稳态垂直参考面模型，一般基于大地测量参考框架观测量，融合其他全球和区域多源大地测量数据，一次性地综合建模实现。之后，新大地测量数据会不断产生和增多，当新数据累积到可明显改善区域稳态垂直参考面在某些局部地区精度水平时，就可对稳态垂直参考面进行局部精化和更新。区域稳态垂直参考面局部精化更新，原则上，应以更新前的稳态垂直参考面及其解析模型为参考场和外区边界约束条件，仅对局部范围及其周边近区进行精化更新，以维持稳态垂直面在空间域、谱域和更新前后的有效继承、衔接与稳定性。

区域形变场及时变重力场模型构建与更新。区域形变场及时变重力场模型，是大地测量参考框架各种要素非潮汐效应的综合表现形式，可用于区域参考框架观测量的统一历元归算，并且在非历元时间序列参考框架维持时，可由参考历元时刻的参考框架各种要素，获取指定历元时刻要素值。这类非潮汐效应模型，需要综合参考框架各种几何物理监测量，并尽可能多地联合全球和区域其他监测资源构建，持续更新。不难理解，非潮汐效应模型构建更新的基本原则，是区域参考框架中的各种直接观测量、时间序列解和重复解产品，一般应作为构建数学模型的强约束，以最大限度地维持参考框架运动学或直接测量的性能水平，以及参考框架各种要素的空间统一性，而其他各种有效的大地测量和地球变化监测资源，一般应依据大地测量原理与形变动力学理论进行约束同化，以维持大地测量参考框架各种要素及其相互之间的时变相容性。

2. 区域大地测量参考框架维持原则与技术方案

维持区域大地测量参考框架，就是通过确定（估计或测定）参考框架当前历元的大地测量要素，相对于参考历元大地测量要素的变化量，来达到维持区域大地测量参考框架现势性的目的，以保证大地测量参考系统的唯一性。

1）区域大地测量参考框架维持的基本原则

大地测量参考框架解算，原则上基于大地测量网形或物理大地测量原理约束，以充分获得运动学与直接大地测量解，而参考框架各种大地测量要素的形变动力学效应或其他各种不确定因素的影响，要么由大地测量要素时间序列精确测定，要么通过几何物理约束技术性避免。最大限度地维持区域参考框架在当前历元解的运动学性质和直接大地测量性能，是区域大地测量参考框架维持有效性的大地测量原则和依据。

参考历元时刻区域参考框架，如区域坐标控制网、高程控制网和重力基本网，其参考框架解只在参考历元时刻有最佳的运动学性质和直接大地测量性能。区域参考框架在当前历元的各种大地测量要素解，一般需要区域形变场及时变重力场非潮汐效应模型来辅助维持。其一般方案也是基于非潮汐效应模型的移去恢复法，即移去参考框架各种大地测量要素在参考历元的非潮汐效应，恢复这些要素在当前历元的非潮汐效应，从而获得当前历元区域参考框架解。

区域稳态垂直参考面模型，主要包括区域稳态大地水准面模型、稳态平均海面高模型和深度基准面模型等。某种类型稳态模型需要局部精化维持的一般情形是，模型构建时所采用大地测量数据不足，新大地测量数据源加入后，依然存在明显的改善空间。不存在这种情况的稳态模型，没有局部精化更新的必要。如前所述，区域稳态垂直参考面局部精化更新，原则上应以更新前的稳态垂直参考面及其解析模型为参考场和外区边界条件，仅对局部范围及其周边近区精化更新。

不难理解，虽然在非潮汐效应模型构建过程中，尽量以大地测量参考框架时间序列或多期解为控制，按形变动力学理论约束同化其他各种大地测量监测资源，但随着当前历元距参考历元的时间跨度越长，参考框架各种要素非潮汐效应的不确定性会逐渐增大，非潮汐效应模型也由于其动力学信息增多，其不确定性也会累积增大，从而导致当前历元参考框架解的运动学性质与直接大地测量性能随时间延长而降低。一段时期后，当前历元区域参考框架解的误差会普遍接近或超出设计精度要求，而无法继续采用非潮汐效应模型，有效维持区域参考框架，在这种情况下，区域参考框架只能通过重新复测与更新来维持。

2）区域参考框架的数据分析与质量及性能测评

持续利用区域大地测量参考框架观测与成果，尽可能多地联合其他各种大地测量与地球环境监测资源，通过数据分析与各种交叉测试，确定或评估区域参考框架各种大地测量要素在不同历元时刻的运动学性质和直接大地测量性能及水平，评价其精度和可靠性，持续更新区域形变场及时变重力场模型，以维持区域参考框架的现势性，包括当前历元各种要素的质量、性能、可靠性与精度水平检测评估，是区域大地测量参考框架维持中一项不可或缺的日常基础性工作。

区域参考框架质量及性能检测的主要对象是非历元参考框架，包括区域坐标控制网、高程控制网、重力基本网和稳态垂直参考面模型，其主要技术方案是以参考框架连续观测量和历元参考框架解为约束，充分收集区域范围最新的各种大地测量观测资源，结合少量关键性的外业检核性大地测量工作，探测稳态参考框架站点的稳定性与可修复性，通过交叉与综合测试，系统性维持非历元参考框架的稳健性，以及在不同历元时刻（包括当前历元）的质量与可靠性、性能与精度指标，评价其空间统一性的时空演变情况，评估其时变相容性弱化状况。

可靠性和精度水平是大地测量参考框架的命脉，参考框架的质量及性能测评工作也需持续进行，测评结果（结论）本身是参考框架产品不可或缺的重要组成部分，应与大地测量参考框架产品有机结合成一个整体，一并提供应用服务。区域参考框架的数据分析与质量及性能测评，是维持区域大地测量参考框架应用服务能力和水平不可或缺的技术手段。

3）利用参考框架一体化性质提升维持效率

区域大地测量参考框架，经区域坐标基准、高程基准与重力场一体化实现，将地球几何物理空间的各种解析关系、各种大地测量要素的时变相容性约束及大地测量学原则，体现到区域参考框架的各种产品中，显著提升区域大地测量参考框架的稳健性、自适应性和科学水平，可为高效维持区域参考框架提供丰富多样的已知条件、约束数据和信息环境。

在任意时刻，地面点的高程异常或扰动重力对其点位精度的敏感性远低于定位精度要求，简单计算显示，在水平方向数百米和垂直方向 10 m 范围内，所有点高程异常值之间的最大互差不到 1 mm，在水平方向 100 m 和垂直方向 10 m 范围内，所有点扰动重力值之间的最大互差不到 1 μGal。因此，若参考框架中有与 GNSS 并置的水准控制点或重力测量基准点遭到破坏，就可在原站点附近，直接设置新的站点，采用 GNSS 技术精密测定新站点在当前历元 t 的大地高，由原站点参考历元 t_0 参考框架解，确定新站点在当前历元 t 的参考框架解，直接替换遭破坏的站点，继续提供应用服务。

设原 GNSS 水准点 P_0 的参考框架解由参考历元 t_0 的正常高 h_0、大地高 H_0 和高程异常 ζ_0 构成，当前历元 t 用修复后的新 GNSS 水准点 P 替换，并采用 GNSS 技术按原参考框架要求，测定新建 GNSS 水准点 P 的大地高 H，则新建点 P 在当前历元 t 的高程异常 ζ 与正常高 h 为

$$\zeta = \zeta_0 + \delta\zeta_0(P_0, P) + \Delta\zeta(t_0, t), \quad h = H - \zeta \tag{7.4.5}$$

式中：$\delta\zeta_0(P_0, P)$ 为新旧点处的稳态高程异常之差，在水平方向 100 m 和垂直方向 10 m 范围内是个微小值，可以忽略，当新旧点位距离较远时，可用大地水准面精化成果或参考重力位系数模型计算归算量；$\Delta\zeta(t_0, t)$ 为参考历元 t_0 到当前历元 t 期间高程异常的非潮汐效应（历元归算值），由区域重力场模型时间序列插值，高程异常的非潮汐效应对位置的敏感性远低于高程异常本身，新旧点位高程异常的非潮汐效应基本相等，无须区分。

类似地，设原 GNSS 重力点 P_0 的重力基本网解由参考历元 t_0 的重力 g_0、大地高 H_0 和扰动重力 δg_0 构成，当前历元 t 用修复后的新 GNSS 重力点 P 替换，并采用 GNSS 技术按原参考框架要求，测定新建 GNSS 重力点 P 的大地高 H，则新建点 P 在当前历元 t 的扰动重力 δg 与重力 g 为

$$\delta g = \delta g_0 + \Delta\delta g_0(P_0, P) + \Delta\delta g(t_0, t), \quad g = \delta g + \gamma(P, H) \tag{7.4.6}$$

式中：$\Delta\delta g_0(P_0, P)$ 为新旧点处的稳态扰动重力之差；$\Delta\delta g(t_0, t)$ 为参考历元 t_0 到当前历元 t 期间扰动重力的非潮汐效应（历元归算值）；$\gamma(P, H)$ 为新建点的正常重力，用新建点的 GNSS 定位结果（当前历元 t）由正常椭球参数计算。

3. 基于参考框架的大地测量基准传递基本方法

大多数应用场景中，为实际获得大地测量参考框架在区域全空间、任意时刻的统一测量控制，还需将大地测量参考框架传递到应用数据对象或应用测量终端上，通过与应用数据对象融合，或与测量终端设备连接，传递基准，这项工作一般称为大地测量基准传递，简称基准传递。基准传递是大地测量参考框架应用中一项极其关键的大地测量工作，遗憾的是，这类工作未能引起业界足够重视，严重限制了大地测量参考框架应用水平和发展潜力。由于具体的大地测量基准传递方案与数据属性或终端技术密切联系，形式灵活多样，这里简单介绍几种基准传递的一般思路。

1）GNSS 代替水准测量高程基准动态传递方法

由大地测量参考框架中参考历元 t_0 稳态大地水准面模型和时变重力场产品，借助 GNSS 定位技术，可直接测定当前历元 t 任意点的高程与重力位 W。这项技术也称为 GNSS 代替水准测量技术。若采用 GNSS 技术按区域参考框架要求测定某点（可以是动态点）在当前历元 t 的大地高 H，则该点在当前历元 t 的正常高 h、重力位数 c（或重力位 W）可由下列

各式确定：
$$\zeta = \zeta_0 + \Delta\zeta(t_0, t), \quad h = H - \zeta, \quad c = h\bar{\gamma}, \quad W = c + W_0 \tag{7.4.7}$$

式中：ζ_0 为测点处的稳态高程异常，由区域大地水准面模型计算；$\Delta\zeta(t_0,t)$ 为测点处参考历元 t_0 到当前历元 t 期间高程异常的非潮汐效应（历元归算值），由区域重力场变化模型时间序列计算；ζ 为测点在当前历元 t 的高程异常；$\bar{\gamma}$ 为正常重力平均值；W_0 为全球大地位，可直接用区域高程零点重力位 W_R 代替，由于此时的稳态高程异常 ζ_0 也相应地在区域高程基准中表示，式（7.4.7）的形式不变。

2）GNSS 代替验潮的无验潮海洋测量控制方法

在进行海洋水深测量前，一般需要在测区范围内布设验潮站，通过与长期验潮站同步验潮观测，将深度基准面、平均海面由长期验潮站传递到测区，这个过程称为水位控制。水深测量过程中还需布设验潮站，同步观测瞬时水位，进行瞬时水位改正，才能将瞬时测得的水深值归算到相对于深度基准面的水深值。水位控制和水位改正外业工作量大。由区域一体化参考框架中深度基准面大地高模型产品，结合高精度 GNSS 动态定位技术，可直接由实测瞬时水深值确定相对于深度基准面的水深值 D：

$$D = \tilde{D} - H + L_H \tag{7.4.8}$$

式中：H 为 GNSS 动态定位技术测定的瞬时海面大地高或深度传感器瞬时大地高；$\tilde{D}$ 为实测的瞬时水深值；L_H 为测点处的深度基准面大地高。

上述由 GNSS 代替同步验潮的水位控制和水位改正方法，在海洋测量控制中具有普适性，也称为无验潮（或免验潮）的海洋控制测量方法。

3）以应用对象为参考体的大地测量基准传递

简单分析传统摄影测量中大地测量基准传递的三个步骤，有利于理解大地测量基准传递的一般技术路线。①从遥感影像中选择特征点（物）为像控点，由区域参考框架对这些像控点进行控制定位，将大地测量基准从参考框架传递到像控点；②通过解析三角测量，将基准由像控点传递到测图影像上；③在立体测图环境中，对影像上的全部目标地形要素进行定位（测图），即将基准从测图影像传递到目标。

更一般地，上述第①步以特征像控点为参考体（即参考框架），显然，可换成道路、建筑物及其他各种可识别的点、线、面、体地形要素；上述①和②步流程将大地测量基准传递到测图影像中，若将测图影像换成不同属性、不同空间尺度、不同时间获取的不同区域多源数据，基准传递就可有效支撑复杂多源数据深度融合；②和③步流程将基准从测图影像传递到目标上，若将解析三角测量与立体测图技术换成多种测量技术，则意味着可通过建立不同测量技术终端（动态参考体）的基准连接，有效实现多种异构测量技术协同。

推而广之，空天地海观测数据通过大地测量基准传递，可有效支撑复杂多源数据深度融合；各种地球观测技术通过大地测量基准传递进行技术连接，可有效形成多种异构观测技术协同。

第 8 章 多种异构大地测量协同监测原理

进入 21 世纪，多种空天地海大地测量技术蓬勃发展，多源大地测量数据资源日益丰富，各种全球性、区域性和专题性大地测量观测网络及数据共享平台相继建成运行，有力促进了全球变化、地球环境灾害和海陆气水循环领域的许多重要科学发现。如何充分运用和深入揭示存在于大地测量观测数据、大地测量监测要素及其相互之间的各种大地测量原理与地球时空演变规律，进而约束海量多源异质大地测量数据深度融合，控制多种异构大地测量技术协同，维持各种地球观测要素之间的时空协同或联动关系，是大数据时代地球观测与全球变化面临的重大科学问题。

8.1 地球时空演变的大地测量观测系统

现代大地测量精准记录了全球变化过程、地球环境演化、灾害灾变过程及其他各种地球动力学效应，为研究地球动力系统、全球变化和地球环境灾害科学问题，认识固体地球圈层、大气圈、海洋圈、冰冻圈和陆地水及其相互作用，提供了高精度信息和重要监测约束。

8.1.1 形变地球大地测量观测系统

大地测量学是确定和描绘地球形状及重力场，测定地球本体及地固空间点的位置及其时空变化的科学。实现这一科学目标的核心和必要条件是稳定一致的大地测量参考系统与参考框架，它为确定地球系统本体及其空间的位置与位置关系、时变状态与时空协同行为提供科学统一的大地测量基准，支撑多种异构地球观测与空间导航定位。大地测量学能够探测地球的时空变化，从大到全球空间尺度、数十年时间尺度到非常小的瞬时局部变形，空间和时间分辨率不断提高。大地测量学也是精准度量地球与监测全球变化的一门计量科学。

全球大地测量观测系统（global geodetic observing system，GGOS）旨在协调、统一和持续地测量地球形状及重力场时空变化与地球自转变化，监测全球变化，包括海洋、冰盖、大陆水和陆地表面变化，并提供地球系统中质量异常、质量运输和能量动量交换的估计信号。地表运动和地球物质输运是确定全球物质平衡的关键，也是理解地球空间能量交换的重要信息。大地测量观测系统是地球观测系统和全球变化监测的度量标准，也是监测处理地球形变和质量交换问题的计量基础。

地球的大气圈、水圈（海洋和大陆水）、冰冻圈（冰盖）、土壤圈（地表）和内部圈层（岩石圈、下地幔和地核）受各种各样动态过程影响，地震、海啸、火山爆发、地表形变、山体滑坡、冰川消退、海平面上升、洪水、荒漠化、风暴、风暴潮、全球变暖等自然灾害频发。全球变化过程，无论是自然的还是人为的，都会影响地球系统的平衡，从而影响人类的生活。生活在一个资源有限、承受日益强大的人类活动影响的能力有限的星球上，需要谨慎治理，GGOS试图巩固基于海量地球观测的明智决策。

只有当观测、研究、预测和决策基于对地球系统的全面观察时，才能更好地了解全球变化现象和规律，最大限度地减少人类活动对地球系统的影响，保护生活环境和生态资源。对地球系统的观测不仅是科学理解和认知地球变化规律所必需的，而且对许多社会领域至关重要，从防灾减灾、能源供应、资源利用、了解和理解气候变化、保护生物圈、环境和人类健康，到建设和管理一个繁荣的全球社会。

各种类型的大地测量技术，不同来源的大地测量数据，都是以形变的地球动力系统为观测或监测对象，客观上应隶属于度量标准统一、时空协调一致的大地测量参考系统，因此，各类大地测量技术和数据只有统一到协调一致的形变地球大地测量参考框架后，才能有效利用大地测量原理和地球科学规律，约束相互之间的空间解析关系与时间演变方式，系统地构建全球性、区域性或专题性大地测量观测系统。

8.1.2　空天地海各类大地测量技术

将规模化的地面、海洋、低空、卫星和外层空间中各种大地测量传感器、基础设施、观测资源与研究成果有机结合，能有效构成高度协调一致的综合大地测量观测系统（图8.1），进而在广泛的空间和时间尺度范围内监测地球系统，通过量化形变地球在空间和时间上的多尺度变化，推进人们对动态地球系统的理解，发现和揭示地球科学规律。

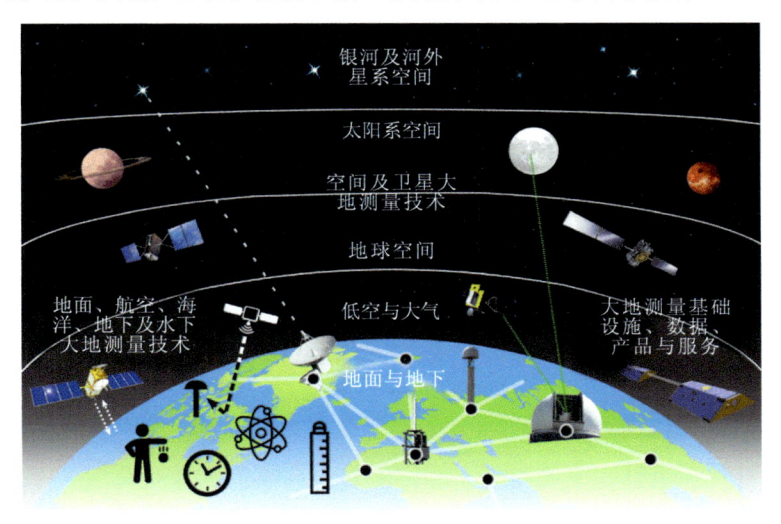

图8.1　空天地海大地测量观测系统

1. 空间大地测量观测技术

VLBI、SLR、GNSS、DORIS技术，能够以毫米级精度确定地球表面各点的位置和轨迹，进而监测与自然灾害（火山、地震、滑坡、沉降等）相关的地表形变，探测地球构造特征（板块运动、表面形变、慢滑动相互作用等）与造山或全球均衡调整相关的垂直形变，监测由地表环境负荷引起的瞬时地球形变。

目前，全球由大约 40 个 SLR 站和 4 个月球激光测距（lunar laser ranging，LLR）站组成的国际激光测距网络，定期跟踪 120 多颗高度为 250～35 000 km 的卫星和放置在月球表面的 6 个反射器阵列（Apollo 和 Lunokhod）。SLR 技术可用于瞬时地球质心与形状极的精密定位及时变监测，改善地球参考框架的空间尺度，测定低阶地球重力场及其随时间的变化，用于卫星精密定轨、远距离时间传递与相对论效应验证等。

全球导航卫星系统已由大约 100 颗卫星组成星座，这些卫星在 20 000～26 000 km 的高度上按约半天周期绕地球运行，卫星分布在相对于地球赤道面倾角约 55°的不同轨道平面上，使得在任何时间和世界任何地方都能观测到几颗卫星，确保全球覆盖。在这些全球导航卫星系统星座中，还有一些地球静止轨道卫星和倾斜地球同步轨道卫星。

GNSS 是一种全天候、实时、连续、经济可靠且非常精确的自主定位技术，为其在大地测量、测绘、导航和相关领域的应用开辟了几乎无限的可能性，包括控制测量、地球动力学、高程测定、地籍测量、监测和工程、高精度导航、摄影测量和遥感、水文、海洋和冰川大地测量等。如今，全球导航卫星系统已成为日常生活的重要组成部分，不仅支持基于智能电子设备的定位服务，还支持地面、空中和海上的导航、农业、物种迁徙或特有物种监测等。

2. 地球卫星重力场测量技术

长期以来，地球形状及其外部重力场的确定都基于地表（陆地和海洋）的重力观测。卫星重力探测技术为解决全球高覆盖率和时变重力场测量开辟了有效途径。

卫星地面跟踪是 20 世纪主要的卫星重力场观测技术，包括卫星激光测距（SLR）、星载多普勒定轨定位（DORIS）等。卫星地面跟踪技术测量卫星相对地面跟踪站的变化，通过建立卫星地面跟踪观测量与扰动地球重力场参数之间的隐函数关系，利用卫星轨道摄动，在消除固体潮、负荷潮及非保守力等效应的基础上，推算地球重力场参数。

卫星跟踪卫星（SST）技术通过测量卫星与卫星之间的相对变化来感应地球重力场。按卫星间的空间位置关系分为高低卫-卫跟踪（SST-hl）和低低卫-卫跟踪（SST-ll）两种。SST-hl 技术是由高轨的 GNSS 卫星星座跟踪观测低轨卫星（高度约为 500 km）的轨道摄动，确定扰动重力场。SST-ll 技术同时发射两颗低轨道卫星在同一个轨道上，彼此相距 200～400 km，一个"追踪"另一个，测量两者之间的相对运动，跟踪精度达到微米级。SST-ll 采用描述小尺度特性的经典微分方法，其一阶微分可求得重力加速度。由于 SST-hl 和 SST-ll 具有不同的轨道高度和由此产生不同的轨道摄动，组合使用可以互相取长补短，给出一个高精度的中长波重力场模型。

卫星重力梯度测量技术的基本原理是，利用单个卫星内一个或多个固定基线（50～100 cm）上的差分加速度计，来测定三个互相垂直方向重力梯度张量的几个分量。重力梯度数据能恢复短波重力场。地球重力场和海洋环流探测 GOCE 卫星由欧洲航天局于 2009 年发射，装备一套能够对地球重力场进行三维测量的高灵敏度重力梯度仪。GOCE 测定地球重力场的空间分辨率可达 100 km，重力异常精度可达 1 mGal，大地水准面精度可达 2 cm。

卫星重力场任务提供的数据对确定全球地球重力场、计算大地水准面、统一高程基准、监测地球重力场的时间变化至关重要，极大地增进了人们对地球静态和时变重力场的了解。GRACE、GRACE-FO（2018 年发射）与中国重力卫星（2021 年发射）飞行任务，旨在以低于 500 km 的空间分辨率和相当于 1 cm 等效水高的精度，监测由固体地球过程和地球系统内的质量迁移引起的地球重力场的变化，提供关于地球内部物质迁移现象的独特信息，如较大流域的水循环、南极洲和格陵兰冰盖融化和相关海平面变化及洋流系统。

3. 微波与激光雷达测量技术

测高卫星装有微波或光学雷达传感器，向地面发射微波脉冲、光学或红外域激光脉冲，以获得海洋、陆地、冰川及大气的回波反射信号。现代测高卫星（如 TOPEX/Poseidon、Jason-1、2 和 3、Envisat、中国海洋 2 号和高分 6 号等），能以高空间和时间分辨率监测海面变化，卫星测高单次测量的精度已达 1～2 cm。类似的卫星（如 Cryosat-2）致力于探测大陆和海洋冰盖的变化。卫星测高技术可在短时间内扫描广阔的海洋区域，并以高时空分辨率确定海面的详细图像。

卫星测高海平面监测技术在海洋学领域应用广泛。高频率的轨迹重复和高空间分辨率的厘米级卫星测高技术，为连续监测海洋表面变化和海洋学中的相关过程提供了强有力的支撑。从高分辨率卫星高度计获得的平均海面精细结构，反映了海底地形和海洋岩石圈的构造结构，对海洋重力场精细结构和海洋地球物理有重要贡献。高轨道倾角的专用测高任务为测绘和监测极地冰盖提供了前所未有的机遇和潜力。

激光高度计的工作方式与雷达技术非常相似，但使用的是光脉冲。激光测高可分为卫星激光测高、航空 LiDAR 测量和地面 LiDAR 测量。卫星雷达和激光测高法已被证明非常有助于测量冰盖的高度变化，也非常有助于测量陆地上湖泊、河流和洪泛平原的水位，激光测高也广泛用于精细测绘地面数字高程模型。

4. 地面与近地重力测量

重力随时间和空间的变化为研究地球质量分布和运动提供有价值约束信息。传感器在测量重力时越灵敏，解析地球质量分布的变化就越精细。这对监测和研究地球动力学和地球物理过程，如冰川融化、地下水变化、洪水、火山活动等非常重要。

（1）地面重力观测。重力测量的时间序列在监测地球动力学和地球物理过程中发挥着核心作用。卫星重力测量提供了地球内部或其表层质量异常的独特的、全球性的和均匀的数据集。然而，目前的卫星重力测量难以分辨小于百千米空间尺度的结构。为了提高卫星重力测量的时空分辨率，并能够探测短期和小规模的质量调整，地面重力测量是必不可少的。地面重力仪能够探测到附近几百米半径范围内的质量重新分布。因此，地面重力测量是监测低频地震活动、火山系统、地热储层、灌溉或地下水利用、油气资源开采影响和大型基础设施稳定性的重要手段。

（2）船载重力测量。将海洋重力仪安装在测量船上，在航行中进行重力测量，是海洋重力测量的基本方法。海面船载重力测量的测线网一般布设成正交形状，主测线尽量垂直于区域地质构造线方向，作业时，测量船按设计测线匀速航行。重力测量精度主要取决于重力仪的观测精度和定位精度。船载重力测量是直接获取高分辨率海洋重力场的主要方法，分辨率可达 1～2 km，精度可达 1～2 mGal。

（3）机载重力测量。将重力测量系统安装在飞机上，在飞行过程中对测区实施的重力测量。机载重力测量系统主要包括重力传感器分系统、定位传感器分系统、数据采集记录分系统和高度、姿态测量等辅助分系统。重力传感器用于测定瞬时比力，定位传感器用于测定载体的位置、速度和加速度。机载重力测量可快速获取困难山区、海陆交界的滩涂地带及浅水海域等困难区域的高频重力场信息,其分辨率可达 10 km,测量精度可达 2.0 mGal。

5. 海平面与海潮观测技术

利用长期验潮站监测海平面变化可追溯到 200 多年前,它们可长期监测海平面的高度变化,从高频波浪、风暴潮和潮汐,到洋流的长期变化、海水温盐效应,以及冰川和冰盖的融化。

长期验潮站数据分析是海平面变化研究的基本方法。目前全球已有 2000 多个验潮站,其数据采集的长度从几十年到两百年不等。近百年来的海平面变化,主要是根据验潮站观测数据计算出来的。验潮站提供的海平面资料具有精度高、时间跨度长等优点。全球海平面观测系统(global sea level observing system,GLOSS)的核心工作网就是由分布全球的 290 个长期验潮站组成。这些验潮站对全球海平面变化趋势和上升速率进行监测,并为联合国政府间气候变化专门委员会(Inter-Governmental Panel on Climate Change,IPCC)提供数据支持。许多学者利用验潮站观测数据计算出 20 世纪海平面升高范围。

海洋卫星测高技术是 20 世纪 70 年代发展起来的一项卫星大地测量技术,它利用卫星携带的雷达高度计,测定卫星到瞬时海面的垂直距离,从而实现高精度的海面测量。卫星测高能在全球范围内全天候地重复精确地进行海面观测,为研究海平面变化、地球重力场、海洋动力学、海洋潮汐与海洋地球物理等提供了丰富的信息。

GNSS 浮标验潮技术是随着高精度卫星动态定位技术的发展而产生的一门新型海洋验潮技术。GNSS 浮标验潮的基本原理是,将卫星精密定位设备安装在浮标或其他水面载体上,通过测量一段时间内浮标的系列高程,推算出潮位、平均海面和其他海浪参数。这种验潮技术布设灵活,不但适合近岸海域,而且适用于远离岸边及较深海域的验潮。GNSS 浮标验潮技术可改善现有地面验潮站布设不均匀的状况,能同时监测多种海况信息,对提高区域潮汐信息获取水平极具潜力。

6. 量子重力测量技术

量子重力测量采用自由下落的原子作为测试质量来测量重力加速度。原子云首先被捕获在真空腔中,并用激光冷却到微开尔文温度,然后被释放或以自由落体的方式向上发射,通过原子干涉测量法测量原子的加速度,这是一种利用物质的波动特性和使用激光操纵"原子波"的技术。因此,原子在下落过程中暴露在三个激光脉冲的序列中,这使它们处于两种不同动量状态的量子叠加中,这两种动量状态最初分离,最终重新结合,从而创建了原子干涉仪。干涉仪末端每个动量状态的相对数量直接取决于重力加速度。与经典的自由落体仪器一样,量子重力仪可以将其长度和时间测量值与计量标准联系起来,使其真正能够进行绝对测量。

量子重力仪发展已经有 30 年左右,技术日趋成熟,目前已有商用设备。与机械的、经典的绝对重力仪不同,量子仪器的后坐力非常小(测试质量很小),原则上可高速连续运行(没有磨损的运动部件)。因此,量子仪器将先前经典仪器的绝对测量和连续操作完美结合。特别是,这些仪器表现出极好的短期稳定性和与媲美经典绝对重力仪的精度。

图 8.2 所示为两款利用微观冷原子团作为测试质量,基于冷原子物质波干涉方法精密测量

绝对重力加速度的商用量子绝对重力仪。左图为法国阿基坦光学学院 2017 年生产的商用 μQuans 型量子绝对重力仪，测量灵敏度优于 50 μGal/$\sqrt{Hz}$，测量精度为几个 μGal，长期稳定度优于 1 μGal@1000 s。右图是中国杭州微伽量子科技有限公司于 2020 年生产的 MGAG-LH 型量子绝对重力仪，可满足陆地台站应用场景，具备长期连续绝对重力观测能力，绝对重力测量灵敏度优于 25 μGal/$\sqrt{Hz}$，测量准度为 5~10 μGal，长期稳定度优于 1 μGal@1000 s。

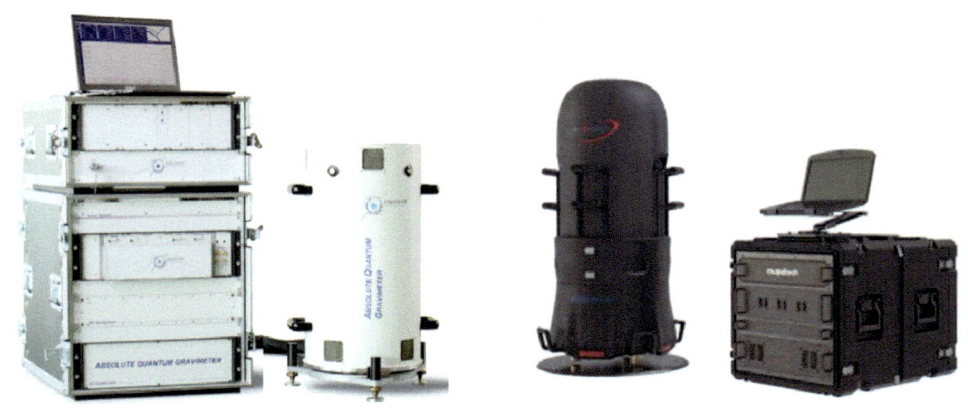

图 8.2　两款商用量子绝对重力仪

7. 光钟比较法重力位差测量

将光学原子钟用于重力位差测量可能在未来成为一种非常重要的大地测量技术。当前，计量实验室中的实验原子钟（或频率标准），基于不同类型原子中丰富多样的能量跃迁提供极其精确的频率，相对频率稳定性已达 10^{-18}。在这种精度水平下，比较不同地点光学原子钟频率时，频率差包含了由不同地点重力位（或高程）引起的相对论频率红移效应。目前，站点之间最精确的频率传输，采用相位稳定光纤来实现，这种光纤被证明可在整个大陆范围内工作而不会损失精度。

此外，通过将频率差转换为重力位差和高差，测量站点之间的频率红移使相对论水准测量成为可能。与传统水准测量相比，光学原子钟相对论方法直接基于原子标准，是一种直接测量技术，没有按水准路线逐站高差传递的误差累积。光钟比较法重力位差测量技术，对于建立全球或区域高度统一的高程基准、实现随时随地高程直接测量潜力巨大。实现高稳定性的光钟频率比对基准，也是光钟比较法重力位差测量的关键核心技术，光纤传递、脉冲星中介信号比对、卫星中介信号比对、单光钟固定长度比对等存在较大的应用潜力。

8.1.3　海量多源大地测量数据及服务

1. 国际地面参考框架产品及相关服务

2019 年，国际大地测量协会（IAG）第 1 号决议，将国际地面参考框架（ITRF）作为空间定位、卫星导航和地球科学应用的标准地球参考框架。鉴于大地测量参考框架的重要性，2015 年 2 月，联合国大会通过了首个地理空间决议"可持续发展全球大地测量参考框架"。

1) 国际地球自转和参考系统服务

1987 年，国际天文学联合会（IAU）和国际大地测量与地球物理学联合会（IUGG）联合成立国际地球自转和参考系统服务（IERS），作为国际地球自转服务机构，并于 1988 年 1 月 1 日开始运作。IERS 的主要目标是，构建与维持国际天球参考系（ICRS）、国际地球参考系（ITRS），研究地球定向及在 ICRS 和 ITRS 之间转换所需的地球定向参数（earth orientation parameter，EOP），研究影响 ICRS 和 ITRS 实现、维持及地球定向参数变化的地球动力学效应，并对这些动力学效应进行大地测量和地球物理建模，制定并发布有关标准、常数、模型和协议，为国际天文学、大地测量学和地球物理学界提供服务。

IERS 产品包括国际天球参考框架（ICRF）、国际地面参考框架（ITRF）、地球定向参数（EOP）（长期、每月、每日）估计及其预测、闰秒公告以及全球地球物理流体相关产品，以支持当前的科学和技术目标，包括基础天文学和大地测量参考系统，地球自转及定向运动监测建模，固体地球形变监测建模，大气层和水圈的质量变化及地球物理流体监测，人造地球卫星轨道确定，地球物理和大气研究，地球物理流体和固体地球之间相互作用研究。

2) 国际全球导航卫星系统服务

国际全球导航卫星系统服务（International GNSS Service，IGS）倡导并公开提供高精度 GNSS 数据和产品。1993 年 8 月，国际大地测量协会 IAG 在中国北京的一次科学会议上首次批准了国际全球导航卫星系统服务 IGS。2018 年 10 月在中国武汉通过全球合作开辟多 GNSS 之路。国际 IGS 的任务包括：①在公开可用的基础上，提供支持地球参考框架的最高质量的全球导航卫星系统数据、产品和服务，以及地球观测和研究；②定位、导航和授时（positioning, navigation, timing，PNT）；③其他有益于科学界和社会的应用。2019 年，IGS 提出一个官方口号，即"提供有益于科学和社会的公开可用的全球导航卫星系统数据和产品"，以及一个官方组织愿景，即"通过全球导航卫星系统的应用，更好地了解地球"。

IGS 的基础是一个由分布全球 500 多个具有大地测量性质的永久和连续运行的 GNSS 台站组成的国际网络。IGS 提供的基础数据主要是每个台站的 GNSS 伪距和相位测量产品，以 RINEX 文件的形式提供服务，其他基础数据还包括 GNSS 广播星历（轨道），台站气象信息和台站天线校准数据以及包含台站元数据的站点日志。IGS 产品是从这些基础数据中衍生出来，包括 GNSS 精密轨道、卫星/接收器钟差、地球自转参数、大气参数、台站坐标和速度。

3) 国际激光测距服务

国际激光测距服务（International Laser Ranging Service，ILRS）成立于 1998 年，是国际大地测量协会（IAG）服务机构之一，其宗旨是组织和协调全球卫星激光测距（SLR）和月球激光测距（LLR）活动，以支持大地测量学、地球物理学以及月球和行星科学方面的计划，提供对维护和改进国际地面参考框架 ITRF 至关重要的数据产品。SLR/LLR 中的基本观测值是超短激光脉冲到卫星或月球表面的后向反射器阵列的精确双向往返时间，以及到星载接收器（转发器）的单向飞行时间。

ILRS 的 SLR 数据向国际社会开放，由 ILRS 分析中心用于生成基本数据产品，包括各种地球卫星精密轨道、地球自转参数时间序列、ILRS 跟踪站坐标时间序列、低阶地球重力场时间序列以及基本物理常数。ILRS 生成提交给《IERS/ITRS 日报》的每周平均台站坐标和每日分辨率地球自转参数的标准产品，用于构建和维护国际地面参考框架（ITRF）。LLR 数据用于生成月球星历表和天平动、月球定向参数以及描述地球-月球动力学的其他参数。LLR 是太阳系中检验爱因斯坦广义相对论的最有力的工具之一。

4）国际大地测量和天体测量 VLBI 服务

国际大地测量和天体测量 VLBI 服务（International VLBI Service for Geodesy and Astrometry，IVS）于 1999 年成立，当年成为 IAG 测量服务机构之一，2000 年纳入国际天文学联合会（IAU）一项服务。IVS 与国际地球自转和参考系统服务（IERS）密切互动，支持 IERS 构建和维护国际天球参考框架（ICRF）和国际地面参考框架（ITRF）。

IVS 的目标是提供支持大地测量、地球物理和天体测量研究和业务活动的服务，促进大地测量和天体测量 VLBI 技术所有方面的研究和开发活动，并将 VLBI 纳入全球地球观测系统。IVS 协调国际 VLBI 观测计划，为 VLBI 站设置性能标准，建立 VLBI 数据格式和数据产品的协议规范；发布 VLBI 数据分析软件，为 VLBI 分析文件设置标准。由于许多 VLBI 设施和技术在天文学、大地测量和天体测量方面的双重用途，IVS 与天文学界密切协调与合作。

目前可用的 VLBI 数据产品主要包括地球定向参数（EOP）（章动、极移、UT1-UTC）、国际天球参考框架（ICRF）、国际地面参考框架（ITRF）、对流层参数和 VLBI 基线时间序列。所有 VLBI 数据产品都在 IVS 数据中心存档，并向公众开放。

5）国际 DORIS 服务

自 1994 年以来，DORIS 一直是国际地球自转和参考系统服务（IERS）的 4 种空间大地测量技术之一。2003 年，国际 DORIS 服务（International DORIS Service，IDS）成立，并成为 IAG 测量服务机构之一。IDS 致力于提供与 DORIS 技术有关的最高质量的数据和产品，特别是支持测高卫星的精确轨道确定。目前，IDS 产品主要包括 DORIS 跟踪站坐标、地心运动和地球自转参数时间序列。

2. 地球重力场数据与国际重力场服务

国际重力场服务（International Gravity Field Service，IGFS）成立于 2004 年，是 IAG 的一项服务。IGFS 协调向国际大地测量和地球物理界提供与重力场相关的数据、软件和信息。IGFS 数据产品包括卫星导出的纯卫星和多种数据综合的全球重力场模型、时变重力场模型，陆地、航空、卫星和海洋重力数据，地球潮汐数据、GNSS 水准测量数据、陆地地形和海洋水深的数字模型，以及多种卫星测高数据等。

1）国际全球地球模型中心

国际全球地球模型中心（International Centre for Global Earth Models，ICGEM）是 IAG 国际重力场服务 IGFS 的一个产品中心，为科学界提供最新的静态和时变全球地球重力场模型。自 2004 年成立以来，一直在收集和归档世界范围内几乎所有的全球重力场模型，收集全球陆海地形球谐系数模型，并进行验证。

国际上存在许多不同类型的全球地球重力场模型。一方面，可以将这些模型分为纯卫星模型和组合重力场模型。纯卫星重力场模型仅由卫星跟踪观测（如 SLR、CHAMP、GRACE、GRACE-FO）和卫星重力梯度测量来确定，组合模型通过将地面、航空、海洋和测高重力数据与卫星数据融合实现。另一方面，地球重力场模型可分为静态和时变重力场模型。时变重力场模型目前主要从卫星数据中确定，这些模型可根据选定的轨道和卫星寿命进行重复观测数据计算，例如每月模型的时间序列。由于其他重力场数据大都是几十年来收集的，很难确定观测时期，因此，组合模型总被视为静态（平均）重力场模型。对于纯卫星重力场模型，时变历元主要取决于观测数据覆盖的时间跨度。组合多种卫星 SLR、卫星重力任务 CHAMP、GRACE、GRACE-FO、GOCE 和中国重力卫星等数据，能获得更高空间和时间分辨率的全球地球重力场变化时间序列。更多和更好的测高卫星数据及陆地、海洋和航空重力测量数据不断被用于计算高分辨率的组合全球重力场模型，其精度和空间分辨率也得到显著提高。

2）国际时变重力场组合服务

2019 年，时变重力场国际组合服务（Combination Service for Time-Variable Gravity Fields，COST-G）作为 IAG 国际重力场服务（IGFS）的新产品中心成立。COST-G 的主要产品是每月全球重力场模型，特别为 GRACE、GRACE-FO 和 SWARM 卫星提供了不同处理级别的不同产品，如组合的每月球谐系数模型（2 级产品）、应用了各种修正的后处理产品（2b 级产品）及基于 2b 级产品的方便用户的数值格网数据（3 级产品）。

3）国际地球动力学和地球潮汐服务

国际地球动力学和地球潮汐服务（International Geodynamics and Earth Tide Service，IGETS）是国际大地测量协会（IAG）的一项服务，隶属于 IGFS 国际重力场服务。IGETS 收集、存档和分发来自地面重力仪（超导重力仪）、倾斜仪、应变仪和其他地球动力学传感器的长期系列地球潮汐记录。IGETS 主数据中心位于德国波茨坦，在法国波利尼西亚大学和斯特拉斯堡大学有两个分析中心。

IGETS 的全球超导重力仪网络数据产品，包括了来自世界各地超导重力仪的原始记录和经过处理的记录。其中：1 级数据产品是原始重力和当地气压记录，采样时间为 1 s 或 2 s，或重新采样至 1 min；2 级数据产品为气压校正后的重力，用于潮汐分析；3 级数据产品是经各项地球物理校正后的重力残差，校正项包括固体潮、负荷潮、自转极移和非潮汐负荷效应。此外，IGETS 还提供大地震的超导重力仪数据（分和秒采样），以及水文、大气和非潮汐海洋负荷效应工具箱和计算服务。

4）国际重力局全球重力数据

国际重力局（International Gravimetric Bureau，BGI）成立于 1951 年，是国际大地测量协会（IAG）的一个科学服务机构，隶属于国际重力场服务（IGFS）。BGI 中心局设在法国图卢兹。BGI 的主要任务是收集、验证、存档和向各种用户分发地球重力数据，其全球数据库包括陆地重力数据、海洋重力数据、航空重力数据、绝对重力数据及重力固体潮站的重力观测数据。

5）国际数字高程模型服务

国际数字高程模型服务（International Digital Elevation Model Service，IDEMS）是国际重力场服务（IGFS）内的另一项 IAG 服务，提供有关数字高程模型（DEM）、全球陆海地形球谐系数模型、月球和行星 DEM、相关软件和相关数据集，以及这些数据和信息的分发服务。全球数字高程模型数据源广泛繁杂，包括传统的地面地形测量、GNSS 定位、遥感与摄影测量、激光测高、卫星雷达测高、合成孔径雷达技术（干涉测量和雷达测高）、海底声呐测深、航空光学遥感测深、冰穿透无线电回声测深等。

3. 地表形变监测数据和地面形变模型

准确记录地球表面台站的时变位置对量化地球系统的变化至关重要，这是更好地了解潜在地球动力学过程的基础。这些产品是许多科学活动的基础，从防灾减灾、了解气候变化到建设和管理一个繁荣和可持续的全球社会。国际地面参考框架 ITRF 提供全球地面框架站点位置及其时间变化，包括 VLBI、GNSS、SLR 和 DORIS 四种空间大地测量观测时间序列，VLBI 和 SLR 持续观测近 40 年，GNSS 和 DORIS 持续观测 25 年以上。

全球 ITRF 的区域加密，包括欧洲参考框架、美洲地心参考系统、北美参考框架、非洲参考框架和亚太参考框架。这些区域框架提供了区域站点的位置及其时间变化。

地面大地测量网中的台站速度反映了大尺度变化（所有台站共有）和小尺度变化（每个台站特有）的叠加。大尺度变化通常代表大地测量网覆盖区域下面的构造板块的运动，而小尺度变化代表台站运动与板块运动的偏差，包括局部形变。通过将逐点的短尺度变化内插到规则的网格中，可推断地壳相对运动与地表形变模型。

4. 国际海平面观测数据及其相关服务

平均海平面永久服务（Permanent Service for Mean Sea Level，PSMSL）成立于 1993 年，是国际大地测量协会（IAG）和国际物理海洋科学协会（International Association for Physical Sciences of the Oceans，IAPSO）的主要数据中心之一。PSMSL 负责收集、发布、分析和解释来自全球 2000 多个验潮站的海平面观测数据。PSMSL 可提供海平面的小时、日、月和年平均值，海平面线性和季节性变化，以及海平面距平等数据。这些数据用于广泛的地球科学领域，其中政府间气候变化专门委员会（IPCC）的评估中关于海平面上升的研究被引用最多。

全球海平面观测系统（GLOSS）成立于 1985 年，经历了几个主要的发展阶段。GLOSS 建立之初，其主要目的是配合科学研究的需要，对全球及区域的海洋水位观测进行协调和管理。1990 年，GLOSS 形成了由全球约 300 个海洋水位观测站组成的核心网络。1997 年，GLOSS 确立了 4 个工作重点：①水位观测要满足海平面变化的长期趋势和加速度的研究；②利用水位观测网数据对卫星高度计数据进行校准；③水位观测尽量满足大洋环流研究的需要；④将全球导航卫星系统 GNSS 对陆地高程变化的监测纳入计划中。

5. 大气及水文环境大地测量监测数据

地面和卫星大地测量和地球观测技术，如 GNSS、VLBI、SLR、DORIS 和星载雷达测高等，通常是基于对穿过地球大气层的电磁信号的观测。信号经历传播延迟，并且由于大气折射，观测路径稍微弯曲。这些延迟反过来提供了关于大气的有价值的信息。

目前的空间大地测量技术和方法还能实现电离层、对流层、磁场的扰动和变化探测研究的辅助应用。大气扰动曾经是限制大地测量精度的自然因素。现在，这种干扰或误差被视为高度信息化的信号，通过大气传播的大地测量微波信号的失真可以被反演，并用于天气预报、气候研究及大气物理和空间天气研究。

当通过大气层传播时，GNSS 信号的速度和轨迹（折射）会发生变化，到达地面站会有一些延迟。这种延迟可用于确定电离层中自由电子的密度，监测低层大气中的水蒸气含量。由于电磁波的传播受到大气中带电粒子的干扰，GNSS 可用于开发高分辨率电离层模型。全球导航卫星系统的其他科学应用还包括全球导航卫星系统反射仪、散射仪和无线电掩星仪。

全球导航卫星系统反射（GNSS-R）技术，利用从地球表面反射的 GNSS 信号。GNSS-R 测量可以在不同的地面、空中和空间平台上监测被反射对象的各种各样的地球物理参数。当 GNSS 卫星接近地平线（即低仰角）时，地面 GNSS-R 可测量经地表反射的 GNSS 信号。这种测量模式的频率和幅度取决于地表状态，可用于获取海平面高度、土壤湿度、积雪深度和植被生长等信息。

星载 GNSS 反射测量是一种带有 GNSS 接收机的卫星 GNSS-R 测量技术。星载 GNSS 接收机将接收到的反射信号与本地生成的信号副本进行交叉关联，互相关功率被映射到延迟和多普勒频移的范围内，以创建所谓的延迟多普勒图（DDM）。DDM 中的功率和它们的形状由反射介质的类型及其属性（如功率与海洋表面粗糙度的反比关系，以及与之关联的表面风速）控制。全球导航卫星系统 L 波段信号的能量随着大气中的雨滴和云层而衰减很小，这是 GNSS 用来观测热带气旋和飓风的优势。星载 GNSS-R 目前可提供多种多样的应用，不仅在海洋上，而且在陆地和冰冻圈上，因此，它在描述它们的特征及推断相关的气候信号和可能的自然灾害方面起着核心作用。星载 GNSS-R 测量还可用于监测土壤湿度、海平面高度、植被状况、冰和冰川等。

冰盖和冰川体积和质量的时间变化是气候变化的敏感指标，并强烈影响全球水循环、地表能量收支、海平面变化、海洋环流模式，从而影响全球气候。通过专门的卫星重力任务，以及卫星和飞机的遥感技术，现在可以精确监测冰盖和更大冰川的质量和体积变化。

8.2 多种异构协同与多源数据深度融合

多种异构大地测量技术协同与多源异构大地测量数据融合，一直是大地测量学自身发展和科学应用中的热点问题。大地测量观测量与数据产品是监测目标、观测对象与观测环境这三类要素相互作用效应的直接测量或监测结果，因此，通过多种大地测量技术协同和多源数据深度融合，能显著提升监测目标（如地球物理场、地质灾害危险性或基础设施稳定性）、观测对象（如形变地球、地质环境或地面基础设施）动力学行为和观测环境因素（如观测信号传播路径大气层析、观测平台动力学效应或测量传感器参数标定）的直接监测性能和水平。更重要的是，通过大地测量学原理和动力学规律约束，可全面提升这三类要素相互作用的动力学监测性能和水平。

8.2.1 大地测量学原理约束多种异构技术协同

采用大地测量学原理约束，是大地测量学解决科学和技术问题的基本理论方法。不失一般性，有效统一在大地测量参考系统中的各种大地测量技术，可通过大地测量学原理的解析约束，控制实现多种异构观测技术协同。

1. 多种空间大地测量协同的地面坐标参考框架实现

在地面坐标参考框架解算数学模型中，采用参考框架网的几何网形约束条件，见式（7.3.15），建立 VLBI、SLR、GNSS 和 DORIS 等多种观测量之间的几何关系，可实现多种空间大地测量协同；采用基准网整体无平移和无旋转约束，见式（7.3.14），可建立基准网与参考框架网之间 VLBI、SLR、GNSS 和 DORIS 等观测量的运动学关系，以实现多种空间大地测量技术协同，从而将定位定向不随时间变化的地固参考系，动态稳定地传递到分布全球的地面坐标参考框架。

参考框架网几何网形约束是典型几何大地测量原理约束，基准网整体无平移和无旋转约束，是地球坐标参考系拟稳基准约束，也是典型的大地测量参考系理论约束性要求。VLBI、SLR、GNSS 和 DORIS 等多种空间大地测量观测量，正是通过这两种经典的大地测量原理约束，才能实现多种大地测量技术协同，从而通过约束地固参考系（基准）的唯一不变性，求解出地面参考框架点在不同历元时刻的坐标解。

不难理解，若地面参考框架网（含基准网）中，存在其他类型大地测量技术直接测量的高精度长度或角度观测量（如两个框架点之间的激光测距观测量），很容易通过完善大地测量约束条件式（7.3.15）或式（7.3.14），同化这些大地测量观测量，通过提高多种异构大地测量协同水平，改善地面坐标参考框架的性能和水平。

2. 空天地海大地测量协同的重力位系数模型构建

各种类型的地球重力场观测量，如 GNSS 水准高程异常、空间异常、扰动重力、垂线偏差、重力梯度、卫星轨道摄动或低低卫星跟踪等，可统一表达成位系数（目标参数）展开式，见 1.2.4 小节。这些重力场观测量，通过相同一组目标位系数的不同形式展开式，构成严密的重力场解析函数关系，从而分别以多种类型（地面、海洋、航空或卫星重力场观测量）的谱域位系数展开式为观测方程，以位系数为待估目标未知数向量，按测量平差原理，约束这些重力场量在不同空间位置处的观测值及不同类型重力场观测量相互之间的函数关系，实现多种异构观测技术协同，通过联合求解目标位系数，构建地球重力位系数模型。

8.2.2 监测对象动力学约束多源数据深度融合

大地测量的监测对象（如形变地球、地质环境或建筑物）客观存在，监测对象都存在其特定的动力学机制。任意类型大地测量监测量，都是其监测对象动力学响应以某种形式的定量表达，而基于特定监测对象的各种类型大地测量监测量，客观上必然遵循相同的动力学机制。因此，不同类型大地测量监测量，其空间分布规律与时间演变状态，也必然在其监测对象动力学约束控制下协调统一。可见，以监测对象动力学为约束，同化多种类型大地测量数据，实现多源异质数据深度融合，理应成为有效实现大地测量监测目标的科学技术途径。

1. 负荷形变场及时变重力场全要素解析联动

区域性各种几何物理大地测量监测量，如地面 CORS、重力固体潮站、验潮站及测高卫星海面或低低卫星跟踪等监测量，可统一表达成地面等效水高的径向基函数级数（泛函）形式，见 6.4.3 小节。这些大地测量监测量，以径向基函数系数为公共目标参数，构成自身及其相互之间的负荷形变动力学约束。因此，分别将各种地面、海洋或卫星监测量的球面径向基函数级数展开式作为观测方程，以径向基函数系数为待估未知数向量，按测量平差原理，约束这些监测量的空间分布，从而通过联合求解径向基函数系数，就能实现多源异质数据深度融合，构建区域全要素负荷形变场、时变重力场与陆地水储量变化格网模型，实现负荷形变场及时变重力场各种大地测量要素在时间和空间上的解析联动。

2. 地球动力学约束同化法多源数据深度融合

区域地面 GNSS、重力、水准高差、地倾斜、地应变及其他形变监测网等各种大地测量监测量，可通过固体地球动力学约束同化，见 2.3 节，实现多源异质数据深度融合，构建区域应力应变等地球物理场。海洋验潮站、GNSS 浮标与多种测高卫星等海洋潮汐参数观测量，可采用（斜压或正压）海洋潮波运动方程约束，同化海岸、海底地形和海洋物理数据，实现多源异质数据深度融合，构建精密海洋潮汐潮流数值模型。

3. 监测对象物理结构与物理属性参数的探测

在监测对象物理性质中，凡是对某种或多种大地测量监测量有明显作用效应的物理结构或物理属性参数，都有潜力通过优化配置多种大地测量监测量，通过设计恰当的含参动力学形式为约束，进行综合解算或反演。例如，区域地壳弹性模量、固体潮因子、负荷潮因子、岩土层富水程度（储水率）、活动构造空间分布或不同性质岩层垂向结构（如冰川界面）等。连续或多期大地测量监测，还可用于探测地球物理参数的黏滞性（参数虚部或响应时延）。

8.2.3　测量环境效应解析法多种异构技术协同

大多数情况下，大地测量观测量是观测设备及平台环境、观测信号路径环境和观测对象动力学环境作用于观测量后的综合效应，即大地测量观测量的环境效应。这三类测量环境对大地测量观测量的贡献，分别对应大地测量观测量的设备环境效应、路径传播效应和观测对象动力学效应。正因为如此，绝大多数类型的大地测量技术，都可有效用于观测设备环境（如卫星轨道动力学、设备参数）、传播路径环境（电离层与中性大气）和监测对象（地球形变及动力学）的定量监测。

1. 面向测量环境效应的多种技术协同监测基本原理

当大地测量观测量的类型或数量超出大地测量学约束求解问题的必要时，会产生冗余观测。大地测量学原理是决定冗余观测性质的理论依据。依据大地测量学原理，优化设计大地测量冗余观测方案，提高大地测量监测的容错能力和精度水平，拓展或创新大地测量的应用监测能力，一直是大地测量学解决自身科学问题和应用技术难题的重要技术途径之一。不难理解，采用多种异构大地测量技术，可整合多种大地测量学原理，通过约束冗余观测量，精确分离或有效抑制大地测量观测量中某两类环境效应，进而显著提升或创新第三类环境效应或环境要素的大地测量监测能力。

2. 面向测量环境效应的多种异构技术协同一般方案

优化设计多种大地测量技术中一些相同（相似）的环境效应或环境要素（后者即观测量效应的环境作用因素），作为多种大地测量观测量的公共未知参数（变量），由不同大地测量技术所遵循的大地测量原理为约束条件，分别建立包含这些相同未知参数的多种大地测量数学模型，从而通过联合解算这些公共的未知参数，即环境效应或环境要素，可实现多种异构大地测量对指定环境效应或环境要素的协同监测。

3. 面向测量环境效应的多种技术协同应用场景

面向测量环境效应的多种异构大地测量技术协同，一直是大地测量学自身和应用中解决复杂问题的重要措施。实际应用面向特定监测目标，所需的协同形式灵活多样，一般没有统一的技术方案。这里扼要列举几个应用场景，以便触类旁通。

电离层与中性大气层析法大地测量监测。GNSS 信号经大气环境传播，本身包含大气环境效应，即电离层和中性大气造成的 GNSS 信号弯曲和延迟。采用多种 GNSS 卫星多频 GNSS 技术（改善 GNSS 信号传播效应）、提高 GNSS 卫星定轨与卫星钟差技术（改善观测设备环境效应）、提高 GNSS 地面站动力学监测水平（改善观测对象动力学效应），都可显著提升或创新电离层与中性大气层析法监测性能和水平。

时变重力场卫星监测能力提升。在卫星重力场时变监测方案中，通过提高重力卫星质心、非保守力测量或建模水平（改善测量平台及设备环境效应），通过组合地面大地测量非负荷形变监测（改善监测对象的动力学效应），都可明显提高时变重力场监测性能和水平。

地下水监测站地下水变化监测能力重构。地下水监测站的水位观测量总是与当地水文地质环境强耦合，不具备独立监测地下水储量变化的能力，而多种大地测量间接监测地下水储量变化的能力有限。若将多年大地测量监测的地下水储量变化格网时间序列与地下水监测站的水位观测时间序列进行比较，逐站标定地下水位变化与水储量变化的参数关系（作用类似于地球物理量的导纳系数），由于这个参数关系定量表达了地下水监测站的当地水文地质环境结构，不随时间变化，因而通过标定能建立起地下水监测站的高精度高频率地下水储量变化监测能力，在此基础上再进一步深度融合多种大地测量监测量（见 6.4.3 小节），就可显著提升或创新地下水储量变化及地表动力环境的大地测量监测性能和水平。

8.2.4　分离解析综合法多源异质数据深度融合

将多种大地测量监测量（源监测量）按统一标准，解析为多个分量之和，以源监测量分量为单元，由已知的大地测量解析关系（可解析计算），或按大地测量原理或动力学约束（参数估计），直接计算或求解目标监测量分量，最后，将求得的所有目标监测量分量进行综合，得到目标监测量，从而实现多种异构大地测量技术协同和多源异质大地测量数据深度融合。这种方案可称为分离-解析-综合法，是大地测量数据处理中实用有效的技术措施。如基于非潮汐形变场时间序列的移去恢复法大地测量历元归算，全球和区域负荷潮模型联合的区域大地测量负荷潮效应精密计算等。

以 6.4.3 小节为例，联合 CORS 网、重力固体潮站网与地下水监测站网等多种监测量时间序列，可实现区域负荷形变场全要素的协同监测。事先，由全球地面大气压变化、海平面变化和陆地水变化构建全球非潮汐负荷球谐系数模型时间序列；由区域地面大气压变化、地表水变化（土壤植被水和江河湖库水等）和海平面变化构建高分地表负荷等效水高变化格网时间序列；由全球负荷球谐系数模型，按球谐综合法计算并移去区域等效水高变化中的全球负荷模型值，生成区域等效水高变化残差格网时间序列。

（1）分别从 CORS 网大地高变化时间序列和固体潮站网重力变化时间序列中，分离出（移去）各自的地表环境负荷效应。由全球负荷球谐系数模型，按球谐综合法计算并移去 CORS 网大地高变化、固体潮站网重力变化的全球负荷效应模型值，由区域等效水高变化残差格网，计算并进一步移去 CORS 网大地高变化、固体潮站网重力变化的区域负荷效应残差值，得到 CORS 网大地高变化和固体潮站网重力变化残差时间序列。

（2）联合 CORS 网大地高变化残差，固体潮站网重力变化残差与地下水监测站水储量变化时间序列，采用负荷形变效应的球面径向基函数级数，表达各种监测量及其相互之间的负荷形变动力学关系，约束解算区域地下水储量变化格网时间序列。

（3）计算区域负荷形变场的全球负荷效应模型值、区域地表负荷效应残差值和地下水负荷效应，三者相加实现综合。由全球负荷球谐系数模型时间序列，按球谐综合法计算高分区域负荷形变场全要素模型值格网时间序列，由区域等效水高变化残差格网时间序列，计算高分区域负荷形变场全要素残差值格网时间序列，由区域地下水储量变化格网时间序列，计算高分区域地下水负荷形变场全要素值格网时间序列。将计算得到的三种高分格网时间序列相加（综合或恢复），就是高分区域负荷形变场全要素格网时间序列。

8.3 地表动力环境自适应协同监测感知

面向各种实际需求，大地测量观测系统可以是全球性、区域性和专题性监测系统，分别对应全球大地测量观测系统（GGOS）、区域大地测量观测系统和专题大地测量观测系统。无论是全球性、区域性或专题性大地测量观测系统，其组建方案、约束同化、协同监测、质量控制、学习更新及科学应用的逻辑结构、原理方法、技术要求和性能特点都是雷同的。限于篇幅，本节将大地测量观测系统界定为区域地表动力环境大地测量监测预报这一专题性问题，采用启发式语言，忽略技术细节，以突出大地测量观测系统的总体逻辑与典型特征。

8.3.1 地表动力环境大地测量系统背景与原理

进入 21 世纪以来，全球和区域大地测量及地球观测系统发展呈现井喷态势，国际地球自转和参考系统服务（IERS）、全球大地测量观测系统（GGOS）、国际地球动力学与潮汐服务（IGETS）、全球海平面观测系统（GLOSS）、国际水文计划（International Hydrological Programme，IHP）、全球气候观测系统（GCOS），以及丰富多样的区域地球观测计划蓬勃发展，大地测量、地球观测和地球动力学数据资源不断丰富，规模化、系统性、全覆盖、多尺度、高重复率的地球观测能力不断提高。

截至 2020 年底，中国已拥有全国分布的 1 万余座北斗 GNSS 卫星定位连续运行基准站（CORS）、近 2 万座地下水监测站、数千座河流水文站、100 余座长期验潮站，200 余座重力与地倾斜固体潮站，每年一到数次全国性重复观测的流动 GNSS 网、流动重力观测网和精密水准监测网。若能有效综合这些全国性密集分布的规模化高精度观测网络和数据资源，最大限度地同化多种地球观测与区域环境数据资源，必将有力推动地球变化及地质生态环境灾害领域的巨大科学进步。

人类对自然规律的掌握程度和运用能力，直接决定其自然资源利用和自然灾害应对的科学水平。同样地，大地测量原理、地球动力学、环境地质学及其他客观自然规律，也直接控制着地球环境灾害大地测量学的监测方案设计、科学问题解决和监测预报水平。可见，如何充分运用和深入揭示客观存在于大地测量观测数据、监测要素及其相互之间的各种大地测量原理、动力学及规律，约束多源数据深度融合、维持多种监测要素之间时空协同/联动关系、控制环境灾害情势分析预报，认知、揭示和创新更丰富的地表动力环境时空演变机理或规律，是大数据时代地球环境灾害大地测量学的关键技术问题和重大发展机遇。

不难理解，若以分布整个区域若干高精度连续监测站为控制，采用大地测量原理、地表环境动力学及自然规律约束的同化方法，可深度融合多种监测要素的多尺度、多时相、多类型、多源异质海量观测数据，进而充分发挥多种动力学及规律约束和各种观测冗余作用，通过数据整合、规律同化、系统优化、智能学习等方法，创新监测质量自适应控制和监测能力逐步增强方法，创建地表环境动力学系统的自我学习机制，实现地表环境多种要素及其相互之间协同关系的同步监测，从而建立专题性自适应智能大地测量观测系统。

通过动力学及规律整合的约束同化，可有效破解多种大地测量深度融合、多要素协同/联动监测与环境灾害情势分析预测等系列难题；通过充分发挥多种动力学及规律约束和各种观测冗余作用，可降低必要调查监测的规模（类似于大地控制网必要观测数），创新监测质量自适应控制和监测能力逐步增强方法，创建地表环境动力学系统的自我学习机制。特别地，地表环境多要素协同监测成果，通过各要素之间的联动关系，能定量体现多种动力学及自然规律，对所监测的区域动力环境要素具有较强的时空情势分析与预测预报能力。

8.3.2 区域大地测量协同监测与数据融合要点

区域地表动力环境大地测量协同监测的一般技术流程可表述为：以大地测量原理、负荷动力学、水文动力学、构造和均衡垂直形变等较为成熟的动力学或自然规律为约束，以 CORS、长期验潮站、重力与地倾斜台站、地下水监测站、河流水文站和气象台站等高精度连续监测数据为控制，整合同化多种海量地球观测数据资源，连续监测土壤水含量、地下水储量与冰川雪山质量变化，地面形变、重力场变化与地面稳定性变化，重构和精化这些要素之间的时空联动关系，实现地表动力环境多要素时空协同监测。

1. 环境地质和水文动力学约束整合与同化

动力学同化的作用是，在地表水、地下水、大气和海平面变化，与地表形变、地面重力与地倾斜变化之间，以及这些要素的相互之间，引入动力学约束，实现这些环境负荷变化及其对地面动力作用效应的多要素协同监测，整体提升多要素时空协同监测能力。以区域离散分布的地面站高精度连续监测为控制，采用动力学同化方法，可同化高分辨率环境负荷或高分辨率垂直形变监测数据，实现环境负荷变化、地表形变、地面重力与地倾斜变化的多要素无缝连续监测。

利用环境地质资料，可以提取环境负荷空间不均匀分布信息，进而构造先验的空间约束条件或监测要素的空间权比关系，提高环境负荷变化、地表形变、地面重力和地形倾斜变化的空间分辨率和多要素监测的可靠性。例如，可以利用土壤储水率要素构建土壤水变化在空间分布上的权比关系，作为先验信息加入动力学同化过程；也可以由地下水富水程度、储水率等要素，构建附有地下水均衡垂直形变参数的条件方程和地下水储量变化的空间权比关系，加入动力学同化过程。

利用土壤水、地下水动力学规律，构建附有动力学结构参数的水文动力学方程，加入动力学同化，可有效整合其他类型的可观测要素，如大气温度、湿度等气象要素，提升每种环境负荷变化及影响的分离与精化能力，同步提高水文动力学规律探测水平，大幅提升各种环境负荷变化与地表形变、地面重力和地倾斜变化的监测时空分辨率、可靠性，以及这些要素之间联动关系的监测水平。

2. 区域重力场变化与地表形变的连续监测

通过分离环境负荷与非负荷影响，连续监测区域重力场变化和地表形变场，为地质环境及基础设施安全评估、地质灾害防治与生态环境保护，提供基础性监测和科学依据。

（1）区域环境负荷变化及其动力作用监测。整合区域/全球水文环境数据，构建大气、江河湖库、土壤水和海平面变化负荷格网时间序列，采用全球负荷参考场移去恢复法，确定大气、江河湖库水、土壤水、海平面变化引起的地表形变、地面重力与地倾斜变化。

（2）区域地表形变及重力场变化监测。基于区域 CORS、重力和地倾斜台站等连续观测数据，结合监测的环境负荷及其负荷形变场格网时间序列，采用移去恢复法，精化地表形变、地面重力与地倾斜变化格网时间序列，实现区域重力场变化的无缝连续监测。

（3）地表形变与地下水储量变化协同监测。按已知负荷移去恢复法，分离有高分连续监测的负荷效应，能有效提高地下水储量变化及其负荷效应监测的时空分辨率和可靠性；利用构造地质和水文地质资料，优化配置多种监测站空间分布，分离非负荷形变效应，有利于实现区域地表形变和地下水储量变化连续协同监测，进一步精化重力场变化。

3. 基于时空特征显著差异的非负荷效应分离

地表形变、地面重力与地倾斜变化等大地测量监测量，在局部空间范围内有时还受活动构造和地下水均衡垂直形变影响。这种非负荷效应与环境负荷效应相比，无论在空间分布结构上还是在其时变特点上，都存在显著的差异（见 6.4.2 小节）。充分利用这些时空影响特点的显著差异，能有效分离监测量中的非负荷效应。

构造垂直运动由地球内部构造力引起，仅在活动构造边缘起作用，其影响程度随离开活动构造的距离增大迅速衰减，空间影响范围一般不超过活动断裂最大深度（因岩层影响角一般不大于 45°），超出了此空间范围，该活动构造的影响甚微。

地下水变化引起的地面沉降可分解为两种时空特征差异显著的过程。①当某一局部空间范围内的地下水储量减少时，由于覆盖地壳的压力（质量）减小，地面首先在负荷弹性作用下会立即（不需要时间）抬升。由负荷理论可知，这种弹性地面抬升会波及数十千米到上百千米的空间范围。②地下水储量减少导致含水岩土层出现空隙，失去平衡，有空隙岩层会向另一平衡状态缓慢运动，在重力作用下产生压实效应，导致地面沉降，这个过程为时间缓慢的塑性均衡形变，空间影响范围一般不超过失水岩层所在深度。

构造垂直形变与地下水均衡垂直形变都是塑性形变效应，一般会持续十年到数十年。在数年时间尺度上，主要表现为明显的线性时变特征，空间影响是局部的。环境负荷影响是弹性的，效应立即产生，具有明显的准周期和非线性时变特点。地球能量质量守恒定律也决定了环境负荷效应在较大时空尺度上基本没有明显的随时间线性变化。环境负荷变化或变迁对地面垂直形变的空间影响范围一般会波及 100 km 以上。

环境负荷效应的空间特征，决定了可以不在环境负荷覆盖地区而仅在其周边布设，就能有效地监测环境负荷变化引起的地表形变、地面重力与地倾斜变化，如只在冰川雪山、江河湖库周边地区布设，监测冰川雪山、江河湖水变化及其影响。

基于环境地质的差异性，优化配置监测站空间分布，充分利用环境负荷大范围非线性影响和非负荷局部空间短期线性影响的显著差异，能有效实现非负荷垂直形变的准确分离与高精度监测。

8.3.3　自适应动力学探测与监测能力逐步增强

地表环境多要素大地测量协同监测过程中，纳入的大地测量原则或动力学规律越多，则可同化的观测量种类越多、规模越大，监测成果中有联动关系的监测要素种类也就越多。

协同监测过程中，一些规律有条件转化为解析关系。例如，利用地面监测站控制和负荷动力学约束，精确分离了土壤水含量和地下水储量变化后，土壤水含量与地下水储量的时空联动关系就被准确地构建出来。进一步以新构建的联动关系为约束，能同化更多种类和规模的观测数据，拓展监测的要素种类与领域范围。

通过增加地表环境要素大地测量监测，将非确定性规律或现象转化为解析联动关系。例如，利用精密水准联测流域内河流水文站，结合水位连续观测，就可构建起流域内江河湖库水的严密联动关系，通过增加监测的要素种类，增强监测要素的联动关系。

随着协同监测工作的开展和不断深入，一些动力学及自然规律会被发现，要素间的联动性就由未知或不确定转化为联动现象或联动规律；同时，一些动力学及自然规律被进一步精化，要素间的联动性就可从联动现象或联动规律转化为严密联动关系。

综上所述，大地测量地表环境监测水平和预报能力一般难以快速形成、一蹴而就，需要通过不断提高要素之间联动性，拓展纳入同化的观测数据种类和规模，持续扩大监测要素种类和范围，逐步增强多种异构技术协同监测与多源异质数据深度融合的能力和水平。

8.3.4　地面稳定性变化监测与地灾危险性预报

若某时某地，地面向上抬升（地面高程增大），或地面重力减小，或高程/重力变化水平梯度较大，则该时该地的地面稳定性必然正在降低。虽然可能一时无法认识稳定性降低的程度如何，但这个准则是确定无疑的，实用价值重大。因此，通过监测地面形变和时变重力场，可在整个监测区域范围和时间跨度内，随时随地捕获地面稳定性降低出现的时间与地点，跟踪持续作用时间与空间影响范围。依据地质灾害发生前地面稳定性必然降低的客观自然规律（这个确定性的客观依据也尤其重要），由地面稳定性变化格网时间序列，定量跟踪地质灾害危险区及其时空演变，实现地灾危险性数值预报。

1. 地面稳定性变化及确定性定量辨识准则

例如，若由地表形变、地面重力和地倾斜变化格网时间序列，定量检测到某时某地出现如下 6 种情况中的任一种现象，就可判定，在该时该地附近，地面稳定性正在降低。

（1）地面高程增大（表现为地面向上抬升，稳定性降低）。

（2）地面重力减小（导致地面向上回弹）。

（3）地倾斜或水平形变由某点向外发散（围绕该点的附近地面会被拉伸）。

（4）地面高程变化水平梯度较大（地面局部不均匀抬升或下沉，都会导致地面产生扭曲）。

（5）地面重力变化水平梯度较大（局部空间出现不均匀作用力，地面产生扭曲）。

（6）地倾斜变化或水平形变，与地形水平梯度的向量内积大于零（地倾斜变化或水平形变方向与地形坡度方向夹角小于90°）。

不难看出，利用以上6条客观自然规律识别地面稳定性降低信号，是确定的、无疑义的。因此，通过将这6条客观自然规律直接用数值算法定量实现，可建立地面稳定性降低的确定性定量辨识准则，然后分别由地表形变、地面重力和地倾斜变化格网时间序列，按这些准则定量计算基于多种大地测量监测要素的地面稳定性变化格网时间序列（算法实现见附录1）。

2. 基于多要素的地面稳定性变化智能整合

由地表形变、地面重力和地倾斜变化监测的地面稳定性变化时间序列，反映不同性质的地面稳定性变化。基于垂直形变的地面稳定性变化监测，空间作用范围较大，但近距离敏感性较弱；基于重力变化的地面稳定性变化监测，近距离敏感性强，但空间作用范围较小；基于垂直形变和重力变化的地面稳定性变化监测各向同性，而基于地倾斜变化和水平形变的地面稳定性变化监测，能够辨识来自不同方向的地面稳定性变化信号，对远区有一定的敏感性。综合地表形变、地面重力和地倾斜变化监测的地面稳定性变化格网时间序列，可有效提高地面稳定性变化监测的灵敏度和可靠性。

为提高各种地质环境中地面稳定性变化跟踪的灵敏度与可靠性，需以当地历史上发生的地质灾害（险情）、地震事件为训练样本，以地面稳定性降低与已有地质灾害（险情）、地震事件的时空分布一致性为学习目标，将基于地表形变、地面重力和地倾斜变化的地面稳定性变化格网时间序列与当地水文气象监测资料进行智能整合，得到区域地面稳定性变化格网时间序列。实际应用过程中，还需通过不断学习，提高地面稳定性变化不断适应当地当时地质环境的能力，持续增强稳定性变化监测的灵敏度和可靠性。

这里继续利用6.4.3小节42座CORS、7座重力固体潮站和11个地下水位监测站连续观测数据，协同监测2018年1月～2020年12月区域地面形变、地面重力与地倾斜变化，按定量辨识准则计算后，进而结合当地水文、气象与环境地质资料，进行智能整合，获得该地区3年的地面稳定性变化（无量纲）格网时间序列，空间分辨率1 km×1 km，时间间隔1周，时变监测基准为2018年平均值。图8.3给出了其中2019年6周的地面稳定性变化数值结果。图中稳定性数值较大表示此时此地稳定性正在降低，数值越大表示稳定性降低速度越快。

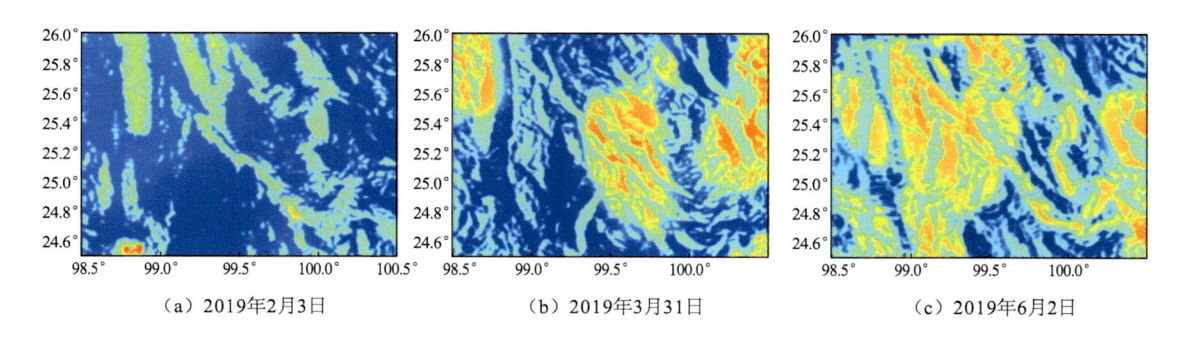

（a）2019年2月3日　　（b）2019年3月31日　　（c）2019年6月2日

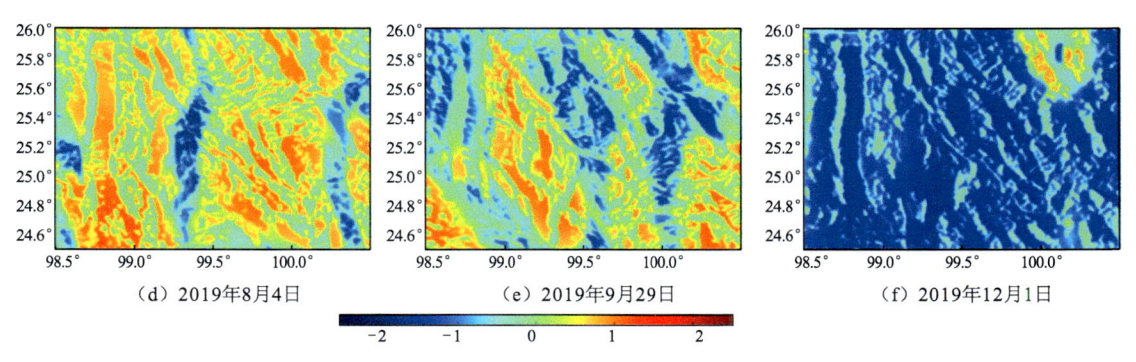

（d）2019年8月4日　　　　（e）2019年9月29日　　　　（f）2019年12月1日

图 8.3　1 km×1 km 地面稳定性周变化时间序列

3. 地灾危险区时空演变动态与危险性预报

利用地面稳定性变化的无缝连续监测成果，可及时有效地捕获和追踪地面稳定性降低的开始时间与出现地点、持续时间与作用范围，以及地面稳定性降低时空演变发展态势，持续跟踪监视地质灾害孕育、发展、发生和衰退的灾变过程。

依据"地质灾害发生前，地面稳定性必然提前降低"的客观自然规律可知，若某时某地的地面稳定性出现降低幅度大或加速降低现象，并有持续发展趋势，则此时以后，若再遇到气候和水文环境异常，该地发生地质灾害的可能性会增大。因此，根据地面稳定性变化的时空几何特征和演变规律，可有效识别、追踪和预报地质灾害危险区及其时空演变动态。

为提高地质灾害危险区识别和态势预报的灵敏度和可靠性，需要以历史地质灾害（险情）为训练样本，智能学习地质灾害灾变过程中地面稳定性时空演变几何特征，直观展示地质灾害危险区空间分布、联动关系与时间演变态势。用当前时刻之前的数年全部实际地质灾害（险情）和地震资料，标定地面稳定性变化特征参数，以不断适应当地当前的地质环境，进而预报当前时刻之后中短期（如 1 周、1 月内）地质灾害的危险性（这些基于陆面地表形变及环境地质要素的地质灾害预报，可与目前已有的气象地质灾害预报进一步深度结合，提高地质灾害危险性预报水平）。

参 考 文 献

鲍李峰, 席梦寒, 翟振和, 等, 2024. 走向深海, 发展自立自强的海底大地测量基准[J]. 中国科学基金, 38(1): 186-192.

暴景阳, 章传银, 2001. 关于海洋垂直基准的讨论[J]. 测绘通报, 6: 10-11, 26.

晁定波, 申文斌, 王正涛, 2007. 确定全球厘米级精度大地水准面的可能性和方法探讨[J]. 测绘学报, 36(4): 370-376.

陈俊勇, 2000. 永久性潮汐与大地测量基准[J]. 测绘学报, 29(1): 14-18.

党亚民, 章传银, 陈俊勇, 等, 2015. 现代大地测量基准[M]. 北京: 测绘出版社.

傅容珊, 刘斌, 2009. 固体地球物理学基础[M]. 合肥: 中国科学技术大学出版社.

高布锡, 1997. 天文地球动力学原理[M]. 北京: 科学出版社.

顾震年, 金文敬, 2003. 大气和带谐潮汐对日长高频变化的影响[J]. 云南天文台台刊, 2: 53-59.

郭俊义, 2001. 地球物理学基础[M]. 北京: 测绘出版社.

韩春好, 2017. 时空测量原理[M]. 北京: 科学出版社.

黄谟涛, 邓凯亮, 欧阳永忠, 等, 2022. 海空重力测量及应用技术研究若干进展[J]. 武汉大学学报(信息科学版), 47(10): 1635-1650.

姜卫平, 李昭, 魏娜, 等, 2022. 大地测量坐标框架建立的进展与思考[J]. 测绘学报, 51(7): 177-188.

金双根, 张勤耘, 钱晓东, 2017. 全球导航卫星系统反射测量(GNSS-R)最新进展与应用前景[J]. 测绘学报, 46(10): 1389-1398.

李斐, 邵先远, 曲春凯, 等, 2019. 利用2006-2015年VLBI数据进行地球定向参数解算与分析[J]. 武汉大学学报(信息科学版), 44(11): 4-10.

李广宇, 2010. 天球参考系变换及其应用[M]. 北京: 科学出版社.

李辉, 申重阳, 孙少安, 等, 2009. 中国大陆近期重力场动态变化图像[J]. 大地测量与地球动力学, 29(3): 1-10.

李建成, 陈俊勇, 宁津生, 等, 2003. 地球重力场逼近理论与中国2000似大地水准面的确定[M]. 武汉: 武汉大学出版社.

刘经南, 魏娜, 施闯, 2013. 国际地球参考框架(ITRF)的研究现状及展望[J]. 自然杂志, 35(4): 243-250.

陆仲连, 吴晓平, 1994. 人造地球卫星与地球重力场[M]. 北京: 测绘出版社.

罗志才, 周浩, 李琼, 等, 2016. 基于GRACE KBRR数据的动力积分法反演时变重力场模型[J]. 地球物理学报, 59(6): 1994-2005.

马高峰, 乔书波, 古越, 等, 2009. 天球参考极的定义与选择[J]. 测绘科学技术学报, 26(5): 321-325.

欧阳永忠, 陆秀平, 黄谟涛, 等, 2011. L&R海空重力仪测量误差综合补偿方法[J]. 武汉大学学报(信息科学版), 36(5): 125-129.

申文斌, 陈巍, 李进, 2008. 基于时变地球主惯性矩的三轴地球的自由Euler运动[J]. 武汉大学学报(信息科学版), 33(8): 859-863.

沈云中, 2017. 动力学法的卫星重力反演算法特点与改进设想[J]. 测绘学报, 46(10): 1038-1315.

施闯, 魏娜, 李敏, 等, 2017. 利用北斗系统建立和维持国家大地坐标参考框架的方法研究[J]. 武汉大学学报(信息科学版), 42(11): 138-146.

孙付平, 贾彦锋, 朱新慧, 等, 2022. 毫米级地球参考框架动态维持技术研究进展[J]. 武汉大学学报(信息科学版), 47(10): 1688-1700.

孙和平, 徐建桥, 崔小明, 2017. 重力场的地球动力学与内部结构应用研究进展[J]. 测绘学报, 46(10): 1290-1299.

孙和平, 徐建桥, 江利明, 等, 2018. 现代大地测量及其地学应用研究进展[J]. 中国科学基金, 32(2): 131-140.

孙中苗, 翟振和, 李迎春, 2013. 航空重力仪发展现状和趋势[J]. 地球物理学进展, 28(1): 1-8.

王庆宾, 周媛, 魏忠邦, 2004. 地球质心的运动对卫星轨道的影响[J]. 测绘学院学报, 21(2): 93-95.

王正涛, 李建成, 姜卫平, 等, 2008. 基于 GRACE 卫星重力数据确定地球重力场模型 WHU-GM-05[J]. 地球物理学报, 51(5): 1364-1371.

魏二虎, 刘文杰, Wei J N, 等, 2016. VLBI 和 GPS 观测联合解算地球自转参数和日长变化[J]. 武汉大学学报(信息科学版), 41(1): 66-71.

魏娜, 施闯, 2009. 地球参考框架的实现和维持[J]. 大地测量与地球动力学, 29(2): 135-139.

魏子卿, 2005. 地球主惯性矩[J]. 测绘学报, 34(1): 7-13.

许才军, 贺克锋, 2023. 地震周期形变的大地测量研究进展和展望[J]. 武汉大学学报(信息科学版), 48(11): 1736-1755.

许厚泽, 等, 2010. 固体地球潮汐[M]. 武汉: 湖北科学技术出版社.

许军, 刘雁春, 暴景阳, 等, 2008. 基于 POM 模式与 blending 同化法建立中国近海潮汐模型[J]. 海洋测绘, 28(6): 15-17.

许雪晴, 董大南, 周永宏, 2014. 周日、半日地球自转变化研究进展[J]. 天文学进展, 32(3): 338-346.

闫昊明, 钟敏, 朱耀仲, 2002. 大气、海洋和地表水对地球自转季节变化的激发: 数值模式结果和观测结果的比较[J]. 自然科学进展, 12(9): 959-963.

杨元喜, 明锋, 2023. 中国时空基准建设现状与未来发展[J]. 中国科学: 地球科学, 53(9): 2192-2195.

叶叔华, 黄珹, 2000. 天文地球动力学[M]. 济南: 山东科学技术出版社.

于锦海, 曾艳艳, 朱永超, 等, 2015. 超高阶次 Legendre 函数的跨阶数递推算法[J]. 地球物理学报, 58(3): 748-755.

喻铮铮, 张捍卫, 雷伟伟, 2018. 地球自转非潮汐变化研究进展[J]. 地球物理学进展, 33(6): 2295-2303.

翟国君, 欧阳永忠, 陆秀平, 等, 2014. 《海道测量规范》修订的若干问题[J]. 海洋测绘, 34(1): 76-79.

张传定, 吴晓平, 陆仲连, 2000. 全张量重力梯度数据的谱表示方法[J]. 测绘学报, 29(4): 297-304.

张捍卫, 许厚泽, 周旭华, 2006. 弹性地球极移和章动的理论研究[J]. 大地测量与地球动力学, 26(3): 88-92.

章传银, 2020a. 地球潮汐负荷效应与形变监测计算系统 ETideLoad4.5[EB/OL]. [2020-11-14]. https: //www.zcyphygeodesy.com/Tide.html.

章传银, 2020b. 高精度重力场逼近与大地水准面计算系统 PAGravf4.5[EB/OL]. [2020-12-16]. https: //www.zcyphygeodesy.com/Geoid.html, 中国测绘学科研究院.

章传银, 蒋涛, 柯宝贵, 等, 2017. 高程系统定义分析与高精度 GNSS 代替水准算法[J]. 测绘学报, 46(8): 945-951.

钟敏, 段建宾, 许厚泽, 等, 2009. 利用卫星重力观测研究近 5 年中国陆地水量中长空间尺度的变化趋势[J]. 科学通报, 54(9): 1290-1294.

朱耀仲, 1984. 地球自转速率变化的带谐潮效应[J], 天文学报, 25(3): 287-292.

Capitaine N, Wallace P T, 2006. High precision methods for locating the celestial intermediate pole and origin[J]. Astronomy & Astrophysics, 450(2): 855-872.

Capitaine N, Gambis D, McCarthy D D, et al., 2000. Proceedings of the IERS workshop on the implementation of the new IAU resolutions[S]. International Earth Rotation and Reference Systems Service, IERS Technical Note No. 29.

Cartwright D E, Tayler R J, 1971. New computations of the tide-generating potential[J]. Geophysical Journal International, 23(1): 45-74.

Chao B F, Ray R D, Gipson J M, et al., 1996. Diurnal/semidiurnal polar motion excited by oceanic tidal angular momentum[J]. Journal of Geophysical Research: Solid Earth, 101(B9): 20151-20163.

Cheng M, Ries J C, Tapley B D, 2011. Variations of the Earth's figure axis from satellite laser ranging and GRACE[J]. Journal of Geophysical Research, 116(B1): B01409.

Crossley D, Hinderer J, Riccardi U, 2013. The measurement of surface gravity[J]. Reports on Progress in Physics Physical Society (Great Britain), 76(4): 046101.

Dehant V, 1987. Tidel parameters for an inelastic Earth[J]. Physics of the Earth and Planetary Interiors, 49(1): 97-116.

Dehant V, Defraigne P, Wahr J, 1999. Tides for a convective Earth[J]. Journal of Geophysical Research, 104(B1): 1035-1058.

Desai S D, 2002. Observing the pole tide with satellite altimetry[J]. Journal of Geophysical Research, 107(C11): 1-13.

Dickman S R, Gross R S, 2010. Rotational evaluation of a long-period spherical harmonic ocean tide model[J]. Journal of Geodesy, 84(7): 457-464.

Doodson A T, 1921. The Harmonic development of the tide-generating potential[J]. Proceedings of the Royal Society of London Series A, Containing Papers of a Mathematical and Physical Character, 100(704): 305-329.

Farrell W E, 1972. Deformation of the Earth by surface loads[J]. Reviews of Geophysics, 10(3): 761-797.

Folkner W M, Williams J G, Boggs D H, 2008. The planetary and lunar ephemeris DE421[J]. Interplanetary Network Progress Report, 8: 42-178.

Global Geodetic Observing System, 2022. Geodetic observations[EB/OL]. [2022-04-24]. https: //link. springer. com/content/pdf/bfm: 978-3-642-02687-4/1.

Gross R S, 2009. Ocean tidal effects on Earth rotation[J]. Journal of Geodynamics, 48(3): 219-225.

Hans-Georg Scherneck, Machiel S B, 2002. Ocean Tide and Atmospheric Loading[S]. IVS 2002 General Meeting Proceedings: 205-214.

Hardy R L, 1971. Multiquadric Equations of topography and other irregular surfaces[J]. Journal of Geophysical Research Atmospheres, 76: 1905-1915.

Hartmann T, Wenzel H G, 1995. The HW95 tidal potential catalogue[J]. Geophysical Research Letters, 22(24): 3553-3556.

Guo J Y, Li Y B, Huang Y, et al., 2004. Green's function of the deformation of the Earth as a result of atmospheric loading[J]. Geophysical Journal International, 159(1): 53-68.

Kantha L H, Stewart J S, Desai S D, 1998. Long-period lunar fortnightly and monthly ocean tides[J]. Journal of Geophysical Research: Oceans, 103(C6): 12639-12647.

Lambert S, Bizouard C, 2002. Positioning the terrestrial ephemeris origin in the international terrestrial reference frame[J]. Astronomy & Astrophysics, 394(1): 317-321.

Le Pichon X, 1968. Sea-floor spreading and continent drift[J]. Journal of Geophysical Research, 73: 3661-3697.

Mathews P M, Buffett B A, Shapiro I I, 1995. Love numbers for a rotating spheroidal Earth: New definitions and numerical values[J]. Geophysical Research Letters, 22(5): 579-582.

Mathews P M, Lambert S B, 2009. Effect of mantle and ocean tides on the Earth's rotation rate[J]. Astronomy & Astrophysics, 493(1): 325-330.

Matsumoto K, Sato T, Takanezawa T, et al., 2001. GOTIC2: A program for computation of oceanic tidal loading effect[J]. Journal of the Geodetic Society of Japan, 47(1): 243-248.

McCarthy D D, Petit G, 2004. IERS Conventions (2003). IERS Technical Note No. 32, Observatoire de Paris.

Molodensky S M, 1977. On the relation between the Love numbers and the load coefficients[J]. Phys. Solid Earth.

Petit G, Luzum B, 2010. IERS Conventions (2010). IERS Technical Note No.36, Observatoire de Paris.

Ray R D, Steinberg D J, Chao B F, et al., 1994. Diurnal and semidiurnal variations in the Earth's rotation rate induced by oceanic tides[J]. Science, 264(5160): 830-832.

Schwiderski E W, 1980. On charting global ocean tides[J]. Reviews of Geophysics, 18(1): 243-268.

Seeber G, 2003. Satellite Geodesy[M]. 2nd ed. Berlin: Water de Gruyter.

Seidelmann P K, Kovalevksy J, 2002. Application of the new concepts and definitions (ICRS, CIP and CEO) in fundamental astronomy[J]. Astronomy & Astrophysics, 392(1): 341-351.

Soffel M, 2000. Report of the working group relativity for celestial mechanics and astrometry[J]. International Astronomical Union Colloquium, 180: 283-292.

Stacey F D, Davis P M, 2008. Physics of the Earth[M]. Cambridge: Cambridge University Press.

Tamura Y, 1987. A harmonic development of the tide-generating potential[J]. Bull D'infor Marees Terrestres, 99: 6813-6855.

Wahr J M, 1981. The forced nutations of an elliptical, rotating, elastic and oceanless Earth[J]. Geophysical Journal International, 64(3): 705-727.

Wahr J M, 1987. The Earth's C21 and S21 gravity coefficients and the rotation of the core[J]. Geophysical Journal International, 88(1): 265-276.

Yoder C F, Williams J G, Parke M E, 1981. Tidal variations of Earth rotation[J]. Journal of Geophysical Research: Solid Earth, 86(B2): 881-891.

附录 1 地球潮汐负荷效应与形变监测计算系统 ETideLoad4.5

地球潮汐负荷效应与形变监测计算系统 ETideLoad4.5（Earth Tide, Load Effect and Deformation Monitoring Computation），一种地球物理大地测量监测科学计算大型 Windows 系统程序包（下载网址：http://www.zcyphygeodesy.com/Tide.html），旨在采用科学一致的地球物理模型和严格相同的数值标准，构造解析相容的大地测量与地球动力学算法，统一计算各种大地测量多种潮汐/非潮汐效应，由地表环境观测数据，精确逼近全球和区域负荷形变场，严格依据大地测量与固体地球动力学原理，约束同化多源异质监测数据的深度融合，实现陆地水、负荷形变场及时变重力场协同监测，定量跟踪地表动力环境与地面稳定性变化，科学支撑多源异质大地测量数据深度融合与多种异构大地测量技术协同。ETideLoad4.5 主界面如附图 1 所示。

附图 1 地球潮汐负荷效应与形变监测计算系统 ETideLoad4.5 主界面

1. ETideLoad4.5 典型技术特色

（1）严格采用科学统一的标准与解析相容的算法，精密计算地面及固体地球外部全要素大地测量的固体潮、海潮及大气潮负荷效应，极移效应、地球质心变化效应与永久潮汐影响，实现地面全要素大地测量各类潮汐效应全球预报。

（2）精确计算大气、海平面、土壤水、江河湖库水和冰川雪山等非潮汐地表环境负荷形变场及时变重力场；由大地测量与固体地球形变理论，约束同化多种大地测量监测量与地表环境数据的深度融合，协同监测陆地水变化与时变重力场。

（3）构建区域统一、长期稳定时空监测基准，融合 CORS 网、InSAR 与多源大地测量数据；按照客观自然规律，由大地测量几何物理场时序，构造地面稳定性定量辨识准则，实现地面稳定性变化空间无缝、时间持续的定量监测与短时预报。

2. ETideLoad4.5 系统总体结构

ETideLoad4.5 由大地测量全要素潮汐与极移效应解析计算、地面大地测量非潮汐时序分析处理、多源异质负荷形变场逼近与多种异构协同监测、CORS InSAR 融合与地面稳定性计算及大地测量数据编辑计算与可视化 5 大子系统有机构成。

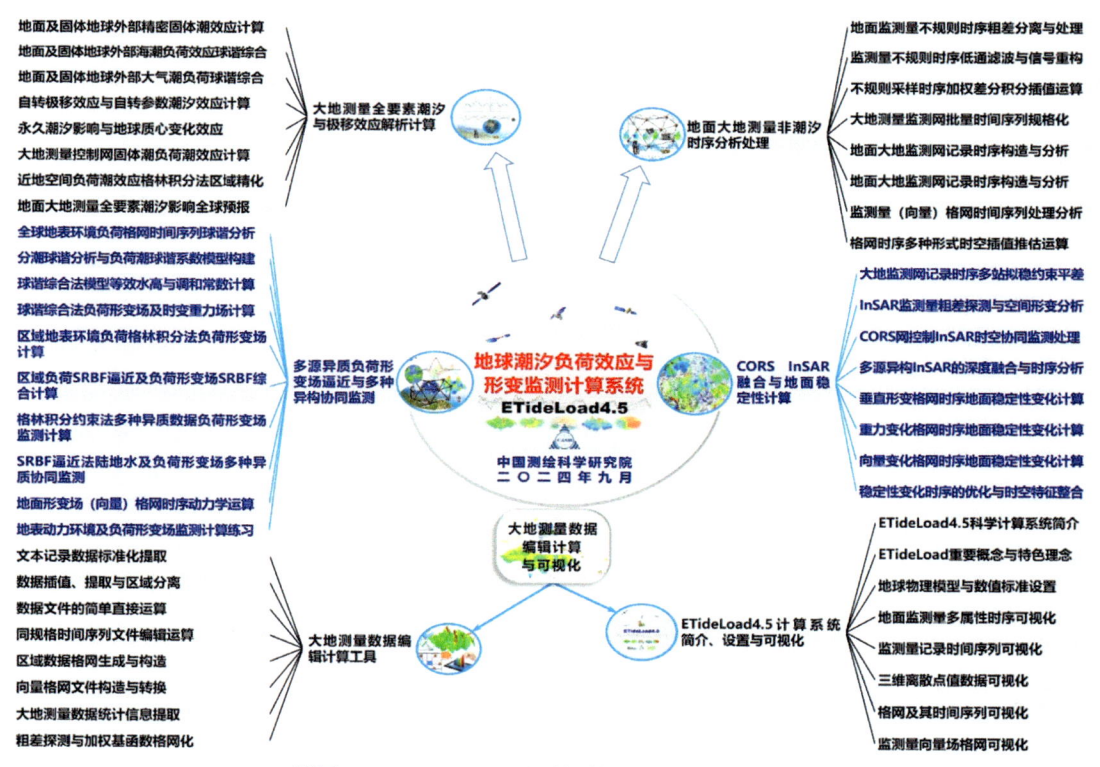

附图 2　ETideLoad4.5 计算系统功能模块总体构架

3. 主要子系统的功能结构

（1）大地测量全要素潮汐与极移效应解析计算子系统。采用一致的地球物理模型、统一的数值标准和相容的大地测量和地球动力学算法，实现地面及固体地球外部全要素大地测量固体潮、海潮、大气潮负荷效应、地球质心变化与极移效应的解析统一计算。这是多源异质地球数据深度融与多种异构大地监测技术协同的必要条件和最低要求。

（2）地面大地测量非潮汐时序分析处理子系统。适用对象为无明显短周期信号的非潮汐时间序列。包括各种规则/不规则采样的时间序列粗差探测、规则化处理、周期分析、低通滤波与特征信号重构等，以及对时间序列数据本身或两个时间序列的基本运算。用户可以借助其他时间序列分析处理工具，提高非潮汐时间序列分析处理能力。

（3）多源异质负荷形变场逼近与多种异构协同监测子系统。用于精确计算全球和区域各种地表环境非潮汐负荷效应及负荷形变场，严格依据大地测量与固体地球动力学原理，约束同化多源异质大地测量监测量与地表环境观测数据的深度融合，实现陆地水时空变化、负荷形变场及时变重力场的多种异构技术协同监测。

（4）CORS InSAR 融合与地面稳定性计算子系统。旨在构建区域统一、长期稳定、高抗差性能的几何物理时空监测基准，开展 CORS 网、时序 InSAR 与多源大地测量数据融合计算；按客观自然规律，由大地测量几何物理场时间序列，构造稳定性降低的定量辨识准则，实现地面稳定性变化无缝连续监测与短时预报。

（5）大地测量数据编辑计算与可视化子系统。主要用于标准数据文件构造、格式转换，插值与格网化，数据提取、分离与合并，向量及格网数据处理，多组数据基本运算，以及其他数据预处理与可视化绘图等。

4. 教学、练习与使用说明

ETideLoad4.5 覆盖形变地球大地测量学的基本原理、主要公式与重要方法，以普及改善高等教育；严格按大地测量和固体地球形变动力学原理，约束同化多源异质数据的深度融合，控制多种异构大地测量协同监测，完善大地测量科学技术，夯实拓展应用能力。

ETideLoad4.5 为每个程序配置了完整的计算样例，存放在 C:\ETideLoad4.5_win64cn\examples 目录，每个样例目录下存放了该程序样例全部功能模块的计算过程文件（process.txt）、输入输出数据文件和程序计算过程的界面系列截图，以方便课堂教学、独立自学与技术培训需要。

样例所在的目录名与可执行程序名相同。使用 ETideLoad4.5 程序前，建议按照 process.txt 流程信息，由输入输出数据文件，对照截图，完整操作一遍样例。全部样例练习完成后（约 7 个工作日），基本具备独立使用 ETideLoad4.5 的能力。

ETideLoad4.5 采用自定义格式的 5 种类型大地测量稳态数据文件和 5 种类型大地测量时间序列数据文件。"文本记录数据文件标准化提取"和"大地测量监测站网批量时间序列规格化"模块，是 ETideLoad4.5 接收外部文本格式数据的重要接口。利用"固体潮地面大地测量全要素全球预报"模块，可以构造指定位置和采样规格的地面监测量时间序列文件；利用"区域数据格网生成与构造"模块，可以构造指定规格的大地测量数值格网文件。其他程序或模块，只接收 ETideLoad 本身产生的格式数据。

ETideLoad4.5 适合大地测量、地球物理、地质环境灾害、水文动力学、卫星动力学、地震与地球动力学等领域高年级本科生、研究生、科研和工程技术人员，兼顾课堂教学、自学练习、应用计算与科学研究多层次需要。用户可按需设计个性化技术流程，灵活组织有关程序及模块，完成地面及固体地球外部各种潮汐、非潮汐效应监测计算，全球或区域形变场、时变重力场、地面稳定性、陆地水或地表动力环境变化监测，以及多源异质大地测量数据深度融合等计算工作。

附录 2 本书主要物理量及其单位

为方便描述有关问题，本书约定了大地测量监测量概念。大地测量监测量定义为当前历元时刻的大地测量观测量或参数，与其一段时间内观测量或参数的平均值或某一参考历元时刻大地测量观测量或参数之差。大地测量监测量通常用观测量或参数变化（特指时间差分）表示，如地面重力变化、地倾斜向量变化分别表示地面重力监测量和地倾斜监测量。

地球空间中各种大地测量要素（观测量、参数和基准值）之间，以及这些要素随时间变化量之间，都遵循相同的大地测量原则、地球物理规律或地球动力学原理，采用合适量纲，可将这些原理或规律直观展示出来，对提升大地测量认知水平具有重要作用。

1. 监测量类型及其单位

（1）高程异常/大地水准面变化（mm，毫米）、地面重力/扰动重力变化（μGal，微伽）、地倾斜/垂线偏差变化（mas，0.001″/毫角秒）。

（2）地面水平位移（东向/北向，mm）、地面径向位移（大地高变化 mm）、地面正（常）高变化（mm）。

（3）重力梯度变化（径向/天顶，10 μE）、水平重力梯度变化（北向/西向 10 μE）。仅在表示区域性重力梯度的非潮汐负荷效应时，重力梯度径向变化单位 mE，水平重力梯度变化单位 E。

（4）卫星轨道重力位摄动（0.1 m^2/s^2）、重力摄动及其三维分量变化（μGal）、重力梯度摄动对角线三分量变化（10 μE）。

（5）陆地水负荷等效水高变化（cm）、海平面变化（cm）、海洋潮高（cm）和大气压变化（hPa/mbar）。

2. 监测量向量的方向

（1）地倾斜/垂线偏差变化 SW。第一分量指向南方向，第二分量指向西方向，与地面重力/扰动重力方向构成右手直角坐标系，即自然坐标系。

（2）站点水平位移 EN。第一分量指向东方向，第二分量指向北方向，与径向位移（大地高变化）方向构成右手直角坐标系，即东北天坐标系。

（3）水平重力梯度变化 NW。第一分量指向北方向，第二分量指向西方向，与扰动重力梯度方向（径向/天顶方向）构成右手直角坐标系。

（4）分潮调和常数。第一分量同相幅值（余弦分量），第二分量异相幅值（正弦分量）。